云原生
Spring
实战

Spring Boot 与 Kubernetes 实践

Cloud Native Spring
IN ACTION

［美］托马斯·维塔莱（Thomas Vitale）著

张卫滨 译

人民邮电出版社

北京

图书在版编目（C I P）数据

云原生Spring实战 ：Spring Boot与Kubernetes实践/
（美）托马斯·维塔莱（Thomas Vitale）著 ；张卫滨译
. -- 北京 ：人民邮电出版社，2024.3
ISBN 978-7-115-62440-6

Ⅰ. ①云… Ⅱ. ①托… ②张… Ⅲ. ①JAVA语言－程
序设计②Linux操作系统－程序设计 Ⅳ. ①TP312.8
②TP316.85

中国国家版本馆CIP数据核字(2023)第146228号

版 权 声 明

◆ 著　　　［美］托马斯·维塔莱（Thomas Vitale）
　　译　　　张卫滨
　　责任编辑　佘　洁
　　责任印制　王　郁　焦志炜
◆ 人民邮电出版社出版发行　　北京市丰台区成寿寺路 11 号
　　邮编　100164　电子邮件　315@ptpress.com.cn
　　网址　https://www.ptpress.com.cn
　　北京市艺辉印刷有限公司印刷
◆ 开本：800×1000　1/16
　　印张：35.75　　　　　　　　　2024 年 3 月第 1 版
　　字数：765 千字　　　　　　　　2024 年 3 月北京第 1 次印刷
　　著作权合同登记号　图字：01-2023-3613 号

定价：139.80 元

读者服务热线：(010)81055410　印装质量热线：(010)81055316
反盗版热线：(010)81055315
广告经营许可证：京东市监广登字 20170147 号

内容提要

　　本书将帮助你使用 Spring Boot 和 Kubernetes 来设计、构建和部署云原生应用程序。本书分为四部分，共计 16 章。第一部分的内容为此次从代码到生产的云原生之旅奠定了基础，帮助你更好地理解本书其他部分所涉及的主题。第二部分介绍了使用 Spring Boot 和 Kubernetes 构建生产就绪的云原生应用的主要实践和模式。第三部分涵盖了云中分布式系统的基本属性和模式，包括韧性、安全性、可扩展性和 API 网关，以及反应式编程和事件驱动架构。第四部分指导你为云原生应用生产化做好准备，解决了可观测性、配置管理、Secret 管理和部署策略等问题，并涵盖了 Serverless 和原生镜像。

　　本书适合那些想了解如何使用 Spring Boot 和 Kubernetes 来设计、构建和部署生产就绪的云原生应用的开发人员和架构师阅读参考。

译者介绍

张卫滨，2007 年研究生毕业于天津大学，有着十多年的企业级软件研发和设计经验，热爱探索和研究新技术，目前主要关注云原生、微服务、自动化测试等领域。翻译出版十多本流行的技术图书，如《Spring 实战》（翻译了该书的第 3 版至第 6 版）、《Spring Data 实战》、《RxJava 反应式编程》等。业余时间担任技术社区 InfoQ 的编辑，原创和翻译了数百篇技术文章和新闻。

译者序

最近几年，在互联网和企业级开发领域最火热的一个词恐怕就是"云原生"了。

经过多年的发展和市场培育，对于不同规模的企业来讲，"上云"似乎已经成为理所当然的选择。但是，"上云"之后一切就会变好吗，云真的会带来成本的节省吗，在本地运行无误的应用可以原样迁移至云端吗？事实证明，如果没有细致的规划和谨慎的实施，云并不一定天然带来成本节省，这也是最近 FinOps 理念越来越火爆的原因。至于应用本身，为了保证可靠性和稳定性，我们需要处理的问题就更多了。

微服务开发模式能够很好地实现快捷交付和系统解耦，但这给运维带来了更艰巨的挑战。尽管在 Spring 生态系统中，Spring Cloud 家族提供了众多的项目以解决微服务开发和运维中所面临的具体挑战，但是，对于采用微服务架构的完整系统，如何实现快捷且可靠的部署和运维；在面临像 Kubernetes 这样的容器编排环境时，如何一站式完成 Spring 应用的部署；Spring Cloud 提供了众多子项目来支持服务发现、负载均衡、配置等特性，但这些特性在 Kubernetes 中提供了原生支持，我们如何在两者之间进行权衡和取舍呢？相信这些问题给很多架构师和开发人员造成了困扰。所以，我们一直希望能有一份翔实且权威的资料来指导我们将 Spring 应用安全、顺利地切换至 Kubernetes 云原生环境。

所以，当第一次看到这本书的时候，我是非常兴奋的，迫不及待地到 Manning 官网找到了MEAP 版本先睹为快。书中的内容非常具有吸引力，不仅涵盖了具体的框架和细致的操作指南，还有单独的章节来介绍云和云原生的理论知识，这对于深刻了解这一领域是非常有价值的。所以，我第一时间将这本书推荐给了出版社，希望能够尽快引进到国内。在此期间，我还与本书作者就图书内容和发布进度进行了讨论。在确定了本书的版权后，我迅速基于 MEAP 版本开始了翻译工作，虽然最终的版本与 MEAP 版本有些差异，导致后续增加了工作量，但是通过这种方式，我们保证了以最快的速度把这本书呈现给国内读者。

本书涵盖了云原生应用开发和运维的各个方面，包括配置管理、安全性、数据持久化、韧性和可观测性，以及 Docker 和 Kubernetes 的基础知识，并将生产环境部署到了公有云环境中。除此之外，作者还介绍了持续集成和持续交付，并将测试理念贯穿各个特性的开发。毫不夸张地说，作者以实际样例展示了基于 Spring 的云应用开发实践，这是一份拿来即可参考落地的实践经验。

希望读者在阅读时也能有这种收获满满的兴奋感。在翻译的过程中，我力求准确，有些细节还与作者进行了多次交流，但是限于时间，再加上本书涵盖领域广泛，如有错误或问题，请不吝反馈。

最后，感谢我的爱人和儿子，容忍我又度过了没日没夜耗在电脑前的这几个月。

希望本书对读者有所帮助，如果您在阅读中遇到问题，可以通过 levinzhang1981@126.com 与我联系，祝阅读愉快。

张卫滨

2023 年 3 月于大连

序

多年来，我已经为几十本书写过前言和序，但这可能是我第一次为写一个序而感到苦恼。为什么呢？我觉得自己是个失败者！我为没有写作这样一本书而感到懊恼，同时懊恼是因为我也不知道是否能够写好它。

这本书非常棒！它的每一页都充满了用生动、深刻的经验来表达的宝贵思想。我一直想看到有人能够把所有这些理念聚集到一起，所以在本书出版后，我会向人们推荐它。

在构建具有生产价值的应用时，我们还需要同时构建生产环境本身（当前主要使用的是Kubernetes 生产环境）。这是一个巨大的提升，就像这本书一样，它足有 600 多页[①]！但是，不要因为我对它的篇幅絮絮叨叨就望而却步，这是一本关于更宏大主题的书。

本书涵盖了常见的问题，比如如何构建服务和微服务，以及处理持久化、消息传递、可观测性、配置和安全性等。此外，还有几章专门讨论这些概念。

构建一个不断完善的 Spring Boot 云原生应用程序（一个在线书店系统）贯穿全书，但本书涵盖的内容不局限于此。Spring Boot 应用并不是本书唯一关注的内容。本书的重点很广泛且深入，这是一个很惊人的成就！我觉得可以列出一些具体的细节，这样你就可以了解这本书的内容描述是多么细致了。在此之前，请务必阅读本书。如下列出的几点并不是完备、详尽的，但是它涵盖了我在阅读本书时感到惊喜的内容。这些内容应该出现在一本关于 Spring Boot 和 Spring Cloud 的图书中，但不幸的是，它们中很少能够做到这一点。

- 本书对使用 Loki、Fluent Bit 和 Grafana 进行日志记录做了精彩的讲述。
- 让你的应用在 Kubernetes 中"运行起来"只是目标之一，读完本书，你将会轻松使用 Kubernetes Deployment，并且能够使用 Knative 和 Spring Cloud Function 实现 Serverless 应用，以及使用 GitHub Actions、Kustomize 和 Kubeval 等工具构建流水线。而且，你将学会使用 Tilt 和 Docker Compose 等工具进行本地开发。
- 在单页应用（Single-Page Application，SPA）环境中讨论安全问题，这本身就可以支撑

---

① 指原书厚度。——编辑注

起一本优秀的图书。本书对该话题的介绍是卓越的、循序渐进和简洁高效的，并且充分考虑到了生产环境。这一章绝对不容错过。

■ 所有的一切都考虑到了测试。Spring 的各个项目都有互相补充的测试模块，这些模块在这里得到了优雅的展示。

■ 本书介绍了 GraalVM 的原生镜像编译器和 Spring Native 项目。Spring Native 是最近才加入生态系统的，所以即便不纳入书中，也不会有人责怪 Thomas。但是他做到了，这多么了不起!

■ Thomas 花了很多篇幅向我们介绍为什么要按照书中的做法行事，这与最新的技术理念保持了一致。我尤其喜欢他对敏捷和 GitOps 的阐述。

Spring Boot 改变了世界，Thomas 的这本书是勇敢的 Bootiful 新世界的绝佳地图。请购买它，阅读它，并按照它的建议采取行动，创建一些令人惊奇的东西，享受你的应用生产化之旅吧!

Josh Long
Spring 技术布道师

前言

我清楚地记得第一次实地考察、了解护士和从业人员如何在日常工作中使用我所在公司开发的软件的场景，亲眼目睹我们的应用如何改善他们照顾病人的方式是一个令人不可思议的时刻。软件可以带来改变，这就是我们构建它的原因。我们通过技术解决问题，目的是为我们的用户、消费者和企业本身提供价值。

另一个让我无法忘记的时刻是初次接触 Spring Boot 时。在此之前，我非常享受使用核心 Spring Framework。我特别喜欢自己写的，用以管理如安全性、数据持久化、HTTP 通信和集成等各个方面的代码。这是一项艰巨的工作，但它是值得的，尤其对比当时 Java 领域的其他可选方案时。Spring Boot 改变了一切。突然间，平台本身为我解决了所有这些问题：所有处理基础设施和集成的代码均不再需要了。

一想到所有处理基础设施和集成的代码均不再需要了，我就开始删除那些代码。当我删除所有这些代码的时候，我意识到与应用的业务逻辑相比，我在这些代码上花费了多少时间，而业务逻辑代码才是产生价值的部分。我还意识到，与所有的模板代码相比，真正属于业务逻辑的代码是多么少。这是一个重要的时刻！

多年以后，Spring Boot 仍然是 Java 领域构建企业级软件产品的卓越平台，其受欢迎的原因之一是它对开发者生产力的关注。令每个应用程序与众不同的是它的业务逻辑，而不是如何暴露其数据或连接到数据库，也正是这种业务逻辑最终为用户、消费者和企业提供了价值。借助由框架、库和集成模式组成的广泛生态系统，Spring Boot 能够让开发人员更专注于业务逻辑，同时兼顾项目骨架和模板代码。

在我们的领域中，云是另外一个游戏规则改变者，Kubernetes 也是如此，它迅速成为云中的"操作系统"。借助云计算模型的特点，我们可以建立云原生应用，为我们的项目实现更好的可扩展性、韧性、速度和成本优化。最终，我们有机会增加通过软件所产生的价值，并以一种以前不可能实现的方式解决新的问题。

写作这本书的想法来源于我希望帮助软件工程师在他们的日常工作中交付价值的愿望，我也很高兴你决定加入这个从代码到生产的冒险之旅。Spring Boot 以及整个 Spring 生态系统是这次旅程的支柱。其中，云原生原则和模式将指导我们实现各种应用，持续交付实践将支持我们安全、快速、可靠地交付高质量的软件，Kubernetes 及其生态系统则将提供一个平台来部署和发布我们的应用。

　　在组织和编写本书时，我的指导原则是提供合适的、真实的样例，这样你可以立即将其应用于日常工作。书中所涉及的所有技术和模式都应该是为了在生产环境中提供高质量的软件，而这正是在一本书有限的篇幅内所应该包含的全部内容。我希望我成功地实现了这个目标。

　　再次感谢你加入这次从代码到生产的云原生旅程。我希望你在阅读本书时有一个愉快的体验，并且能够学到想学的知识，也希望它能帮助你用软件创造更大的价值，并有所成就。

致谢

写书是一件很困难的事情，如果在整个过程中没有许多人的支持，是不可能成真的。首先，我要感谢我的家人和朋友，一路走来，他们不断鼓励和支持我。特别感谢我的父母 Sabrina 和 Plinio、我的妹妹 Alissa，以及我的祖父 Antonio，感谢他们一直以来的支持和对我的信任。

我要感谢我的朋友和工程师伙伴，他们是 Filippo、Luciano、Luca 和 Marco，他们从最初的提案阶段就一直支持我，并随时提供反馈和建议以改进本书。我想感谢 Systematic 公司的同事和朋友，他们在这一时期不断鼓励我，能与你们一起工作，我感到很幸运。

我要感谢都灵理工大学的 Giovanni Malnati 教授，他将我引入 Spring 生态系统，改变了我的职业生涯。也非常感谢 Spring 团队创造了这样一个高效和有价值的生态系统。特别感谢 Josh Long，他卓越的工作教会了我很多，并且他为本书写了序，这对我来说意义非凡！

我要感谢整个 Manning 团队的巨大帮助，他们使本书成为有价值的资源。我尤其要感谢 Michael Stephens（策划编辑）、Susan Ethridge（开发编辑）、Jennifer Stout（开发编辑）、Nickie Buckner（技术开发编辑）和 Niek Palm（技术校对），他们的反馈、建议和鼓励对本书的顺利出版有着巨大的价值。同时感谢 Mihaela Batinić（审稿编辑）、Andy Marinkovich（制作编辑）、Andy Carroll（文字编辑）、Keri Hales（校对）和 Paul Wells（产品经理）。

感谢所有的审校者：Aaron Makin、Alexandros Dallas、Andres Sacco、Conor Redmond、Domingo Sebastian、Eddú Meléndez Gonzales、Fatih Mehmet Ucar、François-David Lessard、George Thomas、Gilberto Taccari、Gustavo Gomes、Harinath Kuntamukkala、Javid Asgarov、Joao Miguel、Pires Dias、John Guthrie、Kerry E. Koitzsch、Michał Rutka、Mladen Knežić、Mohamed Sanaulla、Najeeb Arif、Nathan B. Crocker、Neil Croll、Özay Duman、Raffaella Ventaglio、Sani Sudhakaran Subhadra、Simeon Leyzerzon、Steve Rogers、Tan Wee、Tony Sweets、Yogesh Shetty 和 Zorodzayi Mukuya。你们的建议使这本书变得更好！

最后，我要感谢 Java 社区和这些年来在这里遇到的所有友善的人：开源贡献者、演讲伙伴、会议组织者，以及为使这个社区如此特别而做出贡献的所有人。

关于本书

本书将帮助你使用 Spring Boot 和 Kubernetes 来设计、构建和部署云原生应用。它定义了一条通往生产的路线图，并讲授了有效的技术，你可以基于此立即尝试企业级应用的构建。它还带领你一步一步地从初始想法直到生产，展示云原生开发是如何在软件开发生命周期的每个阶段增加商业价值的。当开发一个在线书店系统时，你将学习如何使用 Spring 和 Java 生态系统中强大的库来构建和测试云原生应用。本书会逐章介绍 REST API、数据持久化、反应式编程、API 网关、函数、事件驱动架构、韧性、安全性、测试和可观测性。同时，本书阐述了如何将应用打包成容器镜像，如何配置像 Kubernetes 这样的云环境以便于部署，如何让应用为生产做好准备，以及如何利用持续交付和持续部署，设计从代码到生产的路径。

本书提供了一个以项目为导向的实践指南，帮助你总览日益复杂的云计算环境，并学习如何将模式和技术相结合，建立一个真正的云计算原生系统并将其投入生产。

谁应该读这本书

本书的目标读者是那些想了解更多关于如何使用 Spring Boot 和 Kubernetes 来设计、构建和部署生产就绪的云原生应用的开发人员和架构师。

为了从本书中获得最大的收益，你需要具备熟练的 Java 编程技能、构建 Web 应用的经验，以及 Spring 核心特性的基本知识。我假设你已经熟悉 Git、面向对象编程、分布式系统、数据库和测试。阅读本书不要求有 Docker 和 Kubernetes 的经验。

本书的组织路线图

本书分为四部分，共计 16 章。

第一部分内容为从代码到生产的云原生之旅奠定基础，帮助你更好地理解本书其他部分所涉及的主题，并将它们正确定位在整个云原生的全景图中。

- 第 1 章是对云原生全景的介绍，包括云原生的定义、云原生应用的基本属性，以及支撑它们的流程。

■ 第 2 章涵盖了云原生开发的原则，并指导你首次亲身体验构建一个最小的 Spring Boot 应用，并将其作为一个容器部署到 Kubernetes 中。

第二部分介绍了使用 Spring Boot 和 Kubernetes 构建生产就绪的云原生应用的主要实践和模式。

■ 第 3 章涵盖了启动一个新的云原生项目的基础知识，包括组织代码库、管理依赖关系和定义部署流水线的提交阶段的策略。你将学习如何使用 Spring MVC 和 Spring Boot Test 实现和测试 REST API。

■ 第 4 章讨论了外部化配置的重要性，并介绍了 Spring Boot 应用的一些可用方案，包括属性文件、环境变量和 Spring Cloud Config 的配置服务。

■ 第 5 章主要介绍了云中的数据服务，并展示如何使用 Spring Data JDBC 向 Spring Boot 应用添加数据持久化功能。你将学习如何使用 Flyway 管理生产环境中的数据以及使用 Testcontainers 进行测试的策略。

■ 第 6 章是关于容器的，我们将学习关于 Docker 的更多知识，以及如何使用 Dockerfile 和 Cloud Native Buildpacks 将 Spring Boot 应用打包为容器镜像。

■ 第 7 章讨论了 Kubernetes，包括服务发现、负载均衡、可扩展性和本地开发工作流程。你还会学习将 Spring Boot 应用部署到 Kubernetes 集群的更多知识。

第三部分涵盖了云中分布式系统的基本属性和模式，包括韧性、安全性、可扩展性和 API 网关。这部分还介绍了反应式编程和事件驱动架构。

■ 第 8 章介绍了反应式编程和 Spring 反应式技术栈（包括 Spring WebFlux 和 Spring Data R2DBC）的主要特性，你还会学习如何使用 Reactor 项目使应用更具韧性。

■ 第 9 章涵盖了 API 网关模式以及如何使用 Spring Cloud Gateway 构建边缘服务。你将学习如何使用 Spring Cloud 和 Resilience4J 构建有韧性的应用，在这个过程中会使用重试、超时、回退、断路器和限流器等模式。

■ 第 10 章描述了事件驱动架构，并教你使用 Spring Cloud Function、Spring Cloud Stream 和 RabbitMQ 来实现该架构。

■ 第 11 章是关于安全的，向你展示了如何使用 Spring Security、OAuth2、OpenID Connect 和 Keycloak 在云原生系统中实现认证。它还描述了当系统使用单页应用时，如何解决安全问题，如 CORS 和 CSRF。

■ 第 12 章继续安全之旅，涵盖了如何使用 OAuth2 和 Spring Security 在分布式系统中实现委托访问、保护 API 和数据，并根据用户的角色进行授权。

第四部分指导你完成最后几个步骤，使你的云原生应用为生产做好准备，解决了可观测性、配置管理、Secret 管理和部署策略等问题。它还涵盖了 Serverless 和原生镜像。

■ 第 13 章介绍了如何利用 Spring Boot Actuator、OpenTelemetry 和 Grafana 可观测性技术栈以使你的云原生应用支持可观测性。你将学习如何配置 Spring Boot 应用，以产生重要的遥测数据，如日志、健康状况、度量、跟踪等。

- 第 14 章涉及高级配置和 Secret 管理策略，包括 Kubernetes 原生方案（如 ConfigMap 和 Secret）以及 Kustomize。
- 第 15 章指导你完成云原生之旅的最后一个步骤，并讲解如何配置 Spring Boot 的生产环境。然后，我们将会为应用设置持续部署，采用 GitOps 策略将它们部署到公有云的 Kubernetes 集群中。
- 第 16 章涉及 Serverless 架构以及基于 Spring Native 和 Spring Cloud Function 的函数。你还会了解 Knative 及其强大的功能，它在 Kubernetes 之上提供了卓越的开发者体验。

一般来说，我建议从第 1 章开始，按顺序阅读每一章。如果你喜欢根据自己的兴趣以不同的顺序阅读各章，请确保先阅读完第 1～3 章，以便更好地理解全书使用的术语、模式和策略。然而，因为每一章都建立在前一章的基础之上，所以如果你决定不按顺序阅读，可能会缺少一些背景知识。

关于代码

本书给予读者基于实践和项目驱动的体验。从第 2 章开始，我们将为一个虚拟的在线书店建立由多个云原生应用组成的系统。

书中项目开发的所有源代码都可以在 GitHub（https://github.com/ThomasVitale/cloud-native-spring-in-action）上找到，并基于 Apache 许可证 2.0 进行授权。对于每一章，你都会发现有一个 "begin" 和一个 "end" 目录。每一章都建立在前一章的基础上，但即便你没有关注前面的章节，也始终可以把某一章的 "begin" 目录作为一个起点。"end" 目录包含完成本章所有步骤后的最终结果，你可以将其与自己的解决方案进行对比。例如，你可以在 Chapter03 目录中找到第 3 章的源码，其中包含了 "03-begin" 和 "03-end" 目录。

本书开发的所有应用都是基于 Java 17 和 Spring Boot 2.7，并使用 Gradle 构建的。这些项目可以导入任何支持 Java、Gradle 和 Spring Boot 的 IDE 中，如 Visual Studio Code、IntelliJ IDEA 或 Eclipse。除此之外，你还需要安装 Docker。第 2 章和附录 A 提供了更多的信息，以帮助你建立本地环境。

这些样例已经在 macOS、Ubuntu 和 Windows 上进行了测试。在 Windows 上，我建议使用 Windows Subsystem for Linux 来完成本书中描述的部署和配置任务。在 macOS 上，如果你使用 Apple Silicon 机器的话，你可以运行所有的例子，但可能会遇到一些工具性能问题，在编写本书时这些工具没有提供对 ARM64 架构的原生支持。在相关章节中，我会添加额外的背景信息。

前面提到的 GitHub 资源库（https://github.com/ThomasVitale/cloud-native-spring-in-action）在主分支中包含了本书的所有源代码。除此之外，我还计划维护一个 sb-2-main 分支，在该分支中我将根据 Spring Boot 2.x 的未来版本保持源代码的更新；以及一个 sb-3-main 分支，在该分支下我将根据 Spring Boot 3.x 的未来版本对源代码不断演进。

本书包含许多源代码样例，有的使用已编号的程序清单，有的则直接嵌入正文。在这两种情况下，源代码都使用固定宽度的字体进行排版，以便将其与普通文本区分开。有时也会用粗体字来突出显示与本章前文步骤相比有变化的代码，例如，将一个新的特性添加到现有代码行。

在许多情况下，原始源代码会重新格式化，我们添加了换行符和重新缩进，以适应书中可用的页面空间。在极少数情况下，这样做依然是不够的，在这种情况下程序清单会包括换行符(➥)。此外，如果在正文中已经描述过代码，源代码中的注释通常会被移除。许多程序清单会有代码注释，用来突出强调重要的概念。

关于作者

托马斯·维塔莱（Thomas Vitale）是一名软件工程师和架构师，擅长构建云原生、有韧性和安全的企业应用。他在丹麦的 Systematic 公司设计和开发软件解决方案，他一直致力于为云原生领域提供现代化的平台和应用，并专注于开发体验和安全性。

他主要关注的领域包括 Java、Spring Boot、Kubernetes、Knative 和一般的云原生技术。托马斯支持持续交付实践，并相信协作的文化，致力于为用户、消费者和企业交付价值。他为 Spring Security 和 Spring Cloud 等开源项目做出了卓越贡献，并乐于在社区分享知识。

托马斯拥有意大利都灵理工大学的计算机工程硕士学位，主要研究方向是软件工程。他获得了 CNCF Certified Kubernetes Application Developer、Pivotal Certified Spring Professional 以及 RedHat Certified Enterprise Application Developer 认证。他的演讲遍布各大会议，如 SpringOne、Spring I/O、KubeCon+CloudNativeCon、Devoxx、GOTO、JBCNConf、DevTalks 和 J4K。

服务与支持

本书由异步社区出品，社区（https://www.epubit.com）为您提供后续服务。

提交错误信息

作者和编辑尽最大努力来确保书中内容的准确性，但难免会存在疏漏。欢迎您将发现的问题反馈给我们，帮助我们提升图书的质量。

当您发现错误时，请登录异步社区（https://www.epubit.com），按书名搜索，进入本书页面，单击"发表勘误"，输入错误信息，单击"提交勘误"按钮即可（见下图）。本书的作者和编辑会对您提交的错误信息进行审核，确认并接受后，您将获赠异步社区的 100 积分。积分可用于在异步社区兑换优惠券、样书或奖品。

与我们联系

我们的联系邮箱是 contact@epubit.com.cn。

如果您对本书有任何疑问或建议，请您发邮件给我们，并请在邮件标题中注明本书书名，以便我们更高效地做出反馈。

如果您有兴趣出版图书、录制教学视频，或者参与图书翻译、技术审校等工作，可以发邮件给我们。

如果您所在的学校、培训机构或企业想批量购买本书或异步社区出版的其他图书，也可以发邮件给我们。

如果您在网上发现有针对异步社区出品图书的各种形式的盗版行为，包括对图书全部或部分内容的非授权传播，请您将怀疑有侵权行为的链接通过邮件发送给我们。您的这一举动是对作者权益的保护，也是我们持续为您提供有价值的内容的动力之源。

关于异步社区和异步图书

"异步社区"（www.epubit.com）是由人民邮电出版社创办的 IT 专业图书社区，于 2015 年 8 月上线运营，致力于优质内容的出版和分享，为读者提供高品质的学习内容，为作译者提供专业的出版服务，实现作者与读者在线交流互动，以及传统出版与数字出版的融合发展。

"异步图书"是异步社区策划出版的精品 IT 图书的品牌，依托于人民邮电出版社在计算机图书领域 40 余年的发展与积淀。

目录

第一部分　云原生基础

第二部分 云原生开发

第三部分　云原生分布式系统

第四部分　云原生生产化

第一部分

云原生基础

云原生全景内容宽泛，以至于刚开始就极具挑战性。第一部分内容将为从代码到生产的云原生之旅奠定基础。第 1 章是对云原生全景的理论介绍，包括云原生的定义、云原生应用的基本属性，以及支持它们的流程。第 2 章涵盖了云原生开发的原则，指导你首次亲身体验构建一个最小的 Spring Boot 应用，并将其作为一个容器部署到 Kubernetes 中。这些能够帮助你更好地理解本书其他部分所涉及的主题，并将它们正确定位在整个云原生的全景图中。

第1章 云原生简介

本章内容：

- 云和云计算模型
- 云原生的定义
- 云原生应用的属性
- 支撑云原生的文化和实践
- 何时以及为何要考虑采用云原生方式
- 云原生应用的拓扑结构和架构

云原生应用是高度分布式系统，它们存在于云中，并且能够对变化保持韧性。系统是由多个服务组成的，服务之间通过网络进行通信，并且会部署到一个一切都在不断变化的动态环境中。

在深入研究技术之前，很重要的一件事就是定义云原生到底是什么。就像我们这个领域中其他的流行词（比如敏捷、DevOps 或微服务）一样，云原生有时会被误解，并且成为混乱的根源，因为对不同的人，它意味着不同的东西。

本章将介绍一些理念性工具，它们都是本书后续内容所需要的。我们首先定义云原生意味着什么，以及要采取哪些行动才能使应用可以称为是云原生的。我将会阐述云原生应用的属性，审视云计算模型的特征并讨论何时以及为何要将应用转移到云中。我还会展示云原生拓扑结构和架构的基本理念。图 1.1 展示了我将在本章中定义和鉴别云原生系统的所有元素。在本章结束时，我们将会为后续的旅程做好准备，以便于使用 Spring 构建云原生应用并将其部署到 Kubernetes 中。

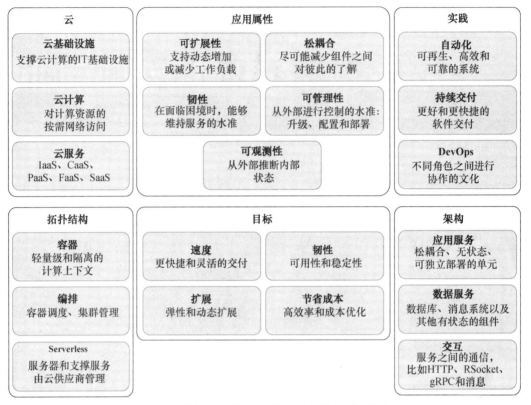

图 1.1　云原生是一种旨在利用云技术的应用开发方式

1.1　什么是云原生

　　2010 年 5 月 25 日，云计算领域的资深人士 Paul Fremantle 撰写了一篇名为"云原生"的博客文章①。他是最早使用云原生这个术语的人之一。在微服务、Docker、DevOps、Kubernetes 和 Spring Boot 等概念和技术尚未出现的年代，Fremantle 和他在 WSO2 的团队讨论了"应用和中间件要在云中良好运行"所需的条件，也就是所谓的云原生。

　　Fremantle 所阐述的核心理念是应用要针对云环境进行专门的设计，并且要充分利用云环境和云计算模型的特点。我们可以将一个传统的（按照在本地运行所设计的）应用直接转移到云中，这种方式通常被称为"提升并转移"（lift and shift），但这并不能让应用"原生"适应云环境。接下来，我们看一下如何才能做到这一点。

---

① P. Fremantle, "Cloud Native", http://pzf.fremantle.org/2010/05/cloud-native.html。

云原生的 3P

什么样的应用才能算是专门为云环境设计的呢？云原生计算基金会（Cloud Native Computing Foundation，CNCF）在对云原生的定义中回答了这个问题[①]。

> 云原生技术有利于各组织在公有云、私有云和混合云等新型动态环境中，构建和运行可弹性扩展的应用。云原生的代表技术包括容器、服务网格、微服务、不可变基础设施和声明式 API。
>
> 这些技术能够构建容错性好、易于管理和便于观测的松耦合系统。结合可靠的自动化手段，云原生技术使工程师能够轻松地对系统做出频繁和可预测的重大变更。[②]

从这个定义中，我识别出了三组信息，并将其称为"云原生的 3P"：

- 平台（Platform）：云原生应用运行在基于动态化、分布式环境的平台上，也就是云（公有云、私有云和混合云）中。
- 属性（Property）：按照设计，云原生应用是可扩展、松耦合、有韧性、可管理和可观测的。
- 实践（Practice）：围绕云原生应用的实践包括可靠的自动化，以及频繁且可预测的变更，即自动化、持续交付和 DevOps。

> **什么是云原生计算基金会？**
>
> 云原生计算基金会（CNCF）是 Linux 基金会的一部分，致力于"构建可持续的生态系统和培育社区，以支持云原生开源软件的健康发展"。CNCF 托管了许多云原生技术和项目，以实现云的可移植性，避免被供应商锁定。如果你想了解解决云原生各方面问题的项目，建议查阅 CNCF 的云原生交互式全景图（CNCF Cloud Native Interactive Landscape）[③]。

在后续章节中，我将进一步阐述这些概念。但首先，我想让你注意的是，云原生的定义与任何具体的实现细节或技术没有关联。CNCF 在定义中提到了一些技术，如容器和微服务，但它们只是示例。在向云迁移时，一个常见的误解是我们必须要采用微服务架构、构建容器并将其部署至 Kubernetes 中。这是不对的。Fremantle 在 2010 年的博客文章就证明了这一点，他并没有提及这些技术，因为当时它们根本就不存在。然而，他所描述的应用不仅仍然被认为是云原生的，而且还符合多年后 CNCF 给出的定义。

[①] Cloud Native Computing Foundation, "CNCF Cloud Native Definition v1.0", https://github.com/cncf/toc/blob/master/DEFINITION.md。

[②] 此段定义来源于 CNCF 的官方译文（https://github.com/cncf/toc/blob/main/DEFINITION.md），只是根据目前的惯用说法，将"观察"一词改成了"观测"。——译者注

[③] Cloud Native Computing Foundation, "CNCF Cloud Native Interactive Landscape", https://landscape.cncf.io/。

1.2   云和云计算模型

在关注我们的主角（云原生应用）之前，我想要先介绍一下我们这个旅程的发生地，也就是云原生应用的运行环境——云（如图 1.2 所示）。在本节中，我将定义云及其主要特征。毕竟，如果云原生应用按照设计要在云环境中运行，我们应该知道这是一个什么样的环境。

云是一种能够按照云计算模型向消费者提供计算资源的 IT 基础设施。美国国家标准与技术研究院（National Institute of Standards and Technology，NIST）是这样定义云计算的[①]：

> 云计算是一种模型，能够实现按需在任意位置对可配置的计算资源（如网络、服务器、存储、应用和服务）共享池进行便利的网络访问，这些计算资源可以快速获取和释放，并且要尽可能减少管理成本以及与服务供应商的沟通交流。

就像我们会从供应商那里获取电力，而不是自己发电一样，借助云，我们就能够以商品的形式获取计算资源（例如服务器、存储和网络）。

云供应商管理底层的计算基础设施，所以消费

图 1.2   云是一种 IT 基础设施，其主要特征是具有不同的计算模型，供应商会按照消费者所需的控制程度以服务的形式提供

者不需要操心像主机或网络这样的物理资源。迁移到云的公司可以通过网络（通常是互联网）获取需要的所有计算资源，借助一组 API，这些公司能够自助式地按需获取和扩展资源。

弹性是该模型的主要特点之一：计算资源可以根据需要动态获取和释放。

> 弹性指的是一个系统能够在多大程度上自主地获取和减少资源以适应工作负载的变化，确保在每个时间点可用的资源与当前的需求都是相互匹配的[②]。

传统的 IT 基础设施无法提供弹性。公司必须要计算出所需的最大计算能力，并建立能够支持该能力的基础设施，即便其中大多数的计算能力只是偶尔才会用到。在云计算模型下，计算资源的使用会受到监控，消费者只需要为实际使用的资源付费。

对于云基础设施应该放在哪里，以及由谁来管理，并没有严格的要求。交付云服务的部署模型有多种，主要是私有云、公有云和混合云。

■　私有云：提供的云基础设施只能由一个组织使用。它可以由组织自身或第三方进行管

---

① NIST, "The NIST Definition of Cloud Computing", http://mng.bz/rnWy。

② N.R. Herbst, S. Kounev, R. Reussner, "Elasticity in Cloud Computing: What it is, and What it is Not"，http://mng.bz/BZm2。

理,可以托管在企业内部或企业外部。对于处理敏感数据和高度关键系统的组织来说,私有云通常是首选方案。如果要完全控制基础设施的合规性,以符合特定的法律和要求,比如,通用数据保护条例(General Data Protection Regulation,GDPR)或加利福尼亚消费者隐私法案(California Consumer Privacy Act,CCPA),私有云也是一个常见的选择。例如,银行和医疗机构很可能会建立自己的云基础设施。

- 公有云:提供的云基础设施可公开使用。它通常属于某个组织,并由其进行管理,也就是所谓的云供应商,基础设施由供应商托管。公有云服务提供商如 Amazon Web Services(AWS)、Microsoft Azure、Google Cloud、Alibaba Cloud 和 DigitalOcean。
- 混合云:由上述任意类型的两个或更多不同的云基础设施组合而成,并且在提供服务的时候,就像是来自一个环境一样。

图 1.3 描述了 5 种主要的云计算模型、在每种模型下平台提供了什么内容,以及向消费者提供了哪些抽象。例如,在基础设施即服务(IaaS)模型下,平台提供并管理计算、存储和网络资源,消费者则会设置和管理虚拟机。至于该选择哪种服务模型,取决于消费者需要对基础设施的控制程度以及他们需要管理的计算资源类型。

云计算模型

基础设施平台	容器平台	应用平台	Serverless平台	软件平台
IaaS	CaaS	PaaS	FaaS	SaaS
平台:提供计算、存储和网络资源	**平台**:提供容器引擎、编排器和底层基础设施	**平台**:提供开发和部署工具、API和底层基础设施	**平台**:提供运行时、运行函数所需的整个基础设施以及自动扩展	**平台**:提供软件及运行它所需的整个基础设施
消费者:供应、配置和管理服务器、网络和存储	**消费者**:构建、部署和管理容器化的工作负载和集群	**消费者**:构建、部署和管理应用	**消费者**:构建和部署函数	**消费者**:通过网络消费服务

图 1.3 云计算模型的差异在于提供的抽象层级以及由谁(平台或消费者)来管理不同的层级

1.2.1 基础设施即服务

在基础设施即服务(Infrastructure as a Service,IaaS)模型中,消费者可以直接控制和获取像服务器、存储和网络这样的资源。例如,它们可以获取虚拟机并安装软件,比如操作系统和库。尽管这种模型已经存在很久了,但直到 2006 年,亚马逊通过 Amazon Web Services(AWS)才使其流行起来,并得到了广泛的使用。IaaS 产品包括 AWS Elastic Compute Cloud(EC2)、Azure Virtual Machines、Google Compute Engine、Alibaba Virtual Machines 和 DigitalOcean Droplets。

1.2.2   容器即服务

使用容器即服务（Container as a Service，CaaS）模型时，消费者无法控制原始的虚拟化资源。相反，他们会设置并管理容器。云供应商负责提供满足这些容器需求的底层资源，例如，通过启动新的虚拟机和配置网络使其能够通过互联网进行访问。Docker Swarm、Apache Mesos 和 Kubernetes 都是用来构建容器平台的示例工具。所有主流的云供应商都提供了托管的 Kubernetes 服务，它已经成为 CaaS 的事实标准技术，比如 Amazon Elastic Kubernetes Service（EKS）、Microsoft Azure Kubernetes Service（AKS）、Google Kubernetes Engine（GKE）、Alibaba Container Service for Kubernetes（ACK）和 DigitalOcean Kubernetes。

1.2.3   平台即服务

在平台即服务（Platform as a Service，PaaS）模型中，平台会给开发人员提供构建和部署应用所需的基础设施、工具和 API。例如，作为开发人员，我们可以构建一个 Java 应用，打包为 JAR 文件，然后将其部署到按照 PaaS 模式运行的平台上。平台会提供 Java 运行时和其他所需的中间件，还可以提供额外的服务，比如数据库或消息系统。PaaS 产品有 Cloud Foundry、Heroku、AWS Elastic Beanstalk、Azure App Service、Google App Engine、Alibaba Web App Service 和 DigitalOcean App Platform。在过去的几年间，供应商一直在向 Kubernetes 靠拢，为开发人员和运营商构建了新的 PaaS 体验。这种新一代服务的示例如 VMware Tanzu Application Platform 和 RedHat OpenShift。

1.2.4   函数即服务

函数即服务（Function as a Service，FaaS）模型依赖 Serverless 计算，让消费者专注于应用业务逻辑的实现（通常遵循函数的方式），而平台负责提供服务器和其他基础设施。例如，你可能会编写一个函数，即每当消息队列中有数据集时，该函数就会分析该数据集并按照一些算法计算出结果。FaaS 产品包括 Amazon AWS Lambda、Microsoft Azure Functions、Google Cloud Functions 和 Alibaba Functions Compute。开源 FaaS 产品包括 Knative 和 Apache OpenWhisk。

1.2.5   软件即服务

具有最高抽象水准的模型是软件即服务（Software as a Service，SaaS）。在这种模型下，消费者以用户的形式访问应用，云供应商管理整个软件栈和基础设施。很多公司会构建应用并使用 CaaS 或 PaaS 模型运行它们，然后将它们的使用权以 SaaS 的形式出售给终端客户。SaaS 应用的消费者一般会以瘦客户端（如 Web 浏览器或移动设备）的形式来访问它们。SaaS 的示例应用包括 Salesforce、ProtonMail、GitHub、Plausible Analytics 和 Microsoft Office 365。

平台与 PaaS

在云原生相关讨论中，"平台"这个术语可能会产生一些混淆。所以，我们来澄清一下。一般来讲，平台是一个用来运行和管理应用的运维环境。Google Kubernetes Engine（GKE）是一个按照 CaaS 模型提供云服务的平台。Microsoft Azure Functions 是一个按照 FaaS 模型提供云服务的平台。在更低的层级上，如果我们直接在 Ubuntu 机器上部署应用，那么这就是我们的平台。在本书后文，当我使用"平台"这个术语时，我指的就是刚刚所述的这个更宽泛的概念，除非另有说明。

1.3　云原生应用的属性

场景已经搭建好了，那就是要在云中。我们该如何设计应用以充分利用云的特点呢？

CNCF 定义了云原生应用应该具备的五个主要属性，即可扩展性、松耦合、韧性、可观测性和可管理性。云原生是一种构建和运行具有这些属性的应用的方法论。Cornelia Davis 这样总结："云原生软件是由如何计算定义的，而不是由在何处计算定义的。"[1]换句话说，云是关于"在何处计算"这个问题的，而云原生是关于"如何计算"这个问题的。

我已经介绍了"在何处计算"这个问题，也就是在云中。现在，我们继续讨论"如何计算"的问题。作为快速参考，图 1.4 列出了这些属性以及它们的简单描述。

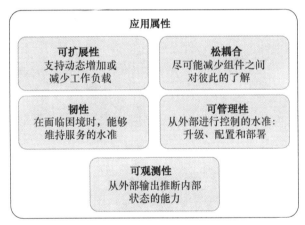

图 1.4　云原生应用的主要属性

1.3.1　可扩展性

云原生应用是可扩展的，这意味着如果提供额外的资源，它们能够支持增加工作负载。根据这些额外资源的特点，我们可以将其划分为垂直可扩展性和水平可扩展性。

---

[1] C. Davis, "Realizing Software Reliability in the Face of Infrastructure Instability", IEEE Cloud Computing, 2017, 4(5): 34-40。

■ 垂直可扩展性：垂直扩展，或者称为向上/向下扩展，意味着在计算节点添加/移除硬件资源，如 CPU 或内存。这种方式是有限制的，因为我们不能无限地增加硬件资源。另外，应用不需要按照特定的方式进行设计，就能实现向上或向下扩展。

■ 水平可扩展性：水平扩展，或者称为向外/向内扩展，意味着向系统中添加或移除计算节点或容器。这种方式没有垂直扩展那样的限制，但它需要应用具有可扩展性。

传统系统在面临工作负载增加的时候通常会采用垂直可扩展方式。对于要支持更多用户的应用来说，添加 CPU 和内存是一种常见的方式，不需要针对可扩展性进行重新设计。在特定的场景中，这依然是一个很好的选择，但是对于云环境来说，我们需要一些其他东西。

在云中，所有的内容都是动态和不断变化的，水平可扩展是首选方案。借助云计算模型所提供的抽象等级，为应用补充新的实例是非常简单的，而不应该为已经处于运行状态的机器增加计算能力。因为云是有弹性的，我们可以在很短的时间内动态地扩展和收缩应用的实例。我之前已经讨论过，弹性是云的主要特征之一：计算资源可以根据需要主动提供和释放。可扩展性是实现弹性的先决条件。

图 1.5 展示了垂直可扩展性和水平可扩展性之间的差异。在垂直可扩展性中，我们通过向现有的虚拟机添加更多的资源来进行扩展。在水平可扩展性中，我们添加了另外一个虚拟机，它会帮助现有的虚拟机处理额外的工作负载。

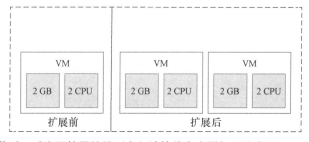

图 1.5　当需要支持不断增加的工作负载时，垂直可扩展性模型会向计算节点中增加硬件资源，
而水平可扩展性模型则会增加更多的计算节点

当讨论 Kubernetes 的时候，你将会看到，平台（可以是 CaaS、PaaS 或其他类型的平台）会根据上文所述的定义动态地扩展和收缩应用。作为开发人员，你有责任设计可扩展的应用。可扩展性的最大障碍是应用的状态，这将决定应用最终是有状态的还是无状态的。在本书中，我将介绍构建无状态应用的技术，并让它们没有任何问题地进行扩展。除此之外，我将会展示如何将应用的状态从 Spring 推送到像 PostgreSQL 和 Redis 这样的数据存储中。

1.3.2　松耦合

松耦合是系统的一个基本属性，根据该属性，系统的各个组成部分之间对彼此的了解要尽可能的少。它的目标是每个部分都能独立演进，这样当某一部分发生变化的时候，其他组成部分无须相应地变化。

几十年来，耦合及其伴生的内聚理念在软件工程中发挥了重要的作用。将系统分解成模块（模块化），这些模块对其他部分的依赖达到最小（松耦合），并且将联系紧密的代码封装在一起（高内聚），这是一种良好的设计实践。根据不同的架构风格，模块可以建模成一个单体组件或一个独立的服务（例如，微服务）。不管采用哪种方式，我们都应该以实现松耦合和高内聚的恰当模块化为目标。

Parnas 指出了模块化的三个收益①。

- 管理方面：鉴于每个模块都是松耦合的，所以负责团队应该不需要与其他团队进行过多的沟通和协调。
- 产品的灵活性：每个模块都可以独立于其他模块演进，所以这会形成一个非常灵活的系统。
- 可理解性：人们应该能够理解和运作单个模块，而不必学习整个系统。

上面所述的收益通常也是微服务所带来的部分收益。事实上，要实现它们，并不一定要采用微服务。在最近几年中，很多组织决定从单体迁移至微服务。但是，其中有些组织因为缺乏恰当的模块化而宣告失败。单体由紧耦合、非内聚的组件组成，当进行迁移的时候，会产生一个紧耦合、非内聚的微服务系统，它有时候也被称为分布式单体。我认为这并不是一个好的名字，因为它暗示着，按照定义单体是由紧耦合、非内聚的组件组成。而事实并非如此。架构风格并不重要：糟糕的设计就是糟糕的设计，与架构风格无关。事实上，我喜欢 Simon Brown 提出的"模块化单体"这个术语，它可以提高人们的认知，那就是单体也可以提升松耦合和高内聚，而且单体和微服务最终都有可能成为"大泥球"。

在本书中，我将会展示一些如何在应用中强制实现松耦合的技术。尤其是，我将会采用面向服务的架构，专注于构建具有明确接口的服务，以便于服务间的相互通信，并将与其他服务的依赖降至最低从而实现高内聚。

1.3.3 韧性

如果一个系统能够在出现故障或环境变化的情况下依然能够提供服务，那么我们就说它是有韧性（resilience）的。韧性是指"在面临故障以及挑战正常运维的情况下，硬件-软件网络提供和保持可接受的服务水平的能力"②。

在构建云原生应用时，我们的目标应该是，不管是基础设施还是我们的软件出现故障，都要确保应用始终是可用的。云原生应用在一个动态的环境中运行，在这种环境中所有的事情都

---

① D. L. Parnas, "On the criteria to be used in decomposing systems into modules", Communication of the ACM, 1972: 1053–1058。

② J. E. Blyler, "Heuristics for resilience — A richer metric than reliability", 2016 IEEE International Symposium on Systems Engineering (ISSE), 2016: 1-4。

在不断地发生变化，故障在所难免，这是无法预防的。过去，我们习惯于将变化和故障视为异常情况。但是，对于像云原生这样的高度分布式系统来说，变化不是异常情况，它们是常态。

当讨论韧性的时候，我们有必要定义三个基本概念，即过错（fault）、错误（error）和故障（failure）。

- 过错：指的是在软件或基础设施中会产生不正确的内部状态的缺陷。例如，某个方法调用返回了一个空值，但是规范要求它必须返回非空的值。
- 错误：指的是系统的预期行为和实际行为的差异。例如，因为上面所述的过错，抛出了 NullPointerException 异常。
- 故障：当出现过错并导致错误时，有可能会产生故障，这将使得系统无反应并且无法按照其规范行事。例如，如果这个 NullPointerException 没有被捕获的话，这个错误就会引发故障——系统对任何请求都会产生 500 响应码。

过错可能会变成错误，进而引发故障，所以我们应该设计能够容错（fault tolerant）的应用。韧性的一个重要组成部分就是要确保故障不会级联到系统的其他组件中，而是在修复时保持它是隔离的。我们可能还希望系统是自我修复（self-repairing）或自我治愈（self-healing）的，云模型实际上可以做到这一点。

在本书中，我将会展示一些容错技术，并且能够阻止故障的影响传播到系统的其他组成部分，导致故障传播。例如，我们将会使用断路器、重试、超时和限流器。

1.3.4 可观测性

可观测性（observability）是来自控制理论领域的一个属性。在考虑一个系统的时候，可观测性指的是我们能够在多大程度上根据它的外部输出推断其内部状态。在软件工程方面，系统可能是单个应用，也可能是作为一个整体的分布式系统。外部输出可以是度量指标、日志或跟踪信息。图 1.6 展示了可观测性是如何运行的。

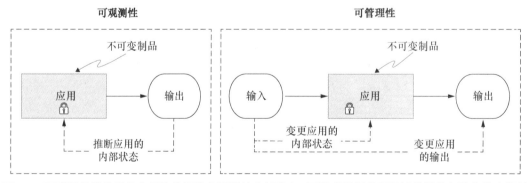

图 1.6 可观测性指的是从应用的外部输出推断其内部状态。可管理性指的是通过外部输入改变其内部状态和输出。在这两种情况下，应用制品没有发生任何变化，它是不可变的

Twitter 的可观测性工程团队识别了可观测性的四大支柱[①]。

- 监控：监控指的是测量应用的特定方面，以获取其整体的健康状况并识别故障。在本书中，我们将会利用 Spring Boot Actuator 提供的监控特性，并将 Prometheus 与 Spring 集成，以导出应用的相关度量指标。
- 告警/可视化：只有将收集到的系统状态数据用于采取某些行动时，我们才能说这些数据是真正有用的。在监控应用的时候，如果识别出了故障，应该触发告警并采取一些操作来处理它。我们会使用特定的仪表盘将收集到的数据进行可视化，并将其绘制在相关的图表中，目标是在一个良好的画面中展示系统的行为。在本书中，我们将会学习如何使用 Grafana 来可视化从云原生应用中收集到的数据。
- 分布式系统的跟踪基础设施：在分布式系统中，仅仅跟踪每个子系统的行为是不够的，重要的是要跟踪流经不同子系统的数据。在本书中，我们将会集成 Spring 和 OpenTelemetry，并使用 Grafana Tempo 来收集和可视化跟踪信息。
- 日志聚合/分析：对于推断软件的行为以及在出现问题时对其进行调试来说，跟踪应用的主要事件是非常重要的。在云原生系统中，日志应该进行聚合和收集，以便更好地了解系统行为，并且这样才有可能运行分析工具以挖掘这些数据中的信息。在本书中，我将会详细讨论日志。我们将使用 Fluent Bit、Loki 和 Grafana 来收集和可视化日志，并学习在云原生场景下使用日志的最佳实践。

1.3.5 可管理性

在控制理论中，与可观测性对应的概念是可控制性，它表示在有限的时间间隔内，外部输入改变系统的状态或输出的能力。这个概念将我们带到了云原生的最后一个主要属性，也就是可管理性。

再次借鉴控制理论，我们可以说可管理性是衡量外部输入改变系统状态和输出的便利程度和效率。用更少的数学术语来讲，它是在不改变代码的情况下修改应用行为的能力。不要将它与"可维护性"混淆，可维护性衡量了从内部通过修改代码来改变系统的便利程度和效率。图 1.6 展示了可管理性是如何运作的。

可管理性所涉及的一个方面就是在部署和更新应用的时候，要保持整个系统的正常运行。可管理性的另一个元素就是配置，我将在本书中深入探讨这个问题。我们希望让云原生应用具有可配置性，这样就可以在不改变代码和构建新发布版本的情况下改变它们的行为。将数据源 URL、服务凭证和证书等设置信息变成可配置的是很常见的。例如，根据不同的环境，我们可以使用不同的数据源，分别用于开发、测试和生产环境。其他类型的配置还包括特性标记，它们用来决定是否在运行时启用特定的特性。在本书中，我将会展示配置应用的不同策略，包括使用 Spring Cloud Config Server、Kubernetes ConfigMaps 与 Secret，以及 Kustomize。

---

① A. Asta, "Observability at Twitter: technical overview, part 1", http://mng.bz/pO8G。

可管理性不仅涉及变更本身，还包括如何便利和高效地应用这些变更。云原生系统是非常复杂的，所以必须要设计出能够适应功能、环境和安全性变化的应用。鉴于其复杂性，我们要尽可能地通过自动化来进行管理，这样我们就来到了上文所述"云原生 3P"的最后一项，也就是实践。

1.4　支撑云原生的文化与实践

在本节中，我们将讨论 CNCF 所提供的定义中的最后一句话："结合可靠的自动化手段，云原生技术使工程师能够轻松地对系统做出频繁和可预测的重大变更。"在这里，我将讨论三个理念，即自动化、持续交付和 DevOps（如图 1.7 所示）。

图 1.7　云原生开发的文化和实践

1.4.1　自动化

自动化是云原生的一个核心原则。它的理念是将重复性的人工任务进行自动化，以加快云原生应用的交付和部署。很多任务都可以实现自动化，从应用的构建到部署，从基础设施的供应到配置管理均是如此。自动化最重要的优势在于，它能够将流程和任务变成可重复的，这样系统整体会更加稳定可靠。手动执行任务容易出错，并且会增加成本。通过将任务自动化，我们可以得到更加稳定和高效的结果。

在云计算模型中，计算资源会以自动化、自服务的模式供应，并且能够弹性增加或减少资源。云计算自动化的两个重要方面就是基础设施供应和配置管理，我们分别将其称为基础设施即代码（infrastructure as code）和配置即代码（configuration as code）。

Martin Fowler 将基础设施即代码定义为"通过源代码的方式来定义计算和网络基础设施，就像任何其他软件系统代码一样"[1]。

---

① M. Fowler, "Infrastructure As Code", http://mng.bz/DD4。

云供应商提供了便利的 API 来创建和供应服务器、网络和存储。通过使用像 Terraform 这样的工具将这些任务进行自动化，将代码进行源码控制并采用与应用开发相同的测试和交付实践，我们可以得到一个更可靠和更可预测的基础设施，它是可重复、更高效并且风险更低的。比如，一个自动化此类任务的样例可能是创建一个新的虚拟机，它具有 8 个 CPU、64GB 的内存，并且安装了 Ubuntu 22.04 操作系统。

在供应完计算资源之后，我们就可以管理它们并对它们的配置实现自动化。套用前面的定义，配置即代码指的是通过源代码的方式来定义计算资源的配置，就像任何其他软件系统代码一样。

通过使用像 Ansible 这样的工具，我们能够声明服务器或网络该如何进行配置。例如，按照上文所述提供了 Ubuntu 服务器之后，我们可以自动完成安装 Java Runtime Environment(JRE) 17，并在防火墙上打开 8080 和 8443 端口的任务。配置即代码的理念也适用于应用的配置。

通过将基础设施供应和配置管理相关的所有任务自动化，我们可以避免不稳定、不可靠的"雪花服务器"(snowflake server)。当每台服务器都是以手动的方式进行供应、管理和配置的时候，其结果就是服务器像雪花一样，即该服务器是脆弱且独一无二的，无法复制，并且变更起来也有风险。自动化能够避免出现雪花服务器，并形成"凤凰服务器"(phoenix server)，即作用于这些服务器的所有任务都是自动化的，每个变更都可以在源码中进行跟踪，降低了风险，并且每个设置过程都是可重复的。如果将这种理念发挥到极致，我们就会实现所谓的不可变服务器（immutable server），CNCF 在其云原生定义中也提到了不可变基础设施。

> **注意**　在对比传统的雪花基础设施（需要很多的关注和照料，就像宠物一样）和不可变基础设施或容器（其特点是可拆卸和可替换，就像牲畜一样）时，你可能听过"宠物与牲畜"这种表述方式。在本书中，我不会使用这种表述，但是在关于该话题的讨论中，有人可能会用到这种方式，所以你需要注意一下。

在最初的供应和配置完成之后，不可变服务器不允许再进行任何变更，也就是说它们是不可变的。如果有必要进行改变的话，会以代码的方式进行定义和交付。最终，会根据新的代码供应和配置新的服务器，而之前的服务器则会被销毁。

例如，如果现在的基础设施包含 Ubuntu 20.04 服务器，你想要将其升级到 22.04，那么你有两个方案。第一种方案是通过代码定义升级，并在现有的机器（凤凰服务器）上运行自动化脚本以执行操作。第二种方案是自动供应带有 Ubuntu 22.04 的新机器，并开始使用它们（不可变服务器），而不是在现有的机器上进行升级。

在下一节中，我们将会讨论构建和部署应用的自动化问题。

1.4.2　持续交付

持续交付（Continuous Delivery，CD）是"软件开发的一种理念，按照这种方式构建的软件能够在任意时间发布到生产环境"。①借助持续交付，团队能够在短周期内实现特性，确保软件在任意时间都能可靠地发布。它是确保"轻松地对系统做出频繁和可预测的重大变更"（来自 CNCF 的云原生定义）的关键。

持续集成（Continuous Integration，CI）是持续交付中的一个基础实践。开发人员会持续（至少每天一次）将代码提交至主线（main 分支）。在每次提交时，软件会自动编译、测试和打包成可执行制品（比如 JAR 文件或容器镜像）。它的理念是在每次新的变更后，得到软件状态的快速反馈。如果探测到错误的话，应该立即修正，确保主线是一个稳定的基础，以便于后续开发。

持续交付构建在 CI 之上，它的关注点在于，确保主线始终是健康的，处于可发布状态。在与主线集成所形成的可执行制品生成之后，软件会部署到一个类生产环境中。它会经历额外的测试以验证可发布性，比如用户验收测试、性能测试、安全性测试、合规测试，以及有助于增加软件可发布信心的其他测试。如果主线始终处于可发布状态，那么发布软件的新版本将会是一个业务决策，而不是技术决策。

正如 Jez Humbleh 和 David Farley 在合著的基础性图书 *Continuous Delivery*（Addison-Wesley Professional，2010）中所述，持续交付鼓励整个过程通过"部署流水线"（也称为持续交付流水线）实现整个过程的自动化。部署流水线会从代码提交开始，一直延续到可发布的输出，它是通向生产环境的唯一方式。在本书中，我们将会构建部署流水线以保证 main 分支始终处于可发布状态。最后，我们会使用它将应用自动部署到 Kubernetes 生产环境中。

有时候，人们会将持续交付与持续部署（continuous deployment）相混淆。持续交付会确保在每次变更之后，软件都能处于一种可部署至生产环境的状态。至于何时进行真正的部署，这是一个业务方面的决策。而持续部署则是在部署流水线中添加最后一个步骤，在每次变更发生之后，将新的发布版本自动部署到生产环境中。

持续交付并不是工具，它是涉及组织中文化和结构变化的理念。搭建自动化的流水线来测试和交付应用并不意味着你在践行持续交付。与之类似，使用 CI 服务器来自动化构建并不意味着你在践行持续集成。②这就把我们引入到了下一个话题，它也通常被认为仅仅是一些工具而已。

持续交付与 CI/CD

由于持续集成是持续交付的基础实践，该组合通常被称为 CI/CD。因此，部署流水线经常被称为 CI/CD 流水线。我对这个术语有一些保留意见，因为持续集成并不是持续交付的唯一实践。例如，测试驱动开发（TDD）、自动化配置管理、验收测试和持续学习同样重要。

Jez Humble 和 Dave Farley 在他们合著的 *Continuous Delivery* 一书中没有使用 CI/CD 这个术语，在他们写的关于这个主题的任何其他书中也没有使用。此外，它还会造成困惑。CD 是代表持续交付

---

① M. Fowler, "Continuous Integration Certification", http://mng.bz/xM4X。
② M. Fowler, "Continuous Integration Certification", http://mng.bz/xM4X。

还是持续部署呢？在本书中，我将把"更快交付更好的软件"[1]这一整体方法称为持续交付，而不是CI/CD。

1.4.3 DevOps

DevOps 是最近另外一个非常流行的热词，但有时候它被人误解了。当转向云原生时，DevOps 是一个需要掌握的重要概念。

DevOps 的起源是非常奇特的。非常有意思的一点是，这个概念的创始人拒绝为其提供一个定义。这带来的结果就是很多人都使用它们自己的解释，当然，最终我们都在使用 DevOps 这个词来表示不同的东西。

> **注意** 如果你有兴趣了解关于 DevOps 起源的更多信息，建议你观看 Ken Mugrage 的演讲，题目为 "DevOps and DevOpsDays—Where it started, where it is, where it's going"（http://mng.bz/Ooln）。

在所有关于 DevOps 的定义中，我发现 Ken Mugrage（ThoughtWorks 的首席技术专家）提出的定义特别有参考价值和有趣，他强调了 DevOps 的真正含义[2]。

> DevOps 是一种文化，在这种文化中人们不分头衔或背景，共同想象、开发、部署和运维一个系统。

所以，DevOps 是一种文化，它指的是为了一个共同的目标而协作。开发人员、测试人员、运维人员、安全专家以及其他人，无论头衔或背景，团结协作，将理念带入生产中并产生价值。

这意味着孤岛(silo)时代的结束，特性团队、QA 团队和运维团队之间不再有壁垒。DevOps 通常被认为是敏捷（agile）的自然延续，敏捷是 DevOps 的助推器，其概念是以小团队的形式频繁地向客户提供价值。简洁描述 DevOps 可引用亚马逊的 CTO Werner Vogels 在 2006 年发布的一句名言，当时 DevOps 这个词尚不存在："如果你负责构建它的话，那就要负责运行它。"[3]

定义了 DevOps 是什么之后，我们再简单看一下它不是什么。

- DevOps 并不意味着没有运维（NoOps）。一个常见的错误就是认为开发人员负责运维，运维人员的角色就消失了。但实际上，现在是一种合作的形式。团队将包含这两种角色，他们都会向团队贡献技能，从而将产品从最初的想法带到生产环境中。
- DevOps 并不是一种工具。像 Docker、Ansible、Prometheus 这样的工具通常被称为 DevOps 工具，但这是错误的。DevOps 是一种文化。我们无法仅通过工具就将一个组织变成 DevOps 组织。换句话说，DevOps 不是一个产品，但工具是重要的推动者。
- DevOps 不是自动化。即便自动化是 DevOps 的重要组成部分，但是这并不是 DevOps

---

① D.Farley, *Continuous Delivery Pipelines*,2021。

② K. Mugrage, "My definition of DevOps", http://mng.bz/AVox。

③ J. Barr, "ACM Queue: Interview with Amazon's Werner Vogels", http://mng .bz/ZpqA。

的定义。DevOps 指的是开发人员和运维人员协同工作，从最初的理念阶段直至生产环境，在这个过程中，可能会将一些过程自动化，比如持续交付。

- DevOps 不是一个角色。如果我们将 DevOps 视为一种文化和思维方式，那么 DevOps 是一个角色的说法就不攻自破了。然而，我们对 DevOps 工程师的需求却越来越多。通常情况下，当招聘人员寻找 DevOps 工程师的时候，他们寻找的是熟练掌握自动化工具、脚本和 IT 系统等技能的人。
- DevOps 不是一个团队。如果组织没有完全理解上文所述内容，他们很可能最终依然像以前那样保持孤岛状态，只会有一个变化：使用名为 DevOps 的孤岛取代原来的 Ops 孤岛，或者仅仅增加了一个 DevOps 孤岛而已。

在迈向云原生时，开发人员和运维人员的合作是最重要的。你可能已经注意到，在设计和构建云原生应用的时候，需要始终记住一点，那就是这些应用的部署地点是在云中。与运维人员协同工作，能够让开发人员设计和构建更高质量的产品。

虽然它被称为 DevOps，但是我们要注意，这个定义不只涉及开发人员和运维人员。相反，它涉及所有人，无论他们的头衔或背景是什么。这意味着协作也会涉及其他角色，比如测试人员和安全专家（不过，我们并不需要 DevSecOps、DevTestOps、DevSecTestOps 或 DevBizSecTestOps 这样的新术语）。他们一起对整个产品的生命周期负责，是实现持续交付目标的关键。

1.5　云是最佳方案吗

在我们的行业中，有一个最大的错误就是决定采用某项技术或方式仅仅因为它是新出现的，而且所有人都在谈论它。公司从单体迁移至微服务，最终以惨烈失败而告终的故事层出不穷。我已经阐述了云和云原生应用的属性。它们应该能够为你提供一些指导。如果你的系统不需要这些属性，因为你的系统根本不存在这些技术所试图解决的问题，那么对你的项目来说，"迈向云原生"可能并不是最佳选择。

作为技术人员，我们很容易被最新、最流行、最闪亮的技术所吸引。这里的关键在于，要弄清楚某项特定的技术或方式是否能够解决你的问题。我们将想法变成软件，然后将其交付给客户并为其提供价值，这才是我们的终极目标。如果某项技术或方式能够帮助我们为客户提供更多的价值，那么我们就应该考虑采用它。如果根本不值得这样做，你却一意孤行要采取这种方式的话，很可能最终会面临更高的成本和众多的问题。

迁移至云原生的最佳时机是什么时候呢？为什么公司要采用云原生方式？采用云原生的主要目标如图 1.8 所示，也就是速度、扩展、韧性和节省成本。如果你的业务愿景包含这些目标，并且要面对云技术所试图解决的问题，那么考虑迁移至云并采用云原生方式是很不错的。否则，请保持原样，在本地运行会更好一些。例如，如果你的公司通过一个单体应用来提供服务，而且该应用已经处于维护阶段，不会进一步扩展新的功能，在过去的几十年间该应用运行良好，那么就没有必要将其迁移到云中，更不用说将其变成云原生应用了。

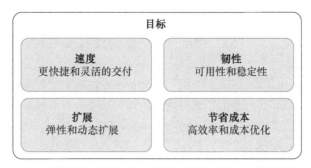

图 1.8　迈向云原生能够帮助我们实现速度、韧性、扩展和节省成本相关的目标

1.5.1　速度

对于当今企业来讲，能够更快地交付软件是一个重要的目标。尽可能快地将理念投入生产，从而缩短产品的上市时间是一个关键的竞争优势。能否在正确的时间将正确的理念投入生产，可能就决定了企业的成败。

客户希望得到越来越多的特性实现或缺陷修复，而且他们希望立即就要，根本不愿意等待六个月之后才能看到我们软件的下一个版本。他们的期望在不断地提高，我们需要有一种方法来跟上他们的节奏。归根到底，这一切都是为了给客户提供价值，并确保他们对结果感到满意。否则，我们的企业难以在激烈的竞争中生存下来。

更快、更频繁地交付不仅关乎竞争和客户的最后期限，它还能够缩短反馈周期。频繁和小规模的发布意味着我们能够更快地获取客户的反馈。更短的反馈周期反过来又会减少新特性相关的风险。与其花费几个月的时间实现完美的特性，还不如快速推出，从客户那里得到反馈，并对其进行调整以符合他们的期望。同时，较小的版本会包含更少的变更，因此发生故障的组件数量也会随之减少。

我们还需要灵活性，因为客户期望我们的软件能够不断演化。例如，它应该有足够强的灵活性以支持新类型的客户端。如今，日常生活中越来越多的物品都已经能够连接至互联网，比如各种移动和物联网（IoT）系统。我们希望能够对未来任何类型的扩展和客户端类型保持开放，从而能够以新的方式提供业务服务。

传统的软件开发方式并不支持这一目标。传统方式的典型特点是大规模的发布、微乎其微的灵活性以及漫长的发布周期。云原生方式与自动化任务、持续交付工作流和 DevOps 实践相结合，有助于实现业务更快速地发展，并缩短上市时间。

1.5.2　韧性

万事万物都在不断地发生着变化，故障也是一直存在的。试图预测故障并将其视为异常情况的时代已经成为历史。正如我在前文所述，变更并不是异常情况，它们是常态。

　　客户希望软件是 7×24 小时可用的，而且一旦有新特性，就能立即升级。停机或故障会导致金钱方面的直接损失以及客户满意度的下降，这甚至可能会影响到声誉，导致组织在未来的市场机会方面蒙受损失。

　　无论基础设施还是软件出现了故障，我们的目标都是确保系统的可用性和稳定性。哪怕是在降级的运维模式下，我们也希望能够继续为用户提供服务。为了保证可用性，我们需要采取一些措施来应对故障的发生，以对故障进行处理，从而确保整个系统依然能够为用户提供服务。在处理故障和执行升级这样的任务时，所有的操作都应该在零停机的情况下完成。客户的期望就是这样的。

　　我们希望云原生应用是具有韧性的，同时云技术提供了实现韧性基础设施的策略。如果你的业务需求包括始终可用、安全和韧性，那么云原生方式就非常适合你。软件系统的韧性反过来又能推进它的交付速度：系统越稳定，就能越频繁地安全发布新特性。

1.5.3　扩展

　　弹性指的是能够根据负载情况对软件进行扩展。我们可以扩展一个弹性系统，确保为所有的客户提供足够的服务水平。如果系统的负载比往常高，那么我们需要生成更多的服务实例来支持额外的流量。或者发生一些严重的事情，有些服务出现了故障，这样我们就需要生成新的实例来替换它们。

　　问题在于，预见会出现什么样的状况是很困难的，甚至是不可能实现的。仅仅构建可扩展的应用还不够，我们还需要它们能够动态扩展。每当出现高负载的时候，系统能够动态、快速且毫不费力地进行扩展。当高峰期结束的时候，它应该能够再次收缩回来。

　　如果你的业务需要快速、有效地适应新的客户，或者需要灵活支持新类型的客户端（这会增加服务器的工作负载），那么云的本质特点再结合云原生应用（按照定义，它就是可扩展的）能够为你提供所需的所有弹性。

1.5.4　节省成本

　　作为软件开发人员，我们可能不会直接和钱打交道，但是在设计解决方案的时候，我们有责任将成本考虑在内。凭借其弹性和按需付费的策略，云计算模型有助于优化 IT 基础设施的成本。我们不再有永远在线的基础设施：在需要的时候，我们会供应资源，并为实际使用付费；当不再需要的时候，我们就将其销毁。

　　在此基础之上，采用云原生方式会进一步优化成本。云原生应用被设计为可扩展的，所以它们可以充分利用云的弹性。它们是有韧性的，所以与停机时间和生产环境故障相关的成本都会更低。鉴于应用是松耦合的，它们能够让团队行动更快速，加快上市时间，从而具备明显的竞争优势。这样的例子不胜枚举。

迁移到云的隐性成本

在决定迁移到云之前，我们还必须考虑其他类型的成本。一方面，如上所述，我们可以优化成本，只为使用的资源付费。但另一方面，我们还应该考虑迁移的成本及其影响。

迁移到云需要特定的技术能力，而员工很可能还不具备这样的能力。这就意味着要对他们进行教育投资，以获得必要的技能，我们也许还需要聘请专业人员作为顾问，帮助我们往云中进行迁移。根据所选择的解决方案，组织可能还需要担负一些额外的责任，这又需要特定的技能（例如，处理云安全方面的问题）。除此之外，还有其他的一些考虑因素，比如迁移期间的业务中断、重新培训终端用户、更新文档和支持材料等。

1.6　云原生拓扑结构

我对云原生的阐述并不涉及特定的技术或架构。CNCF 在其定义中提到了一些技术，比如容器和微服务，但是它们只是示例。要将应用变成云原生的，并不一定要使用 Docker 容器。比如，我们想一下 Serverless 或 PaaS 方案。为 AWS Lambda 平台编写的函数或部署到 Heroku 中的应用并不需要我们构建容器。但是，它们依然是云原生应用。

图 1.9　主要的云原生应用都基于容器（由编排器进行管理）和 Serverless

在本节中，我将会描述一些通用的云原生拓扑结构（参见图 1.9）。首先，我将会介绍容器和编排的概念，当我们在后文讨论 Docker 和 Kubernetes 的时候，还会对它们进行详细介绍。随后，我将会介绍 Serverless 和函数（FaaS）技术。在本书中，我不会过多关注 FaaS 模型，但是会介绍如何使用 Spring Native 和 Spring Cloud Function 构建 Serverless 应用的基础知识。

1.6.1　容器

假设你加入了某个团队，并且要参与一个应用相关的工作。你所做的第一件事情就是按照指南搭建与其他同事类似的本地开发环境。你开发完了一个新的特性，并且在质量保证（Quality Assurance，QA）环境进行了测试。验证完成之后，应用就可以部署到 staging 环境进行额外的测试，并最终部署到生产环境。应用要在具有一定特征的环境中运行，我们在构建时也会考虑到这一点，所以上述所有环境尽可能相似是至关重要的。那么，如何实现这一点呢？这就是容器的用武之地了。

在容器出现之前，我们需要依赖虚拟机来保证环境的可重复性、隔离性和可配置性。虚拟化的原理是使用一个 Hypervisor 组件来抽象硬件，从而能够在同一台机器上以隔离的方式运行多个操作系统。Hypervisor 直接运行在机器硬件（type 1）或宿主机操作系统（type 2）之上。

而操作系统容器是一个轻量级的可执行包，容器中包含了应用以及运行该应用所需的所有内容。容器间共享同一个内核，因此要添加新的隔离上下文时，没有必要启动完整的操作系统。在 Linux 上，这是通过 Linux 内核所提供的一些特性来实现的：

- Namespace 用来在进程之间划分资源，所以每个进程（或进程组）只能看到机器上可用资源的一个子集。
- Cgroups 用来控制和限制进程（或进程组）的资源使用。

注意 当仅使用虚拟化的时候，硬件是共享的，但是容器还会共享相同的操作系统内核。这两种情况都提供了隔离运行软件的计算环境，尽管隔离的程度有所不同。

图 1.10 展示了虚拟化和容器技术的差异。

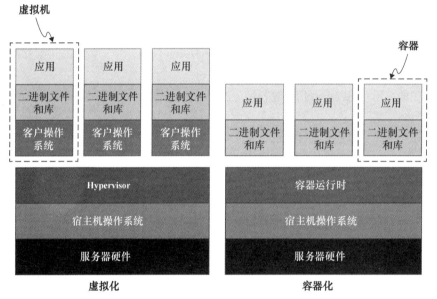

图 1.10　虚拟化和容器技术的差异在于隔离上下文之间所共享的内容。虚拟机只会共享硬件，容器还会共享操作系统内核，后者更加轻量级和可移植

对于云原生应用，容器为什么这么流行呢？按照传统的方式，要使应用运行起来，我们需要在虚拟机上安装和维护 Java 运行时环境（JRE）以及中间件。相反，容器几乎可以在任何计算环境中可靠地运行，独立于应用及其依赖或中间件。应用是什么类型、使用哪种语言编写、使用了哪些库，都无关紧要。从外边来看，所有容器的外形都一样，就如同货运中的集装箱。

因此，容器实现了敏捷性、跨不同环境的可移植性以及部署的可重复性。鉴于其轻量级和较低的资源需求，它们非常适合在云中运行，因为云中的应用是用完即废弃的，需要能够动态和快速扩展。相比之下，建立和销毁虚拟机的成本要高得多，并且会更加耗时。

> **容器！无处不在的容器！**
>
> "容器"这个词在不同的语境中有不同的含义。有时候，这种模糊性可能会产生一些混乱，所以我们看一下在不同语境中它分别是什么意思。
>
> - 操作系统：操作系统容器是一种在与系统其他部分隔离的环境中运行一个或多个进程的方法。在本书中，我们会主要关注 Linux 容器，但是需要注意 Windows 容器也是存在的。
> - Docker：Docker 容器是 Linux 容器的一个实现。
> - OCI：OCI 容器是由开放容器计划（Open Container Initiative，OCI）实现的 Docker 容器标准。
> - Spring：Spring 容器指的是应用上下文，对象、属性和其他应用资源都会在这里被管理和执行。
> - Servlet：Servlet 容器为使用 Java Servlet API 的 Web 应用提供了一个运行时。Tomcat 服务器的 Catalina 组件就是 Servlet 容器的一个示例。

虚拟化和容器并不是互斥的。实际上，我们会在云原生环境中同时使用它们，也就是在虚拟机组成的基础设施上运行容器。IaaS（基础设施即服务）模型提供了一个虚拟层，我们可以使用它来引导新的虚拟机。在此基础上，我们可以直接安装容器运行时和运行容器。

一个应用通常是由不同的容器组成的，在开发阶段或执行一些早期的测试时，它们可以在同一台机器上运行。但是，我们很快就会遇到管理许多容器变得越来越复杂的问题，当我们需要复制它们以实现可扩展性以及跨不同的机器进行分布式部署时，这种问题就变得尤为突出。这时，我们就会开始依赖 CaaS（容器即服务）模型所提供的更高层次的抽象，该模型提供了在机器集群中部署和管理容器的功能。需要注意的是，在幕后，它依然有一个虚拟化层。

即便在使用 Heroku 或 Cloud Foundry 这样的 PaaS 平台时，也会涉及容器。我们在这些平台上部署应用时，只需提供 JAR 制品，因为它们会负责处理 JRE、中间件、操作系统和所需的依赖。不过，在幕后，它们会基于这些组件建立一个容器，并最终运行它。所以，区别在于，不再是我们负责建立容器，而是平台本身为我们实现这一点。一方面，这对开发人员来说是很方便的，可以减少相关的职责。但另一方面，我们放弃了对运行时和中间件的控制，并可能面临供应商锁定的问题。

在这本书中，我们将学习如何使用 Cloud Native Buildpacks（它是一个 CNCF 项目）实现 Spring 应用的容器化，并使用 Docker 在本地环境中运行这些应用。

1.6.2　编排

你应该已经决定采用容器技术了，那就太好了！我们可以利用它们的可移植性，将其部署到任意提供容器运行时的基础设施中。我们还可以实现可重复性，所以把容器从开发环境转移至 staging 环境，再到生产环境时，我们不会遇到糟糕的意外情况。我们还可以对其进行快速扩展，因为它们是轻量级的，从而获取应用的高可用性。你是不是已经准备好在下一个云原生系统中就采用这项技术了呢？

在单台机器上供应和管理容器是非常简单的。但是，当我们开始处理几十或几百个容器，并在多台机器上进行扩展和部署时，我们就需要其他技术的辅助了。

当从虚拟服务器（IaaS 模型）转换到容器集群（CaaS 模型）时，我们也在转换自己的视角[①]。在 IaaS 中，我们关注单个计算节点，也就是虚拟机。在 CaaS 中，底层的基础设施已经被抽象了，我们所关注的是节点的集群。

伴随 CaaS 方案所提供的新视角，部署的目标不再是一台机器，而是一个机器集群。像 Kubernetes 这样的 CaaS 平台提供了很多特性来解决我们在云原生环境中所面临的所有重大问题，也就是跨集群编排容器。图 1.11 展示了这两种不同的拓扑结构。

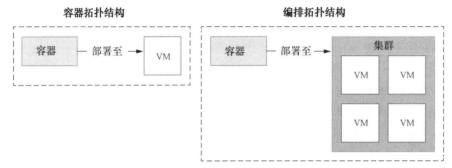

图 1.11　容器的部署目标是单台机器，而编排器的部署目标是一个集群

容器编排能够帮助我们实现很多任务的自动化：

- 管理集群，在必要的时候启动和关闭机器。
- 在集群中，将容器调度和部署到能够满足其 CPU 和内存需求的机器上。
- 利用健康监控，动态扩展容器，以实现高可用性和韧性。
- 为容器之间的通信搭建网络，定义路由、服务发现和负载均衡。
- 将服务暴露到互联网中，建立端口和网络。
- 根据特定的标准，为容器分配资源。
- 配置在容器中运行的应用。
- 确保安全，执行访问控制策略。

编排工具的指令是以声明式的方式实现的，例如，借助 YAML 文件。借助特定工具定义的格式和语言，我们通常会描述出想要达成的状态，比如我们想要在集群中部署 Web 应用容器的三个副本，并将它的服务暴露到互联网上。

容器编排的样例包括 Kubernetes（它是一个 CNCF 项目）、Docker Swarm 和 Apache Mesos。在本书中，我们将学习如何使用 Kubernetes 来编排 Spring 应用的容器。

---

① N. Kratzke, R. Peinl, "ClouNS—a Cloud-Native Application Reference Model for Enterprise Architects", 2016 IEEE 20th International Enterprise Distributed Object Computing Workshop (EDOCW), 2016: 1–10。

1.6.3　Serverless

继从虚拟机发展到容器之后，我们可以进一步抽象基础设施，这就是 Serverless 技术。借助该计算模型，开发人员只须关注应用的业务逻辑实现即可。

Serverless 这个名字可能会有一定误导性：当然，服务器是存在的。不同的是，既不是我们在管理它，也不是由我们将应用部署编排到对应的服务器上。现在，这变成了平台的责任。当使用像 Kubernetes 这样的编排器时，我们依然需要考虑基础设施供应、容量规划和扩展的问题。而 Serverless 平台会负责搭建应用所需的底层基础设施，包括虚拟机、容器和动态扩展。

Serverless 架构通常会与函数关联，但是它们包含两种经常一起使用的主要模型。

■ 后端即服务（Backend as a Service，BaaS）：在这种模型中，应用严重依赖于云供应商提供的第三方服务，比如数据库、认证服务和消息队列。它的关注点在于减少后端服务相关的开发和运维成本。开发人员可以只实现前端应用（比如单页应用或移动应用），而将大部分甚至全部的后端功能转移至 BaaS 供应商。例如，可以使用 Okta 来认证用户，使用 Google Firebase 来持久化数据，并使用 Amazon API Gateway 来发布和管理 REST API。

■ 函数即服务（Function as a Service，FaaS）：在这种模型中，应用是无状态的，由事件触发并且完全由平台来管理。它的关注点在于减少编排和扩展应用相关的部署和运维成本。开发人员只须实现应用的业务逻辑，平台负责处理其他内容。Serverless 应用并非必须要以函数的方式来实现并归类。目前主要有两种 FaaS 方案。第一种是特定供应商的 FaaS 平台，比如 AWS Lambda、Azure Functions 或 Google Cloud Functions。另一种方案是选择基于开源项目的 Serverless 平台，它们可以运行在公有云或内建基础设施上，从而解决供应商锁定和缺乏控制的问题。这种项目的样例是 Knative 和 Apache Open-Whisk。Knative 在 Kubernetes 之上提供了一个 Serverless 运行时环境，我们会在第 16 章对其进行介绍。它被用来作为一些企业级 Serverless 平台的基础，包括 VMware Tanzu Application Platform、RedHat OpenShift Serverless 和 Google Cloud Run。

Serverless 应用一般是事件驱动的，仅在有事件（比如 HTTP 请求或消息）需要处理的时候才会运行。事件可以是外部的，也可以是由另一个函数生成的。例如，当一个消息添加到队列中时，某个函数可能会被触发，该函数处理事件，然后退出执行。

当没有任何要处理的事件时，Serverless 平台就会关闭所有与该函数相关的资源，因此，我们可以真正为实际使用付费。在其他云原生拓扑结构中，如 CaaS 或 PaaS，总会有一台服务器在 7×24 小时运行。与传统系统相比，它们提供了动态可扩展性的优势，以减少任意时刻资源供应的数量。不过，总会有一些资源在始终运行，这也是有成本的。而在 Serverless 模型中，只有在必要时才会供应资源。如果没有要处理的事件，所有的资源都会被关闭。这就是我们所说的伸缩至零（scaling to zero），这是 Serverless 平台提供的主要特性之一。

除了成本优化，Serverless 技术还将一些额外的职责从应用转移到了平台中。这可能是一个优势，因为它能让开发人员完全专注于业务逻辑。但同样重要的是，我们必须要考虑控制权，以及如何处理供应商锁定的问题。

　　每个 FaaS 以及通用的 Serverless 平台都有自己的特性和 API。一旦我们开始为某个特定的平台编写函数，就无法轻易地将它们转移到另一个平台上了，而对于容器，我们是能够实现这一点的。与其他方式相比，FaaS 是以在控制权和可移植性方面的妥协换取职责方面的收益。这也是 Knative 得以迅速流行起来的原因，它构建在 Kubernetes 之上，这意味着我们可以很容易地在平台和供应商之间转移 Serverless 工作负载。归根到底，这就是一种权衡。

1.7　云原生应用的架构

　　在前面我们介绍了云原生的主要特点，这都是我们学习本书后面内容所需要用到的，现在我们到了定义云原生旅程的最后一站。在上一节中，我们熟悉了云原生的主要拓扑结构，尤其是容器，它将会是我们的计算单元。现在，我们看一下容器里面是什么，并探讨一些关于架构和设计云原生应用的高层次原则。图 1.12 展示了本节将要涵盖的主要概念。

图 1.12　云原生架构元素

1.7.1　从多层架构到微服务和其他架构

　　IT 基础设施一直在影响着软件应用的架构和设计方式。最初，我们曾将单体应用以单一组件的形式部署在庞大的大型机上。当互联网和 PC 流行起来之后，我们开始按照客户端/服务器的范式设计应用。依赖该范式的多层架构广泛用于桌面和 Web 应用中，该架构会将代码分解为展现层、业务层和数据层。

　　随着应用复杂性的增加以及敏捷性的需要，人们在探索进一步分解代码的新方式，一种新的架构风格应运而生，那就是微服务。在过去的几年中，这种架构风格变得越来越流行，许多公司决定按照这种风格重构它们的应用。微服务通常会拿来与单体应用进行对比，如图 1.13 所示。

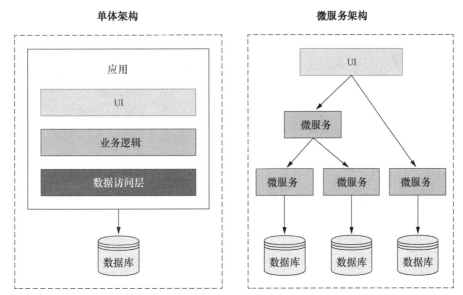

图 1.13 单体应用与微服务。单体架构通常是多层的，微服务是由不同的组件组成的，这些组件可以独立部署

两者之间的主要差异在于应用是如何分解的。单体应用会使用较大的三层，而基于微服务的应用则会使用众多组件，每个组件实现一部分功能。目前有很多关于如何将单体分解为微服务，并处理众多组件所带来的复杂性的模式。

> **注意** 本书不是关于微服务的，因此，我不会讨论细节。如果你对这个话题感兴趣的话，可以参阅 Sam Newman 的 *Building Microservices*（第 2 版）（O'Reilly, 2021 年）以及 Chris Richardson 的 *Microservice Patterns*（Manning, 2018 年）。在 Spring 方面，可以参阅 John Carnell 和 Illary Huaylupo Sanchez 合著的 *Spring Microservices in Action*（Manning, 2021 年）。如果你不熟悉微服务的话也不要担心，要学习后面的内容，这些知识并不是必备的。

在经历了多年的热度和诸多失败的迁移之后，开发者社区围绕这种流行的架构风格展开了激烈的讨论。有些开发人员建议转向宏服务（macroservice），以减少组件的数量，从而降低管理的复杂性。"宏服务"这个术语是由 Cindy Sridharan 提出的，最初带有讽刺意味，但是它已经被行业所采用，Dropbox 和 Airbnb 这样的公司已使用它来描述新的架构。[①] 有些人则提议采用城堡式（citadel）架构风格，该风格由一个被微服务包围的中心化单体组成。还有人主张以

---

① C. Sridharan, http://mng.bz/YG5N。

模块化单体的形式重回单体应用架构。

归根到底，我认为最重要的是选择一个能够支撑我们为客户和业务提供价值的架构。这是我们最初要开发应用的原因所在。每种架构风格都有其使用场景。没有所谓的"银弹"或者放之四海而皆准的方案。大多数与微服务相关的负面体验都是由其他问题导致的，比如糟糕的代码模块化或不匹配的组织结构。这不应该是单体和微服务之间的一场论战。

在本书中，我主要关注如何使用 Spring 构建云原生应用并将其以容器的形式部署到 Kubernetes 中。云原生应用是分布式系统，就像微服务一样。你会发现一些在微服务语境下讨论的话题，但它们实际上属于分布式系统领域，比如路由和服务发现。根据定义，云原生应用是松耦合的，这也是微服务的一个特点。

即便有一些相似之处，但很重要的一点是，我们需要明白云原生应用与微服务是不一样的。我们当然可以为云原生应用采用微服务风格。实际上，很多开发人员就是这么做的。但是，这并非必备条件。在本书中，我将会采用称为"基于服务"的架构风格。可能这并不是一个很响亮的名字，也不花哨，但对于我们的目的来讲，这已经足够了。我们会处理服务。它们的大小是随意的，可以根据不同的原则来封装逻辑。这并不重要，我们想要追求的是根据开发、组织和业务需求来设计服务。

1.7.2 基于服务架构的云原生应用

在本书中，我们将会按照基于服务的架构来设计和构建云原生应用。

我们的主要工作单元是服务，它能够以不同的方式与其他服务交互。按照 Cornelia Davis 在 *Cloud Native Patterns*（Manning，2019 年）一书中所提出的划分方式，我们可以在这种架构中识别出两个元素，分别是服务和交互。

- 服务：一个能够向其他组件提供任意类型的服务的组件。
- 交互：为完成系统的需求，服务之间所产生的通信。

服务是一个非常通用的组件，它们可以是任何东西。根据是否存储任意类型的状态，我们可以将其区分为应用服务（无状态）和数据服务（有状态）。

图 1.14 展示了云原生架构的元素。用来管理图书馆库存的应用应该是应用服务。存储图书信息的 PostgreSQL 数据库应该是数据服务。

1. 应用服务

应用服务是无状态的，负责实现各种类型的逻辑。它们不必像微服务那样遵循特定的规则，只需要具备我们在前文所述的所有云原生属性即可。

最重要的是，在设计每个服务的时候，我们要考虑到松耦合和高内聚。服务应该尽可能独立。分布式系统是很复杂的，所以在设计阶段要格外小心。增加服务的数量也会导致问题数量的增加。

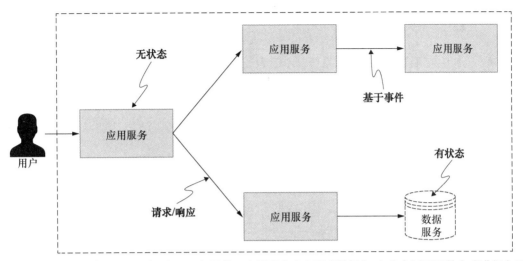

图 1.14 基于服务架构的云原生应用。主要的元素是服务（应用或数据），它们会以不同的方式进行交互

我们可能会开发和维护系统中大多数的应用服务，但也可能会使用云供应商提供的一些服务，如认证和支付服务。

2．数据服务

数据服务是有状态的，负责存储各种类型的状态。状态指的是关闭服务和启动新实例时，应该保存下来的所有内容。

它们可以是像 PostgreSQL 这样的关系型数据库，像 Redis 这样的键/值存储，或者像 RabbitMQ 这样的消息代理。我们可以自己管理这些服务。由于保存状态需要存储，所以这比管理云原生应用更具挑战性，但这能够获得对自己数据的更多控制权。另一个可选方案是使用云提供商提供的数据服务，它将负责管理所有与存储、韧性、可扩展性和性能相关的问题。在后一种方案中，我们可以使用很多专门为云构建的数据服务，如 Amazon DynamoDB、Azure Cosmos DB 和 Google BigQuery。

云原生数据服务是一个非常有吸引力的话题，但在本书中，我们将主要处理应用。与数据有关的问题，如集群、复制、一致性或分布式事务，在本书中不会有太多的详细阐述。尽管我很想这样做，但这些话题应该有专门的图书来充分地介绍。

3．交互

云原生服务需要相互沟通以满足系统的需求。如何进行通信将影响系统的整体属性。例如，选择请求/响应模式（同步的 HTTP 调用）而不是基于事件的方法（通过 RabbitMQ 实现消息流）会为应用带来不同的韧性。在本书中，我们会使用不同类型的交互，并学习它们的差异，以及每种方式适合什么样的场景。

1.8 小结

- 云原生应用是高度分布式系统，专门为云环境设计，而且会在云中运行。
- 云是一种 IT 基础设施，以商品的形式提供计算、存储和网络资源。
- 在云中，用户只须为实际使用的资源付费。
- 云供应商以不同的抽象层次提供服务：基础设施（IaaS）、容器（CaaS）、平台（PaaS）、函数（FaaS）或软件（SaaS）。
- 云原生应用具有水平可扩展性、松耦合和高内聚性，并且对故障有韧性、可管理、可观测。
- 云原生开发得到了自动化、持续交付和 DevOps 的支持。
- 持续交付是一种综合的工程实践，可快速、可靠和安全地交付高质量的软件。
- DevOps 是一种文化，能够让不同的角色进行协作，共同交付业务价值。
- 现代企业采用云原生来生产软件，这些软件可以快速交付，能够根据需要动态扩展，并且在优化成本的同时保证始终可用、对故障有韧性。
- 可以将容器（比如 Docker 容器）作为计算单元来设计云原生系统。它们比虚拟机更加轻量级，并提供了可移植性、不变性和灵活性。
- 有专门的平台（比如 Kubernetes）提供管理容器的服务，这样我们就不需要直接处理底层的问题。它们提供容器编排、集群管理、网络服务和调度功能。
- 在 Serverless 计算模型中，平台（比如 Knative）负责管理服务器和底层基础设施，开发人员只关注业务逻辑。后端功能是按使用量付费的，以实现成本优化。
- 微服务架构可用于开发云原生应用，但这并不是必需的。
- 为了设计云原生应用，我们将使用基于服务的风格，其特点是服务以及服务间的交互。
- 云原生服务可以进一步分类为应用服务（无状态）和数据服务（有状态）。

第 2 章　云原生模式与技术

本章内容：
- 理解云原生应用的开发原则
- 使用 Spring Boot 构建云原生应用
- 使用 Docker 和 Buildpacks 容器化应用
- 借助 Kubernetes 将应用部署到云中
- 概述本书所使用的模式和技术

为云环境设计应用的方式与传统方式是不一样的。12-Factor（12 要素）方法论包含了最佳实践和开发模式，是构建云原生应用的良好起点。在本书的第一部分，我将会阐述这个方法论，并且会在整本书中对其进行扩展讲解。

随后，在本章中我们会构建一个简单的 Spring Boot 应用，并使用 Java、Docker 和 Kubernetes 运行它，如图 2.1 所示。在本书中，我会深入探讨所有相关的话题，所以如果你对它们不完全

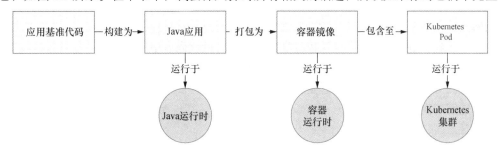

图 2.1　Spring 应用从 Java 到容器，再到 Kubernetes 的旅程

了解的话，请不要担心。本章的目的是为你建立一个思维地图，让你了解云环境中从代码到生产的整个过程，同时熟悉我们会在本书中使用的模式和技术。

最后，我将会介绍在后文不断完善的云原生项目，该项目会用到 Spring 和 Kubernetes。在这个过程中，我们将采用本书第一部分中提到的云原生应用的所有属性和模式。

2.1 云原生开发原则：12-Factor 及其扩展

Heroku 云平台的工程师提出了 12-Factor 方法论，作为设计和构建云原生应用的开发原则集[①]。他们将自己的经验提炼成最佳实践，以构建具有如下特征的 Web 应用。

- 适合在云平台部署。
- 按照设计，应用是可扩展的。
- 可跨平台移植。
- 持续部署和敏捷的推动者。

该方法论的目的是帮助开发人员构建适合云的应用，强调达成最佳效果所要考虑的重要因素。

随后，Kevin Hoffman 在他的 *Beyond the Twelve-Factor App* 一书中，对该方法论进行了修订和扩展，更新了原有要素的内容并增加了三个额外的要素[②]。从现在开始，我会将这个扩展的原则集称为 15-Factor 方法论。

这 15 个要素会指导我们阅读本书，因为它们是开发云原生应用的一个良好起点。如果你正在从头开始构建一个新的应用或者将一个传统的系统迁移至云中，那么这些原则可以一直帮助到你。我将会在相关的地方对它们进行详细的阐述，并介绍如何将它们用到 Spring 应用中，但是对它们有一个大致的了解也是很重要的。

下面我们对这些要素逐一进行讨论。

2.1.1 一份基准代码，一个应用

15-Factor 方法论在应用及其基准代码（codebase）之间建立了一对一的映射，所以，每个应用对应一份基准代码。任何共享代码都应该作为库或服务在自己的基准代码中进行跟踪，作为库的时候会以依赖的形式包含到应用中，作为服务的时候会以独立模式运行，担当其他应用的支撑服务。每份基准代码都可以选择是否在自己的代码库中进行跟踪。

一个部署是应用的一个运行时实例。针对不同的环境，可以有许多份部署，但是它们共享同一个应用制品。在将应用部署至特定的环境时，没有必要对基准代码进行重新构建：所有在部署之间的变更（比如配置）都应该放到应用的基准代码之外。

---

① A. Wiggins, "The Twelve-Factor App", https://12factor.net。
② K. Hoffman, *Beyond the Twelve-Factor App*, O'Reilly, 2016 年。

2.1.2　API 优先

云原生系统通常是由不同的服务组成的，它们之间通过 API 进行通信。在设计云原生应用的时候，采用 API 优先的方式有助于找到适合分布式系统的方法，并且有利于不同团队的工作分配。通过优先设计 API，使用该应用作为支撑服务的其他团队可以基于 API 创建他们的解决方案。通过预先设计契约，与其他系统的集成会更加健壮，并且能够作为部署流水线的一部分进行测试。在内部，API 的实现可以进行变更，而不会影响依赖它的其他应用和团队。

2.1.3　依赖管理

所有应用的依赖都应该在清单中明确声明，并且依赖管理器能够从中央仓库中下载它们。在 Java 应用中，我们通常会借助像 Maven 或 Gradle 这样的工具很好地遵循这一原则。应用对周围环境的隐式依赖仅限于语言运行时和依赖管理工具。这意味着私有依赖应该通过依赖管理器进行解析。

2.1.4　设计、构建、发布和运行

一份基准代码从设计到部署至生产环境要经历不同的阶段。
- 设计阶段。决定特定应用所需的技术、依赖和工具。
- 构建阶段。将基准代码与其依赖打包成一个不可变制品的过程叫作构建，构建制品必须要进行唯一标识。
- 发布阶段。构建与特定的配置相结合以便于进行部署。每个发布版本都是不可变的，并且应该能够唯一标识，比如，使用语义化的版本（如 3.9.4）或时间戳（如 2022-07-07_17:21）。发布版本应该存储在一个中央仓库中，以便于访问，比如我们有时需要回滚到一个之前的版本。
- 运行阶段。应用基于特定的版本在执行环境中运行。

15-Factor 方法论要求这些阶段严格分离，不允许在运行时修改代码，因为这会导致与构建阶段不匹配。构建和发布制品应该是不可变的，并且标有唯一的标识符，从而保证可重复性。

2.1.5　配置、凭证和代码

在 15-Factor 方法论中，配置指的是在不同的部署之间可能会发生变化的所有内容。当需要改变某个应用的配置时，我们不需要变更任何代码，也不需要重新构建应用。

配置可能会包含支撑服务（如数据库或消息系统）的资源句柄、访问第三方 API 的凭证以及特性标记。反问一下自己，如果你的基准代码突然公开，是否会有凭证或特定环境的信息泄

露出去。答案将会告诉你是否已经正确地将配置实现了外部化。

为了符合该要素，我们不能将配置放在代码中，也不能在同一份基准代码中进行跟踪。唯一的例外情况是默认配置，它可以与应用基准代码打包在一起。我们依然可以为各种类型的配置使用配置文件，但是应该将它们存储在一个单独的仓库中。

该方法论推荐将配置存储为环境变量。通过这种方式，我们可以将同一个应用部署在不同的环境中，但是根据环境配置的不同，它们会有不同的行为。

2.1.6   日志

云原生应用并不关心日志的路由和存储。应用应该将日志记录到标准输出中，并将日志视为按时间顺序发布的事件。日志的存储和轮转不再是应用的责任。像 Fluent Bit 这样的外部工具（日志聚合器）将会负责获取、收集日志并允许对日志进行探查。

2.1.7   易处理

在传统的环境中，我们需要花费很多心思来"照料"我们的应用，以确保它们能够保持正常运行，永不终止。在云环境中，我们并不需要花费太多的精力：应用的存活是短暂的。如果出现故障，应用无法响应，我们就将其终止并启动一个新的实例。如果面临高负荷峰值，我们会生成更多的应用实例，以应对增加的工作负载。如果应用能够在任意的时间启动或停止，那么我们就说它是易处理的（disposable）。

为了能够以动态的方式处理应用，我们需要将其设计为能够在需要新实例的时候快速启动，并且在不需要它们的时候优雅地将其关闭。快速启动能够实现系统的弹性，确保健壮性和韧性。如果无法快速启动的话，我们就会面临性能和可用性的问题。

优雅关机指的是当应用接收到终止信号时，它会停止接收新的请求，完成正在进行中的请求，并在最后退出。在 Web 进程中，这是非常简单的。但是在其他场景中，比如在工作者进程中，必须要等到它们所负责的 job（作业）返回到工作队列中，在此之后应用才能退出。

2.1.8   支撑服务

支撑服务（backing service）可以定义为应用为了交付其功能所使用的外部资源。支撑服务的样例包括数据库、消息代理、缓存系统、SMTP 服务器、FTP 服务器或 RESTful Web 服务。将它们视为附属资源意味着我们可以在不修改应用代码的情况下轻松变更它们。

请考虑在软件开发生命周期中，我们是如何使用数据库的。我们可能在不同的阶段（开发、测试和生产）使用不同的数据库。如果我们将数据库视为附属资源，那么就可以根据环境选择不同的服务。附属的内容是通过资源绑定实现的。比如，数据库的资源绑定会包含 URL、用户名和密码。

2.1.9 环境对等

环境对等指的是保持所有环境尽可能相似。在现实中，我们可能会发现该要素要处理三个方面的差异。

- 时间差异。代码变更和部署之间的时间间隔可能会非常长。该方法论致力于促进自动化和持续部署，以减少从开发人员编写代码到部署至生产环境的时间间隔。
- 人员差异。开发人员构建应用，而运维人员管理应用在生产环境中的部署。这个差异可以通过拥抱 DevOps 文化来解决，以实现开发人员和运维人员之间更好的协作，并实现"如果你负责构建它的话，那就要负责运行它"的理念。
- 工具差异。环境之间的一个主要差异就是如何处理支撑服务。例如，开发人员可能会在本地环境中使用 H2 数据库，而在生产环境中使用 PostgreSQL。一般来说，在所有环境中都应该使用相同类型和版本的支撑服务。

2.1.10 管理进程

我们通常会需要一些管理任务来支持应用，像数据库迁移、批处理 job 或维护 job 应该视为"一次性"进程。与应用进程类似，管理任务的代码也应该在版本控制中进行跟踪，与它们支持的应用一起交付，并且要在与应用相同的环境中执行。

一般来讲，好的实践是将管理任务划分为小的独立服务，在运行一次之后就将其废弃，或者将其配置为无状态平台的函数，并在特定事件发生时触发它们，也可以将其嵌入应用本身，通过调用一个特定的端点来激活它们。

2.1.11 端口绑定

遵循 15-Factor 方法论的应用应该是自包含（self-contained）的，并通过端口绑定的方式导出服务。在生产环境中可能会有一些路由服务，它们将从公开端点发送过来的请求转换成内部端口绑定的服务。

如果应用不依赖于执行环境中的外部服务器，那我们就说它是自包含的。Java Web 应用可能会在像 Tomcat、Jetty 或 Undertow 这样的服务器容器内运行。而云原生应用不需要环境中有 Tomcat 服务器，它会像管理其他依赖那样自行管理它。例如，Spring Boot 会让我们使用嵌入式服务器，也就是应用将包含服务器，而不是依赖于执行环境中的服务器。这种方法所带来的一个影响就是，应用和服务器之间总是一对一的关系，而不像传统方式那样，多个应用被部署到同一个服务器上。

应用提供的服务通过端口绑定实现对外导出。某个 Web 应用会将 HTTP 服务绑定到一个特定的端口上，并可能成为其他应用的支撑服务。在云原生系统中，这是司空见惯的事情。

2.1.12 无状态进程

在上一章中，我们看到高可扩展性是迁移到云的原因之一。为了确保可扩展性，我们会将应用设计为无状态的进程，并采用无共享架构（share-nothing architecture），即不同的应用实例之间不应共享状态。反问一下自己：如果你的应用的一个实例被销毁并重新创建，是否会有数据的丢失？如果答案是肯定的，那么你的应用就不是无状态的。

不管怎样，我们总是需要保存一些状态，否则我们的应用在大多数情况下是没有用处的。因此，我们将应用设计成无状态的，然后将状态限制在特定的有状态服务中进行处理，比如数据存储。换句话说，无状态应用将状态管理和存储相关的事情委托给支撑服务来处理。

2.1.13 并发

要实现可扩展性，仅靠无状态应用是不够的。如果我们需要扩展，就意味着需要为更多的用户提供服务。因此，我们的应用应该允许并发处理，以同时为众多的用户提供服务。

15-Factor 方法论将进程定义为"一等公民"。这些进程应该是可水平扩展的，将工作负载分配给不同机器上的多个进程。但只有确保应用是无状态的，这种并发处理才有可能实现。在 JVM 应用中，我们通过多线程来处理并发，这些线程可以从线程池中获取。

进程可以根据其类型进行分类。例如，我们可能有处理 HTTP 请求的 Web 进程以及在后台执行调度 job 的工作者进程。

2.1.14 遥测

可观测性是云原生应用的属性之一。在云中管理分布式系统是很复杂的。我们要想成功管理这种复杂性，唯一的机会就是确保每个系统组件都提供正确的数据来远程监控系统的行为。遥测数据的样例包括日志、度量指标、跟踪（Trace）、健康状态和事件。Hoffman 用了一个非常形象的比喻来强调遥测的重要性：把你的应用想象成太空探测器，那么你需要什么样的遥测技术来远程监视和控制应用呢？

2.1.15 认证与授权

安全性是软件系统的基本质量要求之一，但它经常没有得到必要的重视。按照零信任（zero-trust）方式，我们必须在架构和基础设施层面保护系统内的所有交互。毫无疑问，安全问题不仅仅涉及认证和授权，但这两者是一个很好的起点。

通过认证，我们可以跟踪谁在使用该应用。知道了这一点，我们就可以检查用户的权限，以校验是否允许它们执行特定的动作。一些标准可以用来实现身份识别和访问管理，包括我们将在本书中用到的 OAuth 2.1 和 OpenID Connect。

2.2 使用 Spring 构建云原生应用

现在，我们谈一些更具体的技术吧。到目前为止，我们已经熟悉了云原生方式以及要遵循的主要开发实践。接下来，我们看一下 Spring。如果你选择了本书，那么你可能已经有了一些 Spring 的经验，并且想要学习如何使用它来构建云原生应用。

Spring 生态系统提供的特性能够帮助我们处理应用的绝大多数需求，包括云原生应用的需求。目前，它是使用最广泛的 Java 框架，并且已经存在了很多年，非常健壮和可靠。Spring 背后的社区也非常棒，愿意推动它的发展并使其不断变得更好。技术和开发实践在不断演进，Spring 很好地跟上了这一点。因此，使用 Spring 来开发你的下一个云原生项目是明智的选择。

在本节中，我将重点介绍 Spring 的一些有趣特性。随后，我们将会开始创建 Spring Boot 应用。

2.2.1 Spring 全景图概览

Spring 包含多个项目，以解决软件开发过程中不同方面的问题，比如 Web 应用、安全性、数据访问、集成、批处理、配置、消息、大数据等。Spring 平台特别棒的一点在于它的设计是模块化的，所以我们可以使用和组合自己所需的项目。不管我们要构建哪种类型的应用，Spring 都有可能帮助我们来实现。

Spring Framework 是 Spring 平台的核心，该项目是 Spring 的起点。它支持依赖注入、事务管理、数据访问、消息、Web 应用等。该框架建立了企业级应用的"骨架"，使我们能够专注于业务逻辑。

Spring Framework 提供了一个执行上下文（叫作 Spring 上下文或容器），在应用的整个生命周期中，bean、属性和资源都在这里进行管理。我假定你已经熟悉了该框架的核心特性，所以我不会花费太多的时间来介绍它。尤其是，你应该了解 Spring 上下文的角色，并且能够熟练地使用 Spring bean、基于注解的配置以及依赖注入。我们将会依赖这些特性，所以希望你预先掌握好它们。

基于该框架，Spring Boot 让我们能够快速构建独立、生产环境可用的应用。通过使用具有一定偏好性的 Spring 和第三方库，Spring Boot 自带了合理的默认配置，从而能够让开发人员只需做最少的前期工作就能开始项目开发，同时依然提供了进行完整自定义的可能性。

在本书中，我们将会使用多个 Spring 项目来实现云原生应用的模式和最佳实践，包括 Spring Boot、Spring Cloud、Spring Data、Spring Security、Spring Session 和 Spring Native。

> **注意** 如果你有兴趣了解 Spring 核心特性的更多知识，Manning 出版社有多本关于该主题的图书，比如 Laurențiu Spilcă 的 *Spring Start Here*（Manning，2021 年）和 Craig Walls 的 *Spring in Action*（Manning，2022 年）。你还可以参阅 Mark Heckler 的 *Spring Boot: Up & Running*（O'Reilly，2021 年）。

2.2.2　构建 Spring Boot 应用

假设你已经被 Polarsophia 公司录用，并且要构建名为 Polar Bookshop 的应用。该公司管理着一家专门的书店，它们想要在线销售关于北极和北冰洋的图书，而且正在考虑采用云原生的方式。

作为一个试点项目，老板要求你向同事们展示从功能实现到部署至云的过程。现在，要求构建的 Web 应用是 Catalog Service，该应用目前只有一项职责，那就是欢迎用户进入图书目录功能。如果该试点项目能够成功并被广泛接受的话，它会成为将实际项目按照云原生应用进行构建的基础。

考虑到该任务的目标，你可能决定将应用实现为 RESTful 服务，由一个 HTTP 端点负责返回欢迎消息，并且选择采用 Spring 作为主要的技术栈，以构建组成该应用的服务（Catalog Service）。系统的架构如图 2.2 所示，在后面的章节中，你将会亲自构建和部署该应用。

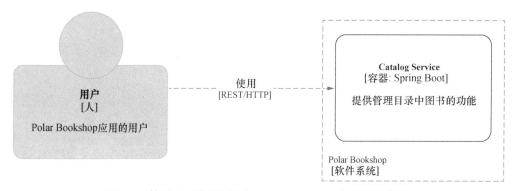

图 2.2　按照 C4 模型绘制的 Polar Bookshop 应用的架构图

在图 2.2 中，你可以看到我在本书中用来表示架构的符号，它遵循了 Simon Brown 创建的 C4 模型（https://c4model.com）。为了描述 Polar Bookshop 项目的架构，我使用了该模型中的三个抽象概念：

- 人：代表了软件系统的人类用户。在我们的样例中，也就是书店的消费者。
- 系统：代表了我们为了向用户交付价值而构建的整个应用。在我们的样例中，也就是 Polar Bookshop 系统。
- 容器：代表了一个服务，可以是应用服务或数据服务。不要将这个容器与 Docker 混淆。在我们的样例中，它就是 Catalog Service。

对于该任务，我们可以利用 Spring Framework 和 Spring Boot 完成如下事情：

- 声明实现该应用所需的依赖。
- 使用 Spring Boot 引导应用。
- 实现暴露 HTTP 端点的控制器，以返回欢迎消息。
- 运行并尝试使用该应用。

本书的所有样例都是基于 Java 17 的，这是在编写本书时最新的长期发布版本。在继续后面的内容前，请遵循附录 A 中 A.1 部分的指南安装 OpenJDK 17 发行版。然后，确保你已经具有支持 Java、Gradle 和 Spring 的 IDE。我使用的是 IntelliJ IDEA，但是也可以选择其他方案，比如 Visual Studio Code。最后，如果你还没有 GitHub 账号的话，创建一个免费的账号（https://github.com），你将会使用它来存储代码并定义持续交付流水线。

1. 初始化项目

在本书中，我们会构建多个云原生应用。我推荐你定义一个 Git 仓库并使用 GitHub 存储它们。在下一章中，我将会讨论如何管理基准代码。现在，我们先创建一个名为 catalog-service 的 Git 仓库。

然后，我们可以使用 Spring Initializr（https://start.spring.io/）来生成项目，并将其存放到刚刚创建的 catalog-service Git 仓库中。Spring Initializr 是一个便捷的服务，我们可以通过浏览器或它的 REST API 生成基于 JVM 的项目。它甚至集成到了流行的 IDE 中，比如 IntelliJ IDEA 和 Visual Studio Code。Catalog Service 的初始参数如图 2.3 所示。

图 2.3 在 Spring Initializr 中初始化 Catalog Service 项目的参数

在初始化过程中，我们可以提供一些关于要构建的应用的详细信息，如表 2.1 所示。

表 2.1 在 Spring Initializr 中配置生成项目的主要参数

参　　数	描　　述	Catalog Service 中的值
Project	我们可以决定是否使用 Gradle 或 Maven 作为构建工具。本书中的所有样例将会使用 Gradle	Gradle
Language	Spring 支持三种主要的 JVM 语言，即 Java、Kotlin 和 Groovy。本书的所有样例都会使用 Java	Java

参　　数	描　　述	Catalog Service 中的值
Spring Boot	我们可以选择使用 Spring Boot 的哪个版本。本书中的所有样例会使用 Spring Boot 2.7.3，但是任意后续的补丁版本都是可以的	Spring Boot 2.7.3
Group	项目的 group ID，用于 Maven 仓库	com.polarbookshop
Artifact	项目的 artifact ID，用于 Maven 仓库	catalog-service
Name	项目名称	catalog-service
Package name	项目的基础 Java 包	com.polarbookshop.catalogservice
Packaging	如何打包项目，也就是 WAR（部署于应用服务器中）还是 JAR（作为独立应用）。云原生应用应该打包为 JAR，所以本书的所有样例都会使用该选项	JAR
Java	构建该项目所使用的 Java 版本。本书的所有样例会使用 Java 17	17
Dependencies	项目中包含哪些依赖	Spring Web

新生成项目的结构如图 2.4 所示。在后面的章节中，我们将会依次进行介绍。

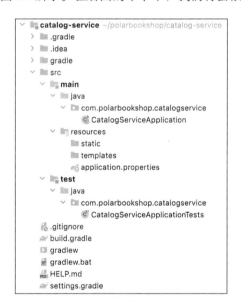

图 2.4　Spring Initializr 所生成的新 Spring 项目的结构

在本书附带的代码仓库中（https://github.com/ThomasVitale/cloud-native-spring-in-action），你会发现每章都有一个 begin 和 end 目录，所以你始终可以从和我一样的环境开始，并检查最后的结果。例如，你目前正在阅读第 2 章，所以你会发现相关的代码在 Chapter02/02-begin 和 Chapter02/02-end 目录中。

提示　在本章的 begin 目录中，你会发现其中有一条可以在终端窗口中执行的 curl 命令，它能够下载一个包含所有初始代码的 zip 包，这样你就不必手动通过 Spring Initializr 站点生成项目了。

Gradle 还是 Maven？

在本书中，我会使用 Gradle，但是你也可以使用 Maven 来替代它。在本书附带的代码仓库中，我们发现一个将 Gradle 命令映射为 Maven 命令的表格，如果你选择后者的话，就可以按照该表格进行操作（https://github.com/ThomasVitale/cloud-native-spring-in-action）。每个项目都有不同的需求，这可能会导致你选择不同的构建工具。

我选择使用 Gradle 是个人的偏好，这主要基于两个原因。使用 Gradle 构建和测试项目所花费的时间要比 Maven 少，这要归功于 Gradle 的增量式和并行构建以及缓存系统。同时，我发现 Gradle 构建语言（Gradle DSL）比 Maven XML 更易读、更有表现力且更易于维护。在 Spring 生态系统中，你会发现有的项目使用 Gradle，有的项目使用 Maven，它们都是很好的选择。我建议这两者你都试用一下，并选择更高效的方案。

2. 探索构建配置

在你最喜欢的 IDE 中打开刚刚初始化的项目，看一下 Catalog Service 应用的 Gradle 构建配置，它定义在名为 build.gradle 的文件中。我们可以看到，提供给 Spring Initializr 的所有信息都在这里。

程序清单 2.1　Catalog Service 项目的构建配置

在 Gradle 中提供 Java 支持，搭建编译、构建和测试应用的任务

在 Gradle 中提供 Spring Boot 支持并声明想要使用哪个版本

```
plugins {
    id 'org.springframework.boot' version '2.7.3'
    id 'io.spring.dependency-management'
    version '1.0.13.RELEASE'
    id 'java'
}

group = 'com.polarbookshop'
version = '0.0.1-SNAPSHOT'
sourceCompatibility = '17'

repositories {
    mavenCentral()
}

dependencies {
    implementation 'org.springframework.boot:spring-boot-starter-web'
    testImplementation 'org.springframework.boot:spring-boot-starter-test'
}

tasks.named('test') {
    useJUnitPlatform()
}
```

提供对 Spring 的依赖管理特性

Catalog Service 项目的 group ID

应用的版本，默认为 0.0.1-SNAPSHOT

构建项目所使用的 Java 版本

应用使用的依赖

使用 JUnit 5 提供的 JUnit Platform 来启用测试

搜索依赖的制品仓库

项目包含如下主要依赖：

■ Spring Web（org.springframework.boot:spring-boot-starter-web）提供必要的库以使用 Spring MVC 构建 Web 应用，包括使用 Tomcat 作为默认的嵌入式服务器。

■ Spring Boot Test（org.springframework.boot:spring-boot-starter-test）提供测试应用的库和工具，包括 Spring Test、JUnit、AssertJ 和 Mockito。它们会自动包含在每个 Spring Boot 项目中。

注意 Spring Boot 提供了便利的 starter 依赖，它们会打包特定使用场景下所有需要的包，并且会负责选择互相兼容的版本。该特性能够显著简化构建相关的配置。

项目名称是在名为 settings.gradle 的第二个文件中定义的：

```
rootProject.name = 'catalog-service'
```

3. 引导应用

在前文中，我们初始化了 Catalog Service 项目并选择了 JAR 打包选项。任何打包成 JAR 的 Java 应用都必须要有一个在启动时执行的 public static void main(String[] args) 方法，Spring Boot 也不例外。在 Catalog Service 中，我们有一个在初始化过程中自动生成的 CatalogServiceApplication 类，也就是定义 main() 方法以及 Spring Boot 应用运行的地方。

程序清单 2.2　Catalog Service 的引导类

```
package com.polarbookshop.catalogservice;

import org.springframework.boot.SpringApplication;
import org.springframework.boot.autoconfigure.SpringBootApplication;

@SpringBootApplication
public class CatalogServiceApplication {
  public static void main(String[] args) {
    SpringApplication.run(CatalogServiceApplication.class, args);
  }
}
```

定义 Spring 配置类并触发组件扫描和 Spring Boot 的自动配置

用来启动应用的方法。它会注册当前类并在应用的引导阶段运行

实际上，@SpringBootApplication 是一个快捷方式，它包含了三个不同的注解：

■ @ Configuration 标记该类是 bean 定义的来源。

■ @ComponentScan 启用组件扫描，从而能够自动地在 Spring 上下文中查找和注册 bean。

■ @EnableAutoConfiguration 启用 Spring Boot 提供的自动配置功能。

Spring Boot 的自动配置是根据多个条件触发的，比如类路径中存在的某些类、存在特定的

bean 或者某些属性的值。由于 Catalog Service 项目依赖 spring-boot-starter-web，所以 Spring Boot 会初始化一个嵌入式的 Tomcat 服务器实例并使用最小化的配置，这样几乎不消耗任何时间就能让一个 Web 应用启动并运行起来。

这就是应用的搭建过程。让我们继续后面的内容，也就是通过 Catalog Service 暴露一个 HTTP 端点。

4．实现控制器

到目前为止，我们已经了解了 Spring Initializr 生成的项目。现在，我们该为这个应用实现一些业务逻辑了。

Catalog Service 会暴露一个 HTTP GET 端点以返回友好的问候信息，欢迎用户进入图书目录。为此，我们可以在控制器类中定义一个处理器（handler）。图 2.5 展示了这个交互流程。

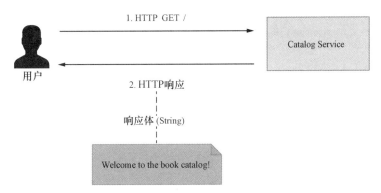

图 2.5　用户和应用之间的交互，通过 Catalog Service 暴露的 HTTP 端点获取欢迎消息

在 Catalog Service 项目中，创建新的 HomeController 类并实现一个负责处理根端点（/）GET 请求的方法。

程序清单 2.3　定义一个 GET 端点来返回欢迎消息

```
package com.polarbookshop.catalogservice;

import org.springframework.web.bind.annotation.GetMapping;
import org.springframework.web.bind.annotation.RestController;

@RestController                          ← 标识该类将会定义 REST/HTTP
public class HomeController {              端点的处理器

  @GetMapping("/")                       ← 处理对根端点
  public String getGreeting() {            的 GET 请求

    return "Welcome to the book catalog!";
  }
}
```

@RestController 注解会将该类标识为处理传入 HTTP 请求的控制器。借助@GetMapping 注解，我们标记 getGreeting()方法将会作为根端点（/）GET 请求的处理器。所有针对该端点的 GET 请求将会由这个方法进行处理。在下一章中，我们将会介绍使用 Spring 构建 RESTful 服务的更多细节。

5．测试应用

在使用 Spring Initializr 创建 Spring 项目的时候，它会搭建一个基础的测试。在 build.gradle 文件中，我们会自动获取测试 Spring 应用所需的依赖。除此之外，它还会自动生成一个测试类。我们看一下初始化项目之后，CatalogServiceApplicationTests 是什么样子的。

程序清单 2.4　用于校验 Spring 上下文的自动生成的测试类

```
package com.polarbookshop.catalogservice;

import org.junit.jupiter.api.Test;
import org.springframework.boot.test.context.SpringBootTest;

@SpringBootTest                                    提供测试 Spring Boot
class CatalogServiceApplicationTests {             应用的设置

  @Test
  void contextLoads() {                            空的测试，用来校
  }                                                验应用上下文是否
}                                                  正确加载
```

标识测试用例

默认的测试类使用了@SpringBootTest 注解进行标识，该注解提供了很多有用的特性来测试 Spring Boot 应用。在本书中，我会对其进行详细介绍。现在，你只需要知道它会加载一个完整的上下文，以便于在里面运行测试。这里只有一个测试用例并且是空的，它能够用来校验 Spring 上下文是否正确加载。

打开终端窗口，导航至应用的根目录（catalog-service），并运行 Gradle 的 test 任务（task）以执行应用的测试。

```
$ ./gradlew test
```

该任务应该能够成功执行，并且测试结果是绿色的，这意味着 Spring 应用没有任何错误，能够正常启动。HTTP 端点呢？接下来，我们探索一下。

6．运行应用

现在，我们已经实现了该应用，所以可以继续运行它了。我们有多种不同的方式来运行应用，随后我会向你展示其中的一部分。现在，我们可以使用 Spring Boot Gradle 插件提供的 task，即 bootRun。

在启动测试的同一个终端窗口中，运行如下命令：

```
$ ./gradlew bootRun
```

几秒钟之后，应用就会启动并运行起来，随后它会准备接收请求。在图 2.6 中，我们可以看到启动阶段的日志流。

```
  .   ____          _            __ _ _
 /\\ / ___'_ __ _ _(_)_ __  __ _ \ \ \ \
( ( )\___ | '_ | '_| | '_ \/ _` | \ \ \ \
 \\/  ___)| |_)| | | | | || (_| |  ) ) ) )
  '  |____| .__|_| |_|_| |_\__, | / / / /
 =========|_|==============|___/=/_/_/_/
 :: Spring Boot ::               (v2.7.3)

2022-08-28 17:35:36.231  INFO 55496 --- [           main] c.p.c.CatalogServiceApplication          : Starting CatalogServiceApplication using Java 17
2022-08-28 17:35:36.233  INFO 55496 --- [           main] c.p.c.CatalogServiceApplication          : No active profile set, falling back to 1 default profile
2022-08-28 17:35:36.842  INFO 55496 --- [           main] o.s.b.w.embedded.tomcat.TomcatWebServer  : Tomcat initialized with port(s): 8080 (http)
2022-08-28 17:35:36.849  INFO 55496 --- [           main] o.apache.catalina.core.StandardService   : Starting service [Tomcat]
2022-08-28 17:35:36.849  INFO 55496 --- [           main] org.apache.catalina.core.StandardEngine  : Starting Servlet engine: [Apache Tomcat/9.0.65]
2022-08-28 17:35:36.987  INFO 55496 --- [           main] o.a.c.c.C.[Tomcat].[localhost].[/]       : Initializing Spring embedded WebApplicationContext
2022-08-28 17:35:36.987  INFO 55496 --- [           main] w.s.c.ServletWebServerApplicationContext : Root WebApplicationContext: initialization completed in 637 ms
2022-08-28 17:35:37.162  INFO 55496 --- [           main] o.s.b.w.embedded.tomcat.TomcatWebServer  : Tomcat started on port(s): 8080 (http) with context path ''
2022-08-28 17:35:37.171  INFO 55496 --- [           main] c.p.c.CatalogServiceApplication          : Started CatalogServiceApplication in 1.222 seconds
```

图 2.6 Catalog Service 应用的启动日志

在图 2.6 的日志中，我们可以看到启动阶段主要由两个步骤组成：

- 初始化并运行嵌入式 Tomcat 服务器（默认情况下，它会监听 HTTP 上的 8080 端口）。
- 初始化并运行 Spring 应用上下文。

此时，我们终于可以校验 HTTP 端点是否能够按照预期运行了。打开一个浏览器窗口，导航至 http://localhost:8080/，准备好迎接来自 Polar Bookshop 图书目录的问候吧。

```
Welcome to the book catalog!
```

Polar Bookshop 应用的开发部分已经完成，我们有了一个 Catalog Service，它会欢迎用户进入图书目录。在继续后面的内容之前，记得终止 bootRun 进程（Ctrl+C）以停止应用的执行。

下一步是将应用部署到云中。为了让它能够在所有云基础设施上实现可移植，我们应该先将其容器化。现在我们进入 Docker 的话题。

2.3 使用 Docker 容器化应用

Catalog Service 应用已经可以运行了。但是在将其部署到云中之前，我们应该对其进行容器化。为什么要这样做呢？容器提供了与周围环境的隔离，并且配备了运行应用所需的所有依赖。

在我们的场景中，大多数的依赖都是由 Gradle 管理的，并且与应用打包到了一起（JAR 制品）。但是，Java 运行时并没有包含其中。如果没有容器，我们需要将 Java 运行时安装到所有部署应用的机器上。容器化应用意味着它将是自包含的，并且可在所有云环境中移植。借助容器，不管应用是使用什么样的语言和框架来实现的，我们都能够以一种标准的方式对其进行管理。

开放容器计划（Open Container Initiative，OCI）是一个 Linux 基金会项目，它定义了容器的行业标准。具体来讲，OCI 镜像规范（OCI Image Specification）定义了如何构建容器镜像，

OCI 运行时规范（OCI Runtime Specification）定义了如何运行这些容器镜像，OCI 分发规范（OCI Distribution Specification）定义了如何分发它们。我们用来操作容器的工具是 Docker，它兼容 OCI 规范。

Docker 是一个开源平台，它"提供了在松散隔离环境中打包和运行应用的能力，该环境被称为容器"。Docker 也是该技术背后的公司的名称，它是 OCI 的创始成员之一。在它们的一些商业产品中也使用了同样的术语。每当我提到 Docker 时，除非另有说明，否则我指的是用于构建和运行容器的开源平台。

在继续后文的内容之前，请按照附录 A 中 A.2 节的说明在开发环境中安装和配置 Docker。

2.3.1　Docker 简介：镜像与容器

当在机器上安装 Docker 平台的时候，我们会得到具有客户端/服务器架构的 Docker Engine 包。Docker 服务器包含了 Docker daemon，这是一个负责创建和管理 Docker 对象（如镜像、容器、存储卷和网络）的后台进程。运行 Docker 服务器的机器叫作 Docker 主机。运行容器的每台机器都应该是一台 Docker 主机，所以它应该有一个处于运行状态的 Docker daemon。容器的可移植性是通过 daemon 进程实现的。

Docker daemon 暴露了一个 API，我们可以使用它来发送指令，比如运行一个容器或创建一个存储卷。Docker 客户端会通过该 API 与 daemon 进行交互。客户端是基于命令行的，它可以通过脚本（例如，Docker Compose）或者直接通过 Docker CLI 与 Docker daemon 进行交互。

除了表征 Docker Engine 的客户端和服务器组件之外，平台中另外一个重要元素就是容器注册中心（container registry），它的作用类似于 Maven 仓库。Maven 仓库是用来托管和分发 Java 库的，而容器注册中心对容器镜像实现了相同的功能，它们遵循 OCI 分发规范。我们可以将其分为公开的和私有的注册中心。Docker 公司提供了名为 Docker Hub 的公开注册中心，它默认配置到了本地 Docker 安装环境中，并且会托管众多流行开源项目的镜像，如 Ubuntu、PostgreSQL 和 OpenJDK。

基于 Docker 文档（https://docs.docker.com）中所描述的架构，图 2.7 展示了 Docker 客户端、Docker 服务器以及容器注册中心是如何交互的。

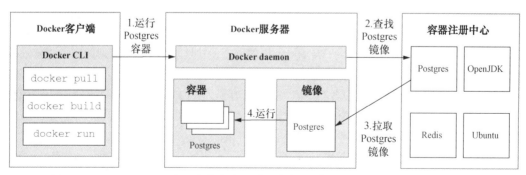

图 2.7　Docker Engine 有一个客户端/服务器架构，并且会与容器注册中心进行交互

Docker daemon 管理着不同的对象。在本节中，我们主要关注镜像和容器。

容器镜像（简称镜像）是一个轻量级的可执行包，里面包含了应用以及运行应用所需的所有内容。Docker 镜像格式是创建容器镜像时最常用的格式，它由 OCI 项目对其进行了标准化（在 OCI 镜像规范中）。OCI 镜像可以通过在 Dockerfile 中定义指令从头开始创建，Dockerfile 是一个基于文本的文件，包含生成镜像的所有步骤。在通常情况下，镜像是基于另一个镜像创建的。例如，我们可以在 OpenJDK 的基础上构建一个镜像，并在此基础上添加 Java 应用。创建之后，镜像可以被推送到 Docker Hub 这样的容器注册中心。我们可以使用一个基础名称和一个标签来识别每个镜像，其中标签通常会使用版本号。例如，22.04 版本的 Ubuntu 镜像被称为"ubuntu:22.04"。在这里，会使用一个冒号将基础名称和版本分开。

容器是镜像的可运行实例。我们可以通过 Docker CLI 或 Docker Compose 管理容器的生命周期，也就是说我们可以启动、停止、更新和删除容器。容器是由它们所基于的镜像以及启动时的配置（例如，用于自定义容器的环境变量）来定义的。在默认情况下，容器之间以及容器与主机之间是互相隔离的，但是我们可以通过名为"端口转发"或"端口映射"的过程，使它们能够通过特定的端口向外部暴露服务。容器可以有任意的名字。如果不指定名字的话，Docker 会随机分配一个名字，比如 bazinga_schrodinger。要将 OCI 镜像运行为容器，我们需要有 Docker 或者其他任意兼容 OCI 规范的容器运行时。

当想要运行新容器时，我们可以使用 Docker CLI 与 Docker daemon 进行交互，它会检查指定的镜像是否存在于本地服务器中。如果没有的话，它会在注册中心查找并下载该镜像，然后使用它来运行容器。再次提示，这个工作流可以参阅图 2.7。

macOS 和 Windows 上的 Docker 是如何运行的呢？

在上一章中，我们学习了容器共享同一个操作系统内核并且依赖于 Linux 的特性，如 namespace 和 cgroups。我们将使用 Docker 在 Linux 容器中运行 Spring Boot 应用，但是 Docker 是如何在 macOS 或 Windows 机器上运行的呢？

当我们在 Linux 操作系统上安装 Docker 时，我们会在 Linux 主机上得到完整的 Docker Engine 软件。但是，如果我们安装 Docker Desktop for Mac 或 Docker Desktop for Windows 的话，只有 Docker 客户端会被安装到 macOS/Windows 主机上。随后，它在幕后会配置一个基于 Linux 的轻量级虚拟机，而 Docker 的服务器组件会安装到这台机器上。作为用户，我们会获得同 Linux 机器一样的体验，几乎不会感到任何差异。但实际上，每当我们使用 Docker CLI 进行操作的时候，是与另一台机器（即运行 Linux 的虚拟机）上的 Docker 服务器进行交互。

我们可以启动 Docker 并运行 docker version 命令来验证这一点。你会发现 Docker 客户端运行在 darwin/amd64（macOS）或 windows/amd64（Windows）架构上，而 Docker 服务器则运行在 linux/amd64 架构上。

```
$ docker version
Client:
 Cloud integration: v1.0.24
```

```
Version:            20.10.14
API version:        1.41
Go version:         go1.16.15
Git commit:         a224086
Built:              Thu Mar 24 01:49:20 2022
OS/Arch:            darwin/amd64
Context:            default
Experimental:       true

Server:
Engine:
 Version:           20.10.14
 API version:       1.41 (minimum version 1.12)
 Go version:        go1.16.15
 Git commit:        87a90dc
 Built:             Thu Mar 24 01:45:44 2022
 OS/Arch:           linux/amd64
 Experimental:      false
```

Docker 提供了除 AMD64 以外其他架构的支持。例如，如果你使用 Apple Silicon（基于 ARM 芯片）的 MacBook，你会发现 Docker 客户端在 darwin/arm64 架构上运行，而 Docker 服务器在 linux/arm64 上运行。

2.3.2　以容器形式运行 Spring 应用

回到 Catalog Service，我们看一下如何以容器的形式来运行它。多种不同的方式可实现这一点。在这里，我们将使用 Spring Boot 与 Cloud Native Buildpacks 开箱即用的集成，Buildpacks 是 Heroku 和 Pivotal 发起的项目，现在由 CNCF 托管，它提供了一个高层次的抽象，以便于自动化地将源码转换成容器镜像，从而避免编写低层次的 Dockerfile。

Paketo Buildpacks（Cloud Native Buildpacks 规范的实现）能够与 Spring Boot Plugin 完美集成，并同时支持 Gradle 和 Maven。这意味着我们可以将 Spring Boot 应用容器化，而在这个过程中无须下载任何额外的工具，提供任何额外的依赖，或编写 Dockerfile。

我们会在第 6 章描述 Cloud Native Buildpacks 项目是如何运行的，以及如何配置它来容器化 Spring Boot 应用。现在，我们先预览一下它的特性。

打开一个终端窗口，导航至 Catalog Service 项目的根目录（catalog-service），然后运行名为 bootBuildImage 的 Gradle task。要将应用打包成容器镜像，我们只需运行该命令即可，它会在底层使用 Cloud Native Buildpacks。

```
$ ./gradlew bootBuildImage
```

警告　在编写本书的时候，Paketo 项目正在致力于添加对 ARM64 镜像的支持。你可以在 Paketo Buildpacks 项目的 GitHub 上关注该特性的进展：https://github.com/paketo-buildpacks/stacks/issues/51。在该特性完成之前，借助 Docker Desktop，你依然可以在 Apple Silicon 计算机上使用 Buildpacks 构建并运行容器，但是构建过程和应用启动阶段会比平常稍慢一些。在添加官方支持之前，你还可以使用如下替代命令：./gradlew bootBuildImage --builder ghcr.io/thomasvitale/java-builder-arm64，该命令会指向支持 ARM64 的 Paketo Buildpacks 的一个实验性版本。需要注意，它是实验性的，尚未对生产环境就绪。关于这方面的更多信息，请参阅 GitHub 上的文档（https://github.com/ThomasVitale/paketo-arm64）。

第一次运行该 task 的时候，它可能需要一分钟左右的时间来下载 Buildpacks 并创建容器镜像所使用的包。第二次运行该命令则只需要几秒钟的时间。生成镜像的默认名称为 catalog-service:0.0.1-SNAPSHOT（<project_name>:<version>）。我们可以使用如下命令查看新建镜像的详情。

```
$ docker images catalog-service:0.0.1-SNAPSHOT
REPOSITORY          TAG               IMAGE ID        CREATED        SIZE
catalog-service     0.0.1-SNAPSHOT    f0247a113eff    42 years ago   275MB
```

注意 在上面命令的输出中，你可能已经留意到该镜像好像是 42 年前创建的。这是 Cloud Native Buildpacks 为实现可重复构建所使用的一个约定。如果输入没有发生变化的话，后续构建命令的执行将会得到相同的输出。如果使用创建时的真正时间戳则无法实现这一点，所以 Cloud Native Buildpacks 使用了一个约定的时间戳（即 1980 年 1 月 1 日）[①]。

我们要做的最后一件事就是运行镜像并校验容器化的应用是否依然能够正常运行。打开终端窗口并运行如下命令：

```
$ docker run --rm --name catalog-service -p 8080:8080 \
    catalog-service:0.0.1-SNAPSHOT
```

注意 如果你在 Apple Silicon 计算机上运行容器的话，上述命令可能会返回 "WARNING: The requested image's platform (linux/amd64) does not match the detected host platform (linux/arm64/v8) and no specific platform was requested." 信息。在这种情况下，你需要在上述命令中添加一个额外的参数（位置在镜像名称之前），即 "--platform linux/amd64"，在 Paketo Buildpacks 添加对 ARM64 的支持前均须如此。

你可以参考图 2.8 以了解该命令的详细描述。

打开浏览器窗口，导航至 http://localhost:8080/ 并验证我们依然能够得到与前面一样的问候语。

```
Welcome to the book catalog!
```

完成之后，你可以使用 Ctrl+C 来停止该容器。

在第 6 章，我们将学习更多关于 Docker 如何运行、如何基于 Spring Boot 应用构建容器镜像以及如何使用容器注册中心的知识。我还会展示如何借助 Docker Compose 来管理容器，以取代 Docker CLI。

---

① 为了实现可重复性构建，Cloud Native Buildpacks 将输出镜像的所有层进行了时间戳 "归零"，细节可参阅官方文档：https://buildpacks.io/docs/features/reproducibility/。——译者注

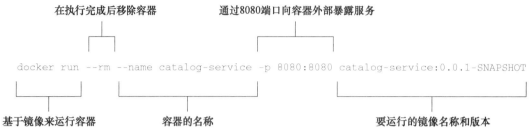

图 2.8　基于镜像启动容器化 Web 应用的 Docker 命令

2.4　使用 Kubernetes 管理容器

到目前为止,我们已经使用 Spring Boot 构建了一个 Web 应用(Catalog Service),使用 Cloud Native Buildpacks 对其进行了容器化并且运行在了 Docker 之中。为了完成 Polar Bookshop 的试点项目,我们必须要执行最后一步,也就是将应用部署到云环境中。在这个过程中,我们将会使用 Kubernetes,它已经成为容器编排领域的事实标准。我将会在后面的章节中进一步阐述 Kubernetes,但在这里,我希望你能初步了解 Kubernetes 是如何运行的,以及如何使用它来部署 Web 应用。

Kubernetes(通常缩写为 K8s)是一个开源的系统,用来实现容器化应用的自动化部署、扩展和管理。在 Docker 中使用容器的时候,我们的部署目标是一台机器。在上一节的样例中,它就是我们使用的计算机。在其他场景中,它可能是一台虚拟机(VM)。不管是哪种情况,它都是将容器部署到特定的机器上。但是,当涉及在不停机的情况下部署容器,通过云的弹性对其进行扩展或者跨不同的主机将它们连接在一起的时候,我们所需要的就不仅仅是容器引擎了。我们的部署目标从特定的机器转到了一个由机器组成的集群,Kubernetes 能够帮助我们管理机器集群,除此之外,它还有很多其他功能。在上一章介绍拓扑结构时,我曾经讨论过这种区别。作为回顾,请参考图 2.9,它描述了容器拓扑结构和编排拓扑结构中部署目标的差异。

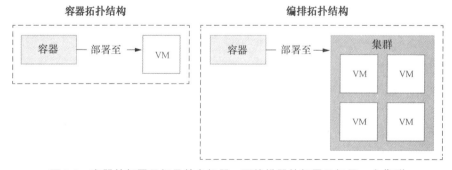

图 2.9　容器的部署目标是单台机器,而编排器的部署目标是一个集群

在继续后面的内容之前,请遵循附录 A 中 A.3 节中的指南,在本地开发环境中安装 minikube

并搭建 Kubernetes。完成安装过程后，你可以通过如下命令启动一个本地 Kubernetes 集群：

```
$ minikube start
```

2.4.1　Kubernetes 简介：Deployment、Pod 与 Service

Kubernetes 是一个由 CNCF 托管的开源容器编排器。在短短几年间，它已经成为最常用的容器编排解决方案，所有主要的云供应商都提供了 Kubernetes 服务。Kubernetes 可以运行在桌面系统上、内部自建的数据中心中，以及运行在云中，甚至可以运行在物联网设备中。

当使用容器拓扑结构时，我们只需要一台安装容器运行时的机器。但是，有了 Kubernetes 之后，我们就会切换至编排拓扑结构，这意味着需要一个集群。Kubernetes 集群是一组运行容器化应用的工作者机器（节点）。每个集群至少要有一个工作者节点。借助 minikube，我们可以很容易地在本地机器上创建单节点的集群。在生产环境中，我们可以使用云供应商管理的集群。

Kubernetes 集群由被称为工作者节点（worker node）的机器组成，我们的容器化应用就部署在这些机器上。它们提供 CPU、内存、网络和存储等基础能力，从而使容器能够运行并连接至网络中。

控制平面（control plane）是管理工作者节点的容器编排层。它暴露 API 和接口，以定义、部署和管理容器的生命周期。它提供了实现编排器典型功能的所有基本要素，如集群管理、调度和健康监控。

> **注意**　在容器编排场景中，调度意味着将某个容器与运行它的节点进行匹配。这种匹配是基于一定条件的，包括在节点上要具有运行容器所需的计算资源。

我们可以通过 CLI 客户端（即 kubectl）与 Kubernetes 进行交互，它会与控制平面进行通信，以便于在工作者节点上执行一些操作。客户端不会直接与工作者节点进行交互。图 2.10 展示了 Kubernetes 架构的高层级组件。

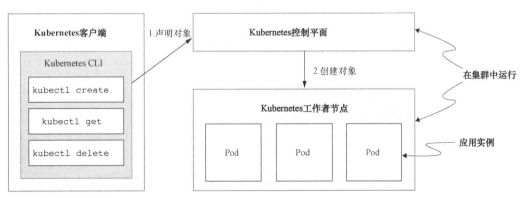

图 2.10　Kubernetes 的主要组件是 API、控制平面和工作者节点

Kubernetes 能够管理很多不同的对象，包括内置和自定义的对象。在本节中，我们将会使

用 Pod、Deployment 和 Service。

- ■ Pod：最小的可部署单元。它可以包括一个或多个容器。通常，一个 Pod 只包含一个应用，并且可能包含支撑主应用的额外容器（例如，提供像日志或管理任务这种额外功能的容器，它们会在初始步骤中运行）。Kubernetes 管理 Pod 而不是直接管理容器。
- ■ Deployment：它会指导 Kubernetes 关于应用的期望部署状态。对于每个实例，它会创建一个 Pod 并确保它是健康的。此外，Deployment 还允许我们以集合的形式管理 Pod。
- ■ Service：通过定义 Service，Deployment（一组 Pod）可以暴露给集群中的其他节点或暴露至集群之外。Service 还会负责 Pod 实例之间的负载均衡。

当我们想运行一个新的应用时，可以定义一个资源清单（resource manifest），该文件描述了应用的期望状态，例如，我们可以声明它应该有五个副本，并通过 8080 端口暴露到外部。资源清单通常使用 YAML 编写。然后，我们使用 kubectl 客户端要求控制平面创建清单中描述的资源。最后，控制平面会使用其内部组件来处理该请求，并最终在工作者节点上创建资源。控制平面依然会依赖容器注册中心来获取资源清单中定义的镜像。再次提醒，该工作流程在图 2.10 中进行了描述。

2.4.2 在 Kubernetes 中运行 Spring 应用

我们回到 Polar Bookshop 项目，在上一节中，我们对 Catalog Service 应用进行了容器化。现在可以使用 Kubernetes 将其部署到集群中了。我们已经在本地环境中建立并运行了一个集群，接下来所需要的是一个资源清单。

与 Kubernetes 交互的标准方式是使用声明式指令，它可以在 YAML 或 JSON 文件中定义。我们将在第 7 章学习如何编写资源清单。在此之前，我们采用与前文中使用 Docker 一样的方式，也就是使用 Kubernetes CLI。

首先，我们需要告诉 Kubernetes 要基于容器镜像部署 Catalog Service，也就是我们之前构建的 catalog-service:0.0.1-SNAPSHOT。默认情况下，minikube 会使用 Docker Hub 注册中心来拉取镜像，而并不会访问本地的注册中心。因此，它无法找到我们为 Catalog Service 应用所构建的镜像，但是不必担心，我们可以手动将其导入本地集群。

打开一个终端窗口，并运行如下命令：

```
$ minikube image load catalog-service:0.0.1-SNAPSHOT
```

这里的部署单元将会是一个 Pod，但是我们没有直接管理 Pod。相反，我们希望由 Kubernetes 来处理它。Pod 就是应用的实例，所以它们是短期存活的。为了实现云原生的目标，我们想要让平台负责实例化 Pod，这样如果某个 Pod 停掉的话，它能够被其他 Pod 所替代。我们所需要的就是 Deployment 资源，它能够指导 Kubernetes 将应用实例创建为 Pod 资源。

在终端窗口中，运行如下命令：

```
$ kubectl create deployment catalog-service \
    --image=catalog-service:0.0.1-SNAPSHOT
```

我们可以参阅图 2.11 以了解该命令的描述。

图 2.11　基于容器镜像创建 Deployment 的 Kubernetes 命令。Kubernetes 将会负责为应用创建 Pod

我们可以通过如下命令验证 Deployment 的创建情况。

```
$ kubectl get deployment
NAME              READY    UP-TO-DATE    AVAILABLE    AGE
catalog-service   1/1      1             1            7s
```

在幕后，Kubernetes 会为 Deployment 资源中定义的应用创建一个 Pod。我们可以通过如下命令校验 Pod 的创建情况。

```
$ kubectl get pod
NAME                              READY    STATUS     RESTARTS    AGE
catalog-service-5b9c996675-nzbhd  1/1      Running    0           21s
```

提示　你可以通过运行 kubectl logs deployment/catalog-service 查看应用日志。

默认情况下，在 Kubernetes 中运行的应用是无法访问的。现在，我们来解决这个问题。首先，通过运行以下命令，将 Catalog Service 以 Service 资源的形式暴露到集群中。

```
$ kubectl expose deployment catalog-service \
    --name=catalog-service \
    --port=8080
```

我们可以参阅图 2.12 以了解该命令的描述。

图 2.12　将 Deployment 暴露为 Service 的 Kubernetes 命令。Catalog Service
将会通过 8080 端口暴露到集群网络中

Service 对象会将应用暴露给集群中的其他组件。我们可以通过如下命令校验它是否已经被成功创建。

```
$ kubectl get service catalog-service
NAME                 TYPE         CLUSTER-IP       EXTERNAL-IP     PORT(S)      AGE
catalog-service      ClusterIP    10.96.141.159    <none>          8080/TCP     7s
```

现在，我们可以将流量从本地机器的端口（如 8000）转发到集群中 Service 暴露的端口
(8080)。还记得 Docker 中的端口映射吗？它的运行方式与之类似。如果端口转发配置成功的
话，我们可以从命令输出中看到：

```
$ kubectl port-forward service/catalog-service 8000:8080
Forwarding from 127.0.0.1:8000 -> 8080
Forwarding from [::1]:8000 -> 8080
```

我们可以参阅图 2.13 以了解该命令的描述。

图 2.13   用于将本地主机端口转发至集群内 Service 的 Kubernetes 命令。
Catalog Service 应用将通过 8000 端口暴露给本地主机

现在，当我们访问本地主机的 8000 端口时，就会被转发 Kubernetes 集群中负责暴露 Catalog
Service 应用的 Service。打开一个浏览器窗口，导航至 http://localhost:8000/（确保是 8000，而
不是 8080）并验证我们会得到与之前一样的问候语。

```
Welcome to the book catalog!
```

干得漂亮！我们从将一个 Spring Boot 应用打包成 JAR 文件开始，然后使用 Cloud Native
Buildpacks 将其容器化，并在 Docker 上运行。最后，使用 Kubernetes 将应用部署到一个集群上。
当然，这是一个本地集群，但它也可以是在云中的远程集群。这个过程的美妙之处在于，它的
运作方式是保持不变的，独立于具体的环境。我们可以使用相同的方式将 Catalog Service 部署
到公有云基础设施的集群中。这难道不是一件非常棒的事情吗？

在第 7 章中，我们会进一步使用 Kubernetes。现在，你可以使用 Ctrl+C 终止端口转发进程，
使用 `kubectl delete service catalog-service` 删除 Service，并使用 `kubectl delete
deployment catalog-service` 删除 Deployment。最后，可以使用 `minikube delete
cluster` 以停掉集群。

2.5   云原生样例：Polar Bookshop

本书的目标是尽可能为你提供真实的代码样例。现在，我们已经探索了一些核心概念，而

且你也已经亲手构建、容器化和部署了 Spring 应用，接下来，我们做一个更为复杂的项目，也就是一个在线书店系统。在后文中，我将会指导你开发一个基于 Spring 应用的完整云原生系统，并将其进行容器化、部署到公有云的 Kubernetes 中。

对于后面各章所涉及的每个概念，我都会向你展示如何将其用于真正的云原生场景中，从而让你获得完整的实践学习经验。请注意，该项目使用的所有源码都可以在随书的 GitHub 仓库中获取。

本节将会定义我们将要构建的云原生项目的需求，并描述其架构。随后，我将会介绍实现该项目所使用的主要技术和模式。

2.5.1　理解系统需求

Polar Bookshop 是一个专业的书店，其使命是传播有关北极和北冰洋（这也是该书店的位置）的知识和信息，包括它的历史、地理、动物等。管理该书店的公司 Polarsophia 决定在线销售其书籍，以便于在全世界范围内传播，但这仅仅是个开始。该项目的愿景包括构建一套软件产品来完成 Polarsophia 的使命。在试点项目成功之后，该公司决定开启云原生之旅。

在本书中，我们将会构建系统的核心部分，其功能和集成方面有着无限的可能性。管理层计划在很短的迭代内交付新特性，缩短上市时间，并尽早获得用户的反馈。其目标是让每个人在任何地方都能访问该书店，因此应用需要是高可扩展的。由于受众遍布全球且高度可扩展，这样的系统需要保持高可用，所以韧性是必不可少的。

Polarsophia 是一个很小的公司，需要优化成本，尤其是基础设施相关的成本。它没有能力建造自己的数据中心，所以决定租用第三方的 IT 硬件。

现在，你可能已经知道公司迁移到云的一些原因了。Polar Bookshop 应用也需要这样做，当然，它将会是一个云原生应用。

图书可以通过应用进行销售，当客户购买图书的时候，他们可以检查自己订单的状态。使用 Polar Bookshop 的主要有两类人：

- 客户：可以浏览和购买目录中的图书，并检查订单。
- 员工：可以管理图书，更新现有的图书并添加新书到目录中。

图 2.14 描述了 Polar Bookshop 云原生系统的架构。正如我们看到的，它是由多个服务组成的。有些服务将会实现系统的业务逻辑，以便于提供上文所述的功能。其他服务将会实现一些共同的关注项，比如中心化配置。为了简洁，该图没有展示用来负责安全性和可观测性的服务。在本书后面的内容中，我们将会逐渐熟悉它们。

在接下来的章节中，我们将会详细介绍图 2.14 中展示的所有内容，了解特定服务的更多信息，并采用不同的视角来可视化系统的部署过程。现在，我们继续介绍项目所使用的模式和技术。

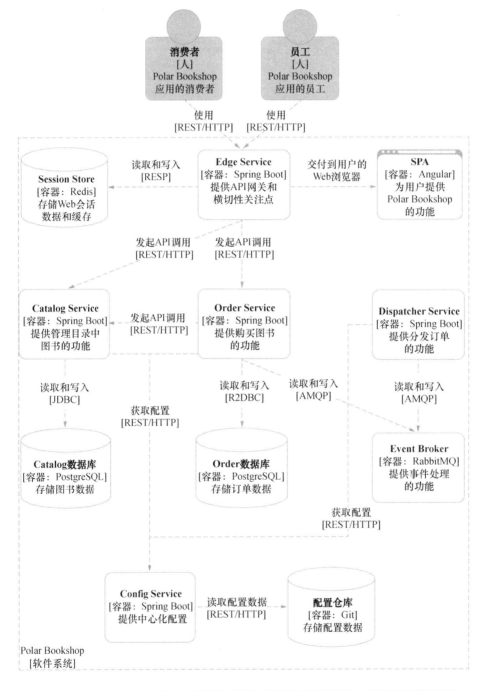

图 2.14　Polar Bookshop 的架构，云原生系统包括具有不同职责的应用服务和数据服务。
为了简洁，图中没有展示安全性和可观测性服务

2.5.2 探索项目中所使用的模式和技术

当我在书中介绍一个新的主题时，我都会向你展示如何将涉及的技术或模式用到 Polar Bookshop 项目中。在本小节，我将会从整体上介绍我们要解决的主要关注点，以及为了解决它们所使用的技术和模式。

1. Web 和交互

Polar Bookshop 是由多个服务组成的，它们必须互相通信以实现其功能。我们将会构建通过 HTTP 进行同步交互的 RESTful 服务，包括阻塞方式（使用传统的 servlet）和非阻塞方式（使用反应式编程）。Spring MVC 和 Spring WebFlux（基于 Reactor 项目）将是实现这一目标的主要工具。

当构建云原生应用的时候，我们应当设计松耦合的服务并考虑如何在分布式系统中保持数据的一致性。当有更多的服务参与完成一项功能时，同步通信可能会产生问题。这就是事件驱动编程在云中越来越流行的原因，它能够让我们克服同步通信的问题。

我将会向你展示如何使用事件和消息系统来解耦服务并确保数据一致性。我们将会使用 Spring Cloud Stream 实现服务之间的数据流，并使用 Spring Cloud Function 将消息处理器定义为函数。后一种方式可以自然演进为 Serverless 应用，并部署到像 Azure Functions、AWS Lambda 或 Knative 这样的平台中。

2. 数据

数据是软件系统中一个关键的组成部分。在 Polar Bookshop 系统中，我们将会使用关系型数据库 PostgreSQL 来永久存储应用所处理的数据。我将会向你展示如何使用 Spring Data JDBC（命令式）和 Spring Data R2DBC（反应式）来实现应用与数据源的集成。你还将看到如何使用 Flyway 实现数据源演进并管理模式迁移。

云原生应用应该是无状态的，但是状态总归是需要存储在某个地方的。在 Polar Bookshop 中，我们使用 Redis 将会话信息外部化到一个数据存储中，并保证应用的无状态和可扩展。Spring Session 能够让我们很容易地实现集群化的用户会话。尤其是，我将会向你展示如何使用 Spring Session Data Redis 实现应用会话管理与 Redis 的集成。

除了持久化数据和会话数据，我们还会处理消息以实现事件驱动的编程模式。为了实现这一点，我们将会使用 Spring AMQP 和 RabbitMQ 技术。

在本地，我们会使用 Docker 容器来运行这些数据服务。在生产环境中，我们将会依赖云供应商（如 DigitalOcean 或 Azure）提供的托管服务，供应商会负责处理高可用性、集群、存储和数据复制等关键问题。

3. 配置

在本书中，我将会向你展示如何以不同的方式配置 Polar Bookshop 中的服务。我们首先会介绍 Spring Boot 提供的属性和 profile 方案，以及该何时使用它们。然后，我们会学习在以 JAR 和容器形式运行 Spring 应用时，如何通过环境变量实现外部化的配置。随后，你将会看到如何通过 Spring Cloud Config 配置服务器实现中心化的配置管理。最后，我将会教你如何使用 Kubernetes 中的 ConfigMap 和 Secret。

4．路由

Polar Bookshop 是一个分布式系统，需要一些路由配置。Kubernetes 有一个内置的服务发现特性，能够帮助我们将服务与它们的物理地址和主机名解耦。云原生应用是可扩展的，所以它们之间的所有交互都要考虑到一点：我们要调用哪个实例？Kubernetes 为我们提供了原生的负载均衡特性，所以我们不需要在应用中实现任何相关的功能。

我将会指导你通过 Spring Cloud Gateway 实现一个担当 API 网关的服务，它会屏蔽所有内部 API 的变更。它也会作为一个边缘服务，我们会借助它在一个统一的地方实现横切性关注点，比如安全性和韧性。该服务会作为 Polar Bookshop 的入口，并且具备高可用、高性能和容错的特征。

5．可观测性

Polar Bookshop 系统中的服务应该是可观测的，这样才能被定义为云原生应用。我将会向你展示如何使用 Spring Boot Actuator 来搭建健康检查和基本信息端点，使用 Micrometer 暴露度量指标，并由 Prometheus 来获取和处理。随后，我们会使用 Grafana 在内容丰富的仪表盘中可视化最重要的度量指标。

请求可能会由多个服务进行处理，所以我们需要一个分布式跟踪功能，以便于跟踪从一个服务到另一个服务的请求流。我们将会借助 OpenTelemetry 来搭建该功能。然后，Grafana Tempo 将会抓取、处理和可视化跟踪数据，从而给我们一个全景视图以便于了解系统是如何完成其功能的。

最后，我们需要制定一个日志策略。我们应该以日志流的形式来处理日志，所以需要让 Spring 应用将日志事件以流的形式打印到标准输出中，而不用考虑它们是如何处理和存储的。Fluent Bit 会负责收集所有服务的日志，Loki 会存储和处理它们，而 Grafana 则能够让我们以可视化的方式浏览它们。

6．韧性

云原生应用应该是有韧性的。对于 Polar Bookshop 项目来说，我将展示各种使应用具备韧性的技术，包括使用 Reactor、Spring Cloud Circuit Breaker 和 Resilience4J 来实现断路器、重试、超时和其他模式。

7．安全性

安全性是一个非常庞大的主题，我无法在本书中对其进行很深入的介绍。不过，我还是建议大家去探索这个话题，因为如今它是最重要的软件关注点之一。这是一个长期存在的问题，应该从项目的一开始就不断解决，而且永远不可懈怠。

对于 Polar Bookshop 系统，我将向你展示如何为云原生应用添加认证和授权功能。你将会看到如何确保服务之间以及用户和应用之间的通信安全。在实现这些功能时，我们依赖的标准是 OAuth 2.1 和 OpenID Connect。Spring Security 支持这些标准，并且能够与外部服务无缝集成以提供认证和授权功能。我们将会使用 Keycloak 以实现身份标识和访问控制管理。

除此之外，我还会介绍 Secret 管理和加密的概念。我无法太深入地研究这些话题，但我会展示如何管理 Secret 以配置 Spring Boot 服务。

8．测试

自动化测试对云原生应用的成功至关重要。我们会使用多层次的自动化测试来覆盖 Polar Bookshop 应用。我将会展示如何使用 JUnit5 编写单元测试。Spring Boot 添加了很多便利的工具以改善集成测试，我们将会使用它来确保服务的质量。我们会为 Polar Bookshop 中使用的各种特性编写测试，包括 REST 端点、消息流、数据集成和安全性。

为了确保应用的质量，保持跨环境的对等性至关重要。当涉及支撑服务时，这一点尤为重要。在生产环境中，我们会使用像 PostgreSQL 和 Redis 这样的服务。在测试中，我们应该使用类似的服务，而不是 mock 或专门的测试工具（比如 H2 内存数据库）。Testcontainers 框架能够帮助我们在自动化测试中以容器的形式使用真正的服务。

9．构建和部署

Polar Bookshop 系统中主要的服务是使用 Spring 编写的。我们将会看到如何打包一个 Spring 应用程序，并以 JAR 文件的形式运行，然后使用 Cloud Native Buildpacks 将其容器化，并以 Docker 形式运行，最后，我们将使用 Kubernetes 来部署容器。我们还会使用 Spring Native 和 GraalVM 将 Spring 应用编译成原生镜像，并在 Serverless 架构中使用它们，从而实现快速启动、即时达到峰值性能、减少内存消耗和减少镜像大小的目标。然后，我们将在基于 Kubernetes 的 Knative Serverless 平台上部署它们。

我将会展示如何通过 GitHub Actions 搭建部署流水线，以实现构建阶段的自动化。该流水线会在每次提交时构建应用、运行测试，并进行打包，使其为部署做好准备。这样的自动化将成为持续交付文化的一部分，以快速、可靠地为客户提供价值。最后，我们还会使用 GitOps 和 Argo CD 将 Polar Bookshop 自动部署到生产环境中的 Kubernetes 集群。

10．UI

本书的关注点是后端技术，所以我不会讲述前端相关话题。当然，应用需要有一个前端，以便用户与它进行交互。对于 Polar Bookshop，我们将依靠一个使用 Angular 框架的客户端应用。我不会在本书中展示 UI 应用的代码，因为它不在本书所述范围之内，但我会把它包含在本书附带的代码仓库中。

2.6 小结

- 15-Factor 方法论确定了构建应用的开发原则，基于该原则构建的应用能够实现跨执行环境的最大可移植性，适合部署在云平台上，可扩展，能够保证开发和生产之间的环境对等，并且能够支持持续交付。

- Spring 是一组项目，提供了最常用的所有功能以帮助我们构建现代化的 Java 应用。

- Spring Framework 提供了一个应用上下文，在整个生命周期中管理 bean 和属性。

- Spring Boot 为云原生开发奠定了基础，它加快了生产环境就绪应用的构建，包括嵌入式服务器、自动配置、监控和容器化等特性。

- 容器镜像是轻量级的可执行包，包含了运行应用需要的所有内容。

- Docker 是兼容 OCI 的平台，用于构建和运行容器。

- Spring Boot 应用可以通过 Cloud Native Buildpacks 打包为容器镜像，后者是一个 CNCF 项目，声明了如何将应用源码转换为生产环境就绪的容器镜像。

- 当处理多个容器（云原生系统中的常态）时，我们需要有一种方式来管理如此复杂的系统。Kubernetes 提供了编排、调度和管理容器的功能。

- Kubernetes Pod 是最小的部署单元。

- Kubernetes Deployment 描述了如何从容器镜像开始，将应用实例创建为 Pod。

- Kubernetes Service 允许我们将应用端点暴露到集群之外。

第二部分

云原生开发

第一部分定义了云原生应用的主要特性,你也初步了解了从代码到部署的过程。第二部分将向你介绍使用 Spring Boot 和 Kubernetes 构建生产就绪的云原生应用的主要实践和模式。

第 3 章涵盖了启动一个新的云原生项目的基础知识,包括组织代码库、管理依赖关系和定义部署流水线的提交阶段的策略。你将学习如何使用 Spring MVC 和 Spring Boot Test 实现和测试 REST API。第 4 章讨论了外部化配置的重要性,并介绍了 Spring Boot 应用的一些可用方案,包括属性文件、环境变量和 Spring Cloud Config 的配置服务。第 5 章主要介绍了云中的数据服务,并展示如何使用 Spring Data JDBC 向 Spring Boot 应用添加数据持久化功能。你将学习如何使用 Flyway 管理生产环境中的数据以及使用 Testcontainers 进行测试的策略。第 6 章是关于容器的,我们将学习关于 Docker 的更多知识,以及如何使用 Dockerfile 和 Cloud Native Buildpacks 将 Spring Boot 应用打包为容器镜像。最后,第 7 章讨论了 Kubernetes,包括服务发现、负载均衡、可扩展性和本地开发工作流程。你还会学习如何将 Spring Boot 应用部署到 Kubernetes 集群的更多知识。

第3章 云原生开发入门

本章内容：
- 启动云原生项目
- 使用嵌入式服务器和 Tomcat
- 使用 Spring MVC 构建 RESTful 应用
- 使用 Spring Test 测试 RESTful 应用
- 使用 GitHub Actions 进行自动化构建和测试

云原生全景涵盖的领域非常广阔，以至于刚开始学习的时候我们会不知所措。在本书的第一部分中，我们从理论上了解了云原生应用以及支撑它们的流程，并初次体验了如何构建一个最小的 Spring Boot 应用并将其以容器的形式部署到 Kubernetes 中。所有的这些都能帮助你更好地理解云原生的全貌，并正确定位我在本书后续内容中所涵盖的主题。

云计算为实现不同类型的应用提供了无限的可能性。在本章中，我选择从最常见的类型之一开始，也就是通过 REST API 在 HTTP 上暴露功能的 Web 应用。我会指导你掌握它的开发过程（在后续的所有章节中我们都会遵循相同的过程），抹平传统 Web 应用和云原生 Web 应用的显著差异，在一些必要的方面整合 Spring Boot 和 Spring MVC，并且会强调测试和生产环境的重要考量因素。我还会介绍 15-Factor 方法论中所推荐的一些准则，包括依赖管理、并发和 API 优先。

在这个过程中，我们将会实现在上一章已经初始化的 Catalog Service 应用。该应用将会负责管理 Polar Bookshop 系统中的图书目录。

> **注意** 本章样例的源码位于/Chapter03/03-begin 和/Chapter03/03-end 文件夹下，包括项目的最初和
> 最终状态（https://github.com/ThomasVitale/cloud-native-spring-in-action）。

3.1 启动云原生项目

启动新的开发项目总是令人兴奋。在启动云原生应用的时候，15-Factor 方法论包含了一些实用性指南。

- 一份基准代码，一个应用：云原生应用应该由一份基准代码组成，并在版本控制系统中进行跟踪。
- 依赖管理：云原生应用应该使用某种工具来明确地管理依赖，不应该依赖于部署环境中的隐性依赖。

在本节中，我们将提供这两个原则的一些细节，以及如何将它们应用到 Catalog Service 中，这是在本书中我们为 Polar Bookshop 系统开发的第一个云原生应用。

3.1.1 一份基准代码，一个应用

云原生应用应该由一份基准代码组成，并在像 Git 这样的版本控制系统中进行跟踪。每份基准代码必须生成不可变的制品（artifact），这个过程叫作构建（build），制品可以部署到多个环境中。图 3.1 展示了基准代码、构建和部署的关系。

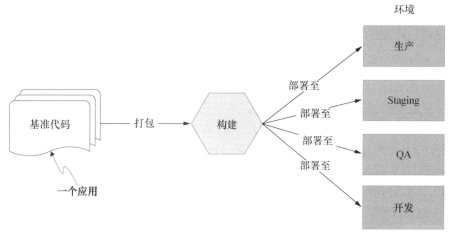

图 3.1 每个应用有自己的基准代码，基于此会生成不可变的构建结果，这些构建结果无须修改代码就可以部署到任意环境中

在下一章中我们将会看到，所有与环境相关的内容，比如配置，必须要位于应用的基准代码之外。如果某些代码需要被多个应用所使用的话，我们要么将其转换成独立的服务，要么将其放到一个库中，从而能够以依赖的形式导入其他项目。对于后一种方法，需要进行谨慎评估，防止系统成为“分布式单体”（distributed monolith）。

注意 思考如何将代码组织到基准代码和代码仓库中，能够帮助我们更加聚焦系统的架构，并识别出那些应该作为独立服务而单独存在的组成部分。如果执行正确的话，基准代码的组织有利于模块化和松耦合。

按照 15-Factor 方法论，每个基准代码应该映射为一个应用，但是这里没有提及代码仓库（repository）。我们可以让每份基准代码都在一个单独的代码仓库中进行跟踪，也可以将所有基准代码放到一个代码仓库中。在云原生业务中，这两种方案都是可行的。在本书中，我们将会构建多个应用，我建议将每个基准代码都放到自己的 Git 代码仓库中进行跟踪，因为这样可以提高可维护性和部署的便利性。

在上一章中，我们初始化了 Polar Bookshop 系统的第一个应用，也就是 Catalog Service，并将其放到了 catalog-service Git 代码仓库中。我推荐使用 GitHub 作为代码仓库，因为我们随后会使用 GitHub Actions 作为工作流引擎来定义部署流水线，以支持持续交付。

3.1.2 使用 Gradle 和 Maven 进行依赖管理

为应用管理依赖的方式是很重要的，因为这会影响应用的可靠性和可移植性。在 Java 生态系统中，最常用的两个依赖管理工具是 Gradle 和 Maven。这两个工具都提供了在清单文件（manifest）中声明依赖并从中央仓库下载依赖的功能。我们将项目的所有依赖都明确列出来的目的是确保不要依赖由周围环境所泄露的隐式库。

注意 除了依赖管理，这些工具都提供了额外的特性来构建、测试和配置 Java 项目，它们是应用开发的基础。本书中的所有样例都会使用 Gradle，但是也可以随意切换成 Maven。

尽管我们已经有了依赖的清单文件，但是依然需要提供依赖管理器本身。Gradle 和 Maven 都提供了一个特性以支持我们在包装器脚本（wrapper script）中运行该工具，它们分别为 gradlew 或 mvnw，我们可以将其包含在基准代码中。例如，我们可以使用"./gradlew build"（如果使用 Windows，需要使用"gradlew build"）来运行 Gradle 命令，而不是使用"gradle build"（假设在你的机器上已经安装了 Gradle）。脚本会调用项目中所定义的特定版本的构建工具。如果构建工具尚不存在的话，包装器脚本会首先下载它，然后再运行命令。通过使用包装器，我们能够确保所有团队成员和自动化工具在构建项目的时候使用相同的 Gradle 或 Maven 版本。当使用 Spring Initializr 生成新项目的时候，我们就已经得到了一个可用的包装器脚本，所以不需要下载或配置任何东西了。

注意 无论如何，我们通常至少要有一个外部依赖，那就是运行时。在我们的场景中，也就是 Java 运行时环境（Java Runtime Environment, JRE）。如果我们将应用打包成一个容器镜像，Java 运行时将会包含在镜像中，让我们对它能有更多的控制。而最终的应用制品会依赖运行镜像的容器运行时。我们会在第 6 章学习容器化过程的更多知识。

现在，我们进入代码。Polar Bookshop 系统有一个 Catalog Service 应用，该应用会管理目录中的图书。在上一章中，我们已经初始化了这个项目。系统的架构如图 3.2 所示。

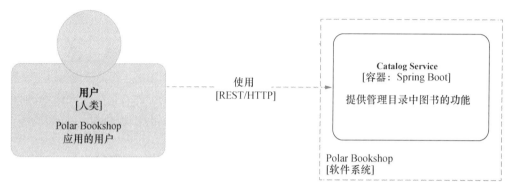

图 3.2 Polar Bookshop 系统的架构，目前仅由一个应用服务组成

应用需要的所有依赖都列到了自动生成的 build.gradle 文件中（catalog-service/build.gradle）。

```
dependencies {
  implementation 'org.springframework.boot:spring-boot-starter-web'
  testImplementation 'org.springframework.boot:spring-boot-starter-test'
}
```

主要的依赖包括：

■ Spring Web（org.springframework.boot:spring-boot-starter-web）提供必要的库以使用 Spring MVC 来构建 Web 应用，包括使用 Tomcat 作为默认的嵌入式服务器。

■ Spring Boot Test（org.springframework.boot:spring-boot-starter-test）提供应用测试的库和工具，包括 Spring Test、JUnit、AssertJ 和 Mockito。它们会自动包含在每个 Spring Boot 项目中。

Spring Boot 最棒的特性之一就是它进行依赖管理的方式。像 spring-boot-starter-web 这样的 Starter 依赖能够让我们免于管理更多的依赖，也不必验证我们导入的特定版本是否互相兼容。这还是 Spring Boot 的另外一项特性，即能够让我们以简洁高效的方式开始工作。

在下一节中，我们将会学习嵌入 Spring Boot 中的服务器是如何运行的，以及如何配置它。

3.2 使用嵌入式服务器

借助 Spring Boot，我们可以构建不同类型的应用（例如 Web、事件驱动、Serverless、批处理和任务应用），它们具有不同的使用场景和模式。在云原生环境中，它们又有一些共同点：

■ 它们完全是自包含的，除了运行时之外，没有任何的外部依赖。

■ 它们会打包成标准的、可执行的制品。

我们考虑一个 Web 应用。传统上，我们会将它打包成 WAR 或 EAR 文件（用来打包 Java 应用的归档格式），并将其部署到 Web 服务器（如 Tomcat）或应用服务器（如 Wildfly）上。对服务器的外部依赖将会限制应用本身的可移植性和演进，并且会增加维护成本。

在本节中，我们将了解如何使用 Spring Boot、Spring MVC 和嵌入式服务器在云原生 Web 应用中解决这些问题，相同的原则也可以用于其他类型的应用中。我们将会学习传统应用和云原生应用的区别，以及像 Tomcat 这样的嵌入式服务器是如何运行和配置的。我们还将阐述 15-Factor 方法论中关于服务器、端口绑定和并发的一些准则。

- 端口绑定：传统应用依赖于执行环境中的外部服务器，云原生应用与之不同，它们是自包含的，并通过绑定一个端口来暴露服务，这个端口可以根据环境进行配置。
- 并发：在 JVM 应用中，我们通过线程池提供的多个线程来处理并发。当并发受到限制的时候，我们倾向于采用水平扩展的方式，而不是采用垂直扩展。我们通常不会向应用中添加更多的计算资源，而是更加倾向于部署更多的实例，并在它们之间分配工作负载。

根据这些原则，我们会继续 Catalog Service 相关的工作，确保它是自包含的并且会打包成一个可执行的 JAR 文件。

服务器！到处都是服务器！

到目前为止，我已经使用了应用服务器和 Web 服务器这两个术语。随后，我还会提到 Servlet 容器，那么它们的区别是什么呢？

- Web 服务器：处理客户端发送的 HTTP 请求，并以 HTTP 响应作为答复的服务器，如 Apache HTTPD。
- Servlet 容器：Web 服务器的一个组件，借助 Java Servlet API（如 Spring MVC 应用）为 Web 应用提供执行上下文，如 Tomcat（Catalina）。
- 应用服务器：为不同类型的应用提供完整执行环境（如 Jakarta EE）的服务器，并且支持多种协议，如 Wildfly。

3.2.1 可执行的 JAR 文件与嵌入式服务器

传统方式和云原生方式的差别之一就是如何打包和部署应用。按照传统方式，我们会使用应用服务器或独立的 Web 服务器。它们在生产环境中的搭建和维护成本都很高，所以为了提高效率，它们通常会部署多个打包成 EAR 或 WAR 制品的应用。这样的场景会导致应用之间产生耦合。如果其中的某个应用想要改变服务器级别的内容，那么将不得不与其他团队进行协调，并且这种变化会作用于所有的应用，从而限制了敏捷性和应用的演化。除此之外，应用的部署依赖于机器上的服务器，这限制了应用在不同环境中的可移植性。

进入云原生时代之后，情况就完全不同了。云原生应用应该是自包含的，并不依赖于执行环境中的服务器。这里的解决方案是将必要的服务器能力引入应用本身。Spring Boot 提供了内置的嵌入式服务器功能，它能够帮助我们移除对外部的依赖，使应用能够独立存在。Spring Boot 捆绑了一个预配置的 Tomcat 服务器，但是也可以使用 Undertow、Jetty 或 Netty 来替代它。

解决了服务器依赖的问题之后，我们需要相应地改变应用打包的方式。在 JVM 生态系统中，云原生应用会打包成 JAR 制品。因为它们是自包含的，所以可以作为独立的 Java 应用运行，除了 JVM 之外，没有任何的外部依赖。Spring Boot 非常灵活，支持 JAR 和 WAR 两种类型的打包形式。不过，对于云原生应用来说，我们想要的是自包含的 JAR，也被称为 fat-JAR 或者 uber-JAR，它们包含了应用本身、依赖以及嵌入式服务器。

图 3.3 对比了打包和运行 Web 应用的传统方式与云原生方式。

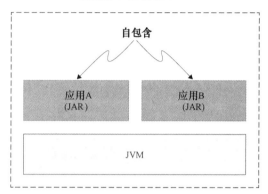

图 3.3　按照传统方式，应用会被打包为 WAR，并且需要执行环境中的服务器来运行。
云原生应用会打包为 JAR，它们是自包含的，使用嵌入式服务器

云原生应用使用的嵌入式服务器通常会包含一个 Web 服务器组件以及一个执行上下文，该执行上下文能够让 Java Web 应用与 Web 服务器进行交互。例如，Tomcat 包含了一个 Web 服务器组件（Coyote），以及一个基于 Java Servlet API 的执行上下文，它通常被称为 Servlet 容器（Catalina）。在后文，我会交替使用"Web 服务器"和"Servlet 容器"这两个名称，它们是可替换的。而对于云原生应用来说，应用服务器则是不推荐使用的。

在上一章中，在生成 Catalog Service 项目的时候，我们选择了 JAR 选项。随后，使用名为 bootRun 的 Gradle task 来运行应用。在开发阶段，这是一个很便利的构建项目并将其运行为独立的应用的方式。现在，我们已经了解了关于嵌入式服务器和 JAR 打包的更多内容，那么我将会向你展示另外一种方式。

首先，我们将应用打包为 JAR 文件。打开终端窗口，导航至 Catalog Service 项目的根目录（catalog-service），并运行如下命令。

```
$ ./gradlew bootJar
```

名为 bootJar 的 Gradle task 将会编译代码并将应用打包为 JAR 文件。默认情况下，JAR 文

件会生成到 build/libs 目录中，我们将会得到一个名为 catalog-service-0.0.1-SNAPSHOT.jar 的可执行 JAR 文件。得到 JAR 制品之后，我们就可以像任意标准的 Java 应用那样运行它了。

```
$ java -jar build/libs/catalog-service-0.0.1-SNAPSHOT.jar
```

注意 另外一个很实用的 Gradle task 是 build，它会组合 bootJar 和 test task 的操作。

因为项目包含了 spring-boot-starter-web 依赖，所以 Spring Boot 会自动配置一个嵌入式的 Tomcat 服务器。通过查看图 3.4 所示的日志，我们可以看到最初执行的步骤之一就是初始化应用本身所嵌入的 Tomcat 服务器实例。

```
...Starting CatalogServiceApplication using Java 17
...No active profile set, falling back to 1 default profile: "default"
...Tomcat initialized with port(s): 9001 (http)
...Starting service [Tomcat]
...Starting Servlet engine: [Apache Tomcat/9.0.65]
...Initializing Spring embedded WebApplicationContext
...Root WebApplicationContext: initialization completed in 276 ms
...Tomcat started on port(s): 9001 (http) with context path ''
...Started CatalogServiceApplication in 0.529 seconds (JVM running for 0.735)
```

图 3.4 Catalog Service 应用的启动日志

在下一小节中，我们将会学习 Spring Boot 中嵌入式服务器是如何运行的。在此之前，你可以通过使用 Ctrl+C 组合键将应用停止。

3.2.2 理解"每个请求一个线程"模型

我们接下来考虑 Web 应用中常用的请求/响应模式，该模式会基于 HTTP 建立同步的交互。客户端发送一个 HTTP 请求到服务器，服务器会执行一些计算并以 HTTP 响应作为答复。

如果应用运行在像 Tomcat 这样的 Servlet 容器中，那么请求是基于名为"每个请求一个线程"（thread-per-request）的模型来进行处理的。对于每个请求，应用会分配一个线程，专门处理这个特定的请求，在将响应返回给客户端之前，该线程不会用于处理其他任何事情。当请求要处理像 I/O 这样的密集操作时，线程会被阻塞，直到它们完成为止。例如，如果需要读取数据库，那么线程将会等待，直到数据从数据库返回。这也就是我们为什么会说这种类型的处理是同步和阻塞的。

初始化 Tomcat 的时候会创建一个线程池，用于管理所有传入的 HTTP 请求。当所有的线程都在使用时，新的请求将会排队，等待出现空闲的线程。换句话说，Tomcat 中线程的数量定义了能够并发处理请求的一个上限。在调试性能问题的时候，记住这一点是非常有用的。当持续冲击线程并发的限制时，我们可以调整线程池的配置以接受更多的工作负载。在传统的应用中，我们会为特定的实例不断添加更多的计算资源。但是对于云原生应用，我们可以依赖于水平扩展并部署更多的副本。

> **注意** 在一些应用中，当面临大量需求时，必须要做出响应，在这种情况下，"每个请求一个线程"模型可能并不是理想方案，因为它是阻塞的，所以它没有以最有效的方式使用可用的计算资源。在第 8 章中，我们将通过 Spring WebFlux 和 Reactor 项目介绍一种异步的、非阻塞的替代方案，该方案会采用反应式编程范式。

Spring MVC 是 Spring Framework 为实现 Web 应用所引入的库，它可以采用完全的 MVC 方式，也可以采用基于 REST 的方式。无论哪种方式，其功能都基于像 Tomcat 这样的服务器，该服务器提供了兼容 Java Servlet API 的 Servlet 容器。图 3.5 展示了基于 REST 的请求/响应交互在 Spring Web 应用中是如何进行的。

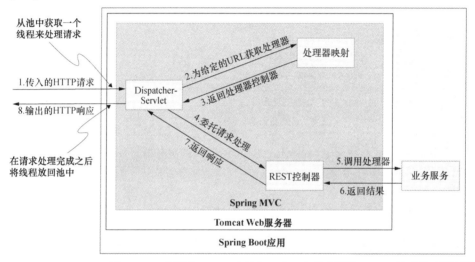

图 3.5 DispatcherServlet 是 Servlet 容器（Tomcat）的入口点。它将实际的 HTTP 请求处理委托给一个控制器，该控制器是由 HandlerMapping 确定的，它负责处理给定的端点

DispatcherServlet 组件提供了请求处理的中央入口点。当客户端发送针对特定 URL 模式的 HTTP 请求时，DispatcherServlet 会询问 HandlerMapping 组件该由哪个控制器负责处理该请求，并最终委托给定的控制器来真正处理请求。控制器会处理请求，在这个过程中可能会调用一些其他服务，然后将响应返回给 DispatcherServlet，最后以 HTTP 响应的形式答复给客户端。

尤其注意 Tomcat 服务器是如何嵌入 Spring Boot 应用程序中的。Spring MVC 要依赖 Web 服务器来完成它的功能。任何实现了 Servlet API 的 Web 服务器均可完成这一点，既然我们明确使用了 Tomcat，那就看看它的配置选项吧。

3.2.3 配置嵌入式服务器

Tomcat 是所有 Spring Boot Web 应用预配置的默认服务器。有时候，默认的配置可能就足够了，但是对于生产环境中的应用，我们很可能需要自定义它的行为以满足特定的需求。

注意 在传统的 Spring 应用中，我们可能会在一个专门的文件中配置像 Tomcat 这样的服务器，比如 server.xml 和 context.xml。借助 Spring Boot，我们有两种方式来配置嵌入式 Web 服务器，即通过配置属性或 WebServerFactoryCustomizer bean。

在本节中，我将会展示如何通过属性来配置 Tomcat。在下一章中，我们将会学习关于应用配置的更多内容。现在，只需要知道，我们可以通过位于项目中 src/main/resources 目录的 application.properties 或 application.yml 文件来定义属性。你可以自由选择格式，.properties 文件依赖于键-值对，而.yml 文件使用的是 YAML 格式。在本书中，我们会使用 YAML 属性。Spring Initializr 默认会生成一个空的 application.properties 文件，所以在继续后面的内容之前，不要忘记将文件的扩展名从.properties 改为.yml。

接下来，我们配置 Catalog Service 应用（catalog-service）的嵌入式服务器。所有的配置属性均位于 application.yml 文件中。

1. HTTP 端口

默认情况下，嵌入式服务器会监听 8080 端口。如果只有一个应用的话，这种方式没有什么问题。当我们在开发过程中需要运行更多应用时（在云原生系统中，这种情况很常见），那么就需要为每个应用指定一个不同的端口数字，这可以通过 server.port 属性实现。

程序清单 3.1 配置 Web 服务器端口

```
server:
  port: 9001
```

2. 连接超时

server.tomcat.connection-timeout 属性定义了 Tomcat 从接收到一个来自客户端的 TCP 连接到实际接收到 HTTP 请求所能等待的时间限制。它有助于防范 DoS（Denial-of-Service）攻击，即建立连接之后，Tomcat 预留了一个线程来处理请求，但请求却永远不会到来。在得到请求后，同样的超时时间也会用来限制读取 HTTP 请求体的时间。

该属性的默认值是 20s（即 20 秒），对于标准的云原生应用来说，这个时间太长了。在云端高度分布式系统的场景中，我们希望的等待时间不会超过几秒钟，以免因为 Tomcat 实例挂起过久导致级联故障的风险。将其设置为两秒钟会更合适一些。你还可以使用 server.tomcat.keep-alive-timeout 属性来配置等待新的 HTTP 请求时连接保持打开状态的时长。

程序清单 3.2 为 Tomcat 配置超时

```
server:
  port: 9001
  tomcat:
    connection-timeout: 2s
    keep-alive-timeout: 15s
```

3. 线程池

Tomcat 有一个线程池并按照"每个请求一个线程"模型来处理请求。可用线程的数量决定可以同时处理多少个请求。我们可以通过 server.tomcat.threads.max 配置请求处理线程的最大数量，还可以定义保持始终运行的最小线程数量（server.tomcat.threads.min-spare），它也是服务器启动时要创建的线程数量。

确定线程池的最佳配置是很复杂的，没有什么神奇的公式可以将其计算出来。要想找到一个合适的配置，通常要进行资源分析、监控和很多次的尝试。默认的线程池可以增加到 200 个线程，并且会有 10 个工作者线程一直运行，对于生产环境来说，这是一个不错的初始值。在本地环境中，你可能希望降低这些值，以优化资源消耗，因为资源消耗是随着线程数量的增加而呈线性增长的。

程序清单 3.3　配置 Tomcat 的线程池

```
server:
  port: 9001
  tomcat:
    connection-timeout: 2s
    keep-alive-timeout: 15s
    threads:
      max: 50
      min-spare: 5
```

到目前为止，我们已经看到了如何将 Spring Boot 开发的云原生应用打包为 JAR 文件，并且借助嵌入式服务器移除了对执行环境的额外依赖，实现了敏捷性。我们还了解了"每个请求一个线程"是如何运行的，熟悉了 Tomcat 和 Spring MVC 的请求处理流程并完成了 Tomcat 的配置。在下一节中，我们将会继续讨论 Catalog Service 的业务逻辑，以及如何使用 Spring MVC 实现 REST API。

3.3 使用 Spring MVC 构建 RESTful 应用

如果你正在构建云原生应用，那么你很可能需要在由多个服务组成的分布式系统中开展工作，这些服务彼此交互以完成产品的整体功能，比如微服务架构。你的服务很可能会被组织内其他团队开发的服务"消费"。或者，你可能会将服务的功能暴露给第三方。不管是哪种方式，对于服务间通信来说，一个很重要的部分就是 API。

15-Factor 方法论倡导"API 优先"的模式，它鼓励我们首先建立服务接口，然后再进行实现。API 代表了我们的应用和它的消费者之间的一个公共契约，把它作为第一要事进行定义符合我们的最佳利益。

假设你同意制定一个契约并优先定义 API，那么在这种情况下，其他团队就可以开始着手他们自己的解决方案并基于我们的 API 来实现与我们应用的集成。如果不优先开发 API，就会出现瓶颈，其他团队必须一直等待我们的应用完成。除此之外，提前讨论 API 能够让利益相关者进行富有成效的商谈，从而明确应用的范围，甚至定义要实现的用户故事。

在云中，所有的应用都可能成为其他应用的支撑服务。采用 API 优先有助于应用的演化，使其能够适应未来的需求。

本节将会指导你以 REST API 的方式为 Catalog Service 定义契约，这是云原生应用中最常见的服务接口。我们将会使用 Spring MVC 来实现 REST API，并对其进行校验和测试。我还会介绍一些为满足未来需求而进行 API 演进的考量因素，在像云原生应用这样高度分布式系统中，这是一个常见的问题。

3.3.1　先有 REST API，后有业务逻辑

优先设计 API 的前提是需求已经准备就绪，所以我们先从需求开始。Catalog Service 要负责支持如下用例：

- 查看目录中的图书列表。
- 根据国际标准书号（ISBN）搜索图书。
- 添加图书到目录中。
- 编辑现有图书的信息。
- 在目录中删除一本图书。

换句话说，该应用提供了一个 API 以对图书进行 CRUD 操作。API 的格式将遵循适用于 HTTP 的 REST 风格。多种 API 设计方式可完成这些用例。在本章中，我们将使用表 3.1 所描述的方式。

表 3.1　Catalog Service 所暴露的 REST API 的规范

端　　点	HTTP 方法	请求体	状态	响应体	描　　述
/books	GET		200	Book[]	获取目录中的所有图书
/books	POST	Book	201	Book	添加一本新的图书到目录中
			422		具有相同 ISBN 的图书已存在
/books/{isbn}	GET		200	Book	根据给定的 ISBN 获取一本图书
			404		根据给定的 ISBN，没有找到图书
/books/{isbn}	PUT	Book	200	Book	更新给定 ISBN 的图书
			201	Book	创建给定 ISBN 的图书
/books/{isbn}	DELETE		204		删除给定 ISBN 的图书

API 的文档化

在遵循 API 优先方式时，API 文档化是一个很重要的任务。在 Spring 生态系统中，主要有两个方案：

- Spring 提供了一个名为 Spring REST Docs 的项目（https://spring.io/projects/spring-restdocs），

能够帮助我们以测试驱动开发（Test-Driven Development，TDD）的方式对 REST API 进
行文档化。生成的文档是面向人类用户的，依赖于像 Asciidoc 或 Markdown 这样的格式。
如果你还想要获取 OpenAPI 表述，那么你可以参考 restdocs-api-spec 社区驱动的项目，
在 Spring REST Docs 中（https://github.com/ePages-de/restdocs-api-spec）添加 OpenAPI
支持。

- springdoc-openapi 社区驱动的项目有助于自动生成符合 OpenAPI 3 格式的 API 文档
（https://springdoc.org）。

契约是通过 REST API 建立的，所以我们继续看看业务逻辑。该方案是以如下三个概念为
核心的。

- 实体：代表了领域中的某个名词，如"图书"。
- 服务：定义了领域的用例，比如"添加一本图书到目录中"。
- 资源库（repository）：是一个抽象，让领域层在访问数据时能够独立于数据源。

我们首先从领域实体开始。

1. 定义领域实体

表 3.1 定义的 REST API 能够对图书进行各种操作，在这里图书就是领域实体。在 Catalog
Service 项目中，创建一个实现业务逻辑的新包 com.polarbookshop.catalogservice.domain，并创
建一个代表领域实体的 Java record Book。

程序清单 3.4　Book record 定义了应用的领域实体

```
package com.polarbookshop.catalogservice.domain;

public record Book (
    String isbn,                      ←── 领域模型是以 record 的形式实现
    String title,                          的，它是不可变的对象
    String author,
    Double price                      ←── 图书的唯一
){}                                        标识符
```

2. 实现用例

应用需求所列举的用例可以在标注 @Service 注解的类中实现。在 com.polarbookshop.
catalogservice.domain 包中创建 BookService 类，其内容如下所示。服务类会依赖于我们马上要
创建的其他类。

程序清单 3.5　实现应用的用例

```
package com.polarbookshop.catalogservice.domain;

import org.springframework.stereotype.Service;
```

```
@Service                                          ┌─────────────────────┐
public class BookService {                        │ 构造型注解，标注该类将会 │
  private final BookRepository bookRepository;     │ 是由 Spring 管理的服务  │
                                                  └─────────────────────┘
  public BookService(BookRepository bookRepository) {
    this.bookRepository = bookRepository;         ┌─────────────────────┐
  }                                                │ 通过构造器自动装配提供的 │
                                                  │ BookRepository      │
  public Iterable<Book> viewBookList() {          └─────────────────────┘
    return bookRepository.findAll();
  }                                                ┌─────────────────────┐
                                                  │ 当试图查看一本不存在的图书时，│
  public Book viewBookDetails(String isbn) {       │ 会抛出一个专门的异常      │
    return bookRepository.findByIsbn(isbn)         └─────────────────────┘
      .orElseThrow(() -> new BookNotFoundException(isbn));
  }
  public Book addBookToCatalog(Book book) {       ┌─────────────┐
    if (bookRepository.existsByIsbn(book.isbn())) { │ 当多次添加同一 │
     throw new BookAlreadyExistsException(book.isbn()); │ 本书到目录中时，│
    }                                              │ 会抛出一个专门 │
    return bookRepository.save(book);              │ 的异常       │
  }                                                └─────────────┘

  public void removeBookFromCatalog(String isbn) {
    bookRepository.deleteByIsbn(isbn);
  }

  public Book editBookDetails(String isbn, Book book) {
    return bookRepository.findByIsbn(isbn)
      .map(existingBook -> {
        var bookToUpdate = new Book(              ┌─────────────────────┐
          existingBook.isbn(),                     │ 当编辑图书的时候，除了 ISBN 之 │
          book.title(),                            │ 外，Book 的所有字段均可更新， │
          book.author(),                           │ 因为 ISBN 是实体标识符，所以不 │
          book.price());                           │ 能修改               │
        return bookRepository.save(bookToUpdate);  └─────────────────────┘
      })
      .orElseGet(() -> addBookToCatalog(book));    ┌─────────────────────┐
  }                                                │ 当试图修改一本尚不存在的图书 │
}                                                  │ 细节时，创建一本新的图书   │
                                                  └─────────────────────┘
```

注意　Spring Framework 提供了两种类型的依赖注入，分别是基于构造器和基于 setter 方法。在生产级别的代码中，我们都会使用基于构造器的依赖注入，正如 Spring 团队所倡导的那样，因为它可以确保所需的依赖始终能够被完全初始化，并且绝不会是 null。除此之外，它鼓励构建不可变的对象，并提升了可测试性。关于这方面的更多信息，请参阅 Spring Framework 的文档。

3. 使用资源库抽象进行数据访问

BookService 类依赖 BookRepository 对象来检索和保存图书。领域层不应该关心数据是如何持久化的，所以 BookRepository 应该是一个接口，从而将抽象与实际实现进行解耦。我们在 com.polarbookshop.catalogservice.domain 包中创建一个 BookRepository 接口，定义访问图书数据的抽象。

程序清单 3.6　领域层用于访问数据的抽象

```
package com.polarbookshop.catalogservice.domain;

import java.util.Optional;

public interface BookRepository {
  Iterable<Book> findAll();
  Optional<Book> findByIsbn(String isbn);
  boolean existsByIsbn(String isbn);
  Book save(Book book);
  void deleteByIsbn(String isbn);
}
```

　　尽管资源库接口属于领域层，但是它的实现是持久层的一部分。我们将会在第 5 章使用关系型数据库添加一个数据持久层。现在，我们只需要添加一个简单的内存映射以检索和保存图书就行了。我们可以在一个新的包 com.polarbookshop.catalogservice.persistence 中定义实现类 InMemoryBookRepository。

程序清单 3.7　BookRepository 接口的内存实现

```
package com.polarbookshop.catalogservice.persistence;

import java.util.Map;
import java.util.Optional;
import java.util.concurrent.ConcurrentHashMap;
import com.polarbookshop.catalogservice.domain.Book;
import com.polarbookshop.catalogservice.domain.BookRepository;
import org.springframework.stereotype.Repository;

@Repository                                          ◁──── 构造型注解，
public class InMemoryBookRepository implements BookRepository {   表明该类是由
  private static final Map<String, Book> books =     ◁──  Spring 管理的
    new ConcurrentHashMap<>();                             资源库

  @Override                                          使用内存映射来保
  public Iterable<Book> findAll() {                  存图书，以便于进
    return books.values();                           行测试
  }

  @Override
  public Optional<Book> findByIsbn(String isbn) {
    return existsByIsbn(isbn) ? Optional.of(books.get(isbn)) :
      Optional.empty();
  }
```

```
@Override
public boolean existsByIsbn(String isbn) {
  return books.get(isbn) != null;
}

@Override
public Book save(Book book) {
  books.put(book.isbn(), book);
  return book;
}

@Override
public void deleteByIsbn(String isbn) {
  books.remove(isbn);
}
}
```

4. 使用异常提示领域中的错误

接下来我们实现程序清单 3.5 中使用的两个异常，以完成 Catalog Service 的业务逻辑。

BookAlreadyExistsException 是一个运行时异常，当我们尝试向目录中添加一本已存在的图书时，将会抛出该异常。这能够防止目录中出现重复的条目。

程序清单 3.8 添加已存在的图书时所抛出的异常

```
package com.polarbookshop.catalogservice.domain;

public class BookAlreadyExistsException extends RuntimeException {
  public BookAlreadyExistsException(String isbn) {
    super("A book with ISBN " + isbn + " already exists.");
  }
}
```

BookNotFoundException 也是一个运行时异常，当我们尝试获取目录中不存在的图书时，将会抛出该异常。

程序清单 3.9 当图书无法找到时所抛出的异常

```
package com.polarbookshop.catalogservice.domain;

public class BookNotFoundException extends RuntimeException {
  public BookNotFoundException(String isbn) {
    super("The book with ISBN " + isbn + " was not found.");
  }
}
```

这样，Catalog Service 的业务逻辑就完成了。相对来讲，它非常简单，但是建议不要受到数据持久化以及与客户端交互方式的影响。业务逻辑应该独立于其他内容，包括 API。如果你对这个话题感兴趣的话，我建议你研究一下领域驱动设计和六边形（Hexagonal）架构。

3.3.2　使用 Spring MVC 实现 REST API

实现业务逻辑之后，我们就可以通过 REST API 对外暴露用例了。Spring MVC 提供了一个 @RestController 类，用来定义处理传入 HTTP 请求的方法，这些请求会带有特定的 HTTP 方法和资源端点。

正如我们在上一节所看到的，DispatcherServlet 组件将会为每个请求调用正确的控制器。图 3.6 展示了客户端发送 HTTP GET 请求以查看特定图书详情的场景。

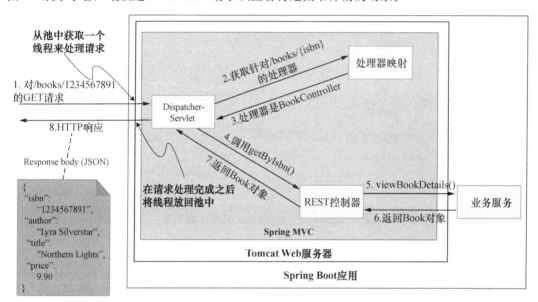

图 3.6　针对/books/{isbn}端点 HTTP GET 请求的处理流

我们要为应用需求中定义的每个用例实现一个方法处理器，这样所有用例对用户就都是可用的。创建一个用于 Web 层的包（com.polarbookshop.catalogservice.web）并添加一个 BookController 类，负责处理针对/books 基础端点的 HTTP 请求。

程序清单 3.10　定义 REST 端点的处理器

```
package com.polarbookshop.catalogservice.web;

import com.polarbookshop.catalogservice.domain.Book;
import com.polarbookshop.catalogservice.domain.BookService;
import org.springframework.http.HttpStatus;
import org.springframework.web.bind.annotation.*;          构造型注解，标记该类是一个 Spring 组
                                                           件，并且会作为 REST 端点的处理器源
@RestController
@RequestMapping("books")                                   定义该类所提供的处理器对应
public class BookController {                               的根路径映射 URI（/books）
  private final BookService bookService;
```

```
public BookController(BookService bookService) {
  this.bookService = bookService;
}

@GetMapping                          将 HTTP GET 请求映射到特定
public Iterable<Book> get() {        的处理器方法上
  return bookService.viewBookList();
}
                                     将一个 URI 模板变量附加到根路径映
@GetMapping("{isbn}")                射 URI 上（/books/{isbn}）
public Book getByIsbn(@PathVariable String isbn) {
  return bookService.viewBookDetails(isbn);       @PathVariable 会将一个
}                                                 方法参数绑定到 URI 模
                                                  板变量上（{isbn}）
@PostMapping
@ResponseStatus(HttpStatus.CREATED)              将 HTTP POST 请求映射到
public Book post(@RequestBody Book book) {       特定的处理器方法上
  return bookService.addBookToCatalog(book);
}
                                                 如果图书创建成功的话，
@DeleteMapping("{isbn}")                         返回状态码 201
@ResponseStatus(HttpStatus.NO_CONTENT)
public void delete(@PathVariable String isbn) {  @RequestBody 会将一个方法参数
  bookService.removeBookFromCatalog(isbn);       绑定到 Web 请求的请求体上
}

@PutMapping("{isbn}")
public Book put(@PathVariable String isbn, @RequestBody Book book) {
  return bookService.editBookDetails(isbn, book);
}
}
                                                 映射 HTTP PUT 请求到特
映射 HTTP DELETE 请求到                           定的处理器方法上
特定的处理器方法上

如果图书删除成功的话，
返回状态码 204
```

　　我们继续运行应用（./gradlew bootRun）。当校验 RESTful 应用的行为时，我们可以使用像 curl 这样的命令行工具，也可以使用带有图形化用户界面的软件，如 Insomnia。在这里，我会使用一个便利的命令行工具，叫作 HTTPie。你可以参阅附录 A 的 A.4 节以了解详细的安装信息。

　　打开终端窗口并执行 HTTP POST 请求，将一本图书添加到目录中。

```
$ http POST :9001/books author="Lyra Silverstar" \
    title="Northern Lights" isbn="1234567891" price=9.90
```

　　其结果应该是带有 201 状态码的 HTTP 响应，意味着图书已经成功创建。我们通过发送一个 HTTP GET 请求对其进行检验，根据我们在创建时使用的 ISBN 代码去获取该图书。

```
$ http :9001/books/1234567891
```

```
HTTP/1.1 200
Content-Type: application/json

{
  "author": "Lyra Silverstar",
  "isbn": "1234567891",
  "price": 9.9,
  "title": "Northern Lights"
}
```

尝试完成之后，通过 Ctrl+C 组合键可以停止应用。

关于内容协商

　　BookController 中所有的处理器方法处理的都是 Java 对象 Book。不过，当我们执行请求的时候，得到的却是 JSON 对象。这是怎么做到的呢？

　　Spring MVC 依赖 HttpMessageConverter bean 将返回的对象转换成客户端支持的特定表述形式。内容类型的确定是由一个名为内容协商（content negotiation）的过程驱动的，在这个过程中，客户端和服务器就双方都能理解的表述形式达成一致。客户端可以通过在 HTTP 请求中使用 Accept 头信息，告知服务器它支持哪些内容类型。

　　默认情况下，Spring Boot 会配置 HttpMessageConverter bean 的一个集合，以将返回类型表述为 JSON，而 HTTPie 工具默认能够支持任何类型的内容。由此结果就是客户端和服务器都支持 JSON 内容类型，所以它们同意使用该形式进行通信。

　　到目前为止，我们实现的应用依然还不完整。例如，我们没有任何办法预防发布一本 ISBN 格式错误或者没有书名的新书，因此，需要对数据进行校验。

3.3.3　数据验证和错误处理

　　作为一个通用的规则，在保存所有数据之前，我们都需要对其内容进行校验。在我们的应用中，如果一本图书没有书名的话，它就没有任何用处，甚至可能会导致应用出现故障。

　　对于 Book 类，我们可以考虑使用如下验证约束。
- ISBN 必须定义，并且格式要正确（ISBN-10 或 ISBN-13）。
- 书名必须定义。
- 作者必须定义。
- 价格必须定义，并且要大于零。

　　Java Bean Validation 是一个流行的规范，用于在 Java 对象上添加注解来表明限制和校验规则。Spring Boot 提供了一个便利的 Starter 依赖，其中包含了 Java Bean Validation API 及其实现。在 Catalog Service 项目的 build.gradle 文件中，添加一个新的依赖项。在添加完成之后，不要忘记刷新或重新导入依赖。

程序清单 3.11 添加对 Java Bean Validation 的依赖

```
dependencies {
  ...
  implementation 'org.springframework.boot:spring-boot-starter-validation'
}
```

现在，我们可以使用 Java Bean Validation API，直接在 Book record 的字段上以注解的形式定义校验限制了。

程序清单 3.12 为每个字段定义校验限制

```
package com.polarbookshop.catalogservice.domain;

import javax.validation.constraints.NotBlank;
import javax.validation.constraints.NotNull;
import javax.validation.constraints.Pattern;
import javax.validation.constraints.Positive;

public record Book (

  @NotBlank(message = "The book ISBN must be defined.")
  @Pattern(
    regexp = "^([0-9]{10}|[0-9]{13})$",           ◁─── 注解所标注的元素必须
    message = "The ISBN format must be valid."          匹配给定的正则表达式
  )                                                      (标准的 ISBN 格式)
  String isbn,

  @NotBlank(
    message = "The book title must be defined."    ◁─── 注解所标注的元素不能
  )                                                      为空，并且至少包含一
  String title,                                          个非空格的字符

  @NotBlank(message = "The book author must be defined.")
  String author,

  @NotNull(message = "The book price must be defined.")
  @Positive(
    message = "The book price must be greater than zero."  ◁─── 注解所标注的元素不
  )                                                              能为空，并且值要大
  Double price                                                  于零
){}
```

> **注意** 图书是通过 ISBN（国际标准书号）唯一标识的。ISBN 曾经由 10 位数字组成，但现在由 13 位数字组成。为了简单起见，我们使用正则表达式检查它的长度以及所有元素是否全部为数字。

来自 Java Bean Validation API 的注解定义了限制条件，但现在它们还没有发挥作用。每当使用 @RequestBody 注解来声明方法参数时，我们就可以使用 @Valid 注解让 Spring 校验 BookController 类中的 Book 对象。通过这种方式，每当我们创建或更新图书时，Spring 就会进

行校验，并且会在违反约束的时候抛出一个错误。我们可以更新 BookController 类中的 post()
和 put()方法，如下所示。

```
...
@PostMapping
@ResponseStatus(HttpStatus.CREATED)
public Book post(@Valid @RequestBody Book book) {
  return bookService.addBookToCatalog(book);
}
@PutMapping("{isbn}")
public Book put(@PathVariable String isbn, @Valid @RequestBody Book book) {
  return bookService.editBookDetails(isbn, book);
}
...
```

Spring 允许我们以不同的方式处理错误信息。当构建 API 的时候，最好要考虑它能抛出哪
些类型的错误，因为它们和领域数据一样重要。在 REST API 中，我们需要确保 HTTP 响应使
用一个最适合其目的的状态码，并且包含有意义的信息，从而能够让客户端识别问题。

当我们刚刚定义的校验限制没有满足时，将会抛出一个 MethodArgumentNotValidException
异常。那么当我们试图获取一本不存在的图书时，会发生什么呢？我们之前实现的业务逻辑会
抛出专门的异常（BookAlreadyExistsException 和 BookNotFoundException）。这些异常都应该在
REST API 中进行处理，以返回原始规范中所定义的错误码。

为了处理 REST API 中的错误，我们可以使用标准的 Java 异常，并依靠@RestControllerAdvice 来
定义当给定的异常抛出时需要做些什么。这是一种中心化的方式，能够将异常处理和抛出异常的代码
进行解耦。在 com.polarbookshop.catalogservice.web 包中，创建如下所示的 BookControllerAdvice 类。

```
package com.polarbookshop.catalogservice.web;

import java.util.HashMap;
import java.util.Map;
import com.polarbookshop.catalogservice.domain.BookAlreadyExistsException;
import com.polarbookshop.catalogservice.domain.BookNotFoundException;
import org.springframework.http.HttpStatus;
import org.springframework.validation.FieldError;
import org.springframework.web.bind.MethodArgumentNotValidException;
import org.springframework.web.bind.annotation.ExceptionHandler;
import org.springframework.web.bind.annotation.ResponseStatus;
import org.springframework.web.bind.annotation.RestControllerAdvice;

@RestControllerAdvice                          ◁—— 标记将该类作为中心化
public class BookControllerAdvice {                的异常处理器
```

```
@ExceptionHandler(BookNotFoundException.class)
@ResponseStatus(HttpStatus.NOT_FOUND)
String bookNotFoundHandler(BookNotFoundException ex) {
  return ex.getMessage();
}


@ExceptionHandler(BookAlreadyExistsException.class)
@ResponseStatus(HttpStatus.UNPROCESSABLE_ENTITY)
String bookAlreadyExistsHandler(BookAlreadyExistsException ex) {
  return ex.getMessage();
}


@ExceptionHandler(MethodArgumentNotValidException.class)
@ResponseStatus(HttpStatus.BAD_REQUEST)
public Map<String, String> handleValidationExceptions(
 MethodArgumentNotValidException ex
) {
  var errors = new HashMap<String, String>();
  ex.getBindingResult().getAllErrors().forEach(error -> {
    String fieldName = ((FieldError) error).getField();
    String errorMessage = error.getDefaultMessage();
    errors.put(fieldName, errorMessage);
  });
  return errors;
}
}
```

← 定义该处理器必须要执行的异常

← HTTP 响应体中将会包含的信息

← 定义抛出异常时所创建的 HTTP 响应的状态码

← 处理 Book 校验失败时所抛出的异常

← 提供有意义的错误信息来说明哪个 Book 字段非法,而不是仅仅返回一条空消息

借助@RestControllerAdvice 类所提供的映射,当我们试图在目录中创建一本已经存在的图书时,将会得到状态为 422(Unprocessable Entity)的 HTTP 响应;当我们读取一本不存在的图书时,将会得到状态为 404(Not Found)的响应;当 Book 对象中一个或多个字段非法时,将会得到状态为 400(Bad Request)的响应。每个响应都会带有一条我们定义的有意义的消息,它们是校验约束或自定义异常的一部分。

构建并再次运行应用(./gradlew bootRun),现在如果尝试创建没有书名和 ISBN 格式错误的图书时,请求将会失败。

```
$ http POST :9001/books author="Jon Snow" title="" isbn="123ABC456Z" \
    price=9.90
```

结果将是状态为"400 Bad Request"的错误信息,这表明服务器无法处理这个 HTTP 请求,因为它不正确。响应体中包含了详情信息,表明请求中的哪一部分不正确以及如何修正它,正如我们在程序清单 3.12 中所定义的那样。

```
HTTP/1.1 400
Content-Type: application/json

{
  "isbn": "The ISBN format must be valid.",
  "title": "The book title must be defined."
}
```

　　尝试完成之后，通过 Ctrl+C 组合键可以将应用停掉。

　　至此，REST API 的实现就结束了，它暴露了 Catalog Service 提供的图书管理相关的功能。接下来，我将讨论 API 演进以适应新需求的几个问题。

3.3.4　为满足未来需求而不断演进的 API

　　在分布式系统中，我们需要制定一个 API 演进的计划，以防破坏其他应用的功能。这是一项很具有挑战性的任务，因为你可能希望应用是独立的，但实际上它们的存在就是为其他应用提供服务的，这样的话，独立于客户端的变更数量就有了一定的限制。

　　最好的方式是确保对 API 进行向后兼容的修改。例如，我们可以向 Book 对象中添加一个可选的字段，它不会对 Catalog Service 应用的客户端产生影响。

　　有时候，破坏性的变更是必要的。在这种情况下，我们可以使用 API 版本化。例如，如果你决定对 Catalog Service 应用的 REST API 做一个破坏性的变更，那么可以为端点引入版本系统。版本可能是端点本身的一部分，如"/v2/books"，也可以作为 HTTP 的头信息。该系统有助于防止现有的客户端被破坏，但是，客户端迟早要更新它们的接口以匹配新的 API 版本，这意味着需要进行一些协作。

　　另外一种不同的方式是让 API 的客户端尽可能对 API 的变更保持韧性。正如 Roy Fielding 在其博士论文"Architectural Styles and the Design of Network-based Software Architectures"中所述，该解决方案使用了 REST 架构的超媒体特性。REST API 除了可以返回请求的对象之外，还可以包含下一步可以导航至何处（where）的信息，即执行相关操作的链接。这个功能的好处在于，这些链接只有在真正可用的时候才会显示，也就是提供了何时（when）可访问的信息。

　　根据 Richardson 的成熟度模型，超媒体也被称为 HATEOAS（Hypermedia as the Engine of Application State），它是 REST API 成熟度的最高级别。Spring 提供了 Spring HATEOAS 项目，为 REST API 添加了超媒体支持。在本书中，我不会使用它，但我鼓励你通过 https://spring.io/projects/spring-hateoas 站点查阅该项目的在线文档。

　　随着对这些考量因素的介绍，我们完成了对使用 Spring 构建 RESTful 应用的讨论。在下一节中，你将会看到如何编写自动化测试以校验应用的行为。

3.4　使用 Spring 测试 RESTful 应用

　　自动化测试对生产高质量的软件至关重要。采用云原生方式的目标之一就是速度。如果没有对代码以自动化的方式进行充分测试的话，那就不可能快速前进，更不用说实现持续交付流程了。

　　作为开发人员，我们通常会忙于实现并发布特性，然后转向另一个新的特性，也可能会重构现有的代码。重构代码是有风险的，因为这可能会破坏现有的功能。自动化测试可以降低风险并鼓励重构，因为我们知道如果破坏了某个功能的话，就会出现测试失败。我们可能还想缩短反馈周期，在出现错误的时候，能够尽快发现。这会引导我们在设计测试的时候，将它们的用途和效率达到最大化。我们的目标不应该是追求最大化的测试覆盖率，而是要写出有意义的测试。例如，对标准的 getter 和 setter 方法编写测试就是没有任何意义的。

持续交付的一个基本实践是测试驱动开发（TDD），它有助于实现快速、可靠、安全的软件交付。这个想法是通过在实现生产代码之前，优先编写测试以驱动软件开发。我建议在现实场景中采用 TDD。然而，在书中讲授新技术和新框架时，这种方式并不适合，所以在这里我不会遵循其原则。

自动化测试能够保证当我们实现一个新特性时，它的行为是符合预期的，并且没有破坏任何现有的功能。这意味着自动化测试可以作为回归测试来使用。我们应该编写测试，以防止同事和自己犯错误。至于测试的内容和深度则是由特定代码相关的风险决定的。编写测试也是一种学习，它会提升你的技能，尤其是当你刚刚开始软件开发旅程之时。

一种软件测试分类方法是由敏捷测试象限（Agile Testing Quadrants）模型定义的，它最初由 Brian Marick 提出，后来 Lisa Crispin 和 Janet Gregory 在合著的 *Agile Testing*（Addison-Wesley Professional，2008 年）、*More Agile Testing*（Addison-Wesley Professional，2014 年）和 *Agile Testing Condensed*（Library and Archives Canada，2019 年）中对其进行了描述和拓展。他们的模型也被 Jez Humble 和 Dave Farley 在 *Continuous Delivery*（Addison-Wesley Professional，2010 年）中所采纳。该象限根据软件测试是面向技术还是面向业务，以及是支持开发团队还是指摘产品来对其进行分类。图 3.7 显示了我在本书中提到的一些测试类型的样例，它们基于 *Agile Testing Condensed* 中提出的模型。

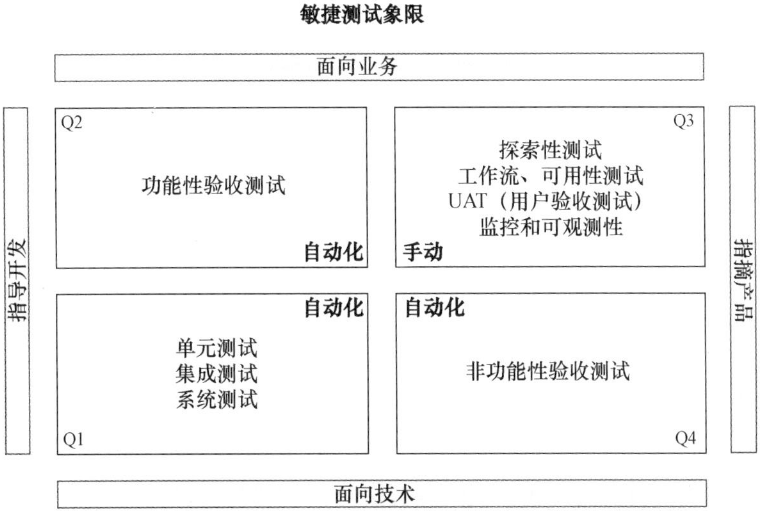

敏捷测试象限

图 3.7　敏捷测试象限有助于规划软件测试策略

按照持续交付的实践，我们的目标应该是实现四个象限中三个象限的完全自动化测试，如图 3.7 所示。在本书中，我们将主要关注左下角的象限。在本节中，我们将使用单元测试和集成测试（有时称为组件测试）。我们编写单元测试来验证单个应用程序组件在隔离状态下的行为，而集成测试则校验一个应用程序的不同部分相互作用的整体功能。

在 Gradle 或 Maven 项目中，测试类通常会放到 src/test/java 目录下。在 Spring 中，单元测试不需要加载 Spring 应用上下文，也不依赖任何 Spring 库。而集成测试需要 Spring 应用上下文来运行。本节将会展示如何对像 Catalog Service 这样的 RESTful 应用进行单元测试和集成测试。

3.4.1　使用 JUnit 5 进行单元测试

单元测试不需要 Spring，也不依赖任何 Spring 库。它们的目的是以隔离单元的形式测试单个组件的行为。该单元边缘的依赖都会进行 mock，从而保持测试与所有外部组件是隔离的。

为 Spring 应用编写单元测试与为其他 Java 应用编写单元测试并没有什么差异，所以我们不会涉及过多细节。默认情况下，通过 Spring Initializr 创建的所有 Spring 项目都包含 springboot-starter-test 依赖，它会将像 JUnit 5、Mockito 和 AssertJ 这样的测试库导入项目。所以，万事俱备，我们可以开始编写单元测试了。

应用的业务逻辑理应是单元测试要覆盖的区域。就 Catalog Service 应用来讲，适合单元测试的一个候选功能可能就是 Book 类的验证逻辑。验证约束是通过 Java Validation API 注解来定义的，但是我们感兴趣的是测试它们是否正确地运用到了 Book 类上。我们可以在 BookValidationTests 类中进行检查，如下面的程序清单所示。

程序清单 3.15　用于校验约束的单元测试

```
package com.polarbookshop.catalogservice.domain;

import java.util.Set;
import javax.validation.ConstraintViolation;
import javax.validation.Validation;
import javax.validation.Validator;
import javax.validation.ValidatorFactory;
import org.junit.jupiter.api.BeforeAll;
import org.junit.jupiter.api.Test;
import static org.assertj.core.api.Assertions.assertThat;

class BookValidationTests {
  private static Validator validator;              类中所有测试运行之
                                                   前要执行的代码块
  @BeforeAll        ◄─────────────────────
  static void setUp() {
    ValidatorFactory factory = Validation.buildDefaultValidatorFactory();
    validator = factory.getValidator();
```

```
            }

创建一本      @Test                              ◄——————— 标识测试用例
具有有效      void whenAllFieldsCorrectThenValidationSucceeds() {
ISBN 的     ▷var book =
图书             new Book("1234567890", "Title", "Author", 9.90);
            Set<ConstraintViolation<Book>> violations = validator.validate(book);
            assertThat(violations).isEmpty();        ◄———— 断言没有校
        }                                                  验错误

创建一本      @Test
具有无效      void whenIsbnDefinedButIncorrectThenValidationFails() {
ISBN 的     ▷var book =
图书             new Book("a234567890", "Title", "Author", 9.90);
            Set<ConstraintViolation<Book>> violations = validator.validate(book);
            assertThat(violations).hasSize(1);
            assertThat(violations.iterator().next().getMessage())
                .isEqualTo("The ISBN format must be valid.");  ◄—— 断言不正确的 ISBN
        }                                                          违反了校验约束
    }
```

然后，使用如下命令运行测试。

```
$ ./gradlew test --tests BookValidationTests
```

3.4.2　使用@SpringBootTest 进行集成测试

集成测试涵盖了软件组件之间的交互，在 Spring 中，这需要定义一个应用上下文。spring-boot-starter-test 可以导入由 Spring Framework 和 Spring Boot 提供的测试工具。

Spring Boot 提供了一个强大的@SpringBootTest 注解，我们可以将其用在测试类上，当运行测试时，它会自动引导一个应用上下文。如果需要的话，用于创建上下文的配置可以进行自定义。否则，带有@SpringBootApplication 注解的类将会作为组件扫描和属性的配置源，其中包括 Spring Boot 提供的常规的自动化配置。

当处理 Web 应用时，我们可以在一个 mock 环境或处于运行状态的服务器上执行测试。这一点，可以通过为@SpringBootTest 注解提供的 webEnvironment 属性定义一个值来进行配置，如表 3.2 所示。

表 3.2　Spring Boot 的集成测试可以在 mock 环境或处于运行状态的服务器上初始化

Web 环境的选项	描　　述
MOCK	使用 mock 的 Servlet 容器创建一个 Web 应用上下文。这是默认值
RANDOM_PORT	使用 Servlet 容器创建一个 Web 应用上下文，该容器监听随机端口
DEFINED_PORT	使用 Servlet 容器创建一个 Web 应用上下文，该容器监听 server.port 属性所定义的端口
NONE	创建一个不含 Servlet 容器的应用上下文

当使用 mock Web 环境的时候，我们可以使用 MockMvc 对象向应用发送 HTTP 请求并检

查它们的结果。对于有服务器运行的环境，TestRestTemplate 工具能够让我们向在真正服务器
上运行的应用执行 REST 调用。通过探查 HTTP 响应，我们可以检验 API 是否按照预期运行。

最近版本的 Spring Framework 和 Spring Boot 扩展了测试 Web 应用的特性。我们现在可以
使用 WebTestClient 类在 mock 环境和服务器运行环境中测试 REST API。相对于 MockMvc 和
TestRestTemplate，WebTestClient 提供了一个现代化和流畅的 API，并且还包含了额外的特性。
除此之外，它可以同时用于命令式（如 Catalog Service）和反应式应用，优化了学习和生产力。

因为 WebTestClient 是 Spring WebFlux 项目的一部分，所以我们需要添加一项新的依赖到
Catalog Service 项目中（build.gradle）。不要忘记，添加新的内容后，需要刷新或重新导入 Gradle
依赖。

程序清单 3.16   为 Spring Reactive Web 添加测试依赖

```
dependencies {
  ...
  testImplementation 'org.springframework.boot:spring-boot-starter-webflux'
}
```

我们将会在第 8 章介绍 Spring WebFlux 和反应式应用。现在，我们感兴趣的只是使用
WebTestClient 对象测试 Catalog Service 暴露的 API。

在上一章中，我们看到 Spring Initializr 生成了一个空的 CatalogServiceApplicationTests 类。
现在，我们用集成测试来填充它。在环境搭建方面，我们将会使用@SpringBootTest 注解，根
据配置它会提供一个完整的 Spring 应用上下文，包括一个通过随机端口（因为具体哪个端口并
不重要）暴露其服务的服务器。

程序清单 3.17   Catalog Service 的集成测试

```
package com.polarbookshop.catalogservice;

import com.polarbookshop.catalogservice.domain.Book;
import org.junit.jupiter.api.Test;
import org.springframework.beans.factory.annotation.Autowired;
import org.springframework.boot.test.context.SpringBootTest;
import org.springframework.test.web.reactive.server.WebTestClient;
import static org.assertj.core.api.Assertions.assertThat;

@SpringBootTest(                                              ←─┐  加载完整的 Spring Web 应用
  webEnvironment = SpringBootTest.WebEnvironment.RANDOM_PORT     上下文以及监听任意端口的
)                                                                Servlet 容器
class CatalogServiceApplicationTests {

  @Autowired
  private WebTestClient webTestClient;    ← 为了测试而执行 REST 调用的工具

  @Test
  void whenPostRequestThenBookCreated() {
```

```
                var expectedBook = new Book("1231231231", "Title", "Author", 9.90);

发送请求     webTestClient              发送 HTTP POST
到 /books      .post()        ←────────  请求
端点         .uri("/books")
          .bodyValue(expectedBook)    发送
向请求体中    .exchange()      ←────────  请求         检验 HTTP 响应的状态码为
添加图书     .expectStatus().isCreated()      ←─────  "201 Created"
          .expectBody(Book.class).value(actualBook -> {
            assertThat(actualBook).isNotNull();          ←──── 校验 HTTP 响应中包含
            assertThat(actualBook.isbn())                     一个非空的响应体
              .isEqualTo(expectedBook.isbn());      ←────
          });                          校验创建的对
      }                                象符合预期
   }
```

注意 你可能会感到奇怪，在程序清单 3.17 中，我为何没有使用基于构造器的依赖注入，因为我说过这是推荐的方案。在生产代码中使用基于字段的依赖注入已被弃用，并且强烈不建议这样做，但在测试类中自动装配依赖仍然是可以接受的。在其他情况下，我建议使用基于构造器的依赖注入，我在前面已经解释过原因。关于这方面的更多信息，可以参考 Spring Framework 的官方文档（https://spring.io/projects/spring-framework）。

然后，使用如下命令运行测试。

```
$ ./gradlew test --tests CatalogServiceApplicationTests
```

应用的规模会有所差异，为所有集成测试都加载带有自动配置功能的应用上下文可能导致成本太高。Spring Boot 有一个便利的特性（默认已启用），它能够缓存上下文，这样就可以在带有@SpringBootTest 注解并具有相同配置的所有测试类之间重用该上下文。在有些情况下，这种方式仍然稍显不足。

测试执行时间很重要，所以在运行集成测试的时候，Spring Boot 完全可以仅加载需要的那部分应用内容。接下来，我们看一下如何实现。

3.4.3 使用@WebMvcTest 测试 REST 控制器

有些集成测试可能不需要初始化完整的应用上下文。例如，当我们测试数据持久层的时候，就没有必要加载 Web 组件。当我们测试 Web 组件的时候，也没有必要加载数据持久层。

Spring Boot 能够支持我们使用一个特殊的上下文，该上下文初始化时仅包含所有组件（bean）的一部分，其目标是形成一个特定的应用切片（slice）。切片测试（slice test）不会使用@SpringBootTest 注解，而是在一组专门为应用特定组成部分而定义的注解中选择一个，这些组成部分包括 Web MVC、Web Flux、REST 客户端、JDBC、JPA、Mongo、Redis、JSON 等。这些注解都会创建一个应用上下文，但是会过滤所有不在该切片中的 bean。

我们可以通过@WebMvcTest 注解来测试 Spring MVC 控制器的行为是符合预期的。

@WebMvcTest 会在一个 mock 的 Web 环境（没有处于运行状态的服务器）中加载 Spring 应用上下文，配置 Spring MVC 基础设施并包含 MVC 层需要用到的 bean，如@RestController 和@RestControllerAdvice。将上下文局限于仅加载要测试的控制器所用到的 bean 是一个很好的办法。我们可以通过向@WebMvcTest 注解的参数提供控制类来实现这一点，如下面的程序清单所示。

程序清单 3.18　Web MVC 切片的集成测试

```
package com.polarbookshop.catalogservice.web;

import com.polarbookshop.catalogservice.domain.BookNotFoundException;
import com.polarbookshop.catalogservice.domain.BookService;
import org.junit.jupiter.api.Test;
import org.springframework.beans.factory.annotation.Autowired;
import org.springframework.boot.test.autoconfigure.web.servlet.WebMvcTest;
import org.springframework.boot.test.mock.mockito.MockBean;
import org.springframework.test.web.servlet.MockMvc;
import static org.mockito.BDDMockito.given;
import static org.springframework.test.web.servlet.request
➥ .MockMvcRequestBuilders.get;
import static org.springframework.test.web.servlet.result
➥ .MockMvcResultMatchers.status;

@WebMvcTest(BookController.class)          表明该测试类主要关注 Spring
class BookControllerMvcTests {             MVC 组件，明确是为了测试
                                           BookController

  @Autowired                     在 mock 环境中测试
  private MockMvc mockMvc;       Web 层的工具类

  @MockBean
  private BookService bookService;   添加 mock 的 BookService 到
                                     Spring 应用上下文中

  @Test
  void whenGetBookNotExistingThenShouldReturn404() throws Exception {
    String isbn = "73737313940";
    given(bookService.viewBookDetails(isbn))
      .willThrow(BookNotFoundException.class);     定义 BookService mock
    mockMvc                                        bean 的预期行为
      .perform(get("/books/" + isbn))
      .andExpect(status().isNotFound());
  }                                使用 MockMvc 来执行 HTTP
}        预期响应的状态码为         GET 请求并校验结果
         "404 Not Found"
```

警告　如果使用 IntelliJ IDEA 的话，你可能会看到一个警告: MockMvc 不能被自动装配。不要担心，这是一个误报。你可以通过为字段添加@SuppressWarnings("SpringJavaInjectionPoints AutowiringInspection")注解以消除该警告。

然后，使用如下命令运行测试。

```
$ ./gradlew test --tests BookControllerMvcTests
```

MockMvc 是一个工具类，它能够让我们测试 Web 端点，而不必加载像 Tomcat 这样的服务器。这样的测试自然会比我们在上一节所编写的测试更加轻量级，当时的测试需要一个嵌入式服务器才能运行。

切片测试在运行时会使用一个特殊的应用上下文，它只包含要测试的这部分的应用所必需的配置。如果要与切片外的其他 bean 进行协作的话，例如 BookService，我们需要使用 mock。

使用@MockBean 创建的 mock 与标准的 mock（例如，通过 Mockito 创建的 mock）是不一样的，因为这个类不仅会被 mock，而且这个 mock 还会包含到应用上下文中。所以，当要求应用上下文自动配置该 bean 时，它会自动注入 mock，而不是真正的实现。

3.4.4 使用@JsonTest 测试 JSON 序列化

在 BookController 中，方法返回的 Book 对象会被解析为 JSON 对象。默认情况下，如果我们不修改配置的话，Spring Boot 会自动配置 Jackson 库，用来将 Java 对象解析为 JSON（序列化），反之亦然（反序列化）。

借助@JsonTest 注解，我们可以测试领域对象的 JSON 序列化和反序列化。@JsonTest 会加载 Spring 应用上下文，并为正在使用的库（默认是 Jackson）配置 JSON 映射器。除此之外，它还会配置 JacksonTester 工具，以便于基于 JsonPath 和 JSONAssert 库来检查 JSON 映射符合预期。

> **注意** JsonPath 提供了导航 JSON 对象并从中提取数据的表达式。例如，如果我想从 Book 对象的 JSON 表述中获得 isbn 字段，那么可以使用以下 JsonPath 表达式：@.isbn。关于 JsonPath 库的更多信息，你可以参阅项目文档 https://github.com/json-path/JsonPath。

如下程序清单在新的 BookJsonTests 类中展示了序列化和反序列化测试。

程序清单 3.19　JSON 切片的集成测试

```
package com.polarbookshop.catalogservice.web;

import com.polarbookshop.catalogservice.domain.Book;
import org.junit.jupiter.api.Test;
import org.springframework.beans.factory.annotation.Autowired;
import org.springframework.boot.test.autoconfigure.json.JsonTest;
import org.springframework.boot.test.json.JacksonTester;
import static org.assertj.core.api.Assertions.assertThat;

@JsonTest                          ←—— 表明这是一个关注 JSON
class BookJsonTests {                    序列化的测试类

  @Autowired                                    断言 JSON 序列化和反
  private JacksonTester<Book> json;      ←——   序列化的工具类
```

```
@Test
void testSerialize() throws Exception {
  var book = new Book("1234567890", "Title", "Author", 9.90);
  var jsonContent = json.write(book);
  assertThat(jsonContent).extractingJsonPathStringValue("@.isbn")
    .isEqualTo(book.isbn());
  assertThat(jsonContent).extractingJsonPathStringValue("@.title")
    .isEqualTo(book.title());
  assertThat(jsonContent).extractingJsonPathStringValue("@.author")
    .isEqualTo(book.author());
  assertThat(jsonContent).extractingJsonPathNumberValue("@.price")
    .isEqualTo(book.price());
}

@Test
void testDeserialize() throws Exception {
  var content = """
    {
      "isbn": "1234567890",
      "title": "Title",
      "author": "Author",
      "price": 9.90
    }
    """;
  assertThat(json.parse(content))
    .usingRecursiveComparison()
    .isEqualTo(new Book("1234567890", "Title", "Author", 9.90));
}
}
```

校验从 Java 到 JSON 的解析，使用 JsonPath 格式来导航 JSON 对象

使用 Java 文本块的特性来定义 JSON 对象

校验从 JSON 解析为 Java

> **警告**　如果使用 IntelliJ IDEA，你可能会看到一个警告：JacksonTester 不能被自动装配。不要担心，这是一个误报。你可以通过为字段添加 @SuppressWarnings("SpringJavaInjection PointsAutowiringInspection") 注解以消除该警告。

然后，使用如下命令运行测试。

```
$ ./gradlew test --tests BookJsonTests
```

在本书附带的代码仓库中，你可以找到更多 Catalog Service 项目的单元测试和集成测试。

在实现了应用的自动化测试之后，现在我们应该在新特性或缺陷修复交付之时实现自动化执行。下一节将介绍持续交付的关键模式，即部署流水线。

3.5　部署流水线：构建与测试

正如我在第 1 章所讲到的那样，持续交付是一种快速、可靠、安全地交付高质量软件的整体方式。采用这种方式的主要模式是部署流水线，流水线会从代码提交一直延伸到可发布的软

件。它应该尽可能地自动化，并且应该是通向生产环境的唯一路径。

基于 Jez Humble 和 Dave Farley 合著的 *Continuous Delivery*（Addison-Wesley Professional，2010 年）以及 Dave Farley 编写的 *Continuous Delivery Pipelines*（2021 年）所提出的理念，我们可以确定部署流水线中的几个关键阶段。

- 提交阶段：在开发人员将新的代码提交到主线分支后，这个阶段将会经历构建、单元测试、集成测试、静态代码分析和打包过程。在本阶段结束时，一个可执行的应用制品将会发布到制品仓库中。这就是一个所谓的发布候选（release candidate）。例如，它可以是发布到 Maven 仓库的 JAR 制品，或者发布到容器注册中心的容器镜像。这个阶段支持持续集成的实践。它应该是非常快速的，可能会在 5 分钟内完成，以便于为开发人员提供关于其变更的快速反馈，从而允许他们从事下一项任务。
- 验收阶段：在制品仓库中发布一个新的发布候选版本时将会触发该阶段，它包括将应用部署到类生产环境中并运行额外的测试以增加对可发布性的信心。在验收阶段运行的测试通常会比较慢，但是我们应该努力使部署流水线的执行时间控制在一个小时以内。这个阶段运行的测试包括功能性测试和非功能性测试，如性能测试、安全性测试和合规测试。如果有必要，该阶段还可以包含手工任务，比如探索性测试和可用性测试。在本阶段结束时，发布候选版本已经可以随时部署到生产环境了。如果你依然对其没有信心，那么就意味着该阶段缺失某些测试。
- 生产化阶段：在发布候选经历了提交和验收阶段之后，我们就有足够的信心将其部署到生产环境中。这个阶段可以手工或自动触发，这取决于你的组织是否要采用持续部署的实践。新的发布候选版本会被部署到生产环境中，这个过程使用的就是验收阶段所使用（和测试）的部署脚本。我们还可以选择性地运行一些最终的自动化测试，以验证部署是否成功。

本节将会指导你为 Catalog Service 实现一个部署流水线，并定义提交阶段的第一批步骤。然后，我将展示如何使用 GitHub Actions 对这些步骤进行自动化。

3.5.1 理解部署流水线的提交阶段

持续集成是持续交付的一个基础实践。如果成功采用的话，开发人员能够小步展开工作，每天可以多次提交代码至主线（主分支）。每次代码提交之后，部署流水线的提交阶段将会负责基于新的变更来构建和测试应用。

这个阶段应该是非常快速的，因为开发人员需要等待它成功完成，然后才能转向下一项任务。这一点是非常重要的。如果提交阶段失败，负责该变更的开发人员应该立即提交一个修复或者回滚他们的变更，避免使主线处于不可用状态，并阻碍其他开发人员集成他们的代码。

现在，我们为像 Catalog Service 这样的云原生应用设计部署流水线。我们目前将关注提交阶段的几个初始步骤（见图 3.8）。

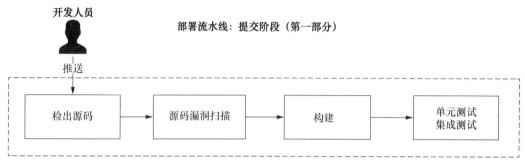

图 3.8 部署流水线中提交阶段的第一部分

开发人员在将新的代码提交至主线分支后，提交阶段首先会从仓库中检出代码。它的起点始终是代码提交至主分支。按照持续集成实践，我们的目标是小步快跑，每天将变更多次集成到主分支上（也就是持续进行）。

接下来，流水线可以执行多种类型的静态代码分析。在本例中，我们主要关注漏洞扫描。在真实的项目中，你可能希望包含额外的步骤，比如运行静态代码分析以识别安全问题并检查是否符合特定的编码标准（即 code linting）。

最后，流水线会构建应用并运行自动化测试。在提交阶段，我们会包含关注技术方面的测试，而不需要部署整个应用。它们主要是单元测试，通常还会包含集成测试。如果集成测试耗时太长的话，最好将其移至验收阶段，以确保提交阶段的速度。

在 Polar Bookshop 项目中，我们使用的漏洞扫描器是 grype（https://github.com/anchore/grype），这是一个强大的开源工具，在云原生领域得到了越来越广泛的应用。例如，它是 VMware Tanzu Application Platform 所提供的供应链安全解决方案的一部分。你可以在附录 A 的 A.4 节找到它的安装指南。

我们看一下 grype 是如何运行的。打开一个终端窗口，导航至 Catalog Service 项目（catalog-service）的根目录，并使用./gradlew build 构建应用。然后，使用 grype 命令扫描 Java 代码库的漏洞。该工具会下载已知漏洞的一个列表（漏洞数据库）并基于它们扫描你的项目。扫描会在我们的机器上运行，这意味着没有任何文件或制品会被发送到外部服务中。这使其非常适合更严格的监管环境或封闭场景。

```
$ grype .
✔ Vulnerability DB          [updated]
✔ Indexed .
✔ Cataloged packages        [35 packages]
✔ Scanned image             [0 vulnerabilities]

No vulnerabilities found
```

注意　需要记住的是，安全性不是系统的静态属性。在编写本书时，Catalog Service 所使用的依
　　　赖没有任何已知的漏洞，但这并不意味着永远如此。你应该不断扫描项目，并在安全补丁
　　　发布后立即使用它们，以修复新发现的漏洞。

在第 6 章和第 7 章中，我们将会介绍提交阶段的剩余步骤。现在，我们看一下如何使用
GitHub Actions 来实现部署流水线的自动化。

3.5.2　使用 GitHub Actions 实现提交阶段

谈到部署流水线的自动化，我们有多种可选方案。在本书中，我将会使用 GitHub Actions。
它是一个托管方案，提供了我们项目需要的所有特性，而且它已经为所有 GitHub 仓库完成了
配置，使用起来非常便利。我在本书非常靠前的位置就引入了这个主题，这样你就可以在实现
本书中的项目时，使用该部署流水线来校验你所做的变更。

注意　在云原生生态系统中，Tekton 是定义部署流水线和其他软件工作流的流行方案。它是一
　　　个开源和 Kubernetes 原生的解决方案，托管在持续交付基金会（Continuous Delivery
　　　Foundation）中。它直接在集群中运行，能够让我们将流水线和任务声明为 Kubernetes
　　　的自定义资源。

GitHub Actions 是一个内置于 GitHub 的平台，能够让我们直接从代码仓库实现软件工作流
的自动化。工作流（workflow）是一个自动化的过程。我们将会使用工作流来建模部署流水线
的提交阶段。每个工作流会监听特定的事件（event）并触发工作流的执行。

工作流应该定义在 GitHub 仓库根目录中的.github/workflows 目录内，并且应该使用 GitHub
Actions 提供的 YAML 格式来描述它们。在 Catalog Service 项目中，在新的.github/workflows
目录下创建一个 commit-stage.yml 文件。每当有新的代码推送到仓库中时，该工作流就会被
触发。

程序清单 3.20　　定义工作流名称和触发器

```
name: Commit Stage   ◁────┐工作流的名称
on: push    ◁────┐ 每当有新的代码被推送到仓库
            　　　 时，该工作流就会被触发
```

每个工作流会被组织成并行运行的 job。现在，我们定义一个 job 来汇集图 3.8 中所描述的
各个步骤。每个 job 都会在一个 runner 实例中运行，后者是由 GitHub 提供的服务器。我们可
以选择 Ubuntu、Windows 或 macOS。对于 Catalog Service 来说，我们会在 GitHub 提供的 Ubuntu
runner 上运行所有的 job。我们还要具体声明每个 job 应该具备哪些权限。"Build and Test" job
需要具备对 Git 仓库的读取权限，并且在向 GitHub 提交漏洞报告时，需要具备对安全事件的写
入权限。

程序清单 3.21　配置用来构建和测试应用的 job

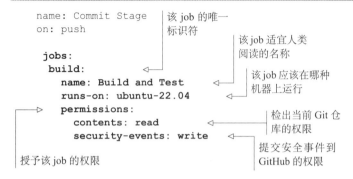

```
name: Commit Stage
on: push

jobs:
 build:
   name: Build and Test
   runs-on: ubuntu-22.04
   permissions:
      contents: read
      security-events: write
```

该 job 的唯一
标识符

该 job 适宜人类
阅读的名称

该 job 应该在哪种
机器上运行

检出当前 Git 仓
库的权限

提交安全事件到
GitHub 的权限

授予该 job 的权限

　　每个 job 都由按顺序执行的 step（步骤）组成。每个步骤可以是一个 shell 命令或者一个 action。其中，action 是自定义的应用，用来以更加结构化和可重复的方式执行复杂的任务。例如，我们可以使用 action 将应用打包为可执行文件、运行测试、创建容器镜像或将镜像推送至容器注册中心。GitHub 提供一套基本的 action，同时还有一个市场，里面有许多社区开发的 action。

> **警告**　当使用来自 GitHub 市场的 action 时，我们应该像使用其他第三方应用那样来处理它们，并管理相应的安全风险。与其他第三方方案相比，应该优先使用由 GitHub 或经过验证的组织提供的可信 action。

　　接下来，我们描述一下"Build and Test"job 应该运行的步骤，以完成提交阶段的第一部分。最终结果如下面的程序清单所示。

程序清单 3.22　实现构建和测试应用的步骤

```
name: Commit Stage
on: push

jobs:
  build:
    name: Build and Test
    runs-on: ubuntu-22.04
    permissions:
      contents: read
      security-events: write
    steps:
      - name: Checkout source code
        uses: actions/checkout@v3
      - name: Set up JDK
        uses: actions/setup-java@v3
        with:
          distribution: temurin
          java-version: 17
```

检出当前的 Git
仓库（catalog-
service）

安装和配置
Java 运行时

定义使用哪个
版本、发行版
和缓存类型

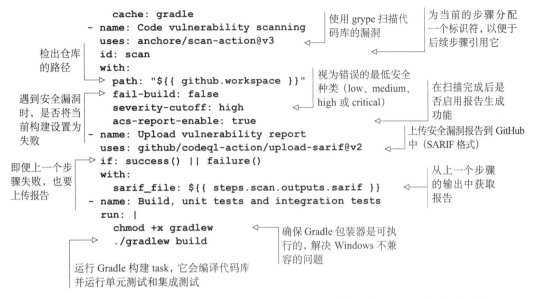

使用 grype 扫描代码库的漏洞

为当前的步骤分配一个标识符，以便于后续步骤引用它

检出仓库的路径

视为错误的最低安全种类（low、medium、high 或 critical）

在扫描完成后是否启用报告生成功能

遇到安全漏洞时，是否将当前构建设置为失败

上传安全漏洞报告到 GitHub 中（SARIF 格式）

即便上一个步骤失败，也要上传报告

从上一个步骤的输出中获取报告

确保 Gradle 包装器是可执行的，解决 Windows 不兼容的问题

运行 Gradle 构建 task，它会编译代码库并运行单元测试和集成测试

> **警告**　上传漏洞报告的 action 需要 GitHub 仓库是公开的。只有你是企业订阅用户时，它才适用于私有仓库。如果你想保持仓库是私有的，那么需要跳过"上传漏洞报告"这个步骤。在本书中，假设为 Polar Bookshop 项目创建的所有仓库均是公开的。

在完成部署流水线的初始提交阶段声明后，请提交你的变更并将其推送至远程 GitHub 仓库。这个新创建的工作流会立即触发。在 GitHub 仓库页面的"Actions"标签下，我们可以看到执行结果。图 3.9 展示了运行程序清单 3.22 中的流水线的结果样例。如果我们能够保持该流水线的结果是成功的绿色，那么就能确保没有破坏任何特性或引入新的问题（当然前提是我们已经有了充分的测试）。

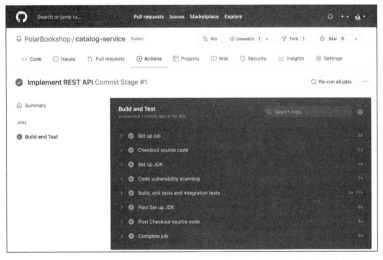

图 3.9　在将新的变更推送至远程仓库时，提交阶段的工作流将会被执行

运行漏洞扫描的步骤基于 Anchore 提供的一个 action，它是 grype 背后的公司。在程序清单 3.22 中，如果发现严重的漏洞，我们不会让工作流失败。但是，你可以在 catalog-service GitHub 仓库的 Security 区域找到扫描结果。

在编写本书的时候，Catalog Service 项目中没有高危或严重漏洞，但是未来的情况可能会有所变化。如果这样的话，请为受影响的依赖使用最新的安全补丁。就本例而言，我不想打断你学习的旅程，所以在发现漏洞时我不会让构建失败。然而，在现实中，我建议你根据公司供应链安全策略，仔细配置和调整 grype，并在结果不合规时，让工作流失败（将 fail-build 属性设置为 true）。关于更多信息，请参考 grype 的官方文档。

在对 Java 项目进行漏洞扫描后，我们还加入了一个步骤，以获取 grype 生成的安全报告并将其上传到 GitHub，这与构建是否成功无关。如果发现任何安全漏洞，你可以在 GitHub 仓库页面的 Security 标签中看到结果（见图 3.10）。

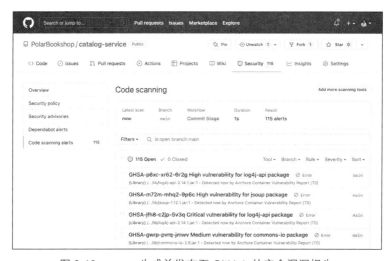

图 3.10　grype 生成并发布至 GitHub 的安全漏洞报告

注意　在撰写本书时，grype 在本书提供的源码中没有发现任何漏洞。为了向你展示带有漏洞的报告样例，图 3.10 显示了 grype 对一个不同版本的项目进行扫描的结果，其中故意添加了一些已知的漏洞。

3.6　小结

- 每个云原生应用都应该在自己的基准代码中进行跟踪，所有的依赖都应该使用像 Gradle 或 Maven 这样的工具在清单中声明。
- 云原生应用不应该依赖安装到环境中的服务器。相反，它们会使用嵌入式服务器，并且是自包含的。

- Tomcat 是 Spring Boot 应用默认的嵌入式服务器，可以通过属性来配置它所监听的端口、连接、超时和线程。
- 像 Tomcat 这样的 Servlet 容器所提供的请求/响应交互既是同步的，也是阻塞的。每个线程处理一个 HTTP 请求，直到返回响应为止。
- "API 优先"原则建议在实现业务逻辑之前设计 API，以建立一个契约。这样的话，其他团队可以根据契约本身来开发他们的服务以消费我们的应用，而不必等待我们的应用开发完成。
- 在 Spring MVC 中，REST API 是在带有@RestController 注解的类中实现的。
- 每个 REST 控制器方法都能够处理针对特定 HTTP 方法（GET、POST、PUT、DELETE）和端点（例如/books）的传入请求。
- 控制器方法可以通过@GetMapping、@PostMapping、@PutMapping、@DeleteMapping 和@RequestMapping 注解声明端点和 HTTP 方法。
- 在带有@RestController 注解的类中，我们可以通过使用@Valid 注解在真正处理请求之前对 HTTP 请求体进行校验。
- 给定对象的验证约束是通过在字段上添加 Java Bean Validation API 注解定义的，比如@NotBlank、@Pattern 和@Positive。
- 在处理 HTTP 请求时抛出的 Java 异常可以在一个中心化的@RestControllerAdvice 类中映射到对应的 HTTP 状态代码和响应体，这使得 REST API 的异常处理与抛出异常的代码实现了解耦。
- 单元测试不需要关心 Spring 的配置，可以使用 JUnit、Mockito 和 AssertJ 等熟悉的工具将其编写成标准的 Java 测试。
- 集成测试需要一个 Spring 应用上下文来运行。完整的应用上下文（包括一个可选的嵌入式服务器）可以通过@SpringBootTest 注解进行初始化，以便于进行测试。
- 当测试只关注应用的一个"切片"并且只需要一部分配置的时候，Spring Boot 为这种更有针对性的集成测试提供了多个注解。使用这些注解时，Spring 应用上下文会被初始化，但该上下文只加载特定功能切片所使用的组件和配置。
- @WebMvcTest 能够用于测试 Spring MVC 组件。
- @JsonTest 能够用于测试 JSON 序列化和反序列化。
- GitHub Actions 是 GitHub 提供的工具，用于声明流水线（或工作流）以实现任务自动化。它可以用来构建部署流水线。

第 4 章　外部化配置管理

本章内容：
- 使用属性和 profile 配置 Spring
- 借助 Spring Boot 实现外部化配置
- 使用 Spring Cloud Config Server 实现配置服务器
- 使用 Spring Cloud Config Client 配置应用

在上一章中，我们构建了一个 RESTful 应用来管理图书的目录。作为实现的一部分，我们定义了一些数据来配置应用的特定方面（在 application.yml 文件中），比如 Tomcat 的线程池或连接的超时时间。下一步，我们可能想要将应用部署到不同的环境中，即首先部署到测试环境，然后是 staging 环境，最后是生产环境。如果针对每个环境，我们需要不同的 Tomcat 配置，应该怎么办呢？我们该如何实现这一点？

传统的应用通常会被打包成一个软件包（bundle），其中会包括源码和一系列配置文件，这些配置文件中包含了针对不同环境的数据，并且会在运行时通过一个标记选择不同的配置。这意味着，每当我们想要更新特定环境的配置数据时，都必须进行一次新的应用构建过程。这种过程的一个变种形式是为每个环境创建不同的构建制品，这样的话，我们无法保证在 staging 环境中正常运行的应用也能够按照相同的方式在生产环境中运行，因为它们是不同的制品。

按照定义，配置指的是在不同的环境间会发生变化的所有内容（源于 15-Factor 方法论），比如凭证信息、资源句柄以及支撑服务的 URL。根据应用部署位置的差异，同一个应用可能会有不同的需求，并且很可能需要不同的配置。云原生应用的一个核心方面就是应用制品在不同的环境间要保持不可变。不管我们将应用部署到什么环境中，应用的构建制品不能发生任何变化。

我们所部署的每个发布版本都是构建结果和配置的组合体。相同的构建结果可以基于不同的配置数据部署到不同的环境中，如图 4.1 所示。

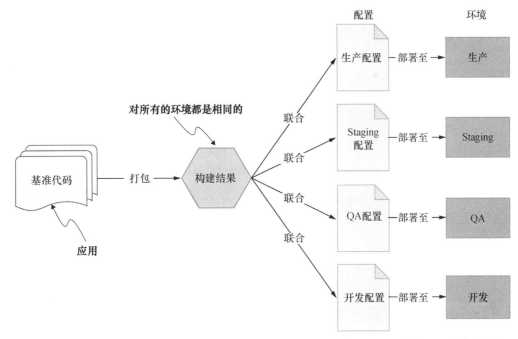

图 4.1 我们所部署的每个发布版本都是构建结果和配置的组合体，不同环境的配置会有所差异

在不同环境间需要变化的内容应该是可配置的。例如，根据应用部署的环境，我们可能需要变更特性标记、访问支撑服务的凭证、访问数据库的资源句柄或者外部 API 的 URL。云原生应用倾向于采用外部化配置，这样的话，我们无须重新构建代码就能替换它们。至于凭证信息，将它们与应用代码分开存储则更加重要。业界已经发生无数起因公司将凭证信息提交至公开的代码库中而导致的数据泄露事件，请不要重蹈覆辙。

在 Spring 中，配置数据被抽象为属性，也就是在不同的源中定义的键/值对，比如属性文件、JVM 系统属性以及系统的环境变量。在本章中，我们将会涵盖配置 Spring 应用的各方面知识，它们对于云原生场景是非常重要的。首先，我们会介绍 Spring 如何处理配置的主要理念，包括属性和 profile，以及如何使用 Spring Boot 实现外部化配置。随后，我们将会学习如何使用 Spring Cloud Config Server 搭建配置服务器，并使用 Git 仓库作为存储配置数据的后端。最后将学习如何使用配置服务器，并依赖 Spring Cloud Config Client 来配置 Spring Boot 应用。

到本章结束的时候，你将能够根据需要以及不同类型的配置数据，使用不同的方式来配置云原生 Spring 应用。表 4.1 总结了本章将会涉及的为云原生应用定义配置数据的三种不同策略。在第 14 章，我们将会进一步扩展该主题，包括 Secret 管理，以及如何在 Kubernetes 中使用 ConfigMap 和 Secret。

表 4.1　云原生应用可以按照不同的策略进行配置。根据配置数据类型和应用需求的差异，我们可能会用到其中所有策略

配 置 策 略	特　　　点
与应用打包在一起的属性文件	■ 这些文件可以作为应用能够支持哪些配置数据的规范 ■ 有助于定义合理的默认值，主要面向开发环境
环境变量	■ 所有操作系统均支持环境变量，所以它们的可移植性非常好 ■ 大多数的编程语言都允许访问环境变量。在 Java 中，我们可以通过 System.getenv() 方法来实现这一点。在 Spring 中，我们还可以依赖 Environment 抽象 ■ 如果要根据应用所部署的基础设施/平台来定义配置数据的话，它们是非常有用的，比如要激活的 profile、主机名、服务名和端口号
配置服务	■ 提供配置数据的持久化、审计和问责功能 ■ 允许通过加密或其他专用的 Secret vault 实现 Secret 管理 ■ 对定义应用特定的配置数据非常有用，比如连接池、凭证信息、特性标记、线程池以及第三方服务的 URL

注意　本章的源码可以在/Chapter04/04-begin 和/Chapter04/04-end 目录中找到，分别对应了项目的最初和最终状态（https://github.com/ThomasVitale/cloud-native-spring-in-action）。

4.1　Spring 中的配置：属性与 profile

在不同的场景中，"配置"这个词有不同的含义。在讨论 Spring Framework 的核心特性及其 ApplicationContext 的时候，配置指的是定义哪些 bean（也就是在 Spring 中注册的 Java 对象）由 Spring 容器进行管理并注入需要它们的地方。例如，我们可以使用 XML 文件（XML 配置）、带有@Configuration 注解的类（Java 配置）或依赖于像@Component 这样的注解（注解驱动的配置）来定义 bean。

在本书中，除非特别说明，当我提及"配置"这个词的时候，指的并不是上面所述概念，而是在不同的部署之间可能会发生变化的所有内容，正如 15-Factor 方法论所定义的。

Spring 提供了便利的 Environment 抽象，允许我们访问任意的配置数据，而不必关心其来源是什么。Spring 应用中的 Environment 有两个核心点，那就是属性与 profile。在上一章中，我们已经使用了属性。profile 是一种工具，能够标记 bean 的逻辑分组，以及仅在给定的 profile 处于激活状态时才加载的属性。图 4.2 展示了在 Spring 应用中 Environment 的主要组成。

本节将会讨论云原生应用中关于属性和 profile 的基本内容，包括如何定义自定义的属性以及何时使用 profile。

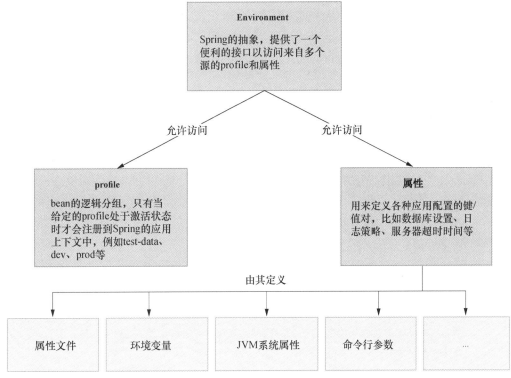

图 4.2　Environment 提供了对 Spring 应用配置中两个核心点的访问能力，即属性和 profile

4.1.1　属性：用作配置的键/值对

属性就是键/值对，在 Java 中借助 java.util.Properties，它们得到了一等公民级别的支持。在很多应用中，因为它们能够在已编译的 Java 代码之外存储配置数据，所以扮演着重要的角色。Spring Boot 能够从不同的源自动加载它们。当相同的属性在多个源中都进行了定义时，会有一些规则来决定哪个会被优先使用。例如我们在属性文件和命令行参数中都设置了 server.port 属性的值，那么后者的优先级会高于前者。如下按照优先级从高到低，列出了常见属性源的优先级列表。

1）测试类中的@TestPropertySource 注解。

2）命令行参数。

3）来自 System.getProperties()的 JVM 系统属性。

4）来自 System.getenv()的操作系统环境变量。

5）配置数据文件。

6）@Configuration 类上的@PropertySource 注解。

7）来自 SpringApplication.setDefaultProperties 的默认属性。

完整的列表可以参阅 Spring Boot 的文档。

配置数据文件的优先级可以进一步细化，从高到低依次如下所示。

1）在 JAR 包之外，来自 application-{profile}.properties 和 application-{profile}.yml 文件、由 profile 指定的应用属性。

2）在 JAR 包之外，来自 application.properties 和 application.yml 文件的应用属性。

3）在 JAR 包之内，来自 application-{profile}.properties 和 application-{profile}.yml 文件、由 profile 指定的应用属性。

4）在 JAR 包之内，来自 application.properties 和 application.yml 文件的应用属性。

在 Spring 中，处理属性很好的一点在于，我们不需要知道某个值的具体来源是哪里：Environment 抽象能够通过一个统一的接口访问任意来源定义的任意属性。如果相同的属性在多个来源中都进行了定义，那么它将返回具有最高优先级的那一个。我们甚至可以添加自定义的来源并为其设置优先级。

> **注意** 对于按照 Properties 格式定义的属性，Spring Framework 提供了内置的支持。在此基础上，Spring Boot 添加了对使用 YAML 格式定义属性的支持。YAML 是 JSON 的一个超集，相比简单的 Properties 格式提供了更大的灵活性。官方网站将 YAML 定义为"适用于所有编程语言的、对人类友好的数据序列化语言"。在你的应用中，可以在两者之间自由选择。本书中的所有样例将会使用 YAML。

1. 使用应用属性

在 Java 类中，我们有多种方式来访问属性，如图 4.3 所示。最通用的方式是基于 Environment 接口，我们可以将它自动装配到任意想要访问系统属性的地方。例如，我们可以按照如下所示的方式访问 server.port 属性的值。

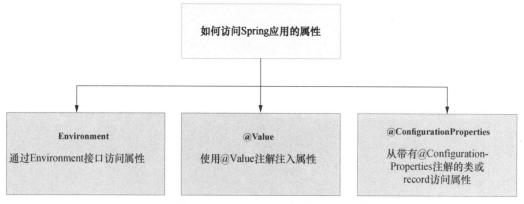

图 4.3　我们可以使用不同的方式访问 Spring 的属性

```
@Autowired
private Environment environment;

public String getServerPort() {
  return environment.getProperty("server.port");
}
```

属性也可以进行注入，这样就不需要显式调用 Environment 对象了。就像我们可以使用
@Autowired 注解注入 Spring bean 一样，我们也可以使用@Value 注解来注入属性的值。

```
@Value("${server.port}")
private String serverPort;

public String getServerPort() {
  return serverPort;
}
```

这样我们就可以使用属性来配置应用，避免将值硬编码到代码中了，这是我们的目标之一。
但是，在使用 Environment 对象或@Value 注解的时候，我们会有一个难以管理的硬编码值，那
就是属性的键。有一种更健壮且更易于维护的方案，那就是使用一个带有@ConfigurationProperties
注解的特殊 bean，让它持有配置数据，这也是 Spring 团队推荐的方式。我们将会在下文学习如
何定义自定义属性时再探索该特性。

2. 定义自定义属性

Spring Boot 自带了大量的属性，允许我们配置应用的各个方面，具体的属性取决于我们将
哪些 Starter 依赖引入项目中。不过，我们迟早会面临需要定义自己的属性的场景。

考虑一下到目前为止我们一直在完善的 Catalog Service 应用。在第 2 章中，我们定义了一个
HTTP 端点，为用户返回一个欢迎页面。现在，我们有了一个新的需求要实现，那就是欢迎消息
需要是可配置的。这可能不是一个最有用的功能，但是能够帮助我向你展示不同的配置方案。

我们要做的第一件事情就是，告诉 Spring Boot 扫描应用上下文以查找配置数据的 bean。
这一点我们可以通过在 Catalog Service 项目（catalog-service）的 CatalogServiceApplication 上添
加@ConfigurationPropertiesScan 注解来实现。

程序清单 4.1 启用配置数据 bean 的扫描

```
package com.polarbookshop.catalogservice;

import org.springframework.boot.SpringApplication;
import org.springframework.boot.autoconfigure.SpringBootApplication;
import org.springframework.boot.context.properties
➥  .ConfigurationPropertiesScan;

@SpringBootApplication
@ConfigurationPropertiesScan          ← 加载 Spring 上下文中的配置数据 bean
public class CatalogServiceApplication {
```

```
public static void main(String[] args) {
  SpringApplication.run(CatalogServiceApplication.class, args);
}
}
```

注意　我们可以避免让 Spring 扫描整个应用上下文来查找配置数据 bean，我们可以通过
@EnableConfigurationProperties 注解直接声明应该让 Spring 考虑哪些 bean。

接下来，我们需要定义一个新的 com.polarbookshop.catalogservice.config 包，并创建带有
@ConfigurationProperties 注解的名为 PolarProperties 的类，以标记它是配置数据的持有者。
@ConfigurationProperties 注解能够接收一个名为 prefix 的参数，它会与字段名组合在一起形成
最终的属性键。Spring Boot 会将所有带有该前缀的属性与类中的字段进行匹配。在本例中，只
有一个属性会映射到 bean 中，那就是 polar.greeting。我们还可以使用 JavaDoc 注释为每个属性
添加描述信息，它们可以转换为元数据，我稍后会对其进行讲解。

程序清单 4.2　在 Spring bean 中定义自定义属性

```
package com.polarbookshop.catalogservice.config;

import org.springframework.boot.context.properties.ConfigurationProperties;

@ConfigurationProperties(prefix = "polar")       ◁── 标记该类作为前缀为"polar"
public class PolarProperties {                        的配置属性的源
  /**
   * A message to welcome users.
   */
  private String greeting;                        ◁── 自定义 polar.greeting（前
                                                      缀+字段名）属性将会被
  public String getGreeting() {                       解析为 String 字段
    return greeting;
  }

  public void setGreeting(String greeting) {
    this.greeting = greeting;
  }
}
```

另外，我们还可以在 build.gradle 文件中添加对 Spring Boot Configuration Processor 的新依
赖。这样会自动生成新属性的元数据，并且会在构建项目的时候将其存储到 META-INF/spring-
configuration-metadata.json 中。IDE 能够将它们提取出来，展示每个属性的描述信息，这有助
于实现自动补全和类型检查。在添加新的依赖之后，不要忘记刷新或重新导入 Gradle 依赖。

程序清单 4.3　添加对 Spring Boot Configuration Processor 的依赖

```
configurations {
  compileOnly {                          ◁── 配置 Gradle 以在构建项目的时
    extendsFrom annotationProcessor          候使用注解处理器
  }
```

```
  }
dependencies {
  ...
  annotationProcessor
➥ 'org.springframework.boot:spring-boot-configuration-processor'
}
```

然后，就可以通过构建项目（./gradlew build）来触发元数据的生成了。此时，我们可以继续下面的步骤，在 application.yml 文件中为 polar.greeting 属性定义一个默认值。当插入新的属性时，IDE 应该会提供自动补全选项和类型检查功能，如图 4.4 所示。

图 4.4 借助 Spring Boot Configuration Processor，自定义属性 bean 中的 JavaDoc 注释会转换为元数据，IDE 可以使用它来提供有用的信息，以及自动补全和类型检查

程序清单 4.4 在 Catalog Service 中为自定义属性定义值

```
polar:
  greeting: Welcome to the local book catalog!
```

在程序清单 4.2 中，greeting 字段会映射到我们刚刚在 application.yml 文件中定义了值的 polar.greeting 属性。

3. 使用自定义属性

带有@ConfigurationProperties 注解的类或 record 是标准的 Spring bean，所以我们将其注入任意需要它们的地方。Spring Boot 会在启动的时候初始化所有的配置 bean，并使用任意支持的配置数据源所提供的数据填充它们。在 Catalog Service 中，将会由来自 application.yml 文件的数据进行填充。

Catalog Service 的新需求是让根端点返回的欢迎消息可以通过 polar.greeting 属性进行配置。打开 HomeController 类并更新处理器方法，使其从自定义属性中获取信息，而不是使用固定的值。

程序清单 4.5 使用来自配置属性 bean 的自定义属性

```
package com.polarbookshop.catalogservice;

import com.polarbookshop.catalogservice.config.PolarProperties;
import org.springframework.web.bind.annotation.GetMapping;
import org.springframework.web.bind.annotation.RestController;
```

```
@RestController
public class HomeController {
  private final PolarProperties polarProperties;      通过构造器自动装配
                                                       注入的 bean 来访问自
                                                       定义属性
  public HomeController(PolarProperties polarProperties) {
    this.polarProperties = polarProperties;
  }
  @GetMapping("/")
  public String getGreeting() {                        使用来自配置数据
                                                       bean 的欢迎消息
    return polarProperties.getGreeting();
  }
}
```

现在，我们可以构建并运行应用以校验它是否能够按预期运行（./gradlew bootRun）。然后，打开终端窗口，发送 GET 请求到 Catalog Service 暴露的根端点。输出的消息应该就是我们在 application.yml 文件中所配置的 polar.greeting 属性：

```
$ http :9001/
Welcome to the local book catalog!
```

注意 与应用代码一起打包的属性文件非常适合为配置属性定义合理的默认值。它们还可以作为应用能够支持哪些配置属性的规范。

在下面的小节中，我们将会介绍 Spring Environment 抽象所建模的另一个关键内容，也就是 profile，以及如何在云原生应用中使用它们。在继续下面的内容之前，你可以通过 Ctrl+C 将应用停掉。

4.1.2 profile：特性标记和配置分组

有时候，我们希望只有当满足特定条件时，才将某个 bean 加载到 Spring 上下文中。例如，我们可能希望定义一个负责生成测试数据的 bean，它只有在本地运行或测试应用时才会使用。profile 是 bean 的一个逻辑分组，它们只有在特定的 profile 处于激活状态时才会被加载。Spring Boot 将这一概念扩展到了属性文件，允许定义配置数据的分组，这些分组只有当特定的 profile 处于激活状态时才会加载。

我们一次可以激活零个、一个或多个 profile。没有分配到任何 profile 的 bean 始终都会被激活。分配给 default profile 的 bean 则只有当没有其他 profile 被激活时才会被加载。

本小节会基于两个不同的使用场景介绍 Spring 的 profile，分别是特性标记（feature flag）和配置分组。

1. 以特性标记的方式使用 profile

使用 profile 的第一个场景是仅在特定的 profile 被激活时才加载某些 bean 的分组。部署环境的差异不应该成为影响分组的理由。一个常见的错误是使用像 dev 或 prod 这样的 profile 来

有条件地加载 bean。如果这样做的话，应用将会与环境耦合，这通常并不是我们想要的云原生
应用。

请考虑这样的场景，我们需要将应用部署到三个不同的环境中（开发、测试和生产），并
且根据需要有条件地加载特定的 bean，定义了三个 profile（dev、test 和 prod）。在某一时刻，
我们决定添加一个新的 staging 环境，在该环境中我们想要启用标记为 prod profile 的 bean。我
们该如何实现呢？这里有两种可选的方案，要么在 staging 环境中同样激活 prod profile（这并
不十分合理），要么更新源码，添加一个名为 staging 的 profile 并将标记为 prod 的 bean 分配给
它（这影响了应用的不可变性，也无法实现在不改变源码的情况下将应用部署到任意环境）。
相反，在有条件地加载 bean 分组的时候，我推荐将 profile 作为特性标记。请思考某个 profile
提供了什么功能并将其进行相应的命名，而不是考虑该功能在什么环境下应该启用。

但是，在特定的平台中可能会需要处理基础设施相关问题的 bean。例如，我们可能会有一
些特定的 bean，只有当应用部署到 Kubernetes 环境时才应该加载（不管是 staging 还是生产环
境）。在这种情况下，我们可以定义一个名为 kubernetes 的 profile。

在第 3 章中，我们构建了管理图书的 Catalog Service 应用。当我们在本地运行的时候，此
时目录中还没有任何图书，如果我们想要使用该应用的话，需要显式地添加一些图书。一种更
好的方案是在启动的时候让应用生成一些测试数据，但是我们应该确保只有在需要的时候才这
样做（比如在开发或测试环境中）。加载测试数据就可以建模为一项可以根据配置启用/禁用的
特性。我们可以定义一个名为 testdata 的 profile 来控制测试数据的加载。这种方式能够确保
profile 独立于部署环境，从而能够将它们作为特性标记使用，这对部署环境没有任何的约束。
接下来，我们就按照这种方式来实现。

首先，在 Catalog Service 项目中添加一个新的包 com.polarbookshop.catalogservice.demo 并
创建名为 BookDataLoader 的类。通过使用@Profile 注解，我们可以告知 Spring 仅在 testdata
profile 处于激活状态时才加载这个类。然后，我们可以使用在第 3 章实现的 BookRepository 来
保存数据。最后，@EventListener(ApplicationReadyEvent.class)注解会在应用完成启动阶段之后，
触发测试数据的生成。

程序清单 4.6　当 testdata profile 处于激活状态时加载图书的测试数据

```
package com.polarbookshop.catalogservice.demo;

import com.polarbookshop.catalogservice.domain.Book;
import com.polarbookshop.catalogservice.domain.BookRepository;
import org.springframework.boot.context.event.ApplicationReadyEvent;
import org.springframework.context.annotation.Profile;
import org.springframework.context.event.EventListener;
import org.springframework.stereotype.Component;

@Component
@Profile("testdata")          ⟵————  将该类分配给 testdata profile，它
public class BookDataLoader {                仅在 testdata profile 处于激活状
                                             态时才会注册
```

```
    private final BookRepository bookRepository;
    public BookDataLoader(BookRepository bookRepository) {
      this.bookRepository = bookRepository;
    }

    @EventListener(ApplicationReadyEvent.class)  ◁─────
    public void loadBookTestData() {
      var book1 = new Book("1234567891", "Northern Lights",
        "Lyra Silverstar", 9.90);
      var book2 = new Book("1234567892", "Polar Journey",
        "Iorek Polarson", 12.90);
      bookRepository.save(book1);
      bookRepository.save(book2);
    }
}
```

> 当应用发送 Application-ReadyEvent 事件时会触发测试数据的生成，也就是当应用启动阶段完成时

在开发环境中，我们可以使用 spring.profiles.active 属性将 testdata profile 设置为激活状态。对于 Catalog Service 项目，我们可以在 application.yml 文件中设置它，但是默认启用测试数据并不是理想的做法。如果在生产环境中你忘记覆盖掉它会怎么样呢？一种更好的方案是配置 bootRun task，使该 profile 仅适用于本地开发环境。通过向 build.gradle 文件添加如下代码，我们就可以实现这一点。

程序清单 4.7　为开发环境定义激活的 profile

```
bootRun {
  systemProperty 'spring.profiles.active', 'testdata'
}
```

我们检验一下它是否能够按照预期方式运行。构建并运行应用（./gradlew bootRun），在应用的日志中，我们可以看到有一条消息列出了所有处于激活状态的 profile（在本例中只有 testdata，但是我们可以定义更多），如图 4.5 所示。

```
...Starting CatalogServiceApplication using Java 17
...The following 1 profile is active: "testdata"
...Tomcat initialized with port(s): 9001 (http)
...Starting service [Tomcat]
...Starting Servlet engine: [Apache Tomcat/9.0.65]
...Initializing Spring embedded WebApplicationContext
...Root WebApplicationContext: initialization completed in 276 ms
...Tomcat started on port(s): 9001 (http) with context path ''
...Started CatalogServiceApplication in 0.529 seconds (JVM running for 0.735)
```

图 4.5　当 testdata profile 处于激活状态时 Catalog Service 的日志

然后，发送请求至应用以获取目录中的所有图书：

`$ http :9001/books`

它应该会返回程序清单 4.6 中创建的数据。当完成之后，通过 Ctrl+C 将应用停止。

注意　当我们想要控制哪些 bean 应该加载到 Spring 应用上下文中时，相对于使用 profile 作为特

性标记，一种更具可扩展性和结构化的数据是定义自定义属性来配置功能，并依赖像 @ConditionalOnProperty 和@ConditionalOnCloudPlatform 这样的注解。该功能是 Spring Boot 自动配置的基础之一。例如，我们可以定义一个名为 polar.testdata.enabled 的自定义属性，并在 BookDataLoader 类上使用@ConditionalOnProperty(name = "polar.testdata.enabled", havingValue = "true")注解。

接下来，我将会向你展示如何使用 profile 对配置数据进行分组。

2. 使用 profile 进行配置分组

Spring Framework 的 profile 功能允许我们仅在给定的 profile 处于激活状态时才注册某些 bean。与之类似，Spring Boot 能够让我们定义一些配置数据，并在特定的 profile 处于激活状态时才加载它们。要实现这一点，一种通用的方式是使用一个以 profile 作为后缀的属性文件。再次回到 Catalog Service，我们可以创建一个新的 application-dev.yml 文件，并定义 polar.greeting 属性的值，且仅当 dev profile 处于激活状态时，Spring Boot 才会使用这个值。特定 profile 的属性文件要优先于没有 profile 的属性文件，所以 application-dev.yml 中定义的值要优先于 application.yml 中的值。

在这个属性文件的场景中，profile 用来对配置数据进行分组，它们能够映射到部署环境中，并且不会面临前文中所分析的使用 profile 作为特性标记的各种问题。只要我们不将特定 profile 的属性文件和应用打包在一起，这一点是能够保证的。15-Factor 方法论不推荐将配置值放到按环境命名的组中并与应用的源码打包在一起，原因在于这种方式无法进行扩展：随着项目的增长，我们可能会为不同的阶段创建新的环境。开发人员可能会创建自定义的环境来尝试新的功能。最终，我们很快就会面临太多的配置分组，它们以 Spring profile 这样的方式实现，并且不断需要新的构建版本。与这种方式不同，我们应该将配置放到应用之外，比如放到由配置服务器托管的一个专门的仓库中，这就是本章后面所要讲解的。唯一的例外是默认和面向开发的配置。

在下面的小节中，我们将会介绍 Spring Boot 如何解决外部化配置的问题，以及如何使用命令行参数、JVM 系统属性以及环境变量在外部为同一个应用构建版本提供配置数据。

4.2 外部化配置：一次构建，多个配置

将配置文件与应用源码打包在一起的方式对于定义一些合理的默认值是非常有用的。不过，当需要根据环境提供不同的值的时候，我们就需要做一些额外的事情了。外部化配置允许我们根据应用要部署到何处进行配置，同时能够保证使用基于相同应用代码构建出来的不可变版本。这里关键的一点在于应用构建和打包之后，我们不会再对其进行变更。如果某些配置需要变更（比如，不同的凭证或数据库句柄），从应用的外部就可以实现。

15-Factor 方法论倡导在环境中存储配置，Spring Boot 提供了多种方式来实现这一点。根据

应用部署位置的不同，我们可以使用更高优先级的属性源来覆盖默认的值。在本节中，我们将会看一下如何在不重新构建应用的前提下，使用命令行参数、JVM 属性和环境变量来配置一个云原生应用。图 4.6 展示了优先级规则是如何覆盖 Spring 属性的。

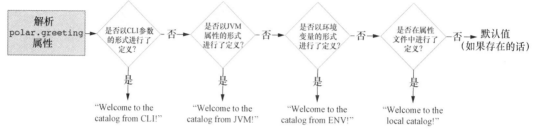

图 4.6　Spring Boot 会按照优先级列表评估所有的属性源。最终，
每个属性的值是由具有最高优先级的源定义的

现在，回到 Catalog Service 应用。首先，我们需要将应用打包为 JAR 制品。这可以在终端窗口中实现，导航至项目的根目录并运行如下命令。

```
$ ./gradlew bootJar
```

这次，我们不再依赖 Gradle 来运行应用，因为我想阐述如何使用相同的不可变 JAR 制品来变更应用的配置（也就是在不重新构建应用的情况下变更配置）。我们能够以标准 Java 应用的形式运行它：

```
$ java -jar build/libs/catalog-service-0.0.1-SNAPSHOT.jar
```

我们还没有覆盖任何属性，所以根端点将会返回 application.yml 文件中所定义的 polar.greeting 值。

```
$ http :9001/
Welcome to the local book catalog!
```

在下面的几个小节中，我们将会看到如何为 polar.greeting 属性提供不同的值。在开始新的样例之前，请记得终止 Java 进程（Ctrl+C）。

4.2.1　通过命令行参数配置应用

默认情况下，Spring Boot 会将所有的命令行参数转换成属性的键/值对，并将其包含在 Environment 对象中。对于生产环境中的应用，这是具有最高优先级的属性源。再次使用前文构建的 JAR，现在我们可以使用命令行参数来自定义应用的配置。

```
$ java -jar build/libs/catalog-service-0.0.1-SNAPSHOT.jar \
--polar.greeting="Welcome to the catalog from CLI"
```

命令行参数的名称与 Spring 属性相同，带有一个我们熟悉的、适用于 CLI 参数的"--"前级。此时，应用将会使用命令行参数中定义的消息，因为它的优先级要高于属性文件：

```
$ http :9001/
Welcome to the catalog from CLI
```

4.2.2 通过 JVM 系统属性配置应用

类似于命令行参数，JVM 系统属性也能覆盖 Spring 属性，只不过它的优先级较低。它们都是配置外部化的方式，所以我们不需要重新构建新的 JAR 制品，可以继续使用前文打包的 JAR。终止上述样例中的 Java 进程（Ctrl+C），并运行如下命令。

```
$ java -Dpolar.greeting="Welcome to the catalog from JVM" \
-jar build/libs/catalog-service-0.0.1-SNAPSHOT.jar
```

JVM 系统属性的名称与 Spring 属性相同，前缀是 JVM 属性常用的 "-D"。此时，应用将会使用 JVM 系统属性所定义的消息，因为它的优先级要高于属性文件。

```
$ http :9001/
Welcome to the catalog from JVM
```

如果我们同时声明了 JVM 系统属性和 CLI 参数会发生什么呢？这样的话，优先级规则会使得 Spring 使用命令行参数中定义的值，因为它的优先级要高于 JVM 属性。

现在，我们再次终止 Java 进程（Ctrl+C）并运行如下命令：

```
$ java -Dpolar.greeting="Welcome to the catalog from JVM" \
-jar build/libs/catalog-service-0.0.1-SNAPSHOT.jar \
--polar.greeting="Welcome to the catalog from CLI"
```

正如我们所预料的，结果如下所示：

```
$ http :9001/
Welcome to the catalog from CLI
```

CLI 参数和 JVM 属性都可以实现配置外部化，并使应用的构建文件保持不可变。但是，它们都需要使用不同的命令来运行应用，这可能会导致在部署时出现错误。更好的方式是使用环境变量，正如 15-Factor 方法论所建议的那样。在进入下一节之前，请终止当前的 Java 进程（Ctrl+C）。

4.2.3 通过环境变量配置应用

环境变量是在操作系统中定义的，通常可以用来实现外部化配置，而且根据 15-Factor 方法论，它们是推荐使用的方案。环境变量的优势之一在于所有操作系统都支持，使其可以跨任意环境进行移植。除此之外，大多数编程语言都提供了访问环境变量的特性。比如在 Java 中，我们可以通过 System.getenv()方法实现这一点。

在 Spring 中，我们不需要显式地从周围系统中读取环境变量。Spring 会在启动阶段自动读取它们，并将其添加到 Spring Environment 对象中，使得它们就像其他属性那样能够进行访问。

例如，如果我们在一个定义了 MY_ENV_VAR 变量的环境中运行 Spring 应用，那么就可以通过 Environment 接口或@Value 注解访问它的值。

在此基础上，Spring Boot 扩展了 Spring Framework 的功能，允许我们使用环境变量自动覆盖 Spring 属性。对于命令行参数和 JVM 系统属性，我们使用与 Spring 相同的命名约定。不过，对于环境变量，有一些由操作系统决定的命名限制。例如在 Linux 上，常见的语法是全部使用大写字母并且每个单词之间使用下划线分隔。

通过将所有字母转换成大写，并将所有句点或连字符替换为下划线，我们就可以将 Spring 属性的键转换成环境变量。Spring Boot 会正确地将它们映射为内部语法。例如，POLAR_GREETING 环境变量将会识别为 polar.greeting 属性。这个特性被称为灵活绑定（relaxed binding）。

在 Catalog Service 应用中，我们可以通过如下命令覆盖 polar.greeting 属性。

```
$ POLAR_GREETING="Welcome to the catalog from ENV" \
java -jar build/libs/catalog-service-0.0.1-SNAPSHOT.jar
```

提示　在 Windows 中，我们可以通过在 PowerShell 控制台运行$env:POLAR_GREETING="Welcome to the catalog from ENV"; java -jar build/libs/ catalog-service-0.0.1-SNAPSHOT.jar 命令来实现相同的结果。

在 Catalog Service 的启动阶段，Spring Boot 会读取周围环境中定义的变量，并且能够识别将 POLAR_GREETING 映射到 polar.greeting 属性上，因此会将它的值存储到 Spring Environment 对象中，覆盖定义在 application.yml 中的值。结果将会如下所示：

```
$ http :9001/
Welcome to the catalog from ENV
```

测试完应用之后，使用 Ctrl+C 停止进程。如果你在 Windows PowerShell 上运行应用的话，不要忘记通过 RemoveItem Env:\POLAR_GREETING 来取消对环境变量的设置。

当使用环境变量来存储配置数据时，我们不需要修改运行应用的命令（这与 CLI 参数和 JVM 属性有所差异）。Spring 会自动读取其所在上下文中的环境变量。相对于 CLI 参数和 JVM 系统属性，这种方式不易于出错，也不会那么脆弱。

注意　根据部署应用所在的基础设施或平台，我们可以使用环境变量定义各种配置值，比如 profile、端口号、IP 地址和 URL 等。

环境变量可以无缝运行在虚拟机、Docker 容器和 Kubernetes 集群中。但是，这种方式依然略显不足。在下一节中，我们将会介绍一些影响环境变量的问题，以及 Spring Cloud Config 是如何帮助我们解决这些问题的。

4.3　使用 Spring Cloud Config Server 实现中心化的配置管理

借助环境变量，我们可以外部化应用的配置并遵循 15-Factor 方法论，但是，有几个问题是它们无法处理的：

- 配置数据和应用代码同等重要，所以要以同等的谨慎和关注度来处理它，首先就是持久化的问题。我们应该将配置数据存储到什么地方呢？
- 环境变量没有提供细粒度的访问控制功能，我们应该如何控制对配置数据的访问呢？
- 配置数据与应用代码类似，会不断演进并需要变更。我们应该如何跟踪配置数据的修改情况，如何审计某个版本所使用的配置数据呢？
- 在变更配置数据之后，我们应该如何让应用在运行时读取它，而不需要完全重启呢？
- 当应用实例增加时，以分布式方式处理每个实例的配置非常具有挑战性。我们应该如何战胜这些挑战呢？
- 不管是 Spring Boot 属性还是环境变量，都不支持配置加密，所以我们无法安全地存储密码。我们应该如何管理 Secret 呢？

Spring 生态系统提供了很多方案来解决这些问题。我们将它们分为以下三类。

- 配置服务：Spring Cloud 项目为我们提供了多个模块，我们可以据此运行自己的配置服务并使用它们来配置 Spring Boot 应用。
  - Spring Cloud Alibaba 提供了使用 Alibaba Nacos 作为数据存储的配置服务。
  - Spring Cloud Config 提供了由可插拔数据源（如 Git 仓库、数据存储或 HashiCorp Vault）作为支撑的配置服务。
  - Spring Cloud Consul 提供了使用 HashiCorp Consul 作为数据存储的配置服务。
  - Spring Cloud Vault 提供了使用 HashiCorp Vault 作为数据存储的配置服务。
  - Spring Cloud Zookeeper 提供了使用 Apache Zookeeper 作为数据存储的配置服务。
- 云供应商服务：如果我们在云供应商提供的平台上运行应用，那么可以考虑使用它们提供的某个配置服务。Spring Cloud 提供了与主要的云供应商配置服务的集成，我们可以用它来配置 Spring Boot 应用。
  - Spring Cloud AWS 提供了与 AWS Parameter Store 和 AWS Secrets Manager 的集成。
  - Spring Cloud Azure 提供了与 Azure Key Vault 的集成。
  - Spring Cloud GCP 提供了与 GCP Secret Manager 的集成。
- 云平台服务：在 Kubernetes 平台上运行应用的时候，我们可以使用 ConfigMaps 和 Secrets 来无缝地配置 Spring Boot。

本节将展示如何搭建一个使用 Spring Cloud Config 实现的中心化配置服务器，它负责将存储在 Git 仓库中的配置数据交付给所有应用。在第 14 章中，我们会涉及更高级的配置话题，包括 Secret 管理和 Kubernetes 特性，比如 ConfigMap 和 Secret。我们在 Spring Cloud Config 中使用的很多特性和模式可以很容易地用于其他配置服务和云供应商服务的解决方案中。

> **注意** 具体选择哪个配置服务方案取决于基础设施和需求。例如，假设你已经在 Azure 上运行
> 工作负载并且需要一个 GUI 来管理配置数据。在这种情况下，比较合理的做法是使用

Azure Key Vault 而不是自己运行一个配置服务。如果你想要对配置数据基于 Git 进行版本控制的话，Spring Cloud Config 或 Kubernetes ConfigMaps/Secrets 将会是更好的选择。你甚至可以折中考虑，使用 Azure 或 VMware Tanzu 等供应商提供的 Spring Cloud Config 托管服务。

中心化配置的理念是基于如下两个主要组件创建的。

■　用于配置数据的数据存储，提供持久化、版本化以及可能的访问控制。

■　基于数据存储的服务器，用来管理配置数据并将其提供给多个应用。

想象一下，我们有很多应用部署在不同的环境中。配置服务器会在一个中心位置管理所有应用的配置数据。配置数据可能会以不同的方式进行存储。例如，我们可以使用一个专门的 Git 仓库来存储非敏感的数据，并使用 HashiCorp Vault 来存储 Secret。不管数据如何存储，配置服务器通过一个统一的接口将其传递给不同的应用。图 4.7 展示了中心化配置是如何运行的。

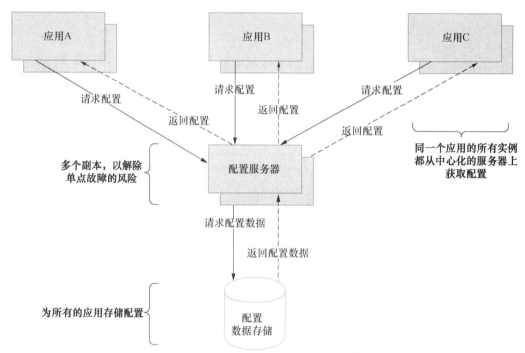

图 4.7　中心化的配置服务器跨所有环境管理众多应用的外部属性

从图 4.7 可以清晰地看到，配置服务器成为所有应用的支撑服务，这意味着它有出现单点故障的风险。如果它突然不可用了，那么所有应用就可能无法启动了。这个风险可以通过扩展配置服务器轻松解决，就像我们对其他应用要求高可用一样。当使用配置服务器的时候，最起码要部署两个副本。

注意 我们可以使用中心化的配置服务器定义那些不依赖于特定基础设施或部署平台的配置数
据，比如凭证、特性标记、第三方服务的 URL、线程池和超时时间等。

我们将会使用 Spring Cloud Config Server 为 Polar Bookshop 系统搭建一个中心化的配置服
务器。该项目还提供了一个客户端库（Spring Cloud Config Client），我们可以使用它来实现
Spring Boot 应用与配置服务器的集成。

首先，我们定义一个存储配置数据的仓库。

4.3.1 使用 Git 存储配置数据

配置服务器负责为 Spring 应用提供配置数据。在搭建该服务器之前，我们需要一种存储和
跟踪这些数据的方法。Spring Cloud Config Server 集成了多种不同的后端方案以存储配置数据，
其中最常见的是 Git 仓库。

首先，创建一个名为 config-repo 的新 Git 仓库（最终结果可以参考 Chapter04/04-end/config-repo）。
它可以在本地，也可以远程。就本例来讲，我推荐在 GitHub 上初始化一个远程仓库，就像应
用本身的仓库一样。我会使用 main 作为默认的分支名。

在配置仓库中，我们可以直接以 Spring 格式存储属性，即.properties 或.yml 文件。

继续前面的 Catalog Service 样例，我们给欢迎消息定义一个外部化的属性。导航至
config-repo 文件夹并创建一个 catalog-service.yml 文件，然后为 Catalog Service 定义 polar.greeting
属性的值。

程序清单 4.8 针对配置服务器的使用情况，定义新的消息

```
polar:
greeting: "Welcome to the catalog from the config server"
```

接下来，创建一个 catalog-service-prod.yml 文件并为 polar.greeting 属性定义一个不同的值，
它仅在 prod profile 处于激活状态时才会使用。

程序清单 4.9 针对 prod profile 处于激活状态的情况，定义新的消息

```
polar:
greeting: "Welcome to the production catalog from the config server"
```

最后，不要忘记将变更提交并推送至远程仓库。

Spring Cloud Config 如何为每个应用解析正确的配置数据呢？我们又该如何组织仓库
来托管多个应用的属性呢？该库依赖三个参数来识别当配置特定的应用时应该使用哪个属
性文件。

- {application}：通过 spring.application.name 属性定义的应用名称。
- {profile}：由 spring.profiles.active 属性定义的某个处于激活状态的 profile。

■　{label}：由特定的配置数据仓库所定义的判别器。在 Git 情况下，它可以是标签、分
　　支名称或提交 ID。它对于识别配置文件的版本集是非常有用的。

根据需求，我们可以使用不同的组合来组织目录结构，例如：

```
/{application}/application-{profile}.yml
/{application}/application.yml
/{application}-{profile}.yml
/{application}.yml
/application-{profile}.yml
/application.yml
```

对于每个应用，我们可以根据应用本身的名称来命名属性文件并将其放到根目录中（如
/catalog-service.yml 或/catalog-service-prod.yml），也可以使用默认的命名规则并将其放到一个按照应
用命名的子目录中（如/catalog-service/application.yml 或/catalog-service/application-prod.yml）。

我们还可以在根目录下的 application.yml 或 application-{profile}.yml 文件中定义所有应用
的默认值。当没有更具体的属性源时，它们会作为备用的值。Spring Cloud Config Server 会始
终返回最具体路径中的属性值，这个过程中会用到应用名、激活的 profile 以及 Git label。

在使用 Git 作为配置服务器的后端时，label 的概念是特别有意思的。例如，我们可以为不
同的环境创建一个长期存在的配置仓库分支，或者为测试特定的特性创建一个短期存在的分
支。Spring Cloud Config Server 可以使用 label 信息从正确的 Git 分支、标签或提交 ID 中获取正
确的配置数据。

现在，我们已经有了配置数据的 Git 仓库，接下来我们搭建一个配置服务器来管理它们。

4.3.2　搭建配置服务器

Spring Cloud Config Server 项目能够让我们以最小的代价搭建配置服务器。它是一个标准
的 Spring Boot 应用，只不过具有一些特殊的属性，可以启用配置服务器功能并引用 Git 仓库作
为配置数据的后端。我们的 Polar Bookshop 系统将会依赖该服务器为 Catalog Service 应用提供
配置。图 4.8 展示了该解决方案的架构。

现在，我们进入具体的代码。

1. 引导项目

Polar Bookshop 系统需要一个 Config Service 应用来提供中心化的配置。我们可以通过 Spring
Initializr（https://start.spring.io/）初始化项目，并将结果存储在新的 config-service Git 仓库中。用
来进行初始化的参数如图 4.9 所示。

　　提示　你可能不想通过 Spring Initializr Web 站点手动生成项目，那么在本章源码的 begin 目录
　　　　　　中有一个 curl 命令，你可以在终端窗口中运行它，以便下载包含所有初始代码的 zip
　　　　　　文件。

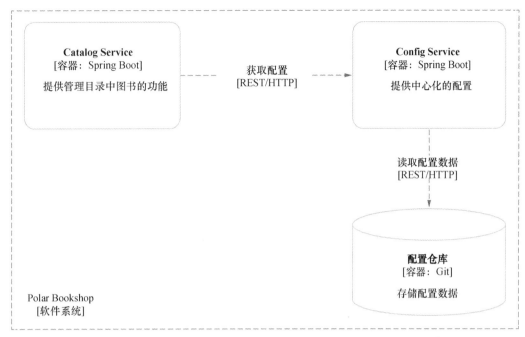

图 4.8 由 Git 仓库作为支撑的中心化配置服务器，为 Catalog Service 应用提供配置

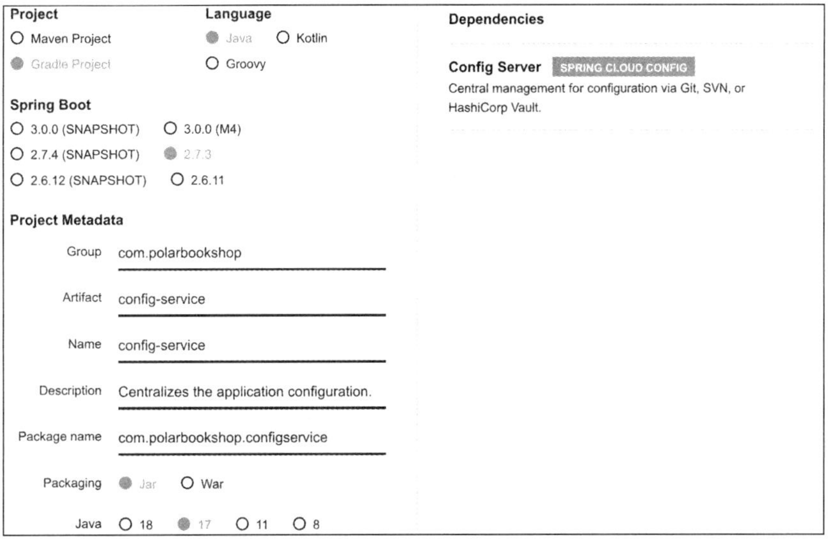

图 4.9 通过 Spring Initializr 初始化 Config Service 项目的参数

在生成的 build.gradle 文件中，我们可以看到 Spring Cloud 依赖管理的方式与 Spring Boot 有所差异。所有 Spring Cloud 项目遵循一个独立的发布列车（release train），它依赖一个 BOM（Bill of Material，物料清单）管理所有的依赖。Spring Cloud 的发布列车是以年份命名的（比

如，2021.0.3），而不是采用语义版本策略（比如，Spring Boot 的版本是 2.7.3）。

程序清单 4.10　Config Service 的 Gradle 配置

```
plugins {
  id 'org.springframework.boot' version '2.7.3'
  id 'io.spring.dependency-management' version '1.0.13.RELEASE'
  id 'java'
}
group = 'com.polarbookshop'
version = '0.0.1-SNAPSHOT'
sourceCompatibility = '17'

repositories {
  mavenCentral()
}

ext {
  set('springCloudVersion', "2021.0.3")        ← 定义使用的 Spring
}                                                  Cloud 版本

dependencies {
  implementation 'org.springframework.cloud:spring-cloud-config-server'
  testImplementation 'org.springframework.boot:spring-boot-starter-test'
}

dependencyManagement {
  imports {
    mavenBom "org.springframework.cloud:
➥ spring-cloud-dependencies:${springCloudVersion}"   ← 用于 Spring Cloud 依赖
  }                                                       管理的 BOM
}

tasks.named('test') {
  useJUnitPlatform()
}
```

它主要包含了如下依赖：

- Spring Cloud Config Server（org.springframework.cloud:spring-cloud-config-server）：提供基于 Spring Web 构建配置服务器的库和工具。
- Spring Boot Test（org.springframework.boot:spring-boot-starter-test）：提供应用测试的库和工具，包括 Spring Test、JUnit、AssertJ 和 Mockito。它们会自动包含在每个 Spring Boot 项目中。

2. 启用配置服务器

将前文初始化的项目转换成一个配置服务器并不需要太多的步骤。在 Java 中，我们唯一需要做的就是在某个配置类上添加@EnableConfigServer 注解，比如在 ConfigServiceApplication 类上。

程序清单 4.11　在 Spring Boot 应用中启用配置服务器

```
package com.polarbookshop.configservice;

import org.springframework.boot.SpringApplication;
import org.springframework.boot.autoconfigure.SpringBootApplication;
import org.springframework.cloud.config.server.EnableConfigServer;
@SpringBootApplication                              在 Spring Boot 应用中激活
@EnableConfigServer          ◁────────────────────  配置服务器的实现
public class ConfigServiceApplication {
  public static void main(String[] args) {
    SpringApplication.run(ConfigServiceApplication.class, args);
  }
}
```

这就是 Java 方面的所有内容。

3. 配置服务器的配置

下一步就是配置配置服务器本身了，以定义它的行为。没错，即便是配置服务器也需要配置。首先，Spring Cloud Config 运行在一个嵌入式 Tomcat 服务器中，所以我们可以像 Catalog Service 那样为其配置连接超时和线程池。

我们在前文初始化了一个 Git 仓库，用来托管配置数据。我们应该告知 Spring Cloud Config Server 到哪里去寻找该仓库。这一点可以通过位于 Config Service 项目中 src/main/resources 路径的 application.yml 文件来实现。

spring.cloud.config.server.git.uri 属性应该指向我们定义配置仓库的地方。如果你一直跟随我们的学习过程的话，该仓库应该位于 GitHub 上，并且默认分支为 main。我们可以通过设置 spring.cloud.config.server.git.default-label 属性定义配置服务器默认使用哪个分支。需要注意的是，在使用 Git 仓库的时候，label 的概念是对 Git 分支、标签或提交 ID 的抽象。

程序清单 4.12　配置服务器与配置仓库之间的集成配置

```
server:
  port: 8888          ◁────────────┐
  tomcat:                           Config Service 应用
    connection-timeout: 2s          所监听的端口
    keep-alive-timeout: 15s
    threads:
      max: 50
      min-spare: 5

spring:                             当前应用
  application:                      的名称
    name: config-service  ◁─────────┘
  cloud:
    config:
```

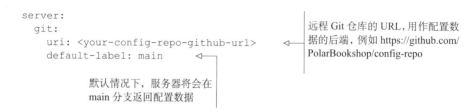

```
server:
  git:
    uri: <your-config-repo-github-url>
    default-label: main
```

远程 Git 仓库的 URL，用作配置数据的后端，例如 https://github.com/PolarBookshop/config-repo

默认情况下，服务器将会在 main 分支返回配置数据

警告 Config Service 使用的配置会假定配置仓库是可以在 GitHub 上公开访问的。如果使用私有仓库的话（真实应用中大多如此），那么需要声明如何使用额外的配置属性对代码仓库提供商进行认证。关于这方面的更多信息，请参阅 Spring Cloud Config 的官方文档（https://spring.io/projects/spring-cloud-config）。在第 14 章中，我们会进一步讨论凭证的处理。

4.3.3 确保配置服务器的韧性

Config Service 可能会引发系统中的单点故障。如果所有应用都依赖它来获取配置数据的话，我们需要确保它是高可用的。实现该目标的第一步是在生产环境中部署 Config Service 的多个实例。如果其中一个实例因为某种原因停止运行了，另外一个副本也可以提供所需的配置。在第 7 章中，我们将会学习关于应用扩展的更多知识，并且会在 Kubernetes 中实现。

但是，仅扩展 Config Service 依然是不够的。因为它使用远程的 Git 仓库作为配置数据的后端，我们需要确保这种交互更具韧性。首先，我们可以定义一个超时时间，防止配置服务器在与远程仓库建立连接时等待太长的时间。要实现这一点，可以使用 spring.cloud.config.server.git.timeout 属性。

按照 Spring Cloud Config 的实现，它会在第一次请求配置数据的时候"克隆"远程仓库到本地。我推荐使用 spring.cloud.config.server.git.clone-on-start 属性，这样的话，克隆操作是在启动的过程中进行的。尽管这会让启动过程变得更慢一些，但是，如果与远程仓库交互有问题的话，它会让部署尽快失败，而不是等到第一个请求到来的时候才发现有问题。同时，它也会使来自客户端的第一个请求更快。

仓库的本地副本提高了配置服务器的容错能力，因为它能确保即便与远程仓库通信暂时失效（比如 GitHub 宕机或网络出现问题），也能将配置数据返回给客户端应用。但是，如果配置服务器还没有将仓库克隆至本地，就没有任何解决方法了。这也就是为什么最好在启动阶段尽快失败并探查问题。

当仓库的本地副本创建成功之后，有可能本地仓库会独立于远程仓库进行更改。通过设置 spring.cloud.config.server.git.force-pull 属性，我们能够确保配置服务器始终会使用与远程仓库中相同的配置数据，所以它始终会拉取一个新的副本，并且所有的本地变更都会被丢弃。默认情况下，本地仓库会克隆到一个随机命名的目录中。如果需要的话，我们可以通过 spring.cloud.config.server.git.basedir 属性控制它要克隆到什么地方。对于 Config Service 来讲，我们依赖默认行为即可。

我们更新 Config Service 应用的 application.yml 文件，从而能够更具韧性地应对与仓库服务（本例中为 GitHub）交互可能出现的故障。

程序清单 4.13 让 Config Service 更具韧性

```
spring:
  application:
    name: config-service
  cloud:
    config:
      server:
        git:
          uri: <your-config-repo-github-url>
          default-label: main
          timeout: 5
          clone-on-start: true
          force-pull: true
```

与远程仓库建立连接的时间限制

在启动的时候，克隆远程仓库到本地

强制拉取远程仓库并废弃本地变更

在下一节中，我们将会校验 Config Service 是否能够正确运行。

4.3.4 理解配置服务器的 REST API

Spring Cloud Config Server 能够与 Spring Boot 应用无缝协作，它会通过 REST API 以原始格式提供配置属性。我们可以很容易地进行尝试。构建并运行 Config Service（./gradlew bootRun），打开一个终端窗口并发送 HTTP GET 请求到/catalog-service/default。

```
$ http :8888/catalog-service/default
```

上述命令的结果会返回当没有任何 Spring profile 处于激活状态时的配置。我们可以尝试获取当 prod 处于激活状态时的配置，命令如下所示。

```
$ http :8888/catalog-service/prod
```

如图 4.10 所示，得到的结果是在 catalog-service.yml 和 catalog-service-prod.yml 中为 Catalog Service 定义的配置，其中后者的优先级比前者要高，因为此时指定了 prod profile。

Spring Cloud Config Server 能够组合使用不同的{application}、{profile}和{label}参数，通过一系列端点暴露配置属性：

```
/{application}/{profile}[/{label}]
/{application}-{profile}.yml
/{label}/{application}-{profile}.yml
/{application}-{profile}.properties
/{label}/{application}-{profile}.properties
```

当使用 Spring Cloud Config Client（这也是我们的做法）的时候，我们并不需要在应用中调用这些端点，但是了解服务器如何暴露配置数据还是很有用的。基于 Spring Cloud Config

Server 构建的配置服务器暴露了标准 REST API，任何应用都能通过网络访问它。对于使用其他语言或框架构建的应用来说，我们可以使用同一个配置服务器，并直接使用 REST API。

图 4.10　配置服务器暴露了一个 REST API 以获取配置数据，它们会以应用名称、profile 和 label 的形式进行展现。上图展示的是/catalog-service/prod 端点的结果。

在第 14 章，我们将会讨论配置管理方面的更多内容。例如，Spring Cloud Config 有一些特性能够对包含 Secret 的属性进行加密，然后再存储在 Git 仓库中。同时，它还支持使用多个后端方案作为配置数据仓库，这意味着我们可以将非敏感的数据存储在 Git 中，而将 Secret 数据存储到 HashiCorp Vault 中。除此之外，REST API 本身也应该进行保护，我将会展示如何实现这一点。我将从安全的角度解决所有关键问题，在部署到生产环境之前，这是非常必要的。

现在，让我们完成整个方案，也就是更新 Catalog Service，使其与 Config Service 应用进行交互。

4.4　通过 Spring Cloud Config Client 使用配置服务器

我们在上一节所构建的 Config Service 应用是一个通过 REST API 暴露配置的服务器。一般应用需要显式地与该 API 进行交互，但是对于 Spring 应用来讲，我们可以使用 Spring Cloud Config Client。

本节将学习如何使用 Spring Cloud Config Client，并将 Catalog Service 与配置服务器进行集

成。你还会看到如何让这种交互更加健壮，并且能够在新的变更推送至配置仓库时刷新客户端的配置。

4.4.1 搭建配置客户端

将 Spring Boot 应用与配置服务器进行集成的第一件事就是添加对 Spring Cloud Config Client 的依赖。更新 Catalog Service 项目（catalog-service）的 build.gradle 文件，如下所示。在添加完成之后，不要忘记刷新/重新导入 Gradle 依赖。

程序清单 4.14   添加对 Spring Cloud Config Client 的依赖

```
ext {
  set('springCloudVersion', "2021.0.3")
}

dependencies {
  ...
  implementation 'org.springframework.cloud:spring-cloud-starter-config'
}

dependencyManagement {
  imports {
    mavenBom "org.springframework.cloud:
    ➥ spring-cloud-dependencies:${springCloudVersion}"
  }
}
```

接下来，我们需要告知 Catalog Service 要从 Config Service 中获取它的配置。首先，我们要定义 spring.config.import 属性，并传入 "configserver:" 作为该属性的值。当使用像 Catalog Service 这样的应用时，我们可能并不想让配置服务器在本地环境运行。如果这样的话，我们可以通过 "optional:" 前缀（optional:configserver:）将这种交互设置成可选的。当我们启动应用时，如果配置服务器没有运行的话，应用会打印一条警告日志，但是它不会停止运行。当采取这种方式时，我们要多加小心，请确保在生产环境中不要将其设置为可选的，否则会有使用错误配置的风险。

接下来，Catalog Service 需要知道联系 Config Service 的 URL。在这方面，我们有两个方案。要么将其添加到 spring.config.import 属性中（optional:configserver:http://localhost:8888），要么依赖更具体的 spring.cloud.config.uri 属性。我们会使用第二个方案，这样当在不同的环境中部署应用时，只需简单地修改 URL 的值即可。

由于配置服务器使用应用名称来返回正确的配置数据，所以我们还需要为 catalog-service 设置 spring.application.name 属性。还记得{application}参数吗？这里使用的就是 spring.application.name 的值。

打开 Catalog Service 项目的 application.yml 文件，并使用如下配置。

程序清单 4.15 告知 Catalog Service 从 Config Service 获取配置

```
spring:
  application:
    name: catalog-service      ◁──  应用的名称，配置服务器
  config:                           会使用它来过滤配置
    import: "optional:configserver:"  ◁──  如果配置服务器可用的话，会在
  cloud:                                   这里导入配置数据
    config:
      uri: http://localhost:8888   ◁──  配置服务器的 URL
```

我们继续校验一下它是否能够正确运行。Catalog Service 应用中包含一个名为 polar.greeting 的属性，它的值为 "Welcome to the local book catalog!"。当使用配置服务器的时候，中心化的属性要比本地属性有更高的优先级，所以在 config-repo 仓库中定义的值将会取而代之。

首先，运行 Config Service（./gradlewbootRun）。将 Catalog Service 打包为 JAR 制品（./gradlewbootJar），并按照如下方式运行：

```
$ java -jar build/libs/catalog-service-0.0.1-SNAPSHOT.jar
```

然后，在另外一个终端窗口中发送 GET 请求到根端点。

```
$ http :9001/
Welcome to the catalog from the config server!
```

正如我们所预期的那样，应用返回的欢迎消息就是在 config-repo 仓库中所定义的值，具体来讲就是在 catalog-service.yml 文件中定义的值。

你还可以尝试在激活 prod profile 的情况下运行应用。使用 Ctrl+C 停掉 Catalog Service，然后激活 prod profile，重新启动应用：

```
$ java -jar build/libs/catalog-service-0.0.1-SNAPSHOT.jar \
    --spring.profiles.active=prod
```

预期返回的结果将是在 config-repo 仓库的 catalog-service-prod.yml 文件中所定义的消息值：

```
$ http :9001/
Welcome to the production catalog from the config server
```

请再次通过 Ctrl+C 停掉上述应用的执行。

在下一节中，我们将会介绍如何使应用与配置服务器之间的交互更具容错性。

4.4.2 确保配置客户端的韧性

如果与配置服务器的交互不是可选的，当应用无法连接配置服务器时，它就会启动失败。即便它能够启动并运行起来，鉴于分布式交互的特点，我们依然有可能会遇到问题。因此，比较好的做法是定义一些超时时间，让应用尽快失败。我们可以使用 spring.cloud.config.request-connect-timeout 来控制与配置服务器建立连接的时间限制。spring.cloud.config.request-read-timeout 则能让我们限制从服务器读取配置数据的时间。

打开 Catalog Service 项目的 application.yml 文件并添加如下配置，从而使与 Config Service 的交互更具韧性。当然，关于这些超时时间的设置，并没有放之四海而皆准的规则。基于不同架构和基础设施的特点，你可能需要对此进行调整。

程序清单 4.16 使 Spring Cloud Config Client 更具韧性

```
spring:
  application:
    name: catalog-service
  config:
    import: "optional:configserver:"
  cloud:
    config:
      uri: http://localhost:8888
      request-connect-timeout: 5000    ◁──── 等待连接配置
      request-read-timeout: 5000    ◁────         服务器的超时
                                                   时间（毫秒）
                     等待从配置服务器读取配置
                     数据的超时时间（毫秒）
```

即便 Config Service 有多个副本，但是当像 Catalog Service 这样的客户端应用启动的时候，它依然有可能暂时不可用。在这种场景下，我们可以使用重试模式，让应用在放弃和失败之前再次尝试与配置服务器建立连接。Spring Cloud Config Client 的重试实现是基于 Spring Retry 的，所以我们需要在 Catalog Service 项目的 build.gradle 文件中添加一个新的依赖。在添加完成之后，不要忘记刷新/重新导入 Gradle 依赖。

程序清单 4.17 在 Catalog Service 中添加对 Spring Retry 的依赖

```
dependencies {
  ...
  implementation 'org.springframework.retry:spring-retry'
}
```

在第 8 章，我们会更详细地阐述重试模式。就现在来讲，我将向你展示如何配置 Catalog Service，使其在失败之前多次尝试连接 Config Service（spring.cloud.config.retry.max-attempts）。每次的连接尝试都会根据 Backoff 策略进行延迟，其计算方法是当前的延迟值乘以 spring.cloud.config.retry.multiplier 属性的值。初始延迟是通过 spring.cloud.config.retry.initial-interval 配置的，每次延迟的值不能超过 spring.cloud.config.retry.max-interval 的值。

在 Catalog Service 中，我们可以在 application.yml 文件中添加重试配置。

程序清单 4.18 为 Spring Cloud Config Client 应用重试模式

```
spring:
  application:
    name: catalog-service
  config:
```

```
       import: "optional:configserver:"
     cloud:
       config:
         uri: http://localhost:8888
         request-connect-timeout: 5000
         request-read-timeout: 5000
         fail-fast: true
         retry:
           max-attempts: 6
           initial-interval: 1000
           max-interval: 2000
           multiplier: 1.1
```

最大的尝试
次数 →

Backoff 的最
大重试间隔
（毫秒）→

将连接至配置服务器的
失败设置为致命错误

Backoff 的初始重试
间隔（毫秒）

计算下一次
间隔的乘数

　　只有当 spring.cloud.config.fail-fast 属性设置为 true 的时候，重试行为才会启用。在本地环境中，你可能不希望在配置服务器停机的时候执行重试行为，尤其是我们考虑将其作为一个可选的支撑服务时更是如此。你可以随意测试当配置服务器停机时应用重试连接的行为，但是如果你想要在本地环境将其作为可选服务的话，不要忘记将 fail-fast 属性重置回 false。在生产环境中，你可以采用本章介绍的某种策略将其设置为 true。当测试完成后，请使用 Ctrl+C 将这两个应用停掉。

　　现在，我们已经准备好使用 Config Service 来配置任意应用。但是，还有一个方面我们没有提到，那就是如何在运行时改变配置呢？

4.4.3　在运行时刷新配置

　　当我们向支撑 Config Service 的 Git 仓库推送变更时会发生什么呢？在标准的 Spring Boot 应用中，当改变某个属性（不管是属性文件还是环境变量）时，我们必须对其进行重启。但是，Spring Cloud Config 能够让我们以不同的方式更新属性。每当有新的变更推送到配置仓库时，我们可以向所有与该配置服务器集成的应用发送信号，收到信号后，它们能够在运行时重新加载受到配置变化影响的功能。Spring Cloud Config 提供了不同的方式来实现这一点。

　　在本小节中，我将向你展示一个简单的刷新方案，那就是向运行中的 Catalog Service 实例发送一个特殊的 POST 请求，触发已变更配置数据的重新加载。图 4.11 展示了它是如何运行的。

　　这个功能属于我们在第 2 章介绍的 15-Factor 方法论中的"管理进程"。在本例中，管理该进程采用的策略是嵌入应用本身的，并能够通过调用一个特定的 HTTP 端点来激活它。

> **注意**　在生产环境中，我们可能需要更加自动化和更加高效的方式来刷新配置，而不是显式触发每个应用实例。当配置服务器由一个远程 Git 仓库作为支撑时，我们可以配置一个webhook，每当新的变更被推送至仓库时，该 webhook 会通过/monitor 端点自动通知配置服务器。接下来，配置服务器可以通过像 RabbitMQ 这样的消息代理，借助 Spring Cloud Bus 通知所有客户端应用。在第 14 章中，我们将会介绍在生产环境刷新配置的更多场景。

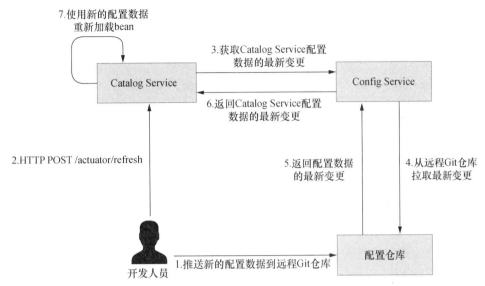

图 4.11 在支撑 Config Service 的 Git 仓库有配置变更之后，给 Catalog Service 发送信号，从而使用最新配置来刷新应用中受影响的功能

1. 启用配置刷新

提交并推送新的配置变更到远程 Git 仓库之后，我们可以向客户端应用发送一个 POST 请求到指定的端点，该端点会触发应用上下文中的 RefreshScopeRefreshedEvent。我们可以向 Catalog Service 项目的 build.gradle 文件添加对 Spring Boot Actuator 项目的依赖，从而对外暴露该刷新端点。在添加完成之后，不要忘记刷新/重新导入 Gradle 依赖。

程序清单 4.19 在 Catalog Service 中添加对 Spring Boot Actuator 的依赖

```
dependencies {
  ...
  implementation 'org.springframework.boot:spring-boot-starter-actuator'
}
```

Spring Boot Actuator 库会配置一个/actuator/refresh 端点，它能够触发刷新事件。默认情况下该端点不会对外暴露，我们必须在 application.ym 文件中显式启用它。

程序清单 4.20 让 Spring Boot Actuator 暴露 refresh 端点

```
management:
  endpoints:
    web:
      exposure:
        include: refresh ◄─── 通过 HTTP 对外暴露/actuator/
                              refresh 端点
```

注意 我们将在第 13 章中详细讨论 Spring Boot Actuator，所以如果你没有完全理解前面的配置，
      也不必担心。现在，只需要知道 Spring Boot Actuator 为监控和管理生产环境中的应用提供
      了许多有用的端点就足够了。

如果没有组件监听的话，刷新事件 RefreshScopeRefreshedEvent 并没有任何作用。我们可
以在任意 bean 上添加@RefreshScope 注解，这样它们就会在触发刷新的时候重新加载。这里有
一个很方便的地方，那就是我们通过@ConfigurationProperties bean 定义的自定义属性，它默认
监听 RefreshScopeRefreshedEvent，所以我们不需要对代码做任何变更。当触发刷新时，
PolarProperties 会使用最新的配置重新加载。我们看一下它是否能够正常运行。

2．在运行时修改配置

最后我将向你展示如何在运行时改变配置。首先，请确保 Config Service 和 Catalog Service
都已启动并处于运行状态（./gradlew bootRun）。然后，打开托管配置数据的 config-repo 仓库，
并修改 config-repo/catalog-service.yml 文件中 polar.greeting 属性的值。

程序清单 4.21   在配置仓库中更新欢迎消息

```
polar:
  greeting: "Welcome to the catalog from a fresh config server"
```

接下来，提交并推送变更。

现在 Config Service 将返回新的属性值，我们可以通过运行 http :8888/catalog-service/default 命令
来校验这一点。但是，我们还没有向 Catalog Service 发送信号。如果此时尝试运行 http :9001/命令的
话，它得到的消息依然是 "Welcome to the catalog from the config server"。接下来，我们触发刷新事件。

发送一个 POST 请求到 Catalog Service 应用的/actuator/refresh 端点。

```
$ http POST :9001/actuator/refresh
```

该请求会触发 RefreshScopeRefreshedEvent 事件。因为 PolarProperties bean 带有@Configuration
Properties 注解，所以它会对该事件做出反应并读取新的配置数据。我们校验一下：

```
$ http :9001/
Welcome to the catalog from a fresh config server
```

最后，使用 Ctrl+C 停掉这两个应用。

非常棒！我们在运行时更新了应用的配置，没有对其进行重启，也没有重新构建应用，并
且确保了变更的可追踪性。对于云环境来说，这是很完美的。在第 14 章，我们将会学习在生
产环境中管理配置所需的更高级的技术，包括 Secret 管理、安全性、ConfigMap 和 Secret。

4.5   小结

■ Spring 的 Environment 抽象提供了统一的接口来访问属性和 profile。

- 属性是用于存储配置的键/值对。
- profile 特性用来实现只有当特定 profile 处于激活状态时才进行注册的 bean 的逻辑分组。
- Spring Boot 会根据优先级规则从不同数据源收集属性。按照从最高优先级到最低优先级的顺序，属性可以在命令行参数、JVM 系统变量、操作系统环境变量、特定 profile 的属性文件、通用属性文件中定义。
- 要从 Environment 中访问属性，Spring Bean 可以注入带有@Value 注解的值，也可以在带有@ConfigurationProperties 注解的 bean 中映射一组属性。
- 激活的 profile 可以使用 spring.profiles.active 属性来定义。
- @Profile 注解标识 bean 或配置类只有在指定的 profile 处于激活状态时才会考虑注册。
- Spring Boot 管理的属性实现了 15-Factor 方法论中所定义的外部化配置，但这还远远不够。
- 配置服务器可以解决 Secret 加密、配置可跟踪性、版本化以及在运行时刷新上下文而无须重新启动等问题。
- 配置服务器可以通过 Spring Cloud Config Server 库搭建。
- 配置本身可以根据不同的策略来存储，比如存储在专门的 Git 仓库中。
- 配置服务器使用应用程序名称、激活的 profile 以及 Git label 来识别应该向哪些应用提供哪些配置。
- Spring Boot 应用可以使用 Spring Cloud Config Client 实现基于配置服务器的配置。
- 按照配置，@ConfigurationProperties bean 会监听 RefreshScopeRefreshedEvent 事件。
- 当新的变更推送至配置仓库后，可以触发 RefreshScopeRefreshedEvent 事件，这样客户端应用就会使用最新的配置数据重新加载上下文。
- Spring Boot Actuator 定义了一个/actuator/refresh 端点，我们可以使用它手动触发该事件。

第 5 章　云中的数据持久化与数据管理

本章内容：

- 理解云原生系统的数据库
- 借助 Spring Data JDBC 实现数据持久化
- 使用 Spring Boot 和 Testcontainers 测试数据持久化
- 使用 Flyway 管理生产环境中的数据库

在第 1 章中，我曾经区分过云原生系统中的应用服务与数据服务。到目前为止，我们讨论的都是应用服务，它们应该是无状态的，所以在云环境中能够良好运行。但是，如果不能在某个地方存储状态或数据的话，那么大多数应用都是毫无用处的。例如，我们在第 3 章建立的 Catalog Service 没有持久化的存储机制，所以我们不能真正使用它来管理图书的目录。一旦将应用关闭，我们添加到目录中的所有图书也将会消失。因为如果应用是有状态的，我们甚至不能对其进行水平扩展。

状态（state）指的是当关闭服务和生成服务新实例时，能够保持的所有内容。数据服务是系统中有状态的组件。例如，它们可能是像 PostgreSQL、Cassandra 和 Redis 这样的数据库，或者像 RabbitMQ 和 Apache Kafka 这样的消息系统。

本章将介绍云原生系统中的数据库以及在云中持久化数据所涉及的主要内容。在本地环境中，我们将依赖 Docker 运行 PostgreSQL，但是在生产环境中，我们会将其替换为云平台托管的服务。随后，我们将使用 Spring Data JDBC 为 Catalog Service 添加数据持久层。最后，我将介绍在生产环境中，如何使用 Flyway 来解决数据库管理和演进时的一些常见问题。

注意 本章的源码样例可以在 "/Chapter05/05-begin" 和 "/Chapter05/05-end" 目录中找到，它们分别包含了项目的最初和最终状态（https://github.com/ThomasVitale/cloud-native-spring-in-action）。

5.1 云原生系统的数据库

数据可以有多种存储方式。传统上来讲，我们会使用一个庞大的数据库服务器，以尽可能节省开支，因为搭建一个新的服务器不仅价格高昂并且费时费力。根据组织流程的差异，这项任务可能需要几天到几个月的时间。在云中，情况就完全不同了。

云提供了弹性、自服务和按需供应的特性，这是我们将数据服务迁移到云中的强大动力。我们设计的每个云原生应用都需要考虑以最合适的存储类型来保存它所生成的数据。然后，云平台应该能够让我们通过 API 或图形化界面来配置它。以往非常耗时的任务，现在只需要几分钟就可以完成。例如，在 Azure 上部署一个 PostgreSQL 数据库服务器只需要运行一条简单的命令 "az postgres server create" 即可。

因为云本身的特点，云原生应用会被设计成无状态的。这是一个动态的基础设施，计算节点可以分布在不同的集群、地理区域和云中。应用的状态存储问题是显而易见的。在这样一个分布式的动态环境中，状态该如何"生存"呢？这就是我们希望让应用保持无状态的原因。

不过，我们需要在云中实现有状态化。在本节中，我们将会介绍云中数据服务和持久化管理所面临的挑战，并且会描述可选的技术方案，这取决于你是想自己管理数据服务还是依赖于云供应商的产品。随后，我们将会带领你以本地环境容器的形式搭建一个 PostgreSQL 数据库实例。

5.1.1 云中的数据服务

数据服务是云原生架构中有状态的组件。通过将应用设计为无状态的，我们能够将云存储所面临的挑战局限在这几个组件上。

传统上讲，存储问题由运维工程师和数据库管理员处理。但是，在采用云和 DevOps 实践时，允许开发人员选择最适合应用需求的数据服务，并且按照与云原生应用相同的方式对其进行部署。我们依然需要咨询像数据库管理员这样的专家，以便于最大限度地利用开发人员所选择的技术，解决性能、安全性和效率等方面的问题。但是，我们的目标是按需提供存储和数据服务，这与云原生应用的处理方式是一致的，并且要以自服务的形式配置它们。

应用服务和数据服务之间的差异可以通过云基础设施的三个基本构建块（building block）进行可视化展示，即计算、存储和网络。如图 5.1 所示，应用服务会使用计算和网络资源，因为它们是无状态的。而数据服务是有状态的，需要使用存储来持久化状态。

我们看一下云环境中数据服务所面临的挑战，并探讨数据服务的主要分类，从中选取最适合自己的应用的解决方案。

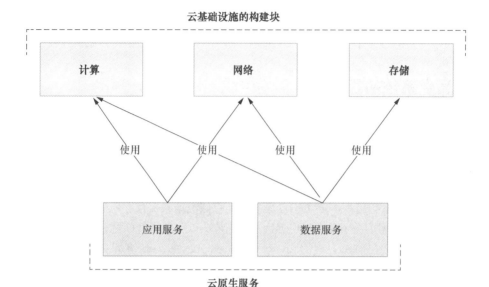

图 5.1　应用服务（无状态）只需要云基础设施中的计算和网络资源，数据服务（有状态）还需要存储

1. 数据服务所面临的挑战

云原生系统中的数据服务一般是现成的组件，比如数据库和消息代理（broker）。在决定采用哪项技术并确保所选的方案是最合适的之前，有一些属性是必须要考虑的。

■　可扩展性：云原生应用可以动态扩展和伸缩，数据服务也不例外，它们应该能够扩展和伸缩以适应工作负载的增加或减少。新的挑战在于扩展的同时要确保对数据存储的安全访问。在云中，流经系统的数据量要比以往更大，而且可能会有突然的流量增长，所以数据服务不仅要支持工作负载增加的可能性，而且要有韧性。

■　韧性：与云原生应用类似，数据服务应该有应对故障的韧性。这里新的内容是，使用特定存储技术的持久化数据也应该是有韧性的。实现韧性数据和防止数据丢失的关键策略之一就是复制（duplication）。跨不同的集群和地理区域复制数据可以使其更有韧性，但这也是有一定代价的。像关系型数据库这样的数据服务允许复制，并且能够确保数据的一致性。对于其他数据服务如非关系型数据库，它们提供了高水平的韧性，但是无法确保数据的一致性（它们提供了所谓的最终一致性）。

■　性能：数据复制的方式可能会影响性能，这也会受到特定存储技术的 I/O 访问延迟和网络延迟的限制。存储与依赖它的数据服务之间的相对位置是很重要的，这是我们在使用云原生应用时所没有遇到的问题。

■　合规性：相对于云原生应用，数据服务可能会面临合规性方面的挑战。持久化的数据对业务至关重要，其中通常会包含受特定法律、法规或客户协议保护的信息。例如，在处理个人和敏感信息时，按照隐私法管理数据是非常重要的。在欧洲，这意味着要遵守《通用数据保护条例》（General Data Protection Regulation，GDPR）。在加利福尼亚，存在《加利福尼亚消费者隐私法案》（California Consumer Privacy Act，CCPA）。在特定领域，还有更多适用的法律。例如在美国，健康数据的处理应该符合《健康保险流通与责任法案》（Health Insurance Portability and Accountability Act，HIPAA）。云原生存储和云供应商都应该遵守我们需要遵守的法律或协议。鉴于这一挑战，一些处理敏感数据的组织，如医疗机构和银行，更愿意在组织内部使用某种云原生存储，以便于对数据管理有更多的控制，并确保符合适用的法规。

2．数据服务的分类

数据服务可以根据由谁负责来进行分类，也就是云供应商还是我们自己负责。云供应商为数据服务提供了多种产品，为我们解决了云原生存储的所有主要挑战。

我们可以找到很多行业标准的服务，比如 PostgreSQL、Redis 和 MariaDB。有些云供应商甚至基于它们进行了增强，优化了可扩展性、可用性、性能和安全性。例如，如果需要关系型数据库的话，可以使用 Amazon Relational Database Service（RDS）、Azure Database 或 Google Cloud SQL。

云供应商还提供了专门针对云的新类型数据服务，并暴露了其特殊的 API。例如，Google BigQuery 是一个 Serverless 的数据仓库解决方案，尤其关注高可扩展性。另外一个样例是由 Azure 提供的极快的非关系型数据库 Cosmos DB。

另外一种方案是由我们自己管理数据服务，这会增加复杂性，但是能让我们对解决方案有更多的控制权。你可以选择使用基于虚拟机的更传统的搭建方式，也可以使用容器和利用管理云原生应用所学的经验。使用容器能够让我们在统一的接口（如 Kubernetes）中管理系统中的所有服务，处理计算和存储资源，并降低成本。图 5.2 阐述了面向云的数据服务的分类。

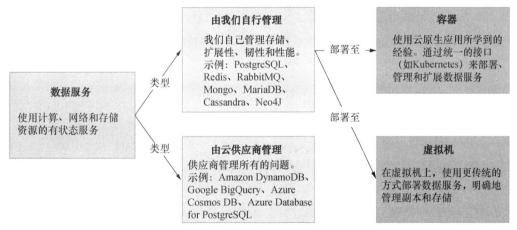

图 5.2　数据服务可以由我们自己来管理（通过容器或虚拟机），也可以由云供应商来管理。在前一种方式中，我们可以使用更传统的服务，而在后一种方式中，我们可以访问由供应商提供的、专门为云构建的多个服务

注意　当选择自行运行和管理数据服务时（不管是采用虚拟机还是基于 Kubernetes 的容器方式），另外一个关键决策就是采用哪种存储：本地持久化存储还是远程持久化存储？云原生存储是一个很有意思的话题，但是它超出了本书的研究范围。如果你想要学习这方面的更多知识的话，推荐参阅 CNCF 云原生交互式全景图（https://landscape.cncf.io）的 Cloud Native Storage 部分。

下面我们将会关注关系型数据库，并且会搭建一个 PostgreSQL 容器用于本地环境。

5.1.2　以容器的形式运行 PostgreSQL

对于 Catalog Service 应用来说，我们会使用关系型数据库 PostgreSQL 来存储目录中的图书。PostgreSQL 是一个流行的、开源关系型数据库，具有很强的可靠性、健壮性和性能。大多数的云供应商都以托管服务的形式提供了 PostgreSQL，这样我们就免于自己处理像高可用、韧性和持久性存储这样的问题了。这方面的样例包括 Azure Database for PostgreSQL、Amazon RDS for PostgreSQL、Google Cloud SQL for PostgreSQL、Alibaba Cloud ApsaraDB RDS for PostgreSQL 和 DigitalOcean PostgreSQL。

在本书后面的内容中，我们会将 Polar Bookshop 系统部署到云供应商提供的 Kubernetes 集群中，并且会展示如何使用它们提供的托管 PostgreSQL。就像 15-Factor 方法论推荐的那样，我们想要确保环境的对等性，所以我们在开发中也会使用 PostgreSQL。Docker 使得在本地运行数据库比以往更加容易，所以我将展示如何以容器的形式在本地机器上运行 PostgreSQL。

在第 2 章，我们让 Catalog Service 应用首次尝试了 Docker。以容器的方式运行 PostgreSQL 也并无二致。请首先确保 Docker Engine 处于运行状态，打开终端窗口并运行如下命令。

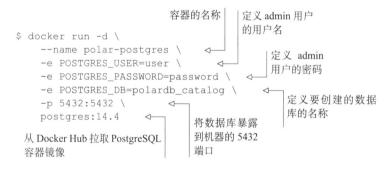

相较于运行 Catalog Service 容器的方式，我们会发现几个新的元素。首先，运行容器的 Docker 镜像（postgres:14.4）并不是我们自己创建的，而是从 Docker Hub 镜像注册中心拉取的（在安装 Docker 的时候默认配置的）。

其次就是以参数的形式传递环境变量到容器中。PostgreSQL 能够接受一些环境变量，它们在容器创建时用来配置数据库。

> **注意** 在本书中，我不会介绍如何配置 Docker 中的存储（存储卷）。这意味着在本地 PostgreSQL
> 容器中保存的所有数据都会在移除容器的时候丢失。考虑到本章的主题，这似乎有点违
> 背直觉，但是在生产环境中，存储相关的问题都会由供应商解决，所以我们不必自己处
> 理。但是，如果你需要为本地容器添加持久化存储的话，你可以在 Docker 的官方文档中
> 了解如何使用存储卷的问题（https://docs.docker.com）。

在下一节中，我们将会看到如何使用 Spring Data JDBC 和 PostgreSQL 为 Spring Boot 应用
添加数据持久化功能。

> **注意** 如果需要的话，你可以使用 docker stop polar-postgres-catalog 停掉容器，并使用 docker start
> polar-postgres-catalog 将其再次启动起来。如果想要从头开始，你可以使用 docker rm -f
> polar-postgres-catalog 移除容器，并使用前面的 docker run 命令以重新创建它。

5.2 使用 Spring Data JDBC 进行数据持久化

Spring 通过 Spring Data 项目支持各种类型的数据持久化技术，该项目包含适用于关系型数
据库（JDBC、JPA、R2DBMS）和非关系型数据库（Cassandra、Redis、Neo4J、MongoDB 等）
的特定模块。Spring Data 提供了通用的抽象和模式，这使得在不同的模块间切换变得非常简单
直接。本节主要关注关系型数据库，但是使用 Spring Data 的应用与数据库进行交互（参见图 5.3）
的要点适用于所有数据库。

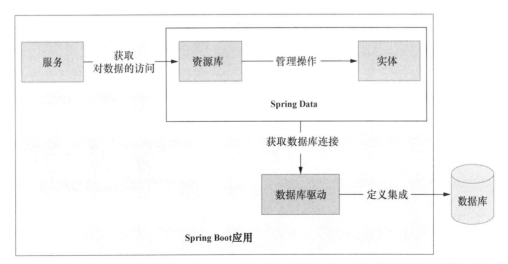

图 5.3 驱动配置了应用与数据库之间的连接。实体代表了领域对象，可以通过资源库进行存储和检索

图 5.3 展示了在交互过程中的主要元素，也就是数据库驱动、实体和资源库（repository）。

■ 数据库驱动：提供与特定数据库集成的组件（通过连接工厂实现）。对于关系型数据库，我们可以在命令式/阻塞式的应用中使用 JDBC 驱动（Java Database Connectivity API），或者在反应式/非阻塞式应用中使用 R2DBMS 驱动。对于非关系型数据库，每个厂商都有自己专门的解决方案。

■ 实体：要持久化到数据库中的领域对象。它们必须要包含一个用于标识每个实例的字段（主键），并且可以使用专门的注解来配置 Java 对象和数据库条目之间的映射关系。

■ 资源库：用于数据存储和检索的抽象。Spring Data 提供了基础的实现，每个模块都对其进行了进一步的扩展，从而提供所使用数据库的特定功能。

本节将展示如何使用 Spring Data JDBC 为 Spring Boot 应用（如 Catalog Service）添加数据持久化。我们将配置一个连接池，通过 JDBC 驱动实现与 PostgreSQL 数据库的交互、定义要持久化的实体、使用资源库来访问数据并且还会用到事务。图 5.4 展示了到本章结束的时候，Polar Bookshop 的架构将会是什么样子。

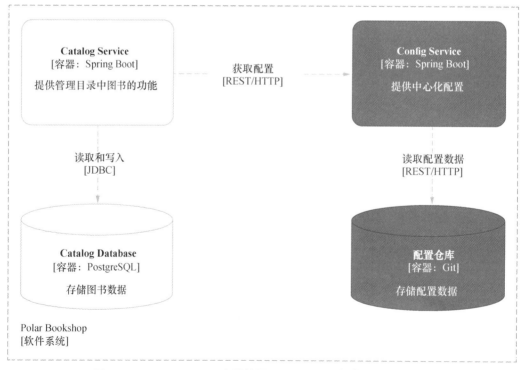

图 5.4   Catalog Service 应用使用 PostgreSQL 来持久化图书数据

选择 Spring Data JDBC 还是 Spring Data JPA?

Spring Data 提供了两种主要的方案来实现应用与关系型数据库之间基于 JDBC 驱动的集成,分别是 Spring Data JDBC 和 Spring Data JPA。这两者之间该如何选择呢? 一如既往,答案是这要取决于你的需求和具体的上下文环境。

Spring Data JPA 是 Spring Data 项目中使用最广泛的模块。它基于 Java Persistence API(JPA),这是 Jakarta EE (以前叫作 Java EE) 中所包含的一个标准规范。Hibernate 是该规范最流行的实现,它是一个强大的、经过实战考验的对象/关系映射 (Object/Relational Mapping,ORM) 框架,用于管理 Java 应用中的数据持久化。Hibernate 提供了很多有用的特性,但它也是一个非常复杂的框架。如果你不了解持久化上下文、懒加载、脏值检查或会话等的话,那么可能会遇到一些问题,如果对 JPA 和 Hibernate 没有深入理解,这些问题是很难进行调试的。在对这个框架有了更多了解之后,你就会知道 Spring Data JPA 为我们简化了太多的事情,并且极大提升了我们的工作效率。如果想要了解更多关于 JPA 和 Hibernate 的知识,你可以阅读 Vlad Mihalcea 撰写的 *High-Performance Java Persistence and SQL*(https://vladmihalcea.com/) 以及 Cătălin Tudose 撰写的 *Java Persistence with Spring Data and Hibernate*。

Spring Data JDBC (https://spring.io/projects/spring-data-jdbc) 是 Spring Data 家族中一个较新的成员。它遵循领域驱动设计 (Domain-Driven Design,DDD) 的概念 (如聚合、聚合根和资源库),提供了与关系型数据库的集成。它更加轻量级和简单,是微服务的最佳选择。在微服务中,领域通常会被设计为限界上下文 (DDD 中的另一个概念)。它为开发人员提供了对 SQL 查询的更多控制,并允许使用不可变的实体。作为 Spring Data JPA 的更简单的替代方案,它并不能在每个场景中直接替代 Spring Data JPA,因为它并没有提供 JPA 的全部特性。我建议大家同时学习这两个模块,思考自己的需求,然后决定哪个模块更适合特定的场景。

在这里,我选择使用 Spring Data JDBC,因为它很适合云原生应用,并且很简单。由于 Spring Data 的通用抽象和模式,我们可以很容易地将项目从 Spring Data JDBC 转换成 Spring Data JPA。在后续章节中,我将会指出两者的主要区别,为你提供足够的信息,以便你需要使用 Spring Data JPA 来实现同样的需求。在本书附带的代码仓库中,你也会发现 JPA 版本的 Catalog Service,你可以把它作为一个参考 (catalog-service-jpa)。

5.2.1 使用 JDBC 连接数据库

接下来,我们开始为 Catalog Service 应用实现数据持久化。我们起码需要为想要使用的特定数据库导入其 Spring Data 模块,如果必要的话,还需要导入数据库驱动。因为 Spring Data JDBC 支持不同的关系型数据库,所以我们需要明确声明对特定数据库驱动的依赖。

我们可以在 Catalog Service 项目的 build.gradle 文件中添加两个新的依赖。在添加完之后,不要忘记刷新/重新导入 Gradle 依赖。

程序清单 5.1　在 Catalog Service 中添加对 Spring Data JDBC 的依赖

```
dependencies {
  ...
  implementation 'org.springframework.boot:spring-boot-starter-data-jdbc'
  runtimeOnly 'org.postgresql:postgresql'
}
```

这里主要有两个依赖：

- Spring Data JDBC（org.springframework.boot:spring-boot-starter-data-jdbc）：提供必要的库，以便于使用 Spring Data 和 JDBC 将数据持久化到关系型数据库中。
- PostgreSQL（org.postgresql:postgresql）：提供 JDBC 驱动，从而允许应用连接 PostgreSQL 数据库。

对于 Catalog Service 应用来说，PostgreSQL 是一个支撑服务。所以，根据 15-Factor 方法论，它应该作为一个附属资源来处理。附属的内容是通过资源绑定实现的，具体到 PostgreSQL，它应该包括：

- 一个 URL，定义了该使用哪个驱动、去哪里寻找数据库服务器以及应用要连接到哪个数据库。
- 用户名和密码，以建立到特定数据库的连接。

借助 Spring Boot，我们能够以配置属性的方式提供这些值。通过这种方式，我们可以通过修改资源绑定的值轻松替换附属数据库。

打开 Catalog Service 项目的 application.yml 文件并添加用于配置 PostgreSQL 连接的属性。这些值是我们在创建 PostgreSQL 容器的时候以环境变量的形式定义的。

程序清单 5.2　使用 JDBC 配置与数据库的连接

```
spring:
  datasource:
    username: user          ◀──  具有访问指定数据库权限的用户的凭证以及用来标识
    password: password           我们想要与哪个数据库建立连接的 JDBC URL
    url: jdbc:postgresql://localhost:5432/polardb_catalog
```

相对来讲，打开和关闭数据库连接是成本高昂的操作，所以我们并不想在应用每次访问数据时都这样做。解决方案是"连接池"：应用与数据库之间建立多个连接并重用它们，而不是在每次进行数据访问操作的时候都创建新的连接。这是一个相当大的性能优化。

Spring Boot 使用 HikariCP 实现连接池，我们可以在 application.yml 文件中对其进行配置。我们至少要配置一个连接超时时间（spring.datasource.hikari.connection-timeout）和池中连接的最大数量（spring.datasource.hikari.maximum-pool-size），因为它们都会影响应用的韧性和性能。就像 Tomcat 的线程池一样，有多种因素会影响这个值的设置。你可以参阅 HikariCP 关于池大小的分析（https://github.com/brettwooldridge/HikariCP/wiki/About-Pool-Sizing）。

程序清单 5.3 配置与数据库交互的连接池

```
spring:
  datasource:
    username: user
    password: password
    url: jdbc:postgresql:/ /localhost:5432/polardb_catalog
    hikari:
      connection-timeout: 2000
      maximum-pool-size: 5
```

从池中获取连接
的最大等待时间
(毫秒)

HikariCP 在池中保留
的最大连接数

现在，我们已经将 Spring Boot 应用连接到了 PostgreSQL 数据库，接下来就可以继续定义哪些数据需要持久化了。

5.2.2 使用 Spring Data 定义持久化实体

在 Catalog Service 中，我们已经有一个代表应用领域实体的 Book record。根据业务领域及其复杂性的要求，我们可能想要将领域实体与持久化实体区分开来，使领域层完全独立于持久层。如果你想要探索如何对这种情况进行建模，我推荐你参阅领域驱动设计和六边形架构原则。

在我们的场景中，业务领域非常简单，所以我们将会更新 Book record，使其能够进行持久化。

1. 使领域类支持持久化

Spring Data JDBC 鼓励使用不可变的实体。使用 Java record 对实体进行建模是很好的方案，因为按照设计 record 就是不可变的，并且暴露了一个包含所有参数的构造器，框架可以使用它来填充对象。

持久化实体必须要有一个字段作为对象的标识符，它将会转换成数据库中的主键。我们可以使用@Id 注解（来自 org.springframework.data.annotation.Id 包）将一个字段标记为标识符。对于创建的每个对象，数据库会负责为其自动生成唯一的标识符。

> **注意** 图书会通过 ISBN 进行唯一标识，我们将其称为领域实体的自然键（或业务键）。我们可
> 以决定使用它作为主键，也可以引入一个技术键（或代用键）。这两种方式各有优缺点。
> 在这里，我选择使用技术键使其更易于管理，并且能够将领域的关注点和持久化实现的
> 细节进行解耦。

对于创建并持久化一个 Book 对象到数据库来说，这足以胜任。当单个用户独自更新一个现有的 Book 对象时，这也没有什么问题。但是，当同一个实体由多个用户并发更新时，会发生什么呢？Spring Data JDBC 支持使用"乐观锁"来解决这个问题。用户可以并发地读取数据，但当尝试进行更新操作的时候，应用会检查自从上次读取之后是否有数据变化。如果有的话，这个操作将不会执行，并且会抛出一个异常。该检查会基于一个数字类型的字段进行，这个字

段会从 0 开始计数，每进行一次更新操作就会自动增加。我们可以使用@Version 注解（来自 org.springframework.data.annotation.Version 包）标记这样的一个字段。

当@Id 字段为 null 且@Version 字段的值为 0 的时候，Spring Data JDBC 会假定这是一个新的对象。因此，当插入新的行到数据库时，它会让数据库为其生成一个标识符。如果提供了这些字段的值的话，它的预期行为是能够在数据库中找到这样一个已存在的对象并对其进行更新。

所以，我们继续为 Book record 添加两个新的字段，分别用作标识符和版本号。由于这两个字段都是由 Spring Data JDBC 填充和处理的，所以在生成测试数据的时候，使用全部参数的构造器就显得有些冗长繁琐了。为了简便，我们为 Book record 添加了一个静态方法，该方法能够支持只传递业务字段来构建对象。

程序清单 5.4　为 Book 实体定义标识符和版本

```
package com.polarbookshop.catalogservice.domain;

public record Book (

  @Id                         将该字段标记为
  Long id,                    实体的主键

  @NotBlank(message = "The book ISBN must be defined.")
  @Pattern(
    regexp = "^([0-9]{10}|[0-9]{13})$",
    message = "The ISBN format must be valid."
  )
  String isbn,

  @NotBlank(message = "The book title must be defined.")
  String title,

  @NotBlank(message = "The book author must be defined.")
  String author,

  @NotNull(message = "The book price must be defined.")
  @Positive(message = "The book price must be greater than zero.")
  Double price,

  @Version                    实体的版本号，用
  int version                 于实现乐观锁
){
  public static Book of(
    String isbn, String title, String author, Double price
  ) {
    return new Book(
      null, isbn, title, author, price, 0        当 id 为 null 并且 version 为
    );                                           0 的时候，该实体将被视为
  }                                              新增的
}
```

注意 Spring Data JPA 要使用可变（mutating）对象，所以我们不能使用 Java record。JPA 实体
类必须使用@Entity 注解来标注并且要暴露一个无参的构造器。JPA 的标识符要使用来
自 javax.persistence 包的@Id 和@Version 来注解，而不是来自 org.springframework.data.
annotation 包的注解。

在添加了这几个新的字段之后，我们需要更新一下使用 Book 构造器的类，现在构造器需
要将 id 和 version 的值传递进来。

BookService 包含更新图书的逻辑。打开这个类并修改 editBookDetails()方法，确保当调用
持久层的时候，图书的标识符和版本都正确传递了进来。

程序清单 5.5　当更新图书的时候，将现有的标识符和版本包含进来

```
package com.polarbookshop.catalogservice.domain;

@Service
public class BookService {

  ...

  public Book editBookDetails(String isbn, Book book) {
    return bookRepository.findByIsbn(isbn)
      .map(existingBook -> {
        var bookToUpdate = new Book(
          existingBook.id(),              使用现有图书
          existingBook.isbn(),            的标识符
          book.title(),
          book.author(),
          book.price(),                   使用现有图书的版本。如果更
          existingBook.version());        新操作成功的话，这个值将会
        return bookRepository.save(bookToUpdate);  自动增加
      })
      .orElseGet(() -> addBookToCatalog(book));
  }
}
```

在 BookDataLoader 中，我们可以使用新的静态方法来构建 Book 对象。框架将会负责处理
id 和 version 字段。

程序清单 5.6　使用静态的构建器来创建图书

```
package com.polarbookshop.catalogservice.demo;

@Component
@Profile("testdata")
public class BookDataLoader {

  ...

  @EventListener(ApplicationReadyEvent.class)
```

```
public void loadBookTestData() {
  var book1 = Book.of("1234567891", "Northern Lights",
    "Lyra Silverstar", 9.90);
  var book2 = Book.of("1234567892", "Polar Journey",
    "Iorek Polarson", 12.90);
  bookRepository.save(book1);
  bookRepository.save(book2);
}
}
```

框架在幕后负
责为标识符和
版本字段赋值

我将更新自动化测试的任务留给你，它们的修改方式是非常类似的。你也可以扩展
BookJsonTests 中的测试以校验新字段的序列化和反序列化。作为参考，你可以查看本书附带代
码仓库的 Chapter05/05-intermediate/catalog-service 目录。

作为一个持久化实体，Book record 会自动映射到关系型资源上。类和字段名会转换为小写字
母，驼峰命名的字母会转换成下划线连接的单词。Book record 将会映射到 book 表，title 字段会映
射成 title 列，而 price 字段会映射为 price 列。图 5.5 展示了 Java 对象和关系型表之间的映射。

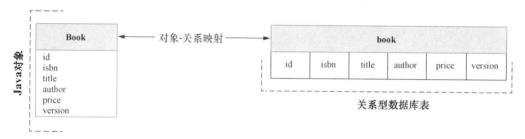

图 5.5 标记为持久化实体的 Java 类会由 Spring Data JDBC 自动映射为数据库中的关系型资源

2. 创建数据库模式

数据库中应该有一个遵循如图 5.5 所示定义的表，这样映射才能正常发挥作用。Spring Data
提供了一个在启动时初始化数据源的特性。默认情况下，我们可以使用名为 schema.sql 的文件
来创建模式，并使用名为 data.sql 的文件在新创建的表中插入数据。这样的文件应该放到
src/main/resources 目录下。

这是一个非常方便的特性，对于演示和实验很有用处。但是，对于生产环境来说，它有很
大的局限性。在本章后面的内容中你就可以看到，最好使用一个更为复杂的工具，比如 Flyway
或 Liquibase，来实现关系型资源的创建和演进，从而能够实现对数据库的版本控制。

> 注意 作为 Spring Data JPA 的基础，Hibernate 提供了一个有趣的特性，它可以从 Java 定义实
> 体中自动生成模式。再次强调，这对演示和实验来说很方便，但我不建议在生产环境中
> 使用它。

在 Catalog Service 项目的 src/main/resources 目录中添加新的 schema.sql。然后，编写 SQL
指令创建 book 表，它会映射到 Java 中的 Book record。

程序清单 5.7 定义 SQL 指令来创建 book 表

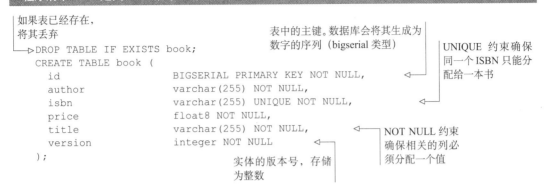

如果表已经存在，将其丢弃

表中的主键。数据库会将其生成为数字的序列（bigserial 类型）

UNIQUE 约束确保同一个 ISBN 只能分配给一本书

NOT NULL 约束确保相关的列必须分配一个值

实体的版本号，存储为整数

默认情况下，Spring Data 只会在使用嵌入式、内存数据库时加载 schema.sql 文件。因为我们使用的是 PostgreSQL，所以需要显式启用该功能。在 Catalog Service 项目的 application.yml 文件中添加如下配置，以便于从 schema.sql 文件初始化数据库模式。

程序清单 5.8 从数据库脚本中初始化数据库模式

```
spring:
  sql:
    init:
      mode: always
```

在应用启动的时候，Spring Data 将会读取文件并在 PostgreSQL 中执行 SQL 指令，以创建新的 book 表，然后就可以开始插入数据了。

在下一节中，我们将会捕获与持久化实体相关的审计事件，跟踪每一行数据是在何时插入表中的以及最近一次修改是何时。

5.2.3 启用和配置 JDBC 审计

在持久化数据的时候，如果能够知道表中每行数据的创建时间和最后更新时间，那将是非常有用的。在使用认证和授权保护应用之后，我们甚至可以记录每个实体是由谁创建的，以及是由谁最后做的更新。这些功能都叫作数据库审计（database auditing）。

借助 Spring Data JDBC，通过在配置类上添加@EnableJdbcAuditing 注解，我们就能启用所有持久化实体的审计功能。在 com.polarbookshop.catalogservice.persistence 包中，添加 DataConfig 类来收集所有 JDBC 相关的配置。

程序清单 5.9 通过注解配置启用 JDBC 审计

```
package com.polarbookshop.catalogservice.config;

import org.springframework.context.annotation.Configuration;
```

```
import org.springframework.data.jdbc.repository.config.EnableJdbcAuditing;
```

表明该类是 Spring
的配置源

为持久化实体
启用审计

注意   在 Spring Data JPA 中，我们需要使用@EnableJpaAuditing 注解来启用 JPA 审计，并且需要使用@EntityListeners(AuditingEntityListener.class)来标注实体类，使其监听审计事件，而不会像在 Spring Data JDBC 中那样自动实现。

启用该特性之后，每当数据创建、更新或删除时就会生成审计事件。Spring Data 提供了便利的注解（见表 5.1），我们可以将其用到专门的字段中，以便于捕获这类事件的信息（审计元数据），并将其作为实体的一部分存储到数据库中。

表 5.1   当启用数据库审计后，这些字段可以用到实体字段上以捕获审计信息

注 解	给实体字段带来的效果
@CreatedBy	标记该字段代表创建该实体的用户。它在创建时定义并且永远不会改变
@CreatedDate	标记该字段代表该实体是何时创建的。它在创建时定义并且永远不会改变
@LastModifiedBy	标记该字段代表最近修改该实体的用户。每次执行持久化操作时，它都会更新
@LastModifiedDate	标记该字段代表该实体最新修改的时间。每次执行持久化操作时，它都会更新

在 Catalog Service 中，我们为 Book record 添加新的 createdDate 和 lastModifiedDate 字段。在第 12 章引入 Spring Security 之后，我们将会扩展该对象以捕获何人创建或更新该实体的信息。

打开 Book record 并添加这两个新的字段。当初始化一个新的对象时，它们可以是 null，因为 Spring Data 会在幕后填充它们。

程序清单 5.10   为持久化实体定义审计字段

```
package com.polarbookshop.catalogservice.domain;

public record Book (

  @Id
  Long id,

  ...                        实体的创建
                             时间
  @CreatedDate        ◁
  Instant createdDate,

  @LastModifiedDate   ◁    实体最后修改
  Instant lastModifiedDate,    的时间
```

```
  @Version
  int version

){
  public static Book of(
    String isbn, String title, String author, Double price
  ) {
    return new Book(null, isbn, title, author, price, null, null, 0);
  }
}
```

在扩展 Book record 之后，BookService 需要再次进行更新。打开它并修改 editBookDetails()
方法，确保在调用数据层的时候正确地传入审计元数据。

程序清单 5.11　当更新图书的时候，包含现有的审计元数据

```
package com.polarbookshop.catalogservice.domain;

@Service
public class BookService {

  ...

  public Book editBookDetails(String isbn, Book book) {
    return bookRepository.findByIsbn(isbn)
      .map(existingBook -> {
        var bookToUpdate = new Book(
          existingBook.id(),
          existingBook.isbn(),
          book.title(),
          book.author(),
          book.price(),
          existingBook.createdDate(),        ◁── 使用现有图书 record 的
          existingBook.lastModifiedDate(),   ◁──    创建时间
          existingBook.version());
        return bookRepository.save(bookToUpdate);   使用现有图书 record 的
      })                                            最后更新时间。如果操作
      .orElseGet(() -> addBookToCatalog(book));     成功的话，Spring Data 会
  }                                                 自动更新它
}
```

接下来，我们更新 schema.sql 文件，为 book 表添加新的字段。

程序清单 5.12　为 book 表添加用于审计元数据的列

```
DROP TABLE IF EXISTS book;
CREATE TABLE book (
  id                BIGSERIAL PRIMARY KEY NOT NULL,
  author            varchar(255) NOT NULL,
  isbn              varchar(255) UNIQUE NOT NULL,
  price             float8 NOT NULL,
  title             varchar(255) NOT NULL,       实体创建的时间，以
  created_date      timestamp NOT NULL,     ◁──  时间戳的形式存储
```

```
last_modified_date   timestamp NOT NULL,  ◁
version              integer NOT NULL             实体最后更新的时
);                                                间，以时间戳的形式
                                                  存储
```

我将更新自动化测试的任务留给你们。你也可以扩展 BookJsonTests 中的测试，以校验新字段的序列化和反序列化。作为参考，你可以查看本书附带代码仓库中的 Chapter05/05-intermediate /catalog-service 目录。

到目前为止，我们完成了将 Java 对象映射为数据库中关系型对象的所有工作，包括审计信息。但是，我们还需要一种访问数据库中数据的方式，而这正是下一节的主题。

5.2.4 使用 Spring Data 实现数据资源库

资源库（repository）模式提供了一种抽象，用于独立于数据源访问数据。资源库的一个样例就是 BookService 使用的 BookRepository。包含业务逻辑的领域层不需要关心数据来自何方，它只需对其进行访问即可。在第 3 章，我们添加了一个资源库接口实现，以便于将数据存储到内存中。现在，我们正在构建持久层，因此需要一个不同的实现来访问 PostgreSQL 中的数据。

好消息是我们可以使用 Spring Data 资源库，该技术方案提供了访问数据存储中的数据的能力，并且能够独立于所使用的具体持久化技术。这是 Spring Data 最有用的特性之一，因为我们可以将相同的资源库抽象用于任意的持久化场景，包括关系型场景和非关系型场景。

1. 使用数据资源库

当使用 Spring Data 资源库时，我们的职责仅仅是定义一个接口。在启动的时候，Spring Data 会在运行时生成一个该接口的实现。因此，在 Catalog Service 项目中，我们可以移除 InMemoryBookRepository 类。

现在，我们看一下如何重构 Catalog Service 项目的 BookRepository 接口。首先，它应该扩展 Spring Data 提供的某个 Repository 接口。大多数 Spring Data 模块都添加了其支持的数据源的特定 Repository 实现。Catalog Service 应用需要对 Book 对象进行标准的 CRUD 操作，所以我们可以让 BookRepository 接口扩展 CrudRepository。

CrudRepository 提供了对图书执行 CRUD 操作的方法，包括 save()和 findAll()，所以我们可以在自己的接口中移除它们的显式声明。CrudRepository 为 Book 对象提供的默认方法是基于 @Id 注解所标注的字段的。鉴于我们的应用需要基于 ISBN 访问图书，所以我们需要显式声明这些操作。

程序清单 5.13 访问图书的 Repository 接口

```
package com.polarbookshop.catalogservice.domain;

import java.util.Optional;
```

```
import org.springframework.data.jdbc.repository.query.Modifying;
import org.springframework.data.jdbc.repository.query.Query;
import org.springframework.data.repository.CrudRepository;

public interface BookRepository
    extends CrudRepository<Book,Long> {        ◁──── 扩展提供 CRUD 操作的
                                                       资源库，声明所管理的实
  Optional<Book> findByIsbn(String isbn);    ◁──      体（Book）及其主键的类
  boolean existsByIsbn(String isbn);                  型（Long）

                   Spring Data 在运行时要实现的方法

  @Modifying
  @Query("delete from Book where isbn = :isbn")   ◁──── 标记该操作将会
  void deleteByIsbn(String isbn);                       修改数据库状态
}
                   声明 Spring Data 在实现该
                   方法时所使用的查询
```

在启动的时候，Spring Data 将会提供一个 BookRepository 的实现，其中包含了所有常见的
CRUD 操作以及我们在该接口中声明的方法。在 Spring Data 中，主要有两种声明自定义查询
的方案：

■　使用@Query 注解来提供类似 SQL 语句，它们会被对应的方法执行。

■　根据特定的命名约定来定义查询方法，如官方文档所述（https://spring.io/projects/
spring-data）。一般而言，方法名会由多个组成部分构建而成，如表 5.2 所示。在编写
本书的时候，Spring Data JDBC 只支持该方案的读取操作，而 Spring Data JPA 对所有
操作都提供了完整支持。

表 5.2　通过遵循特定的命名约定，我们可以向资源库添加自定义的查询并让 Spring Data 为我们
　　　　提供实现，该命名约定由多个构建基块组成

资源库方法的构建基块	样　　例
行为	find、exists、delete、count
限制	One、All、First10
-	By
属性表达式	findByIsbn、findByTitleAndAuthor、findByAuthorOrPrice
对比	findByTitleContaining、findByIsbnEndingWith、findByPriceLessThan
排序操作符	orderByTitleAsc、orderByTitleDesc

借助 CrudRepository 提供的某些方法以及继承自 BookRepository 的方法，我们就可以改进
BookDataLoader 类了，在开发阶段我们可以从一个空的数据库开始，通过一条命令来创建图书。

程序清单 5.14　使用 Spring Data 的方法删除和保存图书

```
package com.polarbookshop.catalogservice.demo;

@Component
```

```
@Profile("testdata")
public class BookDataLoader {
  private final BookRepository bookRepository;
  public BookDataLoader(BookRepository bookRepository) {
    this.bookRepository = bookRepository;
  }

  @EventListener(ApplicationReadyEvent.class)
  public void loadBookTestData() {
    bookRepository.deleteAll();
    var book1 = Book.of("1234567891", "Northern Lights",
      "Lyra Silverstar", 9.90);
    var book2 = Book.of("1234567892", "Polar Journey",
      "Iorek Polarson", 12.90);
    bookRepository.saveAll(List.of(book1, book2));
  }
}
```

如果存在的话，删除所有既存的图书，从一个空的数据库开始

一次性保存多个对象

2．定义事务上下文

Spring Data 提供的资源库为所有操作都配置了事务上下文。例如，CrudRepository 的所有方法都是事务性的。这意味着我们可以安全地调用 saveAll()方法，因为它将会在一个事务中执行。

但是，当我们像 BookRepository 这样添加自己的查询方法时，就需要自行定义哪些方法需要包含在事务中了。我们可以依赖 Spring Framework 提供的声明式事务管理，并在类或方法上使用@Transactional 注解（位于 org.springframework.transaction.annotation 包中），从而确保它们作为某个"工作单元"的一部分来执行。

在 BookRepository 的自定义方法中，deleteByIsbn()是很适合进行事务管理的，因为它修改了数据库的状态。我们可以通过使用@Transactional 注解，确保它运行在一个事务中。

程序清单 5.15 定义事务性操作

```
package com.polarbookshop.catalogservice.domain;

import java.util.Optional;
import org.springframework.data.jdbc.repository.query.Modifying;
import org.springframework.data.jdbc.repository.query.Query;
import org.springframework.data.repository.CrudRepository;
import org.springframework.transaction.annotation.Transactional;

public interface BookRepository extends CrudRepository<Book,Long> {

  Optional<Book> findByIsbn(String isbn);
  boolean existsByIsbn(String isbn);

  @Modifying
  @Transactional
  @Query("delete from Book where isbn = :isbn")
  void deleteByIsbn(String isbn);
}
```

标识该方法要在事务中执行

注意 关于 Spring Framework 提供的声明式事务管理的更多信息，请参阅官方文档（https://spring.io/projects/spring-framework）。

非常棒！我们已经成功为 Catalog Service 添加了数据持久化功能。接下来，我们校验一下它是否能够正确运行。首先，确保 PostgreSQL 容器处于运行状态。如果它没有运行的话，请按照本章开始时的描述运行它。随后，启动应用（./gradlew bootRun），发送 HTTP 请求到每个 REST 端点，并确保它们按照预期方式运行。当完成后，移除数据库容器（docker rm -f polar-postgres-catalog）并停掉应用（Ctrl+C）。

提示 在本书附带的仓库中，你能够找到一些有用的命令，可直接查询 PostgreSQL 数据库并校验应用生成的模式和数据（Chapter05/05-intermediate/catalog-service/README.md）。

手动检验数据持久化并非不行，但是自动化的方式会更好一些，而这正是我们下一节要讨论的话题。

5.3 使用 Spring 和 Testcontainers 测试数据持久化

在前面几个小节中，我们为应用添加了数据持久化功能，这是基于容器中的一个 PostgreSQL 数据库开发的，相同的技术也可用于生产环境。这是迈向 15-Factor 方法论所倡导的环境对等的良好举措。保持所有的环境尽可能相似能够提升项目的质量。

数据源是造成不同环境之间差异的主要原因之一。一种常见的做法是在本地开发的时候使用像 H2 或 HSQL 这样的内存数据库。但是，这会影响应用的可预测性和健壮性。即便所有的关系型数据库都使用 SQL 并且 Spring Data JDBC 提供了通用的抽象，但是每个厂商都有自己的"方言"和独特的功能，这使得在开发和测试过程中使用与生产环境相同的数据库至关重要。否则，我们可能无法捕获仅在生产环境中才出现的错误。

你可能会问："那测试该怎么办呢？"这是一个很好的问题。使用内存数据库的另外一个原因是确保集成测试更易于进行。但是，集成测试应该是测试我们的应用与外部服务之间的集成。使用像 H2 这样的数据库使得这些测试不再那么可靠。在采用持续部署方式的时候，每次提交的都应该是候选的发布版本。假设部署流水线运行的自动化测试没有使用与生产环境相同的支撑服务，那么，我们需要在安全部署应用之前做一些额外的手动测试，因为我们无法确保它能够正常运行。因此，减少不同环境之间的差异是至关重要的。

Docker 让我们能够更容易地在本地使用实际的数据库搭建和开发应用，比如我们所使用的 PostgreSQL。按照类似的方式，Testcontainers（一个用于测试的 Java 库）使我们在集成测试时能够很容易地以容器的形式使用支撑服务。

本节将会展示如何使用 @DataJdbcTest 注解编写针对数据持久层的切片测试，并且在使用 @SpringBootTest 注解的集成测试中包含一个数据库。在这两个场景中，我们都将依赖 Testcontainers 运行针对 PostgreSQL 数据库的自动化测试。

5.3.1　为 PostgreSQL 配置 Testcontainers

Testcontainers 是一个用于测试的 Java 库。它支持 JUnit，提供了轻量级、即用即弃的容器，如数据库、消息代理和 Web 服务器。Testcontainers 非常适合用来编写集成测试，能够确保使用与生产环境相同的支撑服务，因此会产生更加可靠和稳定的测试，以及更高质量的应用并且有利于持续交付实践。

我们可以使用 Testcontainers 配置一个轻量级的 PostgreSQL 容器，并在涉及数据持久层自动测试时使用它。我们看一下它是如何运行的。

首先，我们需要在 Catalog Service 项目的 build.gradle 文件中添加对 Testcontainers PostgreSQL 模块的依赖。在添加完之后，不要忘记刷新/重新导入 Gradle 依赖。

程序清单 5.16　在 Catalog Service 中添加对 Testcontainers 的依赖

```
ext {
  ...
  set('testcontainersVersion', "1.17.3")      ← 定义要使用的 Testcontainers 版本
}

dependencies {
  ...
  testImplementation 'org.testcontainers:postgresql'    ← 为 PostgreSQL 数据库提供容器管理特性
}

dependencyManagement {
  imports {
    ...
    mavenBom "org.testcontainers:
    ➥ testcontainers-bom:${testcontainersVersion}"    ← Testcontainers 依赖管理的 BOM（物料清单）
  }
}
```

当运行测试的时候，我们希望应用使用由 Testcontainers 提供的 PostgreSQL 实例，而不是我们之前通过 spring.datasource.url 属性配置的实例。我们可以在 src/test/resources 目录下创建一个新的 application-integration.yml 文件以覆盖这个值。当激活"integration" profile 时，该文件中定义的属性将会优先于主文件中定义的属性。在本例中，我们需要按照 Testcontainers 定义的格式覆盖 spring.datasource.url 的值。

在 src/test/resources 目录中创建一个新的 application-integration.yml 文件，并添加如下配置。

程序清单 5.17　使用 Testcontainers 提供的 PostgreSQL 数据源

```
spring:
  datasource:
    url: jdbc:tc:postgresql:14.4:///      ← 标识 Testcontainers 中的 PostgreSQL 模块，其中"14.4"是要使用的 PostgreSQL 版本
```

这就是 Testcontainers 需要的所有配置。当激活 "integration" profile 时，Spring Boot 将会使用 Testcontainers 初始化的 PostgreSQL 容器。我们现在已经准备就绪，可以编写校验数据持久层的自动化测试了。

5.3.2 使用@DataJdbcTest 和 Testcontainers 测试数据持久化

你可能还记得在第 3 章中所介绍的内容，Spring Boot 允许我们在运行集成测试的时候只加载特定应用切片所用到的 Spring 组件（切片测试）。在 Catalog Service 中，我们已经为 MVC 和 JSON 切片创建了测试。现在，我将向你展示如何为数据切片编写测试。

创建名为 BookRepositoryJdbcTests 的类，并使用@DataJdbcTest 注解标注它。这会触发 Spring Boot 将所有 Spring Data 实体和存储库包含到应用上下文中。它还会自动配置 JdbcAggregateTemplate，这是一个较低层级的对象，我们可以使用它为每个测试用例搭建上下文，而不必使用资源库（也就是被测试的对象）。

程序清单 5.18　针对数据切片的集成测试

```
package com.polarbookshop.catalogservice.domain;

import java.util.Optional;
import com.polarbookshop.catalogservice.config.DataConfig;
import org.junit.jupiter.api.Test;
import org.springframework.beans.factory.annotation.Autowired;
import org.springframework.boot.test.autoconfigure.data.jdbc.DataJdbcTest;
import org.springframework.boot.test.autoconfigure.jdbc
➥ .AutoConfigureTestDatabase;
import org.springframework.context.annotation.Import;
import org.springframework.data.jdbc.core.JdbcAggregateTemplate;
import org.springframework.test.context.ActiveProfiles;
import static org.assertj.core.api.Assertions.assertThat;


@DataJdbcTest                                        导入数据配置，需
@Import(DataConfig.class)    ◀──                      要启用审计功能
@AutoConfigureTestDatabase(                                      禁用依赖嵌入式测试数据库
  replace = AutoConfigureTestDatabase.Replace.NONE              的默认行为，因为我们使用
)                                                               的是 Testcontainers
@ActiveProfiles("integration")   ◀──
class BookRepositoryJdbcTests {
                                                启用 "integration" profile，以便于
  @Autowired                                    从 application-integration.yml 中加载
  private BookRepository bookRepository;        配置

标识这是一个关注 Spring Data
JDBC 组件的测试类


  @Autowired
```

```
private JdbcAggregateTemplate jdbcAggregateTemplate;        ◁──── 用于数据库交互
                                                                  的低层级对象
@Test
void findBookByIsbnWhenExisting() {
  var bookIsbn = "1234561237";
  var book = Book.of(bookIsbn, "Title", "Author", 12.90);
  jdbcAggregateTemplate.insert(book);                         ◁────────
  Optional<Book> actualBook = bookRepository.findByIsbn(bookIsbn);

  assertThat(actualBook).isPresent();
  assertThat(actualBook.get().isbn()).isEqualTo(book.isbn());
}                                        使用 JdbcAggregateTemplate 以
}                                        准备要测试的数据
```

@DataJdbcTest 注解封装了多个便利的特性。比如，它会让每个测试在事务中运行，并在方法结束后回滚事务，从而保证数据库的整洁。在运行程序清单 5.18 中的测试方法之后，数据库中依然不会包含 findBookByIsbnWhenExisting() 中创建的图书，因为在方法执行的最后，事务会回滚。

我们校验一下 Testcontainers 的配置是否能够正常运行。首先，确保 Docker Engine 在你的本地环境中处于运行状态。然后，打开终端窗口并导航至 Catalog Service 项目的根目录中，运行如下命令以确保测试成功。在幕后，Testcontainers 会在测试运行之前创建一个 PostgreSQL 容器并最终移除它。

```
$ ./gradlew test --tests BookRepositoryJdbcTests
```

在本书配套的代码仓库中，你会发现 Catalog Service 项目中更多的单元测试和集成测试。在下面的小节中，我们将会阐述如何使用 Testcontainers 运行完整的集成测试。

5.3.3　使用@SpringBootTest 和 Testcontainers 进行集成测试

在 Catalog Service 应用中，我们已经有了一个带有@SpringBootTest 注解的 CatalogService ApplicationTests 类，该类包含了完整的集成测试。我们在前面定义的 Testcontainers 配置会用于所有启用"integration" profile 的自动化测试，因此，我们需要为 CatalogServiceApplicationTests 类添加 profile 配置。

程序清单 5.19　为集成测试启用"integration" profile

```
package com.polarbookshop.catalogservice;

@SpringBootTest(webEnvironment = SpringBootTest.WebEnvironment.RANDOM_PORT)
@ActiveProfiles("integration")                ◁──── 启用"integration" profile 以加载 application-
class CatalogServiceApplicationTests {               integration.yml 中的配置
  ...
}
```

打开终端窗口，导航至 Catalog Service 项目的根目录，并运行如下命令以确保所有测试都能成功。在幕后，Testcontainers 会在测试运行之前创建一个 PostgreSQL 容器并最终移除它。

```
$ ./gradlew test --tests CatalogServiceApplicationTests
```

非常棒！我们已经为 Spring Boot 应用添加了数据持久化功能并为其编写了测试，同时确保了环境的对等性。我们继续后面的内容，在本章最后我们将讨论如何在生产环境管理模式和数据。

5.4 使用 Flyway 管理生产环境中的数据库

一种好的实践是对所有的数据库变更进行注册管理，就像我们通过版本控制管理应用的源码那样。我们需要以一种明确且自动化的方式来推断数据库的状态，包括特定的变更是否已经应用到数据库中，如何从头开始重新创建数据库以及如何以可控的、可重复的和可靠的方式进行迁移。持续交付方式鼓励尽可能实现自动化，包括数据库管理。

在 Java 生态系统中，用来跟踪、版本化和部署数据库变更的两个最常用工具是 Flyway 和 Liquibase。它们都能与 Spring Boot 完美集成。在本节中，我们将会展示如何使用 Flyway。

5.4.1 理解 Flyway：对数据库进行版本控制

Flyway 是一个提供数据库版本管理功能的工具。它为数据库状态的版本提供了唯一的事实来源，并且会增量式地跟踪所有的变化。它能进行自动化变更，并且能够让我们重建或回滚数据库的状态。Flyway 是高可用的，能够安全地用于集群环境，并且支持多种关系型数据库，包括云数据库，如 Amazon RDS、Azure Database 和 Google Cloud SQL。

> **提示** 在本节中，我将介绍 Flyway 提供的一些特性，但是我推荐你查阅其官方文档以掌握该工具提供的所有强大功能（https://flywaydb.org）。

就其核心来讲，Flyway 会管理数据库的变更。所有的数据库变更都叫作一个"迁移"（migration）。迁移可以是"版本化的"，也可以是"可重复的"。版本化的迁移会使用一个唯一的版本号进行标识，并且要按照顺序能且仅能执行一次。对于每个常规的版本化迁移，我们还可以提供一个可选的撤销（undo）迁移，以撤销它所带来的效果（以防出错）。它们可以用来创建、变更或废弃关系型对象，如模式、表、列和序列，也可以用来校正数据。而可重复的迁移会在每次校验和发生变更的时候都会被应用，它们可以用来创建或更新视图、存储过程或包。

这两种迁移都可以使用标准的 SQL 脚本（适用于 DDL 变更）或 Java 类（适用于 DML 变更，如数据迁移）进行定义。Flyway 会通过一个名为 flyway_schema_history 的表跟踪哪些迁移已经得到应用，这个表会在它第一次运行时自动创建。我们可以将迁移类比 Git 仓库中的提交，将模式历史表（schema history table）类比仓库日志，它包含了随着时间推移所应用的所有提交（见图 5.6）。

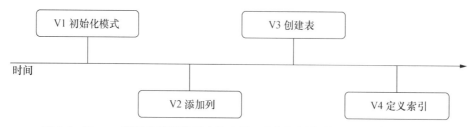

图 5.6　Flyway 迁移代表了数据库的变更，它们可以体现为 Git 仓库中的提交

注意　使用 Flyway 的一个前提条件是要管理的数据库以及具有正确访问权限的用户业已存在。有了数据库和用户之后，Flyway 就可以为我们管理数据库变更了。我们不应该使用 Flyway 来管理用户。

我们可以使用 Flyway 的标准模式，也可以将其嵌入 Java 应用中。Spring Boot 为其提供了自动配置，这使得我们能够很容易地在应用中包含 Flyway。当与 Spring Boot 集成时，Flyway 将会搜索 src/main/resources/db/migration 目录下的所有 SQL 迁移以及 src/main/java/db/migration 目录下的所有 Java 迁移。

按照第 2 章所讨论的 15-Factor 方法论，运行模式和数据库迁移属于管理进程。在本例中，管理这种进程的策略是将其嵌入应用本身。默认情况下，这是在应用启动阶段实现的。我们看一下如何在 Catalog Service 中做到这一点。

打开 Catalog Service 项目（catalog-service），在 build.gradle 中添加对 Flyway 的依赖。在添加完之后，不要忘记刷新/重新导入 Gradle 依赖。

程序清单 5.20　在 Catalog Service 中添加对 Flyway 的依赖

```
dependencies {
  ...
  implementation 'org.flywaydb:flyway-core'
}
```

在下一小节中，我们将会学习如何创建第一个迁移，以初始化数据库的模式。

5.4.2　使用 Flyway 初始化数据库模式

我们要应用的第一个数据库变更通常是初始化模式。到目前为止，我们一直依赖于 Spring Boot 提供的内置的数据源初始化功能，并提供一个使用 SQL 语句编写的 schema.sql 文件以供运行。现在，我们可以使用 SQL Flyway 的迁移来初始化模式。

首先，删除 schema.sql 文件，并移除 Catalog Service 项目 application.yml file 文件中的 spring.sql.init.mode 属性。

　　然后，创建 src/main/resources/db/migration 目录。这就是 Flyway 查找 SQL 迁移时默认使用的位置。在该目录中，创建名为 V1__Initial_schema.sql 的文件，该文件中包含了 Catalog Service 应用初始化数据库模式所需的 SQL 语句。请确保在版本号后面使用两个下划线。

　　Flyway 希望 SQL 迁移文件遵循特定的命名模式。常规的版本化迁移应该遵循如下结构。

- 前缀："v"表示版本化的迁移。
- 版本：在这里版本号使用点号或下划线分隔多个组成部分（比如 2.0.1）。
- 分隔符：即两个下划线"__"。
- 描述：使用下划线分隔的多个单词。
- 后缀：即".sql"。

　　在 V1__Initial_schema.sql 迁移脚本中，我们可以包含创建 book 表的 SQL 指令，Spring Boot JDBC 会将这个表映射到 Book 持久化实体中。

程序清单 5.21　模式初始化的 Flyway 迁移

```
CREATE TABLE book (
    id                  BIGSERIAL PRIMARY KEY NOT NULL,
    author              varchar(255) NOT NULL,
    isbn                varchar(255) UNIQUE NOT NULL,
    price               float8 NOT NULL,
    title               varchar(255) NOT NULL,
    created_date        timestamp NOT NULL,
    last_modified_date  timestamp NOT NULL,
    version             integer NOT NULL
);
```

定义 book 表

声明 id 字段为主键

限制 isbn 字段是唯一的

　　当我们让 Flyway 管理数据库模式的变更时，将会获得版本化控制的所有收益。我们现在可以按照 5.1.2 节的指令启动一个新的 PostgreSQL 容器（如果之前的容器依然还在运行的话，请使用 docker rm -fv polar-postgres 将其移除），运行应用（./gradlew bootRun）并校验所有的内容都能正确运行。

> **注意**　在本书附带的仓库中，你能够找到一些有用的命令，以直接查询 PostgreSQL 数据库并校验 Flyway 生成的模式和数据（Chapter05/05-end/catalog-service/README.md）。

　　我们的自动化测试也将会使用 Flyway。运行它们的话，应该都能成功通过。全部完成之后，将变更提交至 Git 并检查来自 GitHub Actions 的提交阶段的结果。它们应该也都能成功。最后，停掉应用的执行（Ctrl+C），并移除 PostgreSQL 容器（docker rm -fv polar-postgres）。

　　在最后一小节中，我们将会学习如何使用 Flyway 迁移来完成数据库演进。

5.4.3　使用 Flyway 完成数据库演进

　　假设我们已经完成了 Catalog Service 应用并且已经将其部署到了生产环境中。书店的员工已经开始往目录中添加图书并收集应用的反馈。于是，他们得到了关于目录功能的新需求，那就是应该提供图书出版商的信息。我们该如何实现呢？

因为应用已经部署到了生产环境并且应用中业已创建一些数据，所以我们可以使用 Flyway 对数据库进行新的变更，即修改 book 表，添加新的 publisher 列。在 Catalog Service 项目的 src/main/resources/db/migration 目录中创建一个名为 V2__Add_publisher_column.sql 的新文件，并在文件中添加如下 SQL 指令以新增一个列：

程序清单 5.22 更新表模式的 Flyway 迁移脚本

```
ALTER TABLE book
ADD COLUMN publisher varchar(255);
```

然后，相应地更新名为 Book 的 Java record。需要注意的是，在生产环境中，数据库中已经保存了缺少出版商信息的图书，所以它必须是一个可选字段，否则，现有的数据就会变得非法了。

程序清单 5.23 向现有的数据实体中添加一个新的字段

```
package com.polarbookshop.catalogservice.domain;

public record Book (
  @Id
  Long id,

  ...

  String publisher,        ◁──┐  新的可选
                               │  字段

  @CreatedDate
  Instant createdDate,
  @LastModifiedDate
  Instant lastModifiedDate,

  @Version
  int version

){
  public static Book of(
    String isbn, String title, String author, Double price, String publisher
  ) {
    return new Book(
      null, isbn, title, author, price, publisher, null, null, 0
    );
  }
}
```

注意　在变更之后，我们必须还要更新那些调用了静态工厂方法和 Book() 构造函数的类，以包含 publisher 字段的值。我们可以使用 null（因为它是可选的），或者像 Polarsophia 这样的 String 值。请参阅源码（Chapter05/05-end/catalog-service）的最终结果。最后，请确保自动化测试和应用都能正确运行。

当这个新版本的 Catalog Service 部署到生产环境时，Flyway 将会跳过 V1__Initial_schema.sql 迁移脚本，因为它已经执行过了，而是会执行 V2__Add_publisher_column.sql 文件所描述的变更。现在，当添加新书到目录中的时候，书店的员工就可以将出版商的名字包含进来了，同时原有的数据依然是合法的。

如果我们需要将 publisher 设置为必填字段，又该怎么处理呢？我们可以在 Catalog Service 的第三个版本中实现这一点，使用 SQL 迁移将 publisher 列设置为 NOT NULL，并实现一个 Java 迁移，为数据库中所有现存的缺少出版商信息的图书增加一个出版商。

为了确保升级过程的向后兼容性，这种两步走的做法是非常常见的操作。在下一章中，我们将会看到相同的应用通常可能会有多个实例在运行。部署新版本通常是通过所谓的滚动升级（rolling upgrade）过程来实现的，在这个过程中，每次会升级一个或几个实例，从而确保零停机。在升级的过程中，可能同时会有新版本和旧版本的应用在运行，所以至关重要的是，即便最新版本已经对数据库进行了变更，旧版本依然要能正确运行。

5.5 小结

- 状态指的是关闭服务和增加新实例时应该保持的所有内容。
- 数据服务是云原生架构中有状态的组件，需要依靠存储技术以持久化状态。
- 在云中使用数据服务是很具挑战性的事情，因为这是一个动态的环境。
- 在选择数据服务时，需要考虑的一些因素包括可扩展性、韧性、性能，以及对特定法规和法律的合规性。
- 我们可以使用云供应商提供和管理的数据服务，也可以自行管理，可以依赖虚拟机或容器。
- Spring Data 为访问数据提供了通用的抽象和模式，使其能够通过专门的模块便利地访问关系型和非关系型数据库。
- Spring Data 的主要元素是数据库驱动、实体和资源库。
- Spring Data JDBC 是一个框架，借助 JDBC 驱动，它能够将 Spring 应用与关系型数据库集成在一起。
- 实体代表了领域对象，可以由 Spring Data JDBC 以不可变对象的形式进行管理。它们必须要有存放主键的字段并用@Id 注解来标注。
- Spring Data 能够让我们在创建或更新实体的时候捕获审计元数据，可以通过@EnableJdbcAuditing 注解启用该特性。
- 数据资源库能够访问数据库中的实体。我们定义一个接口，然后 Spring Data 将会生成实现。
- 根据具体的需求，我们可以扩展 Spring Data 提供的某个资源库接口，如 CrudRepository。
- 在 Spring Data JDBC 中，所有涉及数据变化的自定义操作（创建/更新/删除）都应该在事务中运行。

- 使用@Transactional 注解能够确保在一个工作单元中运行操作。
- 我们可以使用@DataJdbcTest 注解运行针对 Spring Data JDBC 切片的集成测试。
- 环境对等性对于测试和部署流水线的质量和可靠性至关重要。
- 借助 Testcontainers 库，我们能够测试应用与支撑服务之间的集成，在这个过程中，支撑服务是以容器的形式定义的。在集成测试中，它能够为我们实现轻量级、即用即弃的容器。
- 数据库模式对应用至关重要。在生产环境中，我们应该使用像 Flyway 这样的工具，它为数据库提供了版本控制功能。
- Flyway 应该管理数据库的所有变化，以确保可重复性、可追溯性和可靠性。

第 6 章　Spring Boot 容器化

本章内容：
- 在 Docker 上使用容器镜像
- 将 Spring Boot 应用打包为容器镜像
- 使用 Docker Compose 管理 Spring Boot 容器
- 使用 GitHub Actions 实现镜像构建和推送自动化

到目前为止，我们已经开发了一个暴露 REST API 的 Catalog Service 应用，它通过运行在容器中的 PostgreSQL 数据库来持久化数据。我们已经越来越接近将 Polar Bookshop 系统的第一批组件部署到 Kubernetes 集群中了。但是在此之前，我们需要将 Spring Boot 应用变成容器并学习如何管理它们的生命周期。

本章将会学习容器镜像的基本特征，以及如何构建一个容器。我们将会使用 Docker 来学习容器，但是你可以按照相同的方式使用任意兼容开放容器计划（Open Container Initiative，OCI）标准的容器运行时。在后文的内容中，当提及"容器镜像"或"Docker 镜像"的时候，我指的都是兼容 OCI 镜像规范（OCI Image Specification）的镜像。

在这个过程中，我将会向你分享一些为生产环境构建容器镜像的考虑因素，比如安全性和性能。我们将会探索两种可能的方案，分别是 Dockerfile 和 Cloud Native Buildpacks。

当我们需要处理一个以上的容器时，仅靠 Docker CLI 的效率就比较受限了。所以，我们将会使用 Docker Compose 来管理多个容器以及它们的生命周期。

最后，我们将会继续第 3 章开始构建的部署流水线。我将会展示如何在提交阶段添加新的步骤，以自动打包容器镜像并将其发布至 GitHub Container Registry。

注意　本章样例的代码可以在/Chapter06/06-begin 和/Chapter06/06-end 目录中找到，其中分别包含
　　　了项目的初始和最终状态（https://github.com/ThomasVitale/cloud-native-spring-in-action）。

6.1　在 Docker 上使用容器镜像

在第 2 章中，我介绍了 Docker 平台的主要组件。Docker Engine 有一个客户端/服务器架构。
Docker CLI 是我们与 Docker 服务器进行交互的客户端。Docker 服务器通过 Docker daemon 管
理所有的 Docker 资源（比如镜像、容器和网络）。服务器可以与容器注册中心进行交互以上传
和下载镜像。为了方便起见，图 6.1 再次展示了这些组件之间的交互流程。

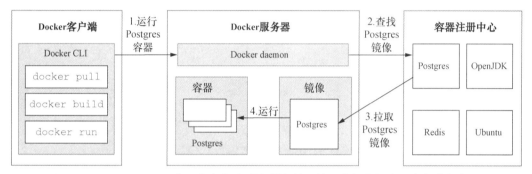

图 6.1　Docker Engine 有一个客户端/服务器架构，并且会与容器注册中心进行交互

本节将继续我们在第 2 章中的话题，并进一步阐述容器镜像，它是包含了运行应用所需的
所有内容的一个轻量级可执行包。我们将学习容器镜像的主要特征、如何创建镜像，并最终将
其发布到容器注册中心。在继续下面的内容之前，请在终端窗口运行 `docker version`，以
确保 Docker Engine 已经在你的计算机上正常启动了。

6.1.1　理解容器镜像

容器镜像是执行有序指令序列的产物，其中每条指令都会形成一个层（layer）。每个镜像
都由若干个层组成。每个层代表了对应的指令所做的修改。最终的制品，也就是镜像，能够以
容器的形式运行。

镜像可以从头创建，也可以从一个基础镜像开始创建。其中，后者是更为常见的方式。
例如，我们可以从一个 Ubuntu 镜像开始，然后在它上面进行一系列的修改。指令的序列如下
所示：

1）使用 Ubuntu 作为基础镜像。

2）安装 Java 运行时环境。

3）运行 `java --version` 命令。

每一条指令都会生成一个层，最终生成的容器镜像如图 6.2 所示。

容器镜像中所有的层都是只读的。一旦它们被应用，我们就无法再修改它们。如果需要变更某些东西的话，我们可以通过在它上面使用一个新的层来实现（也就是执行一个新的指令）。对上面的层进行变更不会影响到下面的层。这种方式叫作写时复制（copy-on-write），也就是在上面的层中创建一个原始条目的副本，变更会应用到这个副本上，而不是原始条目上。

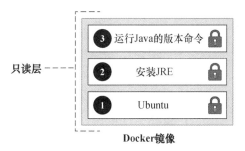

图 6.2 容器镜像是由有序的只读层序列组成。第一层代表了基础镜像，其余的层代表了基于此进行的修改

当镜像以容器的方式运行时，最后会有一个层自动运行在所有现存的层上，这个层叫作"容器层"。它是唯一一个可写入的层，用来存储容器自身执行过程中所创建的数据。在运行时，这个层可能被用来生成应用运行所需的文件，或者存储临时数据。即使它是可写入的，但也需要记住它是不稳定的：一旦我们删除了容器，存储在这个层上的所有内容都会丢失。图 6.3 对比了运行时容器及其对应镜像的层。

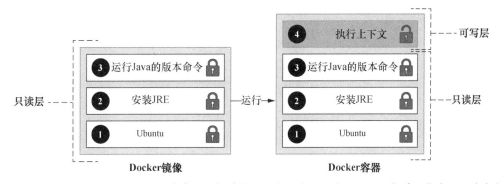

图 6.3 运行中的容器在镜像层上会有一个额外的层。这是唯一一个可写层，但请记住它是不稳定的

注意 容器镜像中所有的层都是只读的，这会对安全性产生一定的影响。我们不应将秘密或敏感信息存储在较低的层中，因为它们始终是可以访问的，即便较高的层删掉了它们也无济于事。例如，我们不应该在容器镜像中打包密码或加密密钥。

到目前为止，我们已经学习了容器镜像的组成，但是还没有看到如何创建一个镜像。这就是我们下一步的任务。

6.1.2 使用 Dockerfile 创建镜像

按照 OCI 的格式，我们可以在一个名为 Dockerfile 的特定文件中列出指令的序列，以定义容器镜像。它是一个脚本，就像菜谱一样，包含了构建镜像的所有步骤。

在 Dockerfile 中，每条指令都以 Docker 特定语法的命令开始，随后，我们可以将熟悉的 shell 命令以参数的形式传递给指令，这取决于使用哪个 Linux 发行版作为基础镜像。其格式如下所示：

```
INSTRUCTION arguments
```

注意　Docker 支持 AMD64 和 ARM64 架构的机器上的 Linux 容器，它也支持 Windows 容器（只能在 Windows 系统上运行），但在本书中，我们只会使用 Linux 容器。

接下来，我们通过定义一个 Dockerfile 来构建上一小节中所提到的镜像，它主要包含如下指令：

1）使用 Ubuntu 作为基础镜像。

2）安装 Java 运行时环境。

3）运行 `java --version` 命令。

创建名为 my-java-image 的目录，并新建名为 Dockerfile 的空文件，该文件没有扩展名（Chapter06/06-end/my-java-image）。你也可以使用不同的名称，但是在本例中，我们使用默认的约定。

程序清单 6.1　Dockerfile 文件，包含了构建 OCI 镜像的指令

```
FROM ubuntu:22.04        ←── 新镜像基于 Ubuntu 的官方镜像，版本为 22.04

RUN apt-get update && apt-get install -y default-jre   ←── 使用熟悉的bash命令安装 JRE

ENTRYPOINT ["java", "--version"]   ←── 为运行的容器定义执行入口点
```

默认情况下，Docker 会配置为使用 Docker Hub 来查找和下载镜像。我们的 ubuntu:22.04 镜像就来自这里。Docker Hub 是一个注册中心，我们可以（在一定的限速范围内）免费使用，它会在安装 Docker 的时候自动进行配置。

`java --version` 命令是执行容器的入口点（entry point）。如果我们不指定任何入口点的话，那么容器将无法以可执行文件的形式运行。与虚拟机不同，容器是用来运行任务的，而不是运行操作系统。事实上，当我们使用 `docker run ubuntu` 命令来运行 Ubuntu 容器时，该容器将立即退出，因为除了操作系统本身，没有以入口点的形式定义任何任务。

表 6.1 列出了 Dockerfile 所定义的最常见的指令。

表 6.1　Dockerfile 中最常用的指令，它们用来定义如何构建容器镜像

指　　令	描　　述	样　　例
FROM	定义后续指令的基础镜像，它必须是 Dockerfile 中的第一条指令	FROM ubuntu:22.04
LABEL	为镜像添加元数据，遵循"键/值"的格式。允许定义多个 LABEL 指令	LABEL version="1.2.1"

续表

指　　令	描　　述	样　　例
ARG	定义用户可以在构建期传入的变量。允许定义多个 ARG 指令	ARG JAR_FILE
RUN	在当前层之上建立一个新的层，并在其中执行以参数形式传入的命令。允许定义多个 RUN 指令	RUN apt-get update && apt-get install -y default-jre
COPY	将主机文件系统中的文件或目录复制到容器内的文件系统中	COPY app-0.0.1-SNAPSHOT.jar app.jar
USER	定义运行后续指令和镜像本身（以容器形式）的用户	USER sheldon
ENTRYPOINT	定义镜像以容器形式运行时要执行的程序。只有 Docker 文件中的最后一条 ENTRYPOINT 指令有效	ENTRYPOINT ["/bin/bash"]
CMD	指定执行中的容器的默认行为。如果定义了 ENTRYPOINT 指令的话，它们会以参数的形式传递给 ENTRYPOINT 指令。否则，CMD 指令应该包含一个可执行程序。只有 Docker 文件中的最后一条 CMD 指令有效	CMD ["sleep", "10"]

在 Dockerfile 中声明完创建容器镜像的规范之后，我们就可以使用 `docker build` 命令来逐一运行所有的指令，每条指令都会生成一个新的层。图 6.4 描述了从 Dockerfile 到镜像，再到容器的整个过程。请注意 Dockerfile 中的第一条指令是如何产生镜像中位置最低的那一层的。

图 6.4　镜像是从 Dockerfile 开始构建的。Dockerfile 中的每条指令都会产生镜像中有序的层序列

现在，打开一个终端窗口，导航至 Dockerfile 文件所在的 my-java-image 目录，并运行如下命令：

```
$ docker build -t my-java-image:1.0.0 .
```

图 6.5 阐述了该命令的语法。

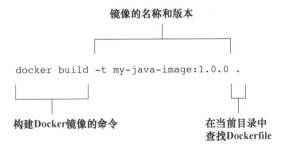

图 6.5　Docker CLI 会根据给定的名称和版本构建新的镜像

当上述命令完成之后，我们可以运行 `docker images` 命令，校验新创建的镜像是否在输出的列表中：

```
$ docker images my-java-image
REPOSITORY        TAG        IMAGE ID        CREATED        SIZE
my-java-image     1.0.0      96d1f58857aa    6 seconds ago  549MB
```

这样的分层方式使镜像的构建过程非常高效。每个镜像层都是前一个层的增量（delta），Docker 会将所有层进行缓存。如果你只对其中的一个层进行了修改并再次构建镜像的话，只有当前这个层以及后续的层会进行重建。

鉴于此，我们建议根据发生变更的可能性对层进行排序，从而优化镜像的构建过程。将变更较为频繁的指令尽可能放到 Dockerfile 文件的结尾处。

容器镜像可以通过 `docker run` 命令来运行，它会启动一个容器并执行 Dockerfile 中入口点所定义的进程：

```
$ docker run --rm my-java-image:1.0.0

openjdk 11.0.15 2022-04-19
OpenJDK Runtime Environment (build 11.0.15+10-Ubuntu-0ubuntu0.22.04.1)
OpenJDK 64-Bit Server VM (build 11.0.15+10-Ubuntu-0ubuntu0.22.04.1, mixed mode)
```

在执行完成之后，容器将会停止运行。因为我们使用了--rm 参数，在执行完成后，容器将会自动删除。

> **注意** 当运行上述命令时，你会看到 Ubuntu 22.04 中默认的 OpenJDK 是 Java 11，而不是我们在本书中一直使用的版本 17。

接下来，我们看一下如何将镜像发布至容器注册中心。

6.1.3 发布镜像到 GitHub Container Registry

到目前为止，我们已经学习了如何定义、构建和运行容器镜像。在本节中，我们会将内容扩展至容器注册中心（container registry），以完成该主题的讲解。

容器注册中心对镜像的作用就像 Maven 仓库对 Java 库的作用一样。很多云供应商都提供了自己的注册中心解决方案，并提供额外的服务，比如漏洞扫描和镜像认证。默认情况下，Docker 在安装时会配置为使用 Docker 公司提供的注册中心（Docker Hub），它托管了很多流行开源项目的镜像，如 PostgreSQL、RabbitMQ 和 Redis。我们将继续使用它来拉取第三方的镜像，就像上一节中使用 Ubuntu 那样。

那么该如何发布自己的镜像呢？你当然可以使用 Docker Hub，或云供应商提供的注册中心，如 Azure Container Registry。对于本书中所使用的项目，我选择使用 GitHub Container Registry（https://docs.github.com/en/packages），这样做主要有以下几个原因：

- 所有的个人 GitHub 账号均可使用它，而且对公开仓库是免费的。你也可以在私有仓库中使用它，但是有一些限制。

■ 它允许匿名访问公开容器镜像，即便是免费账户，也没有速度限制。

■ 它与 GitHub 生态系统进行了完备的集成，使我们能够无缝地从镜像导航至相关的源码。

■ 即便是免费账户，它也允许我们生成多个令牌来访问注册中心。建议为不同的使用场景颁发不同的令牌，GitHub 允许我们通过个人访问令牌（Personal Access Token，PAT）特性实现这一点，它对令牌的数量并没有限制。除此之外，如果从 GitHub Actions 访问 GitHub Container Registry 的话，并不需要配置 PAT，我们会得到一个 GitHub 自动配置的令牌，而且它可以安全地提供给自动化流水线，不需要进一步的配置。

发布镜像至 GitHub Container Registry 需要进行认证，为此你需要创建一个个人访问令牌（PAT）。进入你的 GitHub 账号，导航至 Settings→Developer Settings→Personal access tokens，并选择 Generate New Token。输入一个有意义的名称，并为其勾选 write:packages，从而让令牌具有发布镜像至容器注册中心的权限（见图 6.6）。最后，生成令牌并复制它的值。对于这个令牌的值，GitHub 只会显示一次。请确保将其复制下来，因为我们马上就会用到它。

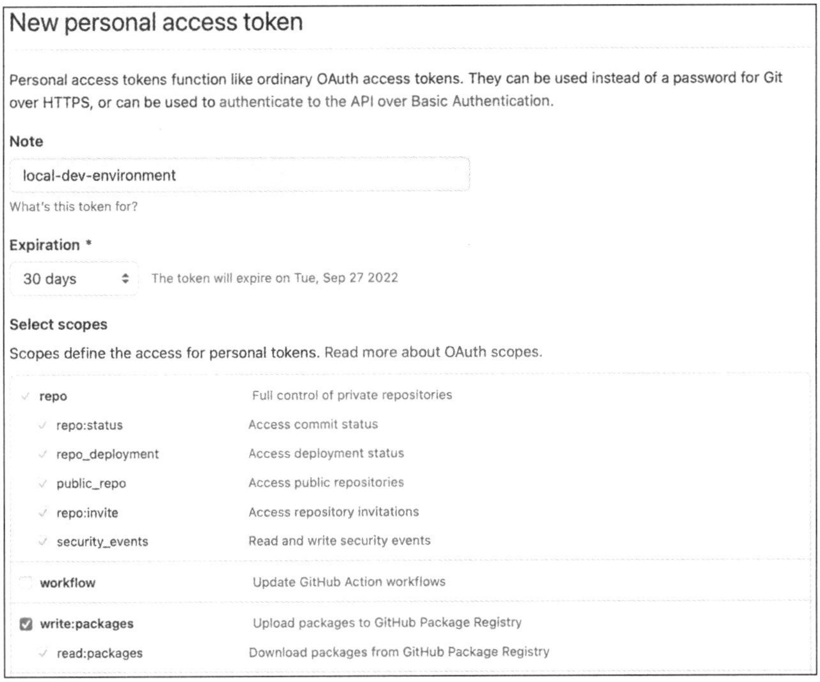

图 6.6　授予 GitHub Container Registry 写入权限的个人访问令牌

接下来，打开一个终端窗口，对 GitHub Container Registry 进行认证（请确保 Docker Engine 处于运行状态）。按照提示，输入用户名（GitHub 的用户名）和密码（GitHub PAT）：

```
$ docker login ghcr.io
```

如果你一直跟着我们的样例练习的话,那么在自己的机器上应该有一个名为 my-java-image 的自定义 Docker 镜像。如果没有该镜像的话,请按照上一节所介绍的操作依次执行。

容器镜像遵循通用的命名约定,该约定被所有兼容 OCI 的容器注册中心所采用,即<容器注册中心>/<命名空间>/<名称>[:<标签>] (<container_registry>/<namespace>/<name>[:<tag>])。

1)容器注册中心:存储镜像所在的注册中心的主机名。在使用 Docker Hub 的时候,注册中心的主机名是 docker.io,它通常可以省略。当我们不明确指定注册中心的时候,Docker Engine 会隐式地在镜像名称前加上 docker.io。当使用 GitHub Container Registry 时,主机名为 ghcr.io,并且必须要显式声明。

2)命名空间:在使用 Docker Hub 或 GitHub Container Registry 的时候,它将会是我们的 Docker/GitHub 用户名(小写形式)。在其他注册中心中,它可能是仓库的路径。

3)名称和标签:镜像名称代表了包含镜像所有版本的仓库(或包)。它后面可以选择性地添加一个标签,用于特定版本的选择。如果没有定义标签的话,默认将会使用 latest 标签。

像 ubuntu 或 postgresql 这样的官方镜像只需指定名称即可下载,它们会隐式转换成完整的名称,如 docker.io/library/ubuntu 或 docker.io/library/postgres。

当上传自己的镜像到 GitHub Container Registry 时,你需要使用完整的全限定名,并遵循 ghcr.io/<your_github_username>/<image_name>格式。例如,我的 GitHub 用户名是 ThomasVitale,那么我所有的个人镜像均会命名为 ghcr.io/thomasvitale/<image_name>(请注意将用户名转换成小写格式)。

因为在前文中我们使用 my-java-image:1.0.0 这样的名字来构建镜像,所以在发布至容器注册中心之前,我们必须为其分配一个全限定名(也就是需要为镜像打标签)。我们可以通过 docker tag 命令实现这一点:

```
$ docker tag my-java-image:1.0.0 \
    ghcr.io/<your_github_username>/my-java-image:1.0.0
```

然后,我们就可以将其推送至 GitHub Container Registry:

```
$ docker push ghcr.io/<your_github_username>/my-java-image:1.0.0
```

进入 GitHub 账户,导航至 profile 页面并进入 Packages 区域,你会看到一个新的 my-java-image。如果点击它的话,你会发现刚刚发布的 ghcr.io/<your_github_username>/my-java-image:1.0.0 镜像(见图 6.7)。默认情况下,存放新镜像的仓库是私有的。

> 提示   在同一个 Packages 页面,你还可以删除已发布的镜像,或者通过侧边栏的链接进入 Package
>   Settings 页面,删除整个镜像仓库(在 GitHub 中叫作 package)。

本节内容到此就结束了。我们了解了容器镜像的主要特性,以及如何创建和发布它们,接下来,我们深入学习如何将 Spring Boot 应用打包为镜像。

图 6.7 GitHub Container Registry 是一个公开的注册中心，我们可以使用它发布自己的容器镜像。在 GitHub 的 profile 页面，我们可以在 Packages 区域看到自己创建的镜像

6.2 将 Spring Boot 应用打包为容器镜像

在前面，我们构建了 Catalog Service 应用，它的特性包括 REST API 和数据库集成。作为将应用部署至 Kubernetes 的中间步骤，我们将会在本节构建一个镜像，以便于在 Docker 上以容器的形式运行 Catalog Service。

首先，我们回顾将 Spring Boot 应用打包为容器镜像时需要考虑的因素。随后，我会展示如何使用 Dockerfile 和 Cloud Native Buildpacks 实现我们的目标。

6.2.1 让 Spring Boot 为容器化做好准备

将 Spring Boot 应用打包为容器镜像意味着应用将会在一个隔离的上下文中运行，包括计算资源和网络。这种隔离将会带来两个主要的问题：

- 如何通过网络访问该应用？
- 如何让该应用与其他容器进行交互？

接下来，我们就看一下这两个问题。

1. 通过端口转发暴露应用服务

在第 2 章中，当以容器的形式运行 Catalog Service 时，我们将暴露应用服务的 8080 端口映射到了本地机器的 8080 端口上。完成之后，我们就可以通过访问 http://localhost:8080/来使用应用。这种行为叫作端口转发、端口映射或者端口发布，它能够让我们在外部访问一个容器化的应用。

默认情况下，容器会加入 Docker 主机中一个隔离的网络。如果我们想从本地网络访问容器，那么必须显式地配置端口映射。例如，当运行 Catalog Service 应用时，我们以 docker run 命令参数的形式声明了端口映射，即-p 8080:8080（其中，第一个值是外部化的端口，第二个值是容器的端口）。图 6.8 阐述了它是如何运行的。

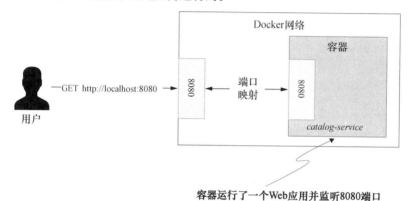

图 6.8 端口映射能够让我们访问容器化应用所暴露的服务，
这是通过将来自容器网络的流量转发至外部实现的

2. 使用 Docker 内置的 DNS 服务器来实现服务发现

在上一章中，借助端口映射，Catalog Service 应用通过 URL 地址 jdbc:postgresql://localhost:5432 实现了对 PostgreSQL 数据库的访问，即便该数据库运行在一个容器中。这种交互如图 6.9 所示。当以容器的形式运行 Catalog Service 时，我们就无法这样做了，因为此时 localhost 代表的是容器内部，而不是本地机器。我们该如何解决这个问题呢？

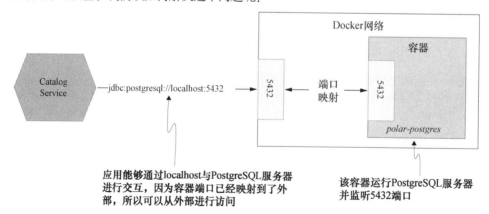

图 6.9 借助端口映射，Catalog Service 能够与 PostgreSQL 容器进行交互，
使得数据库能够在外部进行访问

Docker 有一个内置的 DNS 服务器，借助它，我们可以让在相同网络的容器通过容器名称而不是主机名或 IP 地址找到彼此。例如，Catalog Service 能够通过 URL 地址 jdbc:postgresql://polar-postgres-catalog:5432 来调用 PostgreSQL，其中 polar-postgres-catalog 是容器的名称。图 6.10 展示了它是如何运行的。在后面的内容中，我们将会看到如何在代码中实现这样的结果。

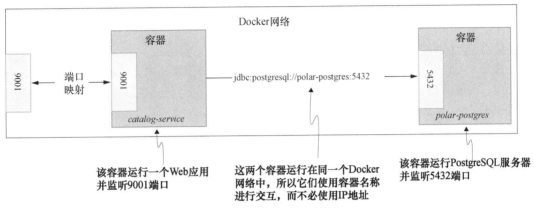

图 6.10 Catalog Service 能够与 PostgreSQL 容器直接交互，因为它们位于相同的 Docker 网络中

所以，在继续后面的内容之前，我们要创建一个网络，这样 Catalog Service 和 PostgreSQL 就可以借助容器名称在该网络中进行交互，而不必使用 IP 地址或主机名了。我们可以在任意的终端窗口中执行如下命令：

```
$ docker network create catalog-network
```

然后，校验该网络已经创建成功：

```
$ docker network ls
NETWORK ID          NAME                    DRIVER      SCOPE
178c7a048fa9        catalog-network         bridge      local
...
```

随后，我们就可以启动 PostgreSQL 容器了，并声明它属于我们刚刚创建的 catalog-network 网络。借助--net 参数，能够将容器加入特定的网络，并且会使用 Docker 内置的 DNS 服务器：

```
$ docker run -d \
    --name polar-postgres \
    --net catalog-network \
    -e POSTGRES_USER=user \
    -e POSTGRES_PASSWORD=password \
    -e POSTGRES_DB=polardb_catalog \
    -p 5432:5432 \
    postgres:14.4
```

如果命令执行失败的话，那很可能是因为在第 5 章创建的 PostgreSQL 容器依然还在运行。

请通过 docker rm -f polar-postgres-catalog 命令移除它，然后再次运行上述命令。

6.2.2　使用 Dockerfile 容器化 Spring Boot

云原生应用是自包含的。Spring Boot 能够让我们将应用打包成独立的 JAR，除了运行时环境之外，JAR 文件中包含了应用运行所需要的所有内容。这使得容器化非常简单，因为在容器镜像中，除了 JAR 制品之外，我们只需要操作系统和 JRE 即可。在本小节中，我们将会看到如何使用 Dockerfile 来容器化 Catalog Service 应用。

首先，需要确定以哪个镜像作为基础。我们可以像之前那样使用 Ubuntu 镜像，并显式安装 JRE，也可以直接选择提供了 JRE 的镜像，这种方式会更便利一些。所有主流的 OpenJDK 发行版在 Docker Hub 上都有相关的镜像，请自行选择你喜欢的镜像。在后面的内容中，我将会使用 Eclipse Temurin 17，这也是到目前为止我一直在本地使用的 OpenJDK 发行版。接下来，我们需要将 Catalog Service 的 JAR 文件复制到镜像中。最后，为容器执行声明入口点，也就是在 JRE 上运行应用的命令。

打开 Catalog Service 项目（catalog-service），并在根目录下创建名为 Dockerfile 的文件（没有扩展名）。该文件中包含了容器化应用的指令。

程序清单 6.2　描述 Catalog Service 镜像的 Dockerfile

Ubuntu 基础镜像，预先安装了 Eclipse Temurin JRE 发行版

将当前的工作目录变更为 "workspace"

构建参数，声明了项目中应用 JAR 文件的位置

将应用的 JAR 文件从本地机器复制到镜像中

设置容器的入口点以运行应用

```
FROM eclipse-temurin:17
WORKDIR workspace
ARG JAR_FILE=build/libs/*.jar
COPY ${JAR_FILE} catalog-service.jar
ENTRYPOINT ["java", "-jar", "catalog-service.jar"]
```

Dockerfile 声明了一个名为 JAR_FILE 的参数，它的值可以在使用 docker build 命令创建镜像的时候进行声明。

在继续后面的内容之前，我们需要为 Catalog Service 应用构建 JAR 制品。打开终端窗口并导航至 Catalog Service 项目的根目录。首先，构建 JAR 制品：

```
$ ./gradlew clean bootJar
```

默认情况下，Dockerfile 脚本会复制 Gradle 所使用路径下应用的 JAR 文件，也就是 build/libs/。所以，如果使用 Gradle，我们可以使用如下命令来构建容器镜像：

```
$ docker build -t catalog-service .
```

如果你使用 Maven，那么可以通过如下命令，以构建参数的形式声明 Maven 所使用的路径

（不要忘记最后的点号）：

```
$ docker build --build-arg JAR_FILE=target/*.jar -t catalog-service .
```

在这两种情况下，我们最终都会得到打包为容器镜像的 Catalog Service。因为我们没有声明任何版本，所以镜像会自动带有 latest 标签。我们校验一下它是否能够正常运行。

请记住我们在上一小节中所介绍的两项内容，即端口转发和使用 Docker 内置的 DNS 服务器。我们可以通过在 docker run 命令中添加两个参数实现这一点：

- -p 9001:9001 会映射容器中的 9001 端口（也就是 Catalog Service 暴露服务的端口）到 localhost 的 9001。
- --net catalog-network 会将 Catalog Service 容器连接至我们之前创建的 catalog-network 网络，这样它就可以连接至 PostgreSQL 容器了。

但这依然不够。在上一章中，我们将 Catalog Service 的 spring.datasource.url 属性设置为 jdbc:postgresql://localhost:5432/polardb_catalog。因为它指向了 localhost，所以这无法在容器中运行。我们已经知道如何在避免重新编译的情况下，在 Spring Boot 应用的外部对其进行配置，对吧？环境变量就可以实现这一点。我们需要重写 spring.datasource.url 属性并声明相同的 URL，将 localhost 替换为 PostgreSQL 容器的名称，即 polar-postgres-catalog。借助另外一个环境变量，我们可以启用名为 testdata 的 Spring profile，以便于在该目录下创建测试数据：

```
$ docker run -d \
    --name catalog-service \
    --net catalog-network \
    -p 9001:9001 \
    -e SPRING_DATASOURCE_URL=
➥jdbc:postgresql://polar-postgres:5432/polardb_catalog \
    -e SPRING_PROFILES_ACTIVE=testdata \
    catalog-service
```

这是一个非常长的命令，对不对？但是，我们不会使用 Docker CLI 太长时间了。在本章后文，我将会介绍 Docker Compose。

打开一个终端窗口，调用应用并校验它是否能够像第 5 章那样正确运行。

```
$ http :9001/books
```

完成之后，记得将这两个容器都删除。

```
$ docker rm -f catalog-service polar-postgres
```

对于在开发环境体验 Docker 以及理解镜像是如何运行的，这种方式还不错。但是，在实现生产环境级别可用的镜像时，我们还有一些因素需要考虑。这就是下一小节要讨论的内容。

6.2.3　构建适用于生产环境的容器镜像

Dockerfile 的入门可能并不难。但是，构建生产环境级别的镜像却很有挑战性。在本小节中，我们将会看到如何改善上一小节所构建的镜像。

我们将会使用 Spring Boot 提供的分层 JAR（layered-JAR）特性，构建更加高效的镜像。然后，我们会考虑容器镜像中至关重要的安全性。最后，我将介绍一些是选择 Dockerfile 还是 Cloud Native Buildpacks 来容器化应用的考量因素。

1. 性能

当构建容器镜像时，我们需要考虑构建时和运行时的性能。OCI 镜像分层架构的特征能够让我们在构建镜像时缓存和重用未发生变化的层。容器注册中心按层保存镜像，这样当我们拉取一个新版本时，只会下载发生变化的层。在云环境中，这是一个非常大的优势，它考虑到了所有应用实例的时间和带宽节省。

在上一小节中，我们将 Catalog Service 生成的独立 JAR 文件复制到了镜像的一个层中。这样造成的结果就是，每当我们对应用进行变更时，整个层都会重新构建。考虑这样一个场景，我们向应用中添加了一个新的 REST 端点。即便所有的 Spring 库和依赖都没有发生变化，唯一的变化是我们自己的代码，但是我们必须重新构建整个层，因为所有的内容都是放在一起的。这一点可以进行优化，Spring Boot 能够为我们提供帮助。

将 uber-JAR[①]包含到容器镜像中并不是高效的做法。JAR 制品是一个压缩的归档文件，包含了应用需要的所有依赖、类和资源。所有的这些文件会被组织到 JAR 中的目录和子目录中。我们可以展开标准的 JAR 制品，将每个目录放到不同的容器镜像层中。从 2.3 版本开始，Spring Boot 通过引入一种将应用打包为 JAR 制品的新方式，使这个过程更加高效，也就是分层 JAR 模式。从 Spring Boot 2.4 开始，这成为默认的模式，所以我们不需要任何额外的配置就能使用这一新功能。

使用分层 JAR 模式打包的应用是由多个层组成的，类似于容器镜像的运行方式。这个新的特性对于构建更高效的镜像是非常好的。当使用新的 JAR 打包方式时，我们可以展开 JAR 制品并为每个 JAR 层创建不同的镜像层。其目标是让我们自己的类（变化更加频繁）位于一个单独的层中，与项目的依赖（变化不频繁）保持独立。

默认情况下，Spring Boot 应用会打包成由如下层组成的 JAR 制品中，按照从低到高的顺序排列如下：

- dependencies：项目添加的所有主要依赖。
- spring-boot-loader：Spring Boot 加载器组件所使用的类。
- snapshot-dependencies：所有的快照依赖。
- application：应用的类和资源。

如果考虑前面的场景，也就是为现有的应用添加了一个新的 REST 端点，在我们容器化应用的时候，只需要重新构建 application 层。除此之外，当我们在生产环境升级应用时，只需将

---

① 指的是将所有依赖和应用代码打包到一起的庞大 JAR 包。——译者注

这个新的层下载到运行容器的节点上即可，这使得升级过程更快并且成本更低（尤其是在根据使用的网络带宽进行计费的云平台中）。

现在，我们更新之前容器化 Catalog Service 的 Dockerfile，通过使用分层 JAR 模式实现更高效的容器化。采用这种新的策略意味着要做一些准备工作，才能将 JAR 文件复制到镜像中，并将其展开到上述的四个层中。我们不想在镜像中保留原始的 JAR 文件，这样我们的优化计划就无法生效了。Docker 为此提供了解决方案，也就是多阶段（multi-stage）构建。

我们将该工作分为两个阶段。在第一阶段，我们会从 JAR 文件中抽取分层。在第二阶段，我们会将每个 JAR 分层放到单独的镜像分层中。最后，第一阶段的结果会被丢弃（包括原始的 JAR 文件），而第二阶段将生成最终的容器镜像。

程序清单 6.3　构建 Catalog Service 镜像的更高效的 Dockerfile

注意　如果我们想要变更 JAR 文件中各层的配置又该怎么办呢？如往常一样，Spring Boot 提供了合理的默认值，但是可以对其进行自定义并适配我们的需求。项目也许会有共享的内部依赖，我们可能希望将它们放到一个单独的层中，因为它们的变更比第三方依赖更频繁。借助 Spring Boot Gradle 或 Maven 插件，我们可以实现这一点。关于这方面的更多信息，请参阅 Spring Boot 文档：https://spring.io/projects/spring-boot。

构建和运行容器的过程和以前是一样的，只不过现在镜像更加高效，并且在构建和运行时都进行了优化。但是，它依然没有为生产环境的使用做好充分准备。安全性问题该怎么解决？这就是我们在下面要讨论的话题。

2. 安全性

在刚刚接触 Docker 和容器化的时候，安全性经常是一个被低估的重要方面。我们需要注意，容器在运行时默认使用的是 root 用户，因此它们有可能获取对 Docker 主机的根权限。我们可以创建一个非特权用户，并使用该用户运行 Dockerfile 中定义的入口进程，通过遵循最小权限原则来降低该风险。

回到我们为 Catalog Service 编写的 Dockerfile。我们可以通过添加新的步骤来改进它，创建一个新的非 root 用户来运行应用。

程序清单 6.4　构建 Catalog Service 镜像的更安全的 Dockerfile

```
FROM eclipse-temurin:17 AS builder
WORKDIR workspace
ARG JAR_FILE=build/libs/*.jar
COPY ${JAR_FILE} catalog-service.jar
RUN java -Djarmode=layertools -jar catalog-service.jar extract

FROM eclipse-temurin:17          创建 "spring"
RUN useradd spring               用户              将 "spring" 配置为
USER spring                                       当前用户
WORKDIR workspace
COPY --from=builder workspace/dependencies/ ./
COPY --from=builder workspace/spring-boot-loader/ ./
COPY --from=builder workspace/snapshot-dependencies/ ./
COPY --from=builder workspace/application/ ./
ENTRYPOINT ["java", "org.springframework.boot.loader.JarLauncher"]
```

如前所述，我们永远不要在容器镜像中存储像密码或密钥这样的 Secret 信息。即使我们在更高的层中将其移除，它们依然会在原始的层中完整保存，并且很易于访问。

最后，很重要的一点是，在 Dockerfile 文件中要使用最新的镜像和库。对容器镜像进行漏洞扫描是一种最佳实践，应该纳入部署流水线并实现自动化。在第 3 章中，我们学习了如何使用 grype 来扫描代码库以查找漏洞。现在，我们看一下如何使用它来扫描容器镜像。

借助更新后的 Dockerfile，为 Catalog Service 构建新的容器镜像。打开一个终端窗口，导航至 Catalog Service 的根目录，并运行如下命令（不要忘记最后的点号）：

```
$ docker build -t catalog-service .
```

接下来，使用 grype 检查新创建的镜像是否包含漏洞：

```
$ grype catalog-service
```

你有没有发现高风险的漏洞？供应链安全和相关风险的管理已经超出了本书的范围。我想向你展示如何对应用制品执行漏洞扫描并实现自动化，至于扫描结果的跟踪，我将该任务留给你自己。再次强调，在组织中定义一个安全策略并尽可能在整个价值流中实现合规性校验的自动化至关重要。

在本小节中，我提到了在构建生产级别的容器镜像时应该考虑的几个基本要素，但是还有更多的方面没有涉及。我们还可以用其他方式来构建生产级别的容器镜像吗？在下面，我们会介绍构建镜像的另一种方案。

3．Dockerfile 还是 Buildpacks

Dockerfile 非常强大并且能够让我们对结果进行完全的细粒度控制，但是它需要额外的关注和维护，可能会对价值流带来多种挑战。

作为开发人员，你可能并不想处理前文所述的性能和安全性问题，而是更愿意专注于应用的代码。毕竟，迁移到云中的原因之一就是为客户更快地交付价值。添加 Dockerfile 这样一个额外的步骤并考虑所有相关的问题，可能并不适合我们。

作为运维人员，如果通过 Dockerfile 构建容器镜像的话，控制和保护组织内的供应链就很具挑战性。花费时间编写完美的 Dockerfile 脚本，并将其复制到不同应用的众多仓库中就是一件很常见的工作。但是，让所有团队保持一致、验证他们是否遵循已批准的 Dockerfile、在整个组织内同步所有变更，以及了解由谁来负责这件事情，这都是很困难的。

Cloud Native Buildpacks 提供了一种不同的方式，它主要关注一致性、安全性、性能和治理。作为开发人员，你得到了一个从应用源码自动构建生产就绪 OCI 镜像，并且无须编写 Dockerfile 的工具。作为运维人员，你得到了一个在组织内定义、控制和保护应用制品的工具。

最终，要选择使用 Dockerfile 还是像 Buildpacks 这样的工具取决于你的组织和需求。这两种方式都是可行的，并且均可用于生产环境。一般而言，我推荐使用 Buildpacks，除非在你的场景中它无法适用。

> **注意** 无须编写 Dockerfile 就能将 Java 应用打包为容器镜像的另外一个方案是使用 Jib，它是由谷歌开发的一个 Gradle 和 Maven 插件。

在下一小节和本书剩余的内容中，我们将会使用 Cloud Native Buildpacks，而不是 Dockerfile。对我来讲，向大家展示 Dockerfile 的工作原理是很重要的，因为它能让你更好地理解容器镜像的特性和分层。除此之外，我想向你展示如何编写基本的 Dockerfile 文件来容器化 Spring Boot 应用，以强调它所需要的内容并阐述 JAR 应用在容器中是如何运行的。最后，当容器出现问题的时候，即便它是使用 Buildpacks 构建的，在你理解了如何从头构建镜像之后，也能更容易地解决问题。如果你想要了解如何使用 Dockerfile 容器化 Spring Boot 应用的更多信息，推荐查阅其官方文档（https://spring.io/projects/spring-boot）。

6.2.4　使用 Cloud Native Buildpacks 容器化 Spring Boot

Cloud Native Buildpacks 是一个由 CNCF 托管的项目，其目的是"将应用源码转换成能够在任意云中运行的镜像"。当在第 1 章中介绍容器的时候，我强调过像 Heroku 和 Cloud Foundry 这样的 PaaS 平台在幕后是如何实际使用容器的，在运行 JAR 和 WAR 制品之前，它们会被转换成容器。Buildpacks 就是它们为了完成该任务所使用的工具。

基于 Heroku 和 Pivotal 在 PaaS 平台上运行云原生应用的多年经验，它们开发和推动了 Cloud Native Buildpacks 的发展。这是一个成熟的项目，从 Spring Boot 2.3 开始，它能够原生集成到 Gradle 和 Maven 的 Spring Boot Plugin 中，所以我们不需要安装专门的 Buildpacks CLI（pack）。

它的部分特性包括：

- 自动探测应用的类型，在不需要 Dockerfile 的情况下对其进行打包。
- 支持多种语言和平台。
- 通过缓存和分层实现了高性能。
- 保证可重复性构建。
- 依赖于安全性方面的最佳实践。
- 能够生成生产级别可用的镜像。
- 支持使用 GraalVM 构建原生镜像。

注意　如果你想要学习关于 Cloud Native Buildpacks 的更多知识的话，建议观看 Emily Casey 推出的 "Cloud Native Buildpacks with Emily Casey"，Emily 是 Buildpacks 核心团队的成员。

容器生成过程会通过一个名为"builder"的镜像进行编排，该镜像包含了容器化应用的完整信息。这样的信息是由一系列 buildpack 提供的，其中每个 buildpack 都专门负责应用的一个特定方面（如操作系统、OpenJDK 和 JVM 配置等）。Spring Boot Plugin 采用的是 Paketo Buildpacks builder，它是 Cloud Native Buildpacks 规范的一个实现，提供了对多种应用类型的支持，包括 Java 和 Spring Boot 应用。

Paketo builder 组件依赖于一系列默认的 buildpack 来完成实际的构建操作。这个结构是高度模块化和可定制化的。我们可以向序列中添加新的 buildpack（例如，为应用添加监控代理）、替换现有的 buildpack（例如，将默认的 Bellsoft Liberica OpenJDK 替换为 Microsoft OpenJDK），甚至可以使用完全不同的 builder 镜像。

注意　Cloud Native Buildpacks 项目管理了一个注册中心，用来查找和分析 buildpack，我们可以使用这些 buildpack 来容器化应用，其中包括了 Paketo 实现的所有 buildpack（https://registry.buildpacks.io/）。

Spring Boot Plugin 提供的 Buildpacks 集成可以在 Catalog Service 项目的 build.gradle 文件中进行配置。例如，我们可以配置镜像名称（记得在前面添加上你的 Docker Hub 用户名）并通过环境变量定义要使用的 Java 版本。

使用 Buildpacks 构建 Docker 镜像的 Spring Boot Plugin task

要构建的 OCI 镜像的名称。与项目 Gradle 配置中的名称相同。当在本地运行时，我们使用隐式的"latest"作为标签，而没有使用版本号

```
bootBuildImage {
  imageName = "${project.name}"
  environment = ["BP_JVM_VERSION" : "17.*"]
}
```

在镜像中安装的 JVM 版本，这里使用的是最新的 Java 17 版本

我们通过运行如下命令构建镜像。

```
$ ./gradlew bootBuildImage
```

> **警告**　在编写本书的时候，Paketo 项目正在添加对 ARM64 镜像的支持。你可以在 Paketo Buildpacks 项目的 GitHub 页面（https://github.com/paketo-buildpacks/stacks/issues/51）上跟踪该特性的进展。在该特性完成之前，你依然可以在 Apple Silicon 计算机使用 Buildpacks 构建镜像，并使用 Docker Desktop 来运行它们。但是，构建过程和应用启动阶段会比平常略慢一些。在添加官方支持之前，你还可以使用如下命令指向一个实验版本的 Paketo Buildpacks，它提供了对 ARM64 的支持，即"./gradlew bootBuildImage --builder ghcr.io/thomasvitale/java-builder-arm64"。需要注意，它是实验性的，并没有为生产环境做好准备。更多信息请参阅 GitHub 上的文档：https://github.com/ThomasVitale/paketo-arm64。

在第一次运行 task 的时候，它会耗费大约一分钟的时间下载 Buildpacks 所使用的包以创建容器镜像。当第二次运行的时候，它仅需要几秒钟的时间。如果你仔细看一下该命令的输出，就会看到 Buildpacks 生成镜像时执行的所有步骤。这些步骤包括添加 JRE 并使用 Spring Boot 构建的分层 JAR 包。该插件能够接受更多的属性来定义其行为，例如，提供自己的 builder 组件以取代 Paketo 的组件。请参阅官方文档以了解完整的配置项列表（https://spring.io/projects/spring-boot）。

我们再次尝试以容器的形式运行 Catalog Service，只不过我们这次使用的是由 Buildpacks 生成的镜像。不要忘记先按照 6.2.1 节的指令启动 PostgreSQL 容器：

```
$ docker run -d \
    --name catalog-service \
    --net catalog-network \
    -p 9001:9001 \
    -e SPRING_DATASOURCE_URL=
➥ jdbc:postgresql:/ /polar-postgres:5432/polardb_catalog \
    -e SPRING_PROFILES_ACTIVE=testdata \
    catalog-service
```

> **警告**　如果你在 Apple Silicon 计算机上运行容器的话，上述命令可能会返回类似"WARNING: The requested image's platform (linux/amd64) does not match the detected host platform (linux/arm64/v8) and no specific platform was requested."这样的信息。在这种情况下，在

　　Paketo Buildpacks 添加对 ARM64 的支持之前，你需要在上述命令中包含一个额外的参数（设置在镜像名称前），即 "--platform linux/amd64"。

　　打开一个浏览器窗口，在 http://localhost:9001/books 上访问应用，并校验它能正确运行。完成之后，不要忘记移除 PostgreSQL 和 Catalog Service 镜像：

```
$ docker rm -f catalog-service polar-postgres
```

　　最后，我们可以移除用于 Catalog Service 和 PostgreSQL 通信的网络。在下一节中引入 Docker Compose 之后，我们就不再需要使用它了：

```
$ docker network rm catalog-network
```

　　从 Spring Boot 2.4 开始，我们还可以通过配置 Spring Boot Plugin，将镜像直接发布至容器注册中心。为此，我们需要在 build.gradle 文件中添加特定容器注册中心的认证配置。

程序清单 6.6　容器化 Catalog Service 的配置

```
bootBuildImage {
  imageName = "${project.name}"
  environment = ["BP_JVM_VERSION" : "17.*"]

  docker {                                              该部分配置与容器
    publishRegistry {                                   注册中心的连接
      username = project.findProperty("registryUsername")
      password = project.findProperty("registryToken")  该部分配置发布
      url = project.findProperty("registryUrl")         容器注册中心的
    }                                                    认证。这些值会
  }                                                      以 Gradle 属性的
}                                                        形式传递进来
```

　　我们将与容器注册中心认证的细节外部化为 Gradle 的属性，这一方面是为了灵活性（我们可以发布镜像到不同的注册中心，而无须修改 Gradle 构建），另一方面则是为了安全性（尤其是令牌，永远不要将其纳入版本控制）。

　　关于凭证信息，我们需要记住一条金科玉律，那就是永远不要将密码泄露给别人。如果你需要委托某个服务以你的身份访问一个资源，那么应该使用访问令牌（access token）。Spring Boot Plugin 允许使用密码对注册中心进行认证，但是我们最好使用令牌。在 6.1.3 节，我们在 GitHub 上生成了一个个人访问令牌，它允许我们从本地环境推送镜像至 GitHub Container Registry。如果你已经无法知道它的值的话，请按照本章前文内容生成一个新的令牌。

　　最后，我们可以通过运行 bootBuildImage task 构建并发布镜像。借助 "--imageName" 参数，可以定义容器注册中心需要的全限定镜像名称。通过 "--publishImage" 参数，可以告知 Spring Boot Plugin 直接发布镜像至容器注册中心。记住，要通过 Gradle 属性传入容器注册中心的值。

```
$ ./gradlew bootBuildImage \
  --imageName ghcr.io/<your_github_username>/catalog-service \
  --publishImage \
  -PregistryUrl=ghcr.io \
  -PregistryUsername=<your_github_username> \
  -PregistryToken=<your_github_token>
```

提示　如果你使用 ARM64 机器的话（比如 Apple Silicon 计算机），那么你可以在上述命令中添加
"--builder ghcr.io/thomasvitale/java-builder-arm64"参数，以启用 Paketo Buildpacks 对 ARM64
的实验性支持。需要注意，它是实验性的，并没有为生产环境做好准备。更多信息请参阅
GitHub 上的文档：https://github.com/ThomasVitale/paketo-arm64。即便没有这个权宜之计，
在官方支持加入之前（https://github.com/paketo-buildpacks/ stacks/issues/51），你仍然可以使
用 Buildpacks 来构建容器，并通过 Docker Desktop 在 Apple Silicon 计算机上运行它们，但
是构建过程和应用启动阶段会比平常略慢一些。

上述命令执行成功之后，请进入你的 GitHub 账户，导航至 profile 页面并进入 Packages 区
域。你应该能够看到一个新的 catalog-service 条目（默认情况下，package 托管的容器镜像都是
私有的），类似于我们在 6.1.3 节发布的 my-java-image。如果点击 catalog-service 条目的话，会
发现刚刚发布的 ghcr.io/<your_github_username>/catalog-service:latest 镜像（参见图 6.11）。

图 6.11　发布到 GitHub Container Registry 的镜像会按照"package"来组织

但是，catalog-service package 依然没有与 catalog-service 源码仓库链接在一起。随后，我
会介绍如何使用 GitHub Actions 自动构建和发布镜像，它能够在构建镜像的源码仓库中发布
镜像。

现在，我们将发布镜像时创建的 catalog-service package 移除，这样能够避免在使用 GitHub
Actions 发布镜像时造成冲突。在 catalog-service package 页面（图 6.11），点击侧边栏的 Package
Settings，滚动至设置页的底部，并点击 Delete this package（参见图 6.12）。

图 6.12　删除手动创建的 catalog-service package

注意　到目前为止，我们一直使用隐式的 latest 标签来命名容器镜像。对于生产场景来说，这是
　　　不推荐的做法。在第 15 章，你将会看到在发布应用时该如何处理版本问题。在此之前，
　　　我们会使用隐式的 latest 标签。

6.3　使用 Docker Compose 管理 Spring Boot 容器

Cloud Native Buildpacks 能够让我们快速且高效地容器化 Spring Boot 应用，而不必自己编写 Dockerfile。但是，当要运行容器的时候，Docker CLI 就有些繁琐了。在终端窗口编写命令易于出错、难以阅读并且很难进行版本控制。

Docker Compose 提供了比 Docker CLI 更好的体验。Docker Compose 不再使用命令行，而是利用 YAML 文件来描述我们想要运行哪些容器以及它们的特征。借助 Docker Compose，我们可以在一个位置定义组成系统的所有应用和服务，并统一管理它们的生命周期。

在本节中，我们将使用 Docker Compose 配置 Catalog Service 与 PostgreSQL 容器的执行。随后，我们会学习如何调试在容器中运行的 Spring Boot 应用。

如果你已经安装了 Docker Desktop for Mac 或 Docker Desktop for Windows，那么 Docker Compose 就已经安装好了。如果你使用 Linux 的话，请访问 https://www.docker.com/ 上的 Docker Compose 安装页面并遵循适用于你的 Linux 发行版的指南进行安装。不管是哪种方式，都可以通过运行 docker-compose --version 命令校验 Docker Compose 是否已正确安装。

6.3.1　使用 Docker Compose 管理容器的生命周期

Docker Compose 的语法非常直观明了。通常，它可以一对一地映射为 Docker CLI 参数。在 docker-compose.yml 文件中有两个根区域，分别是用来声明使用哪个 Docker Compose 版本语法的 version，以及包含要运行的所有容器规范的 services。其他可选的根区域包括 volumes 和 networks。

注意　如果你没有添加任何网络配置的话，Docker Compose 将会自动创建一个网络并将文件中
　　　的所有容器添加到该网络中。这意味着它们可以借助 Docker 内置的 DNS 服务器，通过
　　　容器名称进行交互。

一种好的实践是将所有部署相关的脚本集中到一个单独的基准代码中，并且如果可能的话，放到单独的仓库中。所以，我们在 GitHub 上创建了一个新的名为 polar-deployment 的 Git 仓库，该仓库将会包含运行 Polar Bookshop 系统中所有应用的 Docker 和 Kubernetes 脚本。在该仓库中，创建名为 docker 的目录来存放 Polar Bookshop 的 Docker Compose 配置。在本书附带的源码中，你可以参阅 Chapter06/06-end/polar-deployment 目录中的最终结果。

在 polar-deployment/docker 目录中，创建 docker-compose.yml 文件并按照如下所示定义要运行的服务。

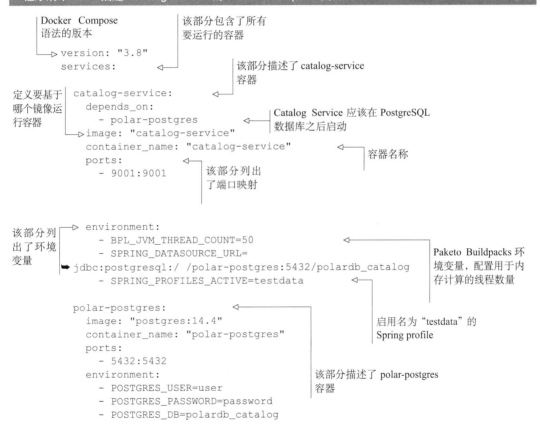

程序清单 6.7　描述 Catalog Service 的 Docker Compose 文件

你可能已经注意到，在 Catalog Service 容器有一个额外的环境变量。在第 15 章中，我们将会学习 Paketo Buildpacks 提供的 Java 内存计算器以及如何为 Spring Boot 应用配置 CPU 和内存。现在，我们只需要知道 BPL_JVM_THREAD_COUNT 环境变量是用来配置在 JVM 栈中分配的线程内存数量的。对基于 Servlet 的应用，它的默认值是 250。在第 3 章中，我们为 Tomcat 线程池配置了一个更小的值。在 JVM 内存配置方面，最好采取相同的方式，以确保容器的内存使用保持较低的水平。在本书中，我们还会部署很多容器（包括应用和支撑服务），这样的配置能够防止计算机超载。

默认情况下，Docker Compose 会将这两个容器配置到同一个网络中，所以我们不需要像前文那样显式地声明网络。

接下来，我们看一下如何将这些容器创建出来。打开一个终端窗口，导航至包含该文件的目录并运行如下命令，以 detached 模式启动容器。

```
$ docker-compose up -d
```

当该命令完成后，可以在 http://localhost:9001/books 地址尝试使用 Catalog Service 应用并验证它能否正确运行。然后，请保持容器处于运行状态并转移至下一小节，我们将学习如何调试 Catalog Service 应用。

6.3.2　调试 Spring Boot 容器

当在 IDE 中以标准 Java 的形式运行 Spring Boot 应用时，我们可以声明是否以调试模式运行。如果选择调试模式的话，IDE 将会附加一个调试器到运行应用的本地 Java 进程上。但是，当我们在容器中运行应用的时候，IDE 就无法这样做了，因为 Java 进程不是在本地机器运行的。

幸运的是，在容器中运行的 Spring Boot 应用几乎能够像在本地运行那样易于调试。首先，我们需要告知在容器中运行的 JVM 在特定的端口监听调试连接。Paketo Buildpacks 生成的容器镜像支持通过专门的环境变量让应用以调试模式运行（BPL_DEBUG_ENABLED 和 BPL_DEBUG_PORT）。然后，我们需要将调试端口暴露到容器之外，这样 IDE 就可以连接了。图 6.13 展示了它是如何运行的。

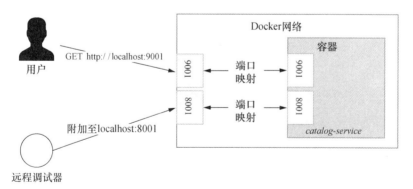

图 6.13　我们可以从容器中暴露任意数量的端口。对于 Catalog Service，
我们可以暴露服务器端口和调试端口

接下来，更新 docker-compose.yml 文件，配置 Catalog Service 应用使其支持调试。

程序清单6.8 配置 Catalog Service 以调试模式运行

```
version: "3.8"
services:

  catalog-service:
    depends_on:
      - polar-postgres
    image: "catalog-service"
    container_name: "catalog-service"
    ports:
      - 9001:9001
      - 8001:8001
    environment:
      - BPL_JVM_THREAD_COUNT=50
      - BPL_DEBUG_ENABLED=true
      - BPL_DEBUG_PORT=8001
      - SPRING_DATASOURCE_URL=
➥ jdbc:postgresql:/ /polar-postgres:5432/polardb_catalog
      - SPRING_PROFILES_ACTIVE=testdata
...
```

JVM 要监听的调试连接端口

激活 JVM 配置以接受调试连接（该参数由 Buildpacks 提供）

在 8001 端口以套接字的形式接受调试连接（该参数由 Buildpacks 提供）

在终端窗口中，导航至 docker-compose.yml 文件所在的目录，并再次运行如下命令：

```
$ docker-compose up -d
```

你会发现，Docker Compose 非常智能，它能知道 PostgreSQL 容器的配置没有任何变化，所以不会对其采取任何操作。相反，它会使用新的配置重新加载 Catalog Service 容器。

然后，在你选择使用的 IDE 中，需要配置一个远程调试器并将其指向 8001 端口。请参阅你的 IDE 文档，查找配置指南。图 6.14 展示了在 IntelliJ IDEA 中如何配置远程调试器。

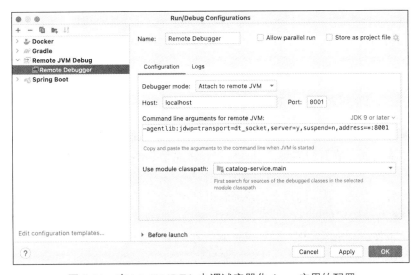

图 6.14 在 IntelliJ IDEA 中调试容器化 Java 应用的配置

运行 Catalog Service 之后，我们就可以像本地运行那样调试它了。

这就是本节的全部内容了。在保存 docker-compose.yml 文件的目录中，通过如下命令，我们停止并移除上述两个容器。

```
$ docker-compose down
```

> **注意**　在本书中，我只会讨论借助 Kubernetes 将 Spring Boot 应用成功部署至生产环境所需的 Docker 知识。如果你对 Docker 镜像的更多知识感兴趣的话，请参阅其官方文档（https://docs.docker.com/）。同时，Manning 也有一些关于该主题的图书，比如 Elton Stoneman 的 *Learn Docker in a Month of Lunches*（Manning，2020 年）以及 Ian Miell 和 Aidan Hobson Sayers 合著的 *Docker in Practice*（Manning，2019 年）。

当对应用进行变更之后，我们可能并不想手动构建并发布新的镜像。这是像 GitHub Actions 这样的自动化工作流引擎的任务。在下一节中，我们将展示如何完成从第 3 章开始介绍的部署流水线的提交阶段。

6.4　部署流水线：打包和发布

在第 3 章中，我们已经开始实现支持 Polar Bookshop 项目持续交付的部署流水线了。持续交付是一种快速、可靠、安全地交付高质量软件的整体工程方式。部署流水线是实现从代码提交到可发布软件整个过程自动化的主要模式。我们确定了部署流水线的三个主要阶段，即提交阶段、验收阶段和生产化阶段。

我们继续关注提交阶段。在开发人员将新的代码提交到主线分支后，这个阶段将会经历构建、单元测试、集成测试、静态代码分析和打包过程。在本阶段结束时，一个可执行的应用制品将会发布到制品仓库，这就是一个"发布候选"（release candidate）。第 3 章涵盖了除最终打包和发布候选版本之外的所有主要步骤，本节将会介绍第 3 章尚未涵盖的内容。

6.4.1　在提交阶段构建发布候选

在运行完静态代码分析、编译、单元测试和集成测试后，现在我们应该将应用打包为可执行制品并发布它了。在我们的场景中，可执行制品是容器镜像，我们会将其发布到容器注册中心。

在持续交付中有一个基本的理念，该理念也存在于 15-Factor 方法论中，那就是制品只应该构建一次。在提交阶段的最后会生成一个容器镜像，在部署流水线的所有后续阶段中我们都会重复使用该镜像，直至生产环境。如果流水线在某个节点证明有问题（测试失败），那么发布候选将会被拒绝。如果发布候选能够成功通过所有后续阶段，那么就证明它可以在生产环境中部署。

在构建完可执行制品后，我们可以在发布之前执行一些额外的操作，例如扫描漏洞。与代码库的做法类似，我们将会使用 grype 实现这一点。容器镜像包含了应用库，同时还包含了系统库，而后者是我们在前面的安全分析中所没有涉及的。这就是为何我们需要同时扫描代码库和制品的漏洞。图 6.15 描述了我们要向提交阶段添加的新步骤，以构建和发布候选版本。

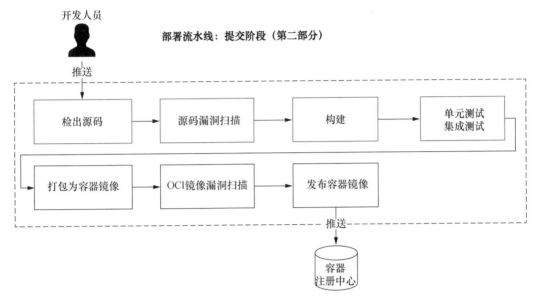

图 6.15　在提交阶段结束时候选版本会发布到制品仓库。在我们的场景中，
一个容器镜像会发布到容器注册中心

在候选版本发布之后，有多个参与方都会下载和使用它，包括部署流水线的后续阶段。如何确保所有相关参与方使用的都是来自 Polar Bookshop 项目的合法容器镜像，而不是被破坏的镜像呢？我们可以使用镜像签名来实现这一点。在发布的过程中，我们可以添加一个新的步骤对发布候选进行签名。例如，我们可以使用 Sigstore（www.sigstore.dev），这是一个非营利性的服务，为签名、验证和软件完整性保护提供了开源工具。如果你对该话题感兴趣的话，建议访问该项目的网站。

在下一小节中，我将会向你展示如何在部署流水线的提交阶段实现新的步骤。

6.4.2　使用 GitHub Actions 发布容器镜像

GitHub Actions 是一个能够从 GitHub 仓库直接实现软件工作流自动化的引擎。工作流定义会存储在 GitHub 仓库根目录中的 ".github/workflows" 目录内，这非常便利。

在第 3 章中，我们已经开始为 Catalog Service 部署流水线的提交阶段开发工作流了。现在，我们继续实现它，添加后续步骤来打包和发布应用。

在 Catalog Service 项目（catalog-service）中，打开提交阶段的工作流定义（.github/workflows/commit-stage.yml）并定义一些存储必要信息的环境变量，当为应用构建容器时会用到它们。通过使用环境变量，我们可以很容易地修改所使用的容器注册中心和发布制品的版本。请记住在下面的程序清单中，将占位符替换为你的 GitHub 用户名（小写形式）。在第 15 章，我们将会介绍发布策略，在此之前，我们会为每个镜像使用 latest 标签，而不是使用版本号。

程序清单 6.9　配置发布候选相关信息

```
name: Commit Stage
on: push

env:
  REGISTRY: ghcr.io          ←── 使用 GitHub Container Registry
  IMAGE_NAME: <your_github_username>/catalog-service   ←── 镜像名称。不要忘记添加你自己的 GitHub 用户名（小写形式）
  VERSION: latest    ←── 目前所有新的镜像都会使用 latest 标签

jobs:
  ...
```

接下来，我们在工作流中添加一个新的 "Package and Publish" job。如果 "Build and Test" job 成功完成，并且工作流在 main 分支上运行的话，那么新的 job 就会执行。我们将使用与本地相同的策略，依靠 Spring Boot Gradle 插件提供的 Buildpacks 集成，将 Catalog Service 打包为容器镜像。需要注意，我们没有直接推送镜像。这是因为我们想要扫描镜像的漏洞，这一点我们稍后就会实现。现在，请更新 commit-stage.yml 文件，如下所示。

程序清单 6.10　使用 Buildpacks 将应用打包为 OCI 镜像

```
name: Commit Stage
on: push

env:
  REGISTRY: ghcr.io
  IMAGE_NAME: <your_github_username>/catalog-service
  VERSION: latest

jobs:
  build:
    ...
  package:
    name: Package and Publish
    if: ${{ github.ref == 'refs/heads/main' }}
    needs: [ build ]
    runs-on: ubuntu-22.04
    permissions:
      contents: read
      packages: write
      security-events: write
    steps:
```

只有当 "build" job 成功完成时，才会运行该 job

在 Ubuntu 22.04 机器上运行该 job

该 job 的唯一标识符

只在 main 分支上运行该 job

上传镜像到 GitHub Container Registry 的权限

检出当前 Git 仓库的权限

提交安全事件到 GitHub 的权限

```
- name: Checkout source code
  uses: actions/checkout@v3          ◁────  检出当前 Git 仓库
- name: Set up JDK                           （catalog-service）
  uses: actions/setup-java@v3   ◁───
  with:
    distribution: temurin          安装和配置 Java
    java-version: 17               运行时
    cache: gradle
- name: Build container image          依赖 Spring Boot 中的 Buildpacks
  run: |                               集成来构建容器镜像并定义发布
    chmod +x gradlew                   候选的名称
    ./gradlew bootBuildImage \   ◁───
      --imageName
      ➥ ${{ env.REGISTRY }}/${{ env.IMAGE_NAME }}:${{ env.VERSION }}
```

在将应用打包为容器镜像之后，我们更新 commit-stage.yml 文件，使用 grype 扫描镜像的漏洞并将报告发布至 GitHub，这类似于我们在第 3 章的做法。最后，我们对容器注册中心进行认证，并推送代表发布候选的镜像。

程序清单 6.11 扫描镜像的漏洞并发布镜像

```
name: Commit Stage
on: push

env:
  REGISTRY: ghcr.io
  IMAGE_NAME: polarbookshop/catalog-service
  VERSION: latest

jobs:
  build:
    ...
  package:
    ...
    steps:
      - name: Checkout source code
        ...
      - name: Set up JDK
        ...
      - name: Build container image
        ...
      - name: OCI image vulnerability scanning
        uses: anchore/scan-action@v3
        id: scan
        with:                         要扫描的镜像是
          image:                      发布候选
          ➥ ${{ env.REGISTRY }}/${{ env.IMAGE_NAME }}:${{ env.VERSION }}
          fail-build: false
          severity-cutoff: high       如果镜像中发现漏洞，
          acs-report-enable: true     构建不会失败
      - name: Upload vulnerability report       将安全漏洞报告上传至
        uses: github/codeql-action/upload-sarif@v2   GitHub（SARIF 格式）
```

使用 grype 扫描发布候选镜像的漏洞

```
        if: success() || failure()
        with:
          sarif_file: ${{ steps.scan.outputs.sarif }}
      - name: Log into container registry
        uses: docker/login-action@v2
        with:
          registry: ${{ env.REGISTRY }}
          username: ${{ github.actor }}
          password: ${{ secrets.GITHUB_TOKEN }}
      - name: Publish container image
        run: docker push
    ➥ ${{ env.REGISTRY }}/${{ env.IMAGE_NAME }}:${{ env.VERSION }}
```

对 GitHub 容器注册中心进行认证

注册中心的值定义在前面的环境变量中

当前用户的 GitHub 用户名，该值会由 GitHub Actions 提供

推送发布候选到注册中心

认证注册中心所需的令牌，该值会由 GitHub Actions 提供

在程序清单 6.11 中，如果发现了严重的漏洞，我们不会让工作流失败。但是，我们可以在 catalog-service GitHub 仓库的 Security 区域找到扫描结果。在撰写本书时，在 Catalog Service 项目中没有发现高危或严重漏洞，但是，未来情况可能会有所变化。正如我们在第 3 章所提到的，在现实中，我建议你根据公司供应链安全策略，仔细配置和调整 grype，并在结果不合规时让工作流失败 (将 fail-build 属性设置为 true)。更多信息请参考 grype 的官方文档 (https://github.com/anchore/grype)。

在完成部署流水线的提交阶段后，请确保 catalog-service GitHub 仓库是公开的。然后，将变更推送至远程仓库的 main 分支，并在 Actions 标签下查看工作流执行结果。

警告　上传漏洞报告的 action 需要 GitHub 仓库是公开的。只有你是企业订阅用户时，它才能够用于私有仓库。如果你想保持仓库是私有的，那么需要跳过 "Upload vulnerability report" 这一个步骤。在本书中，我会假设为 Polar Bookshop 项目创建的所有仓库均是公开的。

由 GitHub Actions 发布并按照仓库名称命名的镜像会自动与对应的仓库进行关联。在工作流执行完成后，在 GitHub catalog-service 仓库主页的侧边栏中，你会发现一个 Packages 区域，其中包含一个名为 "catalog-service" 的条目 (见图 6.16)。点击该条目，你将会被定向至 Catalog Service 的容器镜像仓库。

注意　发布到 GitHub Container Registry 的镜像具有与相关 GitHub 代码仓库相同的可见性。在这里，我假定你为 Polar Bookshop 构建的所有镜像都可以通过 GitHub Container Registry 公开访问。如果情况并非如此，你可以进入 GitHub 上特定仓库的页面，并访问该仓库的 Packages 区域。然后在侧边栏选择 Package Settings，滚动到设置页的底部，通过点击 Change Visibility 使该包可以公开访问。

非常好! 到目前为止，我们已经构建了一个 Spring Boot 应用，它暴露了一个 REST API 并且会与关系型数据库进行交互。我们为该应用编写了单元和集成测试；使用 Flyway 处理了数据库模式，所以它是生产就绪的；在容器中运行了整个应用，并了解了镜像生成、Docker、Cloud Native Buildpacks 和漏洞扫描。在下一章中，我们将深入研究 Kubernetes，从而完成云原生生

产之旅的第一部分。但在继续前行之前，请先休息一下，祝贺到目前为止你所取得的成就，喝一杯喜欢的饮品庆祝一下吧。

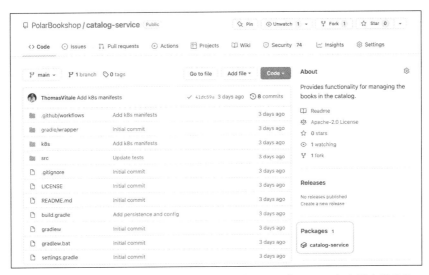

图 6.16 当使用 GitHub 容器注册中心时，我们可以与源码一起存储容器镜像

Polar Labs

请自行将本章学习到的知识用到 Config Service 上。

1）配置 Cloud Native Buildpacks 集成并将应用打包为容器。

2）更新 Docker Compose 文件使 Config Service 能够以容器的形式运行。

3）通过环境变量 SPRING_CLOUD_CONFIG_URI 将 Config Service 的 URL 传递给 Catalog Service，并使用 Docker 内置的 DNS 服务器。

4）使用 GitHub Actions 为 Config Service 定义部署流水线，以实现提交阶段的工作流。

你可以参阅本书附带代码仓库（https://github.com/ThomasVitale/cloud-native-spring-in-action）的/Chapter06/06-end 目录以查看最终结果。

6.5 小结

- 容器镜像是轻量级的可执行包，包含了运行应用所需的所有内容。
- 每个镜像都由多个层组成，每个层代表了对应指令所做的修改。最终的制品能够以容器的方式运行。
- 当我们运行容器的时候，会有一个额外的可写入层添加到容器镜像之上。
- 定义容器镜像的标准方式是在一个名为 Dockerfile 的特殊文件中列出指令的序列。

- Dockerfile 文件就像一个配方，包含了构建所需镜像的所有步骤。
- 在定义容器镜像时，性能和安全性是重要的考虑因素。例如，我们不应该在任何镜像层中存储 Secret 并且不要以 root 用户运行容器。
- 容器注册中心对 OCI 镜像的作用就像 Maven 仓库对 Java 库的作用一样。容器注册中心的样例包括 Docker Hub 和 GitHub Container Registry。
- 我们可以使用不同的方式将 Spring Boot 应用打包为容器镜像。
- Dockerfile 会给我们带来最大的灵活性，但是需要我们自己配置需要的所有内容。
- Cloud Native Buildpacks（与 Spring Boot Plugin 集成）能够让我们直接从源码构建 OCI 镜像，它会为我们优化安全、性能和存储。
- 当以容器形式运行 Spring Boot 应用时，我们需要考虑向容器外部提供哪些可用的端口（如 8080），以及容器之间是否要进行通信。如果需要通信的话，我们可以使用 Docker DNS 服务器，通过容器名而不是 IP 或主机名与同一网络中的容器进行通信。
- 如果想要调试应用的话，请记住对外暴露调试端口。
- Docker Compose 是一个与 Docker 服务器进行交互的客户端，能够提供比 Docker CLI 更好的用户体验。通过一个 YAML 文件，我们就可以管理所有的容器。
- 借助 GitHub Actions，我们能够将一些过程实现自动化，包括将应用打包为容器镜像、扫描安全漏洞并将其发布至容器注册中心。这都是部署流水线中提交阶段的组成部分。
- 在部署流水线中，提交阶段的输出是一个发布候选。

第 7 章　面向 Spring Boot 的 Kubernetes 基础

本章内容：

- 从 Docker 到 Kubernetes
- 在 Kubernetes 上部署 Spring Boot 应用
- 理解服务发现和负载均衡
- 构建可扩展和易处理的应用
- 搭建本地的 Kubernetes 开发工作流
- 借助 GitHub Actions 校验 Kubernetes 清单

在上一章中，我们学习了 Docker 以及镜像和容器的主要特点。借助 Buildpacks 和 Spring Boot，只需一条命令，我们就可以构建生产环境可用的镜像，甚至不需要编写自己的 Dockerfile 文件，也不需要安装额外的工具。借助 Docker Compose，我们可以同时控制多个应用，对于像微服务这样的架构是非常便利的。但是，如果某个容器停止运行了，该怎么办？如果容器运行的机器（Docker 主机）崩溃了，该怎么办？如果我们想对应用进行扩展，又该怎么办？本章会将 Kubernetes 引入工作流，以解决 Docker 本身无法解决的问题。

作为开发人员，配置和管理 Kubernetes 集群并不是我们的工作。我们可能会使用云供应商（比如 Amazon、Microsoft 或 Google）提供的托管服务，也可能使用组织内专业团队（通常称为"平台团队"）管理的内部自建服务。现在，我们将会使用由 minikube 提供的本地 Kubernetes 集群。在后文中，我们将会使用云供应商提供的托管 Kubernetes 服务。

在开发人员的日常工作中，我们并不想花费太多的时间在基础设施方面，但是了解其基础知识是非常重要的。Kubernetes 已经成为事实上的编排工具标准，并且是容器化部署领域的通用语言。云供应商也一直在 Kubernetes 之上构建平台，为开发人员提供更好的体验。了解了 Kubernetes 如何运行之后，使用这些平台就会变得非常简单直接，因为我们会熟悉它们的语言和抽象。

本章将带你了解 Kubernetes 的主要特性并学习如何为 Spring Boot 应用创建和管理 Pod、Deployment 和 Service。在这个过程中，我们将会实现应用的优雅关机，学习如何对其进行扩展以及如何使用 Kubernetes 提供的服务发现和负载均衡特性。我们还会学习使用 Tilt 实现本地开发工作流的自动化并校验 Kubernetes 清单。

> 注意   本章的源码可以在/Chapter07/07-begin 和/Chapter07/07-end 目录中找到，分别包含了项目的初始和最终状态。(https://github.com/ThomasVitale/cloud-native-spring-in-action)

7.1   从 Docker 到 Kubernetes

借助 Docker Compose，我们可以一次性管理多个容器的部署，包括网络和存储的配置。这种方式非常强大，但是它仅限于在一台机器上运行。

使用 Docker CLI 和 Docker Compose 的时候，交互是使用单个 Docker daemon 实现的，它所管理的是单台机器中的 Docker 资源，这台机器也被称为 Docker 主机。除此之外，它还无法扩展容器。当我们的系统需要可扩展性和韧性等这样的云原生属性时，这都是其局限性。图 7.1 展示了我们是如何面向单台机器使用 Docker 的。

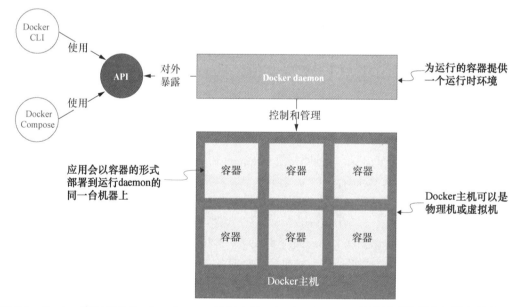

图 7.1   Docker 客户端与 Docker daemon 进行交互，Docker daemon 只能管理其所在机器上的资源，也就是 Docker 主机。应用会以容器的形式部署到 Docker 主机上

在第 2 章，我们曾经学习过在从像 Docker 这样的容器运行时转移至像 Kubernetes 这样的编排平台的时候，需要改变视角。借助 Docker，我们可以将容器部署到一台独立的机器上。借助 Kubernetes，我们能够将容器部署到一个机器集群中，实现可扩展性和韧性。

Kubernetes 客户端使用 API 与 Kubernetes 控制平面进行交互，负责创建和管理 Kubernetes 集群中的对象。在这种新的场景中，我们依然发送命令给一个实体，但是该命令会在多台机器执行，而不仅仅是一台。图 7.2 展示了使用 Kubernetes 时的逻辑基础设施。

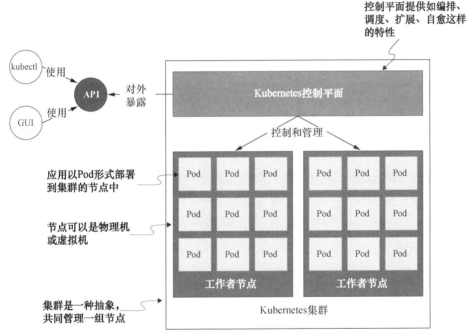

图 7.2　Kubernetes 客户端会与控制平面进行交互，以管理集群中的容器化应用，集群由一个或多个节点组成。应用会以 Pod 形式部署到集群的节点中

图 7.2 中的主要组件包括：

- 集群：运行容器化应用的一组节点。它托管控制平面，并且由一个或多个工作者节点组成。
- 控制平面：暴露 API 和接口的集群组件，负责定义、部署和管理 Pod 的生命周期。它包含了实现典型编排器特性的所有基本元素，如集群管理、调度和健康监控。
- 工作者节点：物理机或虚拟机，负责提供像 CPU、内存、网络和存储这样的能力，以支持容器运行并连接至网络。
- Pod：最小的部署单元，包装了应用容器。

在对 Kubernetes 的基础设施有了基本了解之后, 我们看一下如何在本地机器上创建和管理 Kubernetes 集群。

7.1.1 使用本地的 Kubernetes 集群

在第 2 章中, 我们曾经使用过 minikube, 这是一个在本地环境运行 Kubernetes 集群的工具。我们使用 minikube CLI 创建了一个依赖于默认配置的本地 Kubernetes 集群。在本节中, 我们将会看到如何为 minikube 创建自定义配置, 并在为 Polar Bookshop 部署初始化本地 Kubernetes 集群时使用该配置。

注意 如果你还没有安装 minikube, 请参阅附录 A 中 A.3 节中的指南。

因为 minikube 运行在 Docker 之上, 所以不要忘记首先启动 Docker Engine。然后, 通过执行 minikube stop 命令, 确保默认集群没有处于运行状态。从现在开始, 我们不会使用默认的集群, 而是创建一个用于 Polar Bookshop 的自定义集群。借助 minikube, 我们可以创建和控制由 profile 标识的多个集群。如果没有指定 profile 的话, minikube 会使用默认的集群。

警告 在本地 Kubernetes 集群运行样例, 需要 Docker 至少具备两个 CPU 和 4GB 内存。如果使用 Docker Desktop for Mac/for Windows 的话, 你需要增加分配给 Docker Engine 的资源, 请参阅产品文档, 以获取如何针对特定操作系统进行配置的指南 (https://docs.docker.com/desktop)。

我们在 Docker 上创建一个名为 polar 的新 Kubernetes 集群。这一次, 我们还想要声明 CPU 和内存的资源限制:

```
$ minikube start --cpus 2 --memory 4g --driver docker --profile polar
```

通过如下命令, 我们可以得到集群中所有节点的列表:

```
$ kubectl get nodes

NAME      STATUS    ROLES                   AGE     VERSION
polar     Ready     control-plane,master    21s     v1.24.3
```

我们刚刚创建的集群仅有一个节点, 它托管控制平面, 同时作为工作者节点来部署容器化工作负载。

我们可以使用相同的 Kubernetes 客户端 (kubectl) 与不同的本地或远程集群进行交互。如下命令将会列出所有可以进行交互的 context:

```
$ kubectl config get-contexts

CURRENT   NAME      CLUSTER      AUTHINFO
*         polar     polar        polar
```

如果你有多个 context，请确保将 kubectl 配置为使用 polar。我们可以通过运行如下命令检查当前使用的是哪个 context：

```
$ kubectl config current-context
polar
```

如果输出结果不是 polar，我们可以通过如下命令修改当前的 context：

```
$ kubectl config use-context polar
Switched to context "polar".
```

在本章剩余的内容中，我都会假设你有一个处于运行状态的本地集群。在任意时刻，你都可以通过 minikube stop --profile polar 命令停掉集群，并通过 minikube start --profile polar 将其启动。如果你需要删除该集群的话，可以运行 minikube delete --profile polar 命令。

在下一小节中，我们将部署一个 PostgreSQL 数据库，从而完成本地 Kubernetes 集群的搭建工作。

7.1.2 管理本地集群中的数据服务

正如我们在第 5 章学到的，数据服务是系统中有状态的组件，鉴于处理存储所带来的挑战，在云环境中，需要对它们进行特别关注。在 Kubernetes 中管理持久化和存储是一个复杂的话题，通常并不是开发人员的职责。

当在生产环境部署 Polar Bookshop 的时候，我们会依赖云供应商提供的托管数据服务，我已经准备好了在本地 Kubernetes 集群中部署 PostgreSQL 容器的配置。请参阅本书附带的源码仓库（Chapter07/07-end），并将 polar-deployment/kubernetes/platform/development 的内容复制到你自己对应的 polar-deployment 仓库的目录中。该目录中包含了运行 PostgreSQL 数据库所需的基本 Kubernetes 清单文件。

打开终端窗口，导航至 polar-deployment 仓库的 kubernetes/platform/development 目录中，并运行如下命令，从而在本地集群中部署 PostgreSQL：

```
$ kubectl apply -f services
```

> **注意** 上述命令会创建 services 目录中清单所定义的资源。在下一节中，我们会学习 kubectl apply 命令和 Kubernetes 清单的更多知识。

上述命令会在本地 Kubernetes 集群中创建一个运行 PostgreSQL 容器的 Pod。我们可以使用如下命令进行检查：

```
$ kubectl get pod

NAME                             READY   STATUS    RESTARTS   AGE
polar-postgres-677b76bfc5-lkkqn  1/1     Running   0          48s
```

> **提示** 你可以通过运行 kubectl logs deploy-ment/polar-postgres 命令查看数据库的日志。

使用 Helm 运行 Kubernetes 服务

　　在 Kubernetes 集群中，运行第三方服务的一种流行方式是借助 Helm（https://helm.sh）。我们可以将其想象成一个包管理器。要在自己的计算机上安装软件，我们可能会使用某个操作系统的包管理器，比如 Apt（Ubuntu）、Homebrew（macOS）或 Chocolatey（Windows）。在 Kubernetes 中，我们可以很简便地使用 Helm，只不过我们会将其称为 charts 而不是包。

　　在云原生旅程的这个阶段，使用 Helm 可能会有点操之过急，而且会让你感到费解。在完全理解它是如何运行之前，充分熟悉 Kubernetes 是非常必要的。

　　在本章剩余的内容中，我都会假设你的本地集群中有一个处于运行状态的 PostgreSQL 实例。如果你需要删除它的话，可以在相同的目录下运行 kubectl delete -f services 命令。

　　在下一节中，我们阐述 Kubernetes 的主要概念，并指导你将 Spring Boot 应用部署到本地集群中。

7.2　Spring Boot 应用的 Kubernetes Deployment

　　本节将介绍开发人员会用到的主要 Kubernetes 对象以及必要的术语，以便于实现与平台团队的高效交流并将应用部署到集群中。

　　我们已经掌握了如何容器化 Spring Boot 应用。在 Kubernetes 上，Spring Boot 依然会打包为容器，但是它将运行在 Pod 中，并由 Deployment 对象进行控制。

　　在使用 Kubernetes 的时候，Pod 和 Deployment 是我们需要理解的核心概念。我们首先看一下它们的核心特征，随后将会进行实践，声明并创建 Kubernetes 资源来部署 Catalog Service 应用。

7.2.1　从容器到 Pod

　　正如我们在前面所讨论的，Pod 是 Kubernetes 中最小的部署单元。当从 Docker 转向 Kubernetes 时，我们需要从管理容器切换为管理 Pod。

　　Pod 是最小的 Kubernetes 对象，"代表了一组在集群中运行的容器"。按照设置，它通常会运行一个主容器（我们的应用），但是它也可以运行辅助类的容器，以提供额外的特性，如日志、监控或安全性（https://kubernetes.io/docs/reference/glossary）。

　　Pod 通常是由一个容器组成的，也就是应用实例。如果是这种情况的话，它与直接使用容器并没有太大的差别。但是，在有些场景中，我们的应用容器需要与一些辅助类容器一起进行部署，可能要执行应用所需的初始化任务，或者添加额外的功能，如日志。例如，Linkerd（一个服务网格）会添加自己的容器（sidecar）到 Pod 中，以执行相关的操作，如拦截 HTTP 流量并对其进行加密，以借助 mTLS（双向传输层安全，mutual Transport Layer Security）确保所有 Pod 之间的安全通信。图 7.3 展示了单容器和多容器的 Pod。

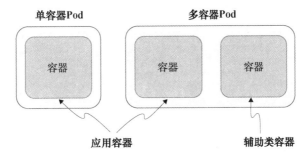

图 7.3   Pod 是 Kubernetes 中最小的部署单元。它们至少要运行一个主容器（应用），
并且可能会运行辅助类容器来实现额外的特性，如日志、监控或安全性

在本书中，我们将会使用单容器的 Pod，其中容器就是我们的应用。相对于容器，Pod 能够作为一个整体管理相关的容器。但这还不够，直接创建和管理 Pod 与使用 Docker 容器并没有太大的差异，我们需要在更高的抽象层次定义如何部署和扩展应用。这就是 Deployment 对象的用武之地了。

7.2.2   使用 Deployment 控制 Pod

我们该如何扩展应用，使其有五个副本呢？我们该如何确保即便出现故障，依然能有五个副本始终处于运行状态？我们又该如何在不停机的情况下部署应用的新版本呢？答案就是使用 Deployment。

Deployment 是管理无状态、多副本应用的生命周期的对象。每个副本表现为一个 Pod。副本分布在集群的节点上，以实现更好的韧性（https://kubernetes.io/docs/reference/glossary）。

在 Docker 中，我们通过创建/移除容器来直接管理应用实例。在 Kubernetes 中，我们不用管理 Pod，而是使用 Deployment 来帮助我们实现这一点。Deployment 对象有一些很重要和很有价值的特征。我们可以使用这些特征来部署应用、无停机进行滚动更新、在出现错误时回滚至之前的版本、暂停和恢复升级。

Deployment 还能够让我们管理副本。它们使用名为 ReplicaSet 的对象确保集群中始终有期望数量的 Pod 处于运行状态。如果其中有一个 Pod 崩溃了，集群会自动创建一个新的 Pod 来取代它。除此之外，副本会在集群中跨节点部署，即便某个节点出现崩溃，也能确保更高的可用性。图 7.4 展示了容器、Pod、ReplicaSet 和 Deployment 之间的关系。

Deployment 为我们提供了一个便利的抽象，能够让我们声明要实现的期望状态（desired state）并让 Kubernetes 达成这一状态。我们不必担心如何实现这一特定的结果。与 Ansible 或 Puppet 这样的命令式工具不同，我们只需告诉 Kubernetes 想要的状态是什么，编排器就能判断出如何实现这一期望结果并保持状态的一致性。这就是我们所谓的声明式配置（declarative configuration）。

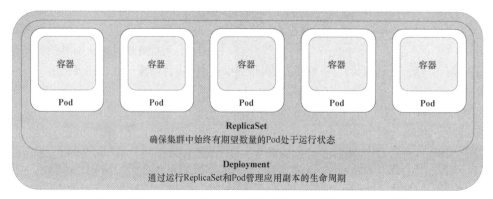

图 7.4   Deployment 通过运行 ReplicaSet 和 Pod，管理集群中应用副本的生命周期。ReplicaSet 确保始
终有期望数量的 Pod 处于运行状态。Pod 会运行容器化的应用

Kubernetes 会使用控制器持续观察系统并对比期望状态与实际状态。如果这两者之间存在差异，它就会采取行动使其再次匹配。Deployment 和 ReplicaSet 都是控制器对象，它们会处理滚动更新、副本和自愈。例如，假设我们声明想要部署 Spring Boot 应用的三个副本。如果其中某一个副本崩溃了，相关的 ReplicaSet 就会注意到这一点并创建一个新的 Pod，从而确保实际状态与期望状态是匹配的。

在将 Spring Boot 应用打包为 OCI 镜像之后，我们只需定义一个 Deployment 对象就能让其在 Kubernetes 集群中运行。在下一小节中，我们将会学习如何做到这一点。

7.2.3   创建 Spring Boot 应用的 Deployment

要在集群中创建 Kubernetes 对象，我们有多种可选方案。在第 2 章中，我们直接使用了 kubectl 客户端，但是这种方式缺少版本控制和可重复性。正是基于相同的原因，我们会倾向于使用 Docker Compose，而不是 Docker CLI。

在 Kubernetes 中，描述对象期望状态的推荐方式是使用清单（manifest）文件，它通常会以 YAML 格式进行声明。我们会使用声明式配置，即声明想要什么，而不是如何实现它。在第 2 章中，我们命令式地使用 kubectl 来创建和删除对象，但是当使用清单时，我们会将其应用到集群中。Kubernetes 会自动调谐（reconcile）集群中的实际状态以及清单中的期望状态。

Kubernetes 清单通常由四个主要部分组成，如图 7.5 所示。

■ apiVersion 定义了特定对象表述的版本化模式。像 Pod 和 Service 这样的核心资源所遵循的版本化模式只包含一个版本号（如 v1）。像 Deployment 或 ReplicaSet 这样的其他资源所遵循的版本化模式包含一个群组和版本号（如 apps/v1）。如果你对使用哪个版本有疑问的话，可以参阅 Kubernetes 文档（https://kubernetes.io/docs）或者使用 kubectl explain <object_name>命令来获取该对象的更多信息，其中就包括要使用的 API 版本。

- kind 用于声明我们想要创建的 Kubernetes 对象类型，比如 Pod、ReplicaSet、Deployment 或 Service。我们可以使用 kubectl api-resources 命令列出集群支持的所有对象。
- metadata 提供了我们想要创建对象的详情，包括名称和一组用于进行分类的标签（键/值对）。例如，我们可以告知 Kubernetes 让所有对象均复制特定标签。
- spec 部分因对象类型不同而有所差异，是用来声明期望状态的配置。

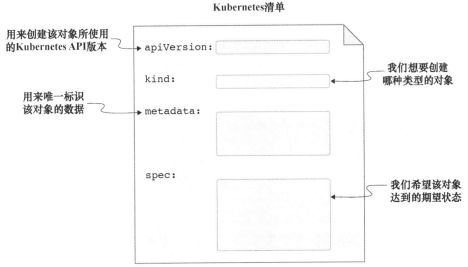

图 7.5　Kubernetes 清单通常由四个主要部分组成，即 apiVersion、kind、metadata 和 spec

在熟悉了 Kubernetes 清单的主要组成部分之后，我们为 Deployment 对象定义一个清单文件，以便于运行 Spring Boot 应用。

1. 使用 YAML 定义 Deployment 清单

我们有多种不同的策略来组织 Kubernetes 清单。对于 Catalog Service 应用来讲，需要在项目的根目录（catalog-service）下创建名为 k8s 的目录，我们将会使用该目录存放应用的清单文件。

> 注意　如果你没有按照上一章的步骤实现样例的话，那么可以参考本书附带的源码仓库（https://github.com/ThomasVitale/cloud-native-spring-in-action）并使用 Chapter07/07-begin/catalog-service 目录中的项目作为起点。

我们首先在 catalog-service/k8s 目录中创建一个 deployment.yml 文件。正如在图 7.5 中所看到的，我们的第一部分包含了 apiVersion、kind 和 metadata。

程序清单 7.1　初始化 Catalog Service 的 Deployment 清单

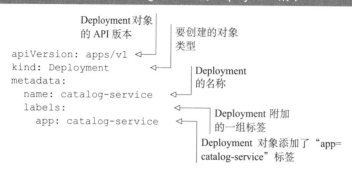

> **注意**　随着时间的推移，Kubernetes API 可能会发生变化。请确保始终使用你所运行的 Kubernetes 版本支持的 API。如果你一直按照我们的样例执行的话，将不会有这样的问题。但是，一旦遇到的话，kubectl 会返回很详细的错误信息，告诉你哪里出错了以及如何修正。针对给定的对象，你也可以使用 kubectl explain <object_name>命令来查看自己所安装的 Kubernetes 支持的 API 版本。

Deployment 清单的 spec 部分会包含一个 selector 元素，它定义了策略，用来标识要使用 ReplicaSet（随后进行详细介绍）对哪个对象进行扩展，并且还包含一个 template 元素，它描述了创建期望 Pod 和容器的规范。

程序清单 7.2　Catalog Service Deployment 的期望状态

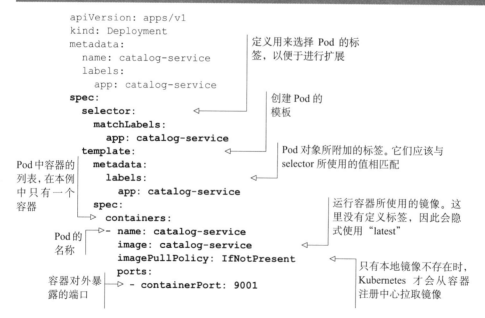

```
env:                                                    传递给 Pod 的环境
  - name: BPL_JVM_THREAD_COUNT                          变量列表
    value: "50"
  - name: SPRING_DATASOURCE_URL
    value: jdbc:postgresql:/ /polar-postgres/polardb_catalog
  - name: SPRING_PROFILES_ACTIVE
    value: testdata
```

Paketo Buildpacks 环境
变量，配置用于内存计
算的线程数量

启用名为 testdata 的
Spring profile

spring.datasource.url 属性
的值，指向我们前文部署
的 PostgreSQL Pod

对于我们来说，containers 部分的内容应该看起来很熟悉，因为它与我们在 Docker Compose 文件的 services 部分定义容器的方式很相似。与 Docker 的使用方式类似，我们可以通过环境变量定义应用所使用的 PostgreSQL 实例的 URL。URL 的主机名部分（polar-postgres）用来暴露数据库的 Service 对象的名称，它是在前文中通过 kubernetes/platform/development 目录创建的。在本章的后续内容中，我们将学习 Service 的更多知识。现在，我们只需要知道 polar-postgres 是 Service 的名称，通过它，集群中的其他对象就能与 PostgreSQL 对象进行通信了。

在生产场景中，镜像将从容器注册中心获取。在开发环境中，更便利的方式是使用本地镜像。我们按照上一章学到的知识，为 Catalog Service 构建一个镜像。

打开一个终端窗口，导航至 Catalog Service 根目录（catalog-service），并按照如下方式构建一个新的容器镜像：

```
$ ./gradlew bootBuildImage
```

提示 如果你使用 ARM64 机器的话（比如 Apple Silicon 计算机），那么你可以在上述命令中添加 "--builder ghcr.io/thomasvitale/java-builder-arm64" 参数，以启用 Paketo Buildpacks 对 ARM64 的实验性支持。需要注意，它是实验性的，并没有为生产环境做好准备。更多信息请参阅 GitHub 上的文档：https://github.com/ThomasVitale/paketo-arm64。即便没有这个权宜之计，在官方支持加入之前（https://github.com/paketo-buildpacks/ stacks/issues/51），你仍然可以使用 Buildpacks 来构建容器，并通过 Docker Desktop 在 Apple Silicon 计算机上运行它们，但是构建过程和应用启动阶段会比通常略慢一些。

默认情况下，minikube 不会访问本地的容器镜像，所以它将无法找到我们刚刚为 Catalog Service 构建的镜像。但是，不用担心，我们可以手动将其导入本地集群：

```
$ minikube image load catalog-service --profile polar
```

注意 YAML 是一门富有表述性的语言，但是因为它的空格限制，再加上你的编辑器可能缺乏对它的支持，所以编码体验可能会很糟糕。当 kubectl 命令由于 YAML 文件而失败时，我们需要校验空格和缩进的使用是否正确。针对 Kubernetes，我们可以在编辑器中安装插件，以辅助我们编写 YAML 清单，确保始终使用正确的语法、空格和缩进。在本书附带的代码仓库的 README.md 文件中，你可以找到多个可用的插件方案（https://github.com/ThomasVitale/cloud-native-spring-in-action）。

现在，我们已经有了 Deployment 清单，继续看一下如何将其用到本地的 Kubernetes 集群中。

2．根据清单文件创建 Deployment 对象

我们可以通过 kubectl 客户端将 Kubernetes 清单应用到集群中。打开终端窗口，导航至 Catalog Service 根目录（catalog-service）并运行如下命令：

```
$ kubectl apply -f k8s/deployment.yml
```

该命令会由 Kubernetes 控制平面执行，它会负责创建和维护集群中所有相关的对象。我们可以通过如下命令校验都创建了哪些对象：

```
$ kubectl get all -l app=catalog-service

NAME                                       READY    STATUS    RESTARTS    AGE
pod/catalog-service-68bc5659b8-k6dpb       1/1      Running   0           42s

NAME                                       READY    UP-TO-DATE  AVAILABLE  AGE
deployment.apps/catalog-service            1/1      1           1          42s

NAME                                       DESIRED    CURRENT    READY    AGE
replicaset.apps/catalog-service-68bc5659b8 1          1          1        42s
```

因为在 Deployment 清单中，我们使用了一致的标签，所以可以通过 app=catalog-service 标签获取与 Catalog Service 部署相关的所有 Kubernetes 对象。我们可以看到，deployment.yml 声明的内容创建了一个 Deployment、一个 ReplicaSet 和一个 Pod。

为了校验 Catalog Service 已经成功启动，我们可以通过如下命令查看该 Deployment 的日志：

```
$ kubectl logs deployment/catalog-service
```

> **注意**　当运行 kubectl get pods 命令的时候，我们可以通过观察 STATUS 列，监控 Pod 是否创建成功。如果 Pod 部署失败的话，请检查这个列的值。常见的错误状态是 ErrImagePull 或 ImagePullBackOff。当 Kubernetes 无法从配置的容器注册中心拉取 Pod 所用的镜像时，会出现这两种错误。我们目前使用的是本地镜像，所以请确保构建并加载 Catalog Service 的容器镜像到 minikube 中。我们可以使用 kubectl describe pod <pod_name> 命令获取该错误的更多信息，也可以通过 kubectl logs <pod_name> 获取特定 Pod 实例的应用日志。

当在像 Kubernetes 集群这样的云环境中部署容器时，我们需要它有足够的资源。在第 15 章，我们将会学习如何为 Kubernetes 中运行的容器分配 CPU 和内存资源，以及如何使用 Cloud Native Buildpacks 提供的 Java 内存计算器为 JVM 配置内存。现在，我们只需依赖默认的资源配置即可。

到目前为止，我们已经为 Spring Boot 应用创建了一个 Deployment 并在本地 Kubernetes 集群中运行。但是，我们现在还无法使用它，因为它被封闭在了集群中。在下一节，我们会学习如何对外暴露应用，以及如何使用 Kubernetes 提供的服务发现和负载均衡功能。

7.3　服务发现与负载均衡

我们已经讨论了 Pod 和 Deployment，接下来我们深入介绍一下 Service。Catalog Service 应用已经以 Pod 的形式在本地 Kubernetes 集群中运行，但是还有尚未解决的问题。它是如何与在集群中运行的 PostgreSQL Pod 进行交互的？它是怎么知道到哪里去寻找 PostgreSQL Pod 的呢？我们该如何暴露 Spring Boot 应用，使其能够被集群中的其他 Pod 使用呢？我们又该如何将其暴露到集群之外呢？

为了回答这些问题，本节将引入云原生应用的两个重要方面，那就是服务发现与负载均衡。我会展示在使用 Spring 应用时，实现它们的两个主要模式，分别是客户端模式和服务器端模式。随后，我们将会使用后一种模式，Kubernetes 通过 Service 对象为这种模式提供了原生、便利的支持，这意味着我们不需要对代码进行任何修改就能实现这一点（客户端方案是做不到这一点的）。最后，我们将介绍 Catalog Service Pod 和 PostgreSQL Pod 之间的通信是如何实现的，我们还会将 Catalog Service 应用暴露为网络服务。

7.3.1　理解服务发现和负载均衡

当某个服务要与其他服务进行通信时，它必须有必要的信息，以便于知道去哪里寻找其他服务，例如，这可以是 IP 地址或 DNS 名。我们考虑如下两个应用：Alpha App 和 Beta App。图 7.6 展示了如果只有一个 Beta App 实例的话，它们之间的通信是如何进行的。

图 7.6　如果只有一个 Beta App 实例，Alpha App 和 Beta App 可以基于 DNS 名进行通信，DNS 名会被解析为 Beta App 的 IP 地址

在图 7.6 所述的场景中，我们将 Alpha App 称为"上游应用"，并将 Beta App 称为"下游应用"。相对于 Alpha App，Beta App 是一个支撑服务。Beta App 只有一个处于运行中的实例，所以 DNS 名会被解析成它的 IP 地址。

在云中，我们可能想要同一个服务有多个实例在运行，每个服务实例有自己的 IP 地址。与物理机和长时间运行的虚拟机不同，云中的服务实例可能不会长期存活。该应用服务是易处理的（disposable），可能会有不同的原因导致它们被移除，比如当它们无法响应时就会被其他新的实例替换掉。我们甚至可以启用自动扩展特性，根据工作负载自动扩展和收缩。因此，在云中使用 IP 地址进行进程间通信并不是可行方案。

为了解决这个问题，我们可以考虑使用 DNS 记录，它会使用一个轮询（round-robin）的名称解析，指向赋予副本的某个 IP 地址。知道了主机名之后，即便某个副本的 IP 地址发生了变化，我们也能访问到支撑服务，因为 DNS 服务器会被更新为新的 IP 地址。但是，这种方式并不是云环境的最佳方案，因为在云环境中，拓扑结构的变化过于频繁。有些 DNS 实现会缓存名称查找的结果，但有时候缓存的结果可能业已过期。与之类似，有些应用会长时间缓存 DNS 查找的响应。不管是哪种方式，我们都有很高的概率使用已经不再合法的主机名/IP 地址的解析结果。

在云环境中，服务发现需要不同的解决方案。首先，我们需要跟踪所有运行中的实例并将相关信息存储到服务注册中心（service registry）。每当新的实例被创建时，就会向注册中心添加一个条目；当实例被关闭时，它应该相应地被移除。注册中心会考虑到同一个应用会有多个实例处于运行状态。其次，每当应用需要调用支撑服务时，它会在注册中心执行一次查找（lookup）操作，以确定调用哪个 IP 地址。如果多个实例可用的话，会使用"负载均衡"策略将工作负载分发到这些实例中。

根据这一问题在何处解决，我们可以将其区分为客户端和服务器端的服务发现。接下来，我们看一下这两种方案。

7.3.2　客户端的服务发现和负载均衡

客户端服务发现需要应用在启动的时候注册到服务中心，并在关闭的时候解除注册。当需要调用支撑服务的时候，它们会向服务注册中心请求一个 IP 地址。当多个实例可用时，注册中心会返回一个 IP 地址的列表。应用会根据自身定义的负载均衡策略从中选择一个 IP 地址。图 7.7 展示了这种方式是如何运行的。

Spring Cloud 项目提供了向 Spring 应用添加客户端服务发现的多种方案。其中比较流行的一种是 Spring Cloud Netflix Eureka，它包装了 Netflix 开发的 Eureka 服务注册中心。其他的方案包括 Spring Cloud Consul、Spring Cloud Zookeeper Discovery 和 Spring Cloud Alibaba Nacos。

除了显式管理服务注册中心，我们还需要在所有的应用中添加正确的功能集成。对于上文提到的所有可选方案，Spring Cloud 都提供了客户端库，我们可以将其添加到 Spring 应用中，这样就能以最小的成本使用服务注册中心。最后，我们可以使用 Spring Cloud Load Balancer 实现客户端负载均衡，相对于不再维护的 Spring Cloud Netflix Ribbon，我们更推荐这种方案。

Spring Cloud 提供的这些库都使其成为构建云原生应用和实现微服务架构的绝佳选择。这种方案的好处在于我们的应用能够完全控制负载均衡策略。假设我们需要实现对冲（hedging）这样的模式：发送相同的请求到多个实例，以增加在特定的时间限制内得到正确响应的概率，在这种情况下，客户端服务发现能够帮助我们达成目标。

客户端服务发现方式的缺点在于它为开发人员分配了太多的责任。如果你的系统包含了使用不同语言和框架编写的应用，那么就需要以不同的方式为每一个应用实现客户端部分的功能。同时，它会导致我们额外部署和维护一个服务，即服务注册中心，除非使用像 Azure Spring Cloud 或 VMware Tanzu Application Service 这样提供了服务注册中心的 PaaS 解决方案。服务器端服务发现方案解决了这些问题，只不过牺牲了应用中的细粒度控制。我们看一下该方案是如何实现的。

客户端的服务发现与负载均衡：模型

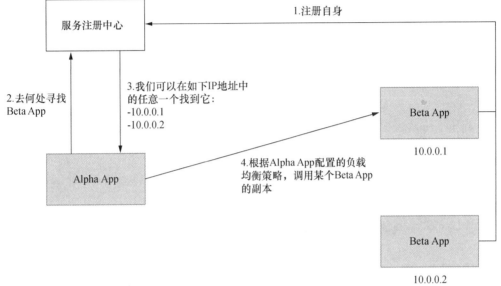

图 7.7 Alpha App 和 Beta App 的进程间通信是基于特定实例的 IP 地址进行的，
该 IP 地址是从服务注册中心返回的 IP 地址列表中选择的

7.3.3 服务器端的服务发现和负载均衡

服务器端的服务发现方案将相关的职责转移到了部署平台，所以开发人员可以专注于业务逻辑，并依赖平台提供的所有必要功能，以实现服务发现和负载均衡。这种解决方案会自动对应用实例进行注册和解除注册，并基于特定的策略，使用负载均衡组件将传入的请求路由至某个可用的实例。在这种场景中，应用不需要与服务注册中心进行交互，服务注册中心进行了升级并由平台来管理。图 7.8 展示了它是如何运行的。

在 Kubernetes 中，这种服务发现模式是基于 Service 对象实现的。Service 是能够将"在一组 Pod 中运行的应用暴露为网络服务的一种抽象方式"。

Service 对象是对一组 Pod 的抽象（通常会使用标签进行选择）并定义了访问策略。当应用需要访问通过 Service 对象暴露的 Pod 时，它可以使用 Service 的名称而不是直接调用 Pod。这就是我们让 Catalog Service 应用与 PostgreSQL 实例（polar-postgres 是 Service 的名称，它暴露了 PostgreSQL Pod）交互时所用的方法。Service 名称会被运行在 Kubernetes 控制平面中的本地
DNS 服务器解析为 Service 自身的 IP 地址。

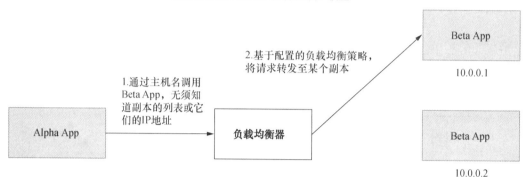

图 7.8　Alpha App 和 Beta App 的进程间通信是基于 DNS 名称的，负载均衡器组件会将 DNS 名称解析
为某个实例的 IP 地址。服务注册过程是由平台透明处理的

　　注意　分配给 Service 的 IP 地址在其生命周期内是固定的。因此，Service 名称的 DNS 解析并不
　　　　　会像应用实例那样经常发生变化。

　　在将 Service 名称解析为它的 IP 地址之后，Kubernetes 将会依赖一个代理（叫作kube-proxy），
该代理会拦截对 Service 对象的连接并将请求转发到该 Service 所包含的某个 Pod 上。代理知道
所有可用的副本，并且会采用某种负载均衡策略，该策略取决于 Service 的类型以及代理的配
置。在这一步中，不会涉及 DNS 解析，从而解决了我在前文所提到的 DNS 缓存的问题。
Kubernetes 所采用的服务发现实现如图 7.9 所示。

图 7.9　在 Kubernetes 中，Alpha App 和 Beta App 的进程间通信是通过 Service 对象实现的。抵达 Service
的所有请求都会被代理拦截，并会基于特定的负载均衡策略将请求转发至 Service 所属的某个副本上

这个解决方案对 Spring Boot 应用是透明的。与 Spring Cloud Netflix Eureka 不同，我们使用的是 Kubernetes 开箱即用的服务发现和负载均衡，不需要对代码进行任何变更。这也是当我们使用基于 Kubernetes 平台来部署应用时，优先选择该方案的原因。

> **服务发现与 Spring Cloud Kubernetes**
>
> 如果你需要迁移既有的应用，而它们使用了前文中我所介绍的某种客户端服务发现方案的话，那么你可以使用 Spring Cloud Kubernetes 让该迁移过程更加顺畅。你可以在应用中保留现有的服务发现和负载均衡逻辑。但是，对于服务注册中心这一部分，我们可以使用 Spring Cloud Kubernetes Discovery Server，而不是 Spring Cloud Netflix Eureka。这是一个将应用迁移至 Kubernetes 的便捷方式，不需要修改太多的应用代码。更多信息请参阅项目的文档：https://spring.io/projects/spring-cloud-kubernetes。
>
> 除非你正在开发的应用需要对服务发现和负载均衡进行特殊的处理，否则我建议随着时间的推移，逐步将其迁移至 Kubernetes 提供的原生服务发现功能，以便于在应用中移除对基础设施的关注。

在初步理解了在 Kubernetes 中服务发现和负载均衡是如何实现的之后，我们看一下如何定义 Service 来暴露一个 Spring Boot 应用。

7.3.4 使用 Kubernetes Service 对外暴露 Spring Boot 应用

正如在上一小节所学到的，Kubernetes Service 能够让我们通过一个接口暴露一组 Pod，其他应用可以调用这个接口，而无须知道 Pod 实例的详情。这种模型为应用提供了透明的服务发现和负载均衡功能。

首先，存在不同的 Service 类型，这取决于你想要为应用实现哪种访问策略。默认也是最常用的类型是 ClusterIP，它会暴露一组 Pod 到集群中。也正是这一点，实现了 Pod 之间的彼此通信（例如，Catalog Service 和 PostgreSQL）。

ClusterIP Service 是由四部分信息定义的：

- 用于匹配所有目标 Pod 的标签（selector），Service 会将匹配的 Pod 暴露出去。
- Service 所使用的网络协议（protocol）。
- Service 所监听的端口（port），我们会为所有的 Service 使用 80 端口。
- targetPort，这是目标 Pod 所暴露的端口，Service 会将请求转发到该端口上。

图 7.10 展示了 ClusterIP Service 和一组目标 Pod 之间的关系，这些运行应用的 Pod 会在 8080 端口暴露服务。Service 的名称必须是一个合法的 DNS 名称，因为它将被其他 Pod 作为主机名使用，以访问目标 Pod。

1. 使用 YAML 定义 Service 清单

我们看一下如何为 Service 对象定义清单文件，以便于通过 DNS 名称 catalog-service 和端口 80 暴露 Catalog Service 应用。打开我们在前文创建的 catalog-service/k8s 目录并添加新的 service.yml 文件。

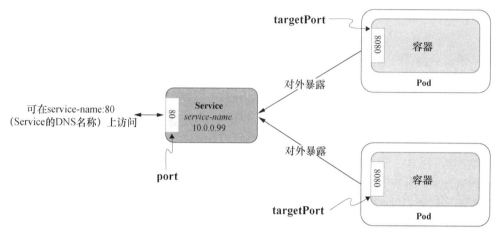

图 7.10   ClusterIP Service 暴露一组 Pod 到集群中的网络上

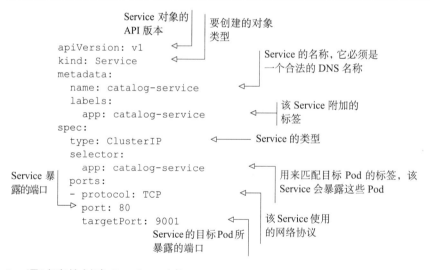

2. 通过清单创建 Service 对象

我们可以采用与 Deployment 类似的方式应用一个 Service 清单。打开终端窗口,导航至 Catalog Service 的根目录(catalog-service),并运行如下命令。

```
$ kubectl apply -f k8s/service.yml
```

Kubernetes 的控制平面会处理该命令,它会在集群中创建并维护一个 Service 对象。我们可以通过如下命令校验结果。

```
$ kubectl get svc -l app=catalog-service

NAME                 TYPE        CLUSTER-IP       EXTERNAL-IP    PORT(S)     AGE
catalog-service      ClusterIP   10.102.29.119    <none>         80/TCP      42s
```

因为它的类型是 ClusterIP，所以 Service 能够让集群中的其他 Pod 与 Catalog Service 应用进行通信，可以使用 IP 地址（叫作集群 IP），也可以使用它的名称。在后续章节构建的应用将会用到它，但是我们该如何使用它呢？我们该如何将应用暴露到集群之外，以便于对其进行测试呢？

现在，我们可以使用 Kubernetes 提供的端口转发特性来暴露某个对象（在本例中，也就是 Service）到本地机器中。我们在第 2 章已经学习了这种方式，所以命令可能看上去很熟悉：

```
$ kubectl port-forward service/catalog-service 9001:80
Forwarding from 127.0.0.1:9001 -> 9001
Forwarding from [::1]:9001 -> 9001
```

我们终于可以在 localhost 的 9001 端口调用应用了，所有的请求都会转发至 Service 对象，然后转发至 Catalog Service Pod。请尝试在浏览器访问 http://localhost:9001 来查看欢迎消息，或者访问 http://localhost:9001/books 来浏览目录中可用的图书。

> **提示** 由 kubectl port-forward 命令启动的进程会一直运行，直到我们通过 Ctrl+C 将其显式停掉为止。在此之前，如果你想要运行 CLI 命令，请重新打开一个终端窗口。

图 7.11 描述了我们的计算机、Catalog Service 和 PostgreSQL 之间的通信是如何运行的。

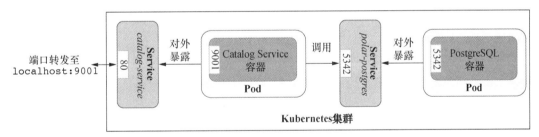

图 7.11 Catalog Service 应用通过端口转发暴露到了本地机器中。Catalog Service 和 PostgreSQL 都暴露到了集群之中，这是通过为 Service 对象分配集群内的主机名、IP 地址和端口实现的

到目前为止，我们实现了只有一个实例的 Catalog Service，但是我们可以利用 Kubernetes 对其进行扩展。在下一节中，我们将介绍如何扩展 Spring Boot 应用并解决快速启动和优雅关机这样的问题，这对于云原生应用来说是很重要的。

> **注意** 设想一下，我们对应用进行了一些变更并且想要在本地进行测试，如果每当发生这样的

情况都必须运行上述所有命令的话，那么这种方式看起来就非常烦琐了，对不对？不用担心！在 7.5 节，我将介绍如何搭建本地的 Kubernetes 开发工作流，将上述所有操作都实现自动化。

7.4　可扩展性和易处理性

为同一个应用部署多个实例有助于实现高可用性。当工作负载很高的时候，请求可以分发到不同的副本上。当某个实例进入错误状态并且无法处理请求时，可以将它删除并创建一个新的实例。按照 15-Factor 方法论，为了实现应用实例的持续和动态扩展，应用需要是无状态和易处理的（disposable）。

本节将展示易处理的应用意味着什么、如何启用优雅关机，以及如何在 Kubernetes 中扩展应用。

7.4.1　确保易处理性：快速启动

传统应用部署到一台应用服务器时，可能需要很长时间才能启动。对它们来说，花费几分钟的时间才能开始接受连接并不是什么罕见的事情。而云原生应用应该进行优化，以便于快速启动，它应该只需要几秒钟的时间，而不应该是几分钟。Spring Boot 已经对快速启动进行了优化，并且每个版本都有进一步的改善。

在云环境中，快速启动非常重要，应用需要易于处理，因为它们会频繁地创建、销毁和扩展。启动速度越快，新的应用实例就能越早地接受连接。

像微服务这样的标准应用，如果启动时间控制在几秒钟之内，那就是可以接受的。而 Serverless 应用通常需要更快启动，速度在毫秒级别，而不是秒级。Spring Boot 能够满足这两者的需求，但是后者需要一些额外的工作。

在第 16 章，我们将学习使用 Spring Cloud Function 来开发 Serverless 应用，而且我将会展示如何使用 Spring Native 和 GraalVM 将它们打包为原生镜像。我们能够得到几乎瞬时启动的应用，并且能够减少资源的消耗和缩小镜像的大小。

7.4.2　确保易处理性：优雅关机

仅靠应用快速启动并不足以解决可扩展性的需求。每当应用实例关闭的时候，它必须足够优雅，确保客户端没有感受到停机或错误。优雅关机意味着应用需要停止接收新的请求、完成正在处理中的请求并关闭像数据库连接这样的资源。

Spring Boot 支持的所有嵌入式服务器均提供了优雅关机功能，只不过实现方式略有差异。当接收到关机信号时，Tomcat、Jetty 和 Netty 会完全停止接收新的请求。而 Undertow 会继续接收新请求，但是会立即返回 HTTP 503 响应。

在接收终止信号（SIGTERM）后，Spring Boot 默认会立即停掉服务器。我们可以通过配置 server.shutdown 属性切换至一种更优雅的模式。我们还可以配置"宽限期"（grace period），也就是我们给予应用多长的时间来处理进行中的请求。宽限期结束后，即便可能还有正在进行中的请求，应用也会终止。默认情况下，宽限期是 30 秒钟。我们可以通过 spring.lifecycle.timeout-per-shutdown-phase 属性对其进行修改。

现在，我们尝试为 Catalog Service 配置优雅关机。要实现这一点，可以采用环境变量或设置默认配置，我们采用第二种方案。打开 catalog-service/src/main/resources 目录中的 application.yml 文件并更新配置，如下所示：

```
server:
  port: 9001
  shutdown: graceful          ⟵─┐ 启用优雅
  tomcat:                        │ 关机
    connection-timeout: 2s
    keep-alive-timeout: 15s
    threads:
      max: 50
      min-spare: 5

spring:
  application:
    name: catalog-service
                                   ┌ 定义宽限期为
  lifecycle:                       │ 15 秒
    timeout-per-shutdown-phase: 15s  ⟵─┘
...
```

因为我们修改了应用的源码，所以需要构建一个新的容器镜像并将其加载到 minikube。这样效率很低，对吧？在本章后面的内容中，我将会展示更好的方式。现在，请按照我之前描述的过程将 Catalog Service 打包为容器镜像（./gradlew bootBuildImage），并将其加载到 Polar Bookshop 所使用的 Kubernetes 集群中（minikube image load catalog-service --profile polar）。

在为应用启用对优雅关机的支持之后，我们需要相应地更新 Deployment 清单。当某个 Pod 需要终止的时候（比如集群收缩或升级时），Kubernetes 会向其发送一个 SIGTERM 信号。Spring Boot 会拦截该信号并开始优雅关机。默认情况下，Kubernetes 的宽限期为 30 秒钟。如果在这个时长内 Pod 没有终止，那么 Kubernetes 会发送一个 SIGKILL 信号，以强制终止 Pod 的运行。因为 Spring Boot 的宽限期比 Kubernetes 的宽限期要短，所以应用在终止的时候是可控的。

当发送 SIGTERM 信号到 Pod 的时候，Kubernetes 也会通知自己的组件停止转发请求到正在终止的 Pod 上。因为 Kubernetes 是一个分布式系统，这两个行为是并行发生的，这就会产生一个很短的时间窗口，即 Pod 已经开始了优雅关机过程，但它依然接收到了请求。如果发生这种情况，新的请求会被拒绝，从而导致客户端错误。我们的基本要求是让关机过程对客户端透明，所以这种现象是不可接受的。

推荐方案就是延迟发送到 Pod 的 SIGTERM 信号，这样 Kubernetes 就有足够的时间在集群中传播这一消息。这样的话，当 Pod 进入优雅关机过程的时候，所有的 Kubernetes 组件都已经知道不要再发送消息给它了。从技术上来讲，这个延迟可以通过 preStop 钩子（hook）来进行配置。我们看一下如何更新 Catalog Service 的 Deployment 清单，以支持透明和优雅的关机。

打开 catalog-service/k8s 目录下的 deployment.yml 文件，并添加 preStop 钩子以延迟 5 秒钟发送 SIGTERM 信号。

程序清单 7.4　配置 Kubernetes 在开启优雅关机过程前要有一个延迟

```
apiVersion: apps/v1
kind: Deployment
metadata:
  name: catalog-service
  labels:
    app: catalog-service
spec:
...
  template:
    metadata:
      labels:
        app: catalog-service
    spec:
      containers:
        - name: catalog-service
          image: catalog-service
          imagePullPolicy: IfNotPresent
          lifecycle:                          让 Kubernetes 在发送 SIGTERM 信号
            preStop:        ◁                 到 Pod 之前等待 5 秒钟
              exec:
                command: [ "sh", "-c", "sleep 5" ]
...
```

最后，使用 kubectl apply -f k8s/deployment.yml 命令应用更新版本的 Deployment 对象。Kubernetes 会调谐新的期望状态并使用完备配置了优雅关机的新 Pod 来替换已有的 Pod。

> **注意**　当 Pod 包含多个容器时，SIGTERM 信号会并行发送至所有容器。Kubernetes 会等待 30 秒钟，如果 Pod 中还有容器没有终止的话，它会被强制关闭。

在配置完 Catalog Service 的优雅关机行为之后，我们继续看一下该如何在 Kubernetes 集群中对其进行扩展。

7.4.3　扩展 Spring Boot 应用

我们在第 1 章中曾经学习过，可扩展性是云原生应用的主要特性之一。根据 15-Factor 方法论，要实现可扩展性，应用需要是易处理和无状态的。

在上一小节中，我们已经实现了易处理性，而且 Catalog Service 是一个无状态的应用。它本身没有状态，而是依赖一个有状态的服务（PostgreSQL 数据库）来持久化存储图书的数据。我们会扩展和收缩应用，但如果它们不是无状态的，那么每次关闭实例的时候我们都会丢失状态。这里的基本理念是让应用保持无状态并依赖数据服务来存储状态，正如我们在 Catalog Service 中做的那样。

在 Kubernetes 中，副本是由 ReplicaSet 对象在 Pod 级别实现的。正如我们在 7.2.3 节所看到的，根据配置，Deployment 对象业已使用 ReplicaSet 了。我们所需要做的就是声明想要部署的副本数量。这一点在 Deployment 清单中就可以实现。

打开 catalog-service/k8s 目录中的 deployment.yml 文件，并定义我们想要为 Catalog Service Pod 运行的副本数量。我们将其设置为两个。

程序清单 7.5　配置 Catalog Service Pod 的副本数量

```
apiVersion: apps/v1
kind: Deployment
metadata:
  name: catalog-service
  labels:
    app: catalog-service          应该部署的 Pod
spec:                             副本数量
  replicas: 2        ◁
  selector:
    matchLabels:
      app: catalog-service
  ...
```

副本是由标签控制的。在程序清单 7.5 中，配置会要求 Kubernetes 管理所有带有 app=catalog-service 标签的 Pod，所以始终会有两个副本处于运行状态。

我们检查一下。打开终端窗口，导航至 catalog-service 目录并应用更新之后的 Deployment 资源。

```
$ kubectl apply -f k8s/deployment.yml
```

Kubernetes 会意识到实际状态（一个副本）与期望状态（两个副本）并不匹配，所以会立即部署 Catalog Service 的一个新副本。我们可以通过如下命令进行校验。

```
$ kubectl get pods -l app=catalog-service
```

```
NAME                                READY   STATUS     RESTARTS   AGE
catalog-service-68bc5659b8-fkpcv    1/1     Running    0          2s
catalog-service-68bc5659b8-kmwm5    1/1     Running    0          3m94s
```

请查看 AGE 列，我们可以看出哪个 Pod 是为了满足两个副本的状态而刚刚部署的。

如果其中的某个 Pod 被终止的话，会发生什么呢？我们尝试一下。选中两个 Pod 副本中的一个并复制它的名称。例如，我选择名为 catalog-service-68bc5659b8-kmwm5 的 Pod。然后，在终端窗口中使用如下命令删除该 Pod。

```
$ kubectl delete pod <pod-name>
```

Deployment 清单声明了两个副本作为期望状态。但现在只有一个 Pod，所以 Kubernetes 会立即采取行动以确保实际状态与期望状态相匹配。如果再次使用 kubectl get pods -l app=catalog-service 命令探查 Pod，我们依然会有两个 Pod，但是其中有一个 Pod 是刚刚创建的，用来取代被删掉的那一个。我们可以通过 AGE 属性对其进行识别。

```
$ kubectl get pods -l app=catalog-service
```

```
NAME                                 READY   STATUS    RESTARTS   AGE
catalog-service-68bc5659b8-fkpcv     1/1     Running   0          42s
catalog-service-68bc5659b8-wqchr     1/1     Running   0          3s
```

在幕后，ReplicaSet 对象会持续检查已部署副本的数量，并确保它们始终符合期望状态。这是非常基础的功能，基于此，我们可以配置一个自动扩展器（autoscaler），以根据工作负载动态增加或减少 Pod 的数量，避免每次都更新清单文件。

在进入下一节之前，请将副本的数量变回一个，并移除所有创建的资源以清理集群。首先，打开终端窗口，导航至我们定义 Kubernetes 清单的 catalog-service 目录并删除所有为 Catalog Service 创建的对象。

```
$ kubectl delete -f k8s
```

最后，进入 polar-deployment 仓库，导航至 kubernetes/platform/development 目录并删除 PostgreSQL。

```
$ kubectl delete -f services
```

7.5 使用 Tilt 实现本地的 Kubernetes 开发

在前几节中，我们学习了 Kubernetes 的基本概念并使用它的基本对象将应用部署到了集群中，包括 Pod、ReplicaSet、Deployment 和 Service。在定义 Deployment 和 Service 清单之后，每当应用有变更，我们可能并不想一直手动重建容器镜像并使用 kubectl 客户端来更新 Pod。幸运的是，我们并非必须采用该方案。

本节将向你展示如何搭建本地 Kubernetes 开发工作流，实现构建镜像以及将清单应用于 Kubernetes 集群的自动化过程。在使用 Kubernetes 平台的过程中，这是所谓的"内开发循环"（inner development loop）的一部分。Tilt 能够负责很多基础设施相关的问题，使我们能够专注于业务逻辑。我还会向你介绍 Octant，以通过便利的 GUI 可视化管理 Kubernetes 对象。

7.5.1 使用 Tilt 实现内开发循环

Tilt（https://tilt.dev）的目标是在使用 Kubernetes 时，为开发人员提供良好的体验。它是一个开源工具，提供了在本地环境中构建、部署和管理容器化工作负载的特性。我们将使用它的一些基本特性，为特定应用实现工作流开发的自动化，但是 Tilt 还能帮助我们以中心化的方式编排多个应用和服务的部署。在附录 A 的 A.4 节，你可以找到如何安装它的指南。

我们的目标是设计一个工作流，将如下步骤实现自动化：

- 使用 Cloud Native Buildpacks 将 Spring Boot 应用打包为容器镜像。
- 上传镜像到 Kubernetes 集群中（在我们的场景中，是由 minikube 创建的集群）。
- 应用基于 YAML 清单描述的所有 Kubernetes 对象。
- 启用端口转发功能，以便于从本地计算机访问应用。
- 方便地访问集群中正在运行的应用所产生的日志。

在配置 Tilt 之前，请确保 PostgreSQL 实例已经在本地 Kubernetes 集群中运行。打开终端窗口，导航至 polar-deployment 仓库的 kubernetes/ platform/development 目录并运行如下命令来部署 PostgreSQL：

```
$ kubectl apply -f services
```

我们看一下如何配置 Tilt 以建立自动化开发工作流。

Tilt 可以通过 Tiltfile 进行配置，这是使用 Starlark（一个简化的 Python 方言）编写的可扩展配置文件。请进入 Catalog Service 项目（catalog-service）并在根目录下创建名为"Tiltfile"的文件（没有扩展名）。该文件将包含三个主要的配置：

- 如何构建容器镜像（Cloud Native Buildpacks）
- 如何部署应用（Kubernetes YAML 清单）
- 如何访问应用（端口转发）

程序清单 7.6　Catalog Service 的 Tilt 配置（Tiltfile）

```
# Build
custom_build(
    # Name of the container image
    ref = 'catalog-service',
    # Command to build the container image
    command = './gradlew bootBuildImage --imageName $EXPECTED_REF',
    # Files to watch that trigger a new build
    deps = ['build.gradle', 'src']
)

# Deploy
k8s_yaml(['k8s/deployment.yml', 'k8s/service.yml'])

# Manage
k8s_resource('catalog-service', port_forwards=['9001'])
```

提示　如果你在使用 ARM64 机器（如 Apple Silicon 计算机），可以在./gradlew bootBuildImage --imageName $EXPECTED_REF 命令中添加--builder ghcr.io/thomasvitale/java-builder-arm64

参数，以启用 Paketo Buildpacks 对 ARM64 的实验性支持。请注意，它依然处于实验性阶段，尚未生产就绪。更多信息请参阅 GitHub 上的文档：https://github.com/ThomasVitale/paketo-arm64。

Tiltfile 会配置 Tilt 以本章采用的相同方式，构建、加载、部署和发布应用到本地 Kubernetes 集群中。那么主要的差异在哪里呢？答案是它现在是自动化的！我们试一下。

打开一个终端窗口，导航至 Catalog Service 项目的根目录，并运行如下命令来启动 Tilt：

```
$ tilt up
Tilt started on http:/ /localhost:10350/
```

由 tilt up 命令启动的进程会一直运行，直到我们使用 Ctrl+C 明确停止它。Tilt 所提供的一个很有用的特性就是其便利的 GUI，在这里我们可以跟踪 Tilt 管理的服务、检查应用的日志并自动触发更新。进入 Tilt 启动其服务的 URL（默认情况下，应该是 http://localhost:10350），并监视 Tilt 构建和部署 Catalog Servic 的过程（见图 7.12）。第一次可能需要一到两分钟，因为需要下载 Buildpacks 库，随后会快很多。

图 7.12　Tilt 提供了一个便利的 GUI，以便于监控和管理应用

除了构建和部署应用之外，Tilt 还在本地机器的 9001 端口上激活了端口转发。请验证该应用是否能够正确运行：

```
$ http :9001/books
```

Tilt 会保持应用与源码的同步。每当我们对应用进行任何变更时，Tilt 将触发 update 操作，以构建和部署新的容器镜像。这些过程都会自动和持续进行。

注意　每当代码有修改就重新构建整个容器镜像，这并不是很高效的做法。我们可以配置 Tilt 只
同步发生变更的文件，并将其上传至当前镜像中。为了实现这一点，你可以依赖 Spring Boot
DevTools（https:// mng.bz/nY8v）和 Paketo Buildpacks（https://mng.bz/vo5x）提供的特性。

当完成对应用的测试后，在 Catalog Service 中停掉 Tilt 进程并运行如下命令卸载应用：

```
$ tilt down
```

7.5.2　使用 Octant 可视化 Kubernetes 工作负载

如果部署多个应用到 Kubernetes 集群中，我们需要管理 Kubernetes 相关的所有对象并在出
现故障的时候对其进行调查，这会是一项很具挑战性的工作。多种方案能够可视化和管理
Kubernetes 的工作负载。我们会在本小节介绍 Octant，它是一个 "适用于 Kubernetes 的开源、
以开发人员为中心的 Web 界面，能够让我们探查 Kubernetes 集群及其应用"。在附录 A 的 A.4
节，你可以找到如何安装它的指南。

希望上一小节中我们使用的本地 Kubernetes 集群依然处于运行状态，并且部署了 PostgreSQL。
你也可以进入项目根目录并运行 tilt up 来部署 Catalog Service。然后，打开一个新的终端窗口，并
运行以下命令。

```
$ octant
```

该命令会在浏览器中打开 Octant Dashboard（通常是 http://localhost:7777）。图 7.13 展示了
Dashboard。其中，Overview 展示了集群中运行的所有 Kubernetes 对象的概览。如果你一直按
照我们的教程操作的话，此时本地集群中应该有 PostgreSQL 和 Catalog Service。

图 7.13　Octant 提供了探查 Kubernetes 集群及其工作负载的 Web 界面

在 Overview 页面，我们可以展开对象，获取它的详细信息。比如，如果点击 Catalog Service Pod 对应的条目，我们就能访问关于该对象的信息，如图 7.14 所示。我们还能执行一些操作，比如启用端口转发、读取日志、修改 Pod 的清单以及调查故障原因。

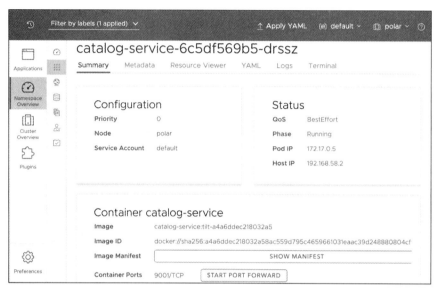

图 7.14　Octant 能够让我们很容易地访问 Pod 信息、检查日志和启用端口转发

你可以花些时间探索 Octant 提供的众多特性，这是一个很便利的工具，我们可以使用它来探查本地或远程 Kubernetes 集群，并解决相关的问题。我们还将使用 Octant 来检查部署了 Polar Bookshop 应用的远程生产集群。现在，请通过 Ctrl+C 停止该进程以关闭 Octant。

完成之后，你可以在 Catalog Service 中停掉 Tilt 进程并运行 tilt down 命令以卸载应用。然后，进入 polar-deployment 仓库，导航至 kubernetes/platform/development 目录并使用 kubectl delete -f services 删除 PostgreSQL。最后，使用如下命令来停止集群：

```
$ minikube stop --profile polar
```

7.6　部署流水线：校验 Kubernetes 清单

在第 3 章中，我们引入了部署流水线的概念，并介绍了它在持续交付方式中的重要性，它能够快速、可靠、安全地交付软件。到目前为止，我们已经实现了部署流水线第一部分，也就是提交阶段的自动化。在开发人员将新的代码提交到主线分支后，这个阶段将会经历构建、单元测试、集成测试、静态代码分析和打包过程。在本阶段的结束，一个可执行的应用制品将会发布到制品仓库。这就是一个发布候选。

在本章中，我们学习了如何基于资源清单（resource manifest）声明式地将 Spring Boot 应用部署到 Kubernetes 中。资源清单是成功部署发布候选到 Kubernetes 的基础，所以我们应该确保其正确性。本节将展示如何校验 Kubernetes 清单，并使其作为提交阶段的一部分。

7.6.1 在提交阶段校验 Kubernetes 清单

在本章中，我们一直使用资源清单来创建 Kubernetes 中的 Deployment 和 Service。清单是"JSON 或 YAML 格式的 Kubernetes API 对象规范"。它规定了"在应用该清单时，Kubernetes 将维护的对象的期望状态"（https://kubernetes.io/docs/reference/glossary）。

因为清单声明了对象的期望状态，所以需要确保我们的规范符合 Kubernetes 所暴露的 API。在部署流水线的提交阶段自动进行这种校验是一个不错的办法，这样能够在出现错误时快速获取反馈（而不是等到验收阶段，需要使用这些清单将应用部署到 Kubernetes 集群的时候）。图 7.15 展示了在添加 Kubernetes 清单验证后，提交阶段所包含的主要步骤。

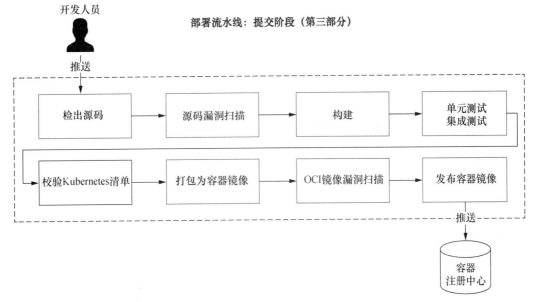

图 7.15 当应用仓库中包含 Kubernetes 清单后，提交阶段会包含一个新的步骤来校验它们

基于 Kubernetes API 来校验 Kubernetes 清单有多种方法。我们将使用 Kubeval（www.kubeval.com），它是一个开源的工具。在附录 A 的 A.4 节，你可以找到如何安装它的指南。

我们先看一下它是如何运行的。打开一个终端窗口，导航至 Catalog Service 项目（catalog-service）的目录。然后使用 kubeval 命令校验 k8s 目录下的 Kubernetes 清单（-d k8s）。--strict 标志不允许添加对象模式中未定义的额外属性：

```
$ kubeval --strict -d k8s

PASS - k8s/deployment.yml contains a valid Deployment (catalog-service)
```

```
PASS - k8s/service.yml contains a valid Service (catalog-service)
```

在下一小节中，你将看到如何在由 GitHub Actions 实现的提交阶段工作流中使用 Kubeval。

7.6.2   使用 GitHub Actions 实现 Kubernetes 清单校验的自动化

GitHub Actions 是一个工作流引擎，我们使用它来实现 Catalog Service 部署流水线的提交阶段。现在，我们对其进行扩展，以包含 Kubernetes 清单的校验步骤，如图 7.15 所示。

进入 Catalog Service 项目（catalog-service），并打开.github/workflows 目录中的 commit-stage.yml 文件。为了实现验证步骤，我们会依赖由 Stefan Prodan 构建的一个 action。他是 FluxCD 项目的维护者，该项目是一个 CNCF 孵化项目，基于 GitOps 原则在 Kubernetes 上提供持续部署解决方案。这个 action 能够让我们安装相关版本的 Kubernetes 工具，这里将使用该 action 安装 kubectl 和 Kubeval。

程序清单 7.7   为 Catalog Service 校验 Kubernetes 清单

```
name: Commit Stage
on: push
...

jobs:
  build:
    name: Build and Test
    ...
    steps:
      ...
      - name: Validate Kubernetes manifests
        uses: stefanprodan/kube-tools@v1      ← 该 action 能够安装
        with:                                      与 Kubernetes 协作
          kubectl: 1.24.3     ← 安装中包含 Kubernetes    的工具
          kubeval: 0.16.1        CLI
          command: |
            kubeval --strict -d k8s      ←
package:                                      使用 Kubeval 校验 k8s 目录
...                                           中的 Kubernetes 清单
```
安装中包含 Kubeval

在用额外的验证步骤更新 commit-stage.yml 文件后，我们可以提交并推送变更到 GitHub 上的 catalog-service 仓库，并验证提交阶段的工作流程是否能够成功完成，如果成功，则意味着清单中包含的内容符合 Kubernetes API 的要求。

Polar Labs

请自行将本章学习到的知识用到 Config Service 上，并为应用的部署做好准备。

1）为应用配置优雅关机和宽限期。

2）编写 Deployment 和 Service 清单，以便于部署 Config Service 到 Kubernetes 集群中。

3）为 Config Service 更新部署流水线的提交阶段，以校验 Kubernetes 清单。

4）通过环境变量 SPRING_CLOUD_CONFIG_URI，将 Config Service URL 配置到 Catalog Service Deployment 中，这个过程会用到 Kubernetes 原生的服务发现特性。

5）配置 Tilt，将 Config Service 自动部署到由 minikube 引导的本地 Kubernetes 集群中。

以上操作完成后，请尝试部署我们到目前为止已构建的 Polar Bookshop 系统的所有组件，并在 Octant 中检查它们的状态。你可以参阅本书附带代码仓库的/Chapter07/07-end 目录，以查看最终的结果（https://github.com/ThomasVitale/cloud-native-spring-in-action）。

恭喜你完成了本章的所有内容！

7.7　小结

- 如果我们在单台机器上运行单个容器实例，那么 Docker 能够很好地完成任务。当系统需要扩展性和韧性的话，我们就需要 Kubernetes。
- Kubernetes 提供了跨机器集群扩展容器的所有特性，能够确保容器故障和机器宕机时的韧性。
- Pod 是 Kubernetes 中最小的部署单元。
- 我们不会直接创建 Pod，而是使用 Deployment 对象声明应用的期望状态，Kubernetes 会确保它与实际状态相匹配，这包括随时都有期望数量的副本处于运行状态。
- 云是一个动态的环境，拓扑结构会一直处于变化之中。服务发现和负载均衡能够让我们以动态的方式建立服务之间的交互，这可以在客户端（比如使用 Spring Cloud Netflix Eureka）或服务器端（比如使用 Kubernetes）实现。
- Kubernetes 提供了原生的服务发现和负载均衡特性，我们可以通过 Service 对象使用这些特性。
- 每个 Service 名称可以用作 DNS 名称。Kubernetes 会将该名称解析为 Service 的 IP 地址，并最终将请求转发至某个可用的实例。
- 我们可以通过定义两个 YAML 清单文件，将 Spring Boot 应用部署到 Kubernetes 集群中，其中一个清单用于 Deployment 对象，另一个用于 Service 对象。
- 借助 kubectl apply -f <your-file.yml>命令，kubectl 客户端能够让我们从清单文件创建 Kubernetes 对象。
- 云原生应用应该是易处理（快速启动和优雅关机）和无状态（依赖数据服务存储状态）的。
- Spring Boot 和 Kubernetes 都支持优雅关机，这是可扩展应用的一个重要方面。
- Kubernetes 使用 ReplicaSet 控制器复制应用程序 Pod 并保持它们处于运行状态。
- Tilt 是在 Kubernetes 环境中自动化本地开发工作流的一个工具，我们只需关注应用开发，Tilt 会负责构建镜像、将其部署至本地 Kubernetes 集群并确保在有代码变更时及时更新集群。

- 我们可以通过 tilt up 命令在项目中启动 Tilt。
- Octant Dashboard 能够让我们可视化 Kubernetes 中的工作负载。
- Octant 是一个便利的工具，我们不仅可以用它探查本地 Kubernetes 集群并排除相关故障，还可以将其用于远程集群。
- Kubeval 是一个便利的工具，我们可以使用它来校验 Kubernetes。当将其纳入部署流水线时，它会特别有用。

第三部分

云原生分布式系统

根据定义，云原生应用是高度分布式和可扩展的系统。到目前为止，我们一直在单一的应用上开展工作。现在，该拓宽我们的视野，解决在云中构建分布式系统的模式、挑战和技术了。第三部分涵盖了云中分布式系统的基本属性和模式，包括韧性、安全性、可扩展性和 API 网关。这部分还介绍了反应式编程和事件驱动架构。

第 8 章介绍了反应式编程和 Spring 反应式栈的主要特性，包括 Reactor 项目、Spring WebFlux 和 Spring Data R2DBC。第 9 章涵盖了 API 网关模式以及如何使用 Spring Cloud Gateway 构建边缘服务。你将学习如何使用 Reactor、Spring Cloud 和 Resilience4J 构建有韧性的应用，在这个过程中会使用重试、超时、回退、断路器和限流器等模式。第 10 章描述了事件驱动架构，并教你使用 Spring Cloud Function、Spring Cloud Stream 和 RabbitMQ 来实现该架构。对于所有的云原生应用，安全性都是至关重要的，第 11 章和第 12 章都是关于安全的。我们将使用 Spring Security、OAuth2 和 OpenID Connect 实现认证和授权，还会学习保护 API 和数据的一些技术，包括系统使用单页应用的场景。

第 8 章　反应式 Spring：韧性与可扩展性

本章内容：

- 借助 Reactor 和 Spring 理解反应式编程
- 使用 Spring WebFlux 和 Spring Data R2DBC 构建反应式服务器
- 使用 WebClient 构建反应式客户端
- 使用 Reactor 提升应用的韧性
- 使用 Spring 和 Testcontainers 测试反应式应用

Polar Bookshop 业务背后的组织 Polarsophia 对于新软件产品的进展非常满意。它的使命是传播北极和北冰洋的知识，并引起人们对它们的关注，而让图书目录能够在全世界范围内访问是实现其使命的重要组成部分。

我们已经构建的 Catalog Service 应用是一个很好的起点。它满足了浏览和管理图书的需求，在实现这些特性的同时遵循了云原生的模式与实践。它是自包含和无状态的；它使用数据库作为支撑服务来存储状态；它能够通过环境变量或配置服务器在外部进行配置；它尊重了环境对等性；它将自动化执行测试作为持续集成流水线的一部分，遵循了持续交付的实践；为了实现最大的可移植性，它进行了容器化，并且可以部署到 Kubernetes 集群中，使用了服务发现、负载均衡和副本等原生功能。

该系统的另外一个重要特性就是能够购买图书。在本章中，我们会开始构建 Order Service 应用。这个新的组件不仅会与数据库交互，还会与 Catalog Service 交互。当我们的应用广泛依赖于 I/O 操作，比如数据调用或与其他服务的交互（如 HTTP 请求/响应通信）时，Catalog Service 所使用的"每个请求一个线程"（thread-per-request）模型就开始暴露出其技术局限性了。

在"每个请求一个线程"模型中，每个请求都会绑定到一个专门分配给它的处理线程上。如果处理过程中需要进行数据库或服务调用，线程发出请求之后就会阻塞等待响应。在空闲时间内，分配给该线程的资源就会被浪费，因为它们不能用于其他事情。反应式编程范式解决了这个问题，提升了所有 I/O 相关应用的可扩展性、韧性和效益。

反应式应用以异步和非阻塞的方式运行，这意味着计算资源会得到更高效的使用。在云中，这是一个巨大的优势，因为我们会为自己使用的资源付费。当线程发送请求到支撑服务时，它并不会空闲地等待，而是会去处理其他操作。这种方式消除了线程数和并发请求数之间的线性依赖，能够形成更具扩展性的应用。对于相同数量的计算资源，反应式应用能够比非反应式应用服务更多用户。

云原生应用是在动态环境部署的高度分布式应用，变化是常态，故障难以避免。如果服务不可用了怎么办？如果请求在到达目标服务的过程中丢失了怎么办？如果响应在返回调用者的路途中迷路了又该怎么办？在这种情况下，我们能保证高可用吗？

韧性是我们转移至云中的目标之一，也是云原生应用的特征之一。我们的系统应该对故障保持足够的韧性和稳定性，以确保为用户提供特定水平的服务。对于在生产环境实现稳定和韧性的系统，服务之间通过网络实现的集成点就是至关重要的区域。这一点非常重要，以至于 Michael T. Nygard 在他的 *Release It! Design and Deploy Production-Ready Software*（Pragmatic Bookshelf, 2018 年）一书中为该主题花费了大量的篇幅。

本章主要关注如何使用反应式范式为云环境构建具备韧性、可扩展性和高效的应用。首先，我将介绍事件循环模型，以及反应式流（Reactive Stream）、Reactor 项目和 Spring 反应式技术栈的主要特性。随后，我们会使用 Spring WebFlux 和 Spring Data R2DBC 构建反应式的 Order Service。

Order Service 将会与 Catalog Service 进行交互，以检查特定的图书是否可用并获取它们的详细信息，所以我们将看到如何使用 Spring WebClient 实现反应式的 REST 客户端。两个服务之间的集成点是重要的区域，所以需要额外的关注以实现健壮性和容错性。我们将依赖 Reactor 项目，实现重试、超时、故障转移（failover）等稳定性模式。最后，我们会使用 Spring Boot 和 Testcontainers 编写单元测试以校验反应式应用的行为。

注意　本章的源码可以在/Chapter08/08-begin 和/Chapter08/08-end 目录中获取，其中分别包含了项目的初始状态和最终状态（https://github.com/ThomasVitale/cloud-native-spring-in-action）。

8.1　使用 Reactor 和 Spring 的异步与非阻塞架构

反应式宣言（Reactive Manifesto, https://www.reactivemanifesto.org/）将反应式系统的特点描述为响应性、韧性、弹性和消息驱动。它的使命是构建松耦合、可扩展、韧性和经济划算的应用，这与云原生的定义是一致的。实现该目标的新手段就是采用基于消息传递的异步和非阻塞通信范式。

　　在深入讲解如何使用 Spring 构建反应式应用之前，本节将阐述反应式编程的基础知识、为何它对于云原生应用非常重要，以及它与命令式编程的差异。首先，我会介绍事件循环模型，它克服了"每个请求一个线程"模型的不足。随后，我们将会学习反应式流规范的核心概念，该规范由 Reactor 和 Spring 反应式技术栈提供实现。

8.1.1　从"每个请求一个线程"到事件循环

　　正如我们在第 3 章看到的，非反应式应用会为每个请求分配一个线程。在响应返回之前，该线程不会做其他事情。这就是所谓的"每个请求一个线程"模型。当请求处理涉及像 I/O 这样的密集型操作时，线程将会阻塞，直到操作完成为止。例如，如果需要数据库读取操作，线程将会一直等待到数据返回为止。在等待时，分配给处理线程的资源并没有得到有效利用。如果我们想要支持更多的并发用户，就必须确保有足够的线程和资源。总之，这种范式限制了应用的可扩展性，没有以最高效的方式使用计算资源。图 8.1 展示了它是如何运行的。

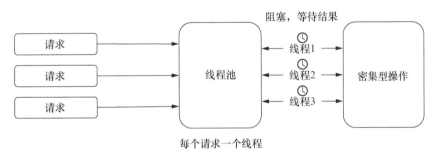

图 8.1　在"每个请求一个线程"模型中，每个请求都会有一个专门的线程来进行处理

　　按照设计，反应式应用更具扩展性并且更加高效。在反应式应用中，处理请求并不会为其分配专门的线程，请求是基于事件异步实现的。例如，如果需要数据库读取操作，处理这部分流程的线程并不会一直等待数据库返回数据。相反，它会注册一个回调，当信息准备就绪的时候，会发送一个通知，某个可用的线程就会执行回调。在这个过程中，线程可以用来处理其他事情，而不是一直空闲地等待。

　　这种范式叫作事件循环（event loop），它不会给应用的可扩展性设置任何硬性限制。实际上，它使得应用更易于扩展，因为并发请求数量的增加并不严格依赖线程的数量。实际上，按照 Spring 中反应式应用的默认配置，会为每个 CPU 核心分配一个线程。借助非阻塞的 I/O 功能以及基于事件的通信范式，反应式应用能够更高效地利用计算资源。图 8.2 展示了它是如何运行的。

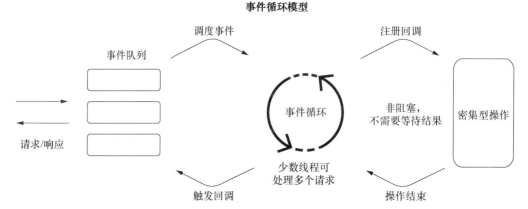

图 8.2　在事件循环模型中，处理请求的线程不会阻塞等待密集操作的结果，
从而允许线程同时处理其他请求

　　我想要简单阐述一下这两种范式之间的区别，因为它有助于解释反应式编程背后的原理。但是，你并不需要了解这些范式内部机制的细节，因为我们不需要基于底层开展工作或实现事件循环。相反，我们会依赖较高层次的便利抽象，这能够让我们聚焦应用的业务逻辑，而不用花费大量的时间处理线程级别的问题。

　　在转移到云的过程中，扩展性和成本优化是两个关键目标，所以反应式范式能够完美契合云原生应用。借助扩展应用来支持工作负载的增加变得不再那么迫切。通过更加高效地使用资源，我们能够节省使用云供应商的计算资源所带来的成本。转移至云中的另外一个目标是韧性，在这方面，反应式应用也能为我们提供帮助。

　　云原生应用的重要特性之一就是提供非阻塞的回压（backpressure，也叫作流量控制）。这意味着，消费者可以控制接收的数据量，从而降低因生产者发送太多数据而导致消费者无法处理的风险，后者会导致 DoS 攻击，拖慢应用，产生级联故障甚至整个系统的崩溃。

　　阻塞式的 I/O 操作需要更多的线程来处理高并发，可能会导致整个应用变慢甚至无响应，反应式范式能够解决这一问题。有时候，人们会误认为该范式能够增加系统的处理速度，但反应式能够提升的是可扩展性和韧性，并不是速度。

　　但是，强大的能力也会带来巨大的麻烦。当我们期望以较少的计算资源获得较高的流量和并发或者进行流处理时，采用反应式编程是一种很好的选择。但是，我们也要意识到这种范式所带来的额外复杂性。除了要将思维转变为事件驱动方式之外，由于异步 I/O 的存在，反应式应用的调试和问题排查会更加困难。在急于将所有的应用重写为反应式之前，请仔细考虑是否有必要这样做，以及这种方式的优点和不足。

　　反应式编程并不是什么新概念，它已经被使用很多年了。最近，这种范式在 Java 生态系统获得成功的原因在于反应式流规范及其实现，如 Reactor 项目、RxJava 和 Vert.x 都为开发人员提供了便利和高层次的接口来构建异步和非阻塞的应用，而无须处理设计消息驱动流的底层细节。在下一小节中，我们将介绍 Reactor 项目，它也是 Spring 使用的反应式框架。

8.1.2　Reactor 项目：使用 Mono 和 Flux 实现的反应式流

反应式 Spring 是基于 Reactor 项目的，这是一个在 JVM 上构建异步、非阻塞应用的框架。Reactor 是反应式流规范的一个实现，该规范致力于提供"具有非阻塞回压的异步流处理的标准"（http://www.reactive-streams.org）。

从概念上来讲，反应式流在构建数据流水线时类似于 Java Stream API。它们的一个关键差异在于，Java 流是基于拉取模式的，即消费者以命令式和同步的方式处理数据。与之不同，反应式流是基于推送模式的，即当有新数据可用时，生产者会通知消费者，所以处理是异步进行的。

反应式流的运行方式遵循生产者/消费者范式。生产者也被叫作发布者（publisher）。它们负责生产数据，这些数据最终是可以被使用的。Reactor 提供了两个核心 API，它们实现了 **Publisher<T>** 接口以生成<T>类型的对象，并且能够用来组织异步、可观察的数据流，即 Mono<T>和 Flux<T>。

- Mono<T>代表了一个异步值或空的结果（0..1）。
- Flux<T>代表了由零个或多个条目组成的异步序列（0..N）。

在 Java 流中，我们可以处理像 Optional<Customer>或 Collection<Customer>这样的对象。在反应式流中，我们使用的是 Mono<Customer>或 Flux<Customer>。反应式流可能的输出是空结果、值或错误。它们都会以数据的方式进行处理。当发布者已经返回所有的数据时，我们就可以说反应式流已经成功完成。

消费者也被称为订阅者（subscriber），因为它们会订阅一个发布者，并且当有新数据可用时它们会得到通知。作为订阅（subscription）的一部分，消费者还可以定义回压，也就是告知发布者一次只能处理一定数量的数据。这是一个非常强大的特性，它能够让消费者控制接收的数据量，避免消费者被消息淹没，导致无法提供响应。只有存在订阅者的时候，反应式流才会激活。

我们可以构建反应式流来组合来自不同源的数据，并使用 Reactor 提供的大量操作符来管理它们。在 Java 流中，通过 map、flatMap 或 filter 等操作符，我们可以使用流畅 API（fluent API）来操作数据，每个新的操作符都会构建一个新的 Stream 对象，这能保证前面步骤的结果是不可变的。同样的，我们可以使用流畅 API 和操作符来构建反应式流，以异步处理接收的数据。

除了 Java 流的标准操作符之外，我们还可以使用更强大的操作符来应用回压、处理错误和增强应用韧性。例如，我们将看到如何通过 retryWhen()和 timeout()操作符使 Order Service 和 Catalog Service 之间的交互更加健壮。操作符会在发布者上执行一些行为，并返回一个新的发布者，从而避免修改原有的发布者，所以我们可以很容易地构建函数式和不可变的数据流。

Reactor 项目是 Spring 反应式技术栈的基础，它能够让我们以 Mono<T>和 Flux<T>的形式实现业务逻辑。在下一小节中，我们将了解使用 Spring 构建反应式应用的更多可选方案。

8.1.3   理解 Spring 反应式技术栈

当使用 Spring 构建应用的时候，我们可以选择使用 Servlet 技术栈或反应式技术栈。Servlet 技术栈依赖同步、阻塞式的 I/O 并且使用"每个请求一个线程"模型来处理请求，而反应式技术栈依赖异步、非阻塞 I/O 并使用事件循环模型来处理请求。

Servlet 技术栈是基于 Servlet API 和 Servlet 容器（如 Tomcat）的，而反应式技术栈则基于反应式流 API（由 Reactor 提供实现）以及 Netty 或 Servlet 容器（至少 3.1 版本）。这两种技术栈都能让我们构建 RESTful 应用，这可以通过为类添加@RestController 注解（就像我们在第 3 章的做法一样）或者名为 Router Functions（我们会在第 9 章学习这种方式）的函数式端点实现。Servlet 技术栈使用 Spring MVC，而反应式技术栈使用 Spring WebFlux。图 8.3 对比了这两种技术栈。

图 8.3   Servlet 技术栈基于 Servlet API，支持同步和阻塞式操作。
反应式技术栈基于 Reactor 项目，支持异步和非阻塞式操作

对于像 Catalog Service 这样基于 Servlet 的应用来说，Tomcat 是默认方案。对于反应式应用来讲，Netty 是首选方案，它提供了最佳性能。

在 Spring 生态系统中，所有主要的框架都提供了反应式和非反应式方案，包括 Spring Security、Spring Data 和 Spring Cloud。总的来说，Spring 反应式技术栈提供了一个更高层次的接口，让我们能够依靠熟悉的 Spring 项目构建反应式应用，而不必关心反应式流的底层实现。

8.2   使用 Spring WebFlux 和 Spring Data R2DBC 实现反应式服务器

到目前为止，我们已经完成了 Catalog Service，这是一个使用 Spring MVC 和 Spring Data JDBC 非反应式（命令式）的应用。在本节中，我们将学习如何使用 Spring WebFlux 和 Spring Data

R2DBC 构建一个反应式 Web 应用（Order Service）。Order Service 将提供购买图书的功能。与 Catalog Service 类似，它将会对外暴露一个 REST API 并将数据存储到 PostgreSQL 数据库中。但是与 Catalog Service 不同，它会使用反应式编程范式来提升可扩展性、韧性和效益。

我们会看到在前面几章中学习的原则和模式也能用于反应式应用，主要的差异在于我们会从以命令式方式实现业务逻辑转变成构建异步处理的反应式流。

Order Service 会与 Catalog Service 通过 REST API 进行交互，以获取图书的详情并检查图书是否可用。这将是 8.3 节的主要内容。图 8.4 展示了系统的新组件。

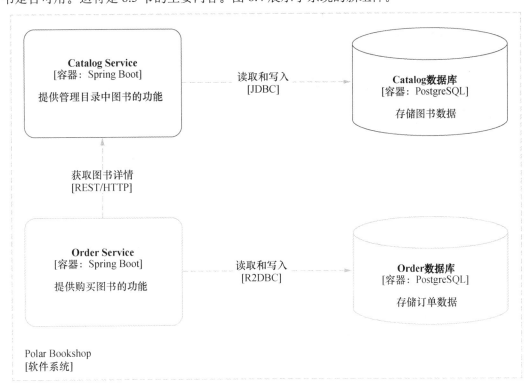

图 8.4　Order Service 应用暴露 API 来提交和检索图书订单，使用 PostgreSQL 数据库存储数据，并与 Book Service 通信以获取图书详情

正如在第 3 章所学到的，我们应该从 API 开始。Order Service 将会暴露一个 REST API，以检索现有的图书订单并提交新的订单。每个订单只能订购一本书，最多可以购买五本。该 API 如表 8.1 所示。

表 8.1　Order Service 所暴露的 REST API 的规范

端　　点	HTTP 方法	请　求　体	状　态　码	响　应　体	描　　　述
/orders	POST	OrderRequest	200	Order	为给定数量的某本图书提交新订单
/orders	GET		200	Order[]	检索所有的订单

现在，我们开始进入代码。

注意　如果你没有按照我们的步骤实现前文各章的样例，可以参阅本书附带的代码仓库（https://github.com/ThomasVitale/cloud-native-spring-in-action），并使用 Chapter08/08-begin 目录中的项目作为起点。

8.2.1　使用 Spring Boot 引导反应式应用

我们可以通过 Spring Initializr（https://start.spring.io）初始化 Order Service 项目并将结果保存到新的 order-service Git 仓库中，并将其推送至 GitHub。初始化过程的参数如图 8.5 所示。

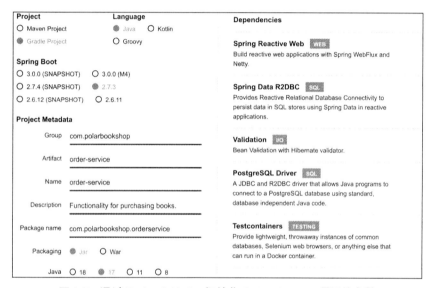

图 8.5　通过 Spring Initializr 初始化 Order Service 项目的参数

提示　如果不想在 Spring Initializr 的 Web 站点手动生成项目，那么在本章源码的 begin 目录中你可以找到一个 curl 命令，请在终端窗口运行它以下载 zip 文件。它包含了初始需要的所有代码。

自动生成的 build.gradle 文件中的 dependencies 部分如下所示。

```
dependencies {
  implementation 'org.springframework.boot:spring-boot-starter-data-r2dbc'
  implementation 'org.springframework.boot:spring-boot-starter-validation'
  implementation 'org.springframework.boot:spring-boot-starter-webflux'

  runtimeOnly 'org.postgresql:r2dbc-postgresql'

  testImplementation 'org.springframework.boot:spring-boot-starter-test'
  testImplementation 'io.projectreactor:reactor-test'
  testImplementation 'org.testcontainers:junit-jupiter'
```

```
    testImplementation 'org.testcontainers:postgresql'
    testImplementation 'org.testcontainers:r2dbc'
}
```

其中主要的依赖如下所示：

- Spring Reactive Web（org.springframework.boot:spring-boot-starter-webflux）：提供必要的库以便于使用 Spring WebFlux 构建反应式 Web 应用，并将 Netty 包含进来作为默认的嵌入式服务器。
- Spring Data R2DBC（org.springframework.boot:spring-boot-starter-data-r2dbc）：提供必要的库以便于在反应式应用中使用 Spring Data 和 R2DBC 将数据持久化到关系型数据库中。
- Validation（org.springframework.boot:spring-boot-starter-validation）：提供必要的库以便于使用 Java Bean Validation API 进行对象校验。
- PostgreSQL（org.postgresql:r2dbc-postgresql）：提供 R2DBC 驱动，允许应用反应式地连接 PostgreSQL 数据库。
- Spring Boot Test（org.springframework.boot:spring-boot-starter-test）：提供多个库和工具以测试应用，包括 Spring Test、JUnit、AssertJ 和 Mockito。它们会自动包含到每个 Spring Boot 项目中。
- Reactor Test（io.projectreactor:reactor-test）：提供工具以测试基于 Reactor 项目的反应式应用，它会自动包含在每个反应式 Spring Boot 项目中。
- Testcontainers（org.testcontainers:junit-jupiter、org.testcontainers:postgresql 和 org.testcontainers:r2dbc）：提供必要的库以便于使用轻量级的 Docker 容器来测试应用。具体来讲，它提供了用于 PostgreSQL 的测试容器，支持 R2DBC 驱动。

在 Spring Boot 中，反应式应用默认和推荐使用的嵌入式服务器是 Reactor Netty，它构建在 Netty 之上，在 Reactor 项目中提供了反应式能力。我们可以通过属性或定义 WebServerFactoryCustomizer<NettyReactiveWebServerFactory>对其进行配置。在这里，我们使用第一种方式。

首先，将 Spring Initializr 自动生成的 application.properties 文件重命名为 application.yml，并使用 spring.application.name 属性定义应用的名称。与 Tomcat 的使用方式类似，我们可以通过 server.port 属性定义服务器的端口，通过 server.shutdown 属性配置优雅关机并通过 spring.lifecycle.timeout-per-shutdown-phase 属性配置宽限期。借助 Netty 特有的属性，我们可以进一步自定义服务器的行为。例如，我们可以通过 server.netty.connection-timeout 和 server.netty.idle-timeout 属性分别定义 Netty 的连接和空闲超时时间。

程序清单 8.1　配置 Netty 服务器和优雅关机

启用优雅关机
```
 server:
   port: 9002          服务器接受
                        连接的端口
   shutdown: graceful
```

```
netty:
    connection-timeout: 2s        ← 与服务器建立 TCP 连接的等待时间
    idle-timeout: 15s    ←
                                   如果没有数据传输,关闭 TCP
                                   连接前的等待时间
spring:
  application:
    name: order-service
  lifecycle:                       定义 15 秒的
    timeout-per-shutdown-phase: 15s ←  宽限期
```

基本环境准备就绪之后，我们现在可以定义领域实体及其持久化了。

8.2.2　使用 Spring Data R2DBC 反应式地持久化数据

在第 5 章，我们学习过 Spring Boot 应用与数据库进行交互的三个主要关注点，分别是数据库驱动、实体和资源库。我们在使用 Spring Data JDBC 时学到的概念同样适用于 Spring Data R2DBC。Spring Data 提供了通用的抽象和模式，使得在不同的模块间进行切换非常简单和直接。

相对于 Catalog Service，Order Service 的主要差异在于数据库驱动的类型。在 Java 应用中，JDBC 是实现与关系型数据库通信的最常见的驱动，但是它并不支持反应式编程。在过去的几年中，很多方案尝试提供反应式访问关系型数据库的特性。最终，脱颖而出并得到广泛支持的项目是由 Pivotal（现在的 VMware Tanzu）发起的反应式关系型数据库连接（Reactive Relational Database Connectivity，R2DBC）。主要的数据库都提供了 R2DBC 驱动（比如 PostgreSQL、MariaDB、MySQL、SQL Server 和 Oracle DB），并且出现了针对多种项目的客户端，比如在 Spring Boot 中使用的 Spring Data R2DBC 和 Testcontainers。

在本小节中，我们将会使用 Spring Data R2DBC 和 PostgreSQL 为 Order Service 定义领域实体和持久层。

1. 为 Order Service 运行 PostgreSQL 数据库

首先，我们需要一个数据库。在这里，我们采用"每个服务一个数据库"（database-per-service）以保持应用之间的松耦合。在决定了 Catalog Service 和 Order Service 各自都有一个数据库之后，对于实际的存储，我们有两种方案，既可以让两个数据库使用相同的数据库服务器，也可以使用两个不同的数据库服务器。为了简便起见，我们将会使用第 5 章所建立的同一个 PostgreSQL 服务器来托管 Catalog Service 使用的 polardb_catalog 数据库和 Order Service 使用的 polardb_order 数据库。

进入 polar-deployment 仓库，并创建一个新的 docker/postgresql 目录。然后，在该目录中添加一个新的 init.sql 文件。添加如下代码到 init.sql 文件中，它是 PostgreSQL 在启动阶段要运行的初始化脚本。

程序清单 8.2　使用两个数据库初始化 PostgreSQL 服务器

```
CREATE DATABASE polardb_catalog;
CREATE DATABASE polardb_order;
```

打开 docker-compose.yml 文件并更新 PostgreSQL 容器的定义，以加载初始化脚本。请删除 POSTGRES_DB 环境变量的值，因为我们会将数据库创建的任务委托给脚本来完成。在本书的源码中，请参考 Chapter08/08-end/polar-deployment/docker 中的最终结果。

程序清单 8.3　通过 SQL 脚本初始化 PostgreSQL 数据库

```
version: "3.8"
services:
  ...
  polar-postgres:
    image: "postgres:14.4"
    container_name: "polar-postgres"
    ports:
      - 5432:5432          不需要再定义 POSTGRES_DB
    environment:            的值
      - POSTGRES_USER=user
      - POSTGRES_PASSWORD=password   以存储卷的形式将初始化
    volumes:                         SQL 脚本挂载到容器上
      - ./postgresql/init.sql:/docker-entrypoint-initdb.d/init.sql
```

然后，我们可以基于上述配置启动一个新的 PostgreSQL 容器。打开终端窗口，导航至我们定义 docker-compose.yml 文件的目录并运行如下命令：

```
$ docker-compose up -d polar-postgres
```

在本章剩余的内容中，我会假设该数据库一直处于运行状态。

2. 使用 R2DBC 连接数据库

Spring Boot 允许我们通过 spring.r2dbc 属性配置反应式应用与关系型数据库的集成。打开 Order Service 项目的 application.yml 文件并配置 PostgreSQL 的连接。默认情况下连接池就是启用的，我们可以通过定义连接超时和池的大小对其进行进一步的配置，就像我们在第 5 章对 JDBC 所做的一样。因为这是一个反应式应用，连接池可能会比 JDBC 更小一些。你可以监控应用在正常情况下的运行之后，再调整它们的值。

程序清单 8.4　通过 R2DBC 配置数据库集成

```
               具有访问给定数据
               库权限的用户
spring:
  r2dbc:                        给定用户的
    username: user              密码
    password: password                      标识要与哪个数
    url: r2dbc:postgresql://localhost:5432/polardb_order   据库建立连接的
    pool:                                                  R2DBC URL
```

```
max-create-connection-time: 2s
initial-size: 5
max-size: 10
```

从池中获取连接的最
大等待时间

连接池的
初始大小

池中所持有的
最大连接数

现在，我们已经能够通过 R2DBC 驱动将反应式 Spring Boot 应用连接至 PostgreSQL 数据库，接下来我们继续定义要持久化的数据。

3. 定义持久化实体

Order Service 应用提供了提交和检索订单的功能，这就是我们的"领域实体"。为业务逻辑添加一个新的 com.polarbookshop.orderservice.order.domain 包并创建代表领域实体的 Order Java record，类似于我们在 Catalog Service 中定义 Book。

按照与第 5 章相同的方式，我们使用@Id 注解标注某个字段代表数据库中的主键，并使用@Version 注解提供一个版本号，这对于处理并发更新是很重要的，它会使用乐观锁机制。我们还可以使用@CreatedDate 和@LastModifiedDate 注解添加必要的字段以存放审计元数据。

将实体映射为关系型表的默认策略是将 Java 对象名转换成小写形式。在本例中，Spring Data 会将 Order record 映射到 order 表中。这里的问题在于，order 是 SQL 中的保留字，我们不推荐将其用作表名，因为这需要特殊的处理。我们可以通过将表命名为 orders 并通过@Table（来自 org.springframework.data.relational.core.mapping 包）注解配置对象-关系映射来解决这个问题。

程序清单 8.5　定义领域和持久化实体的 Order record

```
package com.polarbookshop.orderservice.order.domain;

import java.time.Instant;
import org.springframework.data.annotation.CreatedDate;
import org.springframework.data.annotation.Id;
import org.springframework.data.annotation.LastModifiedDate;
import org.springframework.data.annotation.Version;
import org.springframework.data.relational.core.mapping.Table;

@Table("orders")          配置 Order 对象和 orders
public record Order (     表之间的映射

  @Id
  Long id,                实体的主键

  String bookIsbn,
  String bookName,
  Double bookPrice,
  Integer quantity,
  OrderStatus status,
```

```
@CreatedDate                          实体的创建
Instant createdDate,        ◁────      时间

@LastModifiedDate                     实体的最后修
Instant lastModifiedDate,   ◁────     改时间

@Version                    实体的
int version         ◁────   版本号
){
  public static Order of(
    String bookIsbn, String bookName, Double bookPrice,
    Integer quantity, OrderStatus status
  ) {
    return new Order(
      null, bookIsbn, bookName, bookPrice, quantity, status, null, null, 0
    );
  }
}
```

订单会经历不同的阶段。如果所请求的图书在目录中是可用的，那么订单将会是 accepted
状态，否则是 rejected 状态。订单 accepted 之后，它就可以进入 dispatched 状态，该状态会在
第 10 章用到。我们可以在 com.polarbookshop.orderservice.order.domain 包的 OrderStatus 枚举中
定义这三种状态。

程序清单 8.6　描述订单状态的枚举

```
package com.polarbookshop.orderservice.order.domain;

public enum OrderStatus {
  ACCEPTED,
  REJECTED,
  DISPATCHED
}
```

R2DBC 的审计功能可以在配置类中通过@EnableR2dbcAuditing 注解来启用。在 com.
polarbookshop.orderservice.order.persistence 包中创建 DataConfig 类并启用审计功能。

程序清单 8.7　通过注解配置启用 R2DBC 审计

```
package com.polarbookshop.orderservice.config;

import org.springframework.context.annotation.Configuration;
import org.springframework.data.r2dbc.config.EnableR2dbcAuditing;
                                          表明该类为 Spring 的
@Configuration               ◁────       配置源
@EnableR2dbcAuditing         ◁────
public class DataConfig {}           为持久化实体启用
                                     R2DBC 审计
```

在定义完要持久化的实体后，我们就可以继续探讨如何访问它了。

4．使用反应式资源库

Spring Data 为该项目中的所有模块提供了资源库（repository）抽象，包括 R2DBC。这与第 5 章的唯一区别在于我们要使用反应式的资源库。

在 com.polarbookshop.orderservice.order.domain 包中，创建新的 OrderRepository 接口，使其扩展 ReactiveCrudRepository，并声明要处理的数据类型（Order）和@Id 注解标注字段的类型（Long）。

程序清单 8.8   访问订单的资源库接口

```
package com.polarbookshop.orderservice.order.domain;

import org.springframework.data.repository.reactive.ReactiveCrudRepository;

public interface OrderRepository
  extends ReactiveCrudRepository<Order,Long> {}
```

> 扩展提供 CRUD 操作的反应式资源库，声明要管理的
> 实体类型（Order）及其主键的类型（Long）

ReactiveCrudRepository 所提供的 CRUD 操作足以满足 Order Service 的使用场景，所以我们不需要添加任何自定义方法。但是，我们的数据库中还没有 orders 表，所以我们使用 Flyway 来定义它。

5．使用 Flyway 管理数据库模式

与 Spring Data JDBC 类似，Spring Data R2DBC 支持通过 schema.sql 和 data.sql 文件初始化数据源。正如我们在第 5 章所学到的，该功能对演示和实验来说是非常便利的，但是我们更加倾向于显式管理模式以适应生产环境的使用场景。

对于 Catalog Service，我们使用 Flyway 管理它的数据库模式创建和演进。我们可以为 Order Service 采用相同的方式。但是，Flyway 还不支持 R2DBC，所以我们需要提供一个 JDBC 驱动来与数据库通信。Flyway 迁移任务只在应用启动的时候执行一次，并且是单线程的。所以在该场景使用非反应式的通信并不会影响应用的整体可扩展性和效率。

在 Order Service 项目的 build.gradle 文件中，添加对 Flyway、PostgreSQL JDBC 驱动和 Spring JDBC 的新依赖。在添加之后，不要忘记刷新/重新导入 Gradle 依赖。

程序清单 8.9   在 Order Service 中添加对 Flyway 和 JDBC 的依赖

```
dependencies {
  ...
  runtimeOnly 'org.flywaydb:flyway-core'
  runtimeOnly 'org.postgresql:postgresql'
  runtimeOnly 'org.springframework:spring-jdbc'
}
```

> 提供通过迁移实现数据
> 库版本管理的功能

> 提供 JDBC 驱动，以允许
> 应用连接至 PostgreSQL
> 数据库

> 为 Spring 提供使用 JDBC API 进行集成的功能。它是
> Spring 框架的一部分，不要与 Spring Data JDBC 混淆

然后，我们就可以在 src/main/resources/db/migration 目录的 V1__Initial_schema.sql 文件中编写创建 orders 表的 SQL 脚本了。请确保在文件名中，版本号后面有两个下划线。

程序清单 8.10　用于模式初始化的 Flyway 迁移脚本

```
CREATE TABLE orders (                    ┌── 定义 orders 表
  id                  BIGSERIAL PRIMARY KEY NOT NULL,   ◁── 声明 id 字段为
  book_isbn           varchar(255) NOT NULL,                 主键
  book_name           varchar(255),
  book_price          float8,
  quantity            int NOT NULL,
  status              varchar(255) NOT NULL,
  created_date        timestamp NOT NULL,
  last_modified_date  timestamp NOT NULL,
  version             integer NOT NULL
);
```

最后，打开 application.yml 文件并配置 Flyway 使用与 Spring Data R2DBC 相同的数据库，但是这里使用的是 JDBC 驱动。

程序清单 8.11　通过 JDBC 配置 Flyway 集成

```
spring:
  r2dbc:
    username: user
    password: password
    url: r2dbc:postgresql://localhost:5432/polardb_order
    pool:
      max-create-connection-time: 2s        获取为 R2DBC 配置
      initial-size: 5                        的用户名
      max-size: 10
  flyway:                                    获取为 R2DBC 配置
    user: ${spring.r2dbc.username}    ◁──    的密码值
    password: ${spring.r2dbc.password}  ◁──
    url: jdbc:postgresql://localhost:5432/polardb_order  ◁──
                                       与 R2DBC 使用相同的数据库，
                                       不过这里使用 JDBC 驱动
```

你可能已经注意到，在反应式应用中定义领域实体和添加持久层的操作与我们在命令式应用中的做法是非常相似的。在本小节中，我们遇到的主要差异是使用 R2DBC 驱动取代了 JDBC 驱动，并且有了单独的 Flyway 配置（至少在 Flyway 添加对 R2DBC 的支持之前我们都需要这样做：https://github.com/flyway/flyway/issues/2502）。

在下一小节中，我们将会学习如何在业务逻辑中使用 Mono 和 Flux。

8.2.3　使用反应式流实现业务逻辑

Spring 的反应式技术栈使得构建异步、非阻塞的应用非常简单。在上一小节中，我们使用

了 Spring Data R2DB，在这个过程中不需要处理任何底层的反应式问题。这一点在 Spring 的所有反应式模块中都是成立的。作为开发人员，我们可以依赖熟悉、简单和高效的方式来构建反应式应用，框架将会负责所有繁重的事务。

默认情况下，Spring WebFlux 假设所有内容都是反应式的。这样的假设意味着我们需要使用像 Mono<T>和 Flux<T>这样的 Publisher<T>对象来与框架进行交互。例如，我们在前文创建的 OrderRepository 在访问订单时将返回 Mono<Order>和 Flux<Order>，而不是像在非反应式场景中返回 Optional<Order>和 Collection<Order>。我们具体看一下。

在 com.polarbookshop.orderservice.order.domain 中，创建一个新的 OrderService。作为起步，我们先实现通过资源库读取订单的逻辑。当涉及多个订单时，我们可以使用 Flux<Order>对象，它代表了由零个或多个订单组成的异步序列。

程序清单 8.12　以反应式流的方式读取订单

```
package com.polarbookshop.orderservice.order.domain;

import reactor.core.publisher.Flux;
import org.springframework.stereotype.Service;

@Service                                    ◁──── 构造型注解，将此类标记
public class OrderService {                       为 Spring 管理的服务
  private final OrderRepository orderRepository;

  public OrderService(OrderRepository orderRepository) {
    this.orderRepository = orderRepository;
  }
  public Flux<Order> getAllOrders() {   ◁──── 使用 Flux 来发布
    return orderRepository.findAll();          多个订单
  }
}
```

然后，我们需要一个提交订单的方法。在与 Catalog Service 的集成就绪之前，我们可以始终默认拒绝用户提交的订单。OrderRepository 暴露一个由 ReactiveCrudRepository 提供的 save() 方法。我们可以构建一个反应式流，以便于将 Mono<Order>类型的对象传递给 OrderRepository，该资源库会将订单保存到数据库中。

每个订单都需要标识图书的 ISBN 以及图书的购买数量，我们可以使用 Mono.just()来构建 Mono，这与使用 Stream.of()构建 Java Stream 对象的方式类似。它们的差异在于这里是反应式行为。

我们可以使用 Mono 对象开启一个反应式流并依赖 flatMap()操作符将数据传递到 OrderRepository 中。添加如下代码到 OrderService 类中，以实现业务逻辑。

程序清单 8.13　在提交订单请求时持久化被拒绝的订单

将上一步通过反应式流异步生成的 Order 对象保存到数据库中　　　　　　　　　　　　　基于 Order 对象
创建 Mono

```
  ...
  public Mono<Order> submitOrder(String isbn, int quantity) {
    return Mono.just(buildRejectedOrder(isbn, quantity))   ◁────
      .flatMap(orderRepository::save);
```

```
}
public static Order buildRejectedOrder(
  String bookIsbn, int quantity
) {
  return Order.of(bookIsbn, null, null, quantity, OrderStatus.REJECTED);
}
...
```

当订单被拒绝时，我们只需声明 ISBN、数量和状态即可。Spring Data 将负责添加标识符、版本和审计元数据信息

> **map 与 flatMap**
>
> 　　当使用 Reactor 时，应该选择 map()还是 flatMap()操作符通常会让人感到困惑。这两个操作符都会返回一个反应式流（Mono<T>或 Flux<T> ）。map()会在两个标准的 Java 类型之间建立映射，而 flatMap()会从一个 Java 类型映射为另一个反应式流。
>
> 　　在上面的代码片段中，我们从一个 Order 类型的对象映射为 Mono<Order>(也就是 OrderRepository 的返回值)。由于 map()操作符期望目标类型不是反应式流，它将会对其进行包装并返回 Mono<Mono<Order>>对象。而 flatMap()的预期返回类型为反应式流，所以它知道如何处理 OrderRepository 返回的发布者，并返回正确的 Mono<Order>对象。

　　在下一小节中，我们将会完成 Order Service 的基本实现，对外暴露获取和提交订单的 API。

8.2.4　使用 Spring WebFlux 暴露 REST API

　　在 Spring WebFlux 应用中有两种定义 RESTful 端点的方案，分别是@RestController 类和函数式 bean（即 Router Functions）。对于 Order Service 应用，我们会使用第一种方案。相对于我们在第 3 章中的做法，唯一的差异在于处理器方法将返回反应式对象。

　　对于 GET 端点，我们可以使用前文定义的 Order 领域对象，因此处理器方法可以返回 Flux<Order>对象。当提交订单的时候，用户必须提供要购买的图书的 ISBN 以及购买数量。我们可以将这些信息建模到一个 OrderRequest record 中，让它作为数据传输对象（Data Transfer Object，DTO）。正如我们在第 3 章所学习的，一项好的实践就是对输入进行校验。

　　创建新的 com.polarbookshop.orderservice.order.web 包并定义 OrderRequest record 以存放要提交订单的信息。

程序清单 8.14　为每个字段均定义了校验限制的 OrderRequest DTO 类

```
package com.polarbookshop.orderservice.order.web;

import javax.validation.constraints.*;

public record OrderRequest (

  @NotBlank(message = "The book ISBN must be defined.")
  String isbn,
```

不允许为 null 并且必须包含至少一个非空字符

```
@NotNull(message = "The book quantity must be defined.")
@Min(value = 1, message = "You must order at least 1 item.")
@Max(value = 5, message = "You cannot order more than 5 items.")
Integer quantity                  ←── 不允许为 null 并且值在 1
){}                                     到 5 之间
```

在相同的包中，我们创建 OrderController 类，它定义了 Order Service 应用暴露的两个 RESTful 端点。因为我们为 OrderRequest 定义了校验限制，所以需要使用熟悉的@Valid 注解，以便于在方法调用时触发校验。

程序清单 8.15　定义处理 REST 请求的处理器

```
package com.polarbookshop.orderservice.order.web;

import javax.validation.Valid;
import com.polarbookshop.orderservice.order.domain.Order;
import com.polarbookshop.orderservice.order.domain.OrderService;
import reactor.core.publisher.Flux;
import reactor.core.publisher.Mono;
import org.springframework.web.bind.annotation.*;          构造型注解，标注该类为 Spring
                                                            组件并且要作为 REST 端点处理
@RestController          ←──                                 器的源
@RequestMapping("orders")   ←──
public class OrderController {                    声明根路径映射 URI (/orders)，该
  private final OrderService orderService;         类将会为此路径提供处理器
  public OrderController(OrderService orderService) {
    this.orderService = orderService;
  }
                                         使用 Flux 来发布多个
  @GetMapping                             订单 (0..N)
  public Flux<Order> getAllOrders() {   ←──
    return orderService.getAllOrders();
  }
                                              接受 OrderRequest 对象，对其
  @PostMapping                                进行校验并使用它来创建订
  public Mono<Order> submitOrder(             单。创建的订单将会以 Mono
    @RequestBody @Valid OrderRequest orderRequest  的形式返回
  ) {                                         ←──
    return orderService.submitOrder(
     orderRequest.isbn(), orderRequest.quantity()
    );
  }
}
```

REST 端点完成了 Order Service 的基本功能。我们看一下它的实际效果。首先，请确保前文创建的 PostgreSQL 依然处于运行状态。然后，打开终端窗口，导航至 Order Service 项目的根目录并通过如下命令运行应用：

```
$ ./gradlew bootRun
```

我们试用 API，比如提交一个订单。应用会将订单保存为 rejected 状态并返回"200"给客户端：

```
$ http POST :9002/orders isbn=1234567890 quantity=3

HTTP/1.1 200 OK
{
  "bookIsbn": "1234567890",
  "bookName": null,
  "bookPrice": null,
  "createdDate": "2022-06-06T09:40:58.374348Z",
  "id": 1,
  "lastModifiedDate": "2022-06-06T09:40:58.374348Z",
  "quantity": 3,
  "status": "REJECTED",
  "version": 1
}
```

为了成功提交订单，我们需要让 Order Service 调用 Catalog Service 以检查图书是否可用，并为待处理的订单获取必要的信息。这是我们在下一节要关注的问题。在开始后面的内容之前，你可以通过 Ctrl+C 将应用停掉。

8.3 使用 Spring WebClient 编写反应式客户端

在云原生系统中，应用可以通过不同的方式进行交互。本节将关注通过 HTTP 的请求/响应交互，我们将在 Order Service 和 Catalog Service 之间建立这种交互。在这种类型的交互中，客户端发起一个请求并预期得到一个响应。在命令式应用中，这会转换成一个单独的线程，并一直阻塞直到响应返回为止。而在反应式应用中，我们可以更加高效地使用资源，所以不会有任何线程等待响应，从而能够释放出资源以处理其他事情。

Spring 框架提供了两个执行 HTTP 请求的客户端，即 RestTemplate 和 WebClient。RestTemplate 是最初的 Spring REST 客户端，它基于一个模板方法 API 实现了阻塞式的 HTTP 请求/响应交互。从 Spring 框架 5.0 开始，它已经进入维护模式。虽然它依然被广泛使用，但是未来的版本中不会添加任何新功能了。

WebClient 是 RestTemplate 的现代化替代方案。WebClient 提供了阻塞式和非阻塞式 I/O，使其同时成为命令式和反应式应用的绝佳方案。它能够通过一个函数式的流畅 API 进行操作，允许我们配置 HTTP 交互的各个选项。

本节将学习如何使用 WebClient 来建立非阻塞的请求/响应交互。我将阐述如何通过采用像超时、重试和故障转移这样的模式使应用更具韧性，这个过程中会用到 Reactor 的操作符，如 timeout()、retryWhen()和 onError()。

8.3.1 Spring 中的服务与服务通信

根据 15-Factor 方法论，所有的支撑服务均应该视为应用的附属资源，要通过资源绑定与应用建立关联。对于数据库，我们依赖 Spring Boot 提供的配置属性来声明凭证和 URL 信息。当支撑服务是另外一个应用时，我们需要以类似的方式提供它的 URL。根据外部化配置原则，URL 应该是可配置的，不能硬编码在应用中。在 Spring 中，正如我们在第 4 章所学习的，这可以通过@ConfigurationProperties bean 来实现。

在 Order Service 项目中，创建新的 com.polarbookshop.orderservice.book 包并添加 ClientProperties record。在这里，声明我们自定义的 polar.catalog-service-url 属性以配置调用 Catalog Service 的 URI。

程序清单 8.16   声明配置 Catalog Service URI 的自定义属性

```
package com.polarbookshop.orderservice.config;

import java.net.URI;
import javax.validation.constraints.NotNull;
import org.springframework.boot.context.properties.ConfigurationProperties;

@ConfigurationProperties(prefix = "polar")    ◁——  自定义属性
public record ClientProperties(                     的前缀

  @NotNull                      ◁——  声明 Catalog Service
  URI catalogServiceUri                URI 的属性，它不能
){}                                      为空
```

> **注意** 为了在 IDE 中支持自动补全和类型检查，像第 4 章中那样，我们需要在 build.gradle 中添加对 org.springframework.boot:spring-boot-configuration-processor 的依赖，其 scope 为 annotationProcessor。你可以参考本书附带代码仓库中的 Chapter08/08-end/order-service/build. gradle 文件以查看最终结果（https://github.com/ThomasVitale/cloud-native-spring-in-action）。

然后，在 OrderServiceApplication 类中使用@ConfigurationPropertiesScan 注解来启用自定义配置属性。

程序清单 8.17   启用自定义配置属性

```
package com.polarbookshop.orderservice;

import org.springframework.boot.SpringApplication;
import org.springframework.boot.autoconfigure.SpringBootApplication;
import org.springframework.boot.context.properties
➥   .ConfigurationPropertiesScan;
                                    ┌──  在 Spring 上下文中加载
                                    │    配置数据的 bean
@SpringBootApplication
@ConfigurationPropertiesScan    ◁──┘
public class OrderServiceApplication {
  public static void main(String[] args) {
    SpringApplication.run(OrderServiceApplication.class, args);
  }
}
```

最后，在 application.yml 文件中添加新属性的值。默认情况下，我们可以使用本地环境运行的 Catalog Service 实例的 URI。

程序清单 8.18　为 Catalog Service 配置 URI

```
...
polar:
  catalog-service-uri: "http:/ /localhost:9001"
```

注意　当使用 Docker Compose 或 Kubernetes 部署系统的时候，我们可以通过这两个平台提供的服务发现特性以环境变量的方式覆盖该属性的值。

在下一小节中，我们将会通过该属性配置的值，在 Order Service 中调用 Catalog Service。

8.3.2　理解如何交换数据

当用户提交特定图书的订单时，Order Service 需要调用 Catalog Service 以检查图书是否可用，并获取它的详情，如书名、作者和价格。HTTP 的请求/响应交互如图 8.6 所示。

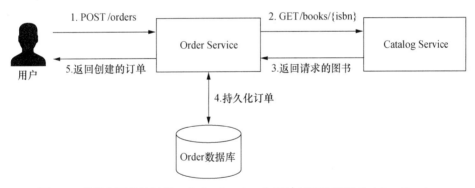

图 8.6　当提交订单的时候，Order Service 会通过 HTTP 调用 Catalog Service
以检查图书是否可用并获取其详情

每个订单提交时会带有特定图书的 ISBN。Order Service 需要知道图书的 ISBN、书名和价格以便于正确地处理订单。目前，Catalog Service 对外暴露了/books/{bookIsbn}端点，它会返回一本图书的所有可用信息。在真实的场景中，我们可能会对外暴露一个不同的端点，以返回仅包含所需信息的对象（DTO）。就本例而言，我们将会重用现有的端点，因为我们现在的关注点是构建反应式客户端。

确定了该调用哪个端点之后，该如何为两个系统之间的数据交换建模呢？我们现在到了一个岔路口。

- 创建共享库：一种方案是创建一个共享库，其中包含两个应用都需要的类，并将其作为依赖导入两个项目中。根据 15-Factor 方法论，这样的库将会在自己的基准代码中进行跟踪。这种方式能够确保两个应用所使用的模型是一致的，并且不会出现不同步的现象。但是，这意味着增加了实现的耦合性。

■ 复制类：另外一种方案是复制该类到上游应用中。按照这种方式，我们不会增加实现的耦合性，但是当下游应用中的原始类发生变化时，我们需要同时改变上游中的副本模型。有一些像消费者驱动契约的技术，它们能够通过自动化测试识别被调用的 API 何时发生了变更。除了检查数据模型，这些测试还会校验 API 的其他方面，比如 HTTP 方法、响应状态、头信息、变量等。在这里，我不会介绍该主题，但是如果你感兴趣的话，我推荐你了解一下 Spring Cloud Contract 项目（https://spring.io/projects/spring-cloud-contract）。

这两种方案都是可行的。具体采用哪种策略取决于项目的需求以及组织的结构。对于 Polar Bookshop 项目来说，我们选择第二种方案。

在新的 com.polarbookshop.order-service.book 包中创建 Book record，它只包含了订单处理逻辑所需的字段，是一个 DTO。正如我在前文所述，在真实的场景中，我们会在 Catalog Service 中对外暴露一个新的端点，返回基于该 DTO 建模的图书对象。为了简单起见，我们将会使用现有的/books/{bookIsbn}，所以在将接收到的 JSON 反序列化为 Java 对象时，无法映射到该类中的字段的信息将会被丢弃。对于我们所定义的字段，请确保它们与 Catalog Service 中的 Book 对象具有相同的名称，否则解析将会失败。这一点可以通过消费者驱动契约测试进行自动校验。

程序清单 8.19　Book record 是一个存储图书信息的 DTO

```
package com.polarbookshop.orderservice.book;

public record Book(
  String isbn,
  String title,
  String author,
  Double price
){}
```

Order Service 中有了保存图书信息的 DTO 之后，我们看一下如何从 Catalog Service 中检索信息。

8.3.3　使用 WebClient 实现 REST 客户端

WebClient 是 Spring 中一个现代化和反应式的 REST 客户端。该框架提供了多种初始化 WebClient 对象的方式。在本例中，我们会使用 WebClient.Builder。请参阅官方文档以了解其他可选方案（https://spring.io/projects/spring-framework）。

在 com.polarbookshop.order-service.book 包中，创建 ClientConfig 类以配置 WebClient bean，它使用了 ClientProperties 提供的基础 URL。

```
package com.polarbookshop.orderservice.config;

import org.springframework.context.annotation.Bean;
import org.springframework.context.annotation.Configuration;
import org.springframework.web.reactive.function.client.WebClient;

@Configuration
public class ClientConfig {

  @Bean
  WebClient webClient(
    ClientProperties clientProperties,
    WebClient.Builder webClientBuilder          ◁── Spring Boot 自动配置的对象，以
  ) {                                               构建 WebClient bean
    return webClientBuilder                     ◁──
      .baseUrl(clientProperties.catalogServiceUri().toString())
      .build();
  }                                             将 WebClient 基础 URL 配置为自定义属性
}                                               所声明的 Catalog Service URL
```

警告 如果使用 IntelliJ IDEA 的话，你可能会看到 WebClient.Builder 无法被自动装配的警告。不要担心，这是一个误报。你可以通过为该字段添加 @SuppressWarnings("Spring-JavaInjectionPointsAutowiringInspection")注解以消除该警告。

接下来，在 com.polarbookshop.orderservice.book 包中创建 BookClient，在这里我们要使用 WebClient bean 的流畅 API 发送 HTTP 请求到 Catalog Service 暴露的 GET /books/{bookIsbn}端点。WebClient 最终会返回由 Mono 发布者包装的 Book 对象。

程序清单 8.21 使用 WebClient 定义反应式 REST 客户端

```
package com.polarbookshop.orderservice.book;

import reactor.core.publisher.Mono;
import org.springframework.stereotype.Component;
import org.springframework.web.reactive.function.client.WebClient;

@Component
public class BookClient {
  private static final String BOOKS_ROOT_API = "/books/";
  private final WebClient webClient;
                                              前文配置的
  public BookClient(WebClient webClient) {    WebClient bean
    this.webClient = webClient;           ◁──
  }
                                              请求应该使用
                                              GET 方法
  public Mono<Book> getBookByIsbn(String isbn) {
    return webClient                          请求的目标 URL
      .get()                              ◁── 是/books/{isbn}
      .uri(BOOKS_ROOT_API + isbn)         ◁──
```

```
        .retrieve()
        .bodyToMono(Book.class);
    }
}
```

发送请求并
获取响应

以 Mono<Book>的形式返
回要检索的对象

WebClient 是一个反应式的 HTTP 客户端，我们看到了它如何以反应式发布者的形式返回数据。具体来讲，调用 Catalog Service 获取特定图书详情的结果是一个 Mono<Book>对象。我们看一下在 OrderService 中实现订单处理逻辑的时候该如何使用它。

目前，OrderService 类中的 submitOrder()方法始终会拒绝订单。这种现象不会持续太久。现在，我们可以将 BookClient 实例自动装配进来，并使用底层的 WebClient 来启动反应式流，以处理图书信息和创建订单。我们可以使用 map()操作符将 Book 对象映射为 accepted 状态的Order。如果 BookClient 返回空结果的话，我们可以使用 defaultIfEmpty()操作符定义 rejected 状态的 Order。最后，通过调用 OrderRepository 来保存订单（可能是 accepted 状态或 rejected 状态），以终止这个流。

程序清单 8.22　当创建订单时，调用 BookClient 以获取图书详情

```
package com.polarbookshop.orderservice.order.domain;

import com.polarbookshop.orderservice.book.Book;
import com.polarbookshop.orderservice.book.BookClient;
import reactor.core.publisher.Flux;
import reactor.core.publisher.Mono;
import org.springframework.stereotype.Service;

@Service
public class OrderService {
  private final BookClient bookClient;
  private final OrderRepository orderRepository;

  public OrderService(
   BookClient bookClient, OrderRepository orderRepository
  ) {
    this.bookClient = bookClient;
    this.orderRepository = orderRepository;
  }

  ...

  public Mono<Order> submitOrder(String isbn, int quantity) {
    return bookClient.getBookByIsbn(isbn)
    .map(book -> buildAcceptedOrder(book, quantity))
    .defaultIfEmpty(
      buildRejectedOrder(isbn, quantity)
    )
    .flatMap(orderRepository::save);
  }
```

如果图书可用的话，
接受该订单

调用 Catalog Service 以
检查图书的可用性

如果图书
不可用的
话,拒绝该
订单

保存订单（可能是 accepted
状态或 rejected 状态）

```
public static Order buildAcceptedOrder(Book book, int quantity) {
  return Order.of(book.isbn(), book.title() + " - " + book.author(),
    book.price(), quantity, OrderStatus.ACCEPTED);
}

public static Order buildRejectedOrder(String bookIsbn, int quantity) {
  return Order.of(bookIsbn, null, null, quantity, OrderStatus.REJECTED);
}
}
```

当订单被接受的话，我们指定 ISBN、图书名称（书名+作者）、数量和状态。Spring Data 会负责添加标识符、版本和审计元数据

我们试一下它的效果。首先，在保存 Docker Compose 配置（polar-deployment/docker）的目录中运行如下命令，以确保两个 PostgreSQL 容器均处于运行状态：

```
$ docker-compose up -d polar-postgres
```

然后，构建并运行 Catalog Service 和 Order Service（./gradlew bootRun）。

> **警告** 如果你使用 Apple Silicon 计算机，Order Service 的应用日志可能会包含一些与 Netty 中 DNS 解析相关的警告。在该场景中，应用依然应该可以正确运行。如果遇到问题的话，你可以为 Order Service 添加对 io.netty:netty-resolver-dns-native-macos:4.1.79.Final:osx-aarch_64 的 runtimeOnly 的依赖，以便于修复该问题。

最后，我们可以针对 Catalog Service 在启动时所创建的图书发送一个订单。因为该图书存在，所以这个订单会被接受。

```
$ http POST :9002/orders isbn=1234567891 quantity=3

HTTP/1.1 200 OK
{
  "bookIsbn": "1234567891",
  "bookName": "Northern Lights - Lyra Silverstar",
  "bookPrice": 9.9,
  "createdDate": "2022-06-06T09:59:32.961420Z",
  "id": 2,
  "lastModifiedDate": "2022-06-06T09:59:32.961420Z",
  "quantity": 3,
  "status": "ACCEPTED",
  "version": 1
}
```

在校验完应用之间的交互后，请使用 Ctrl+C 停掉应用，并使用 docker-compose down 命令停掉容器。

这样，我们就实现了订单创建的逻辑。如果目录中存在指定图书，订单就会被接受。如果返回空结果，订单就会被拒绝。如果 Catalog Service 花费很长的时间才能答复会怎么样呢？如果它临时不可用，无法处理任何请求，该怎么办呢？如果它的答复是一个错误，又该如何处理？

下面我们将回答并处理所有的问题。

8.4　使用反应式 Spring 实现韧性的应用

韧性能够确保即便发生故障，系统也是可用的，并且能够交付服务。因为故障迟早会发生并且无法避免，所以设计能够容错的应用就变得至关重要了。它的目标是确保应用始终可用，让用户根本察觉不到应用发生了故障。在最糟糕的场景中，它可以对功能进行降级（优雅降级），但应用依然是可用的。

要实现韧性（或者说容错）的关键点是隔离出错的组件，直到问题修复为止。通过这种方式，我们能够预防 Michael T. Nygard 所说的"裂痕扩散"（crack propagation）。我们回到 Polar Bookshop 系统。如果 Catalog Service 进入了故障状态，并且无法响应，我们不希望 Order Service 也受到影响。应用服务之间的集成点需要特别关注，我们要使其保持韧性，防止故障影响其他参与方。

这里有很多构建韧性应用的模式。在 Java 生态系统中，实现该模式的流行库是由 Netflix 开发的 Hystrix 库，但是从 2018 年开始，它进入了维护模式，不再进行开发了。Resilience4J 填补了 Hystrix 留下的空白，获得了广泛的好评。Reactor 项目，即反应式 Spring 技术栈的基础，也提供了一些有用的特性来实现韧性。

在本节中，我们将会让 Order Service 和 Catalog Service 之间的集成点更加健壮，我们会使用反应式 Spring 配置超时、重试和回退（fallback）。在下一章中，我们将学习如何使用 Resilience4J 和 Spring Cloud Circuit Breaker 构建韧性的应用。

8.4.1　超时

每当应用调用远程服务的时候，我们并不知道能不能收到响应，也不知道何时能够收到响应。超时（也称为限时器）是一个简单而有效的工具，如果在合理的时间内没有收到响应，它能够保持应用处于可响应的状态。

配置超时的两个主要原因在于：

- 如果不限制客户端的等待时间，我们会面临计算资源长时间阻塞的风险（在命令式应用中）。在最糟糕的场景中，我们的应用会完全无响应，因为所有可用的线程均已阻塞，等待远程服务的响应，所以没有可用的线程来处理新的请求了。
- 如果我们无法满足服务级别协议（Service Level Agreement，SLA），那么也没有必要等待响应了，最好直接让请求失败。

超时的样例包括：

- 连接超时：这是与远程资源建立通信通道的时间限制。在前文中，我们曾经配置过 server.netty.connection-timeout 属性，它会限制 Netty 等待 TCP 连接建立的时间。

■　连接池超时：这是客户端从池中获取连接的时间限制。在第 5 章中，我们通过 spring.datasource.hikari.connection-timeout 属性设置了 Hikari 连接池的超时时间。

■　读取超时：这是在建立初始连接后，从远程资源读取数据的时间限制。在后文中，我们将会定义由 BookClient 类发起的对 Catalog Service 调用的读取超时时间。

在本小节中，我们会为 BookClient 定义超时时间，如果超时的话，Order Service 应用会抛出一个异常。我们还可以定义故障转移，替代抛出异常的方式。图 8.7 阐述了当定义了超时和故障转移后请求/响应交互是如何运行的。

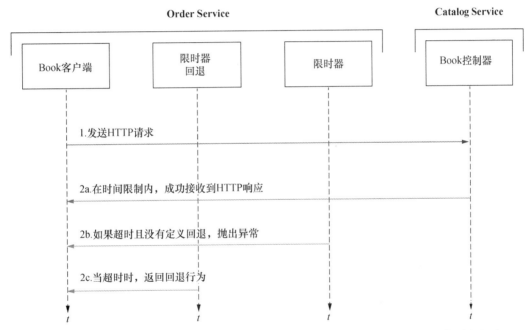

图 8.7　当在时间限制内能够收到远程服务的响应时，请求是成功的。超时且没有收到响应时，
如果定义了回退行为，则该行为被执行，否则抛出异常

1. 为 WebClient 定义超时

Reactor 项目提供了 timeout()操作符，允许我们为完成某个操作定义时间限制。我们可以将其链接到 WebClient 调用的结果上，以继续整个反应式流。更新 BookClient 类中的 getBookByIsbn()方法，为其定义 2 秒的超时，如下所示。

程序清单 8.23　为 HTTP 交互定义超时

```
...
public Mono<Book> getBookByIsbn(String isbn) {
  return webClient
```

```
        .get()
        .uri(BOOKS_ROOT_API + isbn)
        .retrieve()
        .bodyToMono(Book.class)
        .timeout(Duration.ofSeconds(3));          ◁── 为 GET 请求设置 2
}                                                        秒的超时
...
```

当超时发生时，我们可以提供一个回退行为，而不是抛出异常。鉴于 Order Service 在图书可用性校验无法通过时将不会接受该订单，所以我们可以考虑返回一个空的结果，这样订单将会被拒绝。因此，我们可以使用 Mono.empty()定义一个反应式的空结果。更新 BookClient 类中的 getBookByIsbn()方法，如下所示。

程序清单 8.24　为 HTTP 交互定义超时和回退行为

```
...
public Mono<Book> getBookByIsbn(String isbn) {
    return webClient
        .get()
        .uri(BOOKS_ROOT_API + isbn)
        .retrieve()
        .bodyToMono(Book.class)
        .timeout(Duration.ofSeconds(3), Mono.empty())   ◁── 回退行为会返回一个空
}                                                              的 Mono 对象
...
```

> **注意**　在真实的生产场景中，我们可能希望为 ClientProperties bean 添加一个新的字段，实现超时时间的外部化配置。这样我们就可以根据环境变更它的值，避免重新构建应用。另外很重要的一点就是，监控所有的超时并按需对其进行调整。

2. 理解如何有效使用超时

超时能够提升应用的韧性，并且遵循了快速失败的原则。但是，为超时设置一个合理的值是比较困难的。我们需要从整体上考虑系统架构。在上面的样例中，我们定义了 3 秒的超时。这意味着，Order Service 应该在这个时间限制内从 Catalog Service 得到响应，否则就会产生故障或者调用回退行为。而反过来，Catalog Service 会发送请求到 PostgreSQL 数据库以获取特定图书的数据，并等待响应。连接超时本身是对这种交互的保护。我们需要为系统中的每个集成点仔细设计时间限制策略，以满足软件的 SLA 并确保良好的用户体验。

如果 Catalog Service 是可用的，但是在时间限制内响应并没有发回给 Order Service，则请求依然由 Catalog Service 处理。这是配置超时时的一个关键考虑因素。对于读取/查询操作，这影响并不大，因为它们是幂等的。对于写入/命令操作，我们需要确保当出现超时时，能够恰当地进行处理，包括为用户提供操作输出的正确状态。

当 Catalog Service 处于过载状态时，它可能需要花费几秒钟的时间才能从池中获取 JDBC连接，从数据库中获取数据并发送响应给 Order Service。在这种情况下，我们可以考虑重试请

求，而不是使用默认的回退行为或抛出异常。

8.4.2 重试

当服务的下游无法在给定的时间限制内响应或者返回了一个临时无法处理请求的服务器错误时，我们可以配置客户端进行重试。当服务没有正确响应时，这很可能是因为它遇到了某些问题，而且它不可能立即恢复。不断地发起重试可能会使得系统更加不稳定。我们肯定不希望对自己的应用发起 DoS 攻击吧!

更好的方案是采用指数退避（exponential backoff）的策略，也就是每次重试都会间隔一个不断增加的延迟。通过在每个尝试之间等待越来越长的时间，支撑服务就可能有足够的时间恢复并重新提供响应。计算延迟的策略是可配置的。

在本小节中，我们会为 BookClient 配置重试。图 8.8 展示了当配置完重试和指数退避后，请求/响应是如何交互的。例如，图中显示每次重试的延迟是尝试次数乘以 100 毫秒（这个值也是初始的延迟值）计算得到的。

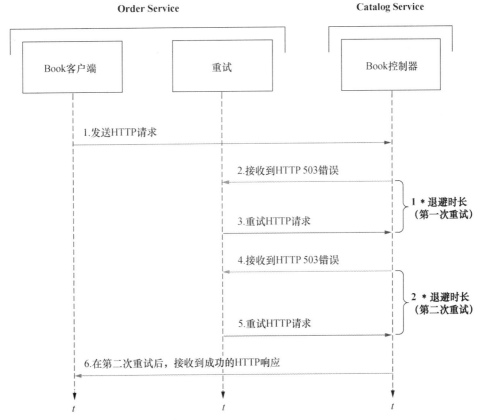

图 8.8 当 Catalog Service 无法成功响应时，Order Service 会最多尝试三次，每次都间隔一个递增的延迟

1. 为 WebClient 定义重试

Reactor 项目提供了一个 retryWhen() 操作符，以便于在失败后重试某个操作。在反应式流的什么位置使用它非常重要。

- 将 retryWhen() 操作符放到 timeout() 之后意味着超时适用于每次重试操作。
- 将 retryWhen() 操作符放到 timeout() 之前意味着超时适用于整个操作（也就是，初始请求和重试组成的整个序列必须在给定的时间限制内完成）。

在 BookClient 中，我们希望将超时用于每次重试操作，所以选择第一种方案。限时器会首先被使用，如果出现超时，retryWhen() 操作符将会介入并再次尝试发送请求。

更新 BookClient 类中的 getBookByIsbn() 方法来配置重试策略。我们可以定义重试次数，以及第一次延迟的最小持续时间。每次重试的延迟会根据当前的重试次数乘以最小延迟时长计算得出。我们还可以使用抖动因子（jitter factor），给每个延迟的指数增加随机性。默认情况下，最大的抖动是所算延迟的 50%。当 Order Service 有多个实例处于运行状态时，抖动因子可以确保这些副本不会同时重试请求。

程序清单 8.25　使用指数退避为 HTTP 调用定义重试

```
public Mono<Book> getBookByIsbn(String isbn) {
  return webClient
    .get()
    .uri(BOOKS_ROOT_API + isbn)
    .retrieve()
    .bodyToMono(Book.class)
    .timeout(Duration.ofSeconds(3), Mono.empty())
    .retryWhen(                                          使用指数退避作为重试
      Retry.backoff(3, Duration.ofMillis(100))          策略。允许重试 3 次并且
    );                                                   初始延迟为 100 毫秒
}
```

2. 理解如何高效使用重试

当远程服务暂时过载或无响应时，重试可以增加从远程服务获得响应的概率。但请明智地使用该特性。在介绍超时的时候，我曾经强调过以不同的方式处理读取和写入操作的必要性。在涉及重试时，这一点更为重要。

像读取操作这样的幂等请求可以没有任何影响地进行重试。有些写入请求甚至也是幂等的，比如将给定 ISBN 的图书的作者由"S.L. Cooper"修改为"Sheldon Lee Cooper"的请求就是幂等的。我们可以多次执行它，但结果不会改变。但是，对于非幂等的请求，我们就不能进行重试，否则就会面临状态不一致的风险。当订购某本书的时候，如果第一次尝试由于响应在网络中丢失而没有收到，我们并不希望因此被多次计费。

当在用户参与的流程中配置重试功能时，我们记住要平衡韧性和用户体验。我们不希望幕

后的请求重试导致用户等待太长的时间。如果无法避免的话，请确保通知用户并为他们提供请求状态的反馈。

当下游服务由于过载而暂时不可用或速度变慢，且服务可能在很短的时间内恢复时，重试是一种很有用的模式。在这种情况下，我们应该限制重试的次数并使用指数退避策略，防止给已经过载的服务增加额外的负载。另一方面，如果因为常见的错误而失败，比如服务完全崩溃或者返回一个可接受的错误（如 404），那么我们不应该对请求进行重试。在下一小节中，我们将展示在特定的错误发生时，如何定义回退。

8.4.3　回退和错误处理

如果一个系统能够在面临故障的时候，依然能够提供服务，让用户感知不到故障，那我们就说它是有韧性的。有时候，这是不可能实现的，但至少我们可以对服务等级进行优雅降级。声明回退行为能够帮助我们将故障限制到一个很小的范围，防止系统的其他组成部分行为异常或进入故障状态。

当讨论超时的时候，我们已经处理过回退行为，也就是在时间限制内无法收到响应的情况。我们希望将回退行为纳入通用策略中，以确保系统的韧性，而不仅限于像超时这样的特殊场景。回退功能可以在某种错误或异常发生时触发，但是它们有所差异。

在业务逻辑中，有些错误是可以接受的，并且包含有意义的语义。当 Order Service 调用 Catalog Service 来获取特定图书的信息时，可能会返回 404 响应。这是一个可接受的响应，我们应该处理它，以告诉用户该订单无法提交，因为图书在目录中不存在。

我们在上一小节中定义的重试策略并没有对此进行限制，也就是只要是有错误的响应，它就会重试请求，包括可接受的 404 错误。在这种情况下，我们并不想重试请求。Reactor 提供了一个 onErrorResume()操作符，用来在特定错误出现的时候定义回退行为。我们可以将其添加到反应式流中，具体来说是在 timeout()操作符之后、retryWhen()操作符之前，这样当收到 404 响应时（WebClientResponseException.NotFound 异常），重试操作符将不会触发。

程序清单 8.26　为 HTTP 调用定义异常处理和回退行为

```
public Mono<Book> getBookByIsbn(String isbn) {
  return webClient
    .get()
    .uri(BOOKS_ROOT_API + isbn)
    .retrieve()
    .bodyToMono(Book.class)
    .timeout(Duration.ofSeconds(3), Mono.empty())
    .onErrorResume(WebClientResponseException.NotFound.class,
      exception -> Mono.empty())
    .retryWhen(Retry.backoff(3, Duration.ofMillis(100)))
    .onErrorResume(Exception.class,
      exception -> Mono.empty());
}
```

当接收到 404 响应时，返回一个空的对象

如果在三次重试后，依然出现错误的话，捕获异常并返回空对象

注意　在真实的场景中，我们可能希望根据错误类型，返回一些上下文信息，而不是始终返回空对象。例如，我们可以向 Order 对象中添加一个 reason 字段，以描述订单被拒绝的原因，即因为目录中图书不存在还是网络问题。在后一种情况下，我们可以提示用户因为无法检查图书是否存在，所以订单现在无法处理。一种更好的方案是将订单保存为待处理状态（pending），将订单提交请求进行排队并在以后的某个时间点基于我将在第 10 章描述的某种策略进行重试。

最重要的是我们要设计一个有韧性的系统，在最好的场景中，系统能够在用户没有任何感知的情况下继续提供服务，即便在最糟糕的场景，系统也要保持运行，只不过进行了优雅降级。

注意　在 Spring 生态系统中，Spring WebFlux 和 Reactor 是非常令人兴奋的项目。如果你想要了解反应式 Spring 是如何运行的，那么可以参阅 Josh Long 编写的 *Reactive Spring*（https://reactivespring.io）。在 Manning 的图书目录中，请参阅 Craig Walls 编写的 *Spring in Action*（第 6 版）的第三部分。

在下一节中，我们将编写自动化测试来校验 Order Service 的不同之处。

8.5　使用 Spring、Reactor 和 Testcontainers 测试反应式应用

当应用依赖下游服务时，我们应该测试与下游系统 API 规范的交互。在本节中，我们将首先测试 BookClient 类，在这个过程中，会使用 mock Web 服务器作为 Catalog Service，以确保客户端的正确性。然后，我们会使用@DataR2dbcTest 注解和 Testcontainers 对数据持久层进行切片测试，这类似我们在第 5 章使用@DataJdbcTest 的做法。最后，我们将使用@WebFluxTest 注解为 Web 层编写切片测试，它的运行方式与@WebMvcTest 相同，只不过是面向反应式应用的。

在 Spring Boot 的测试库和 Testcontainers 中，我们已经包含了必要的依赖。唯一缺少的是对 com.squareup.okhttp3:mockwebserver 的依赖，它将提供运行 mock Web 服务器的工具。打开 Order Service 项目的 build.gradle 文件并添加缺失的依赖。

程序清单 8.27　为 OkHttp MockWebServer 添加测试依赖

```
dependencies {
    ...
    testImplementation 'com.squareup.okhttp3:mockwebserver'
}
```

我们首先从测试 BookClient 类开始。

8.5.1　使用 mock Web 服务器测试 REST 客户端

OkHTTP3 项目提供了一个 mock Web 服务器，我们可以使用它来测试与下游服务基于

HTTP 的请求/响应交互。BookClient 会返回一个 Mono<Book>对象，所以我们可以使用 Reactor 项目提供的便利工具来测试反应式应用。StepVerifier 对象能够让我们处理反应式流，并通过流畅 API 按步骤编写断言。

首先，我们在一个新的 BookClientTests 类中搭建 mock Web 服务器并配置要使用的 WebClient。

程序清单 8.28　使用 mock Web 服务器进行测试环境的搭建

```
package com.polarbookshop.orderservice.book;

import java.io.IOException;
import okhttp3.mockwebserver.MockWebServer;
import org.junit.jupiter.api.*;
import org.springframework.web.reactive.function.client.WebClient;

class BookClientTests {
  private MockWebServer mockWebServer;
  private BookClient bookClient;

  @BeforeEach
  void setup() throws IOException {                          在运行测试用例前启动
    this.mockWebServer = new MockWebServer();               mock 服务器
    this.mockWebServer.start();          ◁
    var webClient = WebClient.builder()          ◁
      .baseUrl(mockWebServer.url("/").uri().toString())      使用 mock 服务器的 URL 作
      .build();                                              为 WebClient 的基础 URL
    this.bookClient = new BookClient(webClient);
  }

  @AfterEach
  void clean() throws IOException {                          在完成测试后关闭
    this.mockWebServer.shutdown();          ◁                mock 服务器
  }
}
```

然后，我们可以在 BookClientTests 中定义一些测试用例，以校验 Order Service 中客户端的功能。

程序清单 8.29　测试与 Catalog Service 应用的交互

```
package com.polarbookshop.orderservice.book;

...
import okhttp3.mockwebserver.MockResponse;
import reactor.core.publisher.Mono;
import reactor.test.StepVerifier;
import org.springframework.http.HttpHeaders;
import org.springframework.http.MediaType;

class BookClientTests {
  private MockWebServer mockWebServer;
```

```
    private BookClient bookClient;

    ...

    @Test
    void whenBookExistsThenReturnBook() {
      var bookIsbn = "1234567890";

      var mockResponse = new MockResponse()
        .addHeader(HttpHeaders.CONTENT_TYPE, MediaType.APPLICATION_JSON_VALUE)
        .setBody("""
          {
            "isbn": %s,
            "title": "Title",
            "author": "Author",
            "price": 9.90,
            "publisher": "Polarsophia"
          }
          """.formatted(bookIsbn));

      mockWebServer.enqueue(mockResponse);

      Mono<Book> book = bookClient.getBookByIsbn(bookIsbn);

      StepVerifier.create(book)
        .expectNextMatches(
          b -> b.isbn().equals(bookIsbn))
        .verifyComplete();
    }
  }
```

定义 mock 服务器
返回的响应

添加 mock 响应到 mock
服务器处理的队列中

使用 BookClient 返回
的对象来初始化一个
StepVerifier 对象

断言返回的 Book 具
有所请求的 ISBN

检验反应式流
成功完成

我们运行测试并确保它能成功。打开终端窗口并导航至 Order Service 项目的根目录中，运行如下命令：

```
$ ./gradlew test --tests BookClientTests
```

注意　在使用 mock 时，有可能会出现测试结果依赖于测试用例执行顺序的情况，在同一个操作系统上，测试结果往往会一致。为了防止不必要的执行依赖，我们可以使用@TestMethodOrder (MethodOrderer.Random.class)注解来标注测试类，以确保每次执行使用一个伪随机的顺序。

在测试完 REST 客户端之后，我们可以继续校验 Order Service 的数据持久层。

8.5.2　使用@DataR2dbcTest 和 Testcontainers 测试数据持久化

你可能还记得，在前面的几章中，Spring Boot 允许我们在运行集成测试的时候，只加载特定应用切片所用到的 Spring 组件。对于 REST API，我们会为 WebFlux 切片创建测试。现在，我将展示如何使用@DataR2dbcTest 注解为 R2DBC 切片编写测试。

它的使用方式与我们在第 5 章测试 Catalog Service 的数据层时大致相同。但是，这里有两个主要的差异。首先，我们会使用 StepVerifier 工具反应式地测试 OrderRepository 的行为。其次，我们将显式定义 PostgreSQL 测试容器实例。

对于 Catalog Service 应用，我们依赖了自动配置的测试容器。在本小节中，我们会在测试类中定义一个测试容器，并将其标记为@Container。然后，类上的@Testcontainers 注解会激活测试容器的自动启动和清理。最后，我们会使用 Spring Boot 提供的@DynamicProperties 注解来传递测试数据库的凭证和 URL 到应用中。这种定义测试容器并重写属性的方式是通用的，可以用到其他场景中。

现在，我们开始编码。创建 OrderRepositoryR2dbcTests 类并实现自动化测试，以校验应用的数据持久层。

程序清单 8.30 数据 R2DBC 切片的集成测试

```java
package com.polarbookshop.orderservice.order.domain;

import com.polarbookshop.orderservice.config.DataConfig;
import org.junit.jupiter.api.Test;
import org.testcontainers.containers.PostgreSQLContainer;
import org.testcontainers.junit.jupiter.Container;
import org.testcontainers.junit.jupiter.Testcontainers;
import org.testcontainers.utility.DockerImageName;
import reactor.test.StepVerifier;
import org.springframework.beans.factory.annotation.Autowired;
import org.springframework.boot.test.autoconfigure.data.r2dbc.DataR2dbcTest;
import org.springframework.context.annotation.Import;
import org.springframework.test.context.DynamicPropertyRegistry;
import org.springframework.test.context.DynamicPropertySource;

@DataR2dbcTest                              // 标记该测试类主要关注 R2DBC 组件
@Import(DataConfig.class)                   // 导入所需的 R2DBC 配置，以启用数据审计功能
@Testcontainers                             // 激活测试容器的自动化启动和清理
class OrderRepositoryR2dbcTests {

  @Container                                // 标记用于测试的 PostgreSQL 容器
  static PostgreSQLContainer<?> postgresql =
    new PostgreSQLContainer<>(DockerImageName.parse("postgres:14.4"));

  @Autowired
  private OrderRepository orderRepository;

  @DynamicPropertySource                    // 重写 R2DBC 和 Flyway 配置以指向测试 PostgreSQL 实例
  static void postgresqlProperties(DynamicPropertyRegistry registry) {
    registry.add("spring.r2dbc.url", OrderRepositoryR2dbcTests::r2dbcUrl);
    registry.add("spring.r2dbc.username", postgresql::getUsername);
    registry.add("spring.r2dbc.password", postgresql::getPassword);
    registry.add("spring.flyway.url", postgresql::getJdbcUrl);
```

```
        }

        private static String r2dbcUrl() {                           ◄── 构建 R2DBC 连接字符串，
          return String.format("r2dbc:postgresql://%s:%s/%s",            因为 Testcontainers 没有像
            postgresql.getContainerIpAddress(),                          对 JDBC 那样提供开箱即
            postgresql.getMappedPort(PostgreSQLContainer.POSTGRESQL_PORT), 用的连接字符串
            postgresql.getDatabaseName());
        }

        @Test
        void createRejectedOrder() {
          var rejectedOrder = OrderService.buildRejectedOrder("1234567890", 3);
          StepVerifier
            .create(orderRepository.save(rejectedOrder))              ◄──
            .expectNextMatches(
              order -> order.status().equals(OrderStatus.REJECTED))       使用 OrderRepository 返回的对
            .verifyComplete();                       ◄──                    象来初始化一个 StepVerifier
        }                                                                   对象
    }
                                    检验反应式流
                                    成功完成
    断言返回的 Order
    具有正确的状态
```

因为这些切片测试是基于 Testcontainers 的，所以请确保 Docker Engine 在本地环境中处于运行状态。然后，运行测试。

```
$ ./gradlew test --tests OrderRepositoryR2dbcTests
```

在下一小节中，我们将会为 Web 切片编写测试。

8.5.3　使用@WebFluxTest 测试 REST 控制器

WebFlux 切片的测试方式与我们在第 3 章测试 MVC 层时类似，并且会使用与集成测试相同的 WebTestClient 工具。这是一个增强版本的标准 WebClient 对象，包含了简化测试的额外特性。

创建一个 OrderControllerWebFluxTests 类，并为其添加@WebFluxTest(OrderController.class)注解，以便收集针对 OrderController 的切片测试。就像在第 3 章学到的那样，我们可以使用 Spring 的@MockBean 注解来 mock OrderService 类，并让 Spring 将其添加到用于测试的 Spring 上下文中，这样就能够使其变成可注入的。

程序清单 8.31　WebFlux 切片的集成测试

```
package com.polarbookshop.orderservice.order.web;

import com.polarbookshop.orderservice.order.domain.Order;
import com.polarbookshop.orderservice.order.domain.OrderService;
import com.polarbookshop.orderservice.order.domain.OrderStatus;
```

```
import org.junit.jupiter.api.Test;
import reactor.core.publisher.Mono;
import org.springframework.beans.factory.annotation.Autowired;
import org.springframework.boot.test.autoconfigure.web.reactive.WebFluxTest;
import org.springframework.boot.test.mock.mockito.MockBean;
import org.springframework.test.web.reactive.server.WebTestClient;
import static org.assertj.core.api.Assertions.assertThat;
import static org.mockito.BDDMockito.given;

@WebFluxTest(OrderController.class)          ◁──  标识该测试类主要关注 Spring WebFlux 组
class OrderControllerWebFluxTests {                件，具体来讲，针对的是 OrderController

  @Autowired                                  ◁──  具有额外特性的 WebClient 变种，会使
  private WebTestClient webClient;                 RESTful 服务的测试更简便

  @MockBean                                   ◁──  添加 mock OrderService 到 Spring
  private OrderService orderService;               应用上下文中

  @Test
  void whenBookNotAvailableThenRejectOrder() {
    var orderRequest = new OrderRequest("1234567890", 3);
    var expectedOrder = OrderService.buildRejectedOrder(
     orderRequest.isbn(), orderRequest.quantity());
    given(orderService.submitOrder(
     orderRequest.isbn(), orderRequest.quantity())
    ).willReturn(Mono.just(expectedOrder));   ◁──  定义 OrderService mock
                                                   bean 的预期行为
    webClient
      .post()
      .uri("/orders/")
      .bodyValue(orderRequest)
      .exchange()                             ◁──  预期订单
      .expectStatus().is2xxSuccessful()            创建成功
      .expectBody(Order.class).value(actualOrder -> {
        assertThat(actualOrder).isNotNull();
        assertThat(actualOrder.status()).isEqualTo(OrderStatus.REJECTED);
      });
  }
}
```

接下来，运行 Web 层的切片测试，确保它们能够通过：

```
$ ./gradlew test --tests OrderControllerWebFluxTests
```

非常好！我们成功构建并测试了一个反应式应用，实现了可扩展性、韧性和效益的最大化。在本书附带的源码中，你可以看到更多的测试样例，包括所有使用@SpringBootTest 注解的完整集成测试，以及像第 3 章那样使用@JsonTest 的 JSON 层切片测试。

Polar Labs

请将我们在前面几章中学到的知识用到 Order Service 应用中，并为它的部署做好准备。

1）添加 Spring Cloud Config Client 到 Order Service 中，使其能够从 Config Service 获取配置数据。

2）配置 Cloud Native Buildpacks 集成，容器化应用并定义部署流水线的提交阶段。

3）编写 Deployment 和 Service 清单，以便于将 Order Service 部署到 Kubernetes 集群中。

4）配置 Tilt，以便于将 Order Service 自动化部署到由 minikube 初始化的本地 Kubernetes 集群中。

你可以参阅本书附带源码仓库的/Chapter08/08-end 目录，查看最终的结果（https://github.com/ThomasVitale/cloud-native-spring-in-action），并使用 kubectl apply –f services 命令部署 Chapter08/08-end/polar-deployment/kubernetes/platform/development 目录中的清单。

下一章将继续讨论韧性的话题，并使用 Spring Cloud Gateway、Spring Cloud Circuit Breaker 和 Resilience4J 引入更多的模式，如断路器和限流器。

8.6　小结

- 当我们期望通过更少的计算资源获取高流量和高并发时，反应式范式能够提升应用的可扩展性、韧性和效益，不过这会带来更陡峭的初始学习曲线。
- 请根据自己的需求，在非反应式和反应式技术栈之间做出选择。
- Spring WebFlux 基于 Reactor 项目，是 Spring 反应式技术栈的核心。它支持异步、非阻塞的 I/O。
- 反应式 RESTful 服务可以通过@RestController 类或 Router Functions 实现。
- WebFlux 切片可以通过@WebFluxTest 注解来测试。
- Spring Data R2DBC 提供了基于 R2DBC 驱动进行反应式数据持久化的支持。这种方式与其他 Spring Data 项目是相同的，包括数据库驱动、实体和资源库。
- 数据库模式可以通过 Flyway 进行管理。
- 反应式应用的持久化切片能够通过@DataR2dbcTest 注解和 Testcontainers 进行测试。
- 如果系统能够在面临故障的时候依然提供服务，且让用户毫无察觉，那么它就是具有韧性的。有时候，这是不可能实现的，但至少我们可以确保对服务进行优雅降级。
- WebClient 基于 Reactor 项目，使用了 Mono 和 Flux 发布者。
- 我们可以使用 Reactor 操作符来配置超时、重试、回退和错误处理，以确保当下游服务出现故障或网络问题时，应用的交互更具韧性。

第 9 章　API 网关与断路器

本章内容：

- 使用 Spring Cloud Gateway 和反应式 Spring 实现边缘服务
- 使用 Spring Cloud Circuit Breaker 和 Resilience4J 配置断路器
- 使用 Spring Cloud Gateway 和 Redis 定义限流器
- 使用 Spring Session Data Redis 管理分布式会话
- 借助 Kubernetes Ingress 路由应用的流量

　　在上一章中，我们学习了使用反应式范式构建韧性、可扩展和高效益应用的几个考量因素。在本章中，反应式 Spring 技术栈依然是为 Polar Bookshop 系统实现 API 网关的基础。在微服务这样的分布式架构中，API 网关是一种通用的模式，能够实现内部 API 与客户端的解耦。当为系统建立这样的入口点时，我们也可以使用它来实现一些横切性关注点，比如安全性、监控和韧性。

　　在本章中，我们将学习如何使用 Spring Cloud Gateway 构建 Edge Service 应用、实现 API 网关以及一些横切性关注点。我们还会使用 Spring Cloud Circuit Breaker 配置断路器，使用 Spring Data Redis Reactive 定义限流器，并且会像上一章那样使用重试和超时，以提升系统的韧性。

　　接下来，我会介绍如何设计无状态的应用。为了让应用能够发挥作用，有些状态是需要保存的。我们已经使用过关系型数据库了，本章将学习如何使用 Spring Session Redis 存储 Web 会话（session），Redis 是一个 NoSQL 内存数据存储。

　　最后，你将会看到如何使用 Kubernetes Ingress API 来实现在外部访问 Kubernetes 集群中运行的应用。

图 9.1 展示了完成本章内容后 Polar Bookshop 系统的样子。

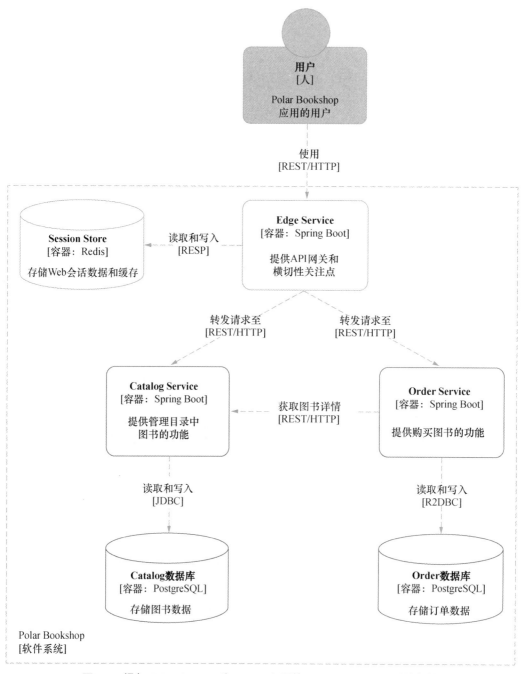

图 9.1   添加 Edge Service 和 Redis 之后的 Polar Bookshop 系统架构

注意 本章样例的源码可以参阅/Chapter09/09-begin 和/Chapter09/09-end 目录，它们分别包含了项目的初始和最终状态（https://github.com/ThomasVitale/cloud-native-spring-in-action）。

9.1 边缘服务器和 Spring Cloud Gateway

Spring Cloud Gateway 是一个基于 Spring WebFlux 和 Reactor 的项目，它提供了 API 网关和一个中心化的地方来实现横切性关注点，如安全性、韧性和监控。它是为开发人员构建的，非常适合 Spring 架构和异构（heterogeneous）的环境。

API 网关为系统提供了入口点。在像微服务这样的分布式系统中，这是为客户端与内部服务 API 的变更实现解耦的简便方式。我们可以自由地修改将系统分解成服务和 API 的方式，只要网关能够将更稳定、对客户端更友好的公开 API 转换成内部 API 即可。

假设你正在将单体转换成微服务。在这种情况下，API 网关可以作为"单体绞杀者"（strangler）并包装遗留应用，直至将它们迁移至新的架构为止，所以这个过程对客户端是透明的。如果要面临不同的客户端类型（单页应用、移动应用、桌面应用以及 IoT 设备），API 网关能够根据它们的需求，提供更精准的 API（也称为"面向前端的后端"模式，backend-for-frontend）。有时候，网关也可以实现 API 组合模式，让我们在将结果返回给客户端时，从不同的服务中查询和联结数据（例如，使用新的 Spring GraphQL）。

根据给定的路由规则，调用会从网关转发至下游服务，这类似于反向代理。它使得客户端能够避免为了完成一笔事务而跟踪不同的服务，简化了客户端的逻辑，并减少了客户端必须要发起调用的次数。

因为 API 网关是系统的入口，所以它非常适合实现一些横切性关注点，如安全性、监控和韧性。这种位于系统边缘、实现 API 网关和横切性关注点的系统，我们将其称为"边缘服务器"应用。在调用下游服务时，我们还可以配置断路器以防止级联故障。我们可以针对内部服务的所有调用定义重试和超时。我们能够控制入站流量并执行配额策略，以便于根据特定的条件限制系统的使用（比如用户的会员级别，即基本、高级或专业用户）。我们还可以在边缘实现认证和授权，并将一个访问令牌传递到下游服务，我将会在第 11 章和第 12 章详细讨论这个话题。

但是，我们需要注意到边缘服务器会增加系统的复杂性。这是在生产环境构建、部署和管理的另一个组件，它也会增加系统的网络跳转（hop），因此会增加响应时间。大多数时候，这都不是很明显的成本，不过，我们还是需要留意。因为边缘服务器是系统的入口点，所以有成为单点故障的风险。作为一个基本的迁移策略，我们应该像第 4 章所讨论的配置服务器那样，至少部署两个边缘服务器的副本。

Spring Cloud Gateway 能够极大地简化边缘服务的构建，专注于简洁性和生产力。另外，因为它是基于反应式技术栈的，所以它能自然地进行高效扩展，处理系统边缘出现的高工作负载。

在下面的小节中，我们将会学习如何使用 Spring Cloud Gateway 来搭建边缘服务器。你会学习路由、断言和过滤器，它们都是网关的构建基块。我们还会使用上一章所学习的重试和超时模式，将它们用于网关与下游服务之间的交互中。

注意　如果在前面的几章中你没有按照我们的教程编写样例，那么可以参考本书附带的源码仓库（https://github.com/ThomasVitale/cloud-native-spring-in-action），并使用 Chapter09/09-begin 目录中的项目作为起点。

9.1.1　使用 Spring Cloud Gateway 引导边缘服务器

Polar Bookshop 系统需要一个边缘服务器，以将流量路由至内部 API，并解决横切性关注点。我们可以通过 Spring Initializr（https://start.spring.io）初始化新的 Edge Service 项目并将结果保存到 edge-service Git 仓库中。初始化过程中的参数如图 9.2 所示。

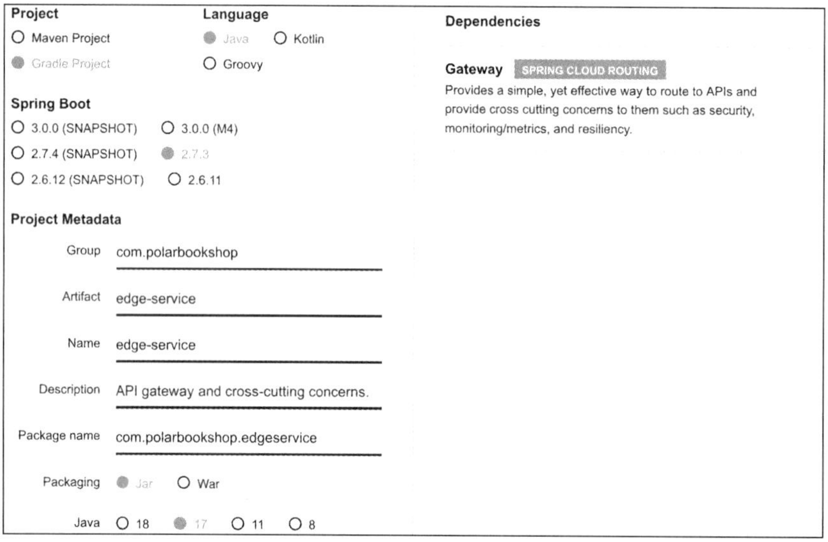

图 9.2　初始化 Edge Service 项目的参数

提示　在本章源码的 begin 目录中你可以找到一个 curl 命令，你可以在终端窗口中运行它。该命令会下载一个 zip 文件，它包含了初始需要的所有代码，这样能够避免在 Spring Initializr Web 站点上进行手工操作。

在自动生成的 build.gradle 文件中，dependencies 区域如下所示：

```
dependencies {
  implementation 'org.springframework.cloud:spring-cloud-starter-gateway'
  testImplementation 'org.springframework.boot:spring-boot-starter-test'
}
```

其中主要的依赖如下所示：

- Spring Cloud Gateway（org.springframework.cloud:spring-cloud-starter-gateway）：提供路由请求到 API 以及解决横切性关注点（如韧性、安全性和监控）的工具。它构建在 Spring 反应式技术栈之上。
- Spring Boot Test（org.springframework.boot:spring-boot-starter-test）：提供多个库和工具以测试应用，包括 Spring Test、JUnit、AssertJ 和 Mockito。它们会自动包含到每个 Spring Boot 项目中。

Spring Cloud Gateway 的核心就是一个 Spring Boot 应用。它提供了我们在前面使用的所有便利特性，比如自动配置、嵌入式服务器、测试工具、外部化配置等。它构建在反应式技术栈之上，所以我们可以使用上一章学到的关于 Spring WebFlux 和 Reactor 的工具与模式。我们首先配置嵌入式的 Netty 服务器。

首先，将 Spring Initializr 生成的 application.properties（edge-service/src/main/resources）文件重命名为 application.yml。然后，打开该文件并按照我们在上一章学习到的方法配置 Netty 服务器。

程序清单 9.1 配置 Netty 服务器和优雅关机

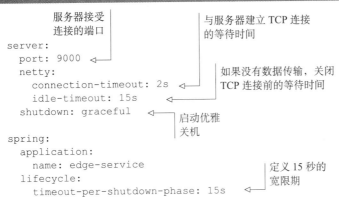

应用现在已经搭建好了，我们可以开始探索 Spring Cloud Gateway 的特性了。

9.1.2 定义路由和断言

Spring Cloud Gateway 提供了 3 个主要的构建基块。
- 路由（Route）：它是由一个唯一的 ID 进行标识的一组断言，它们决定了是否要遵循该路由，如果断言允许的话，会将请求转发至某个 URI，在将请求转发至下游之前或之后会应用一组过滤器。
- 断言（Predicate）：它会匹配 HTTP 请求中的所有内容，包括路径、主机名、头信息、查询参数、cookie 和请求体。
- 过滤器（Filter）：在将请求转发至下游服务之前或之后，它可以修改 HTTP 请求或响应。

客户端会发送请求至 Spring Cloud Gateway。如果请求能够通过断言匹配至某个路由，Gateway 的 HandlerMapping 会将请求发送至 Gateway WebHandler，后者会通过一个过滤器链运行请求。

这里会有两个过滤器链。其中一个链包含了将请求发送至下游服务之前要运行的过滤器，而另一个链则会在将请求发送至下游服务之后且转发响应之前运行。我们将在下一小节中学习不同类型的过滤器。图 9.3 展示了在 Spring Cloud Gateway 中路由是如何运行的。

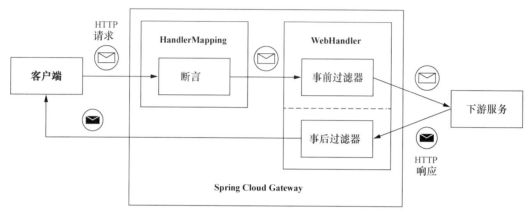

图 9.3　请求会基于断言进行匹配，随后执行过滤，最后转发至下游服务，并以响应的形式进行答复，响应在返回客户端之前会经历另外一组过滤器

在 Polar Bookshop 系统中，我们构建了两个具有 API 的应用，这些 API 要从应用外部进行访问（即公开 API）：Catalog Service 和 Order Service。我们可以使用 Edge Service 将它们隐藏在一个 API 网关后面。首先，我们需要定义路由。

最小的路由至少需要配置一个唯一的 ID、将请求转发至何处的 URI 以及一个断言。打开 Edge Service 项目的 application.yml 文件，并配置到 Catalog Service 和 Order Service 的两个路由。

程序清单 9.2　配置到下游服务的路由

Catalog Service 和 Order Service 的路由都是基于 Path 断言进行匹配的。所有路径以/books 开头的传入请求都会被转发至 Catalog Service。如果路径以/orders 开头，那么 Order Service 将会接收到请求。URI 是使用环境变量（CATALOG_SERVICE_URL 和 ORDER_SERVICE_URL）的值计算得出的。如果环境变量没有定义，那么将会使用第一个冒号后面的默认值。相对于我们在上一章中基于自定义属性定义 URL 的方式，这是一种替代方案。在这里，我想向你展示两种不同的方案。

该项目内置了很多不同类型的断言，在进行路由配置时，我们可以使用它们对 HTTP 请求中的任意内容进行匹配，包括 Cookie、Header、Host、Method、Path、Query 和 RemoteAddr。我们还可以进行组合以形成 AND 条件。在前面的样例中，我们使用了 Path。关于 Spring Cloud Gateway 所支持的丰富断言列表，请参阅官方文档：https://spring.io/projects/spring-cloud-gateway。

使用 Java/Kotlin DSL 定义路由

Spring Cloud Gateway 是一个非常灵活的项目，能够按照最适合我们需求的方式配置路由。在这里，我们将路由定义在属性文件 application.yml 或 application.properties 中，但是还可以在 Java 或 Kotlin 中使用 DSL 以编码的方式配置路由。该项目的未来版本还将实现通过 Spring Data 从数据源中获取路由配置。

至于选择哪种方式取决于你自己。将路由定义在属性文件中能够让我们很容易根据环境对它们进行定制，并在运行时对其更新，避免重新构建和部署应用，例如，当我们使用 Spring Cloud Config Server 的时候，就能从这种方式中获益。而适用于 Java 和 Kotlin 的 DSL 则允许我们定义更复杂的路由。配置属性仅允许我们按照 AND 逻辑操作符组合不同的断言，而 DSL 还允许我们使用其他逻辑操作符，如 OR 和 NOT。

我们验证一下它是否能够按照预期方式运行。我们将使用 Docker 来运行下游服务和 PostgreSQL，至于 Edge Service，我们会在本地 JVM 上运行，以便更加高效地使用它，因为我们主要就是实现这个应用。

首先，我们需要运行 Catalog Service 和 Order Service。在每个项目的根目录中运行"./gradlew bootBuildImage"，以便将其打包为容器镜像。然后，通过 Docker Compose 启动它们。打开终端窗口，导航至 docker-compose.yml 文件所在的目录（polar-deployment/docker），并运行如下命令：

```
$ docker-compose up -d catalog-service order-service
```

因为这两个应用都依赖于 PostgreSQL，所以 Docker Compose 也会运行 PostgreSQL 容器。

当下游服务都已经运行之后，我们就可以启动 Edge Service 了。在终端窗口中，导航至项目的根目录（edge-service）并运行如下命令：

```
$ ./gradlew bootRun
```

Edge Service 应用将会在 9000 端口开始接收请求。为了完成最后的测试，我们尝试对图书和订单执行一些操作，只不过这一次是使用 API 网关（也就是使用 9000 端口，而不是 Catalog Service 和 Order Service 监听的端口）。它们应该会返回 200 OK 响应：

```
$ http :9000/books
$ http :9000/orders
```

其结果与直接调用 Catalog Service 和 Order Service 是一样的，只不过现在我们只需要知道一个主机名和端口即可。完成测试之后，通过执行 Ctrl+C 停掉应用。然后，终止所有使用 Docker Compose 启动的容器。

```
$ docker-compose down
```

在幕后，Edge Service 会使用 Netty 的 HTTP 客户端将请求转发至下游服务。正如在前一章所讨论的那样，每当应用调用外部服务时，配置超时以确保进程间通信出现故障时的韧性是很重要的。Spring Cloud Gateway 提供了专门的属性来配置 HTTP 客户端的超时。

再次打开 Edge Service 的 application.yml 文件并定义连接的超时时间（与下游服务建立连接的时间限制）和响应的超时时间（接收到响应的时间限制）。

程序清单 9.3　配置网关 HTTP 客户端的超时

默认情况下，Spring Cloud Gateway 所使用的 Netty HTTP 客户端会被配置为使用一个弹性（elastic）连接池，它会随着工作负载的增长动态增加并发连接的数量。根据系统所能接收到的请求数量，我们可能想要切换至固定的（fixed）连接池，以便对连接数量有更多的控制。借助 spring.cloud.gateway.httpclient.pool 属性组，我们可以在 application.yml 文件中配置 Spring Cloud Gateway 中的 Netty 连接池。

程序清单 9.4　为网关 HTTP 客户端配置连接池

我们可以参阅 Reactor Netty 的官方文档，以了解连接池如何运行以及可用配置的详细信

息，以及在特定场景中应该使用什么样的值（https://projectreactor.io/docs）。

在下一小节中，我们将会实现比简单的请求转发更有意思的事情，也就是探索 Spring Cloud Gateway 过滤器的威力。

9.1.3　通过过滤器处理请求和响应

路由和断言就能让一个应用发挥代理的作用，但是过滤器会使 Spring Cloud Gateway 更加强大。

过滤器可以在将传入请求转发到下游应用之前执行（事前过滤器，pre-filter）。例如，它们可以用于：

- 操作请求的头信息
- 实现限流和断路器
- 为被代理的请求实现重试和超时
- 借助 OAuth2 和 OpenID Connect 触发认证流程

其他过滤器可以用到输出的响应上，它们会在接收到下游应用的响应之后并在将它们发送回客户端之前触发（事后过滤器，post-filter）。例如，它们可以用于：

- 设置安全相关的头信息
- 操作响应体以移除敏感信息

Spring Cloud Gateway 自带了很多过滤器，我们可以使用它们完成各种操作，包括为请求体添加头信息、配置断路器、保存 Web 会话、失败时对请求进行重试以及激活限流器。

在上一章中，我们学习了如何使用重试模式来提高应用的韧性。现在，我们学习如何将它作为一个默认的过滤器，用到网关中定义的路由的所有 GET 请求上。

使用重试过滤器

我们可以在位于 src/main/resources 目录下的 application.yml 文件中定义默认的过滤器。Spring Cloud Gateway 提供的过滤器之一就是重试（Retry）过滤器。它的配置方式与我们在第 8 章所用的方式类似。

当错误在 5xx 范围（SERVER_ERROR）的时候，我们将所有的 GET 请求定义为最多重试 3 次。如果在 4xx 范围的话，我们不希望进行重试。比如结果是 404 响应，对请求进行重试是没有意义的。我们还可以列出遇到哪些异常时要进行重试，例如 IOException 和 TimeoutException。

现在，我们已经知道不应该接连不断地对请求进行重试，而是应该使用一个退避策略。默认情况下，延迟是通过 firstBackoff * (factor ^ n)公式计算得出的。如果我们将 basedOnPreviousValue 参数设置为 true 的话，那么计算公式将会变成 prevBackoff * factor。

程序清单 9.5　对所有路由应用重试过滤器

```
spring:
  cloud:
```

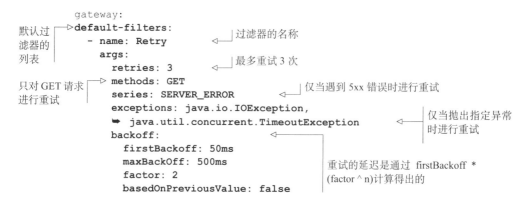

当下游服务临时不可用时，重试模式是有用的。如果它的故障时间持续比较长，又该怎么办呢？此时，我们可以直接停止向它转发请求，直到我们确认它恢复正常为止。此时，继续发送请求对调用者和被调用者都没有任何的好处。在这种情况下，断路器模式就有用武之地了，而这正是我们下一节要讨论的话题。

9.2   使用 Spring Cloud Circuit Breaker 和 Resilience4J 实现容错

正如我们前面所掌握的，韧性是云原生应用的关键属性。实现韧性的原则之一就是防止故障级联影响其他组件。假设在一个分布式系统中，应用 X 依赖于应用 Y。如果应用 Y 发生了故障，那么应用 X 也应该出现故障吗？断路器能够将故障局限在一个组件内，防止传播到依赖它的其他组件上，从而能够保护系统的其他组成部分。这是通过临时停止与故障组件的通信，直至故障组件恢复为止来实现的。该模式来源于电力系统，当系统中某一部分因为电流过载而发生故障时，电路会被物理打开，以防整栋房子毁于一旦。

在分布式系统中，我们可以在组件的集成点建立断路器。设想一下 Edge Service 和 Catalog Service。在典型的场景中，断路器是处于关闭（closed）状态的，这意味着两个服务可以通过网络进行通信。对于 Catalog Service 返回的每个服务器错误响应，位于 Edge Service 中的断路器都会记录一次故障。当故障数量超过一定阈值后，断路器就会断开，过渡到打开（open）状态。

当断路器断开之后，Edge Service 和 Catalog Service 之间的通信就会被禁止。应该转发至 Catalog Service 的所有请求都会立即失败。在这种情况下，要么向客户端返回一个错误，要么执行回退逻辑。在一定的时间之后，断路器将会过渡到半开（half-open）状态，它会放行下一次对 Catalog Service 的调用。如果该请求成功的话，断路器将会重置，过渡到关闭状态。否则，它依然会保持打开状态。图 9.4 展示了断路器是如何变更状态的。

与重试不同的是，当断路器断开的时候，不允许再调用下游的服务。与重试类似的是，它的行为依赖于阈值和超时时间，并且它允许定义可调用的回退方法。韧性的目标是即便遇到故障，也能确保系统对用户的可用性。在最糟糕的情况下，比如断路器断开时，我们应该确保优雅降级。对回退方法，我们可以采用不同的策略。例如，在 GET 请求中，我们可以返回一个默认值或者缓存中最后一个可用的值。

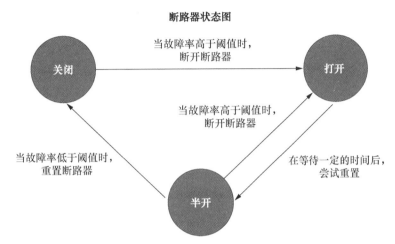

图 9.4　当下游服务超过允许的最大失败数量的时候，断路器会通过阻止上游和下游服务之间的通信确保容错性。该逻辑是基于三个状态实现的：关闭、打开和半开

  Spring Cloud Circuit Breaker 为在 Spring 应用中定义断路器，提供了一个抽象层。我们可以选择基于 Resilience4J 的反应式和非反应式实现（https://resilience4j.readme.io）。Netflix Hystrix 曾经是微服务架构中的流行方案，但是早在 2018 年，它就进入了维护模式。从此之后，Resilience4J 成了首选方案，因为它提供了与 Hystrix 相同甚至更多的特性。

  Spring Cloud Gateway 能够与 Spring Cloud Circuit Breaker 实现原生集成，它提供一个 CircuitBreaker 网关过滤器，我们可以使用它来保护与下游服务的所有交互。在后面的小节中，我们将会为从 Edge Service 到 Catalog Service 和 Order Service 的路由配置一个断路器。

9.2.1　使用 Spring Cloud Circuit Breaker 引入断路器

  要在 Spring Cloud Gateway 中使用 Spring Cloud Circuit Breaker，我们需要添加对想要使用的特定实现的依赖。在本例中，我们要使用反应式版本的 Resilience4J。在 Edge Service 项目（edge-service）的 build.gradle 文件中添加如下新依赖。在添加之后，不要忘记刷新/重新导入 Gradle 依赖。

程序清单 9.6　添加对 Spring Cloud Circuit Breaker 的依赖

```
dependencies {
  ...
  implementation 'org.springframework.cloud:
```

```
      ➥   spring-cloud-starter-circuitbreaker-reactor-resilience4j'
    )
```

Spring Cloud Gateway 中的 CircuitBreaker 过滤器依赖 Spring Cloud Circuit Breaker 来包装路由。类似于 Retry 过滤器，我们可以将它用于特定的路由，也可以将其定义为默认的过滤器。现在，我们看一下第一个方案。我们还可以声明一个可选的回退 URI，在断路器处于打开状态时，请求将会转发到该 URI。在本例中（application.yml），两个路由都使用 CircuitBreaker 过滤器进行了配置，但是只有 catalog-route 配置了 fallbackUri 属性的值，这样我就能同时展示两种场景了。

程序清单 9.7　为网关路由配置断路器

```
spring:
  cloud:
    gateway:
      routes:
        - id: catalog-route
          uri: ${CATALOG_SERVICE_URL:http:/ /localhost:9001}/books
          predicates:
            - Path=/books/**                         断路器的
          filters:                                    名称
            - name: CircuitBreaker                    当断路器处于打开状态
              args:                                   时，要转发至该 URI
                name: catalogCircuitBreaker
                fallbackUri: forward:/catalog-fallback
        - id: order-route
          uri: ${ORDER_SERVICE_URL:http:/ /localhost:9002}/orders
          predicates:
            - Path=/orders/**                        该断路器没有配置
          filters:                                    回退 URI
            - name: CircuitBreaker
              args:
                name: orderCircuitBreaker
```

过滤器的名称 → name: CircuitBreaker

下一步就是配置断路器了。

9.2.2　使用 Resilience4J 配置断路器

在定义完哪个路由使用 CircuitBreaker 过滤器之后，我们需要对断路器本身进行配置。像往常一样，有两个可选方案。我们可以通过 Resilience4J 提供的属性来配置断路器，也可以使用 Customizer bean 进行配置。因为我们使用的是反应式版本的 Resilience4J，因此对应的是 Customizer<ReactiveResilience4JCircuitBreakerFactory>。

不管是采用哪种方式，我们都可以为 application.yml 文件中的每个断路器定义特定的配置（在本例中，也就是 catalogCircuitBreaker 和 orderCircuitBreaker），或者定义一些适用于所有断路器的默认配置。

在本例中，我们将断路器的 20 个调用定义为一个窗口（slidingWindowSize）。每当有新的调用时，窗口就会滑动，丢弃已注册的最早的调用。当窗口中的调用有超过 50%出现错误时（failureRateThreshold），断路器就会断开，从而进入打开状态。在 15 秒（waitDurationInOpenState）后，断路器就会转换至半开状态，在该状态下允许进行 5 次（permittedNumberOfCallsInHalfOpenState）调用。如果超过 50%的结果是错误的话，断路器会再次回到打开状态。否则，断路器进入关闭状态。

现在，回到代码。在 Edge Service 项目（edge-service）中，在 application.yml 文件的末尾，我们定义所有 Resilience4J 断路器的默认配置。

程序清单 9.8 配置断路器和限时器

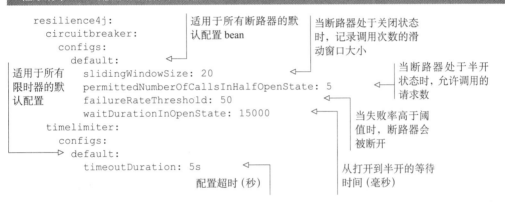

我们同时配置了断路器和限时器，当使用 Spring Cloud Circuit Breaker 的 Resilience4J 实现时，这是必需的组件。通过 Resilience4J 配置的超时时间要优先于在上一节中为 Netty HTTP 客户端所定义的响应超时时间（spring.cloud.gateway.httpclient.response-timeout）。

当断路器切换至打开状态时，我们至少可以做的事情就是优雅地降低服务等级，并尽可能保持良好的用户体验，我们将会在下一小节中展示如何实现这一点。

9.2.3 使用 Spring WebFlux 定义回退 REST API

当向 catalog-route 中添加 CircuitBreaker 过滤器时，我们为 fallbackUri 属性定义了一个值，当断路器处于打开状态时，请求会被转发至/catalog-fallback 端点。因为该路由同时使用了 Retry 过滤器，所以回退端点会在给定请求的所有重试都失败后调用。现在，我们定义该端点。

正如我们在上一章所看到的，WebFlux 支持使用@RestController 类和 Router Functions 来定义端点，这次我们采用函数式方式来声明回退端点。

在 Edge Service 项目的 com.polarbookshop.edgeservice 包中，创建一个新的 WebEndpoints 类。Spring WebFlux 中的函数式端点需要在 RouterFunction<ServerResponse> bean 中定义为路由，这可以通过 RouterFunctions 提供的流畅 API 来实现。对于每个路由，我们需要定义端点

URL、HTTP 方法和处理器。

程序清单 9.9   当 Catalog Service 不可用时，配置回退端点

```
package com.polarbookshop.edgeservice.web;

import reactor.core.publisher.Mono;
import org.springframework.context.annotation.Bean;
import org.springframework.context.annotation.Configuration;
import org.springframework.http.HttpStatus;
import org.springframework.web.reactive.function.server.RouterFunction;
import org.springframework.web.reactive.function.server.RouterFunctions;
import org.springframework.web.reactive.function.server.ServerResponse;

@Configuration
public class WebEndpoints {                      函数式 REST 端点是以          提供流畅 API 来
                                                 bean 的形式定义的            构建路由

  @Bean
  public RouterFunction<ServerResponse> routerFunction() {              用于处理
    return RouterFunctions.route()                                      GET 端点的
      .GET("/catalog-fallback", request ->                             回退响应
        ServerResponse.ok().body(Mono.just(""), String.class))
      .POST("/catalog-fallback", request ->
        ServerResponse.status(HttpStatus.SERVICE_UNAVAILABLE).build())
      .build();                     构建函数式
  }                                 端点
}
```

用于处理 POST 端点的回退响应 (annotation pointing to `.POST` line)

简单起见，GET 请求的回退响应会返回一个空的字符串，而 POST 请求的回退响应会返回一个 HTTP 503 错误。在真实的场景中，我们可能想要根据不同的情况采用不同的回退策略，比如抛出一个由客户端处理的自定义异常或者返回原始请求在上一次调用时保存在缓存中的值。

到目前为止，我们已经使用了重试、超时、断路器和故障转移（回退）。在下一小节中，我们将会看到如何将这些韧性模式组合在一起使用。

9.2.4   组合断路器、重试和限时器

当我们组合多种韧性模式时，它们的应用顺序是非常重要的。Spring Cloud Gateway 首先会应用 TimeLimiter（或者 HTTP 客户端上的超时），然后是 CircuitBreaker 过滤器，最后是 Retry。图 9.5 展示了这些模式是如何协作以增强应用韧性的。

我们可以使用像 Apache Benchmark（https://httpd.apache.org/docs/2.4/programs/ab.html）这样的工具来校验使用这些模式的结果。如果你正在使用 macOS 或 Linux 的话，该工具可能已经安装就绪了。否则，请参阅官方文档的指南进行安装。

请确保 Catalog Service 和 Order Service 都没有运行。然后，为 Resilience4J 启用调试日志，以便于跟踪断路器的状态转换。在 application.yml 文件的最后，添加如下配置。

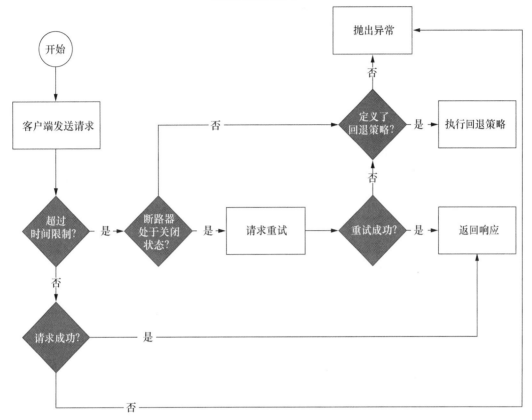

图 9.5　当实现了多个韧性模式时，它们会按照特定的顺序发挥作用

程序清单 9.10　为 Resilience4J 启用调试日志

```
logging:
  level:
    io.github.resilience4j: DEBUG
```

接下来，构建并运行 Edge Service（./gradlew bootRun）。因为所有的下游服务都没有运行（如果它们处于运行状态的话，请将它们停掉），所有通过 Edge Service 发往它们的请求都会出现错误。我们看一下连续运行 21 个 POST 请求（-n 21 -c 1 -m POST）到/orders 端点会发生什么么。请记住，POST 请求没有重试配置，order-route 也没有回退策略，所以结果只会受到超时和断路器的影响：

```
$ ab -n 21 -c 1 -m POST http:/ /localhost:9000/orders
```

从 ab 的输出中我们可以看到，所有的请求均返回错误：

```
Complete requests: 21
```

```
Non-2xx responses: 21
```

按照配置，当大小为 20 的时间窗口内有超过 50%的请求都失败的话，断路器就会进入打开状态。因为我们刚刚启动应用，断路器将会在 20 个请求之后进入打开状态。借助应用的日志，我们可以分析请求是如何处理的。所有的请求都会失败，所以断路器会为它们均注册 ERROR 事件：

```
Event ERROR published: CircuitBreaker 'orderCircuitBreaker'
  recorded an error.
```

到第 20 个请求时，会记录一个 FAILURE_RATE_EXCEEDED 事件，因为它超过了失败的阈值。这会导致打开断路器的 STATE_TRANSITION 事件：

```
Event ERROR published: CircuitBreaker 'orderCircuitBreaker'
  recorded an error.
Event FAILURE_RATE_EXCEEDED published: CircuitBreaker 'orderCircuitBreaker'
  exceeded failure rate threshold.
Event STATE_TRANSITION published: CircuitBreaker 'orderCircuitBreaker'
  changed state from CLOSED to OPEN
```

第 21 个请求甚至不会接触 Order Service：断路器处于打开状态，所以它无法通过。NOT_PERMITTED 事件会被注册，表明了请求失败的原因。

```
Event NOT_PERMITTED published: CircuitBreaker 'orderCircuitBreaker'
  recorded a call which was not permitted.
```

注意　在生产环境中，监控断路器的状态是一件很重要的任务。在第 13 章中，我将会展示如何将这些信息导出为 Prometheus 指标，以便于在 Grafana 仪表盘中对其进行可视化，而无须检查原始的日志。同时，为了获取更直观的讲解，请参阅笔者题为 "Spring Cloud Gateway: Resilience, Security, and Observability" 的演讲，其中有一部分就是关于断路器的。

现在，我们看一下调用 GET 端点时会发生什么，在这个端点中同时配置了重试和回退策略。在开始处理之前，重新运行应用以便于重置断路器的状态（./gradlew bootRun）。然后，运行如下命令。

```
$ ab -n 21 -c 1 -m GET http:/ /localhost:9000/books
```

查阅一下应用的日志，我们可以看到断路器的行为与前面完全一样：20 个允许通过的请求（断路器处于关闭状态），随后是一个不允许通过的请求（打开状态的断路器）。但是，上述命令的结果会展示 21 个完成的请求，没有任何错误。

```
Complete requests: 21
Failed requests: 0
```

在本例中，所有的请求都会被转发至回退端点，所以客户端不会遇到任何错误。

我们还配置了 Retry 过滤器，当抛出 IOException 或 TimeoutException 时会触发该过滤器。在本例中，因为下游服务没有运行，抛出的异常是 ConnectException 类型的，所以该请求没有进行重试，从而能够让我展示断路器和回退的行为，而不包含重试。

到目前为止，我们已经看到了让 Edge Service 和下游应用之间的交互更具韧性的模式。那么系统的入口该如何处理？下一节将会展示限流器，它能够通过 Edge Service 应用控制进入系统的请求。在继续后面的内容之前，请通过 Ctrl+C 终止应用的执行。

9.3 使用 Spring Cloud Gateway 和 Redis 进行限流

限流模式用于控制发送至某个应用或某个应用接收到的流量的速度，它能够让系统更具韧性和健壮性。在 HTTP 交互的场景中，借助该模式，我们可以分别使用客户端和服务器端的限流器来控制输出和输入的网络流量。

客户端限流器能够限制在指定的时间段内发送至下游服务的请求数量。当由第三方组织（如云供应商）管理和提供下游服务时，这种模式是很有用的。我们可能希望避免由于发送的请求超出订阅允许的数量而产生额外的费用。如果是按照使用量付费的服务，它能够防止意外的支出。

如果下游服务是系统的一部分，我们可以使用限流器来避免 DoS 问题。不过，在这种情况下，隔板（bulkhead）模式（或者并发请求限制器）可能会更合适，它会对并发请求的数量进行限制，并对被阻止的请求进行排队。如果是自适应隔板就更好了，它的并发限制可以通过一个算法进行动态更新，以更好地适应云基础设施的弹性。

服务器端限流器用于限制上游服务（或客户端）在特定的时间段内收到的请求数量。在 API 网关中，实现这种模式非常便利，它能够保护整个系统出现过载或 DoS 攻击。当用户数量增加时，系统应该以韧性的方式进行扩展，确保为所有用户提供可接受的服务质量。用户流量的突然增加是在预料之中的事情，最初，这些流量可以通过向基础设施添加更多的资源或更多的应用实例来解决。不过，随着时间的推移，它们会成为一个问题，甚至可能会导致服务的中断。在这种情况下，服务器端的限流器就能派上用场了。

当用户请求在一个特定的时间窗口中超出了允许的请求数时，则所有额外的请求都会被拒绝，状态为 HTTP 429 - Too Many Requests。该限制是根据给定的策略来执行的。例如，我们可以限制每个会话、每个 IP 地址、每个用户或每个租户的请求。整体目标就是确保系统在遇到困境的时候依然能够为所有用户提供服务，而这就是韧性本身的定义。除了韧性之外，这种模式对于根据用户的订阅层级提供服务也很便利。比如，我们可以为基础用户、高级用户和专业用户定义不同的流量限制。

Resilience4J 支持为反应式应用和非反应式应用定义客户端限流器和隔板模式。Spring Cloud Gateway 支持服务器端限流器模式。本节将展示如何借助 Spring Cloud Gateway 和 Spring Data Redis Reactive 为 Edge Service 实现服务器端限流器模式。首先，我们要搭建一个 Redis 容器。

9.3.1 以容器的形式运行 Redis

假设我们要限制对 API 的访问，以确保每个用户每秒钟只能执行 10 个请求。要实现这样的需求，我们需要有一种存储机制，以便于跟踪每秒钟每个用户的请求数。当达到限制时，后续的请求将会被拒绝。当这一秒结束时，用户在下一秒再执行 10 个请求。限流算法所使用的数据规模较小并且是暂时保存的，所以我们可能想要将其保存在应用本身的内存之中。

但是，如果这样做的话，会使应用变成有状态的，并且会导致错误，因为每个应用实例都会根据部分数据集来限制请求。这意味着，我们允许每个用户针对每个实例每秒钟执行 10 个请求，而不是对系统整体进行限制，因为每个实例只能跟踪自己的传入请求。解决方案是使用专门的数据服务来存储限流状态，并确保所有的应用副本都能访问该服务。而这就是 Redis 要做的事情。

Redis（https://redis.com）是一个内存存储，它通常用作缓存、消息代理或数据库。在 Edge Service 中，我们会使用它作为数据服务，以支撑 Spring Cloud Gateway 提供的请求限流器实现。Spring Data Redis Reactive 项目提供了 Spring Boot 应用与 Redis 之间的集成功能。

我们首先定义一个 Redis 容器。打开在 polar-deployment 仓库中创建的 docker-compose.yml 文件（如果你没有按照我们教程编写样例的话，那么可以使用本书附带源码中的 Chapter09/09-begin/polar-deployment/docker/docker-compose.yml 作为起点）。然后，使用 Redis 官方镜像以添加新的服务定义并对外暴露 6379 端口。

程序清单 9.11   定义 Redis 容器

```
version: "3.8"
services:
  ...
  polar-redis:                          使用 Redis 7.0
    image: "redis:7.0"        ◁┈
    container_name: "polar-redis"
    ports:                              通过 6379 端口
      - 6379:6379           ◁┈        暴露 Redis
```

接下来，打开终端窗口，导航至 docker-compose.yml 文件所在的目录，并运行如下命令以启动 Redis 容器：

```
$ docker-compose up -d polar-redis
```

在下一小节中，我们将会配置 Redis 与 Edge Service 的集成。

9.3.2   集成 Spring 与 Redis

Spring Data 项目提供了不同的模块以支持多种数据库方案。在前面的几章中，我们借助 Spring Data JDBC 和 Spring Data R2DBC 来使用关系型数据库。现在，我们将使用 Spring Data Redis，它提供了对内存、非关系型数据存储的支持，并且同时支持命令式和反应式应用。

首先，我们需要在 Edge Service 项目（edge-service）的 build.gradle 文件中添加对 Spring Data Reactive Redis 的新依赖。在添加之后，不要忘记刷新/重新导入 Gradle 依赖。

程序清单 9.12 添加对 Spring Data Redis Reactive 的依赖

```
dependencies {
    ...
    implementation
➥ 'org.springframework.boot:spring-boot-starter-data-redis-reactive'
}
```

然后，在 application.yml 文件中，我们可以通过 Spring Boot 提供的属性配置 Redis 集成。除了用于定义 Redis 位置的 spring.redis.host 和 spring.redis.port 属性，我们还可以分别通过 spring.redis.connect-timeout 和 spring.redis.timeout 属性定义连接和读取的超时时间。

程序清单 9.13 配置与 Redis 的集成

在下一小节中，我们将会看到如何使用它来支撑 RequestRateLimiter 网关过滤器，以提供服务器端限流的支持。

9.3.3 配置请求限流器

根据需求，我们可以为特定的路由配置 RequestRateLimiter 过滤器，也可以将其用作默认的过滤器。在本例中，我们将其配置为一个默认的过滤器，这样它会同时用于 Catalog Service 和 Order Service 路由。

Redis 上的 RequestRateLimiter 实现是基于令牌桶（token bucket）算法的。每个用户会分配一个桶，令牌会按照一定的速度放入桶中（补充率）。每个桶都有一个最大容量（突发容量）。当用户发起请求时，会在桶中移除一个令牌。当桶中没有令牌的时候，请求就会被禁止，用户必须要等待更多的令牌放入桶中。

> **注意** 如果你想要了解令牌桶算法的更多知识，我推荐阅读 Paul Tarjan 的题为 "Scaling your API with Rate Limiters" 的文章（https://stripe.com/blog/rate-limiters），该文阐述了在 Stripe 上是如何实现限流器的。

在本例中，我们对该算法进行配置，每个请求都会花费一个令牌（redis-rate-limiter.requestedTokens）。令牌会按照补充率的配置（redis-rate-limiter.replenishRate）填充到桶中。我们将其配置为每秒钟 10 个令牌。有时候可能会出现峰值，也就是请求的数量比平常要多。我们可以通过为桶定义一个更大的容量（redis-rate-limiter.burstCapacity）来支持临时的流量暴增，比如将其设置为 20。这意味着，当遇到峰值时，每秒钟最多允许 20 个请求。由于补充率低于突发容量，所以后续的流量暴增就不允许了。如果两个峰值连续出现的话，只有第一个会成功，第二个则会丢弃一些请求，并以 HTTP 429 - Too Many Requests 作为响应。在 application.yml 文件中，最终形成的配置如下所示。

程序清单 9.14　以网关过滤器的形式配置请求限流器

```
spring:
  cloud:
    gateway:
      default-filters:
        name: RequestRateLimiter
          args:
            redis-rate-limiter:
              replenishRate: 10
              burstCapacity: 20
              requestedTokens: 1
```

每秒钟放入桶中的令牌数量

允许暴增到 20 个请求

每个请求花费多少个令牌

在为请求限流器设置数值时，并没有可遵循的通用规则。我们应该从应用的需求出发，并采用试错的办法：分析生产环境的流量，调整配置并循环往复，直至达到满意的配置，即既能保持系统的可用性，又不会严重影响用户体验。即便如此，在此之后，我们应该继续监控限流器的状态，因为所有的事情未来都可能发生变化。

Spring Cloud Gateway 依赖 Redis 来跟踪每秒钟请求的数量。默认情况下，每个用户都会分配一个桶，但是我们还没有引入认证机制，所以在第 11 章和第 12 章解决安全问题之前，我们会为所有的用户使用同一个桶。

> **注意**　如果 Redis 不可用，会怎么样呢？Spring Cloud Gateway 在构建之时就考虑到了韧性，它会保持自己的服务等级，但是限流器会被临时禁用，直到 Redis 恢复运行。

RequestRateLimiter 过滤器依赖 KeyResolver bean 来判断每个请求所使用的桶。默认情况下，它会使用 Spring Security 中的当前已认证用户。我们可以定义自己的 KeyResolver bean，使其返回一个固定的值（如 anonymous），这样所有的请求都会被映射到同一个桶中。

在 Edge Service 项目的 com.polarbookshop.edgeservice 包下，创建一个新的 RateLimiterConfig 类并声明 KeyResolver bean，以实现返回固定键的策略。

程序清单 9.15　定义策略，为每个请求解析所使用的桶

```
package com.polarbookshop.edgeservice.config;

import reactor.core.publisher.Mono;
import org.springframework.cloud.gateway.filter.ratelimit.KeyResolver;
import org.springframework.context.annotation.Bean;
import org.springframework.context.annotation.Configuration;

@Configuration
```

```
public class RateLimiterConfig {
  @Bean
  public KeyResolver keyResolver() {
    return exchange -> Mono.just("anonymous");  ◁─── 使用固定键对请求
  }                                                   进行限流
}
```

按照配置，Spring Cloud Gateway 会为每个 HTTP 响应添加一个头信息，其中包含了限流的详细信息。重新构建并运行 Edge Service（./gradlew bootRun），然后尝试调用某个端点。

```
$ http :9000/books
```

响应体的内容取决于 Catalog Service 是否处于运行状态，但是对本例来讲，这并不重要。有趣的地方在于响应的头信息，它们显示了限流器的配置以及在时间窗口（也就是一秒钟）内还允许的剩余请求数：

```
HTTP/1.1 200 OK
Content-Type: application/json
X-RateLimit-Burst-Capacity: 20
X-RateLimit-Remaining: 19
X-RateLimit-Replenish-Rate: 10
X-RateLimit-Requested-Tokens: 1
```

在有些情况下，我们可能不希望把这些信息暴露给客户端，因为这些信息能够帮助心怀不轨的人对系统发起攻击。或者，我们需要使用不同的头信息名称。不管是哪种情况，都可以使用 spring.cloud.gateway.redis-rate-limiter 属性组来配置它的行为。测试完成之后，请使用 Ctrl+C 停止应用。

> **注意** 当限流器模式与其他模式（如限时器、断路器和重试）组合使用时，限流器会首先发挥作用。如果用户的请求超出了流量限制，将会被立即拒绝。

Redis 是一个高效的数据存储，能够确保快速的数据访问、高可用性和韧性。在本节中，我们使用它作为限流器的存储机制。在下一节中，我们将展示如何将其用于另外一个常见的场景，也就是会话管理。

9.4 基于 Redis 的分布式会话管理

在前面的几章中，我曾经多次强调云原生应用应该是无状态的。我们会对其进行扩展和收缩。如果它们无法确保无状态性，那么每次关闭实例时，它们都会丢失状态。但是，有些状态还是需要保存的，否则应用可能会变得毫无用处。例如，Catalog Service 和 Order Service 都是无状态的，但是它们依赖于一个有状态的服务（PostgreSQL 数据库），以永久性地存储有关图书和订单的数据。即便应用被关闭，数据依然能够保存下来，并且可以被所有的应用实例访问。

Edge Service 不会处理任何需要保存的业务实体，但是它依然需要一个有状态的服务（Redis）来存储与 RequestRateLimiter 过滤器相关的状态。当 Edge Service 有副本的时候，很重要的一点就是在超出阈值之前跟踪剩余请求的数量。借助 Redis，限流器能够确保一致性和安全性。

除此之外，我们还将在第 11 章扩展 Edge Service 的功能，添加认证和授权。因为它是 Polar Bookshop 系统的入口点，所以在这里对用户进行认证是很合理的。基于与限流器相同的原因，已认证用户的会话信息必须保存在应用之外。如果不这样做的话，当用户的请求发送至不同的 Edge Service 实例时，它们将不得不重复认证。

这里通用的做法是保持应用无状态并使用数据服务来存储状态。正如我们在第 5 章学习的，数据服务需要保证高可用性、多副本和持久性。在本地环境中，我们可以忽视这些因素。在生产环境中，我们可以使用云供应商提供的数据服务，包括 PostgreSQL 和 Redis。

在下一小节中，我们将讨论如何使用 Spring Session Data Redis 进行分布式的会话管理。

使用 Spring Session Data Redis 处理会话

Spring 通过 Spring Session 项目为我们提供了会话管理的特性。在默认情况下，会话数据会保存在内存中，但是在云原生应用中，这种方式是不可行的。我们想要将其保存在一个外部服务中，这样当关闭应用的时候，它们能够继续存在。另外一个使用分布式会话存储的原因在于，应用通常会有多个实例。我们想要它们访问相同的会话数据，为用户提供无缝的体验。

Redis 是一个流行的会话管理方案，并且得到了 Spring Session Data Redis 的支持。除此之外，在实现限流器功能时，我们已经搭建了它的运行环境。借助最少的配置，我们能将其添加到 Edge Service 中。

首先，我们需要在 Edge Service 项目的 build.gradle 文件中添加 Spring Session Data Redis 的依赖。同时需要添加 Testcontainers 库，这样在编写集成测试的时候可以使用轻量级的 Redis 容器。在添加之后，不要忘记刷新/重新导入 Gradle 依赖。

程序清单 9.16　添加对 Spring Session 和 Testcontainers 的依赖

```
ext {
  ...
  set('testcontainersVersion', "1.17.3")
}

dependencies {
  ...
  implementation 'org.springframework.session:spring-session-data-redis'
  testImplementation 'org.testcontainers:junit-jupiter'
}

dependencyManagement {
  imports {
    ...
    mavenBom
    ➥ "org.testcontainers:testcontainers-bom:${testcontainersVersion}"
  }
}
```

然后，我们需要告知 Spring Boot 使用 Redis 进行会话管理（spring.session.store-type）并定义一个唯一的命名空间（spring.session.redis.namespace），来自 Edge Service 的会话数据都会以此作为前缀。我们还需要定义会话的过期时间（spring.session.timeout），如果不指定的话，默认是 30 分钟。

在 application.yml 文件中配置 Spring Session，如下所示。

程序清单 9.17　配置 Spring Session 以便于在 Redis 中存储数据

```
spring:
  session:
    store-type: redis
    timeout: 10m
    redis:
      namespace: polar:edge
```

在网关中管理 Web 会话时，需要我们额外注意，确保在正确的时间保存正确的状态。在本例中，我们希望将请求转发至下游之前保存会话数据。应该怎样实现这一点呢？如果你想到一个网关过滤器可能帮我们实现这一点的话，那么恭喜你答对了。

程序清单 9.18　配置网关以保存会话数据

```
spring:
  cloud:
    gateway:
      default-filters:
        - SaveSession        ← 确保将请求转发至下游之
                               前保存会话数据
```

当 Spring Session 与 Spring Security 组合使用时，这是一个关键点。第 11 章和第 12 章将会介绍更多关于会话管理的细节。现在，我们建立一个集成测试来验证 Edge Service 中的 Spring 上下文能够成功加载，包括与 Redis 的集成。

这种方式与上一章中定义 PostgreSQL 测试容器的方式类似。我们扩展由 Spring Initializr 生成的现有 EdgeServiceApplicationTests 类，并配置 Redis 测试容器。在本例中，我们只需校验当使用 Redis 存储 Web 会话相关数据时，Spring 上下文能够正确加载即可。

程序清单 9.19　使用 Redis 容器来测试 Spring 上下文的加载

```
package com.polarbookshop.edgeservice;

import org.junit.jupiter.api.Test;
import org.testcontainers.containers.GenericContainer;
import org.testcontainers.junit.jupiter.Container;
import org.testcontainers.junit.jupiter.Testcontainers;
import org.testcontainers.utility.DockerImageName;
import org.springframework.boot.test.context.SpringBootTest;
import org.springframework.test.context.DynamicPropertyRegistry;
import org.springframework.test.context.DynamicPropertySource;

@SpringBootTest(
```

加载完整的 Spring Web 应用上下文以及监听随机端口的 Web 环境

```
    webEnvironment = SpringBootTest.WebEnvironment.RANDOM_PORT
)
@Testcontainers                              激活测试容器的自动
class EdgeServiceApplicationTests {          启动和清理

    private static final int REDIS_PORT = 6379;

                                             定义用于测试的
    @Container                               Redis 容器
    static GenericContainer<?> redis =
        new GenericContainer<>(DockerImageName.parse("redis:7.0"))
          .withExposedPorts(REDIS_PORT);

    @DynamicPropertySource
    static void redisProperties(DynamicPropertyRegistry registry) {
        registry.add("spring.redis.host",
            () -> redis.getHost());              重写 Redis 配置，以指向
        registry.add("spring.redis.port",       用于测试的 Redis 实例
            () -> redis.getMappedPort(REDIS_PORT));
    }

    @Test
    void verifyThatSpringContextLoads() {        用于验证应用上下文能够正确加
    }                                            载以及到 Redis 的连接能够成功建
}                                                立的空测试方法
```

最后，按照如下方式运行集成测试。

```
$ ./gradlew test --tests EdgeServiceApplicationTests
```

在有些测试中，你可能希望禁用基于 Redis 的会话管理，那么可以在特定的测试类中将
@TestPropertySource 注解的 spring.session.store-type 属性设置为 none，如果你想要将其适用于
所有测试类的话，也可以在属性文件中进行配置。

Polar Labs

请将前面几章学到的知识用到 Edge Service 中，使其能够为部署做好充分准备。

1）添加 Spring Cloud Config Client 到 Edge Service 中，使其能够从 Config Service 获取配置。

2）按照第 3 章和第 6 章学到的知识，配置 Cloud Native Buildpacks，将应用容器化并定义部署
流水线的提交阶段。

3）为将 Edge Service 部署到 Kubernetes 集群中编写 Deployment 和 Service 清单文件。

4）配置 Tilt，以便于将 Edge Service 自动化部署到由 minikube 初始化的本地 Kubernetes 集
群中。

你可以参阅本书附带代码仓库中的/Chapter09/09-end 目录来获取最终结果（https://github.com/
ThomasVitale/cloud-native-spring-in-action），并使用 kubectl apply -f services 命令部署 Chapter09/
09-end/polar-deployment/kubernetes/platform/development 目录中的清单。

9.5 使用 Kubernetes Ingress 管理外部访问

Spring Cloud Gateway 能够帮助我们定义边缘服务，以便于在这里实现各种模式和横切性关注点。在上一节中，我们看到了如何使用它作为 API 网关，实现像限流和断路器这样的韧性模式，并定义了分布式会话。在第 11 章和第 12 章中，我们将会为 Edge Service 添加认证和授权的特性。

Edge Service 代表了 Polar Bookshop 的入口点。但是，当部署到 Kubernetes 集群中的时候，它只能在集群内部进行访问。在第 7 章，我们使用端口转发特性将 minikube 集群中的 Kubernetes Service 暴露到本地计算机上。在开发阶段，这是一个很有用的策略，但是它并不适用于生产环境。

本节将讨论如何借助 Ingress API 在外部访问运行在 Kubernetes 集群中的应用。

> **注意** 本节假设你已经完成了上一节 "Polar Labs" 部分所列出的任务，并为将 Edge Service 部署至 Kubernetes 做好了准备。

9.5.1 理解 Ingress API 和 Ingress Controller

当暴露 Kubernetes 集群中的应用时，我们可以使用 ClusterIP 类型的 Service 对象。到目前为止，我们都是采用这种方式使集群内的 Pod 能够实现互相通信的。例如，这就是 Catalog Service Pod 与 PostgreSQL Pod 进行通信的方式。

Service 对象还可以定义为 LoadBalancer 类型，它会依赖由云供应商提供的外部负载均衡器，以便于将应用暴露到互联网上。我们可以为 Edge Service 定义 LoadBalancer 类型的 Service，而不是 ClusterIP 类型的 Service。当在公有云上运行系统时，供应商会提供一个负载均衡器，为其分配一个公开的 IP 地址，而且来自负载均衡器的所有流量均会被转发至 Edge Service Pod。这是一个非常灵活的方式，能够让我们直接将服务暴露到互联网上，而且它支持不同类型的流量。

LoadBalancer Service 方式会为暴露到互联网上的每个服务分配不同的 IP 地址。因为服务是直接暴露的，所以我们没有机会应用任何额外的网络配置，比如 TLS 终结（TLS termination）。在 Edge Service 中，我们可以配置 HTTPS，通过网关将所有流量转发至集群中（甚至可以转发至不属于 Polar Bookshop 的平台服务），并在这里应用额外的网络配置。Spring 生态系统提供了解决这些关注点需要的所有方案，在很多场景中，我们很可能都需要这样做。但是，因为我们想在 Kubernetes 中运行系统，所以可以在平台层管理这些基础设施的关注点，使我们的应用更简单、更易于维护。这就是 Ingress API 可以发挥作用的地方了。

Ingress 是一种 Kubernetes 对象，它对集群中服务的外部访问进行管理，典型的访问方式是 HTTP。Ingress 可以提供负载均衡、SSL 终结和基于名称的虚拟托管。Ingress 对象会作为 Kubernetes 集群的入口点，能够将流量从外部 IP 地址路由至集群中的多个服务。我们可以使用 Ingress 对象执行负载均衡，使系统可以通过特定的 URL 进行访问，并管理 TLS 终结，以通过

HTTPS 暴露应用服务。

Ingress 对象本身并不能完成任何任务。我们会使用 Ingress 对象来声明路由和 TLS 终结的期望状态。执行这些规则并将流量从集群外路由至集群内应用的实际组件是 Ingress 控制器。鉴于目前有多种可用的实现，所以在核心 Kubernetes 发行版中并没有默认的 Ingress 控制器，而是由你来决定安装哪一种实现。Ingress 控制器通常会基于反向代理（如 NGINX、HAProxy 或 Envoy）来进行构建。这方面的样例包括 Ambassador Emissary、Contour 和 Ingress NGINX。

在生产环境中，我们会使用云平台或专门的工具来配置 Ingress 控制器。在本地环境中，我们需要一些额外的配置才能使路由生效。对于 Polar Bookshop，在本地和生产环境，我都会使用 Ingress NGINX。

> **注意** 目前有两个流行的、基于 NGINX 的 Ingress 控制器。Ingress NGINX（https://github.com/ kubernetes/ingress-nginx）是由 Kubernetes 项目本身开发、支持和维护的。它是开源的，我们在本书中将会使用它。NGINX Controller（www.nginx.com/products/nginx-controller）是由 F5 NGINX 公司开发和维护的，它提供了免费和商业方案。

我们看一下在本地 Kubernetes 集群中如何使用 Ingress NGINX。Ingress 控制器就是一个运行在 Kubernetes 上的工作负载，与其他应用并无二致，它可以采用不同的方式来部署。最简单的方式是使用 kubectl，直接将它的部署清单应用到集群中。因为我们使用 minikube 来管理本地 Kubernetes 集群，所以可以使用一个内置的 add-on 来启用基于 Ingress NGINX 的 Ingress 功能。

首先，请启动我们在第 7 章引入的 polar 本地集群。因为我们将 minikube 配置为在 Docker 上运行，所以请确保 Docker Engine 处于运行状态：

```
$ minikube start --cpus 2 --memory 4g --driver docker --profile polar
```

然后，我们可以启用名为 ingress 的 add-on，它会确保 Ingress NGINX 能够部署到本地集群中：

```
$ minikube addons enable ingress --profile polar
```

最后，通过如下命令，我们可以获取与 Ingress NGINX 一同部署的不同组件的信息：

```
$ kubectl get all -n ingress-nginx
```

在上述命令中，包含了我们尚未遇到的参数，即 "-n ingress-nginx"。这意味着，我们要获取在 ingress-nginx 命名空间（namespace）创建的所有对象。

命名空间是 "Kubernetes 用来隔离单个集群中的资源组的一种抽象。命名空间用来组织集群中的对象，并为集群资源划分提供了一种方法"（https://kubernetes.io/docs/refer- ence/glossary）。

我们使用命名空间来保持集群的条理性，同时能够定义网络策略，以保持某些特定的资源处于隔离状态，以保证安全性。到目前为止，我们一直使用的是 default 命名空间，对于 Polar Bookshop 的所有应用，我们会继续保持这样做。但是，当涉及像 Ingress NGINX 这样的平台服务时，我们会使用专门的命名空间，以保持这些资源的隔离性。

现在，Ingress NGINX 已经安装就绪，我们继续部署 Polar Bookshop 应用所需的支撑服务。请参阅本书源码仓库 (Chapter09/09-end)，并将 polar-deployment/kubernetes/platform/development 目录中的内容复制到你的 polar-deployment 仓库的相同目录中，覆盖我们在前几章使用的已存在文件。该目录包含运行 PostgreSQL 和 Redis 的基本 Kubernetes 清单。

打开终端窗口，导航至 polar-deployment 仓库的 kubernetes/platform/development 目录，运行如下命令，将 PostgreSQL 和 Redis 部署到本地集群中：

```
$ kubectl apply -f services
```

我们可以使用如下命令进行校验：

```
$ kubectl get deployment
NAME              READY     UP-TO-DATE     AVAILABLE      AGE
polar-postgres    1/1       1              1              73s
polar-redis       1/1       1              1              73s
```

提示 简便起见，我准备了一个脚本，它可以在一条命令中执行上述的所有操作。你可以运行它来创建基于 minikube 的本地 Kubernetes 集群、启用 NGINX add-on 并部署 Polar Bookshop 所使用的支撑服务。在刚刚复制到 polar-deployment 仓库的 kubernetes/platform/development 目录中，你可以找到 create-cluster.sh 和 destroy-cluster.sh 文件。对于 macOS 和 Linux，你可能需要通过 chmod +x create-cluster.sh 命令使该脚本变成可执行文件。

最后，我们将 Edge Service 打包为容器镜像并将制品加载到本地 Kubernetes 集群中。打开终端窗口，导航至 Edge Service 的根目录（edge-service），并运行如下命令：

```
$ ./gradlew bootBuildImage
$ minikube image load edge-service --profile polar
```

在下一小节中，我们将定义一个 Ingress 对象并配置它，以管理对运行在 Kubernetes 集群的 Polar Bookshop 系统的外部访问。

9.5.2　使用 Ingress 对象

Edge Service 负责应用的路由，但是它不应该关注底层的基础设施和网络配置。借助 Ingress 资源，我们可以将这两项职责解耦。开发人员将维护 Edge Service，而平台团队将管理 Ingress 控制器和网络配置（可能会依赖于像 Linkerd 或 Istio 这样的服务网格）。图 9.6 展示了引入 Ingress 之后，Polar Bookshop 的部署架构。

我们定义一个 Ingress，将所有来自外部的 HTTP 流量路由至 Edge Service。一种常见的做法是基于发送 HTTP 请求所使用的 DNS 名称来定义 Ingress 路由和配置。因为我们是在本地运行，并且假定没有 DNS 名称，所以我们调用为 Ingress 提供的外部 IP 地址，以便于从外部访问集群。在 Linux 上，我们可以使用分配给 minikube 集群的 IP 地址。通过运行如下命令，可以获得 IP 地址的值。

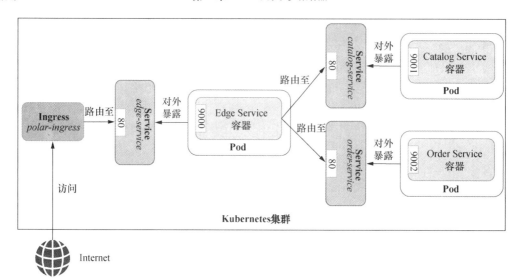

图 9.6　在引入 Ingress 来管理外部对集群的访问后 Polar Bookshop 系统的部署架构

```
$ minikube ip --profile polar
192.168.49.2
```

　　在 macOS 和 Windows 上，ingress add-on 尚不支持当在 Docker 上运行时使用 minikube 集群的 IP 地址。此时，我们需要使用 minikube tunnel --profile polar 命令，将集群暴露到本地环境中，然后使用 127.0.0.1 的 IP 地址来调用该集群。这类似于 kubectl port-forward 命令，但它适用于整个集群，而不是一个特殊的服务。

　　在确定要使用的 IP 地址之后，我们就可以定义 Polar Bookshop 的 Ingress 对象了。在 Edge Service 项目中，在 k8s 目录中创建一个新的 ingress.yml 文件。

程序清单 9.20　通过 Ingress 将 Edge Service 暴露到集群之外

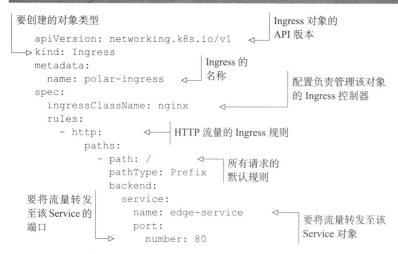

此时，我们可以将 Edge Service 和 Ingress 部署到本地 Kubernetes 集群了。打开终端窗口，导航至 Edge Service 项目的根目录（edge-service），运行如下命令：

```
$ kubectl apply -f k8s
```

通过如下命令，我们校验 Ingress 对象已经正确创建：

```
$ kubectl get ingress

NAME            CLASS    HOSTS    PORTS    AGE
polar-ingress   nginx    *        80       21s
```

现在，我们可以测试 Edge Service 是否能够正确地通过 Ingress 进行访问。如果使用 Linux，你不需要任何额外的准备步骤。如果使用 macOS 和 Windows，请打开一个新的终端窗口，并运行如下命令，以便将 minikube 暴露到 localhost。该命令会一直运行，使通道可以进行访问，所以请确保该终端窗口一直处于打开状态。第一次运行该命令时，可能会提示你输入机器的密码，以授权通道对集群的访问。

```
$ minikube tunnel --profile polar
```

最后，打开一个终端窗口，运行如下命令来测试应用（在 Linux 上，请使用 minikube 的 IP 地址来替换 127.0.0.1）：

```
$ http 127.0.0.1/books
```

因为 Catalog Service 没有运行，所以 Edge Service 会执行我们之前定义的回退行为，并返回带有空响应体的 200 OK 响应。这是我们预期的行为，它证明了 Ingress 的配置是有效的。

尝试完部署之后，可以通过如下命令停止和删除本地 Kubernetes 集群：

```
$ minikube stop --profile polar
$ minikube delete --profile polar
```

提示　简便起见，你还可以使用之前从本书源码中复制的 destroy-cluster.sh 脚本（位于 polar-deployment 仓库的 kubernetes/platform/development 目录中）。在 macOS 和 Linux 上，你可能需要通过 chmod +x destroy-cluster.sh 命令使该脚本变成可执行文件。

非常棒！我们现在准备为 Edge Service 添加认证和授权功能了，以使其变得更好。但是在配置安全性之前，我们需要完成 Polar Bookshop 的业务逻辑以实现订单派送功能。在下一章中，我们将会实现这一点，同时学习事件驱动架构、Spring Cloud Functions 和基于 RabbitMQ 的 Spring Cloud Stream。

9.6　小结

- 在分布式架构中，API 网关提供了众多收益，包括将内部服务与外部 API 解耦，为横切性关注点（如安全性、监控和韧性）提供中心化且便利的位置。

- Spring Cloud Gateway 基于 Spring 反应式技术栈，提供了 API 网关实现并且能够与其他 Spring 项目集成，为应用添加横切性关注点，如 Spring Security、Spring Cloud Circuit Breaker 和 Spring Session。
- 路由是 Spring Cloud Gateway 的核心。它们包含一个唯一的 ID、一组用于决定是否适用该路由的断言、一个用于在断言允许时转发请求的 URI 以及一组在将请求转发至下游服务之前或之后执行的过滤器。
- Retry 过滤器用来配置特定路由的重试机制。
- RequestRateLimiter 过滤器与 Spring Data Redis Reactive 进行了集成，能够限制在特定的时间窗口内允许接受的请求数。
- 基于 Spring Cloud Circuit Breaker 和 Resilience4J 的 CircuitBreaker 过滤器定义了特定路由的断路器、限时器和回退策略。
- 云原生应用应该是无状态的，须使用数据服务来存储状态。例如，PostgreSQL 可用于持久化存储，而 Redis 可用于缓存和会话数据。
- Kubernetes Ingress 资源能够管理如何在外部访问 Kubernetes 集群中运行的应用。
- Ingress 控制器负责执行路由规则，它也是在集群中运行的应用。

第 10 章　事件驱动应用与函数

在前几章中，我们实现了一个由分布式应用组成的系统，应用之间通过请求/响应模式进行交互，这是一种同步的通信机制。我们学习了如何以命令式和反应式设计交互。在命令式场景中，处理线程将会阻塞，一直等待来自 I/O 操作的响应。在反应式场景中，线程不会等待，在接收到响应后，后者会由任意一个线程异步处理。

即便反应式编程范式能够让我们订阅生产者并异步处理传入的数据，但是两个应用之间的交互依然是同步的。第一个应用（客户端）发送请求至第二个应用（服务器），并预期在一个较短的时间内收到响应。至于客户端如何处理响应（命令式或反应式）是实现细节，并不会影响交互本身。不管是哪种方式，都预期会返回响应。

云原生应用应该是松耦合的。微服务专家 Sam Newman 总结了几种不同的耦合类型，包括实现耦合、部署耦合和时序（temporal）耦合[①]。我们回顾一下迄今为止构建的 Polar Bookshop 系统。

我们可以改变任意应用的实现，而不会影响其他应用。比如，我们可以使用反应式范式重

---

① Sam Newman, *Monolith to Microservices*, O'Reilly, 2019。

新实现 Catalog Service，而不会影响到 Order Service。借助像 REST API 这样的服务接口，我们能够隐藏实现细节，并且能够确保松耦合性。所有的应用都可以独立部署，它们之间没有耦合，因此能够降低风险并增加敏捷性。

但是，如果我们思考一下到目前为止应用之间的交互方式，就会发现它们只有通过系统中的其他组件才能发挥作用。Order Service 需要 Catalog Service，这样用户才能成功订购图书。我们知道，故障是难以避免，迟早会发生的，所以我们采用了一些策略来确保即便系统面临困境依然能够保持韧性，至少可以对功能进行优雅降级。这就是时序耦合所带来的后果：要满足系统的需求，Order Service 和 Catalog Service 需要确保同时可用。

事件驱动架构通过生产和消费事件的交互来描述分布式系统。这种交互是异步的，解决了时序耦合的问题。本章将介绍事件驱动架构和事件代理（broker）的基础知识。我们会学习如何使用函数式编程范式和 Spring Cloud Function 来实现业务逻辑。最后，我们会使用 Spring Cloud Stream 将函数暴露为 RabbitMQ 的消息通道（message channel），并通过发布/订阅模型构建事件驱动应用。

> **注意** 本章样例的源码可以在/Chapter10/10-begin 和/Chapter10/10-end 目录中获取，分别包含了项目的初始和最终状态（https://github.com/ThomasVitale/cloud-native-spring-in-action）。

10.1 事件驱动架构

通俗来讲，事件（event）就是发生了某件事情。它是与系统相关的事情，比如状态的变更。事件的来源可以有很多种。本章将主要关注应用中的事件，但是它们也可能发生在 IoT 设备、传感器或网络中。当事件发生时，与之相关的参与方可以得到通知。事件通知通常是通过消息实现的，它们是事件的数据表述。

在事件驱动架构中，我们会识别事件的生产者和事件的消费者。生产者是探测事件并发送通知的组件。消费者是特定事件发生时得到通知的组件。生产者和消费者互不了解对方，它们是独立运行的。生产者通过向事件代理维护的通道发布消息来发送事件通知，事件代理负责收集消息并将其路由至消费者。当事件发生时，消费者会收到来自代理的通知，从而可以对事件进行处理。

当使用代理时，生产者和消费者能够保持最小的耦合性，代理将处理和分发事件。尤其是，它们在时序上是解耦的，因为交互是异步进行的。消费者可以在任何时间获取并处理消息，完全不会影响生产者。

在本节，我们将学习事件驱动模型的基础知识，以及它们如何帮助我们构建具有韧性和松耦合性的云应用。

10.1.1 理解事件驱动模型

事件驱动架构主要基于如下两种模型实现：
- 发布/订阅（Pub/Sub）。该模型是基于订阅机制的。生产者会发布事件，这些事件会发

送至所有的订阅者以供消费。事件被接收后不能进行重播，所以新加入的消费者无法
获取过去的事件。

■ 事件流（Event Streaming）。在该模型中，事件会写入日志中。生产者会在事件发生时
发布这些事件，它们会按照有序的方式进行存储。消费者并不会订阅它们，但它们可
以在事件流的任何部分开始读取。在这种模型中，事件可以重播。客户端能够随时加
入并接收所有过去的事件。

在基础场景中，消费者会在事件到达时接收并处理它们。在特定的场景下，如模式匹配，
也可以在一个时间窗口内处理一系列事件。在事件流模型中，消费者有额外的机会来处理事件
流。事件驱动架构的核心是能够处理和路由事件的平台。例如，RabbitMQ 是实现发布/订阅模
型的常见方案。Apache Kafka 则是用于事件流处理的强大平台。

在过去的几年中，借助众多新开发的技术，事件流模型成为极具吸引力的方案，并且越来
越受欢迎，该模型能够让我们构建实时的数据流水线。不过，这是一个复杂的模型，值得花一
本书的篇幅进行讲解。在本章，我们将介绍发布/订阅模型。

在详细分析该模型之前，我会为 Polar Bookshop 系统定义一些需求，并以此来探索基于发
布/订阅模型的事件驱动架构。

10.1.2 使用发布/订阅模型

在 Polar Bookshop 系统中，我们需要实现一个事件驱动的解决方案，允许不同的应用以异
步方式相互通信，同时减少它们之间的耦合性。我们的需求如下所示：

■ 当接受订单时：
  ● Order Service 应该通知对该事件感兴趣的消费者。
  ● Dispatcher Service 应该执行一些逻辑以派发订单。

■ 当派发订单时：
  ● Dispatcher Service 应该通知对该事件感兴趣的消费者。
  ● Order Service 应该更新数据库中的订单状态。

如果你留意的话，就会发现需求中并没有指定当创建订单时，Order Service 都要通知哪些
应用。在本例中，我们只有新创建的 Dispatcher Service 应用对这些事件感兴趣。不过，未来可
能会有更多的应用来订阅订单创建事件。这种方式的好处就在于，我们可以实现软件系统演进
并添加新的应用，而完全不会影响现有的应用。例如，我们可以添加一个 Mail Service，当用
户的订单被接受时就向该用户发送一封电子邮件，对此 Order Service 将毫不知情。

这种类型的交互应该是异步的，可以通过发布/订阅模型来建模。图 10.1 阐述了这种交互，
并描述了用于接受、派发和更新订单的三个流。它们在时序上是解耦的，并且会异步执行。你
可能会发现，将数据持久化到数据库的操作和生成事件的操作具有相同的编号步骤，这是因为
它们属于同一个工作单元（一个事务），在后文中我会进行阐述。

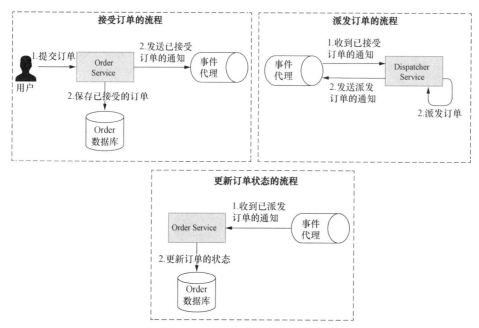

图 10.1　Order Service 和 Dispatcher Service 通过生产和消费事件进行异步和间接通信，
事件是由事件代理（RabbitMQ）收集和分发的

在本章剩余的内容中，我们将学习为 Polar Bookshop 实现事件驱动设计的一些技术和模式。
RabbitMQ 会作为事件处理平台，负责收集、路由和分发消息给消费者。图 10.2 着重展示了在
引入 Dispatcher Service 应用和 RabbitMQ 之后，Polar Bookshop 系统的事件驱动部分。

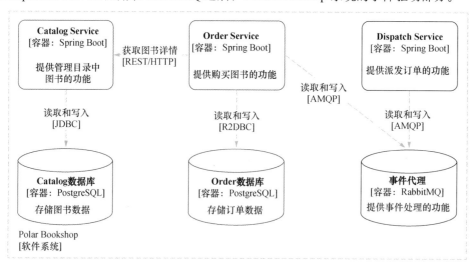

图 10.2　在 Polar Bookshop 中，Order Service 和 Dispatcher Service 基于
RabbitMQ 分发的事件进行异步通信

在下一节中，我们会介绍 RabbitMQ 的基本概念、协议以及如何在本地环境中运行。

10.2 基于 RabbitMQ 的消息代理

一个消息系统主要需要两项内容，分别是消息代理和协议。高级消息队列协议（Advanced Message Queuing Protocol，AMQP）能够确保跨平台的互操作性以及可靠的消息传递。在现代架构中，它得到了广泛的应用，而且很适合云环境，在这种环境中，我们需要韧性、松耦合和可扩展性。RabbitMQ 是一个流行的开源消息代理，它依赖于 AMQP，并提供了灵活的异步消息、分布式部署和监控功能。最近的 RabbitMQ 版本还引入了事件流特性。

Spring 为常用的消息解决方案提供了广泛的支持。Spring 框架本身内置了对 Java 消息系统（Java Messaging System，JMS）的支持。Spring AMQP（https://spring.io/projects/spring-amqp）项目添加了对该消息协议的支持并提供了与 RabbitMQ 的集成。Apache Kafka 是最近几年被广泛使用的另外一项技术，例如，用它实现事件溯源模式或实时流处理。Spring for Apache Kafka 项目（https://spring.io/projects/spring-kafka）提供了与它的集成。

本节将讨论 AMQP 和 RabbitMQ 的基本内容，这也是我们在 Polar Bookshop 中实现消息功能要使用的消息代理。在应用中，我们会使用 Spring Cloud Stream，通过 Spring AMQP 项目，它提供了与 RabbitMQ 的便利且强大的集成功能。

10.2.1 理解消息系统中的 AMQP

当使用像 RabbitMQ 这样基于 AMQP 的解决方案时，涉及的参与方可以分为如下几类：

- 生产者：发送消息的实体（发布者）。
- 消费者：接收消息的实体（订阅者）。
- 消息代理：从生产者接受消息并将其路由至消费者的中间件。

图 10.3 描述了这些参与方之间的交互。从协议的角度来看，我们也可以说代理是服务器，而生产者和消费者是客户端。

AMQP的参与者

图 10.3　在 AMQP 中，代理接受来自生产者的消息并将它们路由至消费者

注意 RabbitMQ 最初是为了支持 AMQP 而开发的，但是它也支持其他协议，包括 STOMP、MQTT，甚至能够借助 HTTP 以 WebSocket 的形式传递消息。从 3.9 版本开始，它也支持事件流。

AMQP 消息模型是基于交换机（Exchange）和队列的，如图 10.4 所示。生产者发送消息到一个交换机，RabbitMQ 会根据指定的路由规则来确定哪些队列应该接收消息的副本。消费者从队列中读取消息。

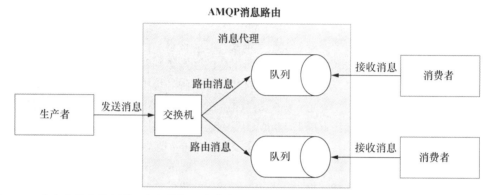

图 10.4　生产者发布消息到一个交换机，消费者订阅队列，交换机根据路由算法将消息路由至队列中

该协议规定，消息由属性和载荷（payload）组成，如图 10.5 所示。AMQP 定义了一些属性，但是我们可以添加自己的属性来传递必要的信息，以确保消息路由的正确性。载荷必须是二进制类型，除此之外没有其他限制。

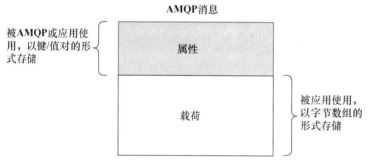

图 10.5　AMQP 消息由属性和载荷组成

我们已经了解了 AMQP 的基础知识，现在开始启动并使用 RabbitMQ 吧。

10.2.2　使用 RabbitMQ 实现发布/订阅通信

RabbitMQ 在 AMQP 的基础之上提供了一个简单而高效的解决方案，以实现发布者/订阅者的交互，这正是我们希望在 Order Service 和 Dispatcher Service 之间建立的交互方式。除了其本身的功能之外，与前几章为云系统和数据服务提供的属性类似，我们还要为 RabbitMQ 实现相同的属性，比如韧性、高可用性和数据副本。RabbitMQ 提供了所有的功能。例如，它提供了投递确认（acknowledgment）、集群、监控、队列持久性和副本等特性。除此之外，多个云供应商还提供了与托管 RabbitMQ 服务的集成。

现在，我们需要以容器的形式在本地机器上运行 RabbitMQ。首先，确保 Docker Engine 处于运行状态。然后，打开在 polar-deployment 仓库中定义的 docker-compose.yml 文件。

> **注意** 如果你没有按照我们的教程编写样例，那么可以使用本书附带源码中的 Chapter10/10-begin/polar-deployment/docker/docker-compose.yml 文件作为起点。

在 docker-compose.yml 文件中，使用 RabbitMQ 官方镜像（包含管理插件）添加一个新的服务定义，并通过 5672（用于 AMQP）和 15672（用于管理控制台）端口将其暴露出去。RabbitMQ 管理插件能够通过基于浏览器的 UI 非常便利地探查交换机和队列。

程序清单 10.1　为 RabbitMQ 定义容器

```
version: "3.8"
services:
  ...
  polar-rabbitmq:                                    带有管理插件的官方
    image: rabbitmq:3.10-management        <——    RabbitMQ 镜像
    container_name: polar-rabbitmq
    ports:                                 RabbitMQ 监听 AMQP
    - 5672:5672                    <——    请求的端口
    - 15672:15672          <——    用于暴露管理 GUI 的端口
    volumes:
    - ./rabbitmq/rabbitmq.conf:/etc/rabbitmq/rabbitmq.conf
```
（以存储卷的形式挂载配置文件）

配置是基于以存储卷的形式挂载的文件定义的，类似于我们配置 PostgreSQL 的方式。在 polar-deployment 仓库中，创建一个 docker/rabbitmq 目录，并添加一个新的 rabbitmq.conf 文件以配置默认的账号。

程序清单 10.2　配置 RabbitMQ 的默认账号

```
default_user = user
default_pass = password
```

接下来，打开终端窗口，导航至 docker-compose.yml 文件所在的目录，然后运行如下命令启动 RabbitMQ：

```
$ docker-compose up -d polar-rabbitmq
```

最后，打开浏览器并导航至 http://localhost:15672 来访问 RabbitMQ 的管理控制台。使用我们在配置文件中定义的凭证（user/password）进行登录，并查看其整体功能。在后续的章节中，我们能够在管理控制台的"Exchanges"和"Queues"区域跟踪 Order Service 和 Dispatcher Service 之间的消息流。

在探索完 RabbitMQ 的管理控制台之后，请使用如下命令将其关闭：

```
$ docker-compose down
```

Spring Cloud Stream 会帮助我们实现应用与 RabbitMQ 之间的无缝集成。但是在此之前，我们需要定义处理消息的逻辑。在下一节中我们会学习 Spring Cloud Function，以及如何以 Supplier、Function 和 Consumer 的方式实现新订单流程的业务逻辑。

10.3　基于 Spring Cloud Function 的函数

Spring Cloud Function 和 Spring Cloud Stream 项目负责人 Oleg Zhurakousky 经常在技术会议上向观众提问：有没有什么业务特性是无法通过 Supplier、Function 和 Consumer 进行定义的？这是一个有趣且很有挑战性的问题。你能想出这样的场景吗？其实，大多数的软件需求都是可以通过函数来表达的。

那么，究竟为何要使用函数呢？它们是一种简单、统一且可移植的编程模型，完美契合事件驱动架构，实际上事件驱动架构本身就是基于这些概念的。

Spring Cloud Function 倡导借助 Java 8 提供的标准接口，也就是 Supplier、Function 和 Consumer 来实现业务逻辑。

- Supplier：只有输出，没有输入的函数。它也被称为生产者、发布者或源。
- Function：同时具有输入和输出的函数，它也被称为处理器。
- Consumer：只有输入，没有输出的函数。它也被称为订阅者或 sink。

在下一小节中，我们将会学习 Spring Cloud Function 是如何运行的，以及如何借助函数实现业务逻辑。

10.3.1　在 Spring Cloud Function 中使用函数化范式

我们通过前文中描述的 Dispatcher Service 的业务需求开始学习如何使用函数。当订单被接受时，Dispatcher Service 应该负责打包和标记订单，并在订单派发后通知感兴趣的参与方（在本例中，也就是 Order Service）。为了简洁，我们假设打包（pack）和标记（label）的动作都是由应用本身负责执行的，并在考虑具体的框架之前，我们先思考如何借助函数来实现业务逻辑。

派发订单所包含的这两个动作可以通过函数来表述：

- pack 函数会以一个已接受订单的标识符作为输入，然后打包订单（在本例中，处理过程简化为一条日志），并返回订单标识符作为输出，准备执行后续的标记操作。
- label 函数会以一个已打包订单的标识符作为输入，然后标记订单（在本例中，处理过程简化为一条日志），并返回订单标识符作为输出，完成派发过程。

如图 10.6 所示，这两个函数依次组成了 Dispatcher Service 的业务逻辑的完整实现。

我们看一下如何实现这些函数以及 Spring Cloud Function 所带来的收益。

1. 初始化 Spring Cloud Function 项目

我们可以通过 Spring Initializr（https://start.spring.io/）来初始化 Dispatcher Service 项目，并

将结果保存到新的 dispatcher-service Git 仓库中。用于初始化的参数如图 10.7 所示。

函数组合（概览）

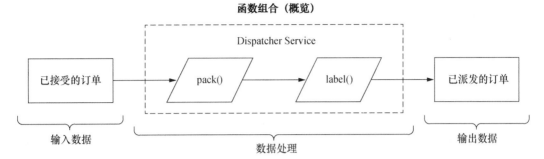

图 10.6　Dispatcher Service 的业务逻辑以两个函数组合的形式来实现：pack 和 label

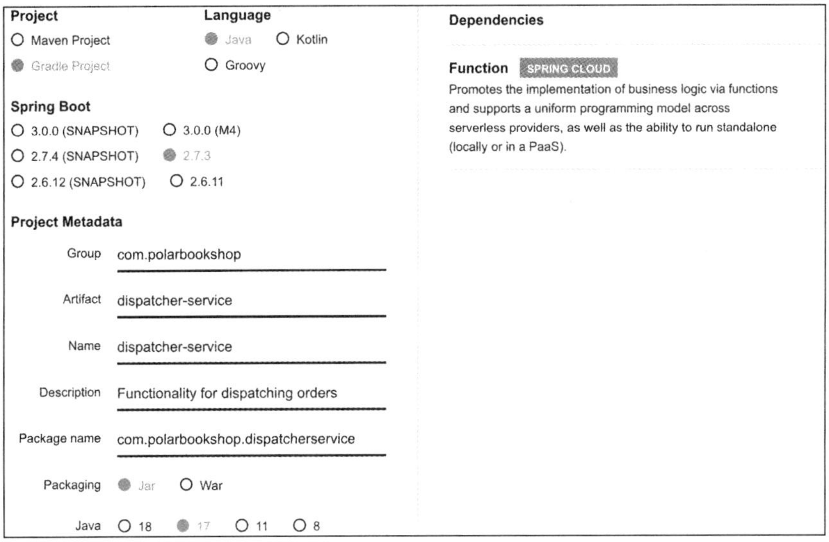

图 10.7　初始化 Dispatcher Service 项目的参数

> **提示**　在本章源码的 begin 目录中你可以找到一个 curl 命令，你可以在终端窗口中运行它。该命令会下载一个 zip 文件，它包含了初始需要的所有代码，这样能够避免在 Spring Initializr Web 站点上进行手工操作。

在生成的 build.gradle 文件中，dependencies 区域如下所示：

```
dependencies {
  implementation 'org.springframework.boot:spring-boot-starter'
  implementation 'org.springframework.cloud:spring-cloud-function-context'
  testImplementation 'org.springframework.boot:spring-boot-starter-test'
}
```

它的主要依赖如下所示。

- Spring Boot（org.springframework.boot:spring-boot-starter）：提供基本的 Spring Boot 库和自动配置。
- Spring Cloud Function（org.springframework.cloud:spring-cloud-function-context）：提供 Spring Cloud Function 库，它能够促进和支持使用函数来实现业务逻辑。
- Spring Boot Test（org.springframework.boot:spring-boot-starter-test）：提供多个库和工具以测试应用，包括 Spring Test、JUnit、AssertJ 和 Mockito。它们会自动包含到每个 Spring Boot 项目中。

然后，将自动生成的 application.properties 文件重命名为 application.yml，并配置服务器端口和应用名称。现在，应用尚未包含 Web 服务器。不过，我们在这里依然配置了服务器端口，因为在第 13 章为应用添加监控功能时，将会用到它。

程序清单 10.3　配置服务器和应用名称

```
server:
  port: 9003        ◁─── 嵌入式 Web 服务器将会
spring:                  用到的端口
  application:
    name: dispatcher-service    ◁─── 应用的名称
```

接下来，我们就可以看一下如何使用函数来实现业务逻辑了。

2. 通过函数实现业务逻辑

我们可以通过 Java 的 Function 接口以标准的方式实现业务逻辑，根本不需要 Spring。

首先，我们考虑 pack 函数。该函数的输入应该提供一个已接受订单的唯一标识。我们可以通过一个简单的 DTO 对该数据进行建模。

在 com.polarbookshop.dispatcherservice 包中，创建名为 OrderAcceptedMessage 的 record 来存放订单的唯一标识。

程序清单 10.4　表示接受订单事件的 DTO

```
package com.polarbookshop.dispatcherservice;

public record OrderAcceptedMessage (    ◁─── 包含订单标识符(Long 类型
  Long orderId                                的字段) 的 DTO
){}
```

注意　事件的建模是一个非常有趣的话题，它超出了 Spring 的范围，可能需要几章的篇幅才能阐述清楚。如果你对这个话题感兴趣的话，推荐阅读 Martin Fowler 的文章，包括 "Focusing on Events"（https://martinfowler.com/eaaDev/EventNarrative.html）、"Domain Event"（https://martinfowler.com/eaaDev/DomainEvent.html）以及 "What do you mean by 'Event-Driven'?"（https://martinfowler.com/articles/201701-event-driven.html），这些文章均在他的博客站点（MartinFowler.com）上。

函数的输出可以是一个已打包订单的简单标识符，以 Long 类型的对象来进行表述。

现在输入和输出都已经清楚了，应该定义函数本身了。创建一个新的 DispatchingFunctions 类并添加 pack()方法，以函数的方式实现订单打包操作。

程序清单 10.5 以函数的形式实现"pack"操作

```java
package com.polarbookshop.dispatcherservice;

import java.util.function.Function;
import org.slf4j.Logger;
import org.slf4j.LoggerFactory;

public class DispatchingFunctions {
  private static final Logger log =
    LoggerFactory.getLogger(DispatchingFunctions.class);

  public Function<OrderAcceptedMessage, Long> pack() {
    return orderAcceptedMessage -> {
      log.info("The order with id {} is packed.",
        orderAcceptedMessage.orderId());
      return orderAcceptedMessage.orderId();
    };
  }
}
```

实现订单打包业务逻辑的函数

以 OrderAcceptedMessage 对象作为输入

返回订单标识符（Long 类型）作为输出

我们可以看到这里只有标准的 Java 代码。在本书中，我一直努力向你呈现真实的样例，所以你可能会想这里为什么这么简单。在本例中，我决定主要关注在事件驱动应用中使用函数式编程的基本理念。在函数中，我们可以添加任意想要的处理逻辑。但是，这并不重要。在这里重要的是函数所提供的契约，即它的签名：输入和输出。在定义这些之后，你可以根据需要随意实现这个函数。其实，我本可以为这个函数提供看上去更真实的实现，但是这并不会为本章的目标提供任何更有价值的东西。它甚至没有必要是基于 Spring 的代码，本例就是如此，这里它没有用到 Spring，就是简单的 Java 代码。

Spring Cloud Function 能够管理以不同方式定义的函数，只要它们符合标准的 Java 接口 Function、Supplier 和 Consumer 即可。我们可以将自己的函数注册为 Spring 的 bean，从而让 Spring Cloud Function 能够探查到它们。要为 pack()函数实现这一点，我们只需为 DispatchingFunctions 类添加@Configuration 注解，并为方法添加@Bean 注解。

程序清单 10.6 将函数配置为 bean

```java
@Configuration
public class DispatchingFunctions {
  private static final Logger log =
    LoggerFactory.getLogger(DispatchingFunctions.class);

  @Bean
  public Function<OrderAcceptedMessage, Long> pack() {
```

在配置类中定义函数

将函数定义为 bean，以便于 Spring Cloud Function 发现和管理它们

```
    return orderAcceptedMessage -> {
      log.info("The order with id {} is packed.",
        orderAcceptedMessage.orderId());
      return orderAcceptedMessage.orderId();
    };
  }
}
```

　　随后我们会看到,将函数注册为 bean 之后,Spring Cloud Function 框架会对其增强并添加一些额外的特性。这里的好处在于,业务逻辑本身并不会感知到周围的框架。因此,我们可以独立地演进和测试它,不需要关注与框架相关的问题。

3. 使用命令式和反应式函数

　　Spring Cloud Function 同时支持命令式和反应式的代码,所以我们可以使用像 Mono 和 Flux 这样的反应式 API 来实现函数。我们还可以混合使用这两种方式。就本例而言,我们使用 Reactor 项目来实现 label 函数。该函数的输入是已打包订单的标识符,表现形式为一个 Long 类型的对象。函数的输出是已标记订单的标识符,以完成派发过程。我们可以将该数据建模为一个简单的 DTO,类似于 OrderAcceptedMessage。

　　在 com.polarbookshop.dispatcherservice 包中,创建一个 OrderDispatchedMessage record 来存放已派发订单的标识符。

程序清单 10.7　表示派送订单事件的 DTO

```
package com.polarbookshop.dispatcherservice;

public record OrderDispatchedMessage (          ◁――  包含订单标识符（Long 类型的
  Long orderId                                         字段）的 DTO
){}
```

　　现在输入和输出都已经清楚了,应该定义函数了。打开 DispatchingFunctions 类并添加 label() 方法,以便于将订单标记功能实现为函数。因为它是反应式的,所以输入和输出都包装到了一个 Flux 发布者中。

程序清单 10.8　将 label 操作实现为一个函数

```
package com.polarbookshop.dispatcherservice;

import java.util.function.Function;
import org.slf4j.Logger;
import org.slf4j.LoggerFactory;
import reactor.core.publisher.Flux;
import org.springframework.context.annotation.Bean;
import org.springframework.context.annotation.Configuration;

@Configuration
public class DispatchingFunctions {
```

```
private static final Logger log =
  LoggerFactory.getLogger(DispatchingFunctions.class);

...                         订单标记业务逻辑
                            的函数实现
@Bean
public Function<Flux<Long>, Flux<OrderDispatchedMessage>> label() {
  return orderFlux -> orderFlux.map(orderId -> {        以订单标识符（Long）
    log.info("The order with id {} is labeled.", orderId);   作为输入
    return new OrderDispatchedMessage(orderId);
  });
}                          返回 OrderDispatchedMessage 作
}                          为输出
```

我们已经实现了这两个函数，现在看一下如何将它们组合起来使用。

10.3.2 组合与集成函数：REST、Serverless 与数据流

Dispatcher Service 的业务逻辑已经基本完成。我们依然需要将这两个函数组合在一起。基于我们的需求，派发订单的过程包含两个依次执行的步骤：首先是 pack()，然后是 label()。

Java 提供了按顺序组合 Function 对象的操作符 andThen() 或 compose()。但是问题在于，只有当第一个函数的输出类型与第二个函数的输入类型相同时，才能使用它们。Spring Cloud Function 为该问题提供了解决方案，能够让我们通过透明的类型转换来无缝地组合函数，甚至能够组合命令式和反应式函数，就像我们在前文所定义的函数。

使用 Spring Cloud 组合函数只需要在 application.yml（或 application.properties）文件中定义属性即可。打开 Dispatcher Service 项目中的 application.yml 文件，并配置 Spring Cloud Function 来管理和组合 pack() 与 label() 函数。

程序清单 10.9　声明由 Spring Cloud 管理的函数

```
spring:
  cloud:
    function:                 定义由 Spring Cloud Function
      definition: pack|label   管理的函数
```

借助 spring.cloud.function.definition 属性，我们可以声明由 Spring Cloud Function 管理和集成哪些函数，以形成特定的数据流。在上一小节中，我们实现了基本的 pack() 和 label() 函数，现在，我们使用 Spring Cloud Function 将它们作为构建基块，并生成一个由这两者组合而成的新函数。

在 Serverless 应用中——也就是计划部署到 FaaS 平台（如 AWS Lambda、Azure Functions、Google Cloud Functions、Knative 等）中的应用，我们通常为每个应用定义一个函数。云函数定义可以一对一地映射到应用中所定义的某个函数，或者我们也可以使用管道"|"操作符在数据流中将函数组合到一起。如果需要定义多个函数的话，可以使用";"字符作为分隔符来替换"|"。

总而言之，我们只需要实现标准的 Java 函数，然后配置 Spring Cloud Function，按照原样或组合后使用它们即可。框架会负责剩余的事情，包括透明地转换输入和输出类型，使组合能够顺利完成。图 10.8 阐述了函数的组合。

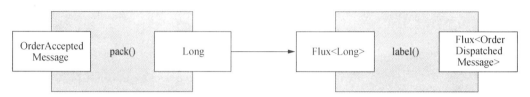

图 10.8　我们可以组合具有不同输入/输出类型的函数，也可以混合使用命令式和反应式类型。Spring Cloud Function 会透明地处理类型转换问题

此时，你可能在想应该如何使用这些函数。这是我最喜欢的部分。定义完函数之后，框架会根据我们的需要按照不同的方式将它们暴露出来。例如，Spring Cloud Function 可以自动将定义在 spring.cloud.function.definition 中的函数暴露为 REST 端点。所以，我们可以直接打包应用，并将其部署在像 Knative 和 voilà 这样的 FaaS 平台上，这样就有了第一个 Serverless Spring Boot 应用。当我们进入第 16 章构建 Serverless 应用时，就会采用这种方式。或者，我们也可以使用框架提供的某些适配器，打包应用并将其部署到 AWS Lambda、Azure Functions 或 Google Cloud Functions 中。我们还可以将其与 Spring Cloud Stream 组合使用，将函数绑定到事件代理（如 RabbitMQ 或 Kafka）的消息通道上。

在探索使用 Spring Cloud Stream 与 RabbitMQ 集成之前，我将向你阐述如何独立地测试这些函数及其组合。业务逻辑以函数的形式实现并测试之后，我们就能确保不管是由 REST 端点还是由事件通知来触发，它们的行为都是相同的。

10.3.3　使用@FunctionalSpringBootTest 编写集成测试

借助函数式编程范式，我们可以在标准的 Java 中实现业务逻辑，并使用 JUnit 编写测试，完全不会受到框架的影响。在这个意义上讲，这里没有 Spring 代码，只有简单的 Java。在确保每个函数都能按照预期运行之后，我们就会希望编写一些集成测试，以校验当函数由 Spring Cloud Function 进行处理并按照我们配置的方式暴露出去后系统的整体行为。

Spring Cloud Function 提供了@FunctionalSpringBootTest 注解，我们可以使用它来搭建集成测试的上下文。与单元测试不同，我们不希望直接调用函数，而是要求框架进行调用。框架管理的所有函数都可以通过 FunctionCatalog 进行访问，它不仅包含了我们编写的实现，还使用 Spring Cloud Function 进行了增强，添加了额外的特性，如透明的类型转换和函数组合。我们看一下它是如何运行的。

首先，我们需要在 build.gradle 文件中添加对 Reactor Test 的测试依赖，因为部分业务逻辑是使用 Reactor 实现的。在添加完依赖后，不要忘记刷新/重新导入 Gradle 依赖。

程序清单 10.10　在 Dispatcher Service 中添加对 Reactor Test 的依赖

```
dependencies {
    ...
    testImplementation 'io.projectreactor:reactor-test'
}
```

然后，在 Dispatcher Service 项目的 src/test/java 目录下，创建新的 DispatchingFunctions IntegrationTests 类。我们可以为两个函数分别编写集成测试，但是更有意思的是校验 Spring Cloud Function 所提供的 pack() + label()组合函数的行为。

程序清单 10.11　函数组合的集成测试

```
package com.polarbookshop.dispatcherservice;

import java.util.function.Function;
import org.junit.jupiter.api.Test;
import reactor.core.publisher.Flux;
import reactor.test.StepVerifier;
import org.springframework.beans.factory.annotation.Autowired;
import org.springframework.cloud.function.context.FunctionCatalog;
import org.springframework.cloud.function.context.test
➥    .FunctionalSpringBootTest;

@FunctionalSpringBootTest
class DispatchingFunctionsIntegrationTests {

    @Autowired
    private FunctionCatalog catalog;

    @Test
    void packAndLabelOrder() {
        Function<OrderAcceptedMessage, Flux<OrderDispatchedMessage>>
          packAndLabel = catalog.lookup(           ← 定义 OrderAcceptedMessage 作为函数的输入
            Function.class,
            "pack|label");          ← 获取来自 FunctionCatalog 中的组合函数
        long orderId = 121;

        StepVerifier.create(packAndLabel.apply(         ← 断言函数的输出是预期的 OrderDispatchedMessage 对象
          new OrderAcceptedMessage(orderId)
          ))
          .expectNextMatches(dispatchedOrder ->
            dispatchedOrder.equals(new OrderDispatchedMessage(orderId)))
          .verifyComplete();
    }
}
```

最后，打开终端窗口，导航至 Dispatcher Service 项目的根目录，并运行测试：

```
$ ./gradlew test --tests DispatchingFunctionsIntegrationTests
```

这种类型的集成测试能够确保我们所定义函数的行为是正确的，这与它们的暴露方式是相互独立的。在本书附带的源码中，你会看到一组更完备的自动化测试（Chapter10/10-end/dispatcher-service）。

函数是实现业务逻辑的一种简洁而有效的方式，它将基础设施方面的问题留给了框架。在下一节中，我们将学习如何使用 Spring Cloud Stream 将消息绑定到 RabbitMQ 的消息通道上。

10.4　使用 Spring Cloud Stream 处理消息

驱动 Spring Cloud Function 的原则也适用于 Spring Cloud Stream。它的理念是，开发人员负责业务逻辑，而框架负责基础设施的问题，比如如何与消息代理进行集成。

Spring Cloud Stream 是一个用来构建可扩展、事件驱动和流式应用的框架。它构建在 Spring Integration、Spring Boot 和 Spring Cloud Function 之上，其中 Spring Integration 提供了与消息代理的通信层，Spring Boot 提供了与中间件集成的自动配置，而 Spring Cloud Function 用于生产、处理和消费事件。Spring Cloud Stream 依赖于每个消息代理的原生特性，但是它也提供了一个抽象，以确保独立于底层中间件的无缝体验。例如，在 RabbitMQ 中并没有提供像消费者分组和分区这样的特性（Apache Kafka 原生支持），但由于框架为我们提供了这些特性，所以我们依然可以使用它们。

我最喜欢的 Spring Cloud Stream 的特性就是，只要在像 Dispatcher Service 这样的项目中丢入一个依赖，就能获取自动绑定至外部消息代理的功能。它最棒的一点是什么呢？那就是我们不需要修改应用中的任何代码，只需要在 application.yml 或 application.properties 中进行配置即可。在该框架之前的版本中，我们还需要通过注解显式地将业务逻辑与特定的 Spring Cloud Stream 组件进行匹配。现在，这个过程是完全透明的。

该框架支持与 RabbitMQ、Apache Kafka、Kafka Streams 和 Amazon Kinesis 的集成。另外，还有由合作伙伴维护的与 Google PubSub、Solace PubSub+、Azure Event Hubs 和 Apache RocketMQ 的集成。

本节将介绍如何通过 RabbitMQ 中的消息通道暴露我们在 Dispatcher Service 中定义的组合函数。

10.4.1　配置与 RabbitMQ 的集成

Spring Cloud Streams 基于如下几个基础概念。

- 目的地绑定器（destination binder）：提供与外部消息系统（如 RabbitMQ 或 Kafka）进行集成的组件。
- 目的地绑定（destination binding）：外部消息系统实体（如队列和主题）与应用提供的生产者和消费者之间的桥梁。

■　消息（message）：应用的生产者和消费者与目的地绑定器之间通信的数据结构，因此也是与外部消息系统通信的数据结构。

这三者都是由框架本身来处理的。应用的核心，也就是业务逻辑，并不会感知外部的消息系统。目的地绑定器负责让应用与外部的消息代理进行通信，其中包含了供应商特有的注意事项。绑定是由框架自动配置的，但是我们依然需要提供自己的配置，以适应自己的需求，就像我们将为 Dispatcher Service 所做的配置那样。图 10.9 展示了使用 Spring Cloud Stream 的 Spring Boot 应用模型。

图 10.9　在 Spring Cloud Stream 中，目的地绑定器提供了与外部消息系统的集成，
并且会与它们建立消息通道

在以函数的方式定义了应用的业务逻辑并配置由 Spring Cloud Function 管理它们之后（就像我们已经为 Dispatcher Service 实现的那样），就可以通过消息代理对外暴露函数了，这需要针对我们所选择使用的消息代理，添加特定的 Spring Cloud Stream 绑定器项目的依赖。我将展示如何使用 RabbitMQ 实现输入和输出的消息通道，但是你也可以在同一个应用中绑定多个消息系统。

集成 RabbitMQ 与 Spring

首先，打开 Dispatcher Service 项目（dispatcher-service）的 build.gradle 文件，然后将对 Spring Cloud Function 的依赖替换为对 Spring Cloud Stream 的 RabbitMQ 绑定器的依赖。因为 Spring Cloud Function 已经包含在 Spring Cloud Stream 之中，所以我们没有必要显式添加它了。我们还可以移除对 Spring Boot Starter 的依赖，因为它包含在 Spring Cloud Stream 之中。添加完依赖之后，不要忘记刷新/重新导入 Gradle 依赖。

程序清单 10.12　在 Dispatcher Service 中更新依赖

```
dependencies {
  implementation
  ➥ 'org.springframework.cloud:spring-cloud-stream-binder-rabbit'
  testImplementation 'org.springframework.boot:spring-boot-starter-test'
```

```
testImplementation 'io.projectreactor:reactor-test'
}
```

接下来，打开 application.yml 文件并添加如下针对 RabbitMQ 集成的配置。端口、用户名和密码与我们之前在 Docker Compose 中定义的值保持一致（参见程序清单 10.1 和 10.2）。

程序清单 10.13　配置 RabbitMQ 集成

```
spring:
  rabbitmq:
    host: localhost
    port: 5672
    username: user
    password: password
    connection-timeout: 5s
```

这就是所有的配置。如果我们运行 Dispatcher Service 的话，会发现不需要任何配置它就能够很好地运行。Spring Cloud Stream 会自动生成并配置与 RabbitMQ 中相关交换机和队列的绑定。

这对于快速上手是非常好的，但是你可能希望添加自己的配置，以便于自定义真正生产场景的行为。在下面的小节中我们将展示如何实现这一点。它同样不需要对业务逻辑代码进行任何修改，这是多么棒的一件事情啊！

10.4.2　将函数绑定至消息通道

Spring Cloud Stream 的入门是非常简单的，但是我们很可能会因为类似的名称而造成概念上的混淆。在消息代理和 Spring Cloud Stream 中，绑定（binding）这个术语及其变种被大量使用，这可能会造成误解。图 10.10 展示了所有实体的位置。

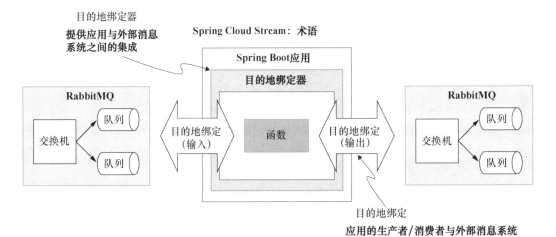

图 10.10　在 Spring Cloud Stream 中，绑定会在应用和消息代理之间建立消息通道

　　Spring Cloud Stream 为 Spring Boot 应用提供了目的地绑定器，它实现了与外部消息系统的集成。绑定器还会负责在应用生产者/消费者和消息系统实体（对 RabbitMQ 来说，也就是交换机和队列）之间建立通信。这些通信通道称为目的地绑定，它们是应用和代理之间的桥梁。

　　目的地绑定可以是输入通道，也可以是输出通道。默认情况下，Spring Cloud Stream 会将每个绑定（包括输入和输出）映射为 RabbitMQ 中的一个交换机（确切来讲，是 Topic 交换器）。另外，对于每个输入绑定，它会绑定一个队列到相关交换机上。这种设置为实现基于发布/订阅模型的事件驱动架构提供了所有管线（plumbing）。

　　在下面的小节中，我们将讲解 Spring Cloud Stream 中目的地绑定的更多知识，以及它们是如何与 RabbitMQ 中的交换机和队列关联起来的。

1．理解目的地绑定

　　正如我们在图 10.10 所看到的，目的地绑定是一个抽象，它代表了应用和代理之前的桥梁。当使用函数式编程模型时，Spring Cloud Stream 会为每个接收输入数据的函数生成一个输入绑定，并为每个返回输出数据的函数生成一个输出绑定。每个绑定会按照如下约定分配一个逻辑名称：

- 输入绑定：<functionName> + -in- + <index>
- 输出绑定：<functionName> + -out- + <index>

　　除非我们使用了分区（比如在 Kafka 中），否则名称中<index>部分将始终为 0。<functionName>部分则是根据 spring.cloud.function.definition 属性的值计算得到的。如果是独立的函数，它们是一一对应的。例如，如果在 Dispatcher Service 中，我们只有一个名为 dispatch 的函数，那么相关的绑定会命名为 dispatch-in-0 和 dispatch-out-0。但实际上，我们使用了一个组合函数（pack|label），所以生成的绑定名称会将组合涉及的所有函数的名称连接在一起。

- 输入绑定：packlabel-in-0
- 输出绑定：packlabel-out-0

　　这些名称只对我们有用，因为我们需要使用它们来配置应用中绑定自身的信息。它们就像唯一标识符那样，使我们能够引用特定的绑定并添加自定义的配置。请注意，这些名称仅在 Spring Cloud Stream 中存在，RabbitMQ 并不知道它们。

2．配置目的地绑定

　　默认情况下，Spring Cloud Stream 会使用绑定名称来生成 RabbitMQ 中交换机和队列的名称，但是，在生产环境中，我们可能会基于某些原因对它们进行显式管理。比如，交换机和队列在生产环境中可能已经存在了。我们可能还希望控制交换机和队列的不同选项，比如持久性或路由算法。

　　对于 Dispatcher Service，我将会向你展示如何配置输入和输出绑定。在启动的时候，Spring Cloud Stream 会检查相关的交换机和队列在 RabbitMQ 中是否已经存在。如果不存在，它将会根据我们的配置来创建它们。

让我们从定义目的地名称开始，它们将用来命名 RabbitMQ 中的交换机和队列。在 Dispatcher Service 项目中，更新 application.yml 文件，如下所示。

程序清单 10.14 配置 Spring Cloud Stream 绑定和 RabbitMQ 目的地

输出绑定（packlabel-out-0）将会映射到 RabbitMQ 中名为 order-dispatched 的交换机。输入绑定(packlabel-in-0)将会映射到RabbitMQ 中名为order-accepted的交换机和名为order-accepted. dispatcher-service 的队列上。如果它们在 RabbitMQ 中尚不存在，绑定器将会创建它们。队列的命名策略（<destination>.<group>）中包含了一个名为消费者组（consumer group）的参数。

消费者组的概念来源于 Kafka，这是一个很有用的概念。在标准的发布/订阅模型中，所有的消费者服务都会接收到它们所订阅的队列中的消息的一个副本。如果不同的服务都要处理这些消息的话，这种方式是非常便利的。但是在云原生场景中，为了实现扩展性和韧性，应用的多个实例会同时运行，这就会引发问题了。如果我们有多个 Dispatcher Service 实例，我们并不希望将订单分发至所有的实例。这将会导致错误和不一致的状态。

消费者组能够解决这个问题。同一个组中的所有消费者共享同一个订阅。因此，当消息抵达它们所订阅的队列时，只会有一个消费者进行处理。假设我们有两个应用（Dispatcher Service 和 Mail Service）都对已接受订单的事件感兴趣，并且它们是以副本方式进行部署的。如果使用应用名称来配置消费者组，我们能够确保每个事件都会被 Dispatcher Service 和 Mail Service 的各自一个实例接收和处理，如图 10.11 所示。

使用**Spring Cloud Stream和RabbitMQ的消费者组**

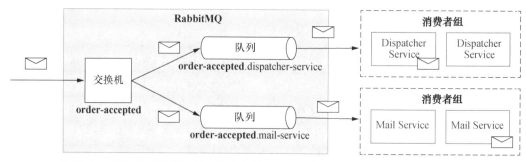

图 10.11 消费者组能够确保每条消息只会被同一个组中的一个消费者接收和处理

3．在 RabbitMQ 中查看交换机和队列

在通过 Spring Cloud Stream 配置完与 RabbitMQ 的集成后，我们就可以开始尝试运行 Dispatcher Service 了。

首先，我们启动一个 RabbitMQ 容器。打开终端窗口，导航至 polar-deployment 仓库中存放 docker-compose.yml 文件的目录（polar-deployment/docker），并运行如下命令：

```
$ docker-compose up -d polar-rabbitmq
```

然后，打开另一个终端窗口，导航至 Dispatcher Service 项目的根目录（dispatcher-service），并通过如下命令运行应用：

```
$ ./gradlew bootRun
```

通过应用的日志，我们能够大致知道系统发生了什么事情，但是为了更清晰地理解，我们查看一下 RabbitMQ 的管理控制台（通过 15672 端口进行了暴露）。

打开浏览器窗口并导航至 http://localhost:15672。凭证信息与我们在 Docker Compose 中定义的相同（user/password）。然后，进入 Exchanges 区域。如图 10.12 所示，这里有一个 RabbitMQ 提供的默认交换机的列表，另外还有两个应用生成的交换机，即 order-accepted 和 order-dispatched。Spring Cloud Stream 分别将它们映射到了 packlabel-in-0 和 packlabel-out-0 绑定中。交换机是持久性的（在管理控制台中通过"D"进行了标注），这意味着在代理重启后，它们依然能够存在。

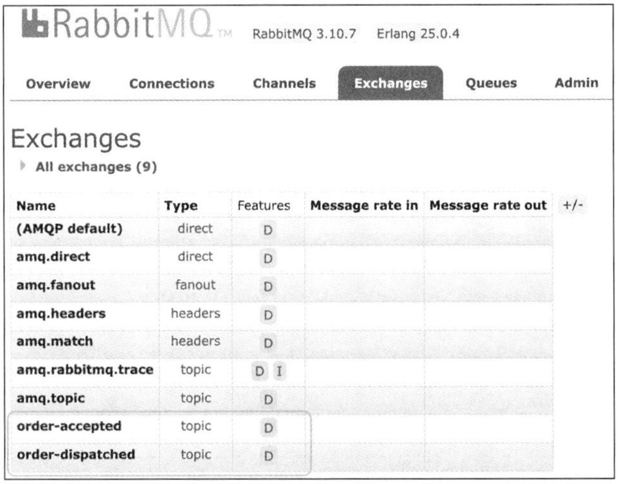

图 10.12 Spring Cloud Stream 将两个目的地绑定映射到 RabbitMQ 中的两个交换机上

接下来，我们看一下队列。在 Dispatcher Service 中，我们为 packlabel-in-0 绑定配置了一个消费者组。它们是应用的唯一输入通道，所以只会形成一个队列。我们校验一下。在 RabbitMQ

管理控制台中，如图 10.13 所示，在 Queues 区域中我们可以看到一个持久性的 order-accepted. dispatcher-service 队列。

图 10.13　Spring Cloud Stream 会将每个输入绑定映射到队列上，
队列的命名方式与已配置的消费者组保持一致

　　注意　这里没有为 packlabel-out-0 绑定生成队列，因为没有消费者订阅它。稍后你会发现，当我们配置 Order Service 监听它之后，将会创建一个队列。

　　通过发送消息给 order-accepted 交换机，我们可以手动校验集成能够正常运行。如果所有内容都配置无误的话，Dispatcher Service 将会从 order-accepted.dispatcher-service 队列读取消息，通过"pack|label"组合函数对其进行处理，最终将其发送至 order-dispatched 交换机。

　　再次回到 Exchanges 区域，选择 order-accepted 交换机，在 Publish message 面板中插入 JSON 格式的 OrderAcceptedMessage 对象，如图 10.14 所示。完成之后，点击"Publish message"按钮。

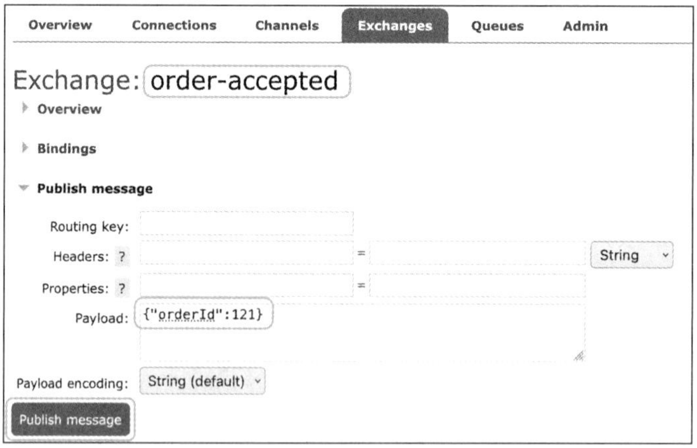

图 10.14　我们可以通过发送消息至 order-accepted 交换机，触发 Dispatcher Service 中的数据流

　　在应用的日志中，我们可以看到如下信息，表明数据流正确执行了：

```
...c.p.d.DispatchingFunctions: The order with id 394 is packed.
...c.p.d.DispatchingFunctions: The order with id 394 is labeled.
```

输出消息发送到了 order-dispatched 交换机中，但是现在没有消费者订阅它，所以它没有路由到任何队列。在本章最后一部分，我们将会在 Order Service 中定义一个 Supplier，在订单接受后发布一条消息到 order-accepted 交换机，并且会定义一个 Consumer，当订单派发完成后读取 order-dispatched 队列中的消息，从而完成整个数据流。但现在，我们先添加一些测试来校验与绑定器的集成。

在继续后面的内容前，请使用 Ctrl+C 停掉应用，并使用 docker-compose down 停掉 RabbitMQ 容器。

10.4.3 使用 Test Binder 编写集成测试

正如我之前多次强调的那样，Spring Cloud Function 和 Spring Cloud Stream 的整体理念是保持应用的业务逻辑独立于基础设施和中间件。在定义了原始的 pack() 和 label() 函数之后，我们需要做的就是更新 Gradle 中的依赖并修改 application.yml 中的配置。

让单元测试覆盖业务逻辑并与框架保持独立是一种很好的做法。但是，添加一些集成测试以涵盖 Spring Cloud Stream 中的应用行为依然是很有价值的。我们应该禁用之前在 Dispatching FunctionsIntegrationTests 中编写的集成测试，因为我们现在想要测试与外部系统的集成。

框架提供了一个专门用于测试的绑定器，以实现专注于业务逻辑而非中间件的集成测试。我们以 Dispatcher Service 为例看一下它是如何运行的。

> **注意** Spring Cloud Stream 提供的 test binder 是用来验证配置正确性的，并且能够验证与技术无关的目的地绑定器之间的集成。如果你想要针对特定的代理（在我们的场景中，也就是 RabbitMQ）测试应用的话，你可以使用 Testcontainers，就像我们前几章所做的那样。我将其作为一个练习留给你去实现。

首先，在 Dispatcher Service 项目的 build.gradle 中添加对 test binder 的依赖。与我们之前使用的依赖不同，test binder 需要包含更复杂的语法。更多信息请参阅 Spring Cloud Stream 文档（https://spring.io/projects/spring-cloud-stream）。添加依赖后，不要忘记刷新/重新导入 Gradle 依赖。

程序清单 10.15 在 Dispatcher Service 中添加对 test binder 的依赖

```
dependencies {
  ...
  testImplementation("org.springframework.cloud:spring-cloud-stream") {
    artifact {
      name = "spring-cloud-stream"
      extension = "jar"
      type ="test-jar"
      classifier = "test-binder"
    }
  }
}
```

然后，创建一个用于测试的类 FunctionsStreamIntegrationTests。测试的搭建过程包含如下三个步骤：

1）导入 TestChannelBinderConfiguration 类，为 test binder 提供配置。

2）注入 InputDestination bean，它代表了输入绑定 packlabel-in-0（默认就是它，因为我们只有一个输入绑定）。

3）注入 OutputDestination bean，它代表了输出绑定 packlabel-out-0（默认就是它，因为我们只有一个输出绑定）。

数据流会基于 Message 对象（来自 org.springframework.messaging 包）。在运行应用的时候，框架会为我们透明地处理类型转换。但是，在这种类型的测试中，需要显式提供 Message 对象。我们可以使用 MessageBuilder 创建输入消息并使用 ObjectMapper 工具执行类型转换，以便于生成代理中要使用的二进制格式的消息载荷。

程序清单 10.16　测试与外部消息系统的集成

```
package com.polarbookshop.dispatcherservice;

import java.io.IOException;
import com.fasterxml.jackson.databind.ObjectMapper;
import org.junit.jupiter.api.Test;
import org.springframework.beans.factory.annotation.Autowired;
import org.springframework.boot.test.context.SpringBootTest;
import org.springframework.cloud.stream.binder.test.InputDestination;
import org.springframework.cloud.stream.binder.test.OutputDestination;
import org.springframework.cloud.stream.binder.test.
➥ TestChannelBinderConfiguration;
import org.springframework.context.annotation.Import;
import org.springframework.integration.support.MessageBuilder;
import org.springframework.messaging.Message;
import static org.assertj.core.api.Assertions.assertThat;

@SpringBootTest
@Import(TestChannelBinderConfiguration.class)          ◁── 配置 test binder
class FunctionsStreamIntegrationTests {

  @Autowired
  private InputDestination input;          ◁── 代表了输入绑定 packlabel-in-0

  @Autowired
  private OutputDestination output;          ◁── 代表了输出绑定 packlabel-out-0

  @Autowired
  private ObjectMapper objectMapper;          ◁── 使用 Jackson 将 JSON 消息载荷反序列化为 Java 对象

  @Test
  void whenOrderAcceptedThenDispatched() throws IOException {
    long orderId = 121;
    Message<OrderAcceptedMessage> inputMessage = MessageBuilder
```

```
                    .withPayload(new OrderAcceptedMessage(orderId)).build();
发送消息至      Message<OrderDispatchedMessage> expectedOutputMessage = MessageBuilder
输入通道           .withPayload(new OrderDispatchedMessage(orderId)).build();

         ┌─>this.input.send(inputMessage);
          assertThat(objectMapper.readValue(output.receive().getPayload(),
            OrderDispatchedMessage.class))
              .isEqualTo(expectedOutputMessage.getPayload());          ◁─────  在输出通道接
    }                                                                         收消息并对其
  }                                                                          进行断言
```

> **注意** 如果你使用 IntelliJ IDEA 的话，可能会遇到 InputDestination、OutputDestination 和 ObjectMapper
> 无法自动装配的警告。不用担心，这是一个误报。通过为字段添加@SuppressWarnings
> ("SpringJavaInjectionPointsAutowiringInspection")注解，我们可以规避该警告。

像 RabbitMQ 这样的消息代理处理的是二进制数据，所有流经它们的数据都需要映射为 Java 中的 byte[]。字节和 DTO 之间的转换是由 Spring Cloud Stream 透明处理的。但是，在这个测试场景中，与 Message 类似，当我们断言从输出通道接收到的消息内容时，就需要对其进行处理了。

在编写完集成测试之后，打开终端窗口，导航至 Dispatcher Service 项目的根目录并运行测试：

```
$ ./gradlew test --tests FunctionsStreamIntegrationTests
```

在下一小节中，我们将讨论与消息系统进行集成时，为确保韧性所需要考虑的问题。

10.4.4 保持消息系统应对故障的韧性

事件驱动架构解决了同步请求/响应交互所带来的问题。例如，如果我们移除了时序耦合，那么就没有必要采用像断路器这样的模式了，因为通信本身是异步的。如果当生产者发送消息时消费者临时不可用，那么也不会有什么影响。它重新运行之后，就会接收到该消息。

在软件工程中，从来就没有银弹。所有的决策都是有代价的。一方面，解耦的应用可以独立运行。另一方面，我们在系统中引入了一个新的组件，也就是消息代理，它也需要部署和维护。

即便这一部分是由平台来负责的，应用开发人员依然有一些要做的事情。当事件发生时，我们的应用想要发布事件，但此时可能会出现问题。重试和超时依然是有价值的，但现在，它们将用于配置使得应用和代理之间的交互更具韧性。默认情况下，Spring Cloud Stream 使用基于指数退避策略的重试模式，对于命令式消费者会使用 Spring Retry 库，而对于反应式消费者，将使用 Reactor 的 retryWhen()操作符（我们在第 8 章所学到的）。和以往一样，我们可以通过配置属性对其进行自定义。

Spring Cloud Stream 定义了多种默认的行为以确保交互更具韧性，包括错误通道和优雅关机。我们可以配置消息处理的各个方面，包括死信队列、确认流程（acknowledgment flow）以及错误时的消息重发。

　　RabbitMQ 本身也有一些提高可靠性和韧性的特性。其中，它能确保每条信息至少被投递一次。请注意，应用中的消费者可能会两次收到相同的消息，所以业务逻辑需要知道如何识别并处理重复的消息。

　　在这个方面，我不会进一步详细讨论，因为这是一个内容广泛的话题，可能需要几章的篇幅才能完全涵盖。我建议你阅读事件驱动架构中所涉及的不同项目的文档，如 RabbitMQ（https://www.rabbitmq.com/）、Spring AMQP（https://spring.io/projects/spring-amqp）和 Spring Cloud Stream（https://spring.io/projects/spring-cloud-stream）。你还可以参阅 Sam Newman 的 *Building Microservices*（O'Reilly，2021 年）和 Chris Richardson 的 *Microservices Patterns*（Manning，2018 年）对事件驱动模式的描述。

　　在本章的最后一部分，我们将会与 Supplier 和 Consumer 协作，完成 Polar Bookshop 系统的订单流程。

10.5　使用 Spring Cloud Stream 生产和消费消息

　　在上一节中，我们学习了函数式的编程范式，以及如何借助 Spring Cloud Function 和 Spring Cloud Stream 将其用于 Spring 生态系统。在最后一节中，我们将展示如何实现生产者和消费者。

　　我们将会看到，消费者与我们在 Dispatcher Service 中编写的函数并没有什么差异。而生产者则略有差异，因为与函数和消费者不同，它们不会被系统自然激活。在实现 Polar Bookshop 系统订单流程的最后一部分中，我将展示如何在 Order Service 中使用它们。

10.5.1　实现事件消费者以及幂等性问题

　　我们之前构建的 Dispatcher Service 会在订单派发之时生成消息。当这种情况发生时，Order Service 应该会得到通知，所以它可以更新数据库中的订单状态。

　　首先，打开 Order Service 项目（order-service），在 build.gradle 文件中添加对 Spring Cloud Stream 和 test binder 的依赖。添加依赖后，不要忘记刷新/重新导入 Gradle 依赖。

程序清单 10.17　添加对 Spring Cloud Stream 和 test binder 的依赖

```
dependencies {
  ...
  implementation 'org.springframework.cloud:
  ➥ spring-cloud-stream-binder-rabbit'
  testImplementation("org.springframework.cloud:spring-cloud-stream") {
    artifact {
      name = "spring-cloud-stream"
      extension = "jar"
      type ="test-jar"
```

```
      classifier = "test-binder"
    }
  }
}
```

然后，我们需要建模 Order Service 要监听的事件。创建一个新的 com.polarbookshop.orderservice.order.event 包，并添加 OrderDispatchedMessage 类，以存放已派发订单的标识符。

程序清单 10.18　用来表示已派送订单事件的 DTO

```
package com.polarbookshop.orderservice.order.event;

public record OrderDispatchedMessage (
  Long orderId
){}
```

现在，我们将以函数式的方式实现业务逻辑。创建 OrderFunctions 类（位于 com.polarbookshop.orderservice.order.event 包中）并实现一个函数，以消费当订单派发时由 Dispatcher Service 生成的消息。该函数将会是一个 Consumer，负责监听传入的消息并更新数据库中对应的实体。Consumer 是只有输入且没有输出的函数。为了保持函数整洁易读，我们将对 OrderDispatchedMessage 对象的处理转移到 OrderService 类中（稍后实现）。

程序清单 10.19　消费来自 RabbitMQ 的消息

```
package com.polarbookshop.orderservice.order.event;

import java.util.function.Consumer;
import com.polarbookshop.orderservice.order.domain.OrderService;
import org.slf4j.Logger;
import org.slf4j.LoggerFactory;
import reactor.core.publisher.Flux;
import org.springframework.context.annotation.Bean;
import org.springframework.context.annotation.Configuration;

@Configuration
public class OrderFunctions {

  private static final Logger log =
    LoggerFactory.getLogger(OrderFunctions.class);

  @Bean
  public Consumer<Flux<OrderDispatchedMessage>> dispatchOrder(      // 对于派发的每条消息,它都会更新数据库中相关订单的状态
    OrderService orderService
  ) {
    return flux ->
      orderService.consumeOrderDispatchedEvent(flux)
        .doOnNext(order -> log.info("The order with id {} is dispatched",   // 对数据库中要更新的每个订单,均打印一条日志消息
          order.id()))
        .subscribe();     // 订阅反应式流以激活它。如果没有订阅者,流中不会产生数据流
  }
}
```

Order Service 是一个反应式应用，所以 dispatchOrder 函数会以反应式流（OrderDispatchedMessage 组成的 Flux）的形式消费消息。仅当有订阅者对接收到的数据感兴趣时，反应式流才会激活。因此，在反应式流定义的最后订阅它是非常重要的，否则不会有任何数据被处理。在上述样例中，订阅部分是由框架透明处理的（例如，使用反应式流通过 REST 端点返回数据或将数据发送到一个支撑服务）。在本例中，我们使用 subscribe() 子句显式实现了这一点。

接下来，我们在 OrderService 类中实现 consumeOrderDispatchedMessageEvent() 方法，以便于在订单派送后更新数据库中现存订单的状态。

程序清单 10.20　当订单派送时，更新订单的逻辑

接受 OrderDispatchedMessage 对象组成的反应式流作为输入

对于发布到流中的每个对象，从数据库中读取相关的订单

将订单更新为 "dispatched" 状态

将更新后的订单保存到数据库中

对于给定的订单，返回一个状态为 "dispatched" 的新记录

```
@Service
public class OrderService {
  ...

  public Flux<Order> consumeOrderDispatchedEvent(
    Flux<OrderDispatchedMessage> flux
  ) {
    return flux
      .flatMap(message ->
        orderRepository.findById(message.orderId()))
      .map(this::buildDispatchedOrder)
      .flatMap(orderRepository::save);
  }

  private Order buildDispatchedOrder(Order existingOrder) {
    return new Order(
      existingOrder.id(),
      existingOrder.bookIsbn(),
      existingOrder.bookName(),
      existingOrder.bookPrice(),
      existingOrder.quantity(),
      OrderStatus.DISPATCHED,
      existingOrder.createdDate(),
      existingOrder.lastModifiedDate(),
      existingOrder.version()
    );
  }
}
```

消费者是由队列中的消息触发的。RabbitMQ 提供了"至少投递一次"（at-least-one delivered）的保证，所以我们需要注意可能出现的重复。在我们实现的代码中，将特定订单的状态更新成了 DISPATCHED，该操作可以执行多次，但结果是一致的。因为操作是幂等的，所以代码对重复是有韧性的。我们可以进一步对其进行优化，也就是先检查它的状态，如果是已派送，就略过更新操作。

最后，我们需要在 application.yml 中配置 Spring Cloud Stream，这样 dispatchOrder-in-0 绑定（它是由我们刚刚定义的 dispatchOrder 函数名自动推断得出的）会映射到 RabbitMQ 中的

order-dispatched 交换机。同时，不要忘记将 dispatchOrder 定义为由 Spring Cloud Function 管理的函数，并且要与 RabbitMQ 集成。

程序清单 10.21 配置 Cloud Stream 绑定和 RabbitMQ 集成

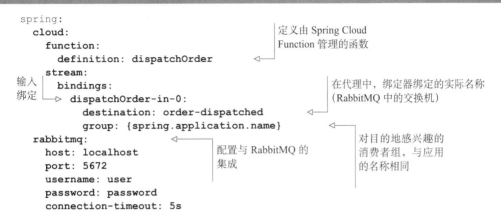

我们可以看到，它的定义方式与 Dispatcher Service 中的函数定义是相同的。Order Service 中的消费者将会是 order-service 消费者组的一部分，Spring Cloud Stream 会在它们之间定义一个消息通道，并在 RabbitMQ 中定义一个名为 order-dispatched.order-service 的队列。

接下来，我们将会定义触发整个过程的 Supplier，从而完成订单流。

10.5.2 实现事件生产者以及原子性问题

Supplier 是消息源。当事件发生的时候，它们会产生消息。在 Order Service 中，当订单被接受后，Supplier 应该通知感兴趣的参与方（在本例中，也就是 Dispatcher Service）。与 Function 和 Consumer 不同，Supplier 需要被激活。它们只有在调用时，才会采取行动。

Spring Cloud Stream 提供了多种方式来定义 Supplier，并涵盖了不同的场景。在我们的场景中，事件源并不是消息代理，而是 REST 端点。当用户发送 POST 请求到 Order Service 来购买图书时，我们希望发布一个事件，表明订单已被接受。

我们首先将事件建模为 DTO。它与我们在 Dispatcher Service 中使用的 OrderAcceptedMessage record 一样。将该 record 添加至 Order Service 项目（order-service）的 com.polarbookshop.orderservice.order.event 包下。

程序清单 10.22 表示接受订单事件的 DTO

```
package com.polarbookshop.orderservice.order.event;

public record OrderAcceptedMessage (
  Long orderId
){}
```

我们可以使用 StreamBridge 对象将 REST 与应用的流式部分连接在一起,该对象能够以命令式的方式发送数据到特定的目的地。我们拆分一下这个新的功能。首先,我们可以实现一个方法,该方法以 Order 对象作为输入,校验它是否已被接受,构建 OrderAcceptedMessage 对象并使用 StreamBridge 将其发送至一个 RabbitMQ 的目的地中。

打开 OrderService 类,自动装配一个 StreamBridge 对象并定义一个新的 publishOrderAcceptedEvent 方法。

程序清单 10.23　实现发布事件到指定目的地的逻辑

```
package com.polarbookshop.orderservice.order.domain;

import com.polarbookshop.orderservice.book.BookClient;
import com.polarbookshop.orderservice.order.event.OrderAcceptedMessage;
import org.slf4j.Logger;
import org.slf4j.LoggerFactory;
import org.springframework.cloud.stream.function.StreamBridge;
import org.springframework.stereotype.Service;
...

@Service
public class OrderService {
  private static final Logger log =
    LoggerFactory.getLogger(OrderService.class);

  private final BookClient bookClient;
  private final OrderRepository orderRepository;
  private final StreamBridge streamBridge;

  public OrderService(BookClient bookClient,
    StreamBridge streamBridge, OrderRepository orderRepository
  ) {
    this.bookClient = bookClient;
    this.orderRepository = orderRepository;
    this.streamBridge = streamBridge;
  }

  ...

  private void publishOrderAcceptedEvent(Order order) {
    if (!order.status().equals(OrderStatus.ACCEPTED)) {
      return;
    }
    var orderAcceptedMessage =
      new OrderAcceptedMessage(order.id());
    log.info("Sending order accepted event with id: {}", order.id());
    var result = streamBridge.send("acceptOrder-out-0",
      orderAcceptedMessage);
    log.info("Result of sending data for order with id {}: {}",
      order.id(), result);
  }
}
```

如果订单没有被接受,不执行任何操作

构建一条消息以通知该订单已被接受

将消息显式发送至 acceptOrder-out-0 绑定

由于数据源是一个 REST 端点，我们没有可以用来注册 Spring Cloud Function 的 Supplier bean，所以框架中没有触发器来创建 RabbitMQ 中所需的绑定。不过，在程序清单 10.23 中，StreamBridge 将数据发送到了名为 acceptOrder-out-0 的绑定中。它是怎么来的呢？我们根本就没有名为 acceptOrder 的函数！

在启动的时候，Spring Cloud Stream 会发现 StreamBridge 想要通过 acceptOrder-out-0 绑定发布消息，所以它会自动创建一个绑定。类似于通过函数创建绑定，我们可以在 RabbitMQ 中配置目的地名称。打开 application.yml 文件，并按照如下方式配置绑定。

程序清单 10.24　配置 Cloud Stream 输出绑定

```
spring:
  cloud:
    function:
      definition: dispatchOrder
    stream:
      bindings:
        dispatchOrder-in-0:
          destination: order-dispatched
          group: ${spring.application.name}
        acceptOrder-out-0:
          destination: order-accepted
```

StreamBridge 创建和管理的输出绑定

在代理中，绑定器绑定的实际名称（RabbitMQ 中的交换机）

现在需要做的就是当订单接受之后调用该方法。这是非常重要的，其特征也被称为 Saga 模式，该模式是在微服务架构中很流行的分布式事务方案。为了确保系统的数据一致性，将订单持久化到数据库中以及发送关于该订单的消息必须是一个原子性操作。这两者要么全部成功，要么全部失败。确保原子性的一个简单有效的方式是将这两个操作包装到一个本地事务中。为了实现这一点，我们可以依赖 Spring 内置的事务管理功能。

> **注意**　Chris Richardson 在 *Microservices Patterns* 一书的第 4 章对 Saga 模式进行了讲解（Manning，2018 年，https://livebook.manning.com/book/microservices-patterns/chapter-4）。如果你对跨多个应用的事务感兴趣的话，我推荐你参阅此书。

在 OrderService 类中，修改 submitOrder()方法以调用 publishOrderAcceptedEvent 方法，并为其添加@Transactional 注解。

程序清单 10.25　定义包含数据库和事件代理的 Saga 事务

```
@Service
public class OrderService {
  ...

  @Transactional
  public Mono<Order> submitOrder(String isbn, int quantity) {
    return bookClient.getBookByIsbn(isbn)
      .map(book -> buildAcceptedOrder(book, quantity))
```

在本地事务中执行方法

```
        .defaultIfEmpty(buildRejectedOrder(isbn, quantity))      ◁── 保存订单到数据库中
        .flatMap(orderRepository::save)
        .doOnNext(this::publishOrderAcceptedEvent);              ◁── 如果订单被接受的话,
    }                                                                 发布一个事件

    private void publishOrderAcceptedEvent(Order order) {
        if (!order.status().equals(OrderStatus.ACCEPTED)) {
            return;
        }
        var orderAcceptedMessage = new OrderAcceptedMessage(order.id());
        log.info("Sending order accepted event with id: {}", order.id());
        var result = streamBridge.send("acceptOrder-out-0",
            orderAcceptedMessage);
        log.info("Result of sending data for order with id {}: {}",
            order.id(), result);
    }
}
```

Spring Boot 提供了预配置的事务管理功能, 能够处理关系型数据库相关的事务 (正如我们在第 5 章所看到的)。但是, 消息生产者所使用的由 RabbitMQ 建立的消息通道默认并不支持事务。为了让事件发布操作能够加入现有的事务, 我们需要在 application.yml 中为消息生产者启用 RabbitMQ 的事务支持。

程序清单 10.26　配置输出绑定支持事务

```
spring:
  cloud:
    function:
      definition: dispatchOrder
    stream:
      bindings:
        dispatchOrder-in-0:
          destination: order-dispatched
          group: ${spring.application.name}
        acceptOrder-out-0:
          destination: order-accepted            ◁── RabbitMQ 针对 Spring Cloud Stream
      rabbit:                                          绑定所提供的配置
        bindings:
          acceptOrder-out-0:                      ◁── 使 acceptOrder-out-0 绑定
            producer:                                  支持事务
              transacted: true
```

现在, 就像为 Dispatcher Service 中的函数所做的那样, 我们可以为 Supplier 和 Consumer 编写新的集成测试。我将编写自动化测试的任务留给你来实现, 因为现在你已经有了必要的工具。如果你需要一些灵感, 那么可以参阅本书附带的源码 (Chapter10/10-end/order-service) 并看一下我是怎样实现的。

你需要导入针对 test binder 的配置 (@Import(TestChannelBinderConfiguration.class)), 并将其放到现有的 OrderServiceApplicationTests 类中以使其能够运行。

这是关于事件驱动模型、函数和消息系统的愉快旅程。在结束之前, 我们看一下订单流程

的实际情况。首先，启动 RabbitMQ、PostgreSQL（docker-compose up -d polar-rabbitmq polar-postgres）和 Dispatcher Service（./gradlewbootRun）。然后，启动 Catalog Service 和 Order Service（./gradlewbootRun，或者在构建镜像后使用 Docker Compose）。

当所有服务都运行起来之后，添加一本新的图书到目录中。

```
$ http POST :9001/books author="Jon Snow" \
    title="All I don't know about the Arctic" isbn="1234567897" \
    price=9.90 publisher="Polarsophia"
```

然后，订购 3 本这样的图书。

```
$ http POST :9002/orders isbn=1234567897 quantity=3
```

如果订购的图书存在的话，该订单会被接受，Order Service 将会发布一条 OrderAcceptedEvent 消息。Dispatcher Service 订阅了相同的事件，将会处理订单并发布一条 OrderDispatchedEvent 消息。Order Service 将会得到通知并更新数据库中订单的状态。

提示 通过 Order Service 和 Dispatcher Service 的应用日志，我们可以查看消息流。

到最后，我们从 Order Service 中获取订单，看真相是否如此：

```
$ http :9002/orders
```

该订单的状态应该是 DISPATCHED：

```
{
  "bookIsbn": "1234567897",
  "bookName": "All I don't know about the Arctic - Jon Snow",
  "bookPrice": 9.9,
  "createdDate": "2022-06-06T19:40:33.426610Z",
  "id": 1,
  "lastModifiedDate": "2022-06-06T19:40:33.866588Z",
  "quantity": 3,
  "status": "DISPATCHED",
  "version": 2
}
```

当完成对系统的测试后，请停止所有的应用（Ctrl+C）和 Docker 容器（docker-compose down）。

完美收官！Polar Bookshop 系统的业务逻辑实现到此基本完成。在下一章中，我们将介绍如何使用 Spring Security、OAuth 2.0 和 OpenID Connect 实现云原生应用的安全性。

Polar Labs

请将前面几章学到的知识用到 Dispatcher Service 中，使其能够为部署做好充分准备。

1）添加 Spring Cloud Config Client 到 Dispatcher Service 中，使其能够从 Config Service 获取配置。

2）配置 Cloud Native Buildpacks 集成，容器化应用并定义部署流水线的提交阶段。

3）编写 Deployment 和 Service 清单，以便于将 Dispatcher Service 部署到 Kubernetes 集群中。

4）配置 Tilt，以便于将 Dispatcher Service 自动化部署到由 minikube 初始化的本地 Kubernetes 集群中。

> 然后，更新 Docker Compose 规范和 Kubernetes 清单，以便于配置 Order Service 与 RabbitMQ 的集成。
>
> 你可以参阅本书附带源码仓库的/Chapter10/10-end 目录，查看最终的结果（https://github.com/ThomasVitale/cloud-native-spring-in-action），并使用 kubectl apply -f services 命令部署 Chapter10/10-end/polar-deployment/kubernetes/platform/development 目录中的清单。

10.6　小结

- 事件驱动架构描述了借助生产和消费事件进行交互的分布式系统。
- 所谓事件就是系统中发生的事情。
- 在发布/订阅模型中，生产者发布的事件会被发送给所有订阅者以供消费。
- 像 RabbitMQ 或 Kafka 这样的事件处理平台负责收集来自生产者的事件，进行路由，并将其分发给感兴趣的消费者。
- 在 AMQP 中，生产者会将消息发送到代理中的某个交换机上，然后根据路由算法将它们转发至队列中。
- 在 AMQP 中，消费者会接收代理中队列的消息。
- 在 AMQP 中，消息是由键/值对属性和二进制载荷组成的数据结构。
- RabbitMQ 是一个基于 AMQP 的消息代理，我们可以基于发布/订阅模型实现事件驱动架构。
- RabbitMQ 提供了高可用、韧性和数据副本功能。
- Spring Cloud Function 能够让我们使用标准的 Java Function、Supplier 和 Consumer 接口实现业务逻辑。
- Spring Cloud Function 能够包装我们的函数并提供一些令人兴奋的特性，如透明的类型转换和函数组合。
- 在 Spring Cloud Function 上下文中实现的函数能够对外暴露并以不同的方式与外部系统进行集成。
- 函数可以暴露为 REST 端点，以 Serverless 应用的形式打包并部署到 FaaS 平台中（Knative、AWS Lambda、Azure Function、Google Cloud Functions），或者绑定到消息通道中。
- Spring Cloud Stream 构建在 Spring Cloud Function 之上，为我们提供了所有必要的管线以便于将函数与外部消息系统（如 RabbitMQ 或 Kafka）进行集成。
- 函数实现完毕之后，我们不需要对代码进行任何变更，只需要添加对框架的依赖并配置如何适应我们的需求即可。
- 在 Spring Cloud Stream 中，目的地绑定器提供了与外部消息系统的集成。
- 在 Spring Cloud Stream 中，目的地绑定（包括输入和输出）在应用的生产者/消费者以及消息代理（如 RabbitMQ）中的交换机/队列之间建立了关联。
- 当有新消息抵达时，函数和 Consumer 会被自动激活。
- Supplier 需要显式激活，例如通过显式发送消息到目的地绑定中。

第 11 章　安全性：认证与 SPA

本章内容：
- 理解 Spring Security 的基础知识
- 使用 Keycloak 管理用户账号
- 使用 OpenID Connect、JWT 和 Keycloak
- 借助 Spring Security 和 OpenID Connect 认证用户
- 测试 Spring Security 和 OpenID Connect

    在 Web 应用中，安全性是最重要的因素之一，它如果出现了问题，可能会造成最严重的灾难性影响。基于教程安排的考虑，我到这里才开始介绍这个话题。在真实的场景中，我的建议是在每个新项目和特性的初始阶段就将安全性考虑进去，在应用下线之前，都不应该放松该问题。

    访问控制系统只允许已证明其身份合法并具有所需权限的用户访问资源。为了完成这一点，我们需要遵循三个关键的步骤：识别（identification）、认证（authentication）和授权（authorization）。

    1）识别会在某个用户（可能是真正的自然人，也可能是机器）宣称自己的身份（identity）后进行。在现实世界中，这对应我通过名字向别人介绍自己。在数字世界中，可以通过提供用户名和电子邮件地址来实现这一点。

    2）认证即通过护照、驾照、密码、证书或令牌等要素来验证用户所声称的身份。当使用多个要素来验证用户身份时，我们就涉及多要素（multi-factor）认证。

    3）授权始终发生在认证之后，它会检查用户在给定的上下文中允许做哪些事情。

    本章以及下一章将介绍如何在云原生应用中实现访问控制系统。我们会展示如何在像 Polar Bookshop 这样的系统中添加认证，并使用像 Keycloak 这种专门的身份和访问管理解决方案。

我将展示如何使用 Spring Security 来保护应用并采用像 JWT、OAuth2 和 OpenID Connect 这样的标准。在这个过程中，我们会向系统中添加一个 Angular 前端，并学习在涉及单页应用（Single-Page Application，SPA）时安全性方面的最佳实践。

注意　本章的源码可以通过/Chapter11/11-begin 和/Chapter11/11-end 目录获取，其中分别包含了项目的初始和最终状态（https://github.com/ThomasVitale/cloud-native-spring-in-action）。

11.1　理解 Spring Security 的基础知识

Spring Security（https://spring.io/projects/spring-security）是保护 Spring 应用的事实标准，同时支持命令式和反应式技术栈。它提供了认证和授权特性，同时能够防护最常见的攻击。

该框架的主要功能是通过过滤器实现的。我们考虑一个为 Spring Boot 应用添加认证的需求。用户应该能够在一个登录表单中通过用户名和密码进行认证。当我们配置 Spring Security 启用该特性时，框架会添加一个过滤器来拦截所有传入的请求。如果用户已经认证过了，它会让请求通过，给定的 Web 处理器将会处理该请求，比如某个@RestController 类。如果用户没有认证的话，它会转发至登录页面，要求用户输入用户名和密码。

注意　在命令式应用中，过滤器是通过 Servlet Filter 实现的。在反应式应用中，将会使用 WebFilter。

Spring Security 中大多数的安全特性都是通过过滤器实现的。框架会建立一个过滤器链，按照明确定义的顺序执行过滤器。例如，处理认证的过滤器会在检查授权的过滤器之前运行，因为我们无法在不知道用户是谁的情况下校验其权限。

我们通过一个简单的例子更好地理解一下 Spring Security 是如何运行的。我们希望为 Polar Bookshop 系统添加认证功能。因为 Edge Service 是系统的入口点，所以在这里实现像安全性这样的横切性关注点是比较合理的。用户应该可以通过一个登录表单使用用户名和密码进行认证。

首先，在 Edge Service 项目（edge-service）的 build.gradle 文件中添加对 Spring Security 的新依赖。在添加新依赖之后，不要忘记刷新/重新导入 Gradle 依赖。

程序清单 11.1　在 Edge Service 中添加对 Spring Security 的依赖

```
dependencies {
  ...
  implementation 'org.springframework.boot:spring-boot-starter-security'
}
```

在 Spring Security 中，定义和配置安全策略的中心位置是 SecurityWebFilterChain bean。这个对象会告诉框架该启用哪些过滤器。我们可以通过 ServerHttpSecurity 提供的 DSL 来构建 SecurityWebFilterChain bean。

现在，我们想要满足如下需求：

■ Edge Service 对外暴露的所有端点都要进行用户认证。

■ 认证必须要通过一个登录表单页面进行。

为了集中所有与安全性相关的配置，我们在一个新的 SecurityConfig 类（位于 com.polarbookshop. edgeservice.config 包中）中创建 SecurityWebFilterChain bean：

```
            ┌ SecurityWebFilterChain bean 用来
            │ 定义和配置应用的安全策略
@Bean ◄─────┘
SecurityWebFilterChain springSecurityFilterChain(
  ServerHttpSecurity http
) {}
```

ServerHttpSecurity 对象是由 Spring 自动装配的，它提供了便利的 DSL 来配置 Spring Security 并构建 SecurityWebFilterChain bean。借助 authorizeExchange()，我们可以为任意请求（在反应式 Spring 中叫作交换机）定义访问策略。在本例中，我们希望所有的请求都需要认证（authenticated()）。

```
@Bean
SecurityWebFilterChain springSecurityFilterChain(ServerHttpSecurity http) {
  return http
    .authorizeExchange(exchange ->
      exchange.anyExchange().authenticated())   ◄──┐ 所有的请求都
    .build();                                        │ 需要认证
}
```

Spring Security 提供了多种认证策略，包括 HTTP Basic、登录表单、SAML 和 OpenID Connect。在本例中，我们希望使用登录表单策略，这可以通过 ServerHttpSecurity 对象暴露的 formLogin()方法来启用。我们将会使用默认的配置（可以通过 Spring Security Customizer 接口实现），这包含了一个框架内置的登录页面，当请求没有经过认证时，将自动重定向到该页面。

```
@Bean
SecurityWebFilterChain springSecurityFilterChain(ServerHttpSecurity http) {
  return http
    .authorizeExchange(exchange -> exchange.anyExchange().authenticated())
    .formLogin(Customizer.withDefaults())   ◄──┐ 通过登录表单启用
    .build();                                    │ 用户认证
}
```

接下来，为 SecurityConfig 类添加@EnableWebFluxSecurity 类以启用对 Spring Security WebFlux 的支持。最终的安全性配置如下面的程序清单所示。

程序清单 11.2 所有的端点都需要通过登录表单进行认证

```
package com.polarbookshop.edgeservice.config;

import org.springframework.context.annotation.Bean;
import org.springframework.security.config.Customizer;
import org.springframework.security.config.annotation.web.reactive.
➥ EnableWebFluxSecurity;
```

```
import org.springframework.security.config.web.server.ServerHttpSecurity;
import org.springframework.security.web.server.SecurityWebFilterChain;

@EnableWebFluxSecurity
public class SecurityConfig {

  @Bean
  SecurityWebFilterChain springSecurityFilterChain(
    ServerHttpSecurity http
  ) {
    return http
      .authorizeExchange(exchange ->
        exchange.anyExchange().authenticated())          ← 所有的请求
      .formLogin(Customizer.withDefaults())        ←      都需要认证
      .build();
  }                                                 通过登录表单启用
}                                                   用户认证
```

我们检验一下它是否能够正常运行。首先，启动 Edge Service 所需的 Redis 容器。打开终端窗口并导航至我们存放 Docker Compose 文件的目录（polar-deployment/docker/docker-compose.yml），并运行如下命令。

```
$ docker-compose up -d polar-redis
```

然后，运行 Edge Service 应用（./gradlew bootRun），打开浏览器窗口并访问 http://localhost:9000/books。你应该会被导航至 Spring Security 所提供的登录页，在这里我们可以进行认证。

但是，稍等一下！我们都没有在系统中定义用户，又该怎么进行认证呢？默认情况下，Spring Security 会在内存中定义一个用户账号，它的用户名是 user，密码是随机生成的，并且会打印在应用日志中。我们应该会看到类似如下所示的日志条目：

```
Using generated security password: ee60bdf6-fb82-439a-8ed0-8eb9d47bae08
```

现在，我们可以使用 Spring Security 预定义的用户账号进行认证了。在认证成功之后，你会被重定向到/books 端点。因为 Catalog Service 处于停机状态，所以 Edge Service 的回退方法会在查询图书的时候返回一个空的列表（这是在第 9 章实现的），因此我们会看到一个空页面。这是符合预期的。

> **注意**　从现在开始，我建议你在每次测试的时候都打开一个新的隐身浏览器窗口。因为我们将会测试不同的安全场景，隐身模式会确保不会遇到之前会话的浏览器缓存和 cookie 相关的问题。

这个测试的关键点在于：用户试图访问由 Edge Service 暴露的受保护的端点，应用将用户重定向到登录页面，展示登录表单并要求用户提供用户名和密码。然后，Edge Service 基于其内部的用户数据库（在内存中自动生成的）对凭证进行校验，如果合法的话，在浏览器中开始一个已认证的会话。因为 HTTP 是无状态的协议，所以用户的会话是通过 cookie 来保持其有效性的，在每次 HTTP 请求中，浏览器都会提供 cookie 的值（叫作 Session Cookie）。在内部，Edge Service 维护了一个会话标识符和用户标识符之间的映射，如图 11.1 所示。

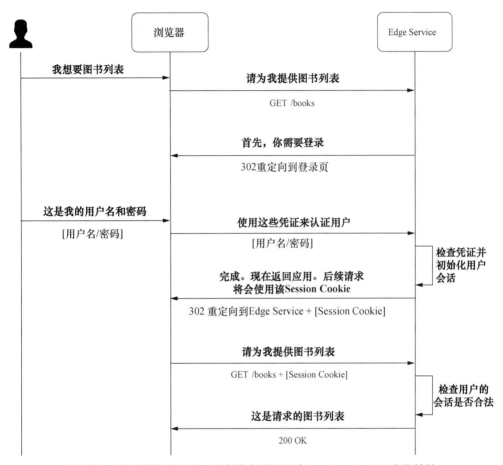

图 11.1 在登录步骤之后，用户的会话是通过 Session Cookie 来保持的

当完成对应用的测试之后，请使用 Ctrl+C 让进程结束。然后导航至保存 Docker Compose 文件的目录（polar-deploy-ment/docker/docker-compose.yml），并运行如下命令停掉 Redis 容器：

```
$ docker-compose down
```

如果用于云原生系统，那么上述方式还有几个问题。在本章剩余的内容中，我们将分析这些问题，为云原生应用确定可行的方案并在刚刚实现的应用中采用这些方案。

11.2 使用 Keycloak 管理用户账号

在上一节中，我们基于登录表单为 Edge Service 添加了用户认证功能。应用启动时，会在内存中自动生成一个用户账号，我们使用它进行登录。显然，对于第一次体验 Spring Security

来说，这是没有问题的，但是在生产环境中，我们肯定不想这么做。

作为最低要求，我们需要对用户账号进行持久化存储并提供注册新用户的方案。尤其注意的是，我们要使用强加密算法来存储密码，并防止对数据库的未授权访问。鉴于这些特性的重要性，一种比较合理的做法是将其委托给专门的应用。

Keycloak（http://www.keycloak.org）是一个开源的身份识别和访问管理解决方案，是由 RedHat 社区开发和维护的。它提供了一套内容广泛的特性，包括单点登录（SSO）、社交媒体登录、多要素认证和中心化的用户管理。Keycloak 依赖于像 OAuth2、OpenID Connect 和 SAML 2.0 这样的标准。现在，我们将使用 Keycloak 为 Polar Bookshop 管理用户账号。随后，我们将看到如何使用它的 OpenID Connect 和 OAuth2 特性。

> 注意　Spring Security 提供了所有必要的属性来实现用户管理服务。如果你想要了解该话题的更多内容，请参阅 Laurențiu Spilcǎ 撰写的 *Spring Security in Action*（Manning, 2020 年）一书的第 3 章和第 4 章。

我们可以在本地以独立 Java 应用的形式运行 Keycloak，也可以将其运行为一个容器。针对生产环境，我们有多种方案在 Kubernetes 上运行 Keycloak。Keycloak 还需要一个关系型数据库来进行持久化。它内置了一个嵌入式的 H2 数据库，但是在生产环境中，我们可能需要将其替换为一个外部数据库。

对于 Polar Bookshop，我们将会在本地以 Docker 容器的形式运行 Keycloak 并依赖嵌入式的 H2 数据库。在生产环境中，我们将会使用 PostgreSQL。这可能与环境对等原则相冲突。因为这是一个第三方应用，所以测试它与数据源的交互并不是我们的职责。

本节将手把手地教你为 Polar Bookshop 这个具体用例配置 Keycloak。首先，打开你的 polar-deployment 仓库，并在 docker/docker-compose.yml 文件中定义一个新的 polar-keycloak 容器。

程序清单 11.3　在 Docker Compose 中定义 Keycloak 容器

```
version: "3.8"
services:
  ...

  polar-keycloak:                               ← 该区域描述了新的 Keycloak 容器
    image: quay.io/keycloak/keycloak:19.0
    container_name: "polar-keycloak"
    command: start-dev                          ← 在开发模式下（使用嵌入式数据库）启动 Keycloak
    environment:                                ← 将管理员凭证定义为环境变量
      - KEYCLOAK_ADMIN=user
      - KEYCLOAK_ADMIN_PASSWORD=password
    ports:
      - 8080:8080
```

> 注意　在后面的内容中，我将为你提供一个 JSON 文件，你可以在启动 Keycloak 容器的时候使用它来加载整个配置，不必担心容器持久化的问题。

要启动 Keycloak 容器，我们可以打开一个终端窗口，导航至存放 docker-compose.yml 文件所在的目录，并运行如下命令：

```
$ docker-compose up -d polar-keycloak
```

在管理用户账号之前，我们需要定义一个安全 realm。

11.2.1 定义安全 realm

在 Keycloak 中，应用或系统中的所有安全要素都是定义在一个 realm 中的，这是一个逻辑意义上的域，我们可以在这里使用特定的策略。默认情况下，Keycloak 自带了一个预定义的 Master realm，但是我们应该为自己构建的每个产品创建专门的 realm。所以，我们创建一个名为 PolarBookshop 的 realm，以托管 Polar Bookshop 系统的所有安全要素。

请确保之前创建的 Keycloak 容器依然处于运行状态，然后，打开终端窗口并进入 Keycloak 容器的 bash 控制台：

```
$ docker exec -it polar-keycloak bash
```

> **提示** Keycloak 需要几秒钟的启动时间。如果启动容器后立即尝试访问它，那么可能会遇到错误，因为它还没有为接受连接做好准备。如果遇到这种情况，请等待几秒钟后再进行尝试。我们可以通过 docker logs -f polar-keycloak 查阅 Keycloak 的日志。在 "Running the server in development mode" 消息打印出来之后，Keycloak 就可以使用了。

我们将通过 Admin CLI 来使用 Keycloak，不过也可以通过 http://localhost:8080 上的 GUI 达到相同的结果。首先，导航至 Keycloak Admin CLI 脚本所在的目录：

```
$ cd /opt/keycloak/bin
```

Admin CLI 会基于我们在 Docker Compose 中为 Keycloak 容器所设置的用户名和密码进行安全保护。在运行其他命令之前，我们需要开启一个已认证的会话：

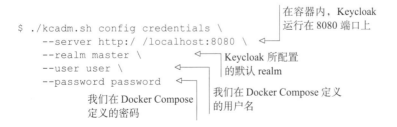

> **提示** 在配置完 Keycloak 之前，请保持该终端窗口处于打开状态。如果已认证的会话过期的话，你可以随时通过上述命令启动一个新的会话。

此时，我们可以继续创建新的安全 realm 了，与 Polar Bookshop 相关的所有策略都将存储在这里：

```
$ ./kcadm.sh create realms -s realm=PolarBookshop -s enabled=true
```

11.2.2　管理用户和角色

我们需要一些用户来测试不同的认证场景。正如我们在第 2 章所预估的，Polar Bookshop 会有两种不同类型的用户，即消费者和雇员。

- 消费者能够借书和买书。
- 雇员能够添加新的图书到目录中、修改现有的图书以及删除图书。

为了管理每种类型用户的不同权限，我们会创建两个角色，分别为 customer 和 employee。随后，我们将基于这些角色来保护应用的端点。这种授权策略叫作基于角色的访问控制（Role-Based Access Control，RBAC）。

首先，借助 Keycloak Admin CLI 控制台，在 Polar Bookshop realm 中创建两个角色：

```
$ ./kcadm.sh create roles -r PolarBookshop -s name=employee
$ ./kcadm.sh create roles -r PolarBookshop -s name=customer
```

然后，创建两个用户。用户 Isabelle Dahl 同时是书店的雇员和消费者（用户名为 isabelle）。我们可以使用如下命令创建该账户：

```
$ ./kcadm.sh create users -r PolarBookshop \
    -s username=isabelle \          新用户的用户名，它
    -s firstName=Isabelle \         将用来登录
    -s lastName=Dahl \
    -s enabled=true
```
用户应该是激活状态

```
$ ./kcadm.sh add-roles -r PolarBookshop \
    --uusername isabelle \          Isabelle 同时是雇员
    --rolename employee \           和消费者
    --rolename customer
```

随后，以同样的方式创建 Bjorn Vinterberg（用户名为 bjorn），这是书店的消费者：

```
$ ./kcadm.sh create users -r PolarBookshop \
    -s username=bjorn \             新用户的用户名，它
    -s firstName=Bjorn \            将用来登录
    -s lastName=Vinterberg \
    -s enabled=true
```
用户应该是激活状态

```
$ ./kcadm.sh add-roles -r PolarBookshop \
    --uusername bjorn \             Bjorn 是一名
    --rolename customer             消费者
```

在真实的场景中，用户可能会选择自己的密码并且可能想要启用双要素认证。Isabelle 和 Bjorn 都是测试用户，所以可以为他们设置简单的密码。我们可以在 Keycloak Admin CLI 中通

过如下命令实现这一点：

```
$ ./kcadm.sh set-password -r PolarBookshop \
    --username isabelle --new-password password
$ ./kcadm.sh set-password -r PolarBookshop \
    --username bjorn --new-password password
```

用户管理就到此为止了。你可以通过 exit 命令退出 Keycloak 容器内部的 bash 控制台。接下来，我们看一下如何改进 Edge Service 中的认证策略。

11.3　使用 OpenID Connect、JWT 和 Keycloak 进行认证

现在，用户需要通过用户名和密码在浏览器上进行登录。因为 Keycloak 管理着用户账号，所以我们需要继续更新 Edge Service，使其基于 Keycloak 检查用户凭证，而不是使用其内部的存储。如果我们为 Polar Bookshop 引入不同的客户端该怎么办，比如移动应用和 IoT 设备？那时，用户该怎样进行认证？如果书店的雇员已经在公司的活动目录（Active Directory，AD）上进行了注册，他们想通过 SAML 登录又该怎么办？我们能够为不同的应用提供单点登录（Single-Sign-On，SSO）体验吗？用户能够通过他们的 GitHub 或 Twitter 账号登录（社交网站登录）吗？

我们可以在得到新需求的时候，再考虑在 Edge Service 上实现所有的认证策略。但是，这并不是具备可扩展性的方式。更好的方案是将用户认证委托给一个身份提供者（identity provider），这样就能按照它支持的所有策略来认证用户。Edge Service 将会使用这样的服务来校验用户的身份，而不用关心具体的认证步骤。这个专门的服务允许用户使用各种方式进行认证，包括使用系统中已注册的凭证、社交媒体登录或者 SAML 登录（这种方式依赖于公司 AD 内已定义的身份信息）。

如果使用专门的服务来认证用户的话，我们需要首先解决两个方面的问题，才能使系统运行起来。首先，我们需要为 Edge Service 和身份提供者建立一个协议，这样，Edge Service 才能将用户认证特性委托给身份提供者，同时身份提供者也能将认证结果的信息返回 Edge Service。其次，我们需要定义一个身份提供者使用的数据格式，以便于身份提供者在用户认证成功后，以安全的方式将用户身份信息通知 Edge Service。本节将使用 OpenID Connect（OIDC）和 JSON Web Token（JWT）来解决这两个问题。

11.3.1　使用 OpenID Connect 认证用户

OpenID Connect（OIDC）是一个协议，能够让应用（称为客户端）基于可信方（称为授权服务器）所执行的认证来校验用户的身份，并获取用户的资料信息。认证服务器会通过一个 ID 令牌（ID Token）告知客户端用户认证步骤的结果。

OIDC 是建立在 OAuth2 之上的一个身份层，OAuth2 是一个授权框架，解决了使用令牌进行授权的问题，但是它并没有处理认证相关的问题。我们知道，授权只能发生在认证之后。这

就是为什么我决定先介绍 OIDC，而将 OAuth2 放到下一章来讲解。这并不是介绍这些主题的传统方式，但是在为 Polar Bookshop 设计访问控制系统时，我觉得这样做是合理的。

> **注意** 本书只会涵盖 OAuth2 和 OIDC 的一些基础知识。如果你有兴趣了解更多知识的话，Manning 有几本关于该主题的图书，比如 Justin Richer 和 Antonio Sanso 合著的 *OAuth 2 in Action*（Manning，2017 年）以及 Prabath Siriwardena 编写的 *OpenID Connect in Action*（Manning，2022 年）。

在处理用户认证的时候，我们可以在 OAuth2 中识别出三个主要的角色，OIDC 协议中也会用到它们：

- 授权服务器（Authorization Server）：负责认证用户和发放令牌的实体。在 Polar Bookshop 中，它就是 Keycloak。
- 用户（User）：也被称为资源所有者（Resource Owner）。指的是在授权服务器上进行登录的人，以获取对客户端应用的授权访问。在 Polar Bookshop 中，它对应的是消费者或雇员。
- 客户端（Client）：需要用户进行认证的应用。它可以是移动应用、基于浏览器的应用、服务器端应用，甚至智能电视应用。在 Polar Bookshop 中，它就是 Edge Service。

图 11.2 展示了这三个角色是如何映射到 Polar Bookshop 架构中的。

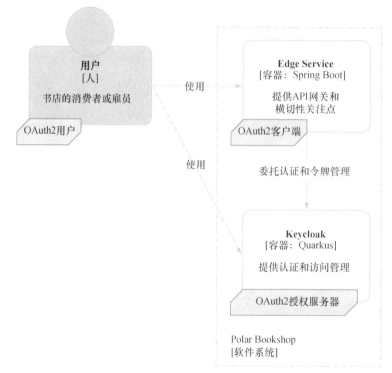

图 11.2   OIDC/OAuth2 中的角色是如何对应到 Polar Bookshop 架构中以实现用户认证的

> **注意** OAuth2 框架所定义的角色在 OpenID Connect 环境中有着不同的名称。OAuth2 授权服务器也被叫作 OIDC 提供者（OIDC Provider）。依赖于授权服务器进行认证和发放令牌的 OAuth2 客户端（Client）也被称为依赖方（Relying Party，RP）。OAuth2 用户（User）也被称为终端用户（End-User）。为了一致性，我们会继续采用 OAuth2 的命名方式，但了解 OIDC 使用的术语也是很有帮助的。

在 Polar Bookshop 中，Edge Service 将初始化用户登录的流程，但是它会通过 OIDC 协议将实际的认证过程委托给 Keycloak（Spring Security 提供了开箱即用的支持）。Keycloak 提供了多种认证策略，包括传统的登录表单、通过 GitHub 或 Twitter 这样的供应商进行社交媒体登录以及 SAML 登录，它还支持双要素认证（2FA）。在后续的内容中，我们将以表单登录为例。因为用户将通过与 Keycloak 直接交互实现登录，除了 Keycloak 之外，它们的凭证信息永远不会暴露给系统的其他组件，这是采用这种解决方案的好处之一。

当未经认证的用户调用 Edge Service 暴露的安全端点时，会发生如下流程：

1）Edge Service（客户端）将浏览器重定向到 Keycloak（授权服务器）进行认证。

2）Keycloak 认证用户（比如通过登录表单要求输入用户名和密码）并且带着一个授权码（Authorization Code）将浏览器重定向回 Edge Service。

3）Edge Service 调用 Keycloak，将授权码替换为 ID 令牌（ID Token），令牌中包含已认证用户的信息。

4）Edge Service 基于 Session Cookie 在浏览器中初始化一个已认证用户的会话。在内部，Edge Service 会维持一个会话标识符与 ID 令牌（用户身份标识）之间的映射关系。

> **注意** OIDC 所支持的授权流程是基于 OAuth2 授权码流程的。这里面的第二步看起来有点多余，但是为了确保只有合法的客户端才能与授权服务器交换令牌，授权码是非常重要的。

图 11.3 描述了在 OIDC 协议所支持的认证流程中最重要的组成部分。即便 Spring Security 提供了开箱即用的支持，我们不需要自己实现其中的任何一部分，但是在大脑中有一个流程的整体概览依然是很有益处的。

当采用图 11.3 所示的认证流程时，Edge Service 并不会受到特定认证策略的影响。我们可以配置 Keycloak 使用活动目录进行认证，也可以通过 GitHub 进行社交媒体认证。不过，Edge Service 不需要任何修改。它只需要支持使用 OIDC 来校验认证的正确性并通过 ID 令牌获取用户信息就可以了。那么，什么是 ID 令牌呢？它是一个 JSON Web Token（JWT），其中包含了用户认证事件的信息。我们将在下一节详细了解 JWT。

> **注意** 当我提到 OIDC 时，我指的是 OpenID Connect Core 1.0 规范（https://openid.net/specs/openid-connect-core-1_0.html）。当我提到 OAuth2 时，如果不是特别声明，指的都是目前正在标准化的 OAuth 2.1（https://oauth.net/2.1），它旨在取代 RFC 6749（https://tools.ietf.org/html/rfc6749）所描述的 OAuth 2.1 标准。

OIDC认证流程

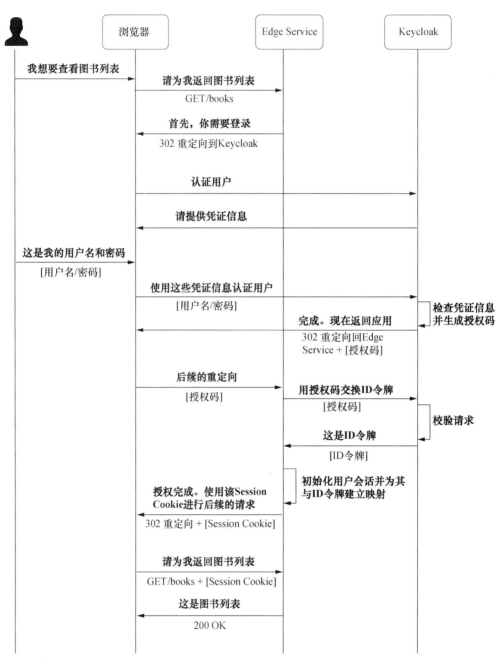

图 11.3   OIDC 协议支持的认证流程

11.3.2 使用 JWT 交换用户信息

在分布式系统中，包括微服务和云原生应用，在交换已认证用户信息及其权限时，最常用的策略是使用令牌。

JSON Web Token（JWT）是一个用来表述 claim 的行业标准，适用于双方之间的传输。在分布式系统中，它是一个广泛使用的数据格式，能够在不同的参与方之间安全地传播已认证用户及其权限的信息。JWT 不会单独使用，它会包含在一个更大的结构中，也就是 JSON Web Signature（JWS）中，后者能够通过对 JWT 进行数字签名确保 claim 的完整性。

数字签名后的 JWT（即 JWS）是一个由三部分内容组成的字符串，该字符串使用 Base64 编码并且每一部分之间使用句点（.）进行分隔：

```
<header>.<payload>.<signature>
```

注意 为了进行调试，我们可以使用 https://jwt.io 上的工具对令牌进行编码和解码。

可以看到，数字签名后的 JWT 包含三部分。

- 头信息（header）：该 JSON 对象（叫作 JOSE Header）包含了载荷加密操作相关的信息。这些操作遵循 JavaScript 对象签名和加密（Javascript Object Signing and Encryption，JOSE）框架。解码后的头信息如下所示。

```
{
  "alg": "HS256",        ← 对令牌进行数字签名的算法
  "typ": "JWT"           ← 令牌的类型
}
```

- 载荷（payload）：该 JSON 对象（叫作 Claims Set）包含了令牌要表达的 claim。JWT 规范定义了一些标准的 claim 名称，但是我们可以定义自己的名称。解码后的载荷如下所示。

```
{
  "iss": "https:/ /sso.polarbookshop.com",   ← 签发 JWT 的实体（签发者）
  "sub": "isabelle",                          ← JWT 主题的实体（终端用户）
  "exp": 1626439022                           ← JWT 何时过期
}
```

- 签名（signature）：JWT 的签名，确保 claim 没有被篡改。使用 JWS 的前提是我们信任签发令牌的实体（签发者），并且我们有办法校验其合法性。

当 JWT 需要完整性和保密性的时候，它首先会被签名为 JWS，然后使用 JSON Web Encryption（JWE）进行加密。在本书中，我们只会用到 JWS。

注意 如果你有兴趣学习 JWT 和相关知识，那么可以参阅 IETF 的标准规范。JSON Web Token（JWT）在 RFC 7519（https://tools.ietf.org/html/rfc7519）中进行了描述，JSON Web Signature

（JWS）在 RFC 7515（https://tools.ietf.org/html/rfc7515）中进行了描述，JSON Web Encryption
（JWE）在 RFC 7516（https://tools.ietf.org/html/rfc7516）中进行了描述。你可能还对 JSON Web
Algorithms（JWA）感兴趣，它定义了 JWT 中可用的加密操作，在 RFC 7518（https://tools.ietf.
org/html/rfc7518）中进行了详细阐述。

在 Polar Bookshop 的样例中，Edge Service 可以将认证委托给 Keycloak。用户成功认证之
后，Keycloak 会发送 JWT 给 Edge Service，其中包括已认证用户的信息（ID 令牌）。Edge Service
会通过它的签名校验 JWT 并从中检索用户的数据（claim）。最后，它会基于浏览器的 Session
Cookie 建立一个已认证用户的会话，其标识符会与 JWT 建立映射。

为了安全地委托认证功能并检索令牌，Edge Service 必须注册为 Keycloak 的 OAuth2 客户
端。我们看一下该如何实现。

11.3.3　在 Keycloak 中注册应用

正如我们在前面的几节中所学到的，OAuth2 客户端是一个应用，它能够请求用户认证并
最终接收来自授权服务器的令牌。在 Polar Bookshop 中，这个角色由 Edge Service 担任。当使
用 OIDC/OAuth2 时，在使用授权服务器认证用户之前，我们需要将每个 OAuth2 客户端注册到
授权服务器上。

客户端可以是公开的，也可以是保密的。如果某个应用无法持有 Secret，那我们就将其注
册为公开客户端。比如，移动应用将会被注册为公开的客户端。而保密的客户端能够持有 Secret，
它们通常是像 Edge Service 这样的后端应用。它们的注册过程都是非常相似的，主要的差异在
于保密的客户端需要通过一个共享的 Secret 与授权服务器进行认证。这是一个额外的保护层，
但是我们不能将其用到公开的客户端中，因为它们无法安全地存储共享 Secret。

OAuth2 中的客户端困境

客户端角色可以分配给前端应用或后端应用，主要的差异在于解决方案的安全级别。客户端是能
够接收来自授权服务器的令牌的实体。客户端必须将令牌存放到某个地方，以便于在同一个用户的后
续请求中使用。令牌是敏感数据，应该进行安全保护，所以没有其他地方比后端应用更合适了。但是，
这种方式并不是永远可行的。

我的经验是这样的，如果前端是像 iOS 或 Android 这样的移动或桌面应用，那么它们可以作为
OAuth2 客户端。在这种情况下，可以将它们归类为公开的客户端。我们可以使用像 AppAuth
（https://appauth.io）这样的库来添加对 OIDC/OAuth2 的支持，并将令牌尽可能安全地存储在设备上。
如果前端是 Web 应用（如 Polar Bookshop），那么就应该将后端服务作为客户端。在这种情况下，
可以将其归类为保密的客户端。

这样做的原因在于，不管我们怎样努力在浏览器中隐藏 OIDC/OAuth2 令牌（如 cookie、本地存
储、会话存储等），它们都有暴露和滥用的风险。应用安全专家 Philippe De Ryck 认为，"从安全的

角度来看，在前端应用中保护令牌几乎是不可能的。"他建议工程师依赖服务于前端的后端（backend-for-frontend）模式，让后端来处理令牌[①]。

我推荐的方案是确保浏览器和后端之间的交互是基于 Session Cookie 的（就像我们在单体应用中的做法），并让后端应用负责控制认证流程并使用授权服务器签发的令牌，即便是在 SPA 中也应如此。这是目前安全专家推荐的最佳实践。

因为 Edge Service 会作为 Polar Bookshop 系统的 OAuth2 客户端，那么就需要将其注册到 Keycloak 中。我们可以再次使用 Keycloak Admin CLI。

请确保我们之前启动的 Keycloak 容器依然处于运行状态。然后，打开终端窗口并进入 Keycloak 容器的 bash 控制台：

```
$ docker exec -it polar-keycloak bash
```

接下来，导航至 Keycloak Admin CLI 脚本所在的目录：

```
$ cd /opt/keycloak/bin
```

正如我们在前文所学到的，Admin CLI 会受到我们之前在 Docker Compose 中为 Keycloak 容器所定义的用户名和密码的保护，所以在运行命令之前，需要启动一个已认证的会话：

```
$ ./kcadm.sh config credentials --server http:/ /localhost:8080 \
    --realm master --user user --password password
```

最后，在 PolarBookshop realm 中将 Edge Service 注册为 OAuth2 客户端：

```
$ ./kcadm.sh create clients -r PolarBookshop \
    -s clientId=edge-service \
    -s enabled=true \
    -s publicClient=false \
    -s secret=polar-keycloak-secret \
    -s 'redirectUris=["http:/ /localhost:9000",
    "http:/ /localhost:9000/login/oauth2/code/*"]'
```

它必须是启用的

OAuth2 客户端的标识符

Edge Service 是一个保密的客户端，而非公开的客户端

因为这是保密的客户端，所以需要一个 Secret 以与 Keycloak 进行认证

当用户登录或退出之后，允许 Keycloak 重定向请求的应用 URL

合法的重定向 URL 是 OAuth2 客户端应用（Edge Service）对外暴露的端点，Keycloak 会将认证请求重定向到这里。因为在重定向的请求中可能会包含 Keycloak 的敏感信息，我们想要限制允许哪些应用和端点接收这些信息。我们稍后将会看到，根据 Spring Security 提供的默认格式，认证请求的重定向 URL 将会是 http://localhost:9000/login/oauth2/code/*。为了支持退出操作之后的重定向，我们将 http://localhost:9000 添加为合法的重定向 URL。

本节的主要内容就是这些。在本书附带的源码仓库中，我包含了一个 JSON 文件，在启动 Keycloak 容器的时候，你可以使用它来加载完整的配置（Chapter11/11-end/polar-deployment/

[①] P. De Ryck, "A Critical Analysis of Refresh Token Rotation in Single-page Applications", http://mng.bz/QWG6。

docker/keycloak/realm-export.json）。在熟悉了 Keycloak 之后，现在我们可以更新容器定义，确保其始终在启动的时候包含所需的配置。将 JSON 文件复制到你的项目的相同路径下，然后按照如下方式更新 docker-compose.yml 文件中的 polar-keycloak 服务。

程序清单 11.4　在 Keycloak 容器中导入 realm 配置

```
version: "3.8"
services:
  ...

  polar-keycloak:
    image: quay.io/keycloak/keycloak:19.0
    container_name: "polar-keycloak"
    command: start-dev --import-realm          ◁── 在启动的时候
    volumes:                                        导入所提供的
    - ./keycloak:/opt/keycloak/data/import     ◁── 配置
    environment:                                    配置一个存储卷，
    - KEYCLOAK_ADMIN=user                           以便于将配置文件
    - KEYCLOAK_ADMIN_PASSWORD=password              加载到容器中
    ports:
    - 8080:8080
```

为何选择使用 Keycloak？

我选择使用 Keycloak 的原因在于，它是一个成熟、开源的解决方案，我们可以使用它自行搭建授权服务器。在社区的不断要求下，Spring 启动了一个新的 Spring Authorization Server 项目（https://github.com/spring-projects/spring-authorization-server）。从 0.2.0 版本开始，它就可以作为生产环境的 OAuth2 授权服务器了。在编写本书的时候，该项目已经提供了最常用的 OAuth2 特性的实现，目前正在扩展对 OIDC 相关特性的支持。你可以在 GitHub 上关注该项目的进展并为其提供贡献。

另外一种方式是使用像 Okta（https://www.okta.com）或 Auth0（https://auth0.com）这样的 SaaS 解决方案。它们都是以托管服务方式获取 OIDC/OAuth2 特性的优秀方案，我建议你尝试了解一下。在本书中，我想要使用一种你可以在本地环境中运行并可靠重现的方案，而不是依赖于其他可能随时间推移而发生变化的服务，其风险在于我们提供的指令在未来的某个时间点可能就失效了。

在继续后面的内容前，请停止所有正在运行的容器。打开一个终端窗口，导航至保存 Docker Compose 文件（polar-deployment/docker/docker-compose.yml）的目录并运行如下命令：

```
$ docker-compose down
```

我们现在具备了重构 Edge Service 所需的所有组成部分，已经可以实现基于 OIDC/OAuth2、JWT 和 Keycloak 的认证策略了。最重要的是，该策略是基于标准的，能够被大多数的主流语言和框架（前端、后端、移动端和 IoT）所支持，包括 Spring Security。

11.4　使用 **Spring Security** 和 **OpenID Connect** 认证用户

正如前文所述，Spring Security 支持多种认证策略。目前 Edge Service 的安全设置通过应用本身提供的登录表单来处理用户账号和认证。在学习完 OpenID Connect 之后，我们现在可以重构应用，将用户授权通过 OIDC 协议委托给 Keycloak。

以前，对 OAuth2 的支持是在一个单独的项目中实现的，该项目名为 Spring Security OAuth，在云原生应用中，我们可以将其作为 Spring Cloud Security 的一部分来使用 OAuth2。从 Spring Security 5 开始，Spring Security 主项目引入了对 OAuth2 和 OpenID Connect 更全面的原生支持，所以上述的两个项目都被废弃了。本章将重点介绍如何使用 Spring Security 5 中新增的对 OIDC/OAuth2 的支持来认证 Polar Bookshop 的用户。

> **注意**　如果你发现自己的项目依然使用废弃的 Spring Security OAuth 和 Spring Cloud Security 项目，那么你可以参阅 Laurenţiu Spilcă 所著 *Spring Security in Action*（Manning, 2020 年）的第 12 章至第 15 章，里面对其进行了详细的阐述。

借助 Spring Security 及其对 OAuth2/OIDC 的支持，本节将会阐述如何为 Edge Service 实现如下功能：

- 使用 OpenID Connect 来认证用户。
- 配置用户退出。
- 抽取已认证用户的信息。

我们开始吧！

11.4.1　添加新的依赖

首先，需要更新 Edge Service 的依赖。我们可以将 Spring Security Starter 依赖替换为更具体的 OAuth2 客户端，这将添加对 OIDC/OAuth2 客户端特性的支持。除此之外，我们还可以添加 Spring Security Test 依赖，它提供了在 Spring 中测试安全性场景的额外支持。

打开 Edge Service 项目（edge-service）的 build.gradle 文件，并添加如下依赖。在添加新依赖之后，不要忘记刷新/重新导入 Gradle 依赖。

程序清单 11.5　添加对 Spring Security OAuth2 Client 的依赖

```
dependencies {
   ...
   implementation
➥ 'org.springframework.boot:spring-boot-starter-oauth2-client'
   testImplementation 'org.springframework.security:spring-security-test'
}
```

> **Spring 与 Keycloak 的集成**
>
> 当选择使用 Keycloak 作为授权服务器时，除了 Spring Security 提供的对 OpenID Connect/
> OAuth2 的原生支持以外，另外一个可选方案是 Keycloak Spring Adapter。它是由 Keycloak 项目本
> 身提供的库，用于实现 Spring Boot 和 Spring Security 的集成，但是在 Keycloak 17 版本发布后，它
> 就被淘汰了。
>
> 如果你发现自己的项目使用了 Keycloak Spring Adapter，你可以参阅我的博客上关于该主题的文
> 章（http://www.thomasvitale.com/tag/keycloak）或 John Carnell 和 Illary Huaylupo Sánchez 合著的
> *Spring Microservices in Action* 一书的第 9 章。

11.4.2　配置 Spring Security 和 Keycloak 集成

在添加 Spring Security 相关依赖之后，我们需要配置与 Keycloak 的集成。在上一节中，我
们在 Keycloak 中将 Edge Service 注册为 OAuth2 客户端，为其定义了客户端标识符（edge-service）
和共享的 Secret（polar-keycloak-secret）。现在，我们可以使用这些信息告诉 Spring Security 该
如何与 Keycloak 进行交互了。

打开 Edge Service 项目中的 application.yml 文件并添加如下配置。

程序清单 11.6　将 Edge Service 配置为 OAuth2 Client

Spring Security 中注册的每个客户端都要有一个标识符（registrationId），在本例中，也就
是 keycloak。注册标识符用来构建 Spring Security 接收 Keycloak 所生成的授权码的 URL。默认
的 URL 模板是 /login/oauth2/code/{registrationId}。对于 Edge Service，完整的 URL 是
http://localhost:9000/login/oauth2/code/keycloak，我们已经在 Keycloak 中将其配置成了一个合法
的重定向 URL。

Scope 是 OAuth2 中的一个概念，用来限制应用对用户资源的访问。我们可以将其想象为角色，但是它是面向应用的，而不是面向用户的。当我们使用基于 OAuth2 的 OpenID Connect 来验证用户身份时，我们需要包含 openid scope，以告知认证服务器并接收包含用户认证信息的 ID 令牌。在下一章中，我们将会学习更多授权场景下的 scope 知识。

在定义完与 Keycloak 的集成后，我们看一下如何配置 Spring Security 来实现所需的安全策略。

11.4.3　Spring Security 的基本配置

在 Spring Security 中定义和配置安全策略的中心位置是 SecurityWebFilterChain 类。按照现在的配置，Edge Service 的所有端点都需要安全认证并且使用了基于登录表单的认证策略。接下来，我们将其修改为使用 OIDC 认证。

ServerHttpSecurity 对象提供了两种在 Spring Security 中配置 OAuth2 客户端的方式。通过 oauth2Login()，我们可以将应用配置为 OAuth2 客户端并借助 OpenID Connect 来认证用户。通过 oauth2Client()，应用将不会对用户进行认证，而是由我们自行定义其他的认证机制。我们希望使用 OIDC 认证，所以使用 oauth2Login() 并采用默认的配置。更新 SecurityConfig 类，如下所示。

程序清单 11.7　要求所有的端点均通过 OIDC 进行认证

```
@EnableWebFluxSecurity
public class SecurityConfig {

  @Bean
  SecurityWebFilterChain springSecurityFilterChain(
    ServerHttpSecurity http
  ) {
    return http
      .authorizeExchange(exchange ->
        exchange.anyExchange().authenticated())        使用 OAuth2/OpenID Connect
      .oauth2Login(Customizer.withDefaults())   ◁────  启用用户认证
      .build();
  }
}
```

我们验证一下它是否能够正常运行。首先，启动 Redis 和 Keycloak。打开终端窗口，导航至 Docker Compose 文件所在的目录（polar-deployment/docker/docker-compose.yml）并运行如下命令：

```
$ docker-compose up -d polar-redis polar-keycloak
```

然后，运行 Edge Service 应用（./gradlew bootRun），打开浏览器窗口并访问 http://localhost:9000。你应该会被重定向到由 Keycloak 提供的登录页，在这里可以使用我们之前创建的某个用户进行认证（见图 11.4）。

图 11.4　当 Edge Service 触发 OIDC 认证流后，将会显示 Keycloak 为
Polar Bookshop realm 提供的登录页

　　例如，使用 Isabelle（isabelle/password）登录，并注意 Keycloak 是如何在校验完我们所提供的凭证信息后重定向回 Edge Service 的。因为 Edge Service 没有在根端点暴露任何内容，所以我们会看到一个错误信息（"Whitelabel Error Page"）。但是，不要担心。我们随后会集成一个 Angular 前端。这个测试的关键点在于，在访问 Edge Service 的端点之前，它要求我们进行认证并且触发了 OIDC 认证流。

　　尝试完 OIDC 认证流之后，可以使用 Ctrl+C 停掉应用。

　　如果认证成功的话，Spring Security 将会使用浏览器开启一个已认证的会话并保存用户相关信息。在下一小节中，我们将会看到如何检索和使用这些信息。

11.4.4　探查认证用户的上下文

　　作为认证过程的一部分，Spring Security 定义了一个上下文来持有用户相关的信息并将用户会话映射到 ID 令牌上。在本小节中，我们将学习该上下文，也就是涉及哪些类，如何检索用户数据并通过 Edge Service 中的新端点/user 将该信息对外暴露出去。

　　首先，我们定义一个 User 模型来收集认证用户的用户名、名字、姓氏以及角色信息。这与我们在 Keycloak 中注册两个用户时所提供的信息相同，这些信息会包含在返回的 ID 令牌中。在前文创建的 com.polarbookshop.edgeservice.security 包中，添加如下所示的 User record。

程序清单 11.8　创建 User record 以存放认证用户的信息

```
package com.polarbookshop.edgeservice.user;

import java.util.List;

public record User(          持有用户数
  String username,           据的不可变
  String firstName,          数据类
  String lastName,
```

```
    List<String> roles
){}
```

Spring Security 会将认证用户（也叫作 principal）的信息保存到一个 Authentication 对象中，这与所采用的认证策略（如用户名/密码、OpenID Connect/OAuth2 或 SAML2）无关。在使用 OIDC 的情况下，principal 对象将是 OidcUser 类型，Spring Security 会将 ID 令牌存储在该对象中。而 Authentication 又会保存在一个 SecurityContext 对象中。

要访问当前登录用户的 Authentication 对象，一种方式就是在相关的 SecurityContext 对象中将其抽取出来，而 SecurityContext 可以通过 ReactiveSecurityContextHolder 获取（在命令式应用中，则是 SecurityContextHolder）。图 11.5 阐述了上述对象是如何相互关联的。

Spring Security中OIDC认证相关的安全上下文结构

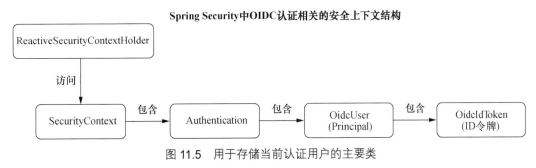

图 11.5　用于存储当前认证用户的主要类

我们看一下这是如何运行的：

1）在 com.polarbookshop.edgeservice.security 包中创建带有@RestController 注解的 UserController 类。

2）定义方法来处理对新/user 端点的 GET 请求。

3）为当前认证用户返回 User 对象，在这个过程中会从 OidcUser 中检索必要的信息。为了获取正确的数据，我们可以使用图 11.5 中的调用层级结构。

最终的 UserController 类如下所示：

```
@GetMapping("user")
public Mono<User> getUser() {
  return ReactiveSecurityContextHolder.getContext()
    .map(SecurityContext::getAuthentication)
    .map(authentication ->
      (OidcUser) authentication.getPrincipal())
    .map(oidcUser ->
      new User(
        oidcUser.getPreferredUsername(),
        oidcUser.getGivenName(),
        oidcUser.getFamilyName(),
        List.of("employee", "customer")
      )
    );
}
```

从 ReactiveSecurityContextHolder 中获取当前认证用户的 SecurityContext

从 SecurityContext 中获取 Authentication

从 Authentication 中获取 principal。对于 OIDC 来说，这是 OidcUser 类型的对象

使用来自 OidcUser（从 ID 令牌中抽取的）的数据构建 User 对象

下一章会聚焦授权策略,到时我们将配置Keycloak在ID令牌中包含一个自定义的roles claim，并在 UserController 类中使用该值构建 User 对象。现在，我们会使用一个固定的列表值。

对于 Spring Web MVC 和 WebFlux 控制器，除了直接使用 ReactiveSecurityContextHolder，我们还可以使用@CurrentSecurityContext 和@AuthenticationPrincipal 注解，分别注入 SecurityContext 和 principal（在本例中也就是 OidcUser）。

我们通过直接注入 OidcUser 对象作为参数来简化 getUser()方法的实现。最终的 UserController 类如程序清单 11.9 所示。

程序清单 11.9　返回当前已认证用户的信息

```
package com.polarbookshop.edgeservice.user;

import java.util.List;
import reactor.core.publisher.Mono;
import org.springframework.security.core.annotation.
➡ AuthenticationPrincipal;
import org.springframework.security.oauth2.core.oidc.user.OidcUser;
import org.springframework.web.bind.annotation.GetMapping;
import org.springframework.web.bind.annotation.RestController;

@RestController
public class UserController {

  @GetMapping("user")
  public Mono<User> getUser(
    @AuthenticationPrincipal OidcUser oidcUser     ← 注入 OidcUser 对象，该对象中包含了当前已认证用户的信息
  ) {
    var user = new User(                            ← 基于 OidcUser 中包含的相关 claim 构建 User 对象
      oidcUser.getPreferredUsername(),
      oidcUser.getGivenName(),
      oidcUser.getFamilyName(),
      List.of("employee", "customer")
    );
    return Mono.just(user);                         ← 鉴于 Edge Service 是一个反应式应用,将 User 对象包装到反应式发布者中
  }
}
```

请确保上一节中的 Keycloak 和 Redis 依然处于运行状态，运行 Edge Service 应用（./gradlew bootRun），打开隐身的浏览器窗口，并导航至 http://localhost:9000/user。Spring Security 会重定向到 Keycloak，并提示我们使用用户名和密码进行登录。例如，使用 Bjorn（bjorn/password）进行认证。成功认证之后，我们将重定向回/user 端点。结果如下所示：

```
{
  "username": "bjorn",
  "firstName": "Bjorn",
  "lastName": "Vinterberg",
```

```
  "roles": [
    "employee",
    "customer"
  ]
}
```

注意　在这里，roles 包含了硬编码的值。在下一章中，我们将会对其进行修正，返回 Keycloak
中每个用户所赋予的真正角色。

当尝试完新端点后，请通过 Ctrl+C 停掉应用，并使用 docker-compose down 停掉容器。

考虑一下，当我们尝试访问/user 端点并重定向到 Keycloak 时，都发生了些什么？在成功
验证用户凭证后，Keycloak 会重新调用 Edge Service 并发送为新认证用户创建的 ID 令牌。然
后，Edge Service 会存储令牌，并且会连同 Session Cookie 一起将浏览器重定向到用户所请求的
端点。从此时开始，浏览器和 Edge Service 之间的所有通信都会使用该 Session Cookie，以识别
用户的认证上下文。令牌并没有暴露给浏览器。

ID 令牌会存储在 OidcUser 中，OidcUser 是 Authentication 的一部分，Authentication 最终
又包含在 SecurityContext 中。在第 9 章中，我们使用 Spring Session 项目让 Edge Service 将会话
数据存储到了外部数据服务（Redis）中，以保持应用无状态以及可扩展。SecurityContext 对象
包含在会话数据中，因此存储在 Redis 中，这使得 Edge Service 能够毫无问题地进行扩展。

检索当前认证用户（叫作 principal）的另外一种方案是从特定 HTTP 请求（叫作 exchange）
相关联的上下文中获取。我们将使用该方案来更新限流器配置。在第 9 章中，我们使用 Spring
Cloud Gateway 和 Redis 实现了一个限流器。目前，限流器是根据每秒钟接收到的总请求数来计
算的。我们应该对其进行更新，使限流功能独立应用于每个用户。

打开 RateLimiterConfig 类并配置如何从请求中抽取当前认证的 principal 的用户名。如果没
有定义用户的话（也就是匿名的请求），我们使用一个默认的键，将限流器作为一个整体用于
所有未认证的用户。

程序清单 11.10　为每个用户配置限流

```
@Configuration
public class RateLimiterConfig {

  @Bean
  KeyResolver keyResolver() {
    return exchange -> exchange.getPrincipal()
      .map(Principal::getName)
      .defaultIfEmpty("anonymous");
  }
}
```

从当前请求（exchange）
中获取当前的认证用户
（principal）

从 principal 中
抽取用户名

如果请求未经认证，使用
"anonymous" 作为限流的
默认键

我们这样就完成了 Polar Bookshop 基于 OpenID Connect 的基本用户认证配置。在下一小节
中，我们将介绍在 Spring Security 中，用户退出是如何运行的，以及如何针对 OAuth2/OIDC 场
景对其进行自定义。

11.4.5 在 Spring Security 和 Keycloak 中配置用户退出

到目前为止，我们已经解决了在分布式系统中认证用户的挑战并提供了解决方案。但是，我们还要考虑当用户退出时会发生什么。

在 Spring Security 中，退出会导致用户相关的所有会话数据都将被删除。当使用 OpenID Connect/OAuth2 时，Spring Security 为该用户存储的令牌也会被删除。但是，用户会继续在 Keycloak 中保持一个活跃的会话。就像认证过程同时涉及 Keycloak 和 Edge Service 一样，完全让用户退出也需要将退出请求传播到这两个组件中。

默认情况下，对 Spring Security 保护的应用执行退出并不会影响 Keycloak。幸运的是，Spring Security 提供了"OpenID Connect RP-Initiated Logout"规范的实现，该规范定义了如何将退出请求从 OAuth2 客户端（即依赖方）传递到授权服务器。我们马上会看到如何在 Edge Service 中配置它。

> 注意 OpenID Connect 规范包含多个不同会话管理和退出方案。如果你想要了解更多内容的话，推荐参阅 OIDC Session Management（https://openid.net/specs/openid-connect-session-1_0.html）、OIDC Front-Channel Logout（https://openid.net/specs/openid-connect-frontchannel-1_0.html）、OIDC Back-Channel Logout（https://openid.net/specs/openid-connect-backchannel-1_0.html）和 OIDC RP-Initiated Logout（https://openid.net/specs/openid-connect-rpinitiated-1_0.html）的官方文档。

Spring Security 支持向框架实现的/logout 端点发送 POST 请求以实现退出功能。我们希望启用 RP-Initiated Logout 方案，这样当用户在应用中退出时，他们也会在授权服务器中退出。Spring Security 为该方案提供了完善的支持，并提供了一个 OidcClientInitiatedServerLogoutSuccessHandler 对象，我们可以使用它来配置如何将退出请求传播至 Keycloak。

当我们启用 RP-Initiated Logout 时，在用户成功从 Spring Security 退出之后，Edge Service 会通过浏览器发送退出请求到 Keycloak（使用重定向）。接下来，你可能希望授权服务器在完成退出操作后，让用户重定向回应用中。

借助 OidcClientInitiatedServerLogoutSuccessHandler 类暴露的 setPostLogoutRedirectUri()方法，我们可以配置退出之后将用户重定向到何处。你可能会声明一个明确的 URL，但是在云环境中这并不能很好地运行，因为在主机名、服务名和协议（HTTP 与 HTTPS）方面存在许多变量。Spring Security 团队了解这一点并添加了对占位符的支持，这些占位符会在运行时动态解析。这样，我们就可以使用 {baseUrl} 占位符，而不是硬编码的 URL。当在本地运行 Edge Service 的时候，占位符会被解析为 http://localhost:9000/。如果在云中运行，并且部署在具有 TLS 终结的代理后面，通过 DNS 名称 polarbookshop.org 进行访问的话，那么它将会自动替换为 https://polarbookshop.org/。

但是，Keycloak 中的客户端配置需要精确的 URL。这就是为什么当我们在 Keycloak 中注册 Edge Service 时，将 http://localhost:9000/添加到合法重定向 URL 中的原因。在生产环境中，我们需要更新 Keycloak 中合法重定向 URL 的列表，以匹配实际使用的 URL。

图 11.6 展示了刚刚描述的退出场景。

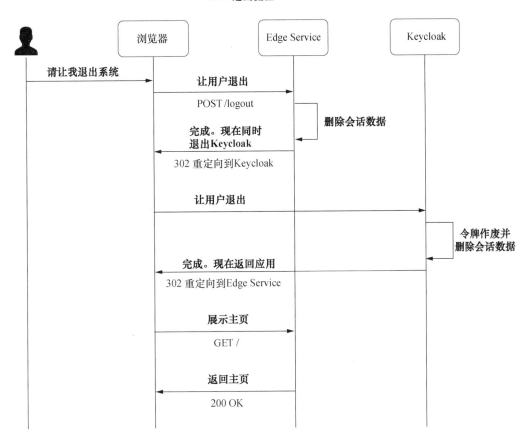

图 11.6　当用户退出时，请求首先会由 Spring Security 进行处理，然后转发至 Keycloak，用户最终会重定向回应用

由于 Spring Security 默认已经提供了应用退出功能，所以我们只需要为 Edge Service 启用和配置 RP-Initiated Logout 即可。

1）在 SecurityConfig 类中，定义 oidcLogoutSuccessHandler()方法来构建 OidcClientInitiated ServerLogoutSuccessHandler 对象。

2）使用 setPostLogoutRedirectUri()方法配置退出后的重定向 URL。

3）在 SecurityWebFilterChain bean 定义的 logout()配置中调用 oidcLogoutSuccessHandler()方法。在 SecurityConfig 类中形成的配置如下所示。

程序清单 11.11　配置退出时的 RP-Initiated Logout 和重定向

```
package com.polarbookshop.edgeservice.config;

import org.springframework.context.annotation.Bean;
import org.springframework.security.config.Customizer;
import org.springframework.security.config.annotation.web.reactive.
➥ EnableWebFluxSecurity;
import org.springframework.security.config.web.server.ServerHttpSecurity;
import org.springframework.security.oauth2.client.oidc.web.server.logout.
➥ OidcClientInitiatedServerLogoutSuccessHandler;
import org.springframework.security.oauth2.client.registration.
➥ ReactiveClientRegistrationRepository;
import org.springframework.security.web.server.SecurityWebFilterChain;
import org.springframework.security.web.server.authentication.logout.
➥ ServerLogoutSuccessHandler;

@EnableWebFluxSecurity
public class SecurityConfig {

  @Bean
  SecurityWebFilterChain springSecurityFilterChain(
    ServerHttpSecurity http,
    ReactiveClientRegistrationRepository clientRegistrationRepository
  ) {
    return http
      .authorizeExchange(exchange ->
        exchange.anyExchange().authenticated())
      .oauth2Login(Customizer.withDefaults())
      .logout(logout -> logout.logoutSuccessHandler(
        oidcLogoutSuccessHandler(clientRegistrationRepository)))
      .build();
  }

  private ServerLogoutSuccessHandler oidcLogoutSuccessHandler(
    ReactiveClientRegistrationRepository clientRegistrationRepository
  ) {
    var oidcLogoutSuccessHandler =
      new OidcClientInitiatedServerLogoutSuccessHandler(
        clientRegistrationRepository);
    oidcLogoutSuccessHandler
      .setPostLogoutRedirectUri("{baseUrl}");
    return oidcLogoutSuccessHandler;
  }
}
```

定义一个自定义
的处理器，用于
退出操作成功完
成的场景

从 OIDC 提供者退出之后，将会重定向至应用的基础
URL，该 URL 是由 Spring 动态计算得到的（本地的话，
将会是 http://localhost:9000/）

注意　ReactiveClientRegistrationRepository bean 是由 Spring Boot 自动配置的，它用来存储注册到
　　　Keycloak 中的客户端，Spring Security 会使用它来进行认证/授权。在我们的样例中，只有
　　　一个客户端，也就是在前文的 application.yml 文件中所配置的客户端。

现在，我没有要求你去测试退出功能。至于原因，当我们为 Polar Bookshop 系统引入 Angular 前端后，你就明白了。

基于 OpenID Connect/OAuth2 的用户认证特性已经完成了，包括退出和扩展性相关的问题。如果 Edge Service 使用像 Thymeleaf 这样的模板引擎来构建前端的话，那么到目前为止已完成的工作就足够了。但是，当使用 SPA（如 Angular）与安全的后端应用集成时，还有一些其他要考虑的因素。这是我们下一节要关注的问题。

11.5 集成 Spring Security 与 SPA

在微服务架构和其他分布式系统中，Web 前端部分通常会借助像 Angular、React 或 Vue 这样的框架构建为一个或多个单页应用。分析如何构建 SPA 超出了本书的范围，但是看一下为了支持这样的前端客户端，需要进行哪些变更还是很有必要的。

到目前为止，我们都是通过终端窗口来与 Polar Bookshop 系统的组件交互的。在本节中，我们会添加一个 Angular 应用，它会作为系统的前端。它将由 NGINX 容器提供服务，并且可以通过 Edge Service 提供的网关进行访问。为了支持 SPA，需要在 Spring Security 中进行一些额外的配置，以解决像跨源请求共享（Cross-Origin Request Sharing，CORS）和跨站请求伪造（Cross-Site Request Forgery，CSRF）这样的问题。本节将展示如何实现这些功能。

11.5.1 运行 Angular 应用

Polar Bookshop 系统将使用一个 Angular 应用作为前端。因为本书不会介绍前端技术和模式，所以我预先准备好了一个这样的应用，我们只需要决定如何将其包含到 Polar Bookshop 系统中即可。

一种方案是让 Edge Service 为 SPA 静态资源提供服务。Spring Boot 应用在提供前端服务时，通常会将源码放到 src/main/resources 中。当我们使用像 Thymeleaf 这样的模板引擎时，这是一个便利的策略，但是对于像 Angular 这样的 SPA，我建议将代码放到一个单独的模块中。SPA 有它们自己的开发、构建和发布工具，所以使用一个专门的目录会更加整洁和易于维护。这样，我们就可以在构建期配置 Spring Boot 以处理 SPA 静态资源并将它们包含在最终发布版本中。

另外一种方案就是使用一个专门的服务来托管 Angular 静态资源。在 Polar Bookshop 中，我们将采取这种策略。我已经将 Angular 应用打包到了一个 NGINX 容器中。NGINX（https://nginx.org）提供了 HTTP 服务器的特性，能够非常便利地用于静态资源的托管，比如组成 Angular 应用的 HTML、CSS 和 JavaScript 文件。

接下来，我们在 Docker 中运行 Polar Bookshop 前端（polar-ui）。首先，进入 polar-deployment 仓库并打开 Docker Compose 文件（docker/docker-compose.yml）。然后，添加运行 polar-ui 的配置并通过 9004 端口对外暴露出去。

程序清单 11.12　以容器的形式运行 Angular 应用

```
version: "3.8"
services:
  ...

  polar-ui:
    image: "ghcr.io/polarbookshop/polar-ui:v1"    用于打包 Angular 应用的
    container_name: "polar-ui"                      容器镜像，我已经预先构
    ports:                                          建好了
      - 9004:9004          NGINX 会在 9004 端口
    environment:           托管 SPA
      - PORT=9004          配置 NGINX
                           服务器的端口
```

　　与 Polar Bookshop 系统中的其他应用类似，我们不希望外部直接访问 Angular 应用。而是使用 Edge Service 提供的网关对其进行访问。为了实现这一点，我们可以为 Spring Cloud Gateway 添加一个新的路由，将对静态资源的请求转发至 Polar UI 应用。

　　进入 Edge Service 项目（edge-service），打开 application.yml 文件，并按照如下方式配置新的路由。

程序清单 11.13　为 SPA 静态资源配置新的网关路由

```
spring:
  gateway:                                        来自环境变量的 URI 值，
    routes:            路由的 ID                   如果不存在，则使用特定
      - id: spa-route                              的默认值
        uri: ${SPA_URL:http:/ /localhost:9004}
        predicates:                                断言是一个路径的列
          - Path=/,/*.css,/*.js,/favicon.ico       表，匹配了根端点和
                                                   SPA 静态资源
```

　　Polar UI 应用的 URI 是使用环境变量的值计算得出的。如果没有定义的话，将会使用第一个冒号（":"）后面的默认值。

　　注意　当以容器形式运行 Edge Service 的时候，不要忘记配置 SPA_URL 环境变量。在 Docker 中，我们可以使用容器名和端口作为值，所形成的结果为 http://polar-ui:9004。

　　我们测试一下。首先，与 Redis 和 Keycloak 一起运行 Polar UI 容器。打开一个终端窗口，导航至保存 Docker Compose 文件的目录（polar-deployment/docker/docker-compose.yml），并运行如下命令：

```
$ docker-compose up -d polar-ui polar-redis polar-keycloak
```

　　然后，再次构建 Edge Service 项目，并运行应用（./gradlewbootRun）。最后，打开隐身的浏览器窗口并导航至 http://localhost:9000。

　　按照配置 Spring Security 会保护所有的端点和资源，所以我们会自动被重定向到 Keycloak

登录页。在使用 Isabelle 或 Bjorn 认证之后，我们会被重定向回 Edge Service 主页。只不过，这一次将会是 Angular 前端。

现在，我们能做的并不多。当接收到未认证的请求时，认证流是由 Spring Security 触发的，但是，由于 CORS 问题，如果是 AJAX 请求，它就无法发挥作用了。另外，因为 Spring Security 启用了 CSRF 保护，所有的 POST 请求（包括退出操作）将会失败。在后面的小节中，我将展示如何更新 Spring Security 配置来解决这些问题。

在继续之前，请使用 Ctrl+C 停止应用（但是，请保持容器处于运行状态，我们还会用到它们）。

11.5.2　控制认证流

在上一小节中，我们尝试访问 Edge Service 的主页，并经历了被自动重定向到 Keycloak 以提供用户名和密码的过程。当前端包含服务器渲染的页面时（比如，在使用 Thymeleaf 时），这种方式能够很好地运行，而且也非常便利，因为不需要任何额外的配置。如果你还没有认证，或者会话已经过期，Spring Security 将会自动触发认证流并将浏览器重定向到 Keycloak。

对于单页应用来讲，运行方式就有些差异了。当通过浏览器发送标准的 HTTP GET 请求访问根端点时，后端会返回 Angular 应用。在第一步完成后，SPA 与后端的交互是通过 AJAX 请求实现的。当 SPA 发送未授权的 AJAX 请求到受保护的端点时，我们不希望 Spring Security 得到 HTTP 302 答复并重定向到 Keycloak，而是想要返回像 "HTTP 401 Unauthorized" 这样的错误状态响应。

不对 SPA 使用重定向的主要原因在于，我们将会遇到跨源请求共享（CORS）问题。假设这样一个场景，SPA 是由 https://client.polarbookshop.com 提供服务的，并且会通过 AJAX 向后端的 https://server.polarbookshop.com 发送 HTTP 调用。此时，通信会被拦阻，因为这两个 URL 具有不同的源（也就是没有具备相同的协议、域名和端口）。这是施加给所有 Web 浏览器的标准同源策略。

CORS 机制允许服务器接受基于浏览器的客户端（如 SPA）通过 AJAX 发动的 HTTP 调用，即便两者具有不同的源。在 Polar Bookshop，我们将通过 Edge Service 为前端 Angular 提供服务（同源）。所以，这两个组件之间不会有任何 CORS 相关的问题。但是，如果按照 Spring Security 的配置，未认证的 AJAX 调用重定向到 Keycloak 中（不同的源），那么请求会被拦阻，因为在 AJAX 请求中，重定向到不同的源是不允许的。

> **注意**　要想了解 Spring Security 中 CORS 的更多知识，可以参阅 Laurenţiu Spilcă 撰写的 *Spring Security in Action*（Manning，2020 年）一书的第 10 章，这里详细阐述了这个话题。关于 CORS 的全面阐述，Manning 有一本关于该主题的图书，那就是 Monsur Hossain 撰写的 *CORS in Action*（Manning，2014 年）。

当我们修改 Spring Security 的配置，为未认证的请求返回 HTTP 401 响应时，SPA 要负责处理错误并调用后端来初始化认证流程。只有在 AJAX 请求中，重定向才会成为一种问题。这里的重点在于，为开启用户认证而对后端进行的调用并不是由 Angular 发送的 AJAX 请求。相反，它是一个由浏览器发送的标准 HTTP 调用，如下所示：

```
login(): void {
  window.open('/oauth2/authorization/keycloak', '_self');
}
```

我想要强调的是，登录调用并不是由 Angular 的 HttpClient 发送的 AJAX 请求。相反，它会告知浏览器调用登录 URL。Spring Security 对外暴露了一个/oauth2/authorization/{registrationId}端点，我们可以使用它来开启基于 OAuth2/OIDC 的认证流。因为 Edge Service 的客户端注册标识符为"keycloak"，所以登录端点将会是/oauth2/authorization/keycloak。

为了实现这一点，我们需要定义一个自定义的 AuthenticationEntryPoint，当收到针对受保护资源的未认证请求时，让 Spring Security 给出一个 HTTP 401 状态作为答复。框架已经提供了一个 HttpStatusServerEntryPoint 实现，它非常适合这种场景，因为它能够让我们声明当用户需要认证时返回哪种 HTTP 状态。

程序清单 11.14　当用户未经认证时返回 401 状态的响应

```
@EnableWebFluxSecurity
public class SecurityConfig {
  ...

  @Bean
  SecurityWebFilterChain springSecurityFilterChain(
    ServerHttpSecurity http,
    ReactiveClientRegistrationRepository clientRegistrationRepository
  ) {
    return http
      .authorizeExchange(exchange -> exchange.anyExchange().authenticated())
      .exceptionHandling(exceptionHandling ->
        exceptionHandling.authenticationEntryPoint(           ◁─┐
          new HttpStatusServerEntryPoint(HttpStatus.UNAUTHORIZED)))
      .oauth2Login(Customizer.withDefaults())
      .logout(logout -> logout.logoutSuccessHandler(
        oidcLogoutSuccessHandler(clientRegistrationRepository)))
      .build();
  }                                              当因为用户没有认证而抛出异常时，
}                                                将会返回 HTTP 401 响应
```

此时，Angular 应用可以拦截 HTTP 401 响应并显式触发认证流。但是，我们现在由 SPA 负责启动认证流，所以需要允许对其静态资源的非认证访问。我们还想允许在未认证的情况下检索目录中的图书，所以也要允许对/books/**端点的 GET 请求。继续更新 SecurityConfig 类中的 SecurityWebFilterChain bean，如下所示。

程序清单 11.15 允许对 SPA 和图书列表进行未认证的 GET 请求

```
@EnableWebFluxSecurity
public class SecurityConfig {
  ...

  @Bean
  SecurityWebFilterChain springSecurityFilterChain(
    ServerHttpSecurity http,
    ReactiveClientRegistrationRepository clientRegistrationRepository
  ) {
    return http
      .authorizeExchange(exchange -> exchange
        .pathMatchers("/", "/*.css", "/*.js", "/favicon.ico")
          .permitAll()
        .pathMatchers(HttpMethod.GET, "/books/**")
          .permitAll()
        .anyExchange().authenticated()
      )
      .exceptionHandling(exceptionHandling -> exceptionHandling
        .authenticationEntryPoint(
          new HttpStatusServerEntryPoint(HttpStatus.UNAUTHORIZED)))
      .oauth2Login(Customizer.withDefaults())
      .logout(logout -> logout.logoutSuccessHandler(
        oidcLogoutSuccessHandler(clientRegistrationRepository)))
      .build();
  }
}
```

允许对 SPA 静态资源进行未认证访问

任何其他的请求都需要用户认证

允许对目录中的图书进行未认证的读取访问

现在，我们测试一下 Edge Service 是如何运行的。确保 Polar UI、Redis 和 Keycloak 容器均处于运行状态。接下来，构建并运行应用（./gradlew bootRun），然后在浏览器的隐身窗口中访问 http://localhost:9000。需要注意的第一件事就是我们并没有重定向到登录页，而是立即展示了 Angular 前端应用。我们可以点击右上角菜单的 Log in 开始认证流。

登录之后，右上角菜单将会包含一个 Log out 按钮，该按钮仅会在当前用户已经成功认证时才会显示。点击按钮进行退出。它应该会触发退出流程，但是因为 CSRF 问题，它无法正常运行。在下一小节中，我们将会学习如何解决这个问题。现在，通过 Ctrl+C 停止应用。

11.5.3 防止跨站请求伪造

前端和后端之间的交互是通过 Session Cookie 实现的。在用户通过 OIDC/OAuth2 策略成功认证之后，Spring 将会生成一个会话标识符，以匹配认证上下文，并且会将其以 cookie 的形式发送至浏览器。发送至后端的所有后续请求都将包含 Session Cookie，Spring Security 会检索与特定用户关联的令牌并对请求进行校验。

但是，Session Cookie 并不足以验证请求，这些请求很容易受到跨站请求伪造（CSRF）的攻击。CSRF 会影响进行修改操作的 HTTP 请求，如 POST、PUT 和 DELETE。攻击者会伪造能够造成损害的请求，诱使用户执行这个请求。伪造的请求可能是从银行账户中转移资金或者泄露重要数据。

> **警告**　很多在线教程和指南在介绍如何配置 Spring Security 的时候，都会首先禁用 CSRF 保护。
> 在没有解释原因或考虑后果的情况下，这样做是很危险的。我建议保留保护功能，除非有
> 很正当的理由将其移除（你会在第 12 章看到一个很好的理由）。作为一般性的指导原则，
> 像 Edge Service 这样面向浏览器的应用程序应该进行防范，使其免于 CSRF 攻击。

幸运的是，Spring Security 提供了针对该攻击的内置保护。该保护是基于一个所谓的 CSRF 令牌实现的，该令牌由框架生成，在会话开始时提供给客户端，并且要求与所有进行状态变更的请求一起发送至后端。

> **注意**　如果想要学习 Spring Security 中 CSRF 防护的更多信息，请参阅 Laurenţiu Spilcă 撰写的
> *Spring Security in Action* 一书的第 10 章（Manning, 2020 年），这里详细阐述了这个话题。

在上一节中，我们试图进行退出，但是请求失败了。这是因为退出请求是通过对/logout 端点的 POST 请求实现的，它预期能够收到一个由 Spring Security 为该用户会话生成的 CSRF 令牌。默认情况下，生成的 CSRF 令牌会以 HTTP 头信息的形式发送给浏览器。但是，Angular 不能与这种方式协作，它期望以 cookie 的形式接收令牌。Spring Security 支持这种特定的需求，但是默认并没有启用。

我们可以通过 ServerHttpSecurity 暴露的 csrf() DSL 和 CookieServerCsrfTokenRepository 类告知 Spring Security 以 cookie 的形式提供 CSRF 令牌。对于命令式应用，这样就足够了。而对于像 Edge Service 这样的反应式应用，我们需要一个额外的步骤以确保能够正常提供 CsrfToken 值。

在第 8 章中，我们知道为了激活反应式流，需要订阅它们。现在，CookieServerCsrfToken Repository 并不能确保会对 CsrfToken 产生订阅，所以我们需要在 WebFilter bean 中提供一种变通方案。在 Spring Security 的未来版本中，这个问题应该会得到解决（参见 GitHub 上的 issue 5766：https://mng.bz/XW89）。现在更新 SecurityConfig 类，如下所示。

程序清单 11.16　配置 CSRF 以支持 SPA 基于 cookie 的策略

```
@EnableWebFluxSecurity
public class SecurityConfig {
  ...

  @Bean
  SecurityWebFilterChain springSecurityFilterChain(
    ServerHttpSecurity http,
    ReactiveClientRegistrationRepository clientRegistrationRepository
  ) {
    return http
      ...                                    使用基于cookie的策略来与
                                             Angular 前端交换 CSRF
      .csrf(csrf -> csrf.csrfTokenRepository(  ←
```

```
            CookieServerCsrfTokenRepository.withHttpOnlyFalse())))
        .build();
}

@Bean
WebFilter csrfWebFilter() {
    return (exchange, chain) -> {
        exchange.getResponse().beforeCommit(() -> Mono.defer(() -> {
            Mono<CsrfToken> csrfToken =
                exchange.getAttribute(CsrfToken.class.getName());
            return csrfToken != null ? csrfToken.then() : Mono.empty();
        }));
        return chain.filter(exchange);
    };
}
```

仅用于订阅 CsrfToken 反应式流的过滤器，并确保它的值能够被正常提取

现在，我们验证一下退出流程是否能够正常运行。确保 Polar UI、Redis 和 Keycloak 容器依然处于运行状态。接下来，构建并运行应用（./gradlew bootRun），然后使用隐身浏览器窗口访问 http://localhost:9000/。通过点击右上角菜单中的 Log in 按钮开始认证流程，然后点击 Log out 按钮。在幕后，Spring Security 会接受退出请求（Angular 会以 HTTP 头信息的形式添加来自 cookie 的 CSRF 令牌值），终止 Web 会话，传播请求到 Keycloak，并最终以未认证的状态重定向回首页。

通过这一变更，我们可以执行任意的 POST、PUT 和 DELETE 请求，而不会遇到任何 CSRF 错误。请自行探索 Angular 应用。如果你启动了 Catalog Service 和 Order Service，可以尝试向目录中添加新的图书，修改它们或创建订单。

现在，Isabelle 和 Bjorn 都可以执行任意操作，但这并不是我们想要的效果，因为不应该允许消费者（如 Bjorn）管理图书目录。下一章将介绍授权，我们会看到如何使用不同的访问策略来保护每个端点。但是在解决授权问题之前，我们需要编写一些单元测试以涵盖新的功能。这将是下一节的内容。

在继续后面的内容之前，请使用 Ctrl+C 停止应用并使用 docker-compose down（在 polar-deployment/docker 目录下）停掉所有容器。

11.6　测试 Spring Security 和 OpenID Connect

对于开发人员来说，编写单元测试的重要性是显而易见的。然而，在涉及安全性问题时就会变得很有挑战性，这里的风险在于，其本身的复杂性最终导致自动化测试难以覆盖。幸运的是，Spring Security 提供了一些实用的工具，能够帮助我们以很简单的方式将安全问题包含到切片和集成测试中。

在本节中，我们将学习如何使用 Spring Security 的 WebTestClient 支持来测试 OIDC 认证和 CSRF 保护。那我们就开始吧。

11.6.1　测试 OIDC 认证

在第 8 章中，我们借助@SpringWebFlux 注解和 WebTestClient 测试了 Spring WebFlux 对外暴露的 REST 控制器。本章添加了一个新的控制器（UserController），我们会通过一些不同的安全设置为其编写单元测试。

首先，打开 Edge Service 项目，在 src/test/java 目录中创建带有@WebFluxTest(UserController.class)注解的 UserControllerTests 类，并自动装配 WebTestClient bean。到目前为止，设置过程与第 8 章非常类似，也就是针对 Web 层的切片测试。为了涵盖安全性场景，我们需要一些额外的设置，如下所示。

程序清单 11.17　定义类来测试 UserController 的安全策略

```
@WebFluxTest(UserController.class)
@Import(SecurityConfig.class)          ◁ ── 导入应用的
class UserControllerTests {                   安全性配置

  @Autowired
  WebTestClient webClient;            当检索客户端注册信息时能够跳过与
                                      Keycloak 的交互
  @MockBean
  ReactiveClientRegistrationRepository clientRegistrationRepository;
}
```

因为按照配置 Edge Service 在请求未经认证时返回 HTTP 401 响应，我们首先校验在未经认证而调用/user 端点时，这一点能够成立：

```
@Test
void whenNotAuthenticatedThen401() {
  webClient
    .get()
    .uri("/user")
    .exchange()
    .expectStatus().isUnauthorized();
}
```

为了测试用户已认证的场景，我们可以使用 mockOidcLogin()来模拟 OIDC 登录、合成 ID 令牌并相应地改变 WebTestClient 中的请求上下文，它是由 SecurityMockServerConfigurers 提供的一个配置对象。

/user 端点通过 OidcUser 对象从 ID 令牌中读取 claim。所以我们需要构建一个包含用户名、姓氏、名字的 ID 令牌（目前角色硬编码到了控制器中）。如下的代码片段展示了如何实现这一点：

```
@Test
void whenAuthenticatedThenReturnUser() {            预期的认证
  var expectedUser = new User("jon.snow", "Jon", "Snow",   用户
    List.of("employee", "customer"));        ◁

  webClient
```

```
                    .mutateWith(configureMockOidcLogin(expectedUser))
                    .get()
                    .uri("/user")
                    .exchange()
                    .expectStatus().is2xxSuccessful()
                    .expectBody(User.class)
                    .value(user -> assertThat(user).isEqualTo(expectedUser));
            }


            private SecurityMockServerConfigurers.OidcLoginMutator
          configureMockOidcLogin(User expectedUser) {
              return SecurityMockServerConfigurers.mockOidcLogin().idToken(
                builder -> {
                    builder.claim(StandardClaimNames.PREFERRED_USERNAME,
                      expectedUser.username());
                    builder.claim(StandardClaimNames.GIVEN_NAME,
                      expectedUser.firstName());
                    builder.claim(StandardClaimNames.FAMILY_NAME,
                      expectedUser.lastName());
                });
            }
```

预期获得与当前认证用户具有相同信息的 User 对象

基于 OIDC 和预期用户定义认证上下文

构建 mock ID 令牌

最后，按照如下方式运行测试：

```
$ ./gradlew test --tests UserControllerTests
```

Spring Security 提供的测试工具涵盖了大量的场景并且能够与 WebTestClient 很好地集成。在下一小节中，我们将会看到如何以类似的方式测试 CSRF 防护。

11.6.2　测试 CSRF

在 Spring Security 中，CSRF 防护默认会应用于所有进行修改操作的 HTTP 请求（如 POST、PUT、DELETE）。正如我们在上一小节中所看到的，Edge Service 会接受对/logout 端点的 POST 请求，以初始化退出流程，要想执行这样的请求，需要一个合法的 CSRF 令牌。除此之外，我们配置了 OIDC 的 RP-Initiated Logout 特性，所以对/logout 的 POST 请求实际上会导致 HTTP 302 响应，并将浏览器重定向到 Keycloak，以便于实现用户的退出。

创建一个新的 SecurityConfigTests 类并使用与上一小节相同的策略来设置具有安全性支持的 Spring WebFlux 测试，如下面的程序清单所示。

程序清单 11.18　定义测试认证流的类

```
@WebFluxTest
@Import(SecurityConfig.class)
class SecurityConfigTests {

    @Autowired
    WebTestClient webClient;

    @MockBean
```

导入应用的安全性配置

当检索客户端注册信息时能够跳过与 Keycloak 的交互

```
    ReactiveClientRegistrationRepository clientRegistrationRepository;
}
```

然后，添加一个测试用例，校验应用在向/logout 发送 HTTP POST 请求后，是否返回 HTTP
302 响应，该请求带有正确的 OIDC 登录和 CSRF 上下文。

```
@Test
void whenLogoutAuthenticatedAndWithCsrfTokenThen302() {
  when(clientRegistrationRepository.findByRegistrationId("test"))
    .thenReturn(Mono.just(testClientRegistration()));

  webClient                                                    ← 使用 mock ID 令牌来
    .mutateWith(                                                   认证用户
    SecurityMockServerConfigurers.mockOidcLogin())
    .mutateWith(SecurityMockServerConfigurers.csrf())          ← 增强请求以提
    .post()                                                        供所需的 CSRF
    .uri("/logout")                                                令牌
    .exchange()                      ← 响应是对 Keycloak 的重
    .expectStatus().isFound();          定向，以传播退出操作
}

private ClientRegistration testClientRegistration() {
  return ClientRegistration.withRegistrationId("test")         ←
    .authorizationGrantType(AuthorizationGrantType.AUTHORIZATION_CODE)
    .clientId("test")
    .authorizationUri("https://sso.polarbookshop.com/auth")
    .tokenUri("https://sso.polarbookshop.com/token")           Spring Security 所使用的 mock
    .redirectUri("https://polarbookshop.com")                  ClientRegistration，以获取联
    .build();                                                  系 Keycloak 的 URL
}
```

最后，按照如下方式运行测试：

```
$ ./gradlew test --tests SecurityConfigTests
```

像往常一样，你可以在本书附带源码中获取更多的测试样例。当涉及安全性问题时，单元
测试和集成测试对于确保应用程序的正确性至关重要，但这还远远不够。这些测试涵盖了默认
的安全配置，在生产中，这些配置可能并不相同。这就是我们还需要在部署流水线的验收阶段
进行面向安全的自动化测试的原因（如第 3 章所述），以测试部署在类生产环境中的应用。

Polar Labs

　　到目前为止，我们假定唯一允许用户直接访问的应用是 Edge Service。所有其他的 Spring Boot
应用都是在部署环境内部实现彼此交互的。

　　在同一个 Docker 网络或 Kubernetes 集群内部，服务与服务之间的交互可以分别使用容器名或
Service 名进行配置。例如，Edge Service 可以通过 http://polar-ui:9004 将请求转发至 Docker 上的
Polar UI(格式为<container-name>:<container-port>)，在 Kubernetes 上则可以通过 http://polar-ui
(Service 名称) 进行转发。

　　Keycloak 有所差异，因为它既涉及服务与服务之间的通信（目前只是与 Edge Service 的交互），

同时又涉及与终端用户之间通过 Web 浏览器进行的交互。在生产环境中，Keycloak 会通过一个公开的 URL 进行访问，应用和用户都可以使用该 URL，所以这不会有什么问题。那么在本地环境中呢？

　　由于我们在本地不会实现公开的 URL，所以需要按照不同的方式进行配置。在 Docker 上运行时，我们可以通过在安装软件时自动配置的 http://host.docker.internal 这个特定 URL 来解决这个问题。它可以解析到 localhost IP 地址，在 Docker 内外均可使用。

　　在 Kubernetes，我们没有一个通用的 URL 让集群中的 Pod 访问本地主机。这意味着，Edge Service 会通过 Service 名与 Keycloak 进行交互（http://polar-keycloak）。当 Spring Security 重定向用户到 Keycloak 上进行登录时，浏览器将会返回错误，因为 http://polar-keycloak 在集群内部无法解析。为了实现这一点，我们可以更新本地的 DNS 配置，以便于将 polar-keycloak 主机名解析为集群的 IP 地址。然后，当请求重定向到 polar-keycloak 主机名时，会有一个专门的 Ingress 使得它能够访问 Keycloak。

　　如果你使用 Linux 或 macOS，那么可以在/etc/hosts 文件中将 polar-keycloak 主机名映射为 minikube 的本地 IP 地址。在 Linux 上，IP 地址是 minikube ip --profile polar 命令返回的地址（如第 9 章所述）。在 macOS 上，该地址将是 127.0.0.1。打开一个终端窗口，并运行下面的命令（请把 <ip-address>占位符替换为集群 IP 地址，它的值取决于你的操作系统）。

```
$ echo "<ip-address> polar-keycloak" | sudo tee -a /etc/hosts
```

在 Windows 上，必须在 hosts 文件中将 polar-keycloak 主机名映射为 127.0.0.1。以管理员身份打开 PowerShell 窗口，并运行以下命令：

```
$ Add-Content C:\Windows\System32\drivers\etc\hosts "127.0.0.1 polarkeycloak"
```

我更新了为 Polar Bookshop 部署所有支撑服务的脚本，包括 Keycloak 和 Polar UI。你可以从本书附带代码仓库（https://github.com/ThomasVitale/cloud-native-spring-in-action）的/Chapter11/11-end/polar-deployment/kubernetes/platform/development 目录中获取这些脚本，并将其复制到你的 polar-deployment 仓库的相同路径中。该部署脚本还为 Keycloak 配置一个专门的 Ingress，以便于接受发往 polar-keycloak 主机名的请求。

　　此时，我们可以运行./create-cluster.sh 脚本（polar-deployment/kubernetes/platform/development）来启动一个 minikube 集群，并为 Polar Bookshop 部署所有的支撑服务。如果在 Linux 上，你将能够直接访问 Keycloak。如果你在 macOS 或 Windows 上，记得先运行 minikube tunnel --profile polar 命令。无论哪种方式，你都可以打开一个浏览器窗口，通过 polar-keycloak/（包括最后的斜线）访问 Keycloak。

　　最终，在更新 Edge Service 的部署脚本以配置 Polar UI 和 Keycloak 的 URL 之后，请尝试在 Kubernetes 上运行整个系统。你可以参考本书附带的代码库中的 Chapter11/11-end 目录，以查看最终结果（https://github.com/ThomasVitale/cloud-native-spring-in-action）。

　　在下一章中我们将会继续安全相关的话题，它将涉及如何将认证上下文从 Edge Service 传播至下游应用，以及如何配置授权。

11.7　小结

- 访问控制系统需要支持识别（你是谁）、认证（你能否证明真的是你）和授权（你能够做什么）。
- 在云原生应用中，实现认证和授权的常见策略是使用 JWT 作为数据格式，使用 OAuth2 作为授权框架并使用 OpenID Connect 作为认证协议。
- 当使用 OIDC 认证时，客户端应用会初始化流程并委托授权服务器进行实际认证。然后，授权服务器向客户端签发一个 ID 令牌。
- ID 令牌包括关于用户认证的信息。
- Keycloak 是一个身份和访问管理解决方案，支持 OAuth2 和 OpenID Connect，可以用作授权服务器。
- Spring Security 为 OAuth2 和 OpenID Connect 提供了原生支持，我们可以使用它将 Spring Boot 应用变成 OAuth2 客户端。
- 在 Spring Security 中，我们可以通过 SecurityWebFilterChain bean 同时配置认证和授权。要启用 OIDC 认证流程，可以使用 oauth2Login() DSL。
- 默认情况下，Spring Security 暴露了一个/logout 端点，用来实现用户退出。
- 在 OIDC/OAuth2 场景中，我们需要将退出请求传播至认证服务器（比如 Keycloak），以便于实现用户退出。我们可以通过 OidcClientInitiatedServerLogoutSuccessHandler 类实现 Spring Security 支持的 RP-Initiated Logout 流程。
- 当受保护的 Spring Boot 应用是 SPA 的后端时，我们需要通过 cookie 配置 CSRF 防护，并实现一个认证入口点，在请求未认证时返回 HTTP 401 响应（而不是自动重定向到授权服务器的默认 HTTP 302 响应）。
- Spring Security Test 依赖提供了多个便利的工具来测试安全性。
- WebTestClient bean 可以通过 OIDC 登录和 CSRF 防护的特殊配置改变其请求上下文。

第 12 章　安全性：授权和审计

本章内容：

- 使用 Spring Cloud Gateway 和 OAuth2 实现授权和角色管理
- 使用 Spring Security 和 OAuth2 保护 API（命令式）
- 使用 Spring Security 和 OAuth2 保护 API（反应式）
- 使用 Spring Security 和 Spring Data 保护和审计数据

在上一章中，我介绍了云原生应用的访问控制系统。我们看到了如何使用 Spring Security 和 OpenID Connect 为 Edge Service 添加认证特性、管理用户的会话生命周期，以及当 Spring Boot 与 Angular 前端集成时解决 CORS 和 CSRF 的问题。

通过将认证步骤委托给 Keycloak，Edge Service 不会受到特定认证策略的影响。例如，我们使用了 Keycloak 提供的表单登录特性，但是我们也可以通过 GitHub 启用社交媒体登录或者依赖现有的 Active Directory 来认证用户。Edge Service 只需要支持使用 OIDC 来验证认证过程已经成功进行并且能够从 ID 令牌中获取用户信息即可。

这里还有一些问题没有解决。Polar Bookshop 是一个分布式系统。在用户通过 Keycloak 成功认证之后，Edge Service 就会以用户的身份与 Catalog Service 和 Order Service 进行交互。我们该如何传播认证上下文给系统中的其他应用呢？本章将使用 OAuth2 和访问令牌来解决该问题。

在处理完认证之后，我们应该解决授权步骤的问题。现在，Polar Bookshop 的消费者和雇员都能进行任意操作。本章将基于 OAuth2、Spring Security 和 Spring Data 阐述一些授权的场景：

- 根据用户是书店的消费者还是雇员，使用基于角色访问控制（Role-Based Access Control，RBAC）策略来保护 Spring Boot 暴露的 REST 端点。

■   配置数据审计，跟踪用户所做的数据变更。

■   执行对数据的保护，只有数据的拥有者才能对其进行访问。

最后，我们将使用 Spring Boot、Spring Security 和 Testcontainers 测试这些变更。

注意   本章的源码可以在/Chapter12/12-begin 和/Chapter12/12-end 目录中获取，它们分别是项目
        的初始和最终状态（https://github.com/ThomasVitale/cloud-native-spring-in-action）。

12.1   使用 Spring Cloud Gateway 和 OAuth2 实现授权和角色管理

在上一章中，我们为 Polar Bookshop 添加了用户认证特性。Edge Service 是系统的访问点，因此，这是解决各种横切性关注点的一个绝佳的地方，比如安全性。因此，我们让它负责用户的认证。Edge Service 会初始化认证流，但是它会使用 OpenID Connect 协议将实际的认证步骤委托给 Keycloak。

当用户通过 Keycloak 认证成功之后，Edge Service 会接收到一个来自 Keycloak 的 ID 令牌，令牌中包含了认证事件的信息，并且会使用用户浏览器初始化一个已认证的会话。同时，Keycloak 还会签发一个访问令牌，它会根据 OAuth2 规范授权 Edge Service 以用户的身份访问下游应用。

OAuth2 是一个授权框架，它允许某个应用（客户端）能够以用户的身份对另外一个应用（资源服务器）提供的受保护资源进行有限度的访问。当用户通过 Edge Service 进行认证并要求访问其图书订单时，OAuth2 为 Edge Service 提供了一个解决方案，允许它以用户的身份从 Order Service 中检索订单。这种解决方案是依赖于一个可信任方（授权服务器）的，它会向 Edge Service 签发一个访问令牌，并授权其访问 Order Service 中的图书订单。

在上一章所采用的 OIDC 认证流程中，你也许能够识别出其中的一些角色。正如我们所预期的那样，OIDC 是建立在 OAuth2 之上的一个身份层，并依赖于相同的基本概念。

■   认证服务器（Authorization Server）：负责认证用户，以及签发、刷新和撤销访问令牌的实体。在 Polar Bookshop 系统中，对应的也就是 Keycloak。

■   用户（User）：也被称为资源所有者，指的是在授权服务器上登录，以获取对客户端应用的认证访问的人。它也是授权客户端访问资源服务器上受保护资源的人或服务。在 Polar Bookshop 中，它对应的是消费者或雇员。

■   客户端（Client）：需要用户进行认证，并要求用户同意授权代表他们访问被保护的资源的应用。它可以是移动应用、基于浏览器的应用、服务器端应用，甚至是智能电视应用。在 Polar Bookshop 中，它对应的是 Edge Service。

■   资源服务器（Resource Server）：它是托管受保护资源的应用，客户端想要以用户的身份访问这些资源。在 Polar Bookshop 中，Catalog Service 和 Order Service 就是资源服务器。Dispatcher Service 与其他应用实现了解耦，我们不会以用户的身份调用它，所以它不会参与到 OAuth2 的设置中。

图 12.1 展示了这四个角色是如何映射到 Polar Bookshop 架构中的。

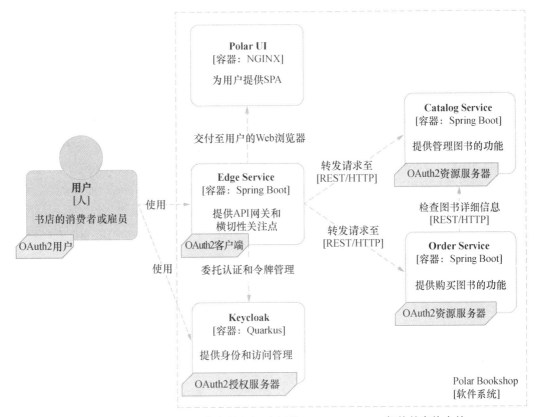

图 12.1　OIDC/OAuth2 角色是如何对应到 Polar Bookshop 架构的实体中的

借助 Keycloak 在 OIDC 认证阶段所签发的访问令牌，Edge Service 能够以用户的身份访问下游应用。在本节中，我们将看到如何在 Edge Service 中配置 Spring Cloud Gateway，以便于当请求路由至 Catalog Service 和 Order Service 时，使用访问令牌。

在上一章中，我们定义了两个用户，Isabelle 具有 employee 和 customer 的角色，而 Bjorn 只有 customer 的角色。在本节中，我们将学习如何将该信息包含在 ID 令牌和访问令牌中，以便于 Spring Security 读取它并建立基于角色的访问控制（RBAC）机制。

> **注意**　在 Polar Bookshop 中，OAuth2 客户端（Edge Service）和 OAuth2 资源服务器（Catalog Service 和 Order Service）属于同一个系统，但是当 OAuth2 客户端是第三方应用时，我们依然可以使用相同的框架。实际上，这就是 OAuth2 的最初使用场景，也是它如此流行的原因。借助 OAuth2，像 GitHub 或 Twitter 这样的服务能够让我们赋予第三方应用对账户有限的访问权限。例如，我们可以授权一个调度应用以我们的身份发送推文，而无须暴露 Twitter 的凭证信息。

12.1.1   从 Spring Cloud Gateway 到其他服务的令牌中继

当用户使用 Keycloak 成功认证之后，Edge Service（OAuth2 客户端）会接收到一个 ID 令牌和一个访问令牌。

- ID 令牌：代表了一个成功的认证事件，其中包含了已认证用户的信息。
- 访问令牌：代表了给 OAuth2 客户端的授权，允许以用户的身份访问 OAuth2 资源服务器所提供的受保护资源。

在 Edge Service 中，Spring Security 会使用 ID 令牌来提取认证用户相关信息，建立当前用户会话的上下文并且允许通过 OidcUser 对象来访问数据。这就是我们在上一章所用到的内容。

访问令牌授予 Edge Service 以用户身份访问 Catalog Service 和 Order Service（OAuth2 资源服务器）的权限。当我们对这两个应用实施保护之后，Edge Service 必须在所有路由至它们的请求中以 Authorization HTTP 头信息的方式包含访问令牌。与 ID 令牌不同，Edge Service 不会读取访问令牌的内容，因为它并不是目标受众。它会存储从 Keycloak 接收到的访问令牌，并且以原样形式包含在所有对下游受保护端点的请求中。

这种模式叫作令牌中继（Token Relay），Spring Cloud Gateway 以内置过滤器的形式为其提供了支持，所以我们自己不需要实现任何内容。当该过滤器启用时，访问令牌会自动包含到发往下游应用的请求中。图 12.2 展示了令牌中继模式是如何实现的。

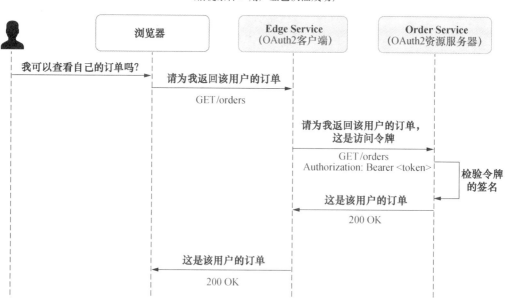

图 12.2   在用户认证之后，Edge Service 会将访问令牌中继到 Order Service，
以便以用户的身份调用其受保护的端点

我们看一下如何在 Edge Service 中配置访问令牌中继。

注意 在 Keycloak 中会配置访问令牌的一个有效期，这个有效期应该尽可能短，以缩短令牌被泄露后可利用的时间窗口。一个可接受的时长是 5 分钟。当令牌过期时，OAuth2 客户端可以使用第三种令牌，也就是刷新令牌（也有一个有效期），向授权服务器申请一个新的访问令牌。刷新机制会由 Spring Security 透明处理，所以我不会对此进行详细阐述。

1. 在 Spring Cloud Gateway 中采用令牌中继模式

Spring Cloud Gateway 以过滤器的形式实现了令牌中继模式。在 Edge Service 项目（edge-service）中，打开 application.yml 文件并将 TokenRelay 添加为默认过滤器，因为我们想要将其应用于所有的路由。

程序清单 12.1　在 Spring Cloud Gateway 中启用令牌中继

```
spring:
  cloud:
    gateway:
      default-filters:
        - SaveSession
        - TokenRelay        ◁──  当调用下游服
                                  务时，启用访问
                                  令牌的传播
```

启用该过滤器后，Spring Cloud Gateway 会以 Authorization 头信息的形式将正确的访问令牌添加到所有外部发往 Catalog Service 和 Order Service 的请求上。例如：

```
GET /orders
Authorization: Bearer <access_token>
```

注意 与基于 JWT 的 ID 令牌不同，OAuth2 框架并没有规定访问令牌的数据格式。它们可以是任意形式的字符串。但是，最流行的格式依然是 JWT，所以这将是我们在消费者端（Catalog Service 和 Order Service）解析访问令牌的方式。

默认情况下，Spring Security 会在内存中存储当前认证用户的访问令牌。当我们有多个 Edge Service 实例同时运行的时候（在云生产环境中，为了确保高可用性，始终都应如此），由于应用的有状态性，我们将会遇到相关的问题。云原生应用应该是无状态的，所以我们修正一下这个问题。

2. 将访问令牌存储到 Redis 中

Spring Security 将访问令牌存储在一个 OAuth2AuthorizedClient 对象中，该对象可以通过 ServerOAuth2AuthorizedClientRepository bean 进行访问。该资源库默认采用了内存策略来实现持久化，这使得 Edge Service 成为一个有状态的应用。我们该如何确保它是无状态且可扩展的呢？

一种简单的方式就是将 OAuth2AuthorizedClient 存储在 Web 会话中，而不是内存中，这样

Spring Session 能够自动找到它们，并将其保存到 Redis 中，就像它保存 ID 令牌那样。幸运的是，框架已经提供了 ServerOAuth2AuthorizedClientRepository 接口的一个实现，以便于将数据保存到 Web 会话中，也就是 WebSessionServerOAuth2AuthorizedClientRepository。图 12.3 阐述了上述所有对象的关联关系。

Spring Security 是如何在 Web 会话中存储访问令牌的

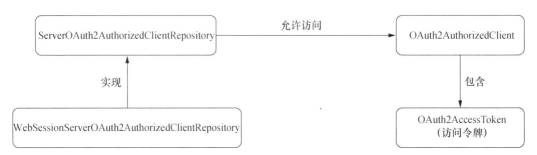

图 12.3　在 Spring Security 中为当前认证用户存储访问令牌相关的主要的类

在 Edge Service 项目中，打开 SecurityConfig 类并定义 ServerOAuth2AuthorizedClientRepository 类型的 bean，使用在 Web 会话中存储访问令牌的实现。

程序清单 12.2　将 OAuth2AuthorizedClient 对象存储到 Web 会话中

```
@EnableWebFluxSecurity
public class SecurityConfig {          定义将访问令牌
                                       存储到 Web 会话
  @Bean                                的资源库
  ServerOAuth2AuthorizedClientRepository authorizedClientRepository() {
    return new WebSessionServerOAuth2AuthorizedClientRepository();
  }

  ...
}
```

警告　以 JWT 形式定义的访问令牌需要谨慎处理。因为它们是 bearer 令牌，这意味着任意应用都能在 HTTP 请求中使用它们，并访问 OAuth2 资源服务器。在后端处理 OIDC/OAuth2 流程，而不是在 SPA 中处理会为我们提供更好的安全性，因为我们没有将任何令牌暴露给浏览器。但是，这里可能会有其他风险需要进行管理，所以请仔细考虑系统的信任边界。

在下一小节中，我们将会看到如何增强 ID 令牌和访问令牌以传播关于用户角色的信息。

12.1.2　自定义令牌并传播用户角色

ID 令牌和访问令牌都可以包含关于用户的不同信息，在 JWT 中，它们都会被格式化为 claim。claim 是 JSON 格式的简单键/值对。例如，OpenID Connect 定义了多个标准的 claim 来携带与用户相关的信息，如 given_name、family_name、preferred_username 或 email。

对这些 claim 的访问是由 scope 控制的，scope 是由 OAuth2 提供的一种机制，用来限制 OAuth2 客户端可以访问的数据。我们可以将 scope 想象为角色，只不过它是赋予应用的，而不是赋予用户的。在上一章中，我们使用 Spring Security 将 Edge Service 定义为一个 OAuth2 客户端，并使用 openid scope 对其进行了配置。这个 scope 授予 Edge Service 访问已认证用户身份的权限（该数据是由 sub claim 提供的）。

你可能使用 GitHub 或 Google 登录过第三方 Web 站点（基于 OAuth2 的社交登录）。那么你会注意到，在认证步骤之后，服务会向你提示第二个请求，即许可第三方访问你在 GitHub 或 Google 账户中的哪些信息。这些许可是基于 scope 的，根据分配的 scope，第三方（OAuth2 客户端）将被授予特定的权限。

至于 Edge Service，我们会预先决定它应该被授予哪些 scope。本小节将展示如何配置名为 roles 的 claim，其中包含了分配给已认证用户的角色。然后，我们将会使用 roles scope，授予 Edge Service 访问该 claim 的权限并且告知 Keycloak 将该 claim 包含在 ID 令牌和访问令牌中。

在继续之前，我们需要 Keycloak 容器处于启动状态。打开终端窗口，导航至保存 Docker Compose 文件的目录，然后运行如下命令：

```
$ docker-compose up -d polar-keycloak
```

如果你没有按照我们的教程编写样例的话，可以参阅本书附带源码仓库的 Chapter12/12-begin/polar-deployment/docker/docker-compose.yml 文件。

注意　与上一章类似，稍后我会向你提供一个 JSON 文件，当启动 Keycloak 容器时，你可以使用它来加载配置，而不需要担心它的持久化。如果你采用这种方案的话，我依然邀请你读完本节，因为它提供了当我们转向 Spring Security 部分时所需的必要信息。

1. 在 Keycloak 中配置对用户角色的访问

Keycloak 预先配置了一个 roles scope，我们可以借助它让应用获取 roles claim 中的用户角色。但是，角色列表的默认表述方式使用起来不太方便，因为它是以嵌套对象的形式来定义的。我们对其进行一些修改。

当 Keycloak 启动之后，打开浏览器窗口，导航至 http://localhost:8080，使用 Docker Compose 文件中所定义的凭证信息（user/ password）来登录管理控制台，并选择 PolarBookshop realm。然后，在左边菜单中选择 Client scopes。在新的页面上（见图 12.4），我们可以看到 Keycloak 中所有预配置 scope 的列表，并且可以创建新的 scope。在我们的场景中，我们希望自定义现有的 roles scope，所以点击它并打开配置。

在 roles scope 页面中，打开 Mappers 标签页。在这里，我们可以定义该 scope 所提供访问的 claim 列表（即映射）。默认情况下，Keycloak 已经定义了一些 mapper，以便于将 claim 映射到 roles scope 中，我们感兴趣的是 realm roles mapper，它会将用户的 realm 角色（包括 employee

和 customer）映射到一个 JWT claim 中。选择该 mapper。

图 12.4　创建并管理 Client scope

在 realm roles mapper 的配置页面中，有几个用于自定义的选项。我们希望修改两个地方：

- 令牌的 claim 名称应该是 roles，而不是 realm_access.roles（这样我们就避免了嵌套对象）。
- roles claim 应该包含在 ID 令牌和访问令牌中，所以我们需要确保这两个选项均被启用。我们需要两者都选中的原因在于，Edge Service 会从 ID 令牌中读取 claim，而 Catalog Service 和 Order Service 是从访问令牌中读取 claim。Edge Service 不是访问令牌的目标受众，访问令牌会原样转发到下游应用中。

图 12.5 展示了最终的设置，完成之后，点击 Save 按钮。

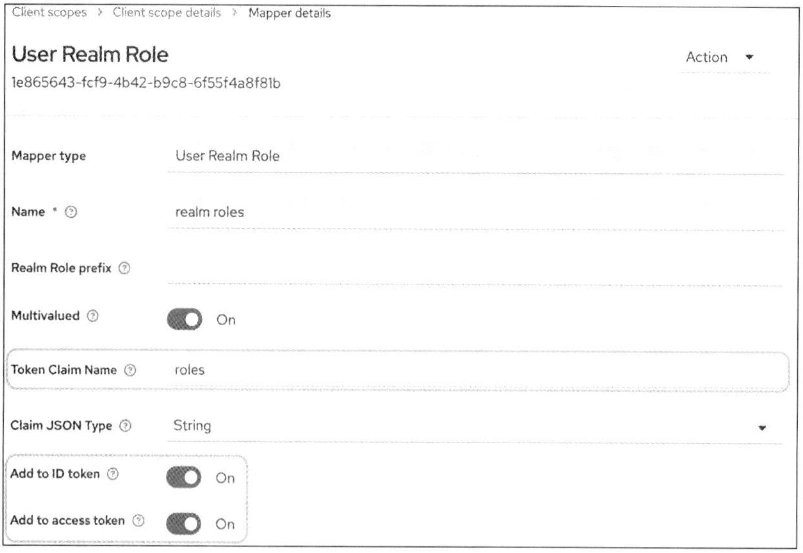

Client scopes > Client scope details > Mapper details

User Realm Role　　　　　　　　　　　　　　　　　　　　Action ▼
1e865643-fcf9-4b42-b9c8-6f55f4a8f81b

Mapper type	User Realm Role
Name * ⑦	realm roles
Realm Role prefix ⑦	
Multivalued ⑦	⬤ On
Token Claim Name ⑦	roles
Claim JSON Type ⑦	String ▼
Add to ID token ⑦	⬤ On
Add to access token ⑦	⬤ On

图 12.5　配置 mapper，以便于在 JWT claim "roles" 中包含用户的 realm 角色

> **注意** 在本书附带的源码仓库中，我包含了一个 JSON 文件，未来启动 Keycloak 容器时可以使用它来加载完整的配置，其中包含了最新关于角色的变更（Chapter12/12-end/polar-deployment/docker/keycloak/full-realm-config.json）。推荐你更新一下 Docker Compose 中的 polar-keycloak 容器定义，以使用新的 JSON 文件。

在继续后面的内容前，请停掉所有的容器（docker-compose down）。

2．在 Spring Security 中配置对用户角色的访问

现在，按照配置，Keycloak 会在 ID 令牌和访问令牌的 roles claim 中返回已认证用户的角色。但是，只有当 OAuth2 客户端（Edge Service）请求 roles scope 时，roles claim 才会被返回。

在 Edge Service 项目中，打开 application.yml 文件并更新 Client Registration 配置以包含 roles scope。

程序清单 12.3　为 Edge Service 分配 roles scope

```
spring:
  security:
    oauth2:
      client:
        registration:
          keycloak:
            client-id: edge-service
            client-secret: polar-keycloak-secret     添加 "roles" 到
            scope: openid,roles       ←              scope 列表中
        provider:
          keycloak:
            issuer-uri: http:/ /localhost:8080/realms/PolarBookshop
```

接下来，我们会看到如何从 ID 令牌中提取已认证用户的角色。

3．从 ID 令牌中提取用户的角色

在上一章中，我们在 Edge Service 项目的 UserController 类中硬编码了用户角色的列表，因为当时在 ID 令牌中并没有包含它们。现在，ID 令牌中已经有了这些信息，我们重构这个类的实现，从 OidcUser 类中获取当前已认证用户的角色。OidcUser 类能够让我们访问 ID 令牌中的 claim，包括全新的 roles claim。

程序清单 12.4　借助 OidcUser，从 ID 令牌中提取用户角色的列表

```
@RestController
public class UserController {

  @GetMapping("user")
  public Mono<User> getUser(@AuthenticationPrincipal OidcUser oidcUser) {
    var user = new User(
```

```
            oidcUser.getPreferredUsername(),
            oidcUser.getGivenName(),
            oidcUser.getFamilyName(),
            oidcUser.getClaimAsStringList("roles")
        );
        return Mono.just(user);
    }
}
```

获取 "roles" claim，并将其提取为字符串列表

最后，不要忘记更新 UserControllerTests 中的测试设置，让 mock ID 令牌包含 roles claim。

程序清单 12.5　添加 roles 列表到 mock ID 令牌中

```
@WebFluxTest(UserController.class)
@Import(SecurityConfig.class)
class UserControllerTests {

    ...

    private SecurityMockServerConfigurers.OidcLoginMutator
        configureMockOidcLogin(User expectedUser)
    {
        return mockOidcLogin().idToken(builder -> {
            builder.claim(StandardClaimNames.PREFERRED_USERNAME,
                expectedUser.username());
            builder.claim(StandardClaimNames.GIVEN_NAME,
                expectedUser.firstName());
            builder.claim(StandardClaimNames.FAMILY_NAME,
                expectedUser.lastName());
            builder.claim("roles", expectedUser.roles());
        });
    }
}
```

添加 "roles" 到 mock ID 令牌中

我们可以通过如下命令校验变更是否正确运行。

```
$ ./gradlew test --tests UserControllerTests
```

注意　在 Keycloak 中配置的 roles claim 会包含我们的自定义角色（employee 和 customer），以及 Keycloak 本身管理和分配的一些额外角色。

到目前为止，我们已经配置了 Keycloak 以在令牌中包含用户角色，并且更新了 Edge Service，以便于将访问令牌中继到下游应用中。接下来，我们就可以使用 Spring Security 和 OAuth2 来保护 Catalog Service 和 Order Service 了。

12.2　使用 Spring Security 和 OAuth2 保护 API（命令式）

当用户访问 Polar Bookshop 应用时，Edge Service 会通过 Keycloak 初始化 OpenID Connect 认证流，并最终接收到一个访问令牌，该令牌会授予它以用户身份访问下游服务的权限。

在本节和下一节中，我们将会看到如何保护 Catalog Service 和 Order Service，这是通过需要一个合法的访问令牌才能访问受保护的端点来实现的。在 OAuth2 授权框架中，它们扮演了 OAuth2 资源服务器的角色，也就是托管受保护数据的应用，用户可以通过第三方（在我们的样例中也就是 Edge Service）访问这些数据。

OAuth2 资源服务器不会处理用户认证。它们会在每个 HTTP 请求的 Authorization 头信息中获取一个访问令牌。然后，它们会检验签名并根据令牌的内容为请求授权。我们已经配置了 Edge Service，当路由请求到下游应用时，它会发送一个访问令牌。现在，我们将会看到在接收者端如何使用该令牌。本节将介绍如何保护基于命令式 Spring 技术栈的 Catalog Service。下一节将介绍如何为 Order Service 达到相同的目的，只不过它是基于反应式 Spring 技术栈构建的。

12.2.1 以 OAuth2 资源服务器的方式保护 Spring Boot 应用

利用 OAuth2 来保护 OAuth2 应用的第一步就是添加一个专门的 Spring Boot Starter 依赖，它包含了 Spring Security 和 OAuth2 对资源服务器的支持。

在 Catalog Service 项目（catalog-service）中，打开 build.gradle 文件并添加新的依赖。在添加完之后，不要忘记刷新/重新导入 Gradle 依赖。

程序清单 12.6 为 Spring Security OAuth2 资源服务器添加依赖

```
dependencies {
  ...
  implementation 'org.springframework.boot:
  ➥ spring-boot-starter-oauth2-resource-server'
}
```

接下来，我们配置 Spring Security 和 Keycloak 之间的集成。

1. 配置 Spring Security 和 Keycloak 之间的集成

Spring Security 支持使用两种数据格式的访问令牌来保护端点，分别是 JWT 和 Opaque 令牌。我们将会使用 JWT 形式的访问令牌，类似于之前所使用的 ID 令牌。借助访问令牌，Keycloak 授予 Edge Service 以用户身份访问下游应用的权限。当使用 JWT 格式的访问令牌时，我们还能够以 claim 的形式包含已认证用户的相关信息，并且很容易就能将这样的上下文传播到 Catalog Service 和 Order Service 中。与之不同，Opaque 令牌需要下游应用每次都访问 Keycloak 以获取令牌的相关信息。

相对于 OAuth2 客户端，配置 Spring Security 以 OAuth2 资源服务器的方式与 Keycloak 集成要简单得多。当使用 JWT 的时候，应用联系 Keycloak 主要是为了获取必要的公钥以验证令牌的签名。就像 Edge Service 一样，我们可以使用 issuer-uri 属性，让应用在启动时通过联系 Keycloak 自动发现去何处寻找公钥。

按照默认行为，应用会在第一次接收到 HTTP 请求时才会去寻找公钥，而不是在应用启动的时候就去寻找，这一方面是为了性能，另一方面是为了解除耦合（当启动应用的时候，并不需要 Keycloak 处于运行状态）。OAuth2 认证服务器通过 JSON Web Key（JWK）格式提供其公钥。公钥的集合叫作 JWK Set。Keycloak 暴露公钥的端点叫作 JWK Set URI。当 Keycloak 提供新的公钥时，Spring Security 会自动进行轮换使用。

对于每个在 Authorization 头信息中包含访问令牌的传入请求，Spring Security 都会使用 Keycloak 提供的公钥自动校验令牌的签名，并通过 JwtDecoder 对象解码令牌中的 claim，这个类会在幕后自动配置。

在 Catalog Service 项目（catalog-service）中，打开 application.yml 文件并添加如下配置。

程序清单 12.7　将 Catalog Service 配置为 OAuth2 资源服务器

> **注意**　签名访问令牌所使用的加密算法超出了本书的范围。如果你想要了解关于密码学的更多知识，可以参阅 David Wong 撰写的 *Real-World Cryptography*（Manning, 2021 年）。

Catalog Service 和 Keycloak 之间的集成已经构建完毕。接下来，我们将定义一些基本的安全策略来保护应用端点。

2. 为 JWT 认证定义安全策略

对 Catalog Service 应用来说，我们想要执行如下安全策略：
- 获取图书的 GET 请求是对外公开的，不需要认证。
- 所有其他请求均需要认证。
- 应用应该配置为 OAuth2 资源服务器并使用 JWT 认证。
- 处理 JWT 认证的流程应该是无状态的。

我们扩展介绍一下最后一个策略。Edge Service 触发用户认证流程并利用 Web 会话来存储像 ID 令牌和访问令牌这样的数据，否则，在每次 HTTP 结束时它们就会丢失，这会迫使用户对每个请求都要进行认证。为了让应用能够扩展，我们使用 Spring Session 将 Web 会话数据存储在 Redis 中，以保持应用的无状态。

与 Edge Service 不同，Catalog Service 只需要使用访问令牌来认证请求。因为对每个受保护端点的 HTTP 请求均会提供该令牌，所以 Catalog Service 在不同的请求间并不需要存储任何数据。我们将这种策略称为无状态认证或基于令牌的认证。我们使用 JWT 作为访问令牌，所以也可以将其称为 JWT 认证。

现在，回到代码。在 Catalog Service 项目中，在 com.polarbookshop.catalogservice.config 包中创建新的 SecurityConfig 类。与 Edge Service 中的做法类似，我们可以使用 HttpSecurity 提供的 DSL 来构建 SecurityFilterChain，以配置所需的安全策略。

程序清单 12.8　配置安全策略和 JWT 认证

```
@EnableWebSecurity                                         为 Spring Security 启用
public class SecurityConfig {                              Spring MVC 支持

  @Bean
  SecurityFilterChain filterChain(HttpSecurity http) throws Exception {
    return http
      .authorizeHttpRequests(authorize -> authorize        允许用户未经认证
        .mvcMatchers(HttpMethod.GET, "/", "/books/**")      即可获取问候信息
          .permitAll()                                     和图书列表
  任何其他
  请求均需   .anyRequest().authenticated()
  要认证    )
      .oauth2ResourceServer(                               使用基于 JWT(即 JWT 认证)
      OAuth2ResourceServerConfigurer::jwt                  的默认配置启用 OAuth2 资源
      )                                                    服务器
      .sessionManagement(sessionManagement ->
        sessionManagement
          .sessionCreationPolicy(SessionCreationPolicy.STATELESS))

  每个请求必须包含访问令牌，所以没有必要在不同的
  请求间保持用户会话。我们希望它是无状态的

      .csrf(AbstractHttpConfigurer::disable)
      .build();                          因为认证策略是无状态的，并不涉及基
  }                                      于浏览器的客户端，所以我们可以安全
}                                        地禁用 CSRF 防护
```

我们检查一下这是否有效。首先，请确保 Keycloak、Redis 和 PostgreSQL 容器均应处于启动状态。打开终端窗口，导航至保存 Docker Compose 配置所在的目录（polar-deployment/docker）并运行如下命令：

```
$ docker-compose up -d polar-ui polar-keycloak polar-redis polar-postgres
```

然后，运行 Edge Service 和 Catalog Service（在每个项目中运行./gradlew bootRun）。最后，打开浏览器并访问 http://localhost:9000/。

确保无须认证就可以看到图书的列表，但是无法进行新增、更新和删除操作。然后，使用 Isabelle 账号（isabelle/password）登录，她是书店的雇员，所以应该能够修改目录中的图书。然后，使用 Bjorn 账号（bjorn/password）登录，他是一个消费者，所以他应该无法改变图书目录中的任何内容。

在幕后，Angular 应用通过 Edge Service 暴露的/user 端点获取用户角色，并使用它们阻止

一些特定的功能。这提升了用户体验，但是并不安全。Catalog Service 暴露的端点还没有将角色问题考虑进去。我们需要执行基于角色的授权。这将是下一小节的主题。

12.2.2　使用 Spring Security 和 JWT 实现基于角色的访问控制

到目前为止，当讨论授权的时候，我们指的是赋予 OAuth2 客户端（Edge Service）以用户的身份访问 OAuth2 资源服务器（如 Catalog Service）的权限。现在，我们从应用授权转移到用户授权上。某个认证用户能够在系统中做些什么呢？

Spring Security 将每个认证用户与一个 GrantedAuthority 对象的列表关联了起来，该列表建模了用户的授权。授权可以用来表述细粒度的权限、角色，甚至 scope，根据认证策略，它们可以有不同的来源。授权可以通过 Authentication 对象获取，该对象代表了认证用户，并被存储在 SecurityContext 中。

因为 Catalog Service 被配置为 OAuth2 资源服务器并使用 JWT 认证，所以 Spring Security 会从访问令牌的 scopes claim 中提取 scope 的列表，并自动将它们作为给定用户的授权。每个按照这种方式构建的 GrantedAuthority 对象的名称都是以 SCOPE_ 作为前缀，然后添加 scope 值。

在使用 scope 建模权限的众多场景中，这种默认行为是可以接受的，但是它并不适合我们的场景，因为我们依赖用户角色来判定用户具有哪些权限。我们想要使用访问令牌中 roles claim 提供的用户角色来建立一个基于角色的访问控制（RBAC）策略（如图 12.6 所示）。在本小节中，我将会展示如何为访问令牌创建一个自定义的转换器，它会利用 roles claim 中的值和 ROLE_前缀构建一个 GrantedAuthority 列表。然后，我们将会使用这些权限为 Catalog Service 的端点定义授权规则。

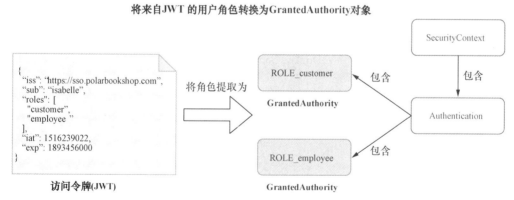

图 12.6　将访问令牌（JWT）中的用户角色转换为 Spring Security 用来实现 RBAC 的 GrantedAuthority 对象

注意　你可能想知道为何要使用 SCOPE_或 ROLE_前缀，这是因为授权可以用来表示不同的内容（如角色、scope 或权限），Spring Security 使用前缀来对其进行分组。在 Polar Bookshop 的样例中，我们依靠这个默认的命名约定，但也可以使用不同的前缀，甚至不使用前缀。更多信息可以参阅 Spring Security 文档（https://spring.io/projects/spring-security）。

1. 从访问令牌中提取用户角色

Spring Security 提供了一个 JwtAuthenticationConverter 类，我们可以使用它来创建从 JWT 中提取信息的自定义策略。在我们的场景中，JWT 是一个访问令牌，我们想要根据 roles claim 中的值来配置如何构建 GrantedAuthority 对象。在 Catalog Service 项目（catalog-service）中，打开 SecurityConfig 类并定义一个新的 JwtAuthenticationConverter bean。

程序清单 12.9　将 JWT 中的角色映射为授权

```
@EnableWebSecurity
public class SecurityConfig {
  ...

  @Bean
  public JwtAuthenticationConverter jwtAuthenticationConverter() {
    var jwtGrantedAuthoritiesConverter =
      new JwtGrantedAuthoritiesConverter();        ← 定义将claim映射到GrantedAuthority对象
    jwtGrantedAuthoritiesConverter                    的转换器
      .setAuthorityPrefix("ROLE_");                ← 对每个用户角色使用
    jwtGrantedAuthoritiesConverter                    ROLE_前缀
      .setAuthoritiesClaimName("roles");          ← 从 roles claim 中提取
                                                      角色列表
    var jwtAuthenticationConverter =
      new JwtAuthenticationConverter();
    jwtAuthenticationConverter
      .setJwtGrantedAuthoritiesConverter(jwtGrantedAuthoritiesConverter);
    return jwtAuthenticationConverter;
  }
}
定义转换 JWT 的策略，我们
只自定义了如何构建授权
```

这个 bean 准备就绪之后，Spring Security 会为每个授权用户关联一个 GrantedAuthority 对象的列表，我们就能使用它们来定义授权策略了。

2. 基于用户角色定义授权策略

我们应该基于如下策略保护 Catalog Service 的端点：

- 所有发往/books 或/books/{isbn}的 GET 请求都对外公开，不需要认证。
- 任何其他请求都需要进行用户认证并且要具有 employee 角色。

Spring Security 提供了一个基于表达式的 DSL 来定义授权策略。最通用的就是 hasAuthority ("ROLE_employee")形式，我们可以使用它来检查任何类型的授权。在我们的场景中，授权使用的是角色，所以可以使用更具描述性的形式并省略前缀（Spring Security 会在幕后将其添加上），即 hasRole("employee")。

程序清单 12.10　应用 RBAC 以限制只有 employee 角色才能进行写入

```
@EnableWebSecurity
public class SecurityConfig {

    @Bean
    SecurityFilterChain filterChain(HttpSecurity http) throws Exception {
        return http
            .authorizeHttpRequests(authorize -> authorize
              .mvcMatchers(HttpMethod.GET, "/", "/books/**")
              .permitAll()
                .anyRequest().hasRole("employee")
            )
            .oauth2ResourceServer(OAuth2ResourceServerConfigurer::jwt)
            .sessionManagement(sessionManagement -> sessionManagement
              .sessionCreationPolicy(SessionCreationPolicy.STATELESS))
            .csrf(AbstractHttpConfigurer::disable)
            .build();
    }
    ...
}
```

> 所有其他的请求不仅需要认证，还需要"employee"角色（它与 ROLE_employee 授权具有相同的语义）

> 允许用户未经认证就可获取问候信息和图书列表

现在，我们可以重新构建并运行 Catalog Service（./gradlew bootRun），然后再次执行上述流程。此时，Catalog Service 能够确保只有书店的雇员才能添加、更新和删除图书。

最后，请停掉应用（Ctrl+C）和容器（docker-compose down）。

> **注意**　如果你想要了解更多关于 Spring Security 授权架构和不同访问控制策略的知识的话，可以参考 Laurenţiu Spilcă 撰写的 *Spring Security in Action* 中的第 7 章和第 8 章（Manning, 2020年），这里有更为详细的阐述。

接下来，我将介绍一些与测试相关的技术，以便于测试配置成 OAuth2 资源服务器的命令式 Spring Boot 应用的安全性。

12.2.3　使用 Spring Security 和 Testcontainers 测试 OAuth2

当涉及安全性时，编写自动化测试通常是很有挑战性的。幸运的是，Spring Security 为我们提供了便利的工具，允许我们在切片测试中校验安全设置。

本节将介绍如何使用 mock 访问令牌为 Web 切片编写测试，以及如何通过 Testcontainers，使用真正的 Keycloak 容器来编写集成测试。

在开始之前，我们需要添加对 Spring Security Test 和 Testcontainers Keycloak 的新依赖。打开 Catalog Service 项目（catalog-service）的 build.gradle 文件并更新为如下所示。在添加完之后，不要忘记刷新/重新导入 Gradle 依赖。

程序清单 12.11　添加依赖，以测试 Spring Security 和 Keycloak

```
ext {
  ...
  set('testKeycloakVersion', "2.3.0")        ← Testcontainers Keycloak
}                                              的版本

dependencies {
  ...
  testImplementation 'org.springframework.security:spring-security-test'
  testImplementation 'org.testcontainers:junit-jupiter'
  testImplementation "com.github.dasniko:        ← 基于 Testcontainers，提供
➡    testcontainers-keycloak:${testKeycloakVersion}"   Keycloak 测试工具
}
```

1. 使用@WebMvcTest 和 Spring Security 测试受保护的 REST 控制器

首先，我们更新 BookControllerMvcTests 类，以涵盖依赖用户认证和授权的新场景。例如，我们可以针对如下情况编写 DELETE 操作的测试用例：

- 用户经过了认证并且具有 employee 角色。
- 用户经过了认证但是缺少 employee 角色。
- 用户没有经过认证。

删除操作只允许书店雇员执行，所以只有第一个请求会返回成功的响应。

在启动阶段，Spring Security 会调用 Keycloak 以获取公钥，用来校验访问令牌的签名。在幕后，框架配置了一个 JwtDecoder bean，它会使用这些密钥解码并校验 JWT。在 Web 切片测试的上下文中，我们可以提供一个 mock JwtDecoder bean，这样 Spring Security 能够跳过与 Keycloak 的交互（这一部分我们会在稍后的完整集成测试中校验）。

程序清单 12.12　借助切片测试，在 Web 层验证安全性策略

```
@WebMvcTest(BookController.class)
@Import(SecurityConfig.class)        ← 导入应用的
class BookControllerMvcTests {         安全配置

  @Autowired
  MockMvc mockMvc;

  @MockBean
  JwtDecoder jwtDecoder;        ← Mock JwtDecoder，这样为了解码
                                  访问令牌，应用就不需要尝试调
  ...                             用 Keycloak 以获取公钥了

  @Test
  void whenDeleteBookWithEmployeeRoleThenShouldReturn204()
    throws Exception
  {                              ← 修改 HTTP 请求，使其包含一个 JWT
    var isbn = "7373731394";       格式的 mock 访问令牌，该令牌具有
    mockMvc                        "employee" 角色
```

```
            .perform(MockMvcRequestBuilders.delete("/books/" + isbn)
                .with(SecurityMockMvcRequestPostProcessors.jwt()
                    .authorities(new SimpleGrantedAuthority("ROLE_employee"))))
            .andExpect(MockMvcResultMatchers.status().isNoContent());
    }

    @Test
    void whenDeleteBookWithCustomerRoleThenShouldReturn403()
      throws Exception
    {
      var isbn = "7373731394";
      mockMvc
        .perform(MockMvcRequestBuilders.delete("/books/" + isbn)
          .with(SecurityMockMvcRequestPostProcessors.jwt()
            .authorities(new SimpleGrantedAuthority("ROLE_customer"))))
        .andExpect(MockMvcResultMatchers.status().isForbidden());
    }

    @Test
    void whenDeleteBookNotAuthenticatedThenShouldReturn401()
      throws Exception
    {
      var isbn = "7373731394";
      mockMvc
        .perform(MockMvcRequestBuilders.delete("/books/" + isbn))
        .andExpect(MockMvcResultMatchers.status().isUnauthorized());
    }
}
```

修改 HTTP 请求，使其包含一个 JWT 格式的 mock 访问令牌，该令牌具有 "customer" 角色

打开一个终端窗口，导航至 Catalog Service 的根目录，并按照如下方式运行新添加的测试：

```
$ ./gradlew test --tests BookControllerMvcTests
```

请自行添加更多的 Web 切片自动化测试，以涵盖 GET、POST 和 PUT 请求。你可以参阅本书附带的源代码以获取更多的灵感（Chapter12/12-end/catalog-service）。

2. 使用@SpringBootTest、Spring Security 和 Testcontainers 实现集成测试

此时，我们在上一章编写的集成测试已经无法运行了，这主要有两个原因。首先，所有的 POST、PUT 和 DELETE 请求均会失败，因为我们没有提供合法的 OAuth2 访问令牌。即便提供了令牌，此时也没有处于运行状态的 Keycloak，Spring Security 需要它来获取用于访问令牌校验的公钥。

通过在 Catalog Service 的根目录运行如下命令，我们可以看到这种失败场景：

```
$ ./gradlew test --tests CatalogServiceApplicationTests
```

我们已经看到如何使用 Testcontainers 编写针对数据服务（如 PostgreSQL 数据库）的集成测试，这使得测试更加可靠并确保了环境对等性。在本小节中，我们以相同的方式实现 Keycloak。

首先，我们通过 Testcontainers 配置一个 Keycloak 容器。打开 CatalogServiceApplicationTests

类并添加如下设置。

程序清单 12.13　设置 Keycloak 测试容器

```
@SpringBootTest(webEnvironment = SpringBootTest.WebEnvironment.RANDOM_PORT)
@ActiveProfiles("integration")
@Testcontainers                                          ◁──── 激活测试容器的自动
class CatalogServiceApplicationTests {                         启动和清理

  @Autowired
  private WebTestClient webTestClient;        ◁──── 定义用于测试的
                                                    Keycloak 容器
  @Container
  private static final KeycloakContainer keycloakContainer =
    new KeycloakContainer("quay.io/keycloak/keycloak:19.0")
      .withRealmImportFile("test-realm-config.json");
  @DynamicPropertySource
  static void dynamicProperties(DynamicPropertyRegistry registry) {
    registry.add("spring.security.oauth2.resourceserver.jwt.issuer-uri",
      () -> keycloakContainer.getAuthServerUrl() + "realms/PolarBookshop");
  }
                                              重写 Keycloak Issuer URI 配置，
  ...                                         指向测试 Keycloak 实例
}
```

　　Keycloak 测试容器会通过一个配置文件进行初始化，我将该文件包含到了本书附带源码的仓库中（Chapter12/12-end/catalog-service/src/test/resources/test-realm-config.json）。请将其复制到你的 Catalog Service 项目（catalog-service）的 src/test/resources 目录下。

　　在生产环境中，我们会通过 Edge Service 调用 Catalog Service，前者会负责认证用户并将访问令牌中继到下游应用中。现在，我们想要单独测试 Catalog Service 并校验不同的授权场景。因此，我们需要先生成一些访问令牌，这样就可以使用它们来调用要测试的 Catalog Service 端点了。

　　在我提供的 Keycloak JSON 配置文件中包含了测试客户端的定义（polar-test），我们可以直接使用它进行用户名和密码认证，而不需要经历我们在 Edge Service 中实现的基于浏览器的流程。在 OAuth2 中，这样的流程叫作密码授权（Password Grant），并不推荐在生产环境中使用。在后文中，我们仅将其用于测试。

　　现在，我们设置 CatalogServiceApplicationTests，以便于以 Isabelle 和 Bjorn 的身份向 Keycloak 进行认证，这样我们就可以获取调用 Catalog Service 受保护端点所需的访问令牌了。不要忘记，Isabelle 同时是消费者和雇员，而 Bjorn 只是消费者。

程序清单 12.14　获取测试访问令牌的设置

```
@SpringBootTest(webEnvironment = SpringBootTest.WebEnvironment.RANDOM_PORT)
@ActiveProfiles("integration")
@Testcontainers
```

```
class CatalogServiceApplicationTests {
  private static KeycloakToken bjornTokens;
  private static KeycloakToken isabelleTokens;
  ...

  @BeforeAll                                              用于调用 Keycloak 的
  static void generateAccessTokens() {                   WebClient
    WebClient webClient = WebClient.builder()
      .baseUrl(keycloakContainer.getAuthServerUrl()
        + "realms/PolarBookshop/protocol/openid-connect/token")
      .defaultHeader(HttpHeaders.CONTENT_TYPE,
        MediaType.APPLICATION_FORM_URLENCODED_VALUE)
      .build();                                           认证 Isabelle 并
                                                          获取访问令牌
    isabelleTokens = authenticateWith(
      "isabelle", "password", webClient);
    bjornTokens = authenticateWith(                       认证 Bjorn 并获取
      "bjorn", "password", webClient);                    访问令牌
  }

  private static KeycloakToken authenticateWith(
    String username, String password, WebClient webClient
  ) {
    return webClient                                      使用密码授权流程直接向
      .post()                                             Keycloak 进行认证
      .body(
        BodyInserters.fromFormData("grant_type", "password")
        .with("client_id", "polar-test")
        .with("username", username)
        .with("password", password)
      )
      .retrieve()                                         一直阻塞，直到返回结果。这里我们以命令式
      .bodyToMono(KeycloakToken.class)                    的方式使用 WebClient，而非反应式
      .block();
  }
                                                          当将 JSON 反序列化为KeycloakToken
  private record KeycloakToken(String accessToken) {      对象时，告知 Jackson 使用该构造器
    @JsonCreator
    private KeycloakToken(
      @JsonProperty("access_token") final String accessToken
    ) {
      this.accessToken = accessToken;
    }
  }
}
```

最后，我们可以更新 CatalogServiceApplicationTests 中的测试用例，以涵盖多种认证和授权场景。例如，我们可以针对如下情况编写 POST 操作的测试用例：

- 用户经过了认证并且具有 employee 角色（扩展现有的测试用例）。
- 用户经过了认证但是缺少 employee 角色（新的测试用例）。
- 用户没有经过认证（新的测试用例）。

注意 在 OAuth2 资源服务器中，认证指的就是令牌认证。在本例中，也就是在每个 HTTP 请求的 Authorization 头信息中提供访问令牌。

图书创建操作仅允许书店雇员执行，所以只有第一个请求返回成功的响应。

程序清单 12.15 在集成测试中校验安全场景

```
@Test
void whenPostRequestThenBookCreated() {
  var expectedBook = Book.of("1231231231", "Title", "Author",
    9.90, "Polarsophia");
  webTestClient.post().uri("/books")          以已认证雇员用户（Isabelle）的身份
    .headers(headers ->                        发送添加图书至目录的请求
      headers.setBearerAuth(isabelleTokens.accessToken()))
    .bodyValue(expectedBook)
    .exchange()
    .expectStatus().isCreated()      ◁───      图书创建成功，
    .expectBody(Book.class).value(actualBook -> {   状态码为 201
    assertThat(actualBook).isNotNull();
    assertThat(actualBook.isbn()).isEqualTo(expectedBook.isbn());
    });
}

@Test
void whenPostRequestUnauthorizedThen403() {
  var expectedBook = Book.of("1231231231", "Title", "Author",
    9.90, "Polarsophia");
                                          以已认证消费者用户（Bjorn）的身份
                                          发送添加图书至目录的请求
  webTestClient.post().uri("/books")
    .headers(headers ->
      headers.setBearerAuth(bjornTokens.accessToken()))
    .bodyValue(expectedBook)
    .exchange()                              图书无法成功创建，因为用户没有正
    .expectStatus().isForbidden();   ◁───    确的授权（缺少 "employee" 角色），
}                                            状态码为 403

@Test
void whenPostRequestUnauthenticatedThen401() {
  var expectedBook = Book.of("1231231231", "Title", "Author",
    9.90, "Polarsophia");

  webTestClient.post().uri("/books")   ◁───
    .bodyValue(expectedBook)                 以未认证用户的身份发送
    .exchange()                              添加图书至目录的请求
    .expectStatus().isUnauthorized();  ◁───
}
                    图书无法成功创建，因为用户
                    没有认证，状态码为 401
```

打开一个终端窗口，导航至 Catalog Service 的根目录，并按照如下方式运行新添加的测试：

```
$ ./gradlew test --tests CatalogServiceApplicationTests
```

这个类中依然还会有失败的测试。请按照上述样例的形式自行更新它们，在 POST、PUT 或 DELETE 请求中，均包含正确的访问令牌（Isabelle 或 Bjorn 的令牌）。完成之后，重新运行所有的测试，确保它们均能成功运行。你可以参阅本书附带的源代码以获取更多的灵感（Chapter12/12-end/catalog-service）。

12.3　使用 Spring Security 和 OAuth2 保护 API（反应式）

保护像 Order Service 这样的反应式 Spring Boot 应用的做法与 Catalog Service 的非常类似。Spring Security 为这两个技术栈提供了直观且一致的抽象，这使得从一个技术栈转至另一个会非常容易。

在本节中，我们会介绍如何将 Order Service 配置为 OAuth2 资源服务器、启用 JWT 认证并为 Web 端点定义安全策略。

12.3.1　以 OAuth2 资源服务器的方式保护 Spring Boot 应用

Spring Boot Starter 依赖包含了 Spring Security 和 OAuth2 对资源服务器的支持，它们同时适用于命令式和反应式应用。在 Order Service 项目（order-service）中，打开 build.gradle 文件并添加新的依赖。在添加完之后，不要忘记刷新/重新导入 Gradle 依赖。

程序清单 12.16　为 Spring Security OAuth2 资源服务器添加依赖

```
dependencies {
  ...
  implementation 'org.springframework.boot:
  ➥ spring-boot-starter-oauth2-resource-server'
}
```

接下来，我们配置 Spring Security 和 Keycloak 之间的集成。

1. 配置 Spring Security 和 Keycloak 之间的集成

与 Catalog Service 的做法类似，我们希望在 Order Service 项目中为集成 Spring Security 和 Keycloak 采用相同的策略。打开 Order Service 项目（order-service），更新 application.yml 文件，以添加如下配置。

程序清单 12.17　将 Order Service 配置为资源服务器

```
spring:
  security:
    oauth2:
      resourceserver:
        jwt:
          issuer-uri:
➥ http://localhost:8080/realms/PolarBookshop
```

OAuth2 并不强制要求访问令牌的格式，所以需要明确声明我们的选择。在本例中，我们想要使用 JWT

Keycloak URL，提供了特定 realm 的所有 OAuth2 相关端点信息

Order Service 和 Keycloak 之间的集成已经建立完毕。接下来，我们将会定义必要的安全策略以保护应用的端点。

2. 为 JWT 认证定义安全策略

对于 Order Service，我们想要执行如下安全策略：

■ 所有的请求均需要认证。
■ 应用应该配置为 OAuth2 资源服务器并使用 JWT 认证。
■ 处理 JWT 认证的流程应该是无状态的。

这与 Catalog Service 的做法有两个主要的差异：

■ 反应式语法与对应的命令式语法有细微的差异，尤其是执行 JWT 认证的部分（无状态）。
■ 我们不会从访问令牌中提取用户角色，因为该端点不会因用户角色的差异存在特殊的需求。

在 Order Service 项目中，在新的 com.polarbookshop.orderservice.config 包中创建一个 SecurityConfig 类。然后，使用 HttpSecurity 提供的 DSL 来构建 SecurityFilterChain，以配置所需的安全策略。

程序清单 12.18　为 Order Service 配置安全策略和 JWT 认证

```
@EnableWebFluxSecurity
public class SecurityConfig {          为 Spring Security 启用
                                       SpringWebFlux 支持
    @Bean
    SecurityWebFilterChain filterChain(ServerHttpSecurity http) {
      return http
        .authorizeExchange(exchange -> exchange
        .anyExchange().authenticated()      使用基于 JWT（即 JWT 认证）的默
        )                                    认配置启用 OAuth2 资源服务器
        .oauth2ResourceServer(
          ServerHttpSecurity.OAuth2ResourceServerSpec::jwt)
        .requestCache(requestCacheSpec ->
          requestCacheSpec.requestCache(NoOpServerRequestCache.getInstance()))
        .csrf(ServerHttpSecurity.CsrfSpec::disable)
        .build();
    }
}
```

所有请求均需要认证

每个请求必须包含访问令牌，所以没有必要在不同的请求间保持用户会话。我们希望它是无状态的

因为认证策略是无状态的，并不涉及基于浏览器的客户端，所以我们可以安全地禁用 CSRF 防护

我们检查一下这是否有效。首先，我们需要运行支撑服务（Polar UI、Keycloak、Redis、RabbitMQ 和 PostgreSQL）。打开终端窗口，导航至保存 Docker Compose 配置的目录（polar-deployment/docker）并运行如下命令。

```
$ docker-compose up -d polar-ui polar-keycloak polar-redis \
    polar-rabbitmq polar-postgres
```

然后，运行 Edge Service、Catalog Service 和 Order Service（在每个项目中运行./gradlew bootRun）。最后，打开浏览器并访问 http://localhost:9000/。

因为 Order Service 并没有因用户角色不同而有特殊的需求，所以我们可以使用 Isabelle（isabelle/password）或 Bjorn（bjorn/password）登录。然后，从目录中选择一本图书并为其提交订单。因为我们已经经过了认证，所以允许创建订单。完成之后，我们可以访问 Orders 页面，检查所有已提交的订单。

你可能会说："稍等！所有已提交的订单是什么意思？"我很高兴你会提出这样的问题。现在，每个人都可以看到所有用户提交的订单。不用担心，我们将会在本章后面的内容中解决这个问题。

但是，在此之前，我们需要讨论如何测试新 Order Service 的安全策略。请停掉所有的应用（Ctrl+C）和容器（docker-compose down）。下一小节将介绍如何在反应式应用中测试安全性。

12.3.2　使用 Spring Security 和 Testcontainers 测试 OAuth2

测试受保护的反应式 Spring Boot 应用与测试命令式应用非常相似。在开始之前，我们需要添加两个新的依赖，即 Spring Security Test 和 Testcontainers Keycloak。JUnit5 支持 Testcontainers 所需的依赖早就已经添加进来了。打开 build.gradle 文件并更新为如下所示。在添加完之后，不要忘记刷新/重新导入 Gradle 依赖。

程序清单 12.19　添加依赖，以测试 Spring Security 和 Keycloak

```
ext {
  ...
  set('testKeycloakVersion', "2.3.0")       ◁——  Testcontainers Keycloak
}                                                   的版本

dependencies {
  ...
  testImplementation 'org.springframework.security:spring-security-test'
  testImplementation 'org.testcontainers:junit-jupiter'
  testImplementation "com.github.dasniko:
➡   testcontainers-keycloak:${testKeycloakVersion}"    ◁——  基于 Testcontainers，提供
}                                                            Keycloak 测试工具
```

我们可以使用@SpringBootTest 和 Testcontainers Keycloak 实现完整的集成测试。因为设置步骤与 Catalog Service 完全相同，所以在这里我不会对其进行介绍，但是你可以在本书附带的代码仓库中找到它们（Chapter12/12-end/order-service/src/test）。请务必对这些集成测试进行更新，否则应用将会构建失败。

在本小节中，我将会展示当端点进行了安全保护后，该如何测试反应式应用的 Web 切片，这与 Catalog Service 的做法非常相似。

使用@ WebFluxTest 和 Spring Security 测试受保护的 REST 控制器

在 OrderControllerWebFluxTests 中，我们已经使用@WebFluxTest 为 Web 切片编写了自动化测试。现在，我们看一下如何更新它们，使其能够将安全性纳入。

在启动阶段，Spring Security 会调用 Keycloak 以获取公钥，用来校验访问令牌的签名。在内部，框架配置了一个 ReactiveJwtDecoder bean，它会使用这些密钥来解码并校验 JWT。在 Web 切片测试的上下文中，我们可以提供一个 mock ReactiveJwtDecoder bean，这样 Spring Security 能够跳过与 Keycloak 的交互（这一部分我们会在稍后的完整集成测试中校验）。

程序清单 12.20　借助切片测试，在 Web 层验证安全性策略

```
@WebFluxTest(OrderController.class)
@Import(SecurityConfig.class)                    导入应用的
class OrderControllerWebFluxTests {               安全配置

  @Autowired
  WebTestClient webClient;

  @MockBean
  OrderService orderService;                      Mock ReactiveJwtDecoder，这样
                                                  为了解码访问令牌，应用就不需
  @MockBean                                       要尝试调用 Keycloak 以获取公
  ReactiveJwtDecoder reactiveJwtDecoder;          钥了

  @Test
  void whenBookNotAvailableThenRejectOrder() {
    var orderRequest = new OrderRequest("1234567890", 3);
    var expectedOrder = OrderService.buildRejectedOrder(
     orderRequest.isbn(), orderRequest.quantity());
    given(orderService.submitOrder(
     orderRequest.isbn(), orderRequest.quantity()))
        .willReturn(Mono.just(expectedOrder));
                                                  修改 HTTP 请求，使其包含一个
                                                  JWT 格式的 mock 访问令牌，该令
    webClient                                     牌具有 "customer" 角色
      .mutateWith(SecurityMockServerConfigurers
       .mockJwt()
       .authorities(new SimpleGrantedAuthority("ROLE_customer")))
      .post()
      .uri("/orders/")
      .bodyValue(orderRequest)
      .exchange()
      .expectStatus().is2xxSuccessful()
      .expectBody(Order.class).value(actualOrder -> {
        assertThat(actualOrder).isNotNull();
        assertThat(actualOrder.status()).isEqualTo(OrderStatus.REJECTED);
      });
  }
}
```

打开一个终端窗口，导航至 Order Service 的根目录，并按照如下方式运行新添加的测试：

```
$ ./gradlew test --tests OrderControllerWebFluxTests
```

像往常一样，在本书附带的源码仓库（Chapter12/12-end/order-service）中，你可以找到更多的测试样例。

12.4 使用 Spring Security 和 Spring Data 保护和审计数据

到目前为止，我们已经看到了如何保护 Spring Boot 应用暴露的 API，以及如何处理认证和授权。那么数据呢？Spring Security 就绪之后，我们还可以保护业务层和数据层。

关于业务逻辑，我们可以启用方法安全特性，借助像@PreAuthorize 这样的注解，直接在业务方法上检查用户认证或授权。在 Polar Bookshop 系统中，业务逻辑层并不复杂，不需要额外的安全策略，所以我不会继续讨论这一主题。

> **注意** 想要学习如何使用方法认证和授权的更多知识，请参阅 Laurențiu Spilcǎ 撰写的 *Spring Security in Action* 一书的第 8 章（Manning, 2020 年），这里进行了详细的阐述。

而另一方面，数据层可能会需要一些额外的工作，以解决两个主要的问题：

- 我们如何知道哪个用户创建了哪些数据？谁对其做了最后的变更？
- 我们如何确保每个用户只能访问自己的图书订单？

本节将解决这两个问题。首先，我会介绍如何在 Catalog Service 和 Order Service 中启用对用户操作数据的审计。然后，阐述了为了保证数据的私密性 Order Service 所需要的变更。

12.4.1 使用 Spring Security 和 Spring Data JDBC 审计数据

我们首先考虑 Catalog Service，它的数据层是由 Spring Data JDBC 实现的。在第 5 章，我们曾经学习过如何启用 JDBC 数据审计，并配置它来保存每个数据实体的创建时间和最后修改时间。在此基础上，我们可以扩展审计的范围，以包含创建实体以及最后修改该实体的用户名。

首先，我们需要告诉 Spring Data 去哪里获取当前认证用户的信息。在上一章中，我们知道 Spring Security 将已认证用户的信息存储在一个 Authentication 对象中，该对象又存储在可以通过 SecurityContextHolder 获取的 SecurityContext 对象中。我们可以基于这个对象层级关系，配置 Spring Data 该如何提取 principal 信息。

1. 定义审计员，以捕获谁创建/更新了 JDBC 数据实体

在 Catalog Service 项目（catalog-service）中，打开 DataConfig 类。在这个类中，我们曾经使用@EnableJdbcAuditing 注解启用数据审计。现在，我们将定义一个 AuditorAware bean，它会返回 principal，也就是当前已认证用户。

程序清单 12.21 在 Spring Data JDBC 中配置用户审计

```
@Configuration
@EnableJdbcAuditing          ← 在 Spring Data JDBC 中启用实体审计          返回当前已认证用户，以便于进行审计
public class DataConfig {

  @Bean
  AuditorAware<String> auditorAware() {          ← 从 SecurityContextHolder 中为当前已认证用户提取 SecurityContext 对象
    return () -> Optional
      .ofNullable(SecurityContextHolder.getContext())   ←
      .map(SecurityContext::getAuthentication)
      .filter(Authentication::isAuthenticated)   ←          从 SecurityContext 中为当前已认证用户提取 Authentication 对象
      .map(Authentication::getName);
  }
}
```

从 Authentication 对象中为当前已认证用户提取用户名

处理用户未经认证但尝试操作数据的场景。因为我们保护了所有的端点，所以这种情况永远不应发生，但是为了完整性，我们包含了这种情况

2. 为创建/更新 JDBC 数据实体的用户添加新的审计元数据

当定义完 AuditorAware bean 并启用审计之后，Spring Data 将使用它提取 principal。在我们的样例中，它是当前已认证用户的用户名，以 String 的形式进行表述。然后，我们可以使用 @CreatedBy 和@LastModifiedBy 注解在 Book record 上标注两个新的字段。当对实体进行新建或更新操作时，Spring Data 将会自动填充它们。

程序清单 12.22 在 JDBC 实体中，捕获用户审计元数据的字段

```
public record Book (
  ...
  @CreatedBy          ← 创建实体的用户
  String createdBy,
                      最后修改实体的用户
  @LastModifiedBy     ←
  String lastModifiedBy,

){
  public static Book of(String isbn, String title, String author,
    Double price, String publisher
  ) {
    return new Book(null, isbn, title, author, price, publisher,
      null, null, null, null, 0);
  }
}
```

添加完新的字段之后，我们需要更新使用 Book 的全部参数作为构造器的几个类，现在它

们需要传入 createdBy 和 lastModifiedBy 的值。

BookService 类包含了更新图书的逻辑。打开它并修改 editBookDetails()方法，确保调用数据层的时候，审计元数据能够正确传入。

程序清单 12.23 更新图书时包含现有的审计元数据

```
@Service
public class BookService {
  ...

  public Book editBookDetails(String isbn, Book book) {
    return bookRepository.findByIsbn(isbn)
      .map(existingBook -> {
       var bookToUpdate = new Book(
         existingBook.id(),
         existingBook.isbn(),
         book.title(),
         book.author(),
         book.price(),
         book.publisher(),
         existingBook.createdDate(),
         existingBook.lastModifiedDate(),
         existingBook.createdBy(),          ⟵  创建实体
         existingBook.lastModifiedBy(),         的用户
         existingBook.version());            ⟵  最后更新实体
         return bookRepository.save(bookToUpdate);  的用户
      })
      .orElseGet(() -> addBookToCatalog(book));
  }
}
```

我将更新自动化测试的任务留给你去完成，它们非常类似。你还可以扩展 BookJsonTests 中的测试，以校验新字段的序列化和反序列化。作为参考，你可以参阅本书附带代码仓库的 Chapter12/12-end/catalog-service 目录。请务必更新使用 Book()构造器的测试，否则应用将会构建失败。

3. 编写 Flyway 迁移，为模式添加新的审计元数据

因为我们更改了实体模型，所以需要相应地更新数据库模式。假设 Catalog Service 已经部署到生产环境，所以我们需要使用 Flyway 迁移以在下一个发布版本中更新模式。在第 5 章中，我们介绍过 Flyway，以便于为数据库添加版本控制。对模式的每个变更必须注册为迁移，以确保健壮的模式演进和可重复性。

数据库模式的变更应该是向后兼容的，以支持云原生应用常见的部署策略，如滚动升级、蓝/绿部署或金丝雀发布（我们将在第 15 章讨论该话题）。在本例中，我们需要为 book 表添加新的列。只要我们不将其设置为必填字段，变更就是向后兼容的。在修改完模式后，Catalog Service 之前版本的运行实例能够继续运行，没有任何错误，只不过它们会忽略新的列。

在 Catalog Service 项目的 src/main/resources/db/migration 目录下，创建新的 V3__Add_user_audit.sql 迁移脚本，为 book 表添加两个新列。请确保在文件名中，版本号后面有两个下划线。

程序清单 12.24　为 book 表添加新的审计元数据

```
ALTER TABLE book
  ADD COLUMN created_by varchar(255);        ◁──┤ 添加新的列,保存创建该
                                                 行数据的用户
ALTER TABLE book
  ADD COLUMN last_modified_by varchar(255);  ◁──┤ 添加新的列，保存最后更新
                                                 该行数据的用户
```

在应用启动时，Flyway 会自动查阅所有的迁移脚本，并执行尚未执行过的脚本。

强制向后兼容的代价就是，我们必须将两个本应必填的字段视为可选的，否则可能会导致校验失败。这是一个常见的问题，我们可以通过应用的两个连续发布版本解决它。

- 在第一个版本中，我们添加新的列，并将其设置为可选列，然后为所有现存数据实现一个数据迁移。对于 Catalog Service 来说，我们可以使用一个约定的值，表明我们并不知道是谁创建或更新了实体，如 unknown 或 anonymous。
- 在第二个版本中，我们可以创建一个新的迁移，以安全地更新模式并将新的列设置为必填。

我将这个任务留给你来完成。如果你对数据迁移感兴趣的话，推荐阅读 Flyway 的官方文档（https://flywaydb.org）。

在下一小节中，我们将会看到如何在 Spring Data JDBC 中测试用户相关的审计。

12.4.2　使用 Spring Data 和@WithMockUser 测试数据审计

当测试数据层的安全性时，我们并不关心采用了哪种认证策略。我们唯一需要知道的是操作是不是在已认证的请求中执行的。

Spring Security Test 项目提供了一个便利的@WithMockUser 注解，在测试用例中，我们可以使用它来确保测试用例在已认证的上下文中运行，并且还可以添加 mock 用户的额外信息。因为我们要测试审计，所以至少要定义一个用户名，用作 principal。

我们使用新的测试用例来扩展 BookRepositoryJdbcTests 类，涵盖用户的数据审计功能。

程序清单 12.25　针对用户已认证或未认证的场景，测试数据审计

```
@DataJdbcTest
@Import(DataConfig.class)
@AutoConfigureTestDatabase(replace = AutoConfigureTestDatabase.Replace.NONE)
@ActiveProfiles("integration")
class BookRepositoryJdbcTests {

    ...
```

```
@Test
void whenCreateBookNotAuthenticatedThenNoAuditMetadata() {
  var bookToCreate = Book.of("1232343456", "Title",
    "Author", 12.90, "Polarsophia");
  var createdBook = bookRepository.save(bookToCreate);

  assertThat(createdBook.createdBy()).isNull();
  assertThat(createdBook.lastModifiedBy()).isNull();
}

@Test
@WithMockUser("john")
void whenCreateBookAuthenticatedThenAuditMetadata() {
  var bookToCreate = Book.of("1232343457", "Title",
    "Author", 12.90, "Polarsophia");
  var createdBook = bookRepository.save(bookToCreate);

  assertThat(createdBook.createdBy())
    .isEqualTo("john");
  assertThat(createdBook.lastModifiedBy())
    .isEqualTo("john");
}
}
```

该测试用例会在未认证的上下文中执行

当用户未认证时，没有审计数据

该测试用例会在已认证的上下文中执行，并且用户为 "john"

当用户已认证时，存在审计数据

打开终端窗口，导航至 Catalog Service 的根目录，并按照如下命令运行新添加的测试：

```
$ ./gradlew test --tests BookRepositoryJdbcTests
```

如果测试失败，那很可能是因为你没有更新使用 Book()构造器的测试用例。我们为领域模型添加了新的字段，所以不要忘记同时更新这些测试用例。

12.4.3　使用 Spring Security 和 Spring Data R2DBC 保护用户数据

与 Catalog Service 类似，本小节将展示如何为 Order Service 添加关于用户的数据审计。借助 Spring Data 和 Spring Security 提供的抽象，即便我们使用 Spring Data R2DBC 和反应式 Spring，实现方式并没有太大的差异。

除了数据审计，Order Service 还有一个额外的关键需求：用户应该只能访问他们自己的订单，我们需要确保这些数据的隐私性。本小节将带你做一些必要的变更以达成该结果。

1. 定义审计员，以捕获谁创建/更新了 R2DBC 数据实体

在本例中，我们需要告诉 Spring Data 去何处获取当前认证用户的信息。因为这是一个反应式应用，所以这次我们需要从 ReactiveSecurityContextHolder 中获取包含 principal 信息的 SecurityContext。

在 Order Service 项目（order-service）中，打开 DataConfig 类并添加 ReactiveAuditorAware bean，以获取当前认证用户的用户名。

程序清单 12.26　在 Spring Data R2DBC 中配置用户审计

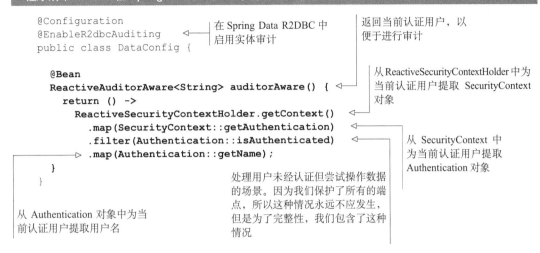

2．为创建/更新 R2DBC 数据实体的用户添加审计元数据

当定义完 AuditorAware bean 并启用审计之后，Spring Data 将会使用它提取当前认证用户的用户名，以 String 的形式进行表述。在本例中，我们也可以使用@CreatedBy 和@LastModifiedBy 注解在 Order record 上标注两个新的字段。当对实体进行新建或更新操作时，Spring Data 将会自动填充它们。

程序清单 12.27　在 R2DBC 实体中，捕获用户审计元数据的字段

```
@Table("orders")
public record Order (
    ...
    @CreatedBy
    String createdBy,

    @LastModifiedBy
    String lastModifiedBy,

){
    public static Order of(String bookIsbn, String bookName,
        Double bookPrice, Integer quantity, OrderStatus status
    ) {
        return new Order(null, bookIsbn, bookName, bookPrice, quantity, status,
            null, null, null, null, 0);
    }
}
```

添加完新的字段之后，我们需要更新使用 Order 的全部参数作为构造器的几个类，现在它们需要传入 createdBy 和 lastModifiedBy 的值。

OrderService 类包含了更新订单的逻辑。打开它并修改 buildDispatchedOrder()方法，确保调用数据层的时候审计元数据能够正确传入。

程序清单 12.28 更新订单时包含现有的审计元数据

```java
@Service
public class OrderService {
  ...

  private Order buildDispatchedOrder(Order existingOrder) {
    return new Order(
      existingOrder.id(),
      existingOrder.bookIsbn(),
      existingOrder.bookName(),
      existingOrder.bookPrice(),
      existingOrder.quantity(),
      OrderStatus.DISPATCHED,
      existingOrder.createdDate(),
      existingOrder.lastModifiedDate(),
      existingOrder.createdBy(),          ◁─── 创建实体的用户
      existingOrder.lastModifiedBy(),     ◁─── 最后更新实体的用户
      existingOrder.version()
    );
  }
}
```

我将更新自动化测试的任务留给你去完成，它们非常类似。你还可以扩展 OrderJsonTests 中的测试，以校验新字段的序列化。作为参考，你可以参阅本书附带代码仓库的 Chapter12/12-end/order-service 目录。请务必更新使用 Order()构造器的测试，否则应用构建将会失败。

3. 编写 Flyway 迁移，为模式添加新的审计字段

与 Catalog Service 类似，我们需要编写更新数据库模式的迁移脚本，以添加两个新的字段来存放创建实体和最后更新实体的用户名。

在 Order Service 项目的 src/main/resources/db/migration 目录下，创建一个新的 V2__Add_user_audit.sql 迁移脚本，为 orders 表添加两个新列。请确保在文件名中，版本号后面有两个下划线。

程序清单 12.29 为 orders 表添加新的审计元数据

```sql
ALTER TABLE orders
  ADD COLUMN created_by varchar(255);        ◁─── 添加新的列，保存创建该行数据的用户
ALTER TABLE orders
  ADD COLUMN last_modified_by varchar(255);  ◁─── 添加新的列，保存最后更新该行数据的用户
```

4. 确保用户数据的私密性

还有最后一个需求我们尚未实现，那就是确保订单数据只允许其创建者访问。任何用户都

不能看到其他人的订单。

在 Spring 中实现该需求有多种不同的解决方案。我们将按照如下步骤实现该需求：

1）为 OrderRepository 添加一个自定义的查询，以便于根据创建者过滤订单。

2）更新 OrderService，使用新的查询取代默认的 findAll()。

3）更新 OrderController，在请求订单时，从安全上下文中提取当前认证用户的用户名并将其传递到 OrderService 中。

> **警告**　我们使用了一个特定的方案，确保每个用户只能通过/orders 端点访问自己的订单。然而，这并不能阻止开发人员未来使用 OrderRepository 暴露的其他方法，并泄露隐私数据。如果你想了解如何改进这个解决方案，请参考 Laurenţiu Spilcă 撰写的 *Spring Security in Action*（Manning，2020 年）的第 17 章。

我们从 OrderRepository 开始，借助在第 5 章学到的约定，我们定义一个方法，以查找特定用户创建的所有订单。Spring Data 将会在运行时生成该方法的实现。

程序清单 12.30　定义按照创建用户返回订单的方法

```
public interface OrderRepository
  extends ReactiveCrudRepository<Order,Long>          自定义方法，用于
{                                                      查询给定用户创建
  Flux<Order> findAllByCreatedBy(String userId);   ◁──  的订单
}
```

然后，我们需要更新 OrderService 的 getAllOrders()方法，使其接受以用户名作为输入并使用 OrderRepository 提供的新查询方法。

程序清单 12.31　根据特定用户返回订单

```
@Service
public class OrderService {
  private final OrderRepository orderRepository;        当请求所有订单的时候，
                                                        响应中只包含属于给定
  public Flux<Order> getAllOrders(String userId) {   ◁──  用户的订单
    return orderRepository.findAllByCreatedBy(userId);
  }

  ...
}
```

最后，我们更新 OrderController 中的 getAllOrders()方法。正如我们在上一章学到的，我们可以通过@AuthenticationPrincipal 注解自动装配一个代表当前认证用户的对象。在 Edge Service中，该对象是 OidcUser 类型的，因为它是基于 OpenID Connect 进行认证的。按照配置，Order Service 会使用 JWT 进行认证，所以 principal 将会是 Jwt 类型的，我们可以使用 JWT（一个访问令牌）来读取 sub claim，该 claim 包含了该该访问令牌所对应用户的用户名（即 subject）。

程序清单 12.32   获取用户名，并返回该用户创建的订单

```
@RestController
@RequestMapping("orders")
public class OrderController {
  private final OrderService orderService;

  @GetMapping
  public Flux<Order> getAllOrders(                         自动装配 JWT，它代表
    @AuthenticationPrincipal Jwt jwt                       了当前认证用户
  ) {
    return orderService.getAllOrders(jwt.getSubject());    提取 JWT 的 subject
  }                                                        并使用它作为用户
                                                           的标识符
  ...
}
```

这就是 Order Service 的所有内容。在下一小节中，我们将编写一些自动化测试，以校验数据审计和数据保护的需求。

12.4.4   使用@WithMockUser 和 Spring Data R2DBC 测试数据审计和保护

在上一小节中，我们配置了关于用户的数据审计，并执行安全策略以便仅返回当前认证用户的订单。本小节将展示如何以切片测试的形式测试数据审计功能。关于数据保护需求的验证，请参考本书附带的源码仓库，并查看如何在 OrderServiceApplicationTests 类（Chapter12/12-end/order-service/src/test/java）的集成测试中涵盖这一点的。

数据审计应用于资源库层。我们可以扩展 OrderRepositoryR2dbcTests 类，添加额外的测试用例来涵盖用户已认证和用户未认证的场景。

与 Catalog Service 中的做法类似，我们可以使用 Spring Security 的@WithMockUser 注解，以便在已认证的上下文中执行测试方法，它会依赖于一个 mock 用户的表述。

程序清单 12.33   针对用户已认证或未认证的场景，测试数据审计

```
@DataR2dbcTest
@Import(DataConfig.class)
@Testcontainers
class OrderRepositoryR2dbcTests {
  ...

  @Test
  void whenCreateOrderNotAuthenticatedThenNoAuditMetadata() {
    var rejectedOrder = OrderService.buildRejectedOrder( "1234567890", 3);
    StepVerifier.create(orderRepository.save(rejectedOrder))
      .expectNextMatches(order -> Objects.isNull(order.createdBy()) &&
        Objects.isNull(order.lastModifiedBy()))         当用户未认证时，没有
      .verifyComplete();                                保存审计元数据
  }
```

```
@Test
@WithMockUser("marlena")
void whenCreateOrderAuthenticatedThenAuditMetadata() {
  var rejectedOrder = OrderService.buildRejectedOrder( "1234567890", 3);
  StepVerifier.create(orderRepository.save(rejectedOrder))
    .expectNextMatches(order -> order.createdBy().equals("marlena") &&
      order.lastModifiedBy().equals("marlena"))        ◄─────────┐
    .verifyComplete();                                           │
  }                                    当用户已认证时，创建和更新实体的
}                                      用户信息正确包含在了数据中
```

打开终端窗口，导航至 Order Service 的根目录，并按照如下命令运行新添加的测试：

```
$ ./gradlew test --tests OrderRepositoryR2dbcTests
```

如果测试失败，那很可能是因为你没有更新使用 Order()构造器的测试用例。我们为领域模型添加了新的字段，所以不要忘记同时更新这些测试用例。

至此，我们完成了使用 Spring Boot、Spring Security、Spring Data 和 Keycloak 为命令式和反应式云原生应用实现认证、授权和审计的相关讨论。

> **Polar Labs**
>
> 请自行应用前面几章学习到的知识并更新 Catalog Service 和 Order Service，以便于进行部署。
>
> 1）更新两个应用的 Docker Compose 定义以配置 Keycloak URL。我们可以使用容器名称（polar-keycloak:8080），它会由内置的 Docker DNS 进行解析。
>
> 2）更新两个应用的 Kubernetes 清单文件以配置 Keycloak URL。我们可以使用 Keycloak Service 的名称（polar-keycloak）作为 URL，因为所有的交互都是在集群内部进行的。
>
> 你可以参阅本书附带源码仓库的/Chapter12/12-end 目录，以查看最终结果(https://github.com/ThomasVitale/cloud-native-spring-in-action)，并且可以使用 Chapter12/12-end/polar-deployment/kubernetes/platform/development 目录中的清单文件，借助 kubectl apply -f services 命令部署支撑服务，或使用 "./create-cluster.sh" 部署整个集群。

12.5 小结

- 在 OIDC/OAuth2 环境中，客户端（Edge Service）会通过访问令牌被授予以用户身份访问资源服务器（Catalog Service 和 Order Service）的权限。

- Spring Cloud Gateway 提供了一个 TokenRelay 过滤器，它能够将访问令牌自动添加到路由至下游的请求中。

- 按照 JWT 格式，ID 令牌和访问令牌能够以 claim 的形式传播与认证用户相关的信息。例如，我们可以添加 roles claim，这样 Spring Security 就能够使用它们来定义基于角色的授权策略。

■ Spring Boot 应用可以使用 Spring Security 以配置为 OAuth2 资源服务器。

■ 在 OAuth2 资源服务器中，认证用户的策略完全基于每个请求的 Authorization 头信息中所提供的访问令牌。我们将其称为 JWT 认证。

■ 在 OAuth2 资源服务器中，安全策略依然是通过 SecurityFilterChain（命令式）和 SecurityWebFilterChain（反应式）bean 来执行的。

■ Spring Security 以 GrantedAuthority 对象的形式来表述权限、角色和 scope。

■ 我们可以提供自定义的 JwtAuthenticationConverter bean 来定义如何从 JWT 中提取授权，例如使用 roles claim。

■ 授权可以用来实现 RBAC 策略并根据用户角色保护端点。

■ Spring Data 库支持审计功能，它能够跟踪创建实体和最后更新实体的用户。通过配置 AuditorAware（或 ReactiveAuditorAware）bean 返回当前认证用户的用户名，我们可以在 Spring Data JDBC 和 Spring Data R2DBC 中启用该特性。

■ 当启用数据审计后，在创建或更新操作发生时，我们可以使用@CreatedBy 和@LastModifiedBy 注解自动注入正确的值。

■ 安全性测试是很具有挑战性的，但是 Spring Security 提供了便利的工具使其更加简单，包括修改 HTTP 请求使其包含 JWT 访问令牌的表达式(.with(jwt())或.mutateWith(mockJwt()))或者在给定用户的安全上下文中运行测试（@WithMockUser）。

■ Testcontainers 能够使用真正的 Keycloak 容器校验与 Spring Security 的交互，因此可以帮助我们编写完整的集成测试。

第四部分

云原生生产化

到目前为止，这是一段精彩的旅程。经过一章又一章的讲解，我们已经掌握了适用于云原生应用的模式、原则和最佳实践，而且构建了一个使用 Spring Boot 和 Kubernetes 的书店系统。现在，我们该考虑生产化了。第四部分会指导你完成最后几个步骤，使你的云原生应用为生产做好准备，解决可观测性、配置管理、Secret 管理和部署策略等问题。它还涵盖了 Serverless 和原生镜像。

第 13 章介绍了如何使用 Spring Boot Actuator、OpenTelemetry 和 Grafana 可观测性技术栈以使你的云原生应用支持可观测性。你将学习如何配置 Spring Boot 应用，以产生重要的遥测数据，如日志、健康状况、度量、跟踪等。第 14 章涉及高级配置和 Secret 管理策略，包括 Kubernetes 原生方案（如 ConfigMap 和 Secret）以及 Kustomize。第 15 章指导你完成云原生之旅的最后步骤，并讲解如何为生产环境配置 Spring Boot。然后，我们会为应用设置持续部署，采用 GitOps 策略将它们部署到公有云的 Kubernetes 集群中。最后，第 16 章涉及 Serverless 架构以及基于 Spring Native 和 Spring Cloud Function 的函数。你还会了解 Knative 及其强大的功能，它在 Kubernetes 之上提供了卓越的开发者体验。

第 13 章　可观测性与监控

本章内容：

- 使用 Spring Boot、Loki 和 Fluent Bit 管理日志
- 使用 Spring Boot Actuator 和 Kubernetes 实现健康探针
- 使用 Spring Boot Actuator、Prometheus 和 Grafana 生成度量
- 使用 OpenTelemetry 和 Tempo 配置分布式跟踪
- 使用 Spring Boot Actuator 管理应用

在前几章中，我们学习了用于构建安全、可扩展和韧性应用的一些模式和技术。但是，我们依然缺乏对 Polar Bookshop 系统的可见性，尤其是当某些地方出问题的时候。在部署至生产环境之前，我们应该确保应用是可观测的，使用的部署平台已经提供了监控和获取内部系统可见性的所有工具。

监控指的是检查应用可用的遥测数据并为已知的故障状态定义告警。可观测性则更进一步，它的目标是要达到这样一种状态：我们能够向系统提出任意问题，而这些问题并不是预先确定的。产品团队应该确保他们的应用会对外暴露相关信息，平台团队应该提供一个基础设施以消费这些信息，并提出运维相关问题。

正如我们在第 1 章所介绍的，可观测性是云原生应用的属性之一。可观测性指的是我们能够在多大程度上根据它的外部输出推断其内部状态。在第 2 章中，我们学习了 15-Factor 方法论，其中有两个要素能够帮助我们构建可观测的应用。第 14 个要素建议我们将应用想象为太空探测器，那么设想一下要远程监控和控制应用，我们都需要哪些遥测数据，如日志、度量和跟踪。第 6 个要素建议将日志视为事件流，而不是处理日志文件。

在本章中，我们将学习如何确保 Spring Boot 应用能够暴露相关信息，以推断其内部状态，这些信息包括日志、健康探针、度量、跟踪以及关于模式迁移和构建的额外有用信息。我还会向你展示如何运行 Grafana 开源可观测性栈来校验对应用的变更，但是我不会深入介绍太多细节，因为这是由平台团队部署和运维的事情。

> **注意**   本章的样例源码可以在/Chapter13/13-begin 和/Chapter13/13-end 目录中获取，分别对应项目的初始和最终状态（ https://github.com/ThomasVitale/cloud-native-spring-in-action ）。

13.1   使用 Spring Boot、Loki 和 Fluent Bit 管理日志

日志或事件日志是一些离散的记录，描述了软件应用中随时间推移所发生的事件。它们是由必要的时间戳（回答了"事件是何时发生的"），以及事件详情和上下文信息（回答了"此时发生了什么""哪个线程正在处理该事件""上下文中是哪个用户/租户"等问题）组成。

在排除故障和调试任务时，日志是最重要的工具之一，我们可以使用它来重建在某个应用实例中的特定时间点所发生的事情。它们通常会根据事件的类型或严重程度进行归类，如 trace、debug、info、warn 和 error。这是一种非常灵活的机制，允许我们在生产环境中仅记录最严重的事件，而在调试的时候临时改变日志级别。

日志记录的格式可以多种多样，从简单的文本到更加组织化的键/值对集合，再到完全结构化的 JSON 格式的记录均可。

按照传统的做法，我们会将日志打印到主机上的文件中，这就需要应用来处理像文件名约定、文件轮转以及文件大小控制等问题。在云中，我们要遵循 15-Factor 方法论，它推荐将日志视为标准输出的事件流。云原生应用以流的方式来管理日志，并不关心如何处理和存储它们。

在本节中，我们将学习如何在 Spring Boot 应用中添加和配置日志。然后，我将介绍在云原生基础设施中如何收集和聚合日志。最后，我们会运行 Fluent Bit 进行日志收集，运行 Loki 进行日志聚合并使用 Grafana 查询 Spring Boot 应用所生成的日志。

13.1.1   使用 Spring Boot 记录日志

Spring Boot 为最常用的日志框架都提供了内置支持和自动配置，包括 Logback、Log4J2、Commons Logging 和 Java Util Logging。默认情况下，将会使用 Logback（https://logback.qos.ch），但是借助 Simple Logging Facade for Java（SLF4J）提供的抽象，我们可以很容易地将其替换为其他方案。

借助 SLF4J（www.slf4j.org）中的接口，我们无须修改 Java 代码，就能更改日志库。另外，云原生应用应该将日志视为事件，并将它们以流的形式传送至标准输出。而这正是 Spring Boot

开箱即用的功能，非常便利，对吧？

1．在 Spring Boot 中配置日志

事件日志会根据级别进行分类，随着级别递增，关于系统的细节信息会越来越少，但是重要性会越来越高，这些级别包括 trace、debug、info、warn 和 error。默认情况下，Spring Boot 会打印 info 级别及以上的日志。

生成日志事件的类叫作 logger。我们可以通过配置属性设置 logger 的级别，既可以应用于全局配置，也可以针对特定的包或类。例如，在第 9 章中，我们将基于 Resilience4J 实现的断路器的 logger 设置为 debug 级别，从而获取更多的详情信息（在 Edge Service 项目的 application.yml 文件中）：

```
logging:
  level:
    io.github.resilience4j: debug
```
为 Resilience4J 库
设置 debug logger

我们可能需要同时配置多个 logger。在这种情况下，可以将它们收集到一个日志组（log group）中，并对该组直接应用配置。Spring Boot 提供了两个预定义的日志组，分别是 web 和 sql，但是我们也可以定义自己的日志组。例如，为了更好地分析 Edge Service 应用中所定义的断路器的行为，我们可以定义一个日志组，并为 Resilience4J 和 Spring Cloud Circuit Breaker 配置日志级别。

在 Edge Service 项目（edge-service）中，我们可以在 application.yml 文件中配置新的日志组，如下所示。

程序清单 13.1　配置日志组以控制断路器的日志

```
logging:
  group:
    circuitbreaker: io.github.resilience4j,
  ➥ org.springframework.cloud.circuitbreaker
  level:
    circuitbreaker: info
```
将多个 logger 收集到一个组
中，以应用相同的配置

为 Resilience4J 和 Spring Cloud Circuit Breaker
设置 info 级别的 logger，如果需要调试断路器
的话，它非常易于修改

默认情况下，每条事件日志都提供了基础的信息，包括事件发生的日期和时间、日志级别、进程标识符（PID）、触发事件的线程名、logger 名称以及日志消息。如果从支持 ANSI 的终端查看日志，为了提升可读性，日志信息会显示不同的颜色（见图 13.1）。通过 logging.pattern 配置属性组，可以对日志格式进行自定义。

注意　Spring Boot 提供了大量的可选项，以配置如何将日志保存到文件中。鉴于这对云原生应用没有什么用处，所以在本书中我不会对其进行介绍。如果你对这个话题感兴趣的话，请参阅官方文档以了解日志文件的更多知识（http://spring.io/projects/spring-boot）。

图 13.1　事件日志包含时间戳、上下文信息以及关于事件的消息

2. 向 Spring Boot 应用中添加日志

除了为项目使用的框架和库配置 logger 以外，我们还应该在合适的时候为代码定义事件日志。那么，多少日志才算够用呢？这取决于具体的场景。一般来讲，我认为日志过多比日志过少要好。我见过很多人部署应用仅仅是为了添加更多的日志，而部署应用以减少日志的情况则非常少见。

借助 SLF4J 提供的"门面"，不管使用哪个日志库，我们都可以在 Java 中使用相同的语法来定义新的事件日志，该"门面"也就是 LoggerFactory 创建的 Logger 实例。我们通过向 Catalog Service 的 Web 控制器添加日志消息来看一下它是如何运行的。

在 Catalog Service 项目（catalog-service）中，访问 BookController 类，通过 SLF4J 定义一个 Logger 实例，并在客户端调用应用的 REST API 时输出一条消息。

程序清单 13.2　使用 SL4FJ 定义日志事件

```
package com.polarbookshop.catalogservice.web;

import org.slf4j.Logger;
import org.slf4j.LoggerFactory;
...

@RestController
@RequestMapping("books")
public class BookController {                          为 BookController 类
  private static final Logger log =                    定义 logger
    LoggerFactory.getLogger(BookController.class);
  private final BookService bookService;
                                                       在 info 级别记录指
  @GetMapping                                          定的消息
  public Iterable<Book> get() {
    log.info(
      "Fetching the list of books in the catalog"
    );
    return bookService.viewBookList();
  }

  ...
}
```

注意 请在必要的地方为组成 Polar Bookshop 系统的所有应用定义新的 logger 和日志事件。作为参考，你可以参阅本书附带的源码仓库（Chapter13/13-end）。

映射诊断上下文

我们可能需要为日志消息添加一些通用的信息，比如当前认证用户的标识符、当前上下文的租户或者请求 URI。我们可以直接将这些信息添加到日志消息中，就像前面的程序清单那样，这也可以运行，但数据不是结构化的。与之相反，我更加倾向于使用结构化数据。

SLF4J 和常见的日志库，如 Logback 和 Log4J2，都支持通过名为映射诊断上下文（Mapped Diagnostic Context，MDC）的工具，根据请求上下文（认证、租户、线程）添加结构化信息。如果你想要了解 MDC 的更多知识，我建议你查阅所使用的特定日志库的官方文档。

现在，应用能够以事件流的形式记录日志消息了，我们需要收集它们并将其存储到一个中心化的位置，以便于查询。在下一小节中，我们将提供一个解决方案来完成该任务。

13.1.2　使用 Loki、Fluent Bit 和 Grafana 管理日志

当我们转移到像微服务这样的分布式系统以及像云这样的复杂环境时，日志的管理就变得极具挑战性，需要使用与更加传统的应用不同的解决方案。如果某个地方出现了问题，我们该去哪里寻找关于故障的数据呢？传统应用会依赖于存储在主机上的日志文件。云原生应用会被部署在动态环境中，具有多个副本并且有不同的存活时长。我们需要收集在环境中运行的所有应用的日志，并将它们发送至一个中心化的组件，在这里日志可以进行聚合、存储和搜索。

在云中有很多管理日志的可选方案。云供应商有它们自己的产品，如 Azure Monitor Logs 和 Google Cloud Logging。在市场上，也有很多企业级解决方案，如 Honeycomb、Humio、New Relic、Datadog 和 Elastic。

对于 Polar Bookshop 系统来说，我们将使用基于 Grafana 可观测性栈（https://grafana.com）的解决方案。该方案是由开源技术组成的，我们可以自行在任意环境下运行它。另外，它还可以作为 Grafana Labs 的托管服务（Grafana Cloud）来使用。

我们将使用 Grafana 栈的组件来管理日志，其中 Loki 用于日志存储和搜索，Fluent Bit 用于日志收集和聚合，Grafana 则用于日志数据的可视化和查询。

注意 至于选择哪种技术来管理日志，这是一个平台化的选择，不应该对应用造成任何影响。例如，我们应该能够用 Humio 取代 Grafana 技术栈，而不需要对 Polar Bookshop 的应用进行任何修改。

我们需要一个日志收集器（log collector）以便于从所有正在运行的应用的标准输出中获取日志消息。借助 Grafana 栈，我们可以从多个可选方案中自由选择日志收集器。对于 Polar

Bookshop 系统来说，我们将使用 Fluent Bit，这是一个开源项目，并且已经从 CNCF "毕业"，它 "能够让我们从多个数据源收集日志，借助过滤器充实其内容，并将日志分发至任意预定义的目的地"（ https://fluentbit.io）。Fluent Bit 是 Fluentd 的一个子项目，Fluentd 是 "适用于统一日志层的开源数据收集器"（www.fluentd.org）。

Fluent Bit 会收集所有正在运行的容器的日志，并将其转发至 Loki，Loki 会存储这些日志并使其支持搜索。Loki 是 "一个日志聚合系统，旨在存储和查询来自所有应用和基础设施的日志"（https://grafana.com/oss/loki）。

最后，Grafana 将使用 Loki 作为数据源并提供日志可视化特性。Grafana "允许我们查询、可视化、告警和理解"遥测数据，而无论这些数据存储在何处（https://grafana.com/oss/grafana）。图 13.2 阐述了该日志架构。

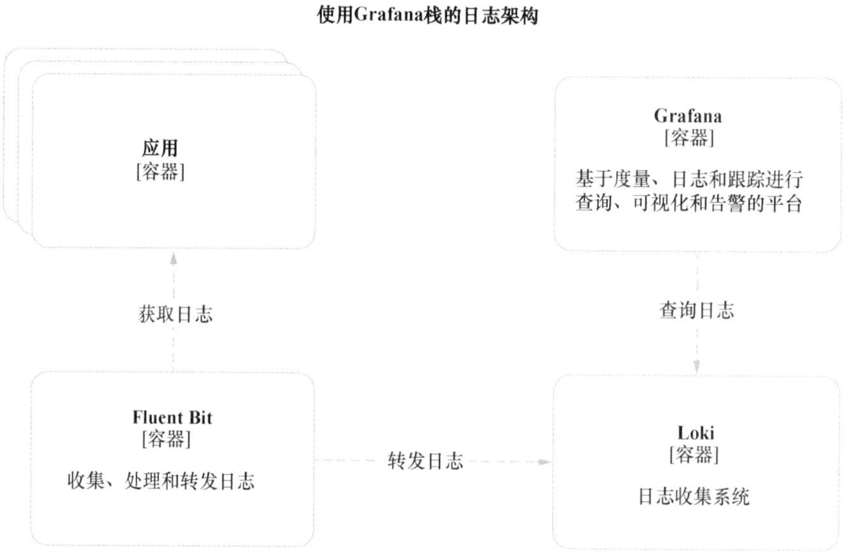

图 13.2　基于 Grafana 栈的云原生应用日志架构

我们首先以容器的形式运行 Grafana、Loki 和 Fluent Bit。在 Polar Deployment 项目（polar-deployment）中，更新 Docker Compose 配置（docker/docker-compose.yml）以包含新的服务。它们是通过本书附带源码仓库的文件进行配置的（Chapter13/13-end/polar-deployment/docker/observability）。请将 observability 目录复制到你自己项目的相同路径下。

程序清单 13.3　为 Grafana、Loki 和 Fluent Bit 定义容器

```
version: "3.8"
services:
  ...
  grafana:
    image: grafana/grafana:9.1.2
```

```
  container_name: grafana
  depends_on:
   - loki
  ports:
   - "3000:3000"
  environment:
   - GF_SECURITY_ADMIN_USER=user
   - GF_SECURITY_ADMIN_PASSWORD=password
  volumes:
   - ./observability/grafana/datasource.yml:/etc/grafana/provisioning/
➥datasources/datasource.yml
   - ./observability/grafana/dashboards:/etc/grafana/provisioning/
➥dashboards
   - ./observability/grafana/grafana.ini:/etc/grafana/grafana.ini
 loki:
  image: grafana/loki:2.6.1
  container_name: loki
  depends_on:
   - fluent-bit
  ports:
   - "3100:3100"

 fluent-bit:
  image: grafana/fluent-bit-plugin-loki:2.6.1-amd64
  container_name: fluent-bit
  ports:
   - "24224:24224"
  environment:
   - LOKI_URL=http:/ /loki:3100/loki/api/v1/push
  volumes:
   - ./observability/fluent-bit/fluent-bit.conf:/fluent-bit/etc/
➥fluent-bit.conf
```

访问 Grafana 的用户名和密码

用于加载数据源和仪表盘的配置的存储卷

定义 Loki URL，以转发日志消息

用于收集和投递日志配置的存储卷

接下来，通过如下命令启动这三个容器：

```
$ docker-compose up -d grafana
```

借助 Docker Compose 所定义的容器间的依赖关系，启动 Grafana 的时候也会运行 Loki 和 Fluent Bit。

Fluent Bit 能够配置为从不同的数据源收集日志。对于 Polar Bookshop，我们会依赖 Docker 中的 Fluentd 驱动，为运行中的容器自动收集日志。Docker 平台会监听每个容器的日志事件并将其路由至特定的服务。在 Docker 中，可以直接在容器上配置日志驱动器。例如，我们可以更新 Docker Compose 中的 Catalog Service 的配置，以使用 Fluentd 日志驱动，它会将日志发送至 Fluent Bit 容器。

程序清单 13.4 使用 Fluentd 驱动将容器日志路由至 Fluent Bit

```
version: "3.8"
services:
  ...
```

```
catalog-service:
  depends_on:
    - fluent-bit          ◁──  确保 Fluent Bit 容器
    - polar-keycloak            在 Catalog Service 之
    - polar-postgres            前启动
  image: "catalog-service"
  container_name: "catalog-service"
  ports:
    - 9001:9001
    - 8001:8001
  environment:
    - BPL_JVM_THREAD_COUNT=50
    - BPL_DEBUG_ENABLED=true
    - BPL_DEBUG_PORT=8001
    - SPRING_CLOUD_CONFIG_URI=http:/ /config-service:8888
    - SPRING_DATASOURCE_URL=
➥jdbc:postgresql:/ /polar-postgres:5432/polardb_catalog
    - SPRING_PROFILES_ACTIVE=testdata
    - SPRING_SECURITY_OAUTH2_RESOURCESERVER_JWT_ISSUER_URI=
➥http:/ /host.docker.internal:8080/realms/PolarBookshop
  logging:
    driver: fluentd       ◁── 使用哪个
    options:                   日志驱动
      fluentd-address: 127.0.0.1:24224      ◁──
                                            Fluent Bit 实例的地址，日志
配置容器日志                                应该路由至该地址
驱动的区域
```

接下来，将 Catalog Service 打包为容器镜像（./gradlew bootBuildImage），并按照如下方式运行应用容器：

```
$ docker-compose up -d catalog-service
```

借助 Docker Compose 所定义的容器间的依赖关系，Keycloak 和 PostgreSQL 也会自动启动。

现在，我们可以测试日志的配置了。首先，发送一些请求至 Catalog Service，以触发日志消息的生成：

```
$ http :9001/books
```

打开浏览器，访问 Grafana（http://localhost:3000）并使用 Docker Compose 中配置的凭证进行登录（user/password）。然后，选择左边菜单中的 Explore 页面，选择 Loki 作为数据源，在时间下拉列表中选择"Last 1 Hour"，运行如下查询来搜索所有由 catalog-service 容器生成的日志：

```
{container_name="/catalog-service"}
```

结果应该与图 13.3 类似，其中包含了应用启动的日志以及我们添加到 BookController 类中的自定义日志消息。

当测试完日志环境之后，请使用 docker- compose down 命令停掉所有的容器。

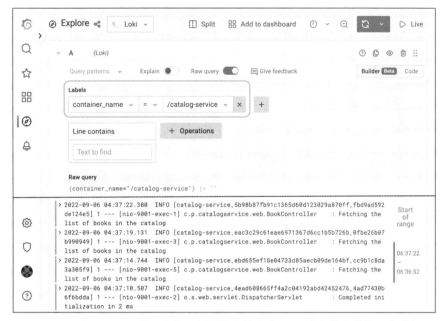

图 13.3　在 Grafana 中，我们可以浏览和搜索由 Loki 聚合并存储的日志消息

> **注意**　按照相同的方式，为 Polar Bookshop 系统中的所有其他 Spring Boot 应用更新 Docker Compose 配置，让它们均使用 Fluentd 日志驱动并依赖 Fluent Bit 来收集日志。作为参考，请查阅本书附带的源码仓库（Chapter13/13-end/polar-deployment/docker）。

日志提供了关于应用行为的信息，但是它们不足以推断应用的内部状态。在下一节我们将介绍如何让应用暴露更多关于其健康状态的数据。

13.2　使用 Spring Boot Actuator 和 Kubernetes 实现健康探针

应用部署之后，我们如何知道它是否健康，是否有能力处理新的请求，是否处于故障状态呢？云原生应用应该提供关于其健康状况的信息，这样便于监控工具和部署平台探测何时出现了问题并采取相应的措施。我们需要专门的健康端点来检查应用本身以及它所使用的组件或服务的状态。

部署平台可以定期调用应用所暴露的健康端点。当应用实例处于非健康状态时，监控工具可以触发告警或通知。在 Kubernetes 环境中，平台会检查健康端点，并自动替换有问题的实例或者暂时停止向其发送流量，直到它准备好再次处理新的请求。

对于 Spring Boot 应用来说，我们可以利用 Actuator 库的/actuator/health HTTP 端点对外暴露健康状态的信息，包括应用状态以及所使用组件（如数据库、事件代理和配置服务器）的详情。

Spring Boot Actuator 是一个非常有用的库，它提供了很多端点来监控和管理 Spring Boot 应用。这些端点可以通过 HTTP 或 JMX 对外暴露，但是无论哪种方式，我们都必须保护它们免受未授权的访问。我们只会使用 HTTP 端点，因此可以使用 Spring Security 来定义访问策略，就像到目前为止我们对其他端点所做的那样。

本节将介绍如何在 Spring Boot 应用中借助 Actuator 来配置健康端点。随后，你将会看到如何定义存活和就绪状态探针，以便 Kubernetes 使用其自愈功能。

13.2.1　使用 Actuator 定义健康探针

首先，打开 Catalog Service 项目（catalog-service）中的 build.gradle 文件并确保它包含对 Spring Boot Actuator 的依赖（我们曾经在第 4 章中使用它来实现运行时刷新配置）。

程序清单 13.5　在 Catalog Service 中添加对 Spring Boot Actuator 的依赖

```
dependencies {
    ...
    implementation 'org.springframework.boot:spring-boot-starter-actuator'
}
```

保护 Spring Boot Actuator 端点的方案有好多。比如，我们可以只为 Actuator 端点启用 HTTP Basic 认证，而让其他端点继续使用 OpenID Connect 和 OAuth2。简单起见，在 Polar Bookshop 系统中，我们允许在 Kubernetes 集群内未经认证便可访问 Actuator 端点，并且会阻止所有集群外部的访问（正如我们将在第 15 章所看到的那样）。

> **警告**　在真实的生产场景中，即便是在集群内部，我也建议保护对 Actuator 端点的访问。

进入 Catalog Service 项目的 SecurityConfig 类，更新 Spring Security 配置，允许未认证即可访问 Spring Boot Actuator 端点。

程序清单 13.6　允许未认证访问 Actuator 端点

```
@EnableWebSecurity
public class SecurityConfig {                          允许未认证即可访问所有
                                                       Spring Boot Actuator 端点
  @Bean
  SecurityFilterChain filterChain(HttpSecurity http) throws Exception {
    return http
      .authorizeHttpRequests(authorize -> authorize
        .mvcMatchers("/actuator/**").permitAll()    ◄────
        .mvcMatchers(HttpMethod.GET, "/", "/books/**").permitAll()
        .anyRequest().hasRole("employee")
      )
      .oauth2ResourceServer(OAuth2ResourceServerConfigurer::jwt)
      .sessionManagement(sessionManagement -> sessionManagement
        .sessionCreationPolicy(SessionCreationPolicy.STATELESS))
```

```
            .csrf(AbstractHttpConfigurer::disable)
            .build();
    }
}
```

最后，打开 Catalog Service 项目（catalog-service）中的 application.yml 文件并配置 Actuator 以对外暴露 HTTP 健康端点。如果你跟随我们的教程编写了第 4 章的样例，那么此时将会有一个针对 refresh 端点的配置。如果是这样的话，请将其替换为 health 端点。

程序清单 13.7 暴露 health Actuator 端点

```
management:
  endpoints:
    web:                          通过 HTTP 暴露/actuator/health
      exposure:                   端点
        include: health  ◁──
```

我们检查一下结果。首先，需要运行 Catalog Service 使用的所有支撑服务，即 Config Service、Keycloak 和 PostgreSQL。我们会以容器的形式来运行它们。将 Config Service 打包为容器镜像（./gradlew bootBuildImage）。然后，打开一个终端窗口，导航至存放 Docker Compose 文件的目录（polar-deployment/docker），并运行如下命令：

```
$ docker-compose up -d config-service polar-postgres polar-keycloak
```

在确保所有的容器均已就绪之后，在 JVM 上运行 Catalog Service（./gradlew bootRun），打开终端窗口并发送 HTTP GET 请求到健康端点：

```
$ http :9001/actuator/health
```

该端点将会返回 Catalog Service 应用的整体健康状态，它的值可能是 UP、OUT_OF_SERVICE、DOWN 或 UNKNOWN 中的某一个。当健康状态是 UP 时，端点会返回 200 OK 响应。否则，它会生成 503 Service Unavailable 响应。

```
{
  "status": "UP"
}
```

默认情况下，Spring Boot Actuator 只会返回整体的健康状态。但是，通过应用属性，我们可以使其返回关于该应用所使用的组件的更具体的信息。为了更好地处理这种信息，我们可以始终展示健康详情以及相关组件（always），也可以仅在用户已经经过认证的情况下才返回这些信息（when_authorized）。因为我们没有在应用级别保护 Actuator 端点，所以将其设置为始终返回额外信息。

程序清单 13.8 配置 health 端点以暴露更多信息

```
management:
  endpoints:
```

```
  web:                          始终显示应用健康
    exposure:                   状态的详情
      include: health
endpoint:
  health:                       始终显示应用所使用
    show-details: always  ◁     组件的详情
    show-components: always  ◁
```

我们再次运行 Catalog Service (./gradlew bootRun)，并发送 HTTP GET 请求至 http://localhost:9001/ actuator/health。此时，返回的 JSON 对象包含了关于应用健康状态的更详细信息。作为样例，如下展示了部分结果。

```
{
  "components": {           关于应用所使用的组件和
    "clientConfigServer": { 特性的详细健康信息
      "details": {
        "propertySources": [
          "configserver:https:/ /github.com/PolarBookshop/
➥ config-repo/catalog-service.yml",
          "configClient"
        ]
      },
      "status": "UP"
    },
    "db": {
      "details": {
        "database": "PostgreSQL",
        "validationQuery": "isValid()"
      },
      "status": "UP"
    },
    ...
  },                        应用的整体健康
  "status": "UP"  ◁         状态
}
```

Spring Boot Actuator 提供的通用健康端点对于监控和配置告警或通知非常有用，因为它包含了应用本身以及与支撑服务集成的详细信息。在下一小节中，我们将会看到如何暴露更具体的信息，以便于像 Kubernetes 这样的部署平台管理容器。

在继续后面的内容之前，请停掉应用的进程 (Ctrl+C)，但保持所有的容器均处于运行状态。我们马上还会用到它们。

13.2.2　在 Spring Boot 和 Kubernetes 中配置健康探针

除了关于应用健康状况的详细信息之外，Spring Boot Actuator 还会自动探测应用是否在 Kubernetes 环境中运行，并启用健康探针 (health probe)，以返回存活 (/actuator/health/liveness) 和就绪 (/actuator/health/readiness) 状态，如图 13.4 所示。

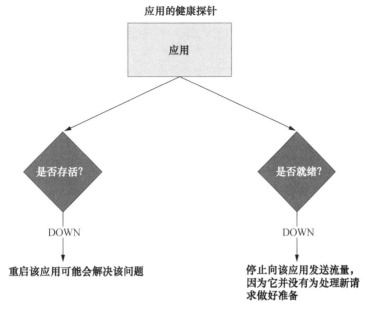

图 13.4 Kubernetes 通过存活和就绪探针来实现故障情况下的自我修复功能

- 存活状态：当应用处于非存活状态时，这意味着它进入了一个有故障的内部状态，并且无法从中恢复。默认情况下，Kubernetes 会尝试重启来解决该问题。
- 就绪状态：当应用处于未就绪状态时，这意味着它无法处理新的请求，这可能是因为它还在初始化其所有组件（处于启动阶段），也可能因为它处于过载状态。Kubernetes 会停止向该实例转发请求，直到它准备好再次接收新的请求。

1. 自定义存活和就绪探针

为了在任意环境中扩展对健康探针的支持，我们可以通过专门的属性来配置 Spring Boot Actuator。打开 Catalog Service 项目（catalog-service）并更新 application.yml 文件，如下所示。

程序清单 13.9 在任意环境中启用存活和就绪探针

```
management:
  endpoints:
    web:
      exposure:
        include: health
  endpoint:
    health:
      show-details: always
      show-components: always        启用对健康
      probes:                        探针的支持
        enabled: true
```

我们检查一下结果。在上一小节中，Catalog Service 的所有支撑服务应该均已启动并在 Docker 中运行。如果情况并非如此的话，请返回上一小节并按照指令启动它们（docker-compose up -d config-service polar-postgres polar-keycloak）。然后，在 JVM 中运行 Catalog Service（./gradlew bootRun），并调用存活探针的端点：

```
$ http :9001/actuator/health/liveness
{
  "status": "UP"
}
```

Spring Boot 应用的存活状态表明其内部状态是正常的还是有问题的。如果 Spring 的应用上下文已经成功启动，内部状态将是合法的。它不依赖于任何外部组件，否则会导致级联故障，因为 Kubernetes 会尝试重启有问题的实例。

最后，我们检查就绪探针端点的结果：

```
$ http :9001/actuator/health/readiness
{
  "status": "UP"
}
```

Spring Boot 应用的就绪状态表明它是否准备好接收流量并处理新的请求。在启动和优雅关机阶段，应用是尚未就绪的，它会拒绝所有的请求。在某个时间点，如果过载的话，那么它也会临时处于未就绪状态。当它尚未就绪时，Kubernetes 不会向应用实例发送任何请求。

当完成对健康端点的测试后，请停掉应用（Ctrl+C）和所有的容器（docker-compose down）。

> **注意** 请继续将 Spring Boot Actuator 添加到 Polar Bookshop 系统的所有应用中。在 Order Service 和 Edge Service 中，不要忘记在 SecurityConfig 类中配置允许未经授权即可访问 Actuator 端点，就像我们在 Catalog Service 中的做法一样。在 Dispatcher Service 中，我们还需要添加对 Spring WebFlux 的依赖（org.springframework.boot:spring-boot-starter-webflux），因为 Actuator 需要配置一个 Web 服务器，以便于通过 HTTP 对外暴露其端点。然后，按照我们在本节学到的内容，为所有的应用配置健康端点。作为参考，请参阅本书附带的源码仓库（Chapter13/13-end）。

默认情况下，Spring Boot 中的就绪探针不依赖于任何外部组件，我们可以自行决定是否将外部系统包含在就绪探针中。

例如，Catalog Service 是 Order Service 的一个外部系统。我们是否应该将它包含在就绪探针中呢？因为 Order Service 采用了韧性模式来处理 Catalog Service 不可用的情况，所以我们应该将 Catalog Service 排除在就绪探针之外。当它不可用的时候，Order Service 依然能够正确运行，不过会有优雅的功能降级。

我们考虑另外一个样例。Edge Service 依赖 Redis 来存储和检索 Web 会话数据。我们应该将其包含在就绪探针中吗？因为 Edge Service 在不访问 Redis 的情况下无法处理任何新的请求，所以将 Redis 纳入就绪探针可能是个比较好的做法。Spring Boot Actuator 将会同时考虑应用的内部状态以及与 Redis 的集成，以确定应用是否准备好接收新的请求。

在 Edge Service 项目（edge-service），打开 application.yml 文件并定义在就绪探针中使用哪些指示器（indicator），在本例中也就是应用的标准就绪状态以及 Redis 的健康状态。我假设你已经将 Spring Boot Actuator 添加到了 Edge Service 中，并按照前文的描述配置了健康端点。

程序清单 13.10　将 Redis 纳入就绪状态的计算中

```
management:
  endpoints:
    web:
      exposure:
        include: health
  endpoint:
    health:
      show-details: always
      show-components: always
      probes:
        enabled: true
      group:
        readiness:
          include: readinessState,redis  ◄── 就绪探针将会组合考虑应用的就绪
                                              状态以及 Redis 的可用性
```

2. 在 Kubernetes 中配置存活和就绪探针

Kubernetes 依靠健康探针（存活和就绪状态）完成其作为容器编排者的任务。例如，当应用的预期状态是有三个副本时，Kubernetes 会确保始终有三个应用实例处于运行状态。如果其中某一个的存活探针没有返回 200 响应，Kubernetes 将会重启它。当启动或升级某个应用实例时，我们希望这个过程不会对用户造成停机。因此，在该实例能够接收新请求之前（也就是当 Kubernetes 从就绪探针得到 200 响应时），Kubernetes 不会在负载均衡器中启用该实例。

因为存活和就绪信息因应用的不同而有所差异，所以 Kubernetes 需要应用本身来声明如何检索该信息。借助 Actuator，Spring Boot 应用以 HTTP 端点的形式提供了存活和就绪探针。我们看一下如何配置 Kubernetes，从而使用这些端点以实现健康探针。

在 Catalog Service 项目中（catalog-service），打开 Deployment 清单文件（k8s/deployment.yml），并更新存活和就绪探针的配置，如下所示。

程序清单 13.11　为 Catalog Service 配置存活和就绪探针

```
apiVersion: apps/v1
kind: Deployment
metadata:
  name: catalog-service
  ...
spec:
  ...
```

```
template:
   ...
   spec:
     containers:
       - name: catalog-service
         image: catalog-service
         ...
         livenessProbe:
           httpGet:
             path: /actuator/health/liveness
             port: 9001
           initialDelaySeconds: 10
           periodSeconds: 5
         readinessProbe:
           httpGet:
             path: /actuator/health/readiness
             port: 9001
           initialDelaySeconds: 5
           periodSeconds: 15
```

配置存活
探针

获取存活状
态所要使用
的端口

检查存活状
态的频率

使用 HTTP GET 请求
以获取存活状态

获取存活状态所要
调用的端点

在开始检查存活状态之
前的初始延迟

就绪探针的
配置

在配置这两个探针时，我们可以让 Kubernetes 在一个初始延迟（initialDelaySeconds）后再开始调用它们，我们还可以定义调用它们的频率（periodSeconds）。初始延迟会考虑应用需要几秒钟的时间才能启动，它取决于可用的计算资源。轮询周期不应该太长，以缩短应用实例进入故障状态和平台采取行动进行自我修复之间的时间。

> **警告**　如果在资源有限的环境中运行这些样例，你可能需要调整初始延迟和轮询频率，以便于应用能够有足够的时间进行启动并准备好接收请求。在 Apple Silicon 计算机上运行这些样例时，你也需要这样做，直到 Paketo Buildpacks 支持 ARM64。这是因为 AMD64 容器镜像是通过基于 Rosetta 的兼容层在 Apple Silicon 计算机（ARM64）上运行的，这影响了应用程序的启动时间。

请为组成 Polar Bookshop 系统的所有应用在 Deployment 清单中配置存活和就绪探针。作为参考，请参阅本书附带的源码仓库（Chapter13/13-end）。

在事件日志的基础上，健康信息提升了我们对应用内部状态的推断能力，但是这不足以实现完整的可见性。下一节将会介绍度量的概念，以及如何在 Spring Boot 中配置它们。

13.3　使用 Spring Boot Actuator、Prometheus 和 Grafana 实现度量和监控

为了正确地监控、管理和排查生产环境中运行的应用，我们需要能够回答一些问题，比如"应用消耗了多少 CPU 和 RAM""随着时间的推移，使用了多少线程"以及"请求的失败率是多少"。事件日志和健康探针无法帮助我们回答这些问题。我们需要更多的技术，因为我们需要更多的数据。

度量（metric）是关于应用的数值型数据，它们会按照固定的时间间隔进行测量和收集。

我们使用度量来跟踪事件的发生（比如收到的 HTTP 请求）、对条目进行计数（比如分配的线程数）、测量执行某项任务的耗时（比如数据库的延迟）或者获取某个资源当前的值（比如当前 CPU 和 RAM 的消耗）。这些都是有价值的信息，能够帮助我们理解应用在特定情况下的行为。我们可以监控度量，并为其设置告警或通知。

Spring Boot Actuator 通过使用 Micrometer 库（https://micrometer.io）来收集应用程序的度量信息。Micrometer 包含插装（instrumentation）代码，这些代码能够从基于 JVM 的应用中为通用的组件收集有价值的度量信息。它提供了一个厂商中立的"门面"，这样我们就可以使用不同的格式导出 Micrometer 中的度量信息，比如 Prometheus/Open Metrics、Humio、Datadog 和 VMware Tanzu Observability。就像 SLF4J 为日志库提供了一个厂商中立的"门面"一样，Micrometer 也为度量导出器实现了类似的功能。

在 Spring Boot 配置的默认 Micrometer 插装库的基础上，我们可以导入额外的插装实现，以收集特定库（如 Resilience4J）的度量信息，甚至可以定义自己的插装实现，以避免厂商锁定。

导出度量时，最常见格式就是 Prometheus 所使用的格式，它是"一个开源的系统监控和告警工具包"（https://prometheus.io）。就像 Loki 能够聚合和存储事件日志一样，Prometheus 为度量信息实现了相同的功能。

在本节中，我们将会看到如何在 Spring Boot 中配置度量。然后，使用 Prometheus 来聚合度量并使用 Grafana 在仪表盘中对其进行可视化。

13.3.1　使用 Spring Boot Actuator 和 Micrometer 配置度量

Spring Boot Actuator 为 Micrometer 提供了开箱即用的自动配置，以便于收集 Java 应用的度量。暴露这些度量的一种方式就是启用 Actuator 实现的/actuator/metrics HTTP 端点。我们看一下如何实现这一点。

在 Catalog Service 项目（catalog-service）中更新 application.yml 文件，以便于通过 HTTP 暴露 metrics 端点。

程序清单 13.12　暴露 metrics Actuator 端点

```
management:
  endpoints:
    web:
      exposure:
        include: health, metrics    ←── 暴露健康和
                                         度量端点
```

请通过如下命令确保 Catalog Service 所需的支撑服务均处于运行状态：

```
$ docker-compose up -d polar-keycloak polar-postgres
```

然后，运行应用（./gradlew bootRun）并调用/actuator/metrics 端点：

```
$ http :9001/actuator/metrics
```

该端点返回的结果是度量的集合，我们可以通过在端点上添加度量的名称实现进一步的探索（比如/actuator/metrics/jvm.memory.used）。

Micrometer 提供了插装来生成这些度量信息，但是我们可能想要以不同的格式暴露它们。在确定了使用哪种监控解决方案来收集和存储度量信息后，我们需要添加针对该工具的依赖。在 Grafana 可观测性技术栈中，该工具将是 Prometheus。

在 Catalog Service 项目（catalog-service）中更新 build.gradle 文件，添加对 Micrometer 库的依赖，它提供了与 Prometheus 的集成。在添加完之后，不要忘记刷新或重新导入 Gradle 依赖。

程序清单 13.13 添加对 Micrometer Prometheus 的依赖

```
dependencies {
  ...
  runtimeOnly 'io.micrometer:micrometer-registry-prometheus'
}
```

然后，更新 application.yml 文件，以便于通过 HTTP 暴露"Prometheus"Actuator 端点。我们也可以移除更通用的 metrics 端点，因为我们将不再使用它了。

程序清单 13.14 暴露"Prometheus"Actuator 端点

```
management:
  endpoints:
    web:
      exposure:
        include: health, prometheus   ◁——— 暴露健康和 prometheus 端点
```

Prometheus 默认使用的是基于拉取的策略，这意味着 Prometheus 实例会通过一个专门的端点（在 Spring Boot 场景中也就是/actuator/prometheus），按照固定的时间间隔从应用抓取（拉取）度量信息。重新运行应用（./gradlew bootRun），并调用 Prometheus 端点来查看结果。

```
$ http :9001/actuator/prometheus
```

这次得到的结果是与 metrics 端点相同的度量集合，但是现在它们是以 Prometheus 能够理解的格式导出的。如下片段展示了完整响应的摘录结果，主要是与当前线程相关的度量信息：

```
# HELP jvm_threads_states_threads The current number of threads
# TYPE jvm_threads_states_threads gauge
jvm_threads_states_threads{state="terminated",} 0.0
jvm_threads_states_threads{state="blocked",} 0.0
jvm_threads_states_threads{state="waiting",} 13.0
jvm_threads_states_threads{state="timed-waiting",} 7.0
jvm_threads_states_threads{state="new",} 0.0
jvm_threads_states_threads{state="runnable",} 11.0
```

该格式是基于纯文本的，叫作 Prometheus exposition 格式。鉴于 Prometheus 被广泛用于生

成和导出度量，所以该格式在 CNCF 的孵化项目 OpenMetrics（https://openmetrics.io）中得到了细化和标准化。Spring Boot 支持原始的 Prometheus 格式（默认行为）和 OpenMetrics，这取决于 HTTP 请求的 Accept 头信息。如果想要按照 OpenMetrics 的格式获得度量信息，我们需要明确声明：

```
$ http :9001/actuator/prometheus \
    'Accept:application/openmetrics-text; version=1.0.0; charset=utf-8'
```

当我们完成对 Prometheus 度量的分析之后，请停掉应用（Ctrl+C）和所有的容器（docker-compose down）。

> **注意**　你可能会遇到这样的场景，那就是需要从短暂存活的应用或批处理作业中收集度量，它们运行时间很短，不足以支撑拉取模式。在这种情况下，Spring Boot 允许我们采用基于推送的策略，这样应用本身会向 Prometheus 服务器发送度量信息。官方文档阐述了如何配置这种行为（http://spring.io/projects/spring-boot）。

Spring Boot Actuator 依赖于 Micrometer 的插装，并提供了自动配置功能，以便于为我们在应用中使用的各种技术生成度量，包括 JVM、logger、Spring MVC、Spring WebFlux、RestTemplate、WebClient、数据源、Hibernate、Spring Data、RabbitMQ 等。

如果 Spring Cloud Gateway 位于类路径中，就像 Edge Service 那样，则会暴露网关路由相关的额外度量信息。有些库（如 Resilience4J）通过特定的依赖贡献了专门的 Micrometer 插装，以注册额外的度量。

打开 Edge Service 项目（edge-service）中的 build.gradle 文件，并添加如下依赖，以包含 Micrometer 针对 Resilience4J 的插装。在添加完之后，不要忘记刷新或重新导入 Gradle 依赖。

程序清单 13.15　添加对 Micrometer Resilience4J 的依赖

```
dependencies {
  ...
  runtimeOnly 'io.github.resilience4j:resilience4j-micrometer'
}
```

现在，我们已经配置完 Spring Boot 以暴露度量信息，接下来我们看一下如何使用 Prometheus 抓取这些信息，并使用 Grafana 对其进行可视化。

13.3.2　使用 Prometheus 和 Grafana 监控度量

与 Loki 类似，Prometheus 收集和存储度量信息。它甚至提供了一个 GUI 对度量信息进行可视化并定义警报，但我们会使用 Grafana 来实现这些功能，因为 Grafana 是一个更全面的工具。

度量会以时间序列数据的形式进行存储，其中包含了它们被注册的时间戳以及可选的标记（label）。在 Prometheus 中，标记以键/值对的形式，为要记录的度量添加了更多的信息。例如，关于应用中所使用线程数量的度量信息在注册时就可以进行增强，为其添加描述线程状态（比如阻塞、等待或空闲）的标记。标记有助于度量的聚合和查询。

Micrometer 提供了标签（tag）的概念，它等价于 Prometheus 中的标记。在 Spring Boot 中，我们可以使用配置属性来为应用生成的所有度量定义通用的标记。比如，一种非常有用的做法就是为应用生成的每个度量信息都添加一个 application 标记，它的值就是应用本身的名称。

打开 Catalog Service 项目（catalog-service），访问 application.yml 文件并定义一个 Micrometer 标签，它的值为应用的名称，这会为所有的度量生成一个标记。因为应用的名称已经定义在 spring.application.name 属性中，所以我们对其进行重用，而不是重复声明它的值。

程序清单 13.16　为所有的度量添加带有应用名称的标签

```
management:
  endpoints:
    web:
      exposure:
        include: health, prometheus
  endpoint:
    health:
      show-details: always
      show-components: always
      probes:
        enabled: true
  metrics:
    tags:
      application: ${spring.application.name}
```

> 添加一个带有应用名称的 Micrometer 通用标签。这会将一个 Prometheus 标记应用到所有度量中

在添加这些变更后，所有的度量都会有一个名为 application 的标记，它的值为应用的名称，当查询度量并在 Grafana 中构建仪表盘以对其进行可视化时，这是非常有用的。

```
jvm_threads_states_threads{application="catalog-service",
➥ state="waiting",} 13.0
```

在使用日志的时候，我们已经见过 Grafana 了。就像我们在浏览日志时使用 Loki 作为 Grafana 的数据源一样，我们可以使用 Prometheus 作为数据源来查询度量。除此之外，我们还可以使用存储在 Prometheus 中的度量来定义仪表盘，图形化展示数据并在某些度量返回已知的关键值时设置警告或通知。比如，当每分钟失败的 HTTP 请求率超过某个阈值时，我们可能希望得到一个警报或通知，以便采取后续行动。图 13.5 展示了监控架构。

在 Polar Deployment 项目（polar-deployment）中，更新 Docker Compose 配置（docker/docker-compose.yml）以包含 Prometheus。在我们之前导入的 Chapter13/13-end/polar-deployment/docker/observability 配置文件中，Grafana 已经配置为使用 Prometheus 作为数据源。

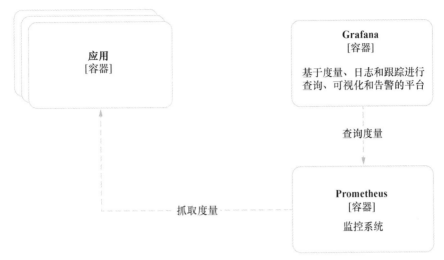

图 13.5　基于 Grafana 技术栈的云原生应用的监控架构

程序清单 13.17　为收集度量所定义的 Prometheus 容器

```
version: "3.8"
services:
  ...

  grafana:
    image: grafana/grafana:9.1.2
    container_name: grafana
    depends_on:
      - loki                          确保 Prometheus 在
      - prometheus              ◁      Grafana 之前启动
    ...

prometheus:
  image: prom/prometheus:v2.38.0
  container_name: prometheus
  ports:                              为 Prometheus 的抓取功
    - "9090:9090"              ◁      能加载配置的存储卷
  volumes:
    - ./observability/prometheus/prometheus.yml:/etc/prometheus/
    ➥ prometheus.yml
```

　　与 Loki 不同的是，我们并不需要一个专门的组件来收集应用的度量。Prometheus Server 容器能够同时收集和存储度量。

　　接下来，打开终端窗口，导航至保存 Docker Compose 文件的目录（polar-deployment/docker），并使用如下命令运行完整的监控技术栈：

```
$ docker-compose up -d grafana
```

当 Polar Bookshop 中的所有 Spring Boot 应用以容器方式运行时，按照配置，Prometheus 每隔两秒钟就会轮询应用以获取度量。将 Catalog Service 打包为容器镜像（./gradlew bootBuildImage），并在 Docker Compose 中运行它：

```
$ docker-compose up -d catalog-service
```

发送几个请求到 Catalog Service（http:9001/books），然后打开浏览器并在 http://localhost:3000（user/password）地址访问 Grafana。在 Explore 区域，我们可以像浏览日志那样查询度量。选择 Prometheus 作为数据源，在时间下拉菜单中选择 "Last 5 Minutes" 并查询应用所使用的 JVM 内存相关的度量（图 13.6）：

```
jvm_memory_used_bytes{application="catalog-service"}
```

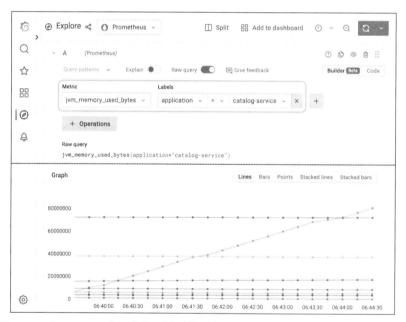

图 13.6　在 Grafana 中，我们可以浏览和查询由 Prometheus 聚合并存储的度量

为了监控应用的不同方面，度量数据可以用来绘制仪表盘。在左侧菜单中选择 Dashboards → Manage，以探索我们在 Grafana 中所包含的仪表盘，它们在 Application 目录下分组。

例如，打开 JVM Dashboard（图 13.7）。它可视化了 Spring Boot 应用相关的 JVM 度量，比如 CPU 使用率、堆内存、非堆内存、垃圾收集和线程。

在 Dashboards 页面，请继续探索我们配置的其他仪表盘，以获取对 Polar Bookshop 应用的更多可见性。根据每个仪表盘的目的和用法，它们都使用额外信息进行了增强。

在 Grafana 中检查完应用的度量之后，请停掉所有的容器（docker-compose down）。

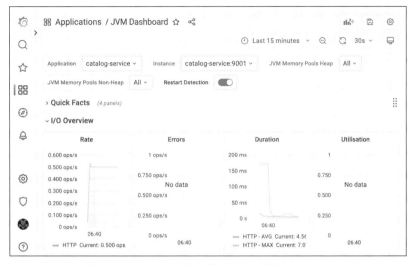

图 13.7 在 Grafana 中，仪表盘能够用来可视化 Prometheus 度量

13.3.3 在 Kubernetes 中配置 Prometheus 度量

当在 Kubernetes 中运行应用时，我们可以使用专门的注解来标注 Prometheus 要抓取哪些容器，并告知要调用的端点和端口号。

在本书后面的内容中，我们将测试该设置，到时候我们会将完整的 Grafana 可观测性技术栈部署到生产环境的 Kubernetes 集群中。现在，我们为 Polar Bookshop 中的所有 Spring Boot 应用准备了 Deployment 清单。例如，如下程序清单展示了如何修改 Catalog Service 的清单（catalog-service/k8s/deployment.yml）。

程序清单 13.18 标注 Catalog Service 进行 Prometheus 度量抓取

```
apiVersion: apps/v1
kind: Deployment
metadata:
  name: catalog-service
  labels:
    app: catalog-service
spec:
  replicas: 1
  selector:
    matchLabels:
      app: catalog-service
  template:
    metadata:
      labels:
        app: catalog-service
      annotations:                          告知 Prometheus 要抓取
        prometheus.io/scrape: "true"   ◁─┘  该 Pod 中的容器
```

```
prometheus.io/path: /actuator/prometheus
prometheus.io/port: "9001"   ←── 声明度量端点   ←── 确定暴露 Prometheus
...                              可用的端口号          度量的 HTTP 端点
```

Kubernetes 清单中的注解应该是 String 类型的，所以当属性值在可能被误认为是数字或 Boolean 时，要添加引号。

请继续为 Polar Bookshop 系统中的其他应用配置度量和 Prometheus，包括 Kubernetes 清单的配置。作为参考，你可以参阅本书附带的源码仓库（Chapter13/13-end）。

为了监控应用并实现可观测性，在下一节中，我们将介绍另一种类型的遥测，也就是跟踪。

13.4　使用 OpenTelemetry 和 Tempo 进行分布式跟踪

事件日志、健康探针和度量为推断应用的内部状态提供了各种有价值的数据。但是，它们都没有考虑到云原生应用是一个分布式系统。用户的请求很可能会被多个应用处理，但到目前为止，我们还没有办法跨越应用的边界来关联数据。

解决该问题的一个简单方法就是在系统的边缘为每个请求生成一个标识符，即关联 ID（correlation ID），将其用于事件日志中，并传递给相关的其他服务。通过使用关联 ID，我们能够从多个应用中获取与某个特定事务相关的所有日志信息。

如果我们按照这个思路再进一步，就能实现分布式跟踪了，这是一种在请求流经分布式系统时对其进行跟踪的技术，它能够让我们确定错误发生的位置并解决性能问题。在分布式跟踪中，有三个主要的概念：

- 跟踪（trace）代表了与一个请求或事务相关联的活动，通过唯一的跟踪 ID（trace ID）进行标识。它由跨一个或多个服务的跨度组成。
- 请求处理的每一步叫作一个跨度（span），其特点是包含开始和结束的时间戳，并通过跟踪 ID 和跨度 ID 进行唯一标识。
- 标签（tag）是一种元数据，提供了关于跨度上下文的额外信息，比如请求 URI、当前登录用户的用户名或者租户的标识符。

我们考虑一个样例。在 Polar Bookshop 中，我们可以通过网关（Edge Service）获取图书信息，请求随后被转发至 Catalog Service。处理该请求的相关跟踪将会涉及这两个应用以及至少三个跨度：

- 第一个跨度是由 Edge Service 执行的、接收初始 HTTP 请求的步骤。
- 第二个跨度是由 Edge Service 执行的、路由请求至 Catalog Service 的步骤。
- 第三个跨度是由 Catalog Service 执行的、处理路由过来的请求的步骤。

在分布式跟踪系统方面，有多种可选方案。首先，我们必须要选择生成和传播跟踪的格式与协议。在这方面，我们将使用 OpenTelemetry（也叫作 OTel），它是一个 CNCF 孵化项目，正在快速成为分布式跟踪领域的事实标准，旨在统一遥测数据的收集（https://opentelemetry.io）。

接下来，我们需要决定直接使用 OpenTelemetry（借助 OpenTelemetry Java 插装）还是依赖一个门面，这样的门面通常能够以厂商中立的方式插装代码并能与不同的分布式跟踪系统进行集成（比如 Spring Cloud Sleuth）。在这里，我们会选择第一种方案。

应用添加了分布式跟踪的插装之后，我们需要一种工具来收集和存储跟踪信息。在 Grafana 的可观测性技术栈中，分布式跟踪的后端方案是 Tempo，该项目能够"让我们以比以往更小的运维成本和更低的复杂性来扩展跟踪"（https://grafana.com/oss/tempo）。与使用 Prometheus 的方式不同，Tempo 遵循基于推送的策略，应用本身会推送数据到分布式跟踪的后端。

本节将展示如何使用 Tempo 完成 Grafana 可观测性设置，并使用它来收集和存储跟踪信息。然后，我会展示如何在 Spring Boot 应用中使用 OpenTelemetry Java 插装，以生成并发送跟踪信息到 Tempo。最后，我们会学习如何在 Grafana 中查询跟踪信息。

OpenTelemetry、Spring Cloud Sleuth 和 Micrometer Tracing

在实现分布式跟踪以及定义如何生成和传播跟踪与跨度的准则方面，已经出现了一些标准。OpenZipkin 是较成熟的项目（https://zipkin.io）。OpenTracing 和 OpenCensus 是较新的项目，它们试图标准化插装应用代码的方式，以支持分布式跟踪。现在，后两者均已废弃，因为它们决定联合起来致力于发展 OpenTelemetry 项目："插装、生成、收集和导出遥测数据（度量、日志和跟踪）"的终极框架。Tempo 支持所有的这些方案。

Spring Cloud Sleuth（https://spring.io/projects/spring-cloud-sleuth）是一个为 Spring Boot 应用提供分布式跟踪自动配置的项目。它会负责对 Spring 应用中常用的库进行插装，并在特定的分布式跟踪库之上提供一个抽象层。其中，默认的方案是 OpenZipkin。

在本书中，我决定直接使用 OpenTelemetry Java 插装的主要原因有两个。首先，Spring Cloud Sleuth 对 OpenTelemetry 的支持依然处于实验阶段，在编写本书时，还没有为生产环境使用做好准备（https://github.com/spring-projects-experimental/spring-cloud-sleuth-otel）。

其次，Spring Framework 6 和 Spring Boot 3 发布之后，Spring Cloud Sleuth 将不再进一步开发。Spring 项目将 Sleuth 的核心框架已经捐赠给了 Micrometer，并创建了一个新的 Micrometer Tracing 子项目，旨在为跟踪功能提供一个厂商中立的门面，类似于度量领域中 Micrometer 所做的工作。Micrometer Tracing 将支持 OpenZipkin 和 OpenTelemetry。在 Micrometer Tracing 的基础上，作为 Spring Observability 计划的一部分，代码插装将会成为所有 Spring 库的一个核心切面。

13.4.1　使用 Tempo 和 Grafana 管理跟踪

分布式跟踪后端负责聚合、存储跟踪信息，并使其可搜索。Tempo 是 Grafana 可观测性技术栈中的解决方案。图 13.8 阐述了跟踪的架构。

使用Grafana技术栈的分布式跟踪架构

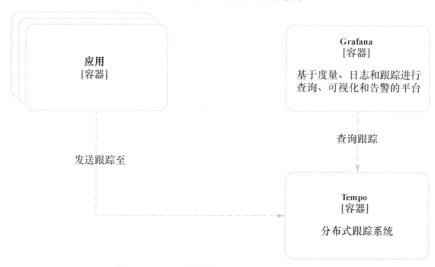

图 13.8   基于 Grafana 技术栈的云原生应用分布式跟踪架构

注意   大多数厂商均支持 OpenTelemetry，所以我们可以很容易地替换分布式跟踪后端，而无须对应用进行任何修改。例如，除了 Tempo，我们可以将跟踪发送至其他平台，如 Honeycomb、Lightstep 或 VMware Tanzu Observability。

首先，更新 Polar Bookshop 的 Docker Compose 文件以包含 Tempo（polar-deployment/docker/docker-compose.yml）。在我们之前导入的 Chapter13/13-end/polar-deployment/docker/observability 配置文件中，Grafana 已经配置为使用 Tempo 作为数据源。

程序清单 13.19   为收集和存储跟踪信息定义 Tempo 容器

```
version: "3.8"
services:
  ...

  grafana:
    image: grafana/grafana:9.1.2
    container_name: grafana
    depends_on:
    - loki
    - prometheus
    - tempo          ◁──  确保 Tempo 在 Grafana
  ...                      之前启动

tempo:
  image: grafana/tempo:1.5.0
  container_name: tempo
  command: -config.file /etc/tempo-config.yml  ◁──  在启动阶段加载自
                                                    定义配置
```

```
      ports:
        - "4317:4317"
      volumes:
        - ./observability/tempo/tempo.yml:/etc/tempo-config.yml
```

为 Tempo 加载配置
的存储卷

通过 gRPC 使用 OpenTelemetry 协
议接收跟踪的端口

接下来，我们在 Docker 上运行整个 Grafana 可观测性栈。打开终端窗口，导航至存放 Docker Compose 文件的目录，并运行如下命令：

```
$ docker-compose up -d grafana
```

现在，Tempo 已经准备好通过 4317 端口的 gRPC 接收 OpenTelemetry 跟踪信息了。在下一小节中，我们将会看到如何更新 Spring Boot 以生成跟踪信息并将其发送至 Tempo。

13.4.2　在 Spring Boot 中使用 OpenTelemetry 配置跟踪

OpenTelemetry 项目为最常见的 Java 库提供了生成跟踪和跨度的插装，这些库包括 Spring、Tomcat、Netty、Reactor、JDBC、Hibernate 和 Logback。OpenTelemetry Java Agent 是一个由该项目提供的 JAR 制品，可以附加到任何 Java 应用上。它会动态注入必要的字节码，以便于从这些库中捕获跟踪和跨度，并且能够以不同的方式导出它们，而无须修改 Java 源码。

Java 代理通常在运行时从外部提供给应用。在这种情况下，为了获取更好的依赖管理能力，我倾向于使用 Gradle（或 Maven）将代理的 JAR 包含到应用最终的制品中。我们看一下如何实现。

打开 Catalog Service 项目（catalog-service）。然后，在 build.gradle 文件中添加对 OpenTelemetry Java Agent 的依赖。在添加完之后，不要忘记刷新或重新导入 Gradle 依赖。

程序清单 13.20　在 Catalog Service 中添加对 OpenTelemetry Java Agent 的依赖

```
ext {
  ...
  set('otelVersion', "1.17.0")          OpenTelemetry
}                                        的版本
dependencies {
  ...
  runtimeOnly "io.opentelemetry.javaagent:      OpenTelemetry 代理会通过
  ➥ opentelemetry-javaagent:${otelVersion}"     字节码动态插装 Java 代码
}
```

除了对 Java 代码进行插装以捕获跟踪信息之外，OpenTelemetry Java Agent 还集成了 SLF4J 及其实现。它会提供跟踪和跨度标识符作为上下文信息，该信息可以通过 SLF4J 提供的 MDC 抽象注入日志消息。这使得从日志消息导航至跟踪变得非常简单，反之也一样，与孤立地查询遥测数据相比，这实现了更好的可见性。

我们对 Spring Boot 使用的默认日志格式进行扩展，并添加如下上下文信息：

- 应用名称（来自我们为所有应用配置的 spring.application.name 属性的值）。
- 跟踪标识符（当启用 OpenTelemetry 代理时，它注入的 trace_id 字段的值）。
- 跨度标识符（当启用 OpenTelemetry 代理时，它注入的 span_id 字段的值）。

在 Catalog Service 项目中，打开 application.yml 文件并在日志级别（用%5p 表述）的旁边，按照 Logback 语法添加三段信息。这与 Spring Cloud Sleuth 使用的格式是相同的。

程序清单 13.21　在级别字段的旁边为日志添加上下文信息

```
logging:                                      在日志级别旁边，包含应用名称、
  pattern:                                    跟踪 ID 和跨度 ID
    level: "%5p [${spring.application.name},%X{trace_id},%X{span_id}]"
```

接下来，打开终端窗口，导航至 Catalog Service 根目录，并运行"./gradlew bootBuildImage"将应用打包为容器镜像。

最后一步是配置和启用 OpenTelemetry Java Agent。简单起见，只有当应用在容器中运行时，我们才启用 OpenTelemetry，并依赖环境变量对其进行配置。

要成功启用跟踪，我们需要三项配置：

- 告知 JVM 加载 OpenTelemetry Java Agent。我们可以通过 OpenJDK 支持的标准环境变量 JAVA_TOOL_OPTIONS 为 JVM 提供额外的配置信息。
- 使用应用名称为跟踪信息添加标签并归类。我们将使用 OpenTelemetry Java Agent 支持的 OTEL_SERVICE_NAME 环境变量来实现这一点。
- 定义分布式跟踪后端的 URL。在我们的场景中，Tempo 运行在 4317 端口，这可以通过 OpenTelemetry Java Agent 支持的 OTEL_EXPORTER_OTLP_ENDPOINT 环境变量进行配置。默认情况下，跟踪会通过 gRPC 进行发送。

请进入 Polar Deployment 项目（polar-deployment），并打开 Docker Compose 文件（docker/docker-compose.yml）。然后，添加必要的配置到 Catalog Service 中以支持跟踪。

程序清单 13.22　为 Catalog Service 容器定义 OpenTelemetry

```
version: "3.8"
services:
  ...

  catalog-service:
    depends_on:
      - fluent-bit
      - polar-keycloak            确保 Tempo 在 Catalog Service
      - polar-postgres            之前启动
      - tempo
    image: "catalog-service"
    container_name: "catalog-service"
```

```
ports:
  - 9001:9001
  - 8001:8001
environment:
  - JAVA_TOOL_OPTIONS=-javaagent:/workspace/BOOT-INF/lib/
➥ opentelemetry-javaagent-1.17.0.jar
  - OTEL_SERVICE_NAME=catalog-service
  - OTEL_EXPORTER_OTLP_ENDPOINT=http:/ /tempo:4317
  - OTEL_METRICS_EXPORTER=none
...
```

告知 JVM 运行 OpenTelemetry Java Agent，该代理位于 Cloud Native Buildpacks 存放应用依赖的路径中

应用的名称，用于为 Catalog Service 生成的跟踪添加标签

支持 OpenTelemetry 协议（OTLP）的分布式跟踪后端的 URL

最后，在相同的目录中，以容器的形式运行 Catalog Service：

```
$ docker-compose up -d catalog-service
```

应用启动之后，发送一些请求，从而为 HTTP 请求生成一些日志和跟踪信息：

```
$ http :9001/books
```

然后，检查容器的日志（docker logs catalog-service）。现在，我们可以看到每条日志消息都有一个新的区域，包含了应用的名称，如果跟踪和跨度标识符存在的话，也会包含在其中：

[catalog-service,d9e61c8cf853fe7fdf953422c5ff567a,eef9e08caea9e32a]

分布式跟踪能够帮助我们跨多个服务追踪请求，所以我们需要另外一个应用来测试它是否能够正确运行。请继续为 Edge Service 做出相同的修改以支持 OpenTelemetry。然后，在 Docker Compose 文件中以容器的形式运行应用：

```
$ docker-compose up -d edge-service
```

我们再次发送请求，从而为 HTTP 请求生成一些日志和跟踪信息。这次，我们的请求要经过网关：

```
$ http :9000/books
```

借助 Catalog Service 日志中的跟踪 ID，我们可以检索（关联）HTTP 请求相关的所有步骤，这个针对/books 端点的请求是从 Edge Service 开始的。如果想在整个分布式系统中获得处理某个请求所涉及的所有步骤的可见性，那么能够从日志导航到跟踪（或其他方式）是非常有用的。我们看一下在 Grafana 技术栈中这是如何运行的。

打开浏览器窗口，访问 Grafana（http://localhost:3000/），并使用 Docker Compose 中配置的凭证（user/password）进行登录。在 Explore 页面中，选中 Catalog Service 的日志（{container_name="/catalog-service"}），这与前面非常相似。然后，点击最新的日志消息以获取更多详情。在该日志消息关联的跟踪标识符旁边，你将会看到一个 Tempo 按钮。如果点击该按钮的话，Grafana 会使用 Tempo 中的数据将你重定向到相关跟踪信息的页面，所有的跟踪都会在同一个视图中展现（见图 13.9）。

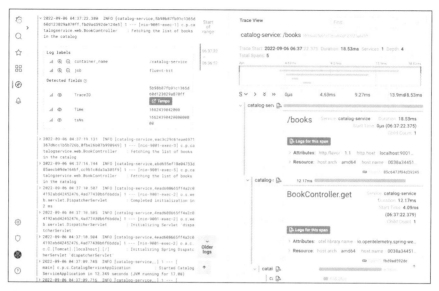

图 13.9　在 Grafana 中，借助日志中包含的跟踪 ID，我们能够从日志（Loki）导航至跟踪（Tempo）

在检查完日志和跟踪之后，停掉所有的应用（docker-compose down）。在继续后面的内容之前，请继续为 Polar Bookshop 系统中的其余应用配置 OpenTelemetry。作为参考，请参阅本书附带的源码仓库（Chapter13/13-end）。

到目前为止，我们已经完成了三种主要类型的遥测数据：日志、度量和跟踪。我们还启用了健康端点，以提供关于应用状态的额外信息。下一节将介绍如何从应用中获取更多的信息，为它们的运维实现更好的可见性。

13.5　使用 Spring Boot Actuator 管理和监控应用

在前面的几个小节中，我已经展示了为了实现更好的可观测性，所有的云原生应用需要提供的主要遥测数据。最后一节将专门介绍如何从应用中获取一些特定的信息，以进一步增强对运维的推断能力。

Spring Boot Actuator 提供了很多的特性，使应用可以为生产环境做好准备。我们已经学习了健康和度量端点，但是还有很多是没有介绍的。表 13.1 列出了 Actuator 实现的最有用的管理和监控端点。本节将介绍如何使用其中的一部分。

表 13.1　Spring Boot Actuator 暴露的一些最有用的管理和监控端点

端　　点	描　　述
/beans	展示应用所管理的 Spring bean 的列表
/configprops	展示所有@ConfigurationProperties 注解标注的 bean 的列表
/env	展示 Spring Environment 所有可用的属性的列表

续表

端　点	描　述
/flyway	列出所有由 Flyway 运行的迁移及其状态
/health	展示关于应用健康状态的信息
/heapdump	返回堆转储文件
/info	展示任意的应用信息
/loggers	展示应用中所有 logger 的配置，并允许对其进行修改
/metrics	返回关于应用的度量信息
/mappings	列出在 Web 控制器中定义的所有路径
/prometheus	以 Prometheus 或 OpenMetrics 格式返回关于应用的度量信息
/sessions	列出由 Spring Session 管理的所有活跃会话，并允许删除它们
/threaddump	以 JSON 格式返回线程转储文件

13.5.1　在 Spring Boot 中监控 Flyway 迁移

在第 5 章和第 8 章中，我们看到了如何使用 Flyway 迁移对数据库模式进行版本控制并将它们集成到了 Spring Boot 中，涵盖了命令式和反应式技术栈。Flyway 将所有在应用中运行的迁移历史记录均保存在数据库的一个专门的表中，如果能够提取这样的信息并对其进行监控，那将是非常便利的，这样如果有任何的迁移失败，我们就可以得到告警。

Spring Boot Actuator 提供了一个专门的端点（/actuator/flyway），用于显示 Flyway 运行的所有迁移的信息，包括它们的状态、日期、类型和版本。正如在前面的章节所学到的，我们可以通过 management.endpoints.web.exposure.include 属性启用 Actuator 实现的新 HTTP 端点。我们看一下如何实现。

> 注意　如果你使用的是 Liquibase，而不是 Flyway 的话，那么可以使用 Spring Boot Actuator 提供的/actuator/liquibase 端点。

打开 Catalog Service 项目（catalog-service），找到 application.yml 文件并配置 Flyway 端点，使其能够由 Spring Boot Actuator 通过 HTTP 对外暴露。

程序清单 13.23　暴露 flyway Actuator 端点

```
management:
  endpoints:
    web:
      exposure:
        include: flyway, health, prometheus
```

将 flyway 添加到通过 HTTP 暴露的 Actuator 端点列表中

然后，以容器的形式运行 Catalog Service 所需的支撑服务。基于 Docker Compose 文件，执行如下命令：

```
$ docker-compose up -d polar-keycloak polar-postgres
```

运行 Catalog Service（./gradlew bootRun）并调用 Flyway 端点：

```
$ http :9001/actuator/flyway
```

结果是一个 JSON 文件，包含了 Flyway 运行的所有迁移以及它们的详情。下面的片段显示了完整响应的摘录结果：

```
{
  "contexts": {
    "catalog-service": {
      "flywayBeans": {
        "flyway": {
          "migrations": [
            {
              "checksum": -567578088,
              "description": "Initial schema",
              "executionTime": 66,
              "installedBy": "user",
              "installedOn": "2022-03-19T17:06:54Z",
              "installedRank": 1,
              "script": "V1__Initial_schema.sql",
              "state": "SUCCESS",
              "type": "SQL",
              "version": "1"
            },
            ...
          ]
        }
      }
    }
  }
}
```

迁移脚本的校验和，用来确保文件没有被修改过

迁移的描述

迁移是何时执行的

包含迁移代码的脚本名称

迁移执行的状态

迁移的类型（SQL 或 Java）

迁移版本（在脚本文件名中定义的）

13.5.2　暴露应用信息

在 Spring Boot Actuator 实现的所有端点中，/actuator/info 是最特殊的一个，因为它初始并不会返回任何数据。相反，我们要自己定义哪些数据是有用的。

为该端点贡献数据的方式之一就是通过配置属性。例如，进入 Catalog Service 项目（catalog-service），打开 application.yml 文件，并添加如下属性，该属性包含了 Catalog Service 所属系统的名称。我们还需要启用 info 端点，使其能够通过 HTTP 对外暴露（类似于我们对其他端点的做法），并启用 env 贡献者，它会负责解析所有带有"info."前缀的属性。

程序清单 13.24　暴露和配置 info Actuator 端点

```
info:
  system: Polar Bookshop
```

带有"info."前缀的属性将会在 info 端点中返回

```
management:
  endpoints:
    web:
      exposure:
        include: flyway, health, info, prometheus   ←──  将 info 添加到通过 HTTP 暴露
  info:                                                   的 Actuator 端点列表中
    env:                          启用从 "info." 属性中
      enabled: true   ←──         获取的环境信息
```

我们还可以包含由 Gradle 或 Maven 自动生成的关于应用构建或最后一次 Git 提交的信息。我们看一下如何添加应用构建配置的详情。在 Catalog Service 项目中，找到 build.gradle 文件并配置 springBoot task 以生成构建信息，这些信息将被解析到 BuildProperties 对象中并包含到 info 端点的结果中。

程序清单 13.25　配置 Spring Boot 以包含构建信息

```
springBoot {
  buildInfo()   ←──  存储构建信息到 META-INF/build-info.properties 文件
}                     中，该文件会被 BuildProperties 对象解析
```

我们测试一下。重新运行 Catalog Service（./gradlew bootRun）并调用 info 端点：

```
$ http :9001/actuator/info
```

结果是一个 JSON 对象，包含了构建信息以及我们显式定义的 info.system 属性：

```
{
  "build": {
    "artifact": "catalog-service",
    "group": "com.polarbookshop",
    "name": "catalog-service",
    "time": "2021-08-06T12:56:25.035Z",
    "version": "0.0.1-SNAPSHOT"
  },
  "system": "Polar Bookshop"
}
```

我们还可以暴露关于正在使用的操作系统以及 Java 版本的额外信息。它们都可以通过配置属性来启用。我们更新 Catalog Service 项目的 application.yml 文件，如下所示。

程序清单 13.26　添加 Java 和操作系统详情到 info Actuator 端点

```
management:
  ...
  info:
    env:
      enabled: true
    java:                         在 info 端点中启用
      enabled: true   ←──         Java 信息
    os:
      enabled: true   ←──         在 info 端点中启用
                                  操作系统信息
```

我们测试一下。重新运行 Catalog Service（./gradlew bootRun）并调用 info 端点：

```
$ http :9001/actuator/info
```

结果中将会包含关于正在使用的 Java 版本和操作系统的额外信息，根据我们在何处运行应用，结果会有所差异：

```json
{
  ...
  "java": {
    "version": "17.0.3",
    "vendor": {
      "name": "Eclipse Adoptium",
      "version": "Temurin-17.0.3+7"
    },
    "runtime": {
      "name": "OpenJDK Runtime Environment",
      "version": "17.0.3+7"
    },
    "jvm": {
      "name": "OpenJDK 64-Bit Server VM",
      "vendor": "Eclipse Adoptium",
      "version": "17.0.3+7"
    }
  },
  "os": {
    "name": "Mac OS X",
    "version": "12.3.1",
    "arch": "aarch64"
  }
}
```

13.5.3　生成和分析堆转储文件

在调试 Java 应用时，最令人沮丧的错误可能就是内存泄漏了。监控工具应该在探测到内存泄漏时提醒我们，这类错误通常可以根据 JVM 堆使用的度量信息持续上涨而推断得出。如果我们没有提前发现内存泄漏，应用将会抛出可怕的 OutOfMemoryError 错误并崩溃。

在怀疑应用可能遇到内存泄漏之后，我们必须要找出内存中的哪些对象阻碍了垃圾回收。多种不同的方式可用来寻找有问题的对象。例如，你可以启用 Java Flight Recorder，或者将 jProfiler 这样的 profiler 附加到正在运行的应用上。另外一种方式是对 JVM 堆内存中的所有对象进行快照（堆转储），然后使用专门的工具进行分析，找出内存泄漏的根本原因。

Spring Boot Actuator 提供了一个便利的端点（/actuator/heapdump），我们可以调用它来生成堆转储。接下来，我们具体看一下。进入 Catalog Service 项目（catalog-service），打开 application.yml 文件，并配置 Actuator 对外暴露 heapdump 端点。

程序清单 13.27　暴露 heapdump Actuator 端点

```
management:
  endpoints:
    web:
      exposure:
        include: flyway, health, heapdump, info, prometheus
```

将 heapdump 添加到通过 HTTP 暴露
的 Actuator 端点列表中

接下来，构建并运行 Catalog Service（./gradlew bootRun）。最后，调用 heapdump 端点：

```
$ http --download :9001/actuator/heapdump
```

该命令会将一个 heapdump.bin 文件保存到当前目录中。然后，我们可以在进行堆分析的专门工具中打开它，比如 VisualVM（https://visualvm.github.io）或 JDK Mission Control（https://adoptopenjdk.net/jmc.html）。图 13.10 展示了在 VisualVM 中进行堆分析的样例。

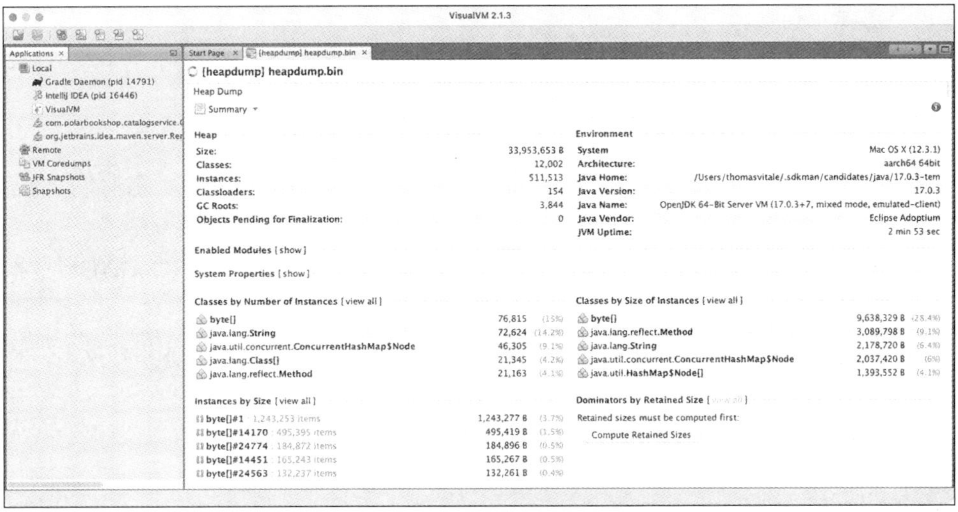

图 13.10　VisualVM 提供了工具以分析 Java 应用的堆转储文件

最后，停掉应用（Ctrl+C）和所有的容器（docker-compose down）。

我鼓励你查阅 Spring Boot Actuator 的官方文档，尝试它所支持的所有端点，并使 Polar Bookshop 系统中的应用更具可观测性。为了获得灵感，可以参阅本书附带的源码库，看一下我在每个应用上都启用了哪些端点（Chapter13/13-end）。它们都是非常强大的工具，你会发现它们对在生产环境中运行的真实应用来说是很有帮助的。

13.6　小结

- 可观测性是云原生应用的属性之一，它能够衡量我们在多大程度上根据应用的输出推断其内部状态。

- 监控指的是控制已知的故障状态。可观测性不限于此，能够允许我们询问事先未知的问题。

- 日志（或事件日志）是软件应用中随着时间的推移所发生事情的离散记录。

- Spring Boot 支持通过 SLF4J 记录日志，SLF4J 为最常见的日志库提供了一个"门面"。

- 默认情况下，按照 15-Factor 方法论的建议，日志会通过标准输出进行打印。

- 借助 Grafana 可观测性技术栈，Fluent Bit 会收集所有应用生成的日志，并将其转发至 Loki，后者会存储日志并使其支持搜索。然后，我们可以使用 Grafana 在日志中导航。

- 应用应该暴露健康端点以便于检查其状态。

- Spring Boot Actuator 暴露了一个整体的健康端点，展示了应用及其可能使用的组件或服务的状态。它还提供了特殊的端点以用作 Kubernetes 的存活和就绪探针。

- 当存活探针不可用时，这意味着应用进入了无法恢复的故障状态，所以 Kubernetes 将会尝试重启它。

- 当就绪探针不可用时，表明应用尚未准备好处理请求，所以 Kubernetes 会停止向该实例转发流量。

- 度量是关于应用的数值型数据，会按照固定的时间间隔进行测量。

- Spring Boot Actuator 使用 Micrometer 门面来插装 Java 代码、生成度量并将它们通过专门的端点暴露出去。

- 当 Prometheus 位于类路径中时，Spring Boot 能够以 Prometheus 或 OpenMetrics 格式暴露度量数据。

- 借助 Grafana 可观测性技术栈，Prometheus 能够聚合和存储所有应用的度量信息。然后，我们可以使用 Grafana 查询度量、设计仪表盘并设置告警。

- 分布式跟踪是一种在请求流经分布式系统时对其进行跟踪的技术，它能够让我们确定错误发生的位置并解决性能问题。

- 跟踪通过唯一的跟踪 ID（trace ID）进行标识，它由多个跨度组成，代表了一个事务中的步骤。

- OpenTelemetry 项目包含了为大多数通用 Java 库生成跟踪和跨度的 API 和插装。

- OpenTelemetry Java Agent 是一个由该项目提供的 JAR 制品，可以附加到任何 Java 应用上。它会动态注入必要的字节码，以便于从这些库中捕获跟踪和跨度，并且能够以不同的方式导出它们，而无须修改 Java 源码。

- 借助 Grafana 可观测性技术栈，Tempo 会负责聚合和存储所有应用的跟踪信息。然后，我们可以使用 Grafana 查询跟踪并使用日志关联它们。

- Spring Boot Actuator 提供了管理和监控端点，以满足应用生产环境就绪的各种需求。

第 14 章 配置与 Secret 管理

本章内容：

■ 在 Kubernetes 上管理应用

■ 在 Kubernetes 中使用 ConfigMap 和 Secret

■ 使用 Kustomize 管理部署和配置

将应用发布至生产环境涉及两个重要方面，分别是可执行制品及其配置。可执行制品可以是 JAR 文件或容器镜像。前面的几章介绍了构建松耦合、有韧性、有弹性、安全和可观测应用的多项原则。我们看到了如何将应用打包为可执行 JAR 或容器镜像。我还指导你实现了部署流水线的提交阶段，该阶段最终会生成一个发布候选。

生产环境就绪的另外一个方面是配置。在第 4 章中，我们介绍了云原生应用外部化配置的重要性，并讨论了 Spring Boot 应用进行配置的多项技术。本章将继续这一话题，为将整个云原生系统部署至 Kubernetes 生产环境做好准备。

首先，我会描述在 Kubernetes 上配置 Spring Boot 应用的几种方式，并描述在生产环境使用 Spring Cloud Config 尚有哪些欠缺。然后，你将会学习如何使用在 Kubernetes 上处理配置的原生机制，即 ConfigMap 和 Secret。作为讨论的一部分，你还会了解 Spring Cloud Kubernetes 及其主要的使用场景。最后，我将扩展在 Kubernetes 上为生产工作负载实现配置和 Secret 管理的话题，也就是如何使用 Kustomize 实现这一点。

> **注意** 本章的样例源码可以在/Chapter14/14-begin 和/Chapter14/14-end 目录中获取，分别对应了项目的初始和最终状态。（https://github.com/ThomasVitale/cloud-native-spring-in-action）

14.1 在 Kubernetes 上配置应用

根据 15-Factor 方法论，配置指的是在不同的部署环境间会发生变化的内容。我们在第 4 章已经接触过配置，并且从那时开始使用了不同的配置策略。

- 与应用打包在一起的属性文件：它们可以作为应用能够支持哪些配置数据的规范，对于定义合理的默认值很有用处，主要面向开发环境。
- 环境变量：它们得到了所有操作系统的支持，所以对于可移植性很有助益。如果我们要根据应用部署的基础设施/平台来定义配置数据的话，这种方式是很有用处的，比如处于活跃状态的 profile、主机名、服务名和端口号。我们可以在 Docker 和 Kubernetes 中使用它们。
- 配置服务：它提供了配置数据持久化、审计和问责功能。可以用来定义应用特定的配置数据，比如特性标记、线程池、连接池、超时时间以及第三方服务的 URL。我们借助 Spring Cloud Config 采用了这一策略。

这三种策略非常通用，我们可以使用它们来配置任何云环境和服务模型（CaaS、PaaS、FaaS）的应用。当涉及 Kubernetes 时，平台还原生提供一个额外的配置策略，也就是 ConfigMap 和 Secret。

它们是一种非常便利的方式，可以根据应用所部署的基础设施和平台来定义配置数据，比如服务名称（由 Kubernetes Service 所定义）、访问运行在平台上的其他服务的凭证/证书、优雅关机、日志和监控。我们可以使用 ConfigMap 和 Secret 作为配置服务的补充，甚至完全取代配置服务，这取决于具体的场景。不管是哪种情况，Spring Boot 都对这些方案提供了原生支持。

对于 Polar Bookshop 系统，我们将使用 ConfigMap 和 Secret 来配置 Kubernetes 环境中的应用，不会再使用 Config Service。不过，到目前为止，我们在 Config Service 上所做的所有工作都使得将其纳入 Kubernetes 上 Polar Bookshop 的整体部署非常简单明了。在本节中，我将会分享使 Config Service 生产环境就绪的一些终极考量因素，以便你希望对样例进行扩展，并将其包含到最终的生产环境部署中。

14.1.1 使用 Spring Security 保护配置服务器

在前面两章中，我们花费了很多的时间以确保 Polar Bookshop 中的 Spring Boot 应用有较高的安全级别。但是，Config Service 并未纳入其中，它依然没有得到保护。即便它是一个配置服务器，本质而言它仍然是一个 Spring Boot 应用。因此，我们可以使用 Spring Security 提供的任意策略来保护它。

在架构中，Config Service 会通过 HTTP 被其他 Spring Boot 应用访问。在生产环境使用它之前，我们必须确保只有经过认证且有权限的参与方才能检索配置数据。一种方案就是使用

OAuth2 客户端凭证流程，确保 Config Service 和应用之间的交互是基于访问令牌的。这是一种专门保护服务与服务之间交互的 OAuth2 流程。

假设应用将通过 HTTPS 进行通信，那么 HTTP Basic 认证策略也是一个可行的方案。使用这种策略时，应用程序可以通过 Spring Cloud Config Client 暴露的属性来配置用户名和密码，即 spring.cloud.config.username 和 spring.cloud .config.password。如果想了解更多信息的话，请参阅 Spring Security（https://spring.io/projects/spring-security）和 Spring Cloud Config（https://spring.io/projects/spring-cloud-config）的官方文档。

14.1.2 使用 Spring Cloud Bus 刷新配置

假设你已经将 Spring Boot 应用部署到了像 Kubernetes 这样的云环境中。在启动阶段，每个应用都会在外部配置服务器中加载其配置。在某个时间点，你决定对配置仓库做一些变更。我们该如何让应用感知到配置的变化并重新加载它呢？

在第 4 章，我们曾经学习过，可以通过发送一个 POST 请求到 Spring Boot Actuator 提供的 /actuator/refresh 端点来触发配置刷新操作。对该端点的请求将会在应用上下文中产生一个 RefreshScopeRefreshedEvent 事件。所有使用@ConfigurationProperties 或@RefreshScope 注解标注的 bean 都会监听该事件，并在该事件发生时进行重新加载。

我们在 Catalog Service 中尝试过刷新机制，如果只有一个应用并且没有副本的话，它能够很好地运行。那么在生产环境中呢？考虑到云原生应用的分布和规模，向每个应用的所有实例发送 HTTP 请求可能就有问题了。在所有云原生策略中，自动化都是重要的组成部分。我们需要有一种方式，能够一次性地为所有应用触发 RefreshScopeRefreshedEvent 事件。在这方面有多个可选方案，使用 Spring Cloud Bus 就是其中之一。

Spring Cloud Bus（https://spring.io/projects/spring-cloud-bus）能够建立一个便利的通信通道，向与之相连的所有应用实例广播事件。通过我们在第 10 章学习的 Spring Cloud Stream 项目，它提供了针对 AMQP 代理（如 RabbitMQ）和 Kafka 的实现。

所有配置的变更都包含一个对配置仓库的推送提交。如果能够搭建一些自动化的步骤，当新的提交推送至该仓库时，Config Service 就会刷新配置，那么这就非常方便而完全不需要人工干预了。Spring Cloud Config 提供了一个 Monitor 库，能够实现这一点。它暴露了一个/monitor 端点，该端点能够触发 Config Service 中的配置变化事件，并通过 Bus 将其发送至所有的监听应用。它还能够接收描述哪些文件发生了变更的参数，并且能够接收最通用代码仓库供应商（如 GitHub、GitLab 或 Bitbucket）的推送通知。我们可以在这些服务上设置 webhook，每当有新的变更推送至配置仓库时，都会发送 POST 请求至 Config Service。

Spring Cloud Bus 解决了将配置变更广播至所有已连接应用的问题。借助 Spring Cloud Config Monitor，我们可以进一步自动化刷新过程，每当配置变更推送至支撑配置服务器的代码仓库时，这个流程就会被触发。该解决方案如图 14.1 所示。

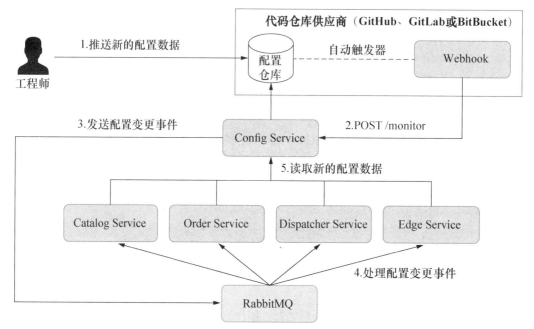

图 14.1　当 Config Service 接收到配置仓库变更的推送通知后，通过 Spring Cloud Bus 广播配置变更

> **注意**　我们甚至可以使用 Spring Cloud Bus 来广播其他方案的配置变更，如 Consul（借助 Spring
> Cloud Consul）、Azure Key Vault（借助 Spring Cloud Azure）、AWS Parameter Store/AWS
> Secrets Manager（借助 Spring Cloud AWS）或 Google Cloud Secret Manager（借助 Spring
> Cloud GCP）。与 Spring Cloud Config 不同，我们没有内置的推送通知功能，所以要么手
> 动触发配置变更，要么实现自己的监控功能。

14.1.3　使用 Spring Cloud Config 管理 Secret

对于任何软件系统来讲，管理 Secret 都是一项重要的任务，一旦在这方面犯错，将会非常
危险。到目前为止，我们都将密码放到了属性文件或环境变量中，在这两种情况下，它们都没
有进行加密。未加密的后果之一就是我们无法安全地对其进行版本控制。我们希望将所有的内
容都纳入版本控制之下，并且使用 Git 仓库作为唯一的真相来源，这是 GitOps 策略背后的原则
之一，我将会在第 15 章进行介绍。

Spring Cloud Config 项目配备了为云原生应用处理所有配置的特性，包括 Secret 管理。我
们的主要目标是在属性文件中包含 Secret，并将它们置于版本控制之下，这只有在加密之后才
能实现。

Spring Cloud Config Server 支持加密和解密，并为其暴露了两个专门的端点，即/encrypt 和/decrypt。加密可以基于对称密钥或非对称密钥对。

当使用对称加密时，Spring Cloud Config Server 会在本地解密 Secret，并将解密值发送至所有的客户端应用。在生产环境中，应用之间的所有通信都是通过 HTTPS 进行的。所以，即便配置属性没有加密，Config Service 发出的响应也是经过加密的，这使得在真实的使用场景中该方式是足够安全的。

我们的另一种方案是发送加密后的属性值并让应用自己进行解密，但是这样的话，需要为所有的应用配置对称密钥。我们应该将解密视为一个代价较为高昂的操作。

Spring Cloud Config 还支持通过非对称密钥进行加密和解密。相对于对称加密，这种方式提供了更加健壮的安全性，但是由于存在管理密钥的任务，这也会增加复杂性和维护成本。在这种情况下，我们可能想要依赖一个专门的 Secret 管理方案。例如，可以使用云供应商提供的方案，并依赖 Spring Cloud 实现的 Spring Boot 集成功能，如 Azure Key Vault（Spring Cloud Azure）、AWS Parameter Store/AWS Secrets Manager（Spring Cloud AWS）或 Google Cloud Secret Manager（Spring Cloud GCP）。

如果你倾向于采用开源方案的话，那么 Hashicorp Vault（https://www.vaultproject.io）会非常合适。我们可以使用该工具管理所有的凭证、令牌和证书，既可以使用 CLI，也可以使用便利的 GUI。借助 Spring Vault 项目，我们可以直接将其与 Spring Boot 应用进行集成，也可以将其添加为 Spring Cloud Config Server 的支撑服务。

如果想了解关于 Spring 中 Secret 管理的更多信息的话，请参阅 Spring Vault（https://spring.io/projects/spring-vault）和 Spring Cloud Config（https://spring.io/projects/spring-cloud-config）的官方文档。

14.1.4 禁用 Spring Cloud Config

在下一节中，我们将介绍配置 Spring Boot 应用的不同方法，那就是使用 Kubernetes 通过 ConfigMap 和 Secret 提供的原生功能。在生产环境中，我们将采取这种方式。

即便在本书的剩余内容中不再使用 Config Service，但我们也会保留迄今为止为它所做的所有工作。不过，为了更加简单，我们将默认关闭 Spring Cloud Config Client 的集成。

打开 Catalog Service 项目（catalog-service），更新 application.yml 文件，停止从 Config Service 导入配置数据，并禁用 Spring Cloud Config Client 集成。其他一切都可以保持不变。当你想再次使用 Spring Cloud Config 时，可以轻松地启用它（例如，在 Docker 上运行应用时）。

程序清单 14.1 在 Catalog Service 中禁用 Spring Cloud Config

```
spring:
  config:
    import: ""          停止从 Config Service
                        导入配置数据
```

```
cloud:
  config:
    enabled: false          ◁─── 禁用 Spring Cloud
    uri: http:/ /localhost:8888        Config Client 集成
    request-connect-timeout: 5000
    request-read-timeout: 5000
    fail-fast: false
    retry:
      max-attempts: 6
      initial-interval: 1000
      max-interval: 2000
      multiplier: 1.1
```

在下一节中，我们将介绍如何使用 ConfigMap 和 Secret 来配置 Spring Boot 应用，以取代 Config Service。

14.2　在 Kubernetes 中使用 ConfigMap 和 Secret

15-Factor 方法论推荐始终保持代码、配置和凭证的分离。Kubernetes 完全接受了这一原则，并定义了两个 API 来分别处理配置和凭证，即 ConfigMap 和 Secret。本节将会介绍这种新的配置策略，它们是由 Kubernetes 原生提供的。

Spring Boot 对 ConfigMap 和 Secret 都提供了原生和灵活的支持。我将向你展示如何使用 ConfigMap，并阐述它们与环境变量的关系，环境变量在 Kubernetes 中依然是一种有效的配置方案。你还会看到，Secret 并不是私密的，我们还会学习如何将它们真正变成私密的。最后，我将会展示处理配置变更的几种方案，并将配置变更传播到应用中。

在进行后面的内容前，我们先准备好必要的环境并启动本地 Kubernetes 集群。进入 Polar Deployment 项目（polar-deployment），导航至 kubernetes/platform/development 目录，运行如下命令以启动 minikube 集群并部署 Polar Bookshop 所使用的支撑服务：

```
$ ./create-cluster.sh
```

注意　如果你没有按照前几章的教程编写样例的话，可以参阅本书附带的源码仓库（https://github.com/ThomasVitale/cloud-native-spring-in-action）并使用 Chapter14/14-begin 作为起点。

该命令需要几分钟的时间才能完成。执行完成之后，你可以通过如下命令校验所有的支撑服务均已就绪并可以使用了：

```
$ kubectl get deploy

NAME             READY   UP-TO-DATE   AVAILABLE   AGE
polar-keycloak   1/1     1            1           3m94s
polar-postgres   1/1     1            1           3m94s
polar-rabbitmq   1/1     1            1           3m94s
polar-redis      1/1     1            1           3m94s
polar-ui         1/1     1            1           3m94s
```

我们首先介绍 ConfigMap。

14.2.1　使用 ConfigMap 配置 Spring Boot

在第 7 章中，我们使用环境变量将硬编码的配置传递到运行在 Kubernetes 中的容器，但是它们缺少可维护性和结构化。ConfigMap 能够让我们以结构化、可维护的方式存储配置数据。它们能够与 Kubernetes 的其他部署清单一起进行版本控制，并且可以呈现出与专用配置仓库相同的良好属性，包括数据持久化、审计和问责功能。

ConfigMap 是"一种 API 对象，用来将非机密性的数据保存到键/值对中。使用时，Pod 可以将其用作环境变量、命令行参数或者存储卷中的配置文件"（https://kubernetes.io/docs/concepts/configuration/configmap）。

我们可以从字面键/值对、文件（如".properties"或".yml"），甚至二进制对象开始创建 ConfigMap。在处理 Spring Boot 应用时，构建 ConfigMap 的最直接方式是从属性文件开始。

我们看一个样例。在前面的章节中，我们以环境变量的方式配置了 Catalog Service。为了实现更好的可维护性和结构化，我们会将一部分值保存到 ConfigMap 中。

打开 Catalog Service 项目（catalog-service），在 k8s 目录中创建一个新的 configmap.yml 文件。我们将使用它来应用如下配置，这些配置会覆盖与应用打包在一起的 application.yml 文件中的默认值：

- 配置自定义的问候信息。
- 配置 PostgreSQL 数据源的 URL。
- 配置 Keycloak 的 URL。

程序清单 14.2　定义 ConfigMap 来配置 Catalog Service

```
                    ConfigMap 对象的        要创建的
                    API 版本              对象类型
apiVersion: v1        ◁                              ConfigMap 的
kind: ConfigMap            ◁                          名称
metadata:
  name: catalog-config          ◁          附加到 ConfigMap
  labels:                         ◁        上的一组标签
    app: catalog-service
data:                                        键/值对，其中键是 YAML
  application.yml: |                ◁        配置文件的名称，值是它
    polar:                                   的内容
      greeting: Welcome to the book catalog from Kubernetes!
    spring:
      datasource:
        url: jdbc:postgresql:/ /polar-postgres/polardb_catalog
      security:
        oauth2:
          resourceserver:
```

保存配置数据的区域

```
jwt:
    issuer-uri: http:/ /polar-keycloak/realms/PolarBookshop
```

就像到目前为止我们使用的其他 Kubernetes 对象一样，ConfigMap 的清单可以使用 Kubernetes CLI 部署到集群中。打开一个终端窗口，导航至 Catalog Service 项目（catalog-service），并运行如下命令：

```
$ kubectl apply -f k8s/configmap.yml
```

通过如下命令，我们可以校验 ConfigMap 是否已创建成功：

```
$ kubectl get cm -l app=catalog-service
```

```
NAME              DATA     AGE
catalog-config    1        7s
```

使用 ConfigMap 中存储的值来配置容器的方式有如下几种：

- 使用 ConfigMap 作为配置数据源并传递命令行参数到容器中。
- 使用 ConfigMap 作为配置数据源并为容器填充环境变量。
- 将 ConfigMap 作为存储卷（volume）挂载到容器中。

正如我们在第 4 章学的知识以及随后的实践所示，Spring Boot 支持以多种方式实现外部化配置，包括通过命令行参数和环境变量。以命令行参数和环境变量的方式传递配置数据到容器中有其缺点，即便是存储在 ConfigMap 中也无法避免。例如，每当添加新的属性到 ConfigMap 时，我们都需要更新 Deployment 清单文件。当 ConfigMap 发生变更时，Pod 不会得到相关的通知，要读取新的配置必须要重新进行创建。这两个问题都可以通过将 ConfigMaps 挂载为存储卷来解决。

将 ConfigMap 以存储卷的形式挂载到容器上时，它可能会产生两种结果（见图 14.2）。

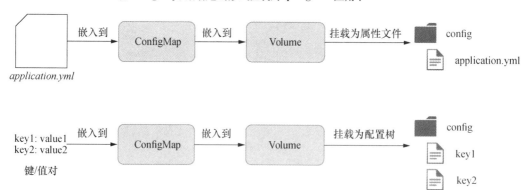

图 14.2　将 ConfigMap 挂载为存储卷，Spring Boot 能够以属性文件或配置树的方式对其进行消费

- 如果 ConfigMap 包含嵌入式属性文件，将其挂载为存储卷将会在挂载路径中创建属性

文件。Spring Boot 会自动查找/config 目录中的属性文件，并将其包含进来，该目录可以位于应用可执行文件的相同根目录中，也可以位于子目录中，所以这是挂载 ConfigMap 的绝佳路径。通过 spring.config.additional-location=<path>配置属性，我们可以声明用来查找属性文件的额外位置。

- 如果 ConfigMap 包含键/值对，将其挂载为存储卷将会在挂载路径中创建一个配置树。对于每个键/值对，都会创建一个文件，该文件以键进行命名并包含了它的值。Spring Boot 支持从配置树中读取配置属性。通过 spring.config.import=configtree:/config/属性，我们可以声明从何处加载配置树。

当配置 Spring Boot 应用时，第一个方案更为方便，因为它使用了与应用中默认配置相同的属性文件格式。我们看一下如何将前文创建的 ConfigMap 挂载到 Catalog Service 容器中。

进入 Catalog Service 项目（catalog-service），并打开 k8s 目录中的 deployment.yml 文件，我们需要进行如下变更：

- 针对要在 ConfigMap 配置的值，将它们在环境变量中移除。
- 声明基于 catalog-config ConfigMap 生成的存储卷。
- 为 catalog-service 容器声明存储卷的挂载，将 ConfigMap 加载为/workspace/config 目录中的 application.yml 文件。Cloud Native Buildpacks 会创建和使用/workspace 目录，以存放应用的可执行文件，所以 Spring Boot 将会自动查找相同路径下的/config 目录并加载该目录中包含的属性文件。这样，就不要配置额外的位置了。

程序清单 14.3　将 ConfigMap 以存储卷的形式挂载到应用容器上

```
apiVersion: apps/v1
kind: Deployment
metadata:
  name: catalog-service
  labels:
    app: catalog-service
spec:
  ...
  template:
    ...
    spec:
      containers:
        - name: catalog-service
          image: catalog-service
          imagePullPolicy: IfNotPresent        JVM 线程和 Spring profile 依然
          ...                                   通过环境变量进行配置
          env:
            - name: BPL_JVM_THREAD_COUNT
              value: "50"
            - name: SPRING_PROFILES_ACTIVE
              value: testdata                   将 ConfigMap 作为存储
          ...                                   卷挂载到容器中
          volumeMounts:
```

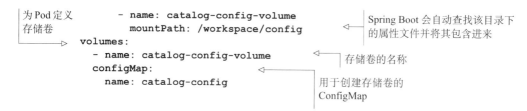

为 Pod 定义 存储卷

```
        - name: catalog-config-volume
          mountPath: /workspace/config
volumes:
    - name: catalog-config-volume
  configMap:
    name: catalog-config
```

Spring Boot 会自动查找该目录下 的属性文件并将其包含进来

存储卷的名称

用于创建存储卷的 ConfigMap

在前文中，我们已经将 ConfigMap 应用到了集群中。接下来，我们为 Deployment 和 Service 清单执行相同的操作，这样就可以校验 Catalog Service 是否能够正确地读取来自 ConfigMap 的配置数据了。

首先，我们必须将应用打包为容器镜像并加载到集群中。打开终端窗口，导航至 Catalog Service 项目（catalog-service）的根目录，并运行如下命令：

```
$ ./gradlew bootBuildImage
$ minikube image load catalog-service --profile polar
```

现在，我们可以通过使用 Deployment 和 Service 清单，将应用部署到本地集群中：

```
$ kubectl apply -f k8s/deployment.yml -f k8s/service.yml
```

通过如下命令，我们可以校验 Catalog Service 何时可用并可以开始接收请求：

```
$ kubectl get deploy -l app=catalog-service
```

```
NAME              READY    UP-TO-DATE    AVAILABLE    AGE
catalog-service   1/1      1             1            21s
```

在内部，Kubernetes 会使用我们在上一章配置的存活和就绪探针来推断应用的健康情况。接下来，通过运行如下命令，我们可以将本地机器的流量转发至 Kubernetes 集群：

```
$ kubectl port-forward service/catalog-service 9001:80
Forwarding from 127.0.0.1:9001 -> 9001
Forwarding from [::1]:9001 -> 9001
```

注意　由 kubectl port-forward 启动的进程会一直运行，除非使用 Ctrl+C 显式将其停掉。

现在，我们可以在本地机器的 9001 端口调用 Catalog Service 了，请求会被转发至 Kubernetes 集群中的 Service 对象。打开一个新的终端窗口，并调用应用暴露的端点，以校验 polar.greeting 使用的是 ConfigMap 声明的值，而不是默认值：

```
$ http :9001/
Welcome to the book catalog from Kubernetes!
```

请尝试从目录中检索图书，以校验 ConfigMap 中声明的 PostgreSQL URL 也可以正确使用：

```
$ http :9001/books
```

对应用测试完成后，请停掉端口转发（Ctrl+C）并删除迄今为止创建的 Kubernetes 对象。

打开终端窗口，导航至 Catalog Service 项目（catalog-service），并运行如下命令，但是请保持集群处于运行状态，因为我们马上还会用到它：

```
$ kubectl delete -f k8s
```

向运行在 Kubernetes 上的应用提供配置数据时，ConfigMap 是一种很便利的方式。但是，如果我们需要传递敏感数据呢？在下一小节中，你将会看到如何在 Kubernetes 中使用 Secret。

14.2.2　是否应该使用 Secret 存储敏感信息

在配置应用时，最关键的部分就是管理像密码、证书、令牌和密钥这样的私密信息。Kubernetes 提供了 Secret 对象，以便于存储这种数据并将其传递给容器。

Secret 是存储和管理敏感信息的 API 对象，如密码、OAuth 令牌或 SSH 密钥。Pod 能够以环境变量或存储卷中配置文件的形式消费 Secret（https://kubernetes.io/docs/concepts/configuration/secret）。

该对象能够保持私密的原因在于管理它的过程。就其本身而言，Secret 与 ConfigMap 非常相似。唯一的差异在于 Secret 中的数据通常是基于 Base64 编码的，这是为了支持二进制文件所做的技术选择。任何 Base64 编码的对象都能很容易地进行解码。一种常见的错误观点就是认为 Base64 是一种加密方式。如果你只能记住一件关于 Secret 的事情，那请记住这一点：Secret 并不是私密的！

我们在本地 Kubernetes 集群上运行 Polar Bookshop 所使用的配置依赖于开发环境中的默认凭证，所以我们目前还不需要 Secret。当在下一章将应用部署至生产环境时，我们就会开始使用它们了。现在，我想向你展示如何创建 Secret。随后，我将介绍一些方案以确保它们得到充分的保护。

创建 Secret 的一种方法是以命令式的方式使用 Kubernetes CLI。打开一个终端窗口，为一些虚构的测试凭证（user/password）生成一个名为 test-redentials 的 Secret 对象。

通过如下命令，我们可以校验 Secret 是否创建成功：

```
$ kubectl get secret test-credentials
```

```
NAME               TYPE      DATA   AGE
test-credentials   Opaque    2      73s
```

通过如下命令，我们还能够以熟悉的 YAML 格式检索 Secret 的内部表述：

```
$ kubectl get secret test-credentials -o yaml
```

```
apiVersion: v1            ◄─── Secret 对象的
kind: Secret                   API 版本
metadata:
  name: test-credentials          ◄──── Secret 的名称
type: Opaque
data:                    ◄──
  test.username: dXNlcg==        该区域包含 Base64 编码
  test.password: cGFzc3dvcmQ=    值的 Secret 数据
```
要创建的对象类型

我重新排列了上述的 YAML，以增加可读性，并删除了一些与我们的讨论无关的字段。

我想重申一遍：Secret 并不是私密的！通过一条简单的命令，我就可以获取保存在 test-credentials Secret 中的值：

```
$ echo 'cGFzc3dvcmQ=' | base64 --decode
password
```

与 ConfigMap 类似，Secret 可以作为环境变量或者通过存储卷挂载传递到容器中。在后一种方案中，我们可以将它们挂载为属性文件或配置树。例如，test-credentials Secret 适合挂载为配置树，因为它是由键/值对组成的，而不是文件。

因为 Secret 是没有加密的，所以我们不能将其包含在版本控制系统中。平台工程师有责任确保 Secret 得到充分的保护。例如，Kubernetes 可以配置为在其内部 etcd 中加密存储 Secret。这有助于确保存放时的安全性，但是并不能解决在版本控制系统中管理它们的问题。

Bitnami 推出了一个名为 Sealed Secrets 的项目（https://github.com/bitnami-labs/sealed-secrets），其目标就是对 Secret 进行加密并将其纳入版本控制之中。首先，我们需要从字面值开始生成一个加密后的 SealedSecret 对象。然后，将其包含在代码仓库中并安全地纳入版本控制。当 SealedSecret 清单应用于 Kubernetes 集群时，Sealed Secrets 控制器会解密它的内容，并生成一个标准的 Secret 对象，供 Pod 在内部使用。

如果 Secret 存储在专门的后端，如 HashiCorp Vault 或 Azure Key Vault 中，那该怎么办呢？在这种情况下，你可以使用像 External Secrets（https://github.com/external-secrets/kubernetes-external-secrets）这样的项目。顾名思义，我们可以猜到，该项目允许我们从外部源生成 Secret。ExternalSecret 能够安全地存储在仓库中，并纳入版本控制。当 ExternalSecret 清单应用于 Kubernetes 集群时，External Secrets 控制器会从已配置的外部源获取值，并生成一个标准的 Secret 对象，供 Pod 在内部使用。

> **注意**　如果你有兴趣学习如何保护 Kubernetes Secret 的更多知识的话，可以参阅 Billy Yuen、Alexander Matyushentsev、Todd Ekenstam 和 Jesse Suen 撰写的 *GitOps and Kubernetes*（Manning，2021 年）一书的第 7 章，以及 Alex Soto Bueno 和 Andrew Block 撰写的 *Kubernetes Secrets Management*（Manning，2022 年）。在这里我不做过多介绍，因为这通常是平台团队的任务，而非开发人员的任务。

当使用 ConfigMap 和 Secret 时，我们必须决定该使用哪种策略来更新配置数据，从而让应用使用新的值。这将是下一小节的主要内容。

14.2.3　使用 Spring Cloud Kubernetes 在运行时刷新配置

当使用外部配置服务时，我们可能希望在配置发生变更时，能够有一种机制来刷新应用。我们曾经看到过如何使用 Spring Cloud Bus 为 Spring Cloud Config 实现这一机制。

在 Kubernetes 中，我们需要一种不同的方式。当更新 ConfigMap 或 Secret 时，Kubernetes 只会为挂载为存储卷的容器提供新版本的配置。如果使用环境变量的话，它们不会替换为新的值。这也是我们通常推荐使用存储卷方案的原因。

当 ConfigMap 或 Secret 挂载为存储卷时，更新的内容会提供给对应的 Pod，但是具体的应用要负责刷新配置。默认情况下，Spring Boot 应用只会在启动的时候读取配置数据。当通过 ConfigMap 和 Secret 提供配置的时候，主要有三种方案对其进行刷新。

- 滚动重启：变更 ConfigMap 或 Secret 之后，可以对所有受影响的 Pod 进行滚动重启，让应用重新加载所有的配置数据。借助这种方案，Kubernetes Pod 将能够保持其不变性。
- Spring Cloud Kubernetes Configuration Watcher：Spring Cloud Kubernetes 提供了一个名为 Configuration Watcher 的 Kubernetes 控制器，它会监控以存储卷的形式挂载到 Spring Boot 应用的 ConfigMap 和 Secret。借助 Spring Boot Actuator 的/actuator/refresh 端点或 Spring Cloud Bus，当 ConfigMap 或 Secret 更新时，Configuration Watcher 会为受影响的应用触发配置刷新。
- Spring Cloud Kubernetes Config Server：Spring Cloud Kubernetes 提供了一个配置服务器，支持使用 ConfigMap 和 Secret 作为 Spring Cloud Config 的配置源之一。我们可以使用这样的服务器加载来自 Git 仓库和 Kubernetes 对象的配置，从而能够为两者使用相同的配置刷新机制。

Polar Bookshop 将会使用第一种方案，当有新的变更应用到 ConfigMap 或 Secret 时，我们会依赖 Kustomize 触发应用的重启。在本章的后一部分，我将会进一步描述该策略。现在，我们主要关注 Spring Cloud Kubernetes 及其子项目提供的特性。

Spring Cloud Kubernetes（https://spring.io/projects/spring-cloud-kubernetes）是一个令人兴奋的项目，提供了 Spring Boot 与 Kubernetes API 的集成，其初始目标是让基于 Spring Cloud 的微服务架构更容易地迁移至 Kubernetes。它为用于服务发现和负载均衡的标准 Spring Cloud 接口提供了一个实现，以便与 Kubernetes 集成，并添加了从 ConfigMap 或 Secret 加载配置的支持。

如果你正在参与一个全新的项目，那么你并不需要 Spring Cloud Kubernetes。Kubernetes 提供了原生的服务发现和负载均衡，正如我们在第 7 章所见到的那样。除此之外，Spring Boot 原生支持通过 ConfigMap 和 Secret 进行配置，所以即便在这种情况下，也没有必要使用 Spring Cloud Kubernetes。

当把一个现有项目迁移至 Kubernetes 时，如果它使用像 Spring Cloud Netflix Eureka 这样的库来实现服务发现，并使用 Spring Cloud Netflix Ribbon/Spring Cloud Load Balancer 来实现负载均衡的话，那么你可以使用 Spring Cloud Kubernetes 来实现更顺利的迁移。但是，我建议你对代码进行重构以使用 Kubernetes 原生的服务发现和负载均衡特性，而不是将 Spring Cloud Kubernetes 添加到项目中。

我不建议在标准应用中使用 Spring Cloud Kubernetes 的主要原因在于，它需要访问 Kubernetes API Server 来管理 Pod、Service、ConfigMap 和 Secret。除了授权应用访问 Kubernetes 内部对象可能引发的安全问题之外，这会导致应用与 Kubernetes 产生不必要的耦合，并影响解决方案的可维护性。

那么，什么时候使用 Spring Cloud Kubernetes 才是合理的呢? 作为一个样例，Spring Cloud Kubernetes 可以增强 Spring Cloud Gateway，以实现对服务发现和负载均衡的更多控制，包括根据 Service 元数据自动注册新路由并选择负载均衡策略。在这种情况下，我们可以依靠 Spring Cloud Kubernetes Discovery Server 组件，它限制了 Kubernetes API 访问发现服务器的需求。

当需要实现 Kubernetes 控制器应用，以完成集群内的管理任务时，Spring Cloud Kubernetes 是非常不错的选择。例如，我们可以实现一个控制器，监控 ConfigMap 或 Secret 的变化，然后在使用它们的应用上触发配置刷新。实际上，Spring 团队使用 Spring Cloud Kubernetes 构建的控制器就是这样实现的，也就是 Configuration Watcher。

> **注意** Spring Cloud Kubernetes Configuration Watcher 可以通过 Docker Hub 上的容器镜像获取。如果你想要了解它是如何运行以及如何部署的，请参阅官方文档 (https://spring.io/projects/spring-cloud-kubernetes)。

除了 Configuration Watcher，Spring Cloud Kubernetes 还提供了其他方便的现成应用，以解决 Kubernetes 中分布式系统的常见问题。其中一个是建立在 Spring Cloud Config 之上的配置服务器，它扩展了 Spring Cloud Config 的功能以支持从 ConfigMaps 和 Secrets 读取配置数据，该项目为 Spring Cloud Kubernetes Config Server。

你可以直接使用这个应用（其容器镜像发布在了 Docker Hub 上），并按照官方文档 (https://spring.io/projects/spring-cloud-kubernetes) 中提供的说明在 Kubernetes 上部署它。

你也可以将该项目在 GitHub 上的源码作为基础，构建自己的能够感知 Kubernetes 的配置服务器。例如，正如我在前文所述，你可能想通过 HTTP Basic 认证来保护它。在这种情况下，你可以借助在 Spring Cloud Config 方面的工作经验，在 Spring Cloud Kubernetes Config Server 之上为 Polar Bookshop 构建一个增强版的 Config Service。

在下一节中，我们将介绍 Kustomize，以管理 Kubernetes 中的部署配置。

14.3 使用 Kustomize 进行配置管理

Kubernetes 提供了很多有用的特性来运行云原生应用。但是，它依然需要编写许多 YAML，在真实的场景中，这些清单有时候非常冗长且难以管理。在收集完部署应用所需的清单后，我们还面临更多的挑战：我们如何根据环境来修改 ConfigMap 中的值，如何变更容器镜像的版本，Secret 和存储卷该如何处理，是否可以更新健康探针的配置？

近年来众多的工具被引入，以改善我们在 Kubernetes 中配置和部署工作负载的方式。对于 Polar Bookshop 系统来说，我们希望能够有一个工具，允许我们将多个 Kubernetes 清单作为一个实体来处理，并根据部署环境自定义其中的一部分配置。

Kustomize（https://kustomize.io）是一个声明式的工具，通过分层的方式帮助我们配置不同环境的部署。它能够生成标准的 Kubernetes 清单，并且是基于原生 Kubernetes CLI（kubectl）构建的，所以不需要安装任何其他东西。

> **注意**　在 Kubernetes 中管理部署配置的其他流行方案是 Carvel 套件的 ytt（https://carvel.dev/ytt）和 Helm（https://helm.sh）。

本节将向你展示 Kustomize 提供的关键特性。首先，你将会看到如何组合相关 Kubernetes 清单，并将它们作为一个单元进行处理。然后，我将向你展示如何通过属性文件生成 ConfigMap。最后，我将指导你完成一系列定制，在将工作负载部署到 staging 环境之前，我们会将这些定制应用到基础清单中。下一章将会对此进行扩展，并涵盖生产场景。

在继续之前，请确保你的本地 minikube 集群依然处于运行状态，并且 Polar Bookshop 的支撑服务已被正确部署。否则，请在 polar-deployment/kubernetes/platform/development 中运行 "./create-cluster.sh"。

> **注意**　平台服务仅在集群内部进行暴露。如果你想要在本地机器中访问它们，那么可以使用在第 7 章学习到的端口转发功能。你可以使用 Octant 提供的 GUI，也可以使用 CLI（kubectlport-forwardservice/polar- postgres 5432:5432）。

现在，我们已经让所有支撑服务运行了起来，接下来看一下如何使用 Kustomize 管理和配置 Spring Boot 应用。

14.3.1　使用 Kustomize 管理和配置 Spring Boot 应用

到目前为止，我们都是通过借助多个 Kubernetes 清单将应用部署到 Kubernetes 中。例如，部署 Catalog Service 需要将 ConfigMap、Deployment 和 Service 清单应用到集群中。使用 Kustomize 时，第一步是将相关的清单组合在一起，以便于将它们作为单个单元进行处理。Kustomize 是通过 Kustomization 实现这一点的。最终，我们希望让 Kustomize 为我们管理、处理和生成 Kubernetes 清单。

我们看一下它是如何运行的。打开你的 Catalog Service 项目，并在 k8s 目录中创建一个 kustomization.yml 文件。它将是 Kustomize 的入口点。

我们首先告知 Kustomize 应该使用哪些 Kubernetes 清单作为未来定制的基础。目前，我们使用现有的 Deployment 和 Service 清单。

程序清单 14.4 为 Kustomize 定义基础 Kubernetes 清单

```
apiVersion: kustomize.config.k8s.io/v1beta1          Kustomize 的
kind: Kustomization        该清单定义的      API 版本
                           资源种类
resources:
  - deployment.yml         Kustomize 要管理和处理
  - service.yml            的 Kubernetes 清单
```

你可能会想我们为何没有包含 ConfigMap。很高兴你会提出这样的疑问！我们本可以将本章前文中创建的 configmap.yml 包含进来，但是 Kustomize 提供了更好的方式。我们不需要直接引用 ConfigMap，而是可以提供一个属性文件，让 Kustomize 使用该文件生成 ConfigMap。我们看一下这是如何实现的。

首先，我们将前文创建的 ConfigMap（configmap.yml）的内容体移到 k8s 目录下一个新的 application.yml 文件中。

程序清单 14.5 通过 ConfigMap 提供的配置属性

```
polar:
  greeting: Welcome to the book catalog from Kubernetes!
spring:
  datasource:
    url: jdbc:postgresql:/ /polar-postgres/polardb_catalog
  security:
    oauth2:
      resourceserver:
        jwt:
          issuer-uri: http:/ /polar-keycloak/realms/PolarBookshop
```

然后，删除 configmap.yml 文件。我们将不再需要它了。最后，更新 kustomization.yml 文件，以便于从我们刚刚创建的 application.yml 文件创建 catalog-config ConfigMap。

程序清单 14.6 Kustomize 根据属性文件生成 ConfigMap

```
apiVersion: kustomize.config.k8s.io/v1beta1
kind: Kustomization

resources:                      本区域包含了生成 ConfigMaps
  - deployment.yml              所需的信息
  - service.yml

configMapGenerator:             使用属性文件作为
  - name: catalog-config        ConfigMaps 的源
    files:
      - application.yml
    options:                    定义分配给所生成
      labels:                   ConfigMap 的标签
        app: catalog-service
```

注意 以类似的方式，Kustomize 也能够基于字面值或文件生成 Secret。

我们先暂停一下，验证到目前为止所做的事情是否都是正确的。你的本地集群中应该已经包含了之前的 Catalog Service 容器镜像。如果情况并非如此，构建容器镜像（./gradlewbootBuildImage）并将其加载到 minikube 中（minikube image load catalog-service --profile polar）。

然后，打开一个终端窗口，导航至 Catalog Service 项目（catalog-service），并使用熟悉的 Kubernetes CLI 部署应用。当应用标准的 Kubernetes 清单时，我们需要使用-f 标记。当应用 Kustomization 时，我们需要使用-k 标记：

```
$ kubectl apply -k k8s
```

最终的结果应该与前文直接应用 Kubernetes 清单一致，但是，这一次 Kustomize 会通过 Kustomization 资源处理所有的事情。

为了完成校验，使用端口转发策略将 Catalog Service 应用暴露到本地计算机上（kubectl port-forward service/catalog-service 9001:80）。然后，打开一个新的终端窗口，并确保根端点返回的消息就是通过 Kustomize 生成的 ConfigMap 所配置的值：

```
$ http :9001/
Welcome to the book catalog from Kubernetes!
```

在部署由 Kustomize 生成的 ConfigMap 和 Secret 时，它们的名字会有一个唯一的后缀（哈希值）。我们可以通过如下命令验证分配给 catalog-config ConfigMap 的实际名称：

```
$ kubectl get cm -l app=catalog-service

NAME                          DATA    AGE
catalog-config-btcmff5d78     1       7m58s
```

每当我们更新生成器（generator）的输入时，Kustomize 都会创建一个具有不同哈希值的新清单，这会触发容器的滚动重启，从而将更新后的 ConfigMap 和 Secret 挂载为卷。这是实现自动配置刷新的一个非常简便的方式，无须实现或配置任何额外组件。

我们校验一下它是否能够正常运行。首先，更新 Kustomize 用来生成 ConfigMap 的 application.yml 文件中 polar.greeting 属性的值。

程序清单 14.7 更新 ConfigMap 生成器的配置输入

```
polar:
  greeting: Welcome to the book catalog from a development
  ➥ Kubernetes environment!
...
```

然后，再次应用 Kustomization（kubectl apply -k k8s）。Kustomize 将生成一个具有不同后缀哈希值的新 ConfigMap，并触发所有 Catalog Service 实例的滚动重启。在本例中，我们只有一个实例在运行，在生产环境中将会有更多的实例。每次只重启一个实例意味着更新过程不需要停机，这也是我们在云端想要实现的目标。Catalog Service 根端点应该会返回新的消息：

```
$ http :9001/
Welcome to the book catalog from a development Kubernetes environment!
```

如果你感到好奇的话，你可以把这个结果与没有 Kustomize 时更新 ConfigMap 的情况进行对比。
Kubernetes 会更新挂载到 Catalog Service 容器的存储卷，但应用不会重新启动，仍然会返回旧值。

> **注意**　根据需求的差异，你可能想要避免这种滚动重启，并让应用在运行时重新加载配置。在这
> 种情况下，我们可以通过 disableNameSuffixHash: true 生成器选项禁用哈希值后缀策略，并
> 使用像 Spring Cloud Kubernetes Configuration Watcher 这样的技术在 ConfigMap 或 Secret
> 发生变更的时候通知相关的应用。

完成 Kustomize 设置的实验后，我们可以停止端口转发进程（Ctrl+C）并卸载 Catalog Service
（kubectl delete -k k8s）。

因为我们从普通的 Kubernetes 清单转移到了 Kustomize，所以还需要更新一些其他内容。
在第 7 章中，我们使用 Tilt 实现了当使用本地 Kubernetes 时更好的开发工作流。Tilt 支持
Kustomize，所以我们可以将其配置为通过 Kustomization 资源而不是通过普通的 Kubernetes 清
单来部署应用。请更新 Catalog Service 项目中的 Tiltfile，如下所示。

程序清单 14.8　配置 Tilt 以使用 Kustomize 来部署 Catalog Service

```
custom_build(
    ref = 'catalog-service',
    command = './gradlew bootBuildImage --imageName $EXPECTED_REF',
    deps = ['build.gradle', 'src']
)                                          ┌── 根据位于 k8s 目录的 Kustomization
                                           │    来运行应用
k8s_yaml(kustomize('k8s'))         ◄───────┘

k8s_resource('catalog-service', port_forwards=['9001'])
```

最后，我们需要更新 Catalog Service 提交阶段工作流的清单校验步骤，否则当我们下一次
推送变更到 GitHub 时，它将会失败。在 Catalog Service 项目中，打开 commit-stage.yml 文件
（.github/workflows）并将其更新为如下所示。

程序清单 14.9　使用 Kubeval 校验 Kustomize 生成的清单

```
name: Commit Stage
on: push
...
jobs:
  build:
    name: Build and Test
    ...
    steps:
      ...
      - name: Validate Kubernetes manifests
        uses: stefanprodan/kube-tools@v1
```

```
with:
  kubectl: 1.24.3
  kubeval: 0.16.1
  command: |
    kustomize build k8s | kubeval --strict -
```

使用 Kustomize 生成清单，然后使用
Kubeval 对其进行校验

到目前为止，我们从 Kustomize 得到的最明显的好处是在更新 ConfigMap 或 Secret 时自动滚动重启应用。在下一小节中，我们将了解更多关于 Kustomize 的知识，并探索根据部署环境来管理不同的 Kubernetes 配置的强大功能。

14.3.2　使用 Kustomize 管理多环境的 Kubernetes 配置

在开发过程中，我们遵循了 15-Factor 方法论，并将应用各个方面的配置进行了外部化，这些配置在不同的环境间可能会有所变化。我们还看到了如何使用属性文件、环境变量、配置服务和 ConfigMap。我还展示了如何使用 Spring 的 profile 来根据部署环境自定义应用的配置。现在，我们需要更进一步，定义一个策略，以便于根据应用部署的地点来自定义整个部署配置。

在上一小节中，我们学到了如何使用 Kustomization 资源将 Kubernetes 清单进行组合处理。对于每个环境，我们可以声明补丁（patch），以便于在这些基础清单上应用变更或额外的配置。在本小节中看到的所有自定义步骤都能在不改变应用源码的前提下得到应用，我们使用的都是前文生成的同一个发布候选。这是一个非常强大的概念，也是云原生应用的主要特征之一。

Kustomize 实现配置自定义的方式基于 Base 和 Overlay 的概念。我们在 Catalog Service 项目中创建的 k8s 目录可以视为 Base，即包含 kustomization.yml 文件的目录，它组合了 Kubernetes 清单和定制。Overlay 是另外一个包含 kustomization.yml 文件的目录。它的特殊之处在于，它定义了与一个或多个 Base 相关的定制，并将它们组合在一起。从同一个 Base 开始，我们可以为每个部署环境（比如开发、测试、staging 和生产）声明一个 Overlay。

如图 14.3 所示，每个 Kustomization 包含一个 kustomization.yml 文件。作为 Base 的文件会将多个 Kubernetes 资源（如 Deployment、Service 和 ConfigMap）组合在一起。同时，它不会感知到 Overlay 的存在，所以它是与 Overlay 完全独立的。Overlay 使用一个或多个 Base 作为基础，并通过补丁提供额外的配置。

Base 和 Overlay 可以定义在同一个仓库中，也可以定义在不同的仓库中。对于 Polar Bookshop 系统，我们使用每个项目中的 k8s 目录作为 Base，并在 polar-deployment 仓库中定义 Overlay。与我们在第 3 章学到的关于代码库的知识相似，你可以自行决定是否将部署配置与应用放到同一个仓库中。我决定采用单独的仓库，主要基于如下原因：

- 它能够在一个地方统一控制所有系统组件的部署。
- 它允许在将任何内容部署到生产环境之前，进行集中的版本控制、审计和合规性检查。
- 它符合 GitOps 的方式，即交付和部署任务是解耦的。

作为样例，图 14.4 展示了在 Catalog Service 中 Kustomize 清单是如何组织的，其中 Base 和 Overlay 位于两个独立的仓库。

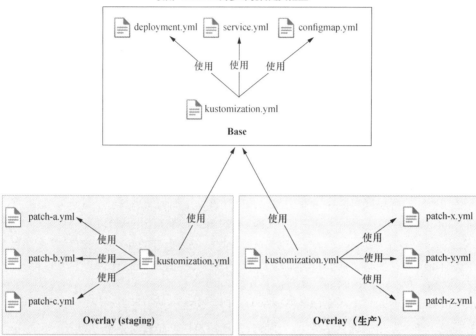

图 14.3 Kustomize Base 会作为根据不同部署环境进一步定制（Overlay）的基础

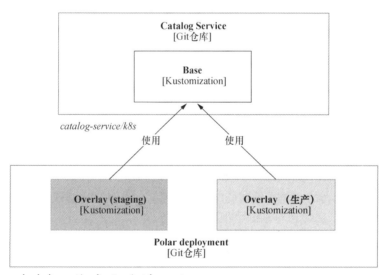

图 14.4 Kustomize Base 和 Overlay 可以存储到同一个仓库，或两个独立的仓库中。
Overlay 可以用来为不同环境定制部署

另外一个要做的决策是将基础 Kubernetes 清单与应用源码放在一起，还是将其移至部署仓库中。对于 Polar Bookshop 样例，我决定采取第一种方式，与我们对默认配置属性的做法类似。其中一个好处在于，在开发过程中，不管是直接使用 Kubernetes 清单，还是使用 Tilt，在本地 Kubernetes 集群中运行每个应用都是很容易的。根据你的需求，你可以在这两种方式中任意选择。这两者都是可行的，而且均在现实场景中得到了使用。

补丁与模板

Kustomize 定制配置的方式是基于补丁的。这与 Helm（https://helm.sh）的运作方式完全相反。Helm 要求我们将想要变更的清单进行模板化处理（这会导致不合法的 YAML 文件）。随后，我们可以在每个环境中为这些模板提供不同的值。如果某个字段没有进行模板化，那么我们就无法定制它的值。鉴于此，很多人会依次使用 Helm 和 Kustomize，以克服彼此的缺点。这两种方式各有其优缺点。

在本书中，我决定使用 Kustomize，因为它在 Kubernetes CLI 中原生可用，它所使用的是合法的 YAML，并且它完全是声明式的。Helm 的功能更强大，还可以处理 Kubernete 原生无法支持的、复杂的应用上线（rollout）和升级。但另一方面，它的学习曲线很陡峭，其模板解决方案有一些缺点，而且它不是声明式的。

另一个方案是 Carvel 套件中的 ytt（https://carvel.dev/ytt）。它提供了一种很棒的体验，同时支持补丁和模板，它使用的是合法的 YAML 文件，而且它的模板策略更加强大。与 Kustomize 相比，熟悉 ytt 需要花费更多的精力，但这是值得的。因为它将 YAML 当作"一等公民"，所以 ytt 可以用来配置和定制任意 YAML 文件，甚至不限于 Kubernetes。你是否在使用 GitHub Actions 流水线？Ansible Playbooks？Jenkins 流水线？在这些情况下，你都可以使用 ytt。

回顾一下 Catalog Service，我们已经拥有了由 Kustomize 组合起来的 Base 部署配置，它们位于项目仓库的专门目录中（catalog-service/k8s）。现在，我们定义一个 Overlay，以定制 staging 环境的部署。

14.3.3　定义 staging 环境的配置 Overlay

在前面的几小节中，我们使用 Kustomize 来管理本地开发环境中 Catalog Service 的配置。这些清单将会作为 Base，我们会据此定义 Overlay，实现针对不同环境的多种定制。因为我们会在 polar-deployment 仓库中定义 Overlay，而 Base 位于 catalog-service 仓库中，因此，所有的 Catalog Service 清单必须在远程 main 分支上是可用的。如果你尚未实现这一点的话，请将迄今为止应用于 Catalog Service 项目的所有变更推送至 GitHub 上的远程仓库。

> **注意**　正如在第 2 章所讲述的，我希望你已经为 Polar Bookshop 系统中的每个项目在 GitHub 上创建了不同的仓库。在本章中，我们只处理 polar-deployment 和 catalog-service 仓库，但你也应该为 edge-service、order-service 和 dispatcher-service 创建仓库。

按照预期，我们会将所有的配置 Overlay 放到 polar-deployment 仓库中。在本小节以及后续小节中，我们会为 staging 环境定义一个 Overlay。下一章将会介绍生产环境。

在 polar-deployment 仓库中创建一个新的 kubernetes/applications 目录。我们将使用它来保存 Polar Bookshop 系统中所有应用的定制。在这个新创建的路径中，添加一个新的 catalog-service 目录，它将包含在不同环境中定制 Catalog Service 部署的 Overlay。具体来讲，我们想要准备在 staging 环境中的部署，所以为 Catalog Service 创建一个名为"staging"的目录。

所有的定制（包括 Base 和 Overlay）均需要一个 kustomization.yml 文件。我们为 Catalog Service 的 staging Overlay 创建该文件（polar-deployment/kubernetes/applications/catalog-service/staging）。首先要配置的是对 Base 清单的引用。

如果你一直跟随我们的教程的话，你应该在 GitHub 上的 catalog-service 仓库中保存了 Catalog Service 的源码。对远程 Base 的引用需要指向包含 kustomization.yml 文件的目录，在我们的样例中，也就是 k8s 目录。同时，我们还应该为要部署的版本引用一个特定的标签或摘要。在下一章中，我们会讨论发布策略和版本化，所以现在可以简单地指向 main 分支。最终的 URL 类似 github.com/<your_github_username>/catalog-service/k8s?ref=main。例如，在我的样例中，它将是 github.com/polarbookshop/catalog-service/k8s?ref=main。

程序清单 14.10　基于远程 Base，定义 staging 环境的 Overlay

```
apiVersion: kustomize.config.k8s.io/v1beta1
kind: Kustomization

resources:
 - github.com/<your_github_username>/catalog-service/k8s?ref=main
```

使用 GitHub 上 Catalog Service 仓库中的清单作为 Base，用于进一步的定制

注意　在这里，我假定你为 Polar Bookshop 创建的所有 GitHub 都是可以公开访问的。如果情况并非如此，你可以进入 GitHub 上特定仓库的页面，并访问该仓库的 Settings 区域。然后，滚动到设置页的底部，通过点击 Change Visibility 使该包可以公开访问。

现在，我们可以使用 Kubernetes CLI 基于 staging Overlay 来部署 Catalog Service，但是结果应该与基于 Base 直接部署没有任何差别。接下来，我们应用一些专门针对 staging 部署的定制。

14.3.4　自定义环境变量

我们可以应用的第一个定制是为 Catalog Service 激活 Spring 的"staging"profile 的环境变量。大多数定制都可以通过合并策略，以补丁的方式来应用。与 Git 合并来自不同分支的变更类似，Kustomize 产生的最终清单包含来自不同 Kustomization 文件的变更（一个或多个 Base 以及一个 Overlay）。

在定义 Kustomize 补丁时，一个最佳实践是保持它们小而专注。为了自定义环境变量，在 Catalog Service 的 staging Overlay 中（kubernetes/applications/catalog-service/staging）创建一个

patch-env.yml 文件。我们需要声明一些上下文信息，以便于 Kustomize 判断出将补丁用于何处以及如何合并变更。当该补丁用来自定义容器时，Kustomize 需要我们声明 Kubernetes 资源的种类和名称（也就是 Deployment），以及容器的名称。这种定制方案叫作策略合并补丁（strategic merge patch）。

程序清单 14.11　自定义环境变量的补丁

```
apiVersion: apps/v1
kind: Deployment
metadata:
  name: catalog-service
spec:
  template:
    spec:
      containers:
        - name: catalog-service
          env:
            - name: SPRING_PROFILES_ACTIVE          ← 定义哪些 Spring profile
              value: prod                                处于激活状态
```

接下来，我们需要告知 Kustomize 应用该补丁。在 Catalog Service 的 staging Overlay 的 kustomization.yml 文件中，按照如下方式列出 patch-env.yml 文件。

程序清单 14.12　使 Kustomize 应用环境变量的补丁

```
apiVersion: kustomize.config.k8s.io/v1beta1
kind: Kustomization

resources:
  - github.com/<your_github_username>/catalog-service/k8s?ref=main

patchesStrategicMerge:          ← 该区域包含了要应用的
  - patch-env.yml                   patch 列表，遵循策略合
                                    并方式
    该补丁包含了要传递给
    Catalog Service 容器的
    自定义环境变量
```

你可以使用相同的方式来自定义 Deployment 的各个方面，比如副本的数量、存活探针、就绪探针、优雅关机的超时时间、环境变量、存储卷等。在下一小节，我们将展示如何自定义 ConfigMap。

14.3.5　自定义 ConfigMap

Catalog Service 的 Base Kustomization 会告知 Kustomize 从 application.yml 文件开始，生成一个名为 catalog-config 的 ConfigMap。为了自定义该 ConfigMap 中的值，我们主要有两个方案：替换整个 ConfigMap 或者仅重写在 staging 环境中不同的值。在第二种情况下，我们一般可以

依靠一些高级的 Kustomize 补丁策略来覆盖 ConfigMap 中的特定值。

当使用 Spring Boot 时，我们可以利用 Spring profile 的力量。因此，我们可以添加一个 application-staging.yml 文件，而不必更新现有 ConfigMap 中的值，当 staging profile 处于激活状态时，该文件会优先于 application.yml。最终得到的结果将是包含这两个文件的 ConfigMap。

首先，在 Catalog Service 的 staging Overlay 中创建一个 application- staging.yml 文件。我们将使用该属性文件来定义 polar.greeting 属性的不同值。因为我们会使用与前文相同的 minikube 集群作为 staging 环境，所以访问支撑服务的 URL 和凭证会与开发环境相同。在真实场景中，这个阶段会涉及更多的定制。

程序清单 14.13　Catalog Service staging 环境的特定配置

```
polar:
  greeting: Welcome to the book catalog from a staging
➥ Kubernetes environment!
```

接下来，我们可以依赖 Kustomize 所提供的 ConfigMap Generator 将 application-staging.yml 文件（定义在 staging Overlay 中）和 application.yml（定义在 Base Kustomization 中）组合到同一个 catalog-config ConfigMap 中。请继续更新 staging Overlay 的 kustomization.yml 文件，使其如下所示。

程序清单 14.14　将属性文件合并到同一个 ConfigMap 中

```
apiVersion: kustomize.config.k8s.io/v1beta1
kind: Kustomization

resources:
  - github.com/<your_github_username>/catalog-service/k8s?ref=main

patchesStrategicMerge:          将该 ConfigMap 与定义
  - patch-env.yml               在 Base Kustomization 的
                                ConfigMap 进行合并

configMapGenerator:
  - behavior: merge  ◁────────  添加至 ConfigMap 的
    files:                      额外属性文件
      - application-staging.yml  ◁
    name: catalog-config  ◁───── 与 Base Kustomization 中使用
                                 的 ConfigMap 名称相同
```

这就是与 ConfigMap 相关的所有内容了。在下一小节中，我们将介绍如何配置要部署的镜像的名称和版本。

14.3.6　自定义镜像名称和版本

Catalog Service 仓库（catalog-service/k8s/deployment.yml）定义的基础 Deployment 清单被

配置为使用本地容器镜像并且没有指定版本号（这意味着会使用 latest）。对于开发阶段，这是很便利的，但是却不适用于其他部署环境。

如果你一直跟随我们的教程的话，你应该在 GitHub 上的 catalog-service 仓库中保存了 Catalog Service 的源码，并且 ghcr.io/<your_github_username>/catalog-service:latest 容器镜像也已经发布到了 GitHub 容器注册中心（由提交阶段的工作流所实现）。在下一章，我们会介绍发布策略和版本化。在此之前，我们依然会使用 latest 标签。不过，关于镜像的名称，我们现在会从注册中心拉取容器镜像，而不再是使用本地镜像。

> **注意**　发布到 GitHub Container Registry 的镜像具有与相关 GitHub 代码仓库相同的可见性。在这里，我假定你为 Polar Bookshop 构建的所有镜像都可以通过 GitHub Container Registry 公开访问。如果情况并非如此的话，你可以进入 GitHub 上特定仓库的页面，并访问该仓库的 Packages 区域。然后在侧边栏选择 Package Settings，滚动到设置页的底部，通过点击 Change Visibility 使该包可以公开访问。

与环境变量的做法类似，我们可以使用补丁来变更 Catalog Service Deployment 资源所使用的镜像。由于这是一个非常通用的定制，每当我们交付应用的新版本时都需要进行变更，Kustomize 提供了一种更方便的方式来声明我们要为每个容器使用哪个镜像名称和版本。除此之外，我们可以直接更新 kustomization.yml 文件，或者依赖 Kustomize CLI（作为 Kubernetes CLI 的一部分进行了安装）。我们尝试一下后一种方案。

打开一个终端窗口，导航至 Catalog Service 的 staging Overlay（kubernetes/applications/catalog-service/staging），使用如下命令来定义 catalog-service 容器使用哪个镜像和版本。记住，要将<your_github_username>替换为你自己的 GitHub 用户名（小写形式）：

```
$ kustomize edit set image \
    catalog-service=ghcr.io/<your_github_username>/catalog-service:latest
```

该命令会使用新的配置自动更新 kustomization.yml 文件，正如我们在如下程序清单中所看到的这样。

程序清单 14.15　为容器配置镜像名称和版本

```
apiVersion: kustomize.config.k8s.io/v1beta1
kind: Kustomization

resources:
  - github.com/<your_github_username>/catalog-service/k8s?ref=main

patchesStrategicMerge:
  - patch-env.yml

configMapGenerator:
  - behavior: merge
    files:
```

```
          - application-staging.yml
        name: catalog-config
```

images:
  - **name: catalog-service**
    newName: ghcr.io/<your_github_username>/catalog-service
    newTag: latest

在下一小节中，我们将配置要部署的副本数量。

14.3.7　自定义副本数量

　　云原生应用应该是高可用的，但是 Catalog Service 并非如此。到目前为止，我们部署的都是一个应用实例。如果它崩溃了，或者由于高工作负载而临时不可用了，会发生什么呢？我们将无法再使用该应用。这种做法韧性不足，对吧？除了其他作用之外，staging 环境非常适合进行性能和可用性测试。至少，我们应该有两个实例处于运行状态。Kustomize 提供了便利的方式来更新指定 Pod 的副本数量。

　　打开 Catalog Service 的 staging Overlay（kubernetes/applications/catalog-service/ staging）中的 kustomization.yml 文件，并为 catalog-service 容器定义两个副本。

程序清单 14.16　为 Catalog Service 容器配置副本数量

```
apiVersion: kustomize.config.k8s.io/v1beta1
kind: Kustomization

resources:
  - github.com/<your_github_username>/catalog-service/k8s?ref=main

patchesStrategicMerge:
  - patch-env.yml

configMapGenerator:
  - behavior: merge
    files:
      - application-staging.yml
    name: catalog-config

images:
  - name: catalog-service
    newName: ghcr.io/<your_github_username>/catalog-service
    newTag: latest

replicas:                    ◁───  Deployment 名称，我们要为该
  - name: catalog-service          Deployment 定义副本数量
    count: 2
```

副本
数量

　　现在，我们终于可以部署 Catalog Service 并测试 staging Overlay 所提供的配置了。简单起见，

我们将继续使用 minikube 本地集群作为 staging 环境。如果你的 minikube 集群依然处于运行状态的话，那么你可以继续后文的操作。否则，你需要在 polar-deployment/kubernetes/platform/development 目录中运行 "./create-cluster.sh" 来启动它。该脚本会启动一个 Kubernetes 集群并部署 Polar Bookshop 所需的支撑服务。

然后，打开一个终端窗口，导航至 Catalog Service 的 staging Overlay（polar-deployment/kubernetes/applications/catalog-service/staging）所在的目录，并运行如下命令以通过 Kustomize 部署应用：

```
$ kubectl apply -k .
```

我们可以通过 Kubernetes CLI（kubectl get pod -l app=catalog-service）或 Octant GUI（参考第 7 章以了解更多信息）监控操作的结果。应用可用并准备就绪后，我们可以使用 CLI 检查日志：

```
$ kubectl logs deployment/catalog-service
```

最初 Spring Boot 日志将告诉我们 staging profile 已经启用，正如我们在 staging Overlay 中通过补丁配置的那样。

应用现在还没有暴露到集群之外，但是我们可以使用端口转发功能，将本地机器上 9001 端口的流量转发至在集群中 80 端口运行的 Service：

```
$ kubectl port-forward service/catalog-service 9001:80
```

然后，打开一个终端窗口，并调用应用的根端点。

```
$ http :9001
Welcome to the book catalog from a staging Kubernetes environment!
```

返回的结果是我们在 application-staging.yml 文件中为 polar.greeting 属性所定义的消息。这正是我们所预期的。

> **注意** 值得注意的是，如果向 ":9001/books" 发送 GET 请求，会得到一个空列表。在 staging 环境中，我们还没有启用 testdata profile 来控制启动时图书的生成。我们只希望在开发或测试环境中这样做。

我们为 staging Overlay 所应用的最后一项定制是要部署的副本的数量。我们通过如下命令进行校验：

```
$ kubectl get pod -l app=catalog-service

NAME                              READY   STATUS    RESTARTS   AGE
catalog-service-6c5fc7b955-9kvgf  1/1     Running   0          3m94s
catalog-service-6c5fc7b955-n7rgl  1/1     Running   0          3m94s
```

按照设计，Kubernetes 会确保每个应用的可用性。如果有足够资源的话，它会尝试把两个副本部署在两个不同的节点上。如果一个节点崩溃了，应用在另一个节点上仍然是可用的。同时，Kubernetes 会负责在其他地方部署第二个实例，以确保始终有两个副本处于运行状态。我们可以用 kubectl get pod -o wide 检查每个 Pod 被分配在哪个节点上。在我们的场景，minikube 集群只有一个节点，所以两个实例会部署在一起。

如果好奇的话，可以尝试更新 application-staging.yml 文件，再次将 Kustomization 应用到集群上（kubectl apply -k .），看一下 Catalog Service 的 Pod 是如何一个接一个重新启动的（滚动重启），以确保在零停机的情况下加载新的 ConfigMap。为了可视化事件的顺序，你可以使用 Octant 或者在应用 Kustomization 之前，在一个单独的终端窗口启动该命令：kubectl get pods -l app=catalog-service --watch。

在对应用完成测试之后，你可以使用 Ctrl+C 终止端口转发进程，并在 polar-deployment/kubernetes/platform/development 目录中运行 "./destroy-cluster.sh" 来删除集群。

现在，我们学习了在 Kustomize 中配置和部署 Spring Boot 应用的基本知识，接下来应该将其部署到生产环境了。这将是下一章的内容。

> **Polar Labs**
>
> 请将在本章学习到的知识用到 Polar Bookshop 系统的所有应用上。在下一章，我们将需要这些更新后的应用，到时，我们会将它们部署到生产环境中。
>
> 1）禁用 Spring Cloud Config 客户端。
>
> 2）定义基础的 Kustomization 清单，并更新 Tilt 和工作流的提交阶段。
>
> 3）使用 Kustomize 来生成 ConfigMap。
>
> 4）配置 staging Overlay。
>
> 你可以参阅本书附带源码仓库的/Chapter14/14-end 目录以获取最终结果（https://github.com/ThomasVitale/cloud-native-spring-in-action）。

14.4   小结

- 借助 Spring Cloud Config Server 构建的配置服务器，可以使用 Spring Security 提供的功能进行安全防护。例如，我们可以要求客户端使用 HTTP Basic 认证来访问服务器所暴露的配置端点。

- Spring Boot 应用中的配置数据可以通过调用 Spring Boot Actuator 暴露的/actuator/refresh 端点进行重新加载。

- 为了将配置刷新操作传播给系统中的其他应用，我们可以使用 Spring Cloud Bus。

- Spring Cloud Config Server 提供了一个 Monitor 模块，该模块为代码仓库供应商暴露了一个/monitor 端点，每当有新的变更推送到配置仓库时，就可以通过 webhook 调用该端点。其结果就是，Spring Cloud Bus 会触发所有受配置变化影响的应用，以重新加载配置。整个过程会自动进行。

■ 管理 Secret 是所有软件系统的关键任务，如果在这方面犯错，将会非常危险。

■ Spring Cloud Config 提供了加密和解密特性，以安全地处理配置库中的 Secret，它支持对称或非对称密钥。

■ 我们还可以使用 Azure、AWS 和 Google Cloud 等云供应商提供的 Secret 管理解决方案，并利用 Spring Cloud Azure、Spring Cloud AWS 和 Spring Cloud GCP 提供的与 Spring Boot 的集成功能。

■ Hashicorp Vault 是另一个可选方案。我们可以通过 Spring Vault 项目直接配置所有的 Spring Boot 应用，也可以把它作为 Spring Cloud Config Server 的后端。

■ 当 Spring Boot 应用被部署到 Kubernetes 集群时，我们也可以通过 ConfigMap（用于非敏感的配置数据）和 Secret（用于敏感的配置数据）来配置它们。

■ 我们可以把 ConfigMap 和 Secret 作为环境变量值的数据源，也可以将其作为存储卷挂载到容器中。后一种方案更好一些，而且 Spring Boot 原生就支持这种方法。

■ Secret 并不是私密的。它们所包含的数据在默认情况下是不加密的，所以不应该将它们纳入版本控制，并把其包含在仓库中。

■ 平台团队要负责保护 Secret，例如，使用 Sealed Secret 项目对 Secret 进行加密，并将其纳入版本控制中。

■ 通过管理多个 Kubernetes 清单来部署应用的做法并不是很直观。Kustomize 提供了一种方便的方式来管理、部署、配置和升级 Kubernetes 中的应用。

■ Kustomize 还提供了生成器来构建 ConfigMap 和 Secret，并提供了当它们更新时触发滚动重启的方式。

■ Kustomize 提供的配置定制的方式是基于 Base 和 Overlay 概念的。

■ Overlay 构建在基础清单之上，所有的定制都是基于补丁实现的。我们看到了如何为自定义环境变量、ConfigMap、容器镜像和副本数量定义补丁。

第 15 章　持续交付与 GitOps

本章内容:

- 理解持续交付与发布管理
- 使用 Kustomize 配置 Spring Boot 的生产环境
- 使用 GitOps 和 Kubernetes 将应用部署至生产环境

经过一章又一章的讲解,我们已经掌握了适用于云原生应用的模式、原则和最佳实践,而且我们构建了一个使用 Spring Boot 和 Kubernetes 的书店系统。现在,我们该把 Polar Bookshop 部署到生产环境了。

我希望你将 Polar Bookshop 的各个项目放到 GitHub 上单独的 Git 仓库中。如果你没有按照本书前面的章节练习的话,你可以参考本书附带源码仓库的 Chapter15/15-begin 目录,并以它为基础定义这些仓库。

本章将指导你完成将应用部署至生产环境的最后一些准备工作。首先,我将讨论发布候选(release candidate)的版本化策略,以及如何设计部署流水线的验收阶段。然后,你会看到如何为生产化配置 Spring Boot 应用,并将其部署到公有云的 Kubernetes 中。接下来,我将介绍如何通过实现生产化阶段来完成部署流水线。最后,我们将使用 Argo CD 来实现基于 GitOps 原则的持续部署。

> **注意**　本章的样例可以通过 Chapter15/15-begin 和 Chapter15/15-end 目录获取,它们分别包含了项目的初始和最终状态(https://github.com/ThomasVitale/cloud-native-spring-in-action)。

15.1 部署流水线：验收阶段

持续交付是我们确定的基本实践之一，它能够支持我们实现云原生的目标，即速度、韧性、扩展和成本节省。这是一种快速、可靠、安全地交付高质量软件的整体方法。持续交付背后的主要理念在于，应用要始终处于可发布状态。采用持续交付的主要模式是部署流水线，它贯穿代码提交到发布软件的整个过程。部署流水线要尽可能自动化，并代表了通往生产化的唯一路径。

在第 3 章，我们曾经讲到，部署流水线可以由三个主要的阶段组成，即提交阶段、验收阶段和生产化阶段。在本书中，我们将提交阶段自动化为 GitHub Actions 中的工作流。开发人员将新代码提交到主线后，这个阶段会经历构建、单元测试、集成测试、静态代码分析和打包过程。在这个阶段结束的时候，会有一个可执行的应用制品发布到制品仓库中。这个制品就是一个发布候选。

本节将介绍我们该如何为持续交付中的发布候选进行版本化。然后，你将学习关于验收阶段的更多知识，包括它的目的和它的输出。最后，我将会向你展示如何在 GitHub Actions 中为验收阶段实现一个最小化的工作流。在本阶段结束时，发布候选将会为生产环境部署做好准备。

15.1.1 为持续交付中的发布候选进行版本化

在部署流水线中，提交阶段的输出是一个发布候选。这是应用的可部署制品。在我们的场景中，它将会是一个容器镜像。流水线中所有的后续步骤将会通过不同的测试来评估该容器镜像的质量。如果没有发现问题，发布候选最终将部署至生产环境并发布给用户。

发布候选会被存储在一个制品仓库中。如果是 JAR 的话，它将会存储到 Maven 仓库中。在我们的场景中，它会是一个容器镜像，并且会被存储在容器注册中心。具体来讲，我们会使用 GitHub Container Registry。

每个发布候选必须要进行唯一标识。到目前为止，我们为所有的容器镜像版本都使用了隐含的 latest 标签。同时，我们忽略了 Gradle 中为每个 Spring Boot 项目默认配置的 0.0.1-SNAPSHOT 版本。我们如何对发布候选进行版本化呢？

一种流行的策略叫作语义化版本（semantic versioning, https://semver.org）。它由<major>.<minor>.<patch>形式的标识符组成。我们还可以选择在末尾添加一个连字符，后面跟一个字符串，将其标记为预发布。默认情况下，Spring Initializr（https://start.spring.io）生成的 Spring Boot 项目会使用 0.0.1-SNAPSHOT 版本进行初始化，它标识了一个快照版本。这种策略的一个变种是日历化版本（calendar versioning, https://calver.org），它将语义化版本的概念与日期及时间结合在了一起。

在开源项目以及作为产品发布给客户的软件中，这两种策略都得到了广泛的使用，因为它们提供了新发布版本的隐含信息。例如，我们预期一个新的主（major）版本包含与之前主版本不兼容的新功能和 API 变更。而对于补丁版本，我们预期它只有有限的范围，并确保向后的兼容性。

> **注意** 如果你正在从事的项目适合使用语义化版本，那么我推荐你了解一下 JReleaser，它是一个用于版本发布的自动化工具。它的目标是简化创建发布版本和发布制品到多个包管理器，同时提供了可定制的选项（https://jreleaser.org）。

语义化版本需要某种形式的手工步骤，以根据发布制品的内容分配版本号：它是否包含破坏性的变更？它是否只包含缺陷修正？当有了这些数字之后，我们仍然不清楚新的发布制品中都包含了什么，所以我们需要使用 Git 标签并且要定义 Git 提交标识符与版本号之间的映射。

对于快照制品来讲，这会变得更具挑战性。我们以一个 Spring Boot 项目作为样例。默认情况下，它会从 0.0.1-SNAPSHOT 版本开始。在我们准备发布 0.0.1 版本之前，每当我们推送新的变更至 main 分支时，都将触发提交阶段，一个新的发布候选就会使用 0.0.1-SNAPSHOT 版本号发布。在 0.0.1 版本发布之前，所有发布候选都具有相同的版本号。这种方式无法保证变更的可追溯性。0.0.1-SNAPSHOT 发布候选都包含了哪些提交呢？我们无从得知。此外，与使用 latest 一样，它还会受到不稳定性的影响。每当我们检索制品时，它都有可能与上一次的制品不一致。

当涉及持续交付时，如果我们想唯一标识发布候选的话，使用语义化版本并不是理想的方式。当遵循持续集成的原则时，我们每天都会有很多发布候选的构建。每个发布候选都有可能提升至生产环境中。我们是否应该根据每次代码提交的内容，采用不同的方式（主版本、次版本或补丁版本）为其更新语义化版本呢？从代码提交到生产的路径应该尽可能地自动化，尽量消除人工干预。如果我们采用持续部署的话，提升至生产都应该自动化进行。我们该做些什么来解决这个问题呢？

一种方案是使用 Git 提交哈希值来对发布候选进行版本化，这将是自动化、可追溯和可靠的，我们将不再需要 Git 标签。你可以原样使用提交哈希值（如 486105e261cb346b87920aaa4ea6dce6eebd6223），也可以将它作为基础，生成一个更加人性化的数字。比如，我们在它的前面添加时间戳或递增的序列号，以此让人们知道哪个发布候选是最新的（比如 20220731210356-486105e261cb346b87920aaa4ea6dce6eebd6223）。

不过，语义化版本和类似的策略在持续交付中依然有其用武之地。正如 Dave Farley 在其 *Continuous Delivery Pipelines*（2021 年）一书中所建议的那样，除了作为唯一标识符之外，它们还可以用作展示名称。这种方式能够为用户提供发布候选的信息，同时还能从持续交付中获益。

对于 Polar Bookshop，我们将采用一种简单的解决方案，也就是直接使用 Git 提交哈希值来标识我们的发布候选。因此，我们会忽略 Gradle 项目中配置的版本号（它可以作为展示版本名）。例如，Catalog Service 的发布候选会是 ghcr.io/<your_github_username>/catalog-service:<commit-hash>。

现在，我们有了可行的策略，接下来看一下如何在 Catalog Service 中实现它。进入 Catalog

Service 项目（catalog-service），打开".github/workflows"目录中的 commit-stage.yml 文件。我们之前定义了一个 VERSION 环境变量来存放发布候选的唯一标识符。目前，它被设置为静态的 latest。我们将其替换为${{ github.sha }}，GitHub Actions 会将其动态解析为当前 Git 的提交哈希值。为了简便起见，我们依然会为最新的发布候选添加 latest 标签，对于本地开发场景来说，这是很有用处的。

程序清单 15.1　使用 Git 提交哈希值为发布候选进行版本化

```
name: Commit Stage
on: push

env:
  REGISTRY: ghcr.io
  IMAGE_NAME: polarbookshop/catalog-service
  VERSION: ${{ github.sha }}          ◁────┐  将发布候选的版
                                            │  本号定义为Git的
build:                                      │  提交哈希值
  name: Build and Test                      │
  ...                                       │
                                            │
package:                                    │
  name: Package and Publish                 │
  ...                                       │
  steps:                                    │
    ...                                     │
    - name: Publish container image    ◁────┘
      run: docker push \
            ${{ env.REGISTRY }}/${{ env.IMAGE_NAME }}:${{ env.VERSION }}
    - name: Publish container image (latest)
      run: |
        docker tag \
          ${{ env.REGISTRY }}/${{ env.IMAGE_NAME }}:${{ env.VERSION }} \
          ${{ env.REGISTRY }}/${{ env.IMAGE_NAME }}:latest
        docker push ${{ env.REGISTRY }}/${{ env.IMAGE_NAME }}:latest
```

为最新的发布候选添加
"latest"标签

　　在更新工作流之后，提交变更并将其推送至 GitHub。这将触发提交阶段的工作流（图 15.1）。它的输出将会是发布至 GitHub Container Registry 的容器镜像，该镜像使用当前的 Git 提交哈希值进行版本化，并且带有一个额外的 latest 标签。

　　流水线执行成功后，我们会在 GitHub 上的 catalog-service 仓库主页上看到新发布的容器镜像。在侧边栏，你将会发现 Packages 区域中有一个名为 catalog-service 的条目。点击它，你将会导航至 Catalog Service 的容器仓库（图 15.2）。当使用 GitHub Container Registry 时，容器镜像会和源码一起存储，这是非常便利的。

　　此时，容器镜像（我们的发布候选）已经进行了唯一标识，并且准备好进入验收阶段了。这正是下一小节的主题。

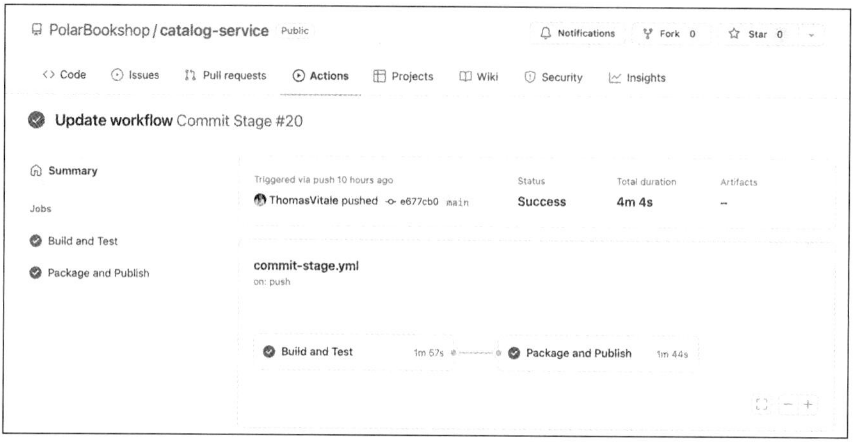

图 15.1 提交阶段会从代码提交延伸至将发布候选发布至制品仓库

图 15.2 在我们的场景中，发布候选是发布到 GitHub Container Registry 上的容器镜像

15.1.2 理解部署流水线的验收阶段

在提交阶段结束时，如果有新的发布候选发布到了制品仓库，就会触发部署流水线的验收阶段。它包含将应用部署至类生产（production-like）环境，并运行额外的测试以增强对其可发布的信心。验收阶段运行的测试通常会比较慢，但是我们应该努力让整个部署流水线的执行保持在一个小时以内。

在第 3 章，我们学习了敏捷测试象限（图 15.3）提供的软件测试分类。四象限对软件测试的分类是基于测试是面向技术还是面向业务的，以及它们是支持开发团队还是用来指摘项目的。

敏捷测试象限

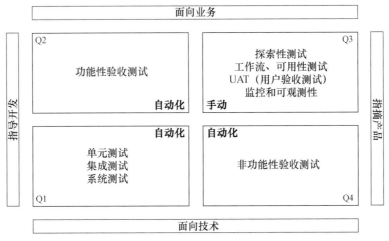

图 15.3 敏捷测试象限是一种分类法，有助于规划软件测试策略

在提交阶段，我们主要关注第一象限，包括单元测试和集成测试。它们是用来支持团队的、面向技术的测试，确保他们按照正确的方式来构建软件（build the software right）。而验收测试关注第二和第四象限，试图消除手工回归测试的必要性。这个阶段包括功能性和非功能性验收测试。

功能性验收测试是用来支持团队、面向业务的测试，确保他们构建的是正确的软件（build the right software）。它们从用户的角度出发，通常会使用基于高级领域特定语言（DSL）的可执行规范（executable specification）来实现，这些规范会转换成更低层级的编程语言。例如，我们可以使用 Cucumber（https://cucumber.io/）以人性化的纯文本"browse the book catalog"或"place a book order"编写场景。随后，可以使用像 Java 这样的编程语言来执行和验证这些场景。

在验收阶段，我们还可以通过非功能性测试来验证发布候选的质量属性。比如，我们可以使用像 Gatling（https://gatling.io）这样的工具进行性能和负载测试，以及安全与合规测试、韧性测试等。在进行韧性测试时，我们可以采用混沌工程（chaos engineering），这是由 Netflix 倡导的一门学科，它会让系统的某些部分失效，以校验其余组成部分的反应以及系统面对失败的韧性。对于 Java 应用来说，我们可以考虑使用 Chaos Monkey for Spring Boot 项目（https://codecentric.github.io/chaos-monkey-spring-boot）。

注意 那第三象限呢？根据持续交付的原则，我们努力避免在部署流水线中包含手动测试。不过，我们通常还是需要它们的。对于面向终端用户的软件产品，如 Web 和移动应用，它们尤为重要。因此，我们会以探索性测试和可用性测试的形式单独对其进行测试，这样可以确保测试人员有更多的自由性，减少对持续集成和部署流水线所需的节奏和时间的限制。

验收阶段的一个特点是所有的测试都在类生产环境中运行，以确保最佳的可靠性。部署将遵循与生产环境一致的过程和脚本，它们可以进行专门的系统测试（第一象限）。

如果发布候选通过了验收阶段的所有测试，这意味着它是可发布的，可以交付并部署到生产环境中。图 15.4 阐述了部署流水线中提交和验收阶段的输入与输出。

部署流水线：从提交到验收

开发人员 — 提交并推送代码 → 应用仓库 ← 拉取 — 提交阶段 → 公布发布候选 ↓ 容器注册中心 ← 拉取发布候选 — 验收阶段

(◉) 由事件触发（例如有新的发布候选）

图 15.4　提交阶段会从代码提交持续至发布候选，然后经历验收阶段。如果通过所有测试的话，它就可以投入生产环境了

15.1.3　使用 GitHub Actions 实现验收阶段

在本小节中，我们将看到如何使用 GitHub Actions 为验收阶段生成实现工作流的骨架（skeleton）。在本书中，我们一直强调单元和集成测试，它们会在提交阶段运行。对于验收阶段，我们需要编写功能性和非功能性验收测试。这超出了本书的范围，但是我依然会以 Catalog Service 为例展示工作流的设计原则。

打开 Catalog Service 项目（catalog-service），并在 ".github/workflows" 目录中创建新的 acceptance-stage.yml 文件。验收阶段会在新的发布候选版本发布到制品仓库时触发。定义该触发器的方案之一就是监听 GitHub 在提交阶段工作流完成时所发布的事件。

程序清单 15.2　在提交阶段完成后触发验收阶段

```
name: Acceptance Stage          ← 工作流的名称
on:
  workflow_run:                 ← 该工作流会在提交
    workflows: ['Commit Stage']    阶段工作流完成运
    types: [completed]             行之后触发
    branches: main
```
该工作流只在 main 分支上运行

但这还是不够的。根据持续集成原则，开发人员在日常工作中会经常提交变更，并重复性触发提交阶段。因此提交阶段要比验收阶段快得多，所以我们有出现瓶颈的风险。当一个验收阶段运行

完成后，我们并不想对同时排队的所有发布候选都进行校验，而是只关心最新的发布候选，所以其他发布候选均可以被丢弃。借助并发控制，GitHub Actions 提供了处理该场景的机制。

程序清单 15.3 为工作流执行配置并发性

```
name: Acceptance Stage
on:
  workflow_run:
    workflows: ['Commit Stage']
    types: [completed]
    branches: main                    确保每次只有一个
concurrency: acceptance               工作流在运行
```

接下来，我们需要定义一些在类生产环境中并行运行的 job，以完成功能性和非功能性验收测试。就我们的样例来讲，我只会简单地打印一条消息，因为我们还没有为这个阶段实现自动化测试。

程序清单 15.4 运行功能性和非功能性的验收测试

```
name: Acceptance Stage
on:
  workflow_run:
    workflows: ['Commit Stage']
    types: [completed]
    branches: main
concurrency: acceptance

jobs:
  functional:
    name: Functional Acceptance Tests
    if: ${{ github.event.workflow_run.conclusion == 'success' }}
    runs-on: ubuntu-22.04
    steps:
      - run: echo "Running functional acceptance tests"
  performance:                                                      提交阶段成功
    name: Performance Tests                                         完成时所要运
    if: ${{ github.event.workflow_run.conclusion == 'success' }}   行的job
    runs-on: ubuntu-22.04
    steps:
      - run: echo "Running performance tests"
  security:
    name: Security Tests
    if: ${{ github.event.workflow_run.conclusion == 'success' }}
    runs-on: ubuntu-22.04
    steps:
      - run: echo "Running security tests"
```

注意 验收测试可以在与生产环境非常相似的 staging 环境中运行。应用可以使用我们在上一章配置的 staging Overlay 进行部署。

此时，推送变更至 GitHub catalog-service 仓库，查看 GitHub 是如何首先运行提交阶段工作流（由代码提交所触发），进而运行验收阶段工作流（由提交阶段工作流成功完成所触发）的。图 15.5 展示了验收阶段工作流执行的结果。

图 15.5   提交阶段会从代码提交持续至发布候选，然后经历验收阶段。
如果通过所有测试的话，它就可以投入生产环境了

Polar Labs

现在，我们应该将本节学到的知识用到 Edge Service、Dispatcher Service 和 Order Service 上了。

1）更新提交阶段工作流，以确保每个发布候选都是唯一标识的。

2）提交变更至 GitHub，确保工作流能够成功完成，并检查容器镜像已经发布到 GitHub Container Registry 中了。

3）创建验收阶段工作流，推送变更至 GitHub，并验证它会在提交阶段工作流完成时正确触发。

在本书附带的源码中，我们可以在 Chapter15/15-end 目录中查看最后结果（https://github.com/ThomasVitale/cloud-native-spring-in-action）。

部署至生产环境时需要组合发布候选及其配置。现在我们已经确保发布候选为生产化做好了准备，接下来应该自定义它的配置了。

15.2   Spring Boot 的生产化配置

我们已经越来越接近将云原生应用部署至生产环境中的 Kubernetes 集群了。到目前为止，我们都是使用基于 minikube 的本地集群。现在，我们需要一个完整的 Kubernetes 集群作为生

产环境。在继续阅读本节的内容之前，请参照附录 B 中的指令（从 B.1～B.6 节）在 DigitalOcean 公有云中初始化一个 Kubernetes 集群。如果你想要使用其他云供应商的话，也能在这里找到一些提示。

在云中的 Kubernetes 集群运行起来之后，你可以继续阅读本节的内容，在本节我们将介绍在将 Spring Boot 应用部署至生产环境之前，需要为它们提供的额外配置。

在上一章中，我们学习了 Kustomize，以及如何基于一个通用的 Base 为不同的部署环境管理自定义配置的 Overlay 技术。我们还亲自动手为 staging 环境的 Catalog Service 创建了自定义配置。我将扩展第 14 章的内容，展示如何为 ConfigMap 和 Secret 自定义存储卷挂载。同时，我们会看到如何为 Kubernetes 中运行的容器配置 CPU 和内存，还会学习 Paketo Buildpacks 如何为每个容器中的 Java 虚拟机（JVM）管理资源。

15.2.1　为生产化定义配置 Overlay

首先，我们需要定义一个新的 Overlay，以便于自定义 Catalog Service 在生产环境中的部署。你可能还记得在上一章中，Catalog Service 的 Kustomization Base 存储在 catalog-service 仓库中。我们会将 Overlay 存放在 polar-deployment 仓库中。

请继续在 kubernetes/applications/catalog-service 下创建名为 "production" 的目录（在 polar-deployment 仓库中）。我们将会使用它来存储所有与生产环境相关的自定义配置。所有 Base 和 Overlay 都需要有一个 kustomization.yml 文件，所以我们为生产环境中的 Overlay 创建该文件。需要记住的是，在如下清单中，将 <your_github_username> 替换为你自己的 GitHub 用户名（小写形式）。同时，将 <release_sha> 替换为 Catalog Service 最新发布候选关联的唯一标识符。你可以在 catalog-service GitHub 仓库主页的 Packages 区域获取该版本。

程序清单 15.5　基于远程 Base，定义适用于生产环境的 Overlay

```
apiVersion: kustomize.config.k8s.io/v1beta1
kind: Kustomization
resources:
  - github.com/<your_github_username>/catalog-service/k8s?ref=<release_sha>
```

Git 提交哈希值（sha）代表
了最新的发布候选

> **注意**　我假定你为 Polar Bookshop 创建的所有 GitHub 仓库都是可以公开访问的。如果情况并非如此的话，你可以进入 GitHub 上特定仓库的页面，并访问该仓库的 Settings 区域。滚动到设置页的底部，通过点击 Change Visibility 使该仓库可以公开访问。

1. 自定义环境变量

我们要应用的第一个自定义配置是一个环境变量，它要为 Catalog Service 激活名为 "prod"

的 Spring profile。按照与上一章相同的方式，在 Catalog Service 的生产 Overlay 中创建一个 patch-env.yml 文件（kubernetes/applications/catalog-service/production）。

程序清单 15.6　为容器自定义环境变量的补丁

```
apiVersion: apps/v1
kind: Deployment
metadata:
  name: catalog-service
spec:
  template:
    spec:
      containers:
        - name: catalog-service
          env:
            - name: SPRING_PROFILES_ACTIVE        ◁——  定义哪些 Spring profile
              value: prod                               处于激活状态
```

接下来，我们需要告知 Kustomize 应用该补丁。在 Catalog Service 生产环境 Overlay 的 kustomization.yml 文件中，按照如下方式列出 patch-env.yml 文件。

程序清单 15.7　使 Kustomize 应用环境变量的补丁

```
apiVersion: kustomize.config.k8s.io/v1beta1
kind: Kustomization

resources:
  - github.com/<your_github_username>/catalog-service/k8s?ref=<release_sha>

patchesStrategicMerge:                ◁——  该区域包含了要应用
  - patch-env.yml                            的补丁列表，遵循策略
                                             合并方式
```

该补丁包含了要传递给
Catalog Service 容器的
自定义环境变量

2. 自定义 Secret 和存储卷

在上一章中，我们学习了如何定义 ConfigMap 和 Secret，并且看到了如何将它们以存储卷的形式挂载到 Spring Boot 容器中。在 Base Kustomization 中，我们没有配置 Secret，因为当时我们依赖的是与开发阶段相同的默认值。在生产环境中，为了让 Catalog Service 能够访问 PostgreSQL 数据库和 Keycloak，我们需要传递不同的 URL 和凭证。

在搭建 DigitalOcean 中的生产环境时，我们还创建了一个 Secret，其中包含了访问 PostgreSQL 数据库（polar-postgres-catalog-credentials）和 Keycloak（keycloak-issuer-resourceserver-secret）的凭证。现在，我们可以将它们作为存储卷挂载到 Catalog Service 容器上，这类似于第 14 章所使用的 ConfigMap。我们将使用一个专门的补丁来实现这一点。

在 Catalog Service 的生产环境 Overlay 中（kubernetes/applications/catalog-service/production）创建一个 patch-volumes.yml 文件，并按照程序清单 15.8 所示配置该补丁。当 Kustomize 将该补丁应用到 Base 部署清单时，它会合并 Base 中定义的 ConfigMap 存储卷以及本补丁中定义的 Secret 存储卷。

程序清单 15.8　将 Secret 作为存储卷挂载到 Catalog Service 容器上

```
apiVersion: apps/v1
kind: Deployment
metadata:
  name: catalog-service
spec:
  template:
    spec:
      containers:
        - name: catalog-service
          volumeMounts:
            - name: postgres-credentials-volume
              mountPath: /workspace/secrets/postgres          ← 用包含 PostgreSQL 凭证的 Secret 挂载存储卷
            - name: keycloak-issuer-resourceserver-secret-volume
              mountPath: /workspace/secrets/keycloak           ← 用包含 Keycloak 签发者 URL 的 Secret 挂载存储卷
      volumes:
        - name: postgres-credentials-volume
          secret:
            secretName: polar-postgres-catalog-credentials      ← 根据包含 PostgreSQL 凭证的 Secret 来定义存储卷
        - name: keycloak-issuer-resourceserver-secret-volume
          secret:
            secretName: keycloak-issuer-resourceserver-secret    ← 根据包含 Keycloak 签发者 URL 的 Secret 定义存储卷
```

然后，就像在上一节所学到的一样，我们需要在生产环境 Overlay 的 kustomization.yml 文件中引用该补丁。

程序清单 15.9　让 Kustomize 应用挂载 Secret 的补丁

```
apiVersion: kustomize.config.k8s.io/v1beta1
kind: Kustomization

resources:
  - github.com/<your_github_username>/catalog-service/k8s?ref=<release_sha>

patchesStrategicMerge:
  - patch-env.yml
  - patch-volumes.yml          ← 定义将 Secret 挂载为存储卷的补丁
```

现在，按照配置，Secret 已经提供给了容器，但是 Spring Boot 还没有感知到它们。在下一小节中，我将展示如何告知 Spring Boot 以配置树的形式加载这些 Secret。

3. 自定义 ConfigMap

Catalog Service 的 Base Kustomization 会告知 Kustomize 从 application.yml 文件开始，生成一个名为 catalog-config 的 ConfigMap。正如在上一章所学到的，我们可以要求 Kustomize 在同一个 ConfigMap 中添加一个额外的文件，也就是 application-prod.yml，我们知道它会优先于 Base application.yml 文件。这就是我们为生产环境自定义应用配置的方式。

首先，在 Catalog Service 生产环境的 Overlay 中（kubernetes/applications/catalog-service/production）创建一个 application-prod.yml 文件。我们将使用该属性文件来配置自定义的问候信息。我们还需要借助 spring.config.import 属性，告知 Spring Boot 将 Secret 加载为配置树。关于配置树的更多信息，请参考第 14 章。

> **程序清单 15.10　Catalog Service 生产环境的特定配置**

```
polar:
  greeting: Welcome to our book catalog from a production
➥ Kubernetes environment!
spring:
  config:
    import: configtree:/workspace/secrets/*/   ◁── 从带有 Secret 的存储卷所挂载的路
                                                     径导入配置。请确保要包含最后的
                                                     斜线，否则导入将失败
```

接下来，我们可以依赖 Kustomize 所提供的 ConfigMap Generator 将 application-prod.yml 文件（定义在生产环境 Overlay 中）和 application.yml（定义在 Base Kustomization 中）组合到同一个 catalog-config ConfigMap 中。请继续更新生产环境 Overlay 的 kustomization.yml 文件，使其如下所示。

> **程序清单 15.11　将属性文件合并到同一个 ConfigMap 中**

```
apiVersion: kustomize.config.k8s.io/v1beta1
kind: Kustomization
resources:
  - github.com/<your_github_username>/catalog-service/k8s?ref=<release_sha>

patchesStrategicMerge:
  - patch-env.yml
  - patch-volumes.yml              将该 ConfigMap 与定义在 Base
                                   Kustomization 的 ConfigMap 进
                                   行合并
configMapGenerator:
  - behavior: merge   ◁──
    files:
                                   添加至 ConfigMap 的
      - application-prod.yml   ◁── 额外属性文件
    name: catalog-config   ◁──
                               使用与 Base Kustomization
                               中相同的 ConfigMap 名称
```

4. 自定义镜像名称和版本

下一步就是按照与上一章相同的过程来更新镜像名称和版本。这一次，我们会为容器镜像

（我们的发布候选）使用一个恰当的版本号。

首先，确保你的计算机上已经安装了 kustomize CLI。你可以参阅 https://kustomize.io 中的指南。如果你使用的是 macOS 或 Linux 的话，可以使用 brew install kustomize 命令来安装 kustomize。

然后，打开一个终端窗口，导航至 Catalog Service 的生产环境 Overlay（kubernetes/applications/catalog-service/production）中，使用如下命令来定义 catalog-service 容器使用哪个镜像和版本。记住，要将<your_github_username>替换为你自己的 GitHub 用户名（小写形式）。同时，将<sha>替换为 Catalog Service 最新发布候选所关联的唯一标识符。你可以在 catalog-service GitHub 仓库主页的 Packages 检索该版本号：

```
$ kustomize edit set image \
    catalog-service=ghcr.io/<your_github_username>/catalog-service:<sha>
```

该命令会使用新的配置自动更新 kustomization.yml 文件，正如我们在如下程序清单中所看到的那样。

程序清单 15.12　为容器配置镜像名称和版本

```
apiVersion: kustomize.config.k8s.io/v1beta1
kind: Kustomization

resources:
  - github.com/<your_github_username>/catalog-service/k8s?ref=<release_sha>

patchesStrategicMerge:
  - patch-env.yml
  - patch-volumes.yml

configMapGenerator:
  - behavior: merge
    files:
      - application-prod.yml
    name: catalog-config

images:
  - name: catalog-service
    newName:
    ➥ ghcr.io/<your_github_username>/catalog-service
    newTag: <release_sha>
```

Deployment 清单中所定义的容器名称

容器所对应的新镜像的名称（使用小写形式的 GitHub 用户名）

容器的新标签（使用了发布候选的唯一标识符）

注意　发布到 GitHub Container Registry 的镜像具有与相关 GitHub 代码仓库相同的可见性。在这里，我假定你为 Polar Bookshop 构建的所有镜像都可以通过 GitHub Container Registry 公开访问。如果情况并非如此，你可以进入 GitHub 上特定仓库的页面，并访问该仓库的 Packages 区域。然后在侧边栏选择 Package Settings，滚动到设置页的底部，通过点击

Change Visibility 使该包可以公开访问。

目前，我们在两个地方使用了发布候选的唯一标识符，分别是远程 Base 的 URL 和镜像标签中。每当一个新的发布候选提升至生产环境时，我们需要记得更新这两个地方。更好的方式是，我们应该自动化这个更新过程。当我们实现生产化阶段的部署流水线时，我将对其进行描述。

5. 自定义副本数量

云原生应用应该是高可用的，但是默认情况下只会部署 Catalog Service 的一个实例。与 staging 环境中的做法类似，我们为应用自定义副本的数量。

打开 Catalog Service 的生产环境 Overlay（kubernetes/applications/catalog-service/production）中的 kustomization.yml 文件，并为 catalog-service 容器定义两个副本。

程序清单 15.13 为容器配置副本数量

```
apiVersion: kustomize.config.k8s.io/v1beta1
kind: Kustomization

resources:
  - github.com/<your_github_username>/catalog-service/k8s?ref=<release_sha>

patchesStrategicMerge:
  - patch-env.yml
  - patch-volumes.yml

configMapGenerator:
  - behavior: merge
    files:
      - application-prod.yml
    name: catalog-config
images:
  - name: catalog-service
    newName: ghcr.io/<your_github_username>/catalog-service
    newTag: <release_sha>
replicas:
  - name: catalog-service           ← Deployment 名称，我们要为该 Deployment 定义副本数量
    count: 2                         ← 副本数量
```

注意 在真实的场景中，我们可能希望 Kubernetes 根据当前的工作负载进行扩展和收缩，而不是提供一个固定的数量。动态扩展是所有云平台的关键功能。在 Kubernetes 中，它是通过一个叫作 Horizontal Pod Autoscaler 的组件来实现的，该组件基于一些明确定义的度量，比如每个容器的 CPU 占用。如果想要了解更多信息，请参阅 Kubernetes 的文档（https://kubernetes.io/docs）。

在下一小节中，我们将介绍如何为 Kubernetes 中运行的 Spring Boot 容器配置 CPU 和内存。

15.2.2　为 Spring Boot 容器配置 CPU 和内存

在处理容器化应用的时候，最好明确分配资源限制。在第 1 章中，我们了解到容器只是利用 Linux 的特性（如 namespace 和 cgroup），实现了在进程间划分和限制资源。但是，假设我们没有声明任何资源限制，在这种情况下，每个容器都能访问主机上所有的 CPU 和内存，这就带来了一定的风险，某些容器可能会占用更多的资源，导致其他容器因为缺少资源而崩溃。

对于像 Spring Boot 这种基于 JVM 的应用，定义 CPU 和内存的限制更为重要，因为它们会被用来正确地确定 JVM 线程池、堆内存和非堆内存的大小。对于 Java 开发人员来说，配置这些值一直以来都是一项挑战，但是这很关键，因为它们会直接影响应用的性能。幸运的是，如果使用 Spring Boot 中包含的 Cloud Native Buildpacks 的 Paketo 实现，那么你就不用担心该问题了。在第 6 章中使用 Paketo 打包 Catalog Service 应用时，我们会自动包含一个 Java Memory Calculator 组件。当运行容器化的应用时，该组件会基于分配给容器的资源限制来配置 JVM 内存。如果我们不声明限制的话，结果将是无法预测的，这并不是我们想要的场景。

此外，还有一个经济问题需要考虑。如果在公有云上运行应用，我们通常会根据消耗的资源数量来计费。因此，我们希望能控制每个容器可以使用多少 CPU 和存储，避免在收到账单时出现预料之外的支出。

在涉及像 Kubernetes 这样的编排器时，还有一个我们应该考虑的关键问题。Kubernetes 会在所有的集群节点中调度要部署的 Pod。但是，如果某个 Pod 被分配到了没有足够资源的节点上，该节点无法正确运行 Pod，又会怎么样呢？解决方案是声明运行容器所需的最小 CPU 和内存（资源请求）。Kubernetes 将会使用该信息将 Pod 部署到一个特定的节点上，并且会确保容器至少能够得到其所请求的资源。

资源请求和限制是按照容器进行定义的。我们可以在 Deployment 清单中声明资源请求和限制。在 Catalog Service 的 Base 清单中，我们还没有定义任何的限制，因为我们一直在本地环境中运行，不想在资源需求方面对其进行过多的限制。但是，生产环境的工作负载应该始终包含资源配置。接下来，我们看一下如何为 Catalog Service 的生产环境部署实现这一点。

1．为容器分配资源请求和限制

我们将使用补丁为 Catalog Service 应用 CPU 和内存配置，相信你对于这种做法并不会觉得意外。在 Catalog Service 的生产环境 Overlay（kubernetes/applications/catalog-service/production）中创建一个 patch-resources.yml 文件，并为容器定义资源请求和限制。尽管我们考虑的是一个生产场景，但是我们依然使用了较低的值，以优化集群中资源的使用，避免产生额外的费用。在真实的情况中，你可能需要更仔细地分析自己的使用场景，确定什么样的资源请求和限制才是合适的。

程序清单 15.14　为容器配置资源请求和限制

```
apiVersion: apps/v1
kind: Deployment
metadata:
  name: catalog-service
spec:
  template:
    spec:
      containers:
        - name: catalog-service
          resources:
            requests:
              memory: 756Mi
              cpu: 0.1
            limits:
              memory: 756Mi
              cpu: 2
```

该容器运行所需的
最少资源数量

容器至少需要
756 MiB

容器需要的 CPU 周期
至少为 0.1 CPU

该容器允许消费的
最大资源数量

该容器最多可以消
费 756 MiB

该容器最多消
费的 CPU 周期
为 2 CPU

接下来，打开 Catalog Service 生产环境 Overlay 中的 kustomization.yml，并配置 Kustomize
应用该补丁。

程序清单 15.15　应用定义资源请求和限制的补丁

```
apiVersion: kustomize.config.k8s.io/v1beta1
kind: Kustomization
resources:
  - github.com/<your_github_username>/catalog-service/k8s?ref=<release_sha>

patchesStrategicMerge:
  - patch-env.yml
  - patch-resources.yml
  - patch-volumes.yml

configMapGenerator:
  - behavior: merge
    files:
      - application-prod.yml
    name: catalog-config

images:
  - name: catalog-service
    newName: ghcr.io/<your_github_username>/catalog-service
    newTag: <release_sha>

replicas:
  - name: catalog-service
    count: 2
```

配置资源请求
和限制

在程序清单 15.14 中，内存的请求和限制是相同的，但是 CPU 却并非如此。在下一小节中，我们将解释这些选择背后的原因。

2. 为 Spring Boot 应用优化 CPU 和内存

容器可用的 CPU 数量会直接影响基于 JVM 的应用（如 Spring Boot）的启动时间。实际上，JVM 会使用尽可能多的 CPU 来并发运行初始化任务并减少启动时间。在启动阶段之后，应用使用的 CPU 资源会更少一些。

一个常见的策略是根据应用在正常情况下使用的数量来定义 CPU 请求（resources.requests.cpu），这样能够保证它始终有正确运行所需的资源。然后，根据系统的具体情况，我们可以指定一个更高的 CPU 限制，或完全忽略该配置（resources.limits.cpu），以优化启动时的性能，这样，应用在启动的时候能够使用当时节点上尽可能多的 CPU。

CPU 是一种可压缩资源（compressible resource），这意味着容器可以消耗尽可能多的可用资源。当达到限制时（可能因为达到了 resources.limits.cpu，也可能因为节点上没有更多可用的CPU），操作系统会开始对容器进行节流，容器会继续运行，但是性能可能会降低。因为它是可压缩的，不指定 CPU 限制有时候是一种合理的选择，以便于获得性能的提升。不过，你可能需要考虑具体的情况，并评估这种决策的影响。

与 CPU 不同，内存是一种不可压缩资源（non-compressible resource）。如果某个容器达到了限制（可能因为达到了 resources.limits. memory，也可能因为节点上没有更多可用的内存），基于 JVM 的应用将会抛出令人恐怖的 OutOfMemoryError 错误，操作系统会使用 OOMKilled（OutOfMemory killed）状态终止容器进程。此时不会进行节流。因此，设置正确的内存值是非常重要的。要推断出正确的配置，并没有什么捷径，我们必须监控应用在正常情况下的运行状态。对于 CPU 和内存来讲，均是如此。

在为应用需要多少内存确定好一个合适的值之后，我建议你同时将其用于资源请求（resources.requests.memory）和限制（resources.limits.memory）上。采取这种做法的原因与 JVM 的运行方式有很大的关系，尤其是 JVM 堆内存的行为。动态增加或减少容器的内存将影响应用的性能，因为堆内存会基于容器上可用的内存进行动态分配。为资源请求和限制使用相同的值能够确保一个固定数量的内存，这能够让 JVM 的性能更好。除此之外，它还能够让 Paketo Buildpacks 提供的 Java Memory Calculator 以最高效的方式配置 JVM 内存。

到现在为止，我已经多次提过 Java Memory Calculator 了，在下面，我们会展开该话题的讨论。

3. 为 JVM 配置资源

Spring Boot 针对 Gradle/Maven 的插件使用了 Paketo Buildpacks，当为 Java 应用构建容器镜像时，Paketo Buildpacks 提供了一个 Java Memory Calculator 组件。借助 Pivotal（现在的 VMware Tanzu）在云中运行容器化 Java 工作负载的经验，多年来，该组件实现的算法在不断完善和改进。

在生产环境中，对于大多数应用来说，默认配置是一个很好的起点。但是，对于本地开发或演示来说，这对资源的要求可能就太高了。对于命令式应用来说，让 JVM 消耗更少资源的一种方式是减少默认的 250 个 JVM 线程的数量。基于此，我们一直在使用 BPL_JVM_THREAD_COUNT 环境变量为 Polar Bookshop 中两个基于 Servlet 的应用（Catalog Service 和 Config Service）配置更少的线程。反应式应用业已配置了更少的线程数量，因为它们比命令式应用更节省资源。所以，我们没有为 Edge Service、Order Service 和 Dispatcher Service 配置线程的数量。

> **注意**　Paketo 正在努力扩展 Java Memory Calculator，以提供一个 Low Profile 模式，这对于本地使用或较低容量的应用来说是很有帮助的。在未来，我们可能会通过一个标记来控制内存配置，而不再需要调整具体的参数。在 Paketo Buildpacks 的 GitHub 上，你可以找到该特性的更多信息（http://mng.bz/5Q87）。

JVM 有两个主要的内存区域，即堆和非堆。Calculator 主要关注于根据特定的公式，计算非堆内存的各个组成部分的值。剩余的内存会分配给堆。如果默认的配置不够好，你可以根据自己的偏好进行自定义。例如，我曾经在一个使用 Redis 进行会话管理的命令式应用中遇到过一些内存问题。它需要的直接内存要比默认配置更多。在这种情况下，我通过 JAVA_TOOL_OPTIONS 环境变量使用了标准的-XX:MaxDirectMemorySize=50M JVM 设置，将直接内存的最大值从 10MB 提升到了 50MB。如果你自定义了特定内存区域的大小，那么 Calculator 会相应地调整其他区域的分配。

> **注意**　JVM 中的内存处理是一个很有吸引力的话题，可能需要专门的一本书来介绍。因此，在这里我不会详细讨论如何配置它。

因为我们正在配置生产环境的部署，所以我们使用一个更合适的值（比如 100）来更新 Catalog Service 的线程数量。在真实的场景中，我会建议从默认值 250 开始，将其作为一个基线。对于 Polar Bookshop 来说，我试图在展示真正的生产环境部署与尽量减少我们在公有云平台上所消费的资源（也许要为之付费）之间进行平衡。

在前文为自定义环境变量而创建的补丁中，我们可以更新 Catalog Service 的线程数量。打开 Catalog Service 生产环境 Overlay（kubernetes/applications/catalog-service/production）中的 patch-env.yml 文件，更新 JVM 线程数量如下所示。

程序清单 15.16　Java Memory Calculator 使用的 JVM 线程数量

```
apiVersion: apps/v1
kind: Deployment
metadata:
  name: catalog-service
spec:
  template:
    spec:
      containers:
```

```
  - name: catalog-service
    env:
      - name: BPL_JVM_THREAD_COUNT     ◁── 在内存计算时所要
        value: "100"                        考虑的线程数量
      - name: SPRING_PROFILES_ACTIVE
        value: prod
```

在将应用部署至生产环境之前，这是我们要做的最后一项配置变更。接下来，我们就可以进行部署了。

15.2.3 将 Spring Boot 部署至生产环境

我们的最终目标是实现从代码提交到生产化的全过程自动化。在研究部署流水线的生产化阶段之前，我们先通过手动部署 Catalog Service 至生产环境来校验我们的自定义配置是否都是正确的。

正如在上一章所学到的，我们可以使用 Kubernetes CLI 将基于 Kustomization Overlay 的应用部署到 Kubernetes 中。打开终端窗口，导航至 Catalog Service 的生产环境 Overlay（polar-deployment/kubernetes/applications/catalog-service/production），并运行如下命令以通过 Kustomize 部署应用：

```
$ kubectl apply -k .
```

我们可以跟踪它们的进度，并使用如下命令来查看这两个应用实例是否已经准备好接收请求：

```
$ kubectl get pods -l app=catalog-service --watch
```

关于部署的额外信息，我们可以继续使用 Kubernetes CLI 或依赖 Octant 进行观察，Octant 是一个通过便捷 GUI 可视化 Kubernetes 工作负载的工具。正如在第 7 章所介绍的，我们可以通过 octant 命令启动 Octant。除此之外，对于校验 Catalog Service 是否正确运行，应用的日志也是很有用的：

```
$ kubectl logs deployment/catalog-service
```

应用现在还没有暴露到集群之外（为了实现这一点，我们需要 Edge Service），但是我们可以使用端口转发功能，将本地机器上 9001 端口的流量转发至在集群中 80 端口运行的 Service：

```
$ kubectl port-forward service/catalog-service 9001:80
```

> **注意** 由 kubectl port-forward 命令启动的进程会一直运行，直到我们通过 Ctrl+C 将其显式地停掉。

现在，我们可以在本地机器的 9001 端口调用 Catalog Service，该请求会被转发至 Kubernetes 集群中的 Service 对象。打开一个新的终端窗口，并调用应用暴露的根端点，以校验其使用了 ConfigMap 中为 prod Spring profile 声明的 polar.greeting 值，而不是使用了默认的值：

```
$ http :9001/
Welcome to our book catalog from a production Kubernetes environment!
```

恭喜你! 我们已经正式进入生产环境了! 完成之后, 你可以通过 Ctrl+C 停掉端口转发。最后, 在 Catalog Service 的生产环境 Overlay 目录中, 通过运行如下命令删除所有的部署:

```
$ kubectl delete -k .
```

Kubernetes 为实现不同类型的部署策略提供了基础设施。当我们使用新的发布版本更新应用的清单并将其应用于集群时, Kubernetes 会执行滚动更新。该策略会使用新的 Pod 实例逐步更新原有的 Pod 实例, 确保用户的零停机。在上一章中, 我们看到了如何实施该策略。

默认情况下, Kubernetes 采用滚动更新的策略, 但是基于标准的 Kubernetes 资源或者像 Knative 这样的工具, 我们还可以采用其他技术。例如, 你可能想要使用蓝/绿部署, 它会在第二个生产环境中部署软件的新版本。通过这种方式, 我们可以最后测试一下所有的功能是否能够正确运行。当环境就绪之后, 就可以把流量从第一个 (蓝色) 生产环境切换到第二个 (绿色) 生产环境了[①]。

另一种部署技术叫作金丝雀发布。它类似于蓝/绿部署, 但流量是随着时间的推移逐渐从蓝色环境转移到绿色环境。它的目标是向一小部分用户首先推出变更, 进行一些验证, 然后对越来越多的用户进行同样的操作, 直到所有人都使用了新版本[②]。蓝/绿部署和金丝雀发布都提供了简单直接的方式来实现变更回滚。

> **注意**　如果你有兴趣了解 Kubernetes 部署和发布策略的更多知识, 我推荐你阅读 Mauricio Salatino 撰写的 *Continuous Deliv- ery for Kubernetes* 一书的第 5 章 (https://livebook.manning.com/book/continuous-delivery for-kubernetes/chapter-5)。

目前, 每当我们提交变更时, 如果它能够成功通过提交和验收阶段, 新的发布候选最终都会被发布和批准。然后, 我们需要复制新的发布候选的版本号, 并将其粘贴到 Kubernetes 清单中, 最后才能手动更新生产中的应用。在下一节中, 我们将看到如何通过实现部署流水线的最后一部分, 也就是生产化阶段, 来实现该过程的自动化。

15.3　部署流水线: 生产化阶段

我们从第 3 章就开始实现一个部署流水线, 至此经历了一个漫长的旅程。我们已经将从代码提交到形成可在生产环境部署的发布候选的所有步骤自动化了。但是依然还有两个操作需要我们手动进行, 那就是使用新的应用版本来更新生产化脚本以及将应用部署至 Kubernetes。

在本节中, 我们将看一下部署流水线的最后一部分, 也就是生产化阶段, 并展示如何在

---

① 参见 M. Fowler 的 "BlueGreenDeployment", http://mng.bz/WxOl。
② 参见 D. Sato 的 "CanaryRelease", http://mng.bz/8Mz5。

GitHub Actions 中将其实现为一个工作流。

15.3.1 理解部署流水线的生产化阶段

在发布候选经历了提交阶段和验收阶段之后，我们有足够的信心将其部署到生产环境中。生产化阶段可以手动触发，也可以自动触发，这取决于你是否想要实现持续部署。

持续交付是"一种软件开发规程，按照这种规程，你所构建的软件可以随时发布到生产环境"。[①]这里理解的关键是软件"可以"发布到生产环境，而不是"必须要"这样做。这是持续交付和持续部署之间产生混淆的主要原因。如果你也想把最新的发布候选自动部署到生产环境中，那就实现了持续部署。

生产化阶段包含两个主要的步骤：

1）使用新的发布版本更新部署脚本（在我们的场景中，也就是 Kubernetes 清单）。

2）将应用部署到生产环境中。

注意 另外一个可选的第三步是运行一些自动化测试，以校验部署是否成功。你可以重复使用在验收阶段用来校验 staging 环境部署的系统测试。

下一小节将展示如何使用 GitHub Actions 实现生产化阶段的第一步，还会讨论第二步的实现策略。我们的目标是实现从代码提交到生产化的全路径自动化，并实现持续部署。

15.3.2 使用 GitHub Actions 实现生产化阶段

与前面的阶段相比，部署流水线的生产化阶段可能会有很大的差异，这取决于几个因素。我们首先看一下生产化阶段的第一步。

在验收阶段结束时，我们拥有了一个业已证明可以部署至生产环境的发布候选版本。在此之后，我们需要在生产环境 Overlay 中使用新的发布版本以更新 Kubernetes 清单。如果我们把应用源码和部署脚本放在同一个仓库中，生产化阶段可以监听 GitHub 在验收阶段成功完成时所发布的特定事件，这非常类似于我们配置提交阶段和验收阶段之间的流程。

在我们的场景中，部署脚本放到了一个单独的仓库中，这意味每当应用仓库中的验收阶段完成执行时，我们需要通知部署仓库中的生产化阶段工作流。GitHub Actions 提供了通过自定义事件来实现这种通知过程的方案。我们看一下它是如何运行的。

进入 Catalog Service 项目（catalog-service），打开 ".github/workflows" 目录的 acceptance-stage.yml 文件。在所有的验收测试成功运行完之后，我们需要定义最后一个步骤，该步骤会发送一个通知到 polar-deployment 仓库并要求它使用新的发布版本来更新 Catalog Service 的生产环境清单。这将是生产化阶段的触发器，我们会在稍后实现它。

---

① 参见 M. Fowler 的 "ContinuousDelivery"，http://mng.bz/7yXV。

程序清单 15.17 触发部署仓库中的生产化阶段

```
name: Acceptance Stage
on:
  workflow_run:
    workflows: ['Commit Stage']
    types: [completed]
    branches: main
concurrency: acceptance

env:
  OWNER: <your_github_username>
  REGISTRY: ghcr.io
  APP_REPO: catalog-service
  DEPLOY_REPO: polar-deployment
  VERSION: ${{ github.sha }}

jobs:
  functional:
    ...
  performance:
    ...
  security:
    ...
  deliver:
    name: Deliver release candidate to production
    needs: [ functional, performance, security ]
    runs-on: ubuntu-22.04
    steps:
      - name: Deliver application to production
        uses: peter-evans/repository-dispatch@v2
        with:
          token: ${{ secrets.DISPATCH_TOKEN }}
          repository:
          ➥ ${{ env.OWNER }}/${{ env.DEPLOY_REPO }}
          event-type: app_delivery
          client-payload: '{
            "app_image":
              "${{ env.REGISTRY }}/${{ env.OWNER }}/${{ env.APP_REPO }}",
            "app_name": "${{ env.APP_REPO }}",
            "app_version": "${{ env.VERSION }}"
          }'
```

将相关的数据定义为环境变量

仅在所有的功能性和非功能性验收测试均完成后运行

发送事件到另外一个仓库并触发工作流的操作

授权发送事件到另外一个仓库的令牌

要通知的仓库

用来标识事件的名称(由你自行决定)

发送至另外一个仓库的消息载荷。我们可以添加另外一个仓库完成其操作所需的任意信息

在这个新的设置完成之后,如果验收测试执行的过程中没有任何错误,那么就会有一个通知发往 polar-deployment 仓库,以触发对 Catalog Service 的更新。

默认情况下,GitHub Actions 不允许我们触发位于其他仓库的工作流,即便它们都是你自己或你的组织的仓库。因此,我们需要为 repository-dispatch 行为提供一个访问令牌,以授予它这样的权限。这个令牌可以是个人访问令牌(PAT),也就是我们在第 6 章所用过的 GitHub 工具。

进入你的 GitHub 账户,导航至 Settings→Developer Settings→Personal Access Token,并选

择 Generate New Token。输入一个有意义的名称，并为其指定 workflow scope，使令牌有权限触发其他仓库的工作流（图 15.6）。最后，生成该令牌并复制它的值。GitHub 只展示该令牌一次，请确保将其保存起来，因为我们很快就会用到它。

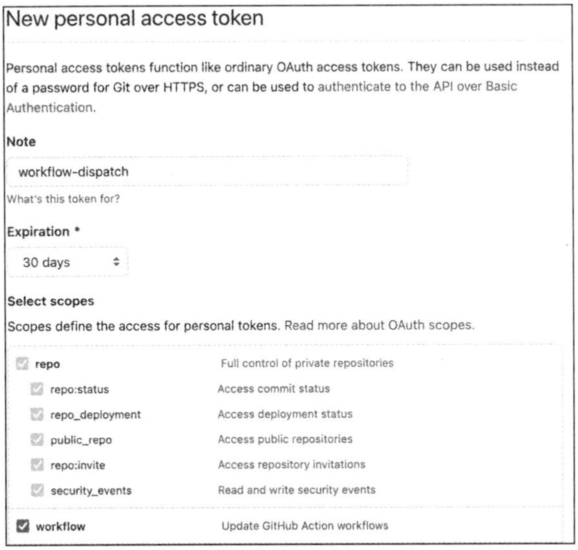

图 15.6　个人访问令牌（PAT）授予触发其他仓库中工作流的权限

接下来，进入 GitHub 上的 Catalog Service 仓库，导航至 Settings 标签页，然后选择 Secrets→Actions。在这个页面选择 New Repository Secret，将其命名为 DISPATCH_TOKEN（与程序清单 15.17 中的名称相同），并输入我们在前文生成的 PAT 的值。借助 GitHub 提供的 Secret 特性，我们可以安全地将 PAT 提供给验收阶段的工作流。

> **警告**　正如在第 3 章所提到的，当使用来自 GitHub 市场的 action 时，我们应该像使用其他第三方应用那样来处理它们，并管理相应的安全风险。在验收阶段，我们为第三方的 action 提供了一个访问令牌，它具有管理仓库和工作流的权限。我们不应该如此草率地做出这样的决策。在这种情况下，我必须要信任该 action 的作者，并决定以令牌的形式信任该 action。

先不要将变更提交至 catalog-service，我们稍后会这样做。现在，我们已经实现了生产化阶段的触发器，但是还没有初始化最后的阶段。所以，我们回到 Polar Deployment 仓库来实现这一点。

打开 Polar Deployment 项目（polar-deployment），在新的 ".github/workflows" 目录下创建一个 production-stage.yml 文件。每当应用仓库的验收阶段派发 app_delivery 事件时，生产化阶段将会触发。事件本身包含了关于最新发布候选的上下文信息，包括应用名称、镜像以及版本。因为应用相关的信息是参数化的，所以我们可以将该工作流用到 Polar Bookshop 系统的所有应用上，而不仅仅是 Catalog Service。

生产化阶段的第一个 job 是使用新的发布版本更新生产环境的 Kubernetes 清单。该 job 包含三个步骤：

1）检出 polar-deployment 的源码。

2）使用给定应用的新版本更新生产环境的 Kustomization。

3）提交变更到 polar-deployment 仓库。

我们可以按照如下方式实现这三个步骤。

程序清单 15.18   在新的应用交付时更新镜像版本

```
name: Production Stage

on:
  repository_dispatch:            仅在接收到来自其他仓库
    types: [app_delivery]         的新 app_delivery 事件时才
                                  会执行该工作流

jobs:
  update:
    name: Update application version
    runs-on: ubuntu-22.04
    permissions:                  为了简便，将事件载荷
      contents: write             数据保存为环境变量
    env:
      APP_IMAGE: ${{ github.event.client_payload.app_image }}
      APP_NAME: ${{ github.event.client_payload.app_name }}
      APP_VERSION: ${{ github.event.client_payload.app_version }}
    steps:
      - name: Checkout source code          导航至指定应用的
        uses: actions/checkout@v3           生产环境 Overlay
      - name: Update image version
        run: |
          cd \
            kubernetes/applications/${{ env.APP_NAME }}/production
          kustomize edit set image \
            ${{ env.APP_NAME }}=${{ env.APP_IMAGE }}:${{ env.APP_VERSION }}
          sed -i 's/ref=[\w+]/${{ env.APP_VERSION }}/' \
            kustomization.yml
      - name: Commit updated manifests
        uses: stefanzweifel/git-auto-commit-action@v4    提交和推送
        with:                                            上一步的变
          commit_message: "Update ${{ env.APP_NAME }}    更至当前仓
   to version ${{ env.APP_VERSION }}"                    库的 action
          branch: main
                                                 提交操作
                                                 的详情
```

检出
仓库

通过
Kustomize 为
指定应用更
新镜像名称
和版本

更新 Kustomize 使用的标签，
以便于访问应用仓库中正确的
基础清单

这就是我们要做的所有内容。提交和推送变更至 GitHub 上的远程 polar-deployment 仓库。然后，返回 Catalog Service 项目，提交前文的变更至验收阶段，并将其推送至 GitHub 上的远程 catalog-service。

对 catalog-service 仓库的新提交将会触发部署流水线。首先，提交阶段将生成一个容器镜像（我们的发布候选）并将其发布至 GitHub Container Registry。然后，验收阶段会对应用进行严格的进一步测试，并最后发送通知（自定义的 app_delivery 事件）到 polar-deployment 仓库。该事件会触发生产化阶段，在这个阶段中会更新 Catalog Service 的生产环境 Kubernetes 清单，并将变更提交至 polar-deployment 仓库。图 15.7 阐述了部署流水线中该阶段的输入和输出。

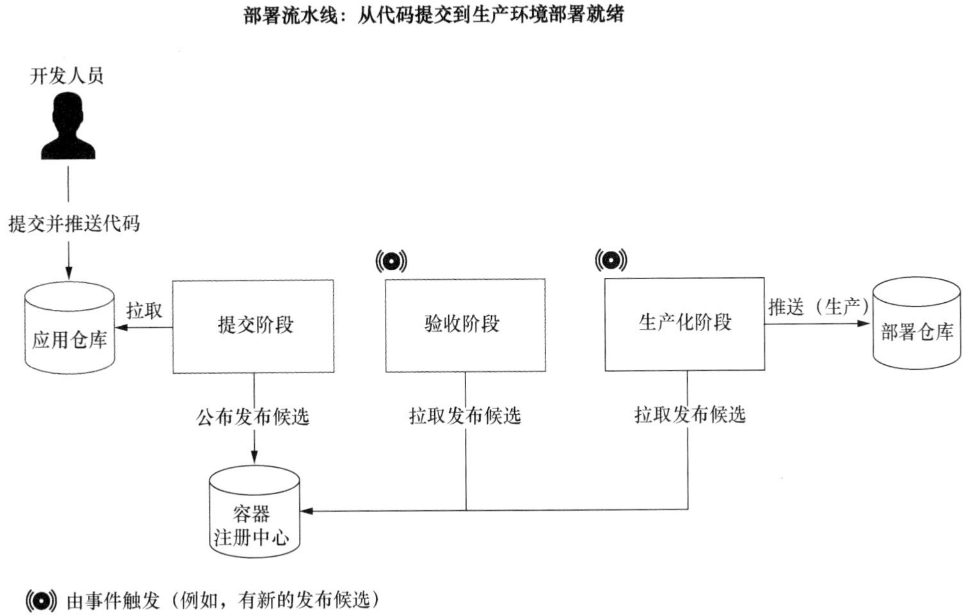

部署流水线：从代码提交到生产环境部署就绪

图 15.7 提交阶段会从代码提交持续至发布候选，然后经历验收阶段。
如果通过所有测试的话，生产化阶段将会更新部署清单

请进入你自己的 GitHub 项目，并跟踪这三个阶段的执行情况。最后，你会在 polar-deployment 仓库中发现一个新的提交，它是由 GitHub Actions 提交的，包含了对 Catalog Service 生产环境 Overlay 的变更，所以它使用了最新的发布版本。

非常好! 我们已经摆脱了仅剩的两个手动步骤的第一个，也就是使用最新的发布版本来更新部署脚本。我们依然还需要使用 Kubernetes CLI 并手动将 Kubernetes 清单应用到集群中。生产化阶段的第二步将负责在新版本提升至生产环境时，自动进行应用的部署。这将是下一节的内容。

Polar Labs

现在，我们应该把学到的知识用到 Edge Service、Dispatcher Service 和 Order Service 上了。

1）为每个应用生成一个具有 workflow scope 的 PAT。这是一种安全的最佳实践，那就是不要为多个目的重复使用同一个令牌。

2）对于每个应用，在 GitHub 仓库页将 PAT 保存为 Secret。

3）更新验收阶段的工作流，为其加入最后一步，即向生产化阶段发送通知，其中包含最新发布

候选的信息。

4）将变更推送至 GitHub，确保工作流成功完成，并检查 polar-deployment 仓库中的生产化阶段工作被成功触发。

Edge Service 是唯一一个可以通过公开互联网访问的应用，所以它需要一个额外的补丁来配置 Ingress，以阻止集群外部对 Actuator 端点的访问。你可以在 Chapter15/15-end/polar-deployment 中的 applications/edge- service/production 目录看到这个额外的补丁。

为了简单起见，我们能够接受 Actuator 端点在集群内部无须认证即可使用。像 Catalog Service 这样的内部应用不会受到影响，因为它们的 Actuator 端点无法通过 Spring Cloud Gateway 访问。而 Edge Service 的 Actuator 端点目前可以通过公开互联网访问。

在生产环境中，这是不安全的。解决这个问题的一种简单方式是配置 Ingress，使其阻止从集群外部对/actuator/**端点的请求。它们依然可以在集群内部使用，所以健康探针可以正常运行。我们使用的是基于 NGINX 的 Ingress 控制器，所以我们可以使用它的配置语言来表达对 Actuator 端点的拒绝规则。

在本书附带的源代码库中，可以在 Chapter15/15-end 目录中查看最终结果（ https://github.com/ThomasVitale/cloud-native-spring-in-action ）。

15.4 使用 GitOps 实现持续部署

传统上，持续部署是通过在部署流水线的生产化阶段再添加一个步骤来实现的。这个额外的步骤会与目标平台（比如虚拟机或 Kubernetes 集群）进行认证并部署应用的新版本。近年来，一种新的方式变得越来越流行，即 GitOps。这个术语是由 Weaveworks（www.weave.works）的 CEO 和创始人 Alexis Richardson 创造的。

GitOps 是一套运维和管理软件系统的实践，在确保敏捷性和可靠性的同时实现持续交付和部署。与传统方式相比，GitOps 更倾向于将交付与部署实现解耦。它不是由流水线向平台"推送"部署，而是由平台本身从源码仓库"拉取"预期的状态并执行部署。在推送的场景下，部署步骤是在生产化阶段工作流中实现的。而在拉取的场景中，部署在理论上依然是生产化阶段的一部分，但是实现方式有所差异，我们主要关注这种情况。

GitOps 并不要求采用哪种特定的技术，但是最好使用 Git 和 Kubernetes 来实现。这将是我们关注的重点。

GitOps 工作组是 CNCF 的一部分，它使用四个原则定义了 GitOps（https://opengitops.dev/）。

1）声明式："由 GitOps 管理的系统必须声明式地表达其预期的状态"。

■ 与 Kubernetes 协作时，我们可以通过 YAML 文件清单来表述期望状态。

■ Kubernetes 清单声明了我们希望达成什么状态，而不是如何达成。平台负责找到实现该期望状态的方式。

2）版本化和不可变："期望状态是以强制不可变、版本化的形式进行存储的，并且要保持完整的版本历史"。

- Git 是确保期望状态版本化并留存完整历史的首选方案。除了其他功能之外，这使它能够轻松回滚到以前的状态。
- 存储在 Git 中的期望状态是不可变的，它代表了事实的唯一来源。

3）自动拉取："软件代理会从源码自动拉取期望状态的声明"。

- 软件代理（GitOps 代理）的样例包括 Flux (https://fluxcd.io)、Argo CD (https://argoproj. github.io/cd)，以及 kapp-controller (https://carvel.dev/kapp-controller)。
- 我们不会授予 CI/CD 工具（如 GitHub Actions）完整的权限来访问集群或手动运行命令，而是授予 GitOps 代理对 Git 这种源码控制系统的访问权限，这样它便能够自动拉取变更。

4）持续协调："软件代理会持续观察系统的实际状态，并尝试为其应用期望状态"。

- Kubernetes 是由控制器组成的，它们会不断观察系统并确保集群的实际状态与期望状态相匹配。
- 在此基础上，GitOps 确保在集群中考量的是正确的期望状态。每当检测到 Git 源中出现变更，代理就会发挥作用，协调集群中的期望状态。

图 15.8 展示了应用 GitOps 原则后的结果。

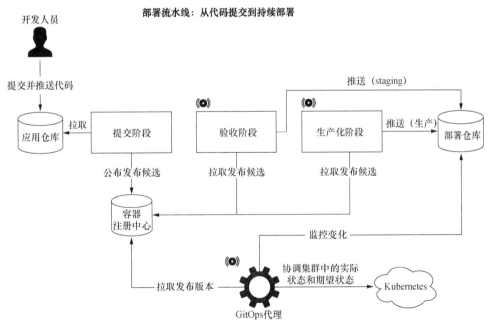

图 15.8　每当生产化阶段的工作流更新至部署仓库时，GitOps 控制器就会协调期望状态和实际状态

　　如果你仔细考虑这四条原则的话，你会发现我们应用了前两条。我们使用 Kubernetes 清单和 Kustomize 声明式地表达应用的期望状态。同时，我们将期望状态保存到了 GitHub 上的 Git 仓库中（polar-deployment），使其能够实现版本化和不可变。我们依然缺少从 Git 源中自动拉取期望

状态声明，并在 Kubernetes 集群中持续对其进行协调，从而实现持续部署的软件代理。

首先，我们会安装 Argo CD（https://argo-cd.readthedocs.io），它是一个 GitOps 软件代理。然后，我们将配置它以完成部署流水线的最后一步，并使其监控我们的 polar-deployment 仓库。每当应用清单有变更的时候，Argo CD 会自动将变更应用到我们的 Kubernetes 生产环境集群中。

15.4.1　使用 Argo CD 实现 GitOps

我们从初始化 Argo CD CLI 入手。请参阅项目网站的安装说明（https://argo-cd.readthedocs.io），如果你使用的是 macOS 或 Linux，那么可以使用 Homebrew，如下所示：

```
$ brew install argocd
```

我们将使用 CLI 来告知 Argo CD 监控哪个 Git 仓库，并且会配置它以将变更应用于集群，从而实现自动化的持续部署。但是，在此之前，我们需要将 Argo CD 部署到生产环境中的 Kubernetes 集群。

> **注意**　在这里，我假设你的 Kubernetes CLI 依然配置为能够访问 DigitalOcean 中的生产环境集群。你可以通过 kubectl config current-context 进行检查。如果你需要变更上下文的话，可以运行 kubectl configuse-context<context-name>。你还可以通过 kubectl config get-contexts 获取所有上下文的列表。

打开一个终端窗口，进入 Polar Deployment 项目（polar-deployment），并导航至 kubernetes/platform/production/argocd 目录。在建立生产集群时，你应该已经将这个目录复制到了你自己的仓库中。如果还没有这样做的话，请基于本书附带的源码仓库（Chapter15/15-end/polar-deployment/platform/production/argocd）完成这一操作。

然后，运行如下脚本将 Argo CD 安装到生产集群中。在运行之前，你可以打开该文件并查看一下它的指令：

```
$ ./deploy.sh
```

> **提示**　你可能先要使用 chmod +x deploy.sh 命令，将其设置为可执行文件。

Argo CD 的部署是由多个组件所组成的，包括一个便利的 Web 界面，借助它我们能够可视化并控制 Argo CD 管理的所有部署。现在，我们会使用 CLI。在安装过程中，Argo CD 会自动生成一个管理员账号（用户名为 admin）的密码。请运行如下命令获取密码值（需要几秒钟的时间才能获取这个值）：

```
$ kubectl -n argocd get secret argocd-initial-admin-secret \
    -o jsonpath="{.data.password}" | base64 -d; echo
```

接下来，我们确定分配给 Argo CD 服务器的外部 IP 地址：

```
$ kubectl -n argocd get service argocd-server

NAME            TYPE          CLUSTER-IP        EXTERNAL-IP
```

```
argocd-server    LoadBalancer    10.245.16.74    <external-ip>
```

平台可能需要几分钟的时间为 Argo CD 提供一个负载均衡器。在配置负载均衡器的过程中，EXTERNAL-IP 列将展示为<pending>状态。请稍作等待，再次尝试，直到 IP 地址显示出来为止。记住它的值，我们稍后就会用到它。

由于 Argo CD 服务器现在是通过公开的负载均衡器对外暴露的，所以我们可以使用外部 IP 地址来访问它的服务。在本例中，我们会使用 CLI，但是你可以通过在浏览器窗口打开<argocd-external-ip>（分配给 Argo CD 服务器的 IP 地址）达成相同的结果。不管是采用哪种方式，你都需要使用自动生成的管理员账号进行登录。用户名是 admin，密码是你刚刚获取的值。请注意，你可能会看到一个警告，因为你没有使用 HTTPS：

```
$ argocd login <argocd-external-ip>
```

现在，我们看一下如何使用 GitOps 进行持续部署。我假设你已经阅读了本章前面的各个小节。此时，GitHub 上 Catalog Service 仓库（catalog-service）的提交阶段应该业已构建出了一个容器镜像，验收阶段触发了 GitHub 上的 Polar Deployment 仓库（polar-deployment），并且生产化阶段也使用最新的发布版本更新了 Catalog Service 的生产环境 Overlay（polar-deployment/kubernetes/applications/catalog-service/production）。现在，我们将配置 Argo CD 监控 Catalog Service 的生产环境 Overlay，并且在探测到仓库中有变更时，将其与生产集群进行同步。换句话说，当部署流水线提供了新版本的 Catalog Service 后，Argo CD 会持续对新版本进行部署。

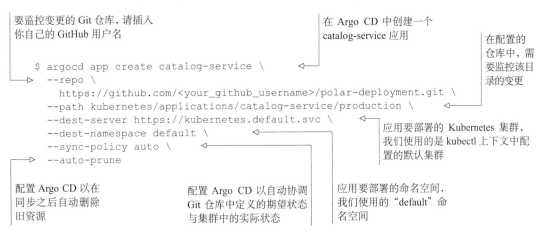

你可以通过如下命令校验 Catalog Service 的持续部署状态（为了简洁，我对结果进行了过滤）：

```
$ argocd app get catalog-service
```

GROUP	KIND	NAMESPACE	NAME	STATUS	HEALTH
	ConfigMap	default	catalog-config-6d5dkt7577	Synced	
	Service	default	catalog-service	Synced	Healthy
apps	Deployment	default	catalog-service	Synced	Healthy

Argo CD 已经将 Catalog Service 的生产环境 Overlay（polar-deployment/kubernetes/applications/

catalog-service/production）自动应用到了集群中。

当前文命令列出的所有资源均处于 Synced 状态时，我们就可以校验应用是否正确运行了。目前，应用没有暴露到集群外部，但是我们可以使用端口转发功能将本地环境中 9001 端口的流量转发至集群中 80 端口运行的 Service 上：

```
$ kubectl port-forward service/catalog-service 9001:80
```

接下来，我们可以调用应用暴露的根端点。我们期望能够得到在 Catalog Service 生产环境 Overlay 上所配置的 polar.greeting 属性。

```
$ http :9001/
Welcome to our book catalog from a production Kubernetes environment!
```

非常好！在一个步骤中，我们不仅实现了第一次部署的自动化，还实现了后续更新的自动化。Argo CD 将探测 Catalog Service 生产环境 Overlay 的变更，并立即将新的清单应用到集群中。它们可能是要部署的新发布版本，也可能是生产环境 Overlay 本身的变更。例如，我们尝试为 polar.greeting 属性配置一个不同的值。

打开 Polar Deployment 项目（polar-deployment），进入 Catalog Service 的生产环境 Overlay（kubernetes/applications/catalog-service/production），并更新 application-prod.yml 文件中 polar.greeting 属性的值。

程序清单 15.19　为应用更新生产环境的配置

```
polar:
  greeting: Welcome to our production book catalog
  ➥ synchronized with Argo CD!
spring:
  config:
    import: configtree:/workspace/secrets/*/
```

然后，提交并推送变更到 GitHub 上的远程 polar-deployment 仓库。默认情况下，Argo CD 每三分钟就会检查 Git 仓库的变化。它会探测到变更并再次应用 Kustomization，因此 Kustomize 会生成一个新的 ConfigMap，并滚动重启 Pod 以刷新配置。当集群中的部署与 Git 仓库的期望状态同步后（我们可以通过 argocd app get catalog-service 进行检查），再次调用 Catalog Service 暴露的根端点。我们的预期结果是得到更新后的值。如果遇到网络错误的话，这可能是因为端口转发被中断了。请再次运行 kubectl port-forward service/catalog-service 9001:80 来修正它。

```
$ http :9001/
Welcome to our production book catalog synchronized with Argo CD!
```

太棒了！我们终于实现了持续部署，请稍事休息并点一杯你最喜欢的饮品庆祝一下吧，这是你应得的！

Polar Labs

现在，我们可以把本节学到的知识用到 Edge Service、Dispatcher Service 和 Order Service 上。

1）借助 Argo CD CLI，像 Catalog Service 那样注册剩余的其他应用。正如我们前文所述，不要忘记先对 Argo CD 进行认证。

2）对于每个应用，校验 Argo CD 已经将 polar-deployment 仓库中的期望状态与集群中的实际状态进行了同步。

如果 Argo CD 出现问题的话，你可以使用 argocd app get catalog-service 命令校验同步状态或者直接使用<argocd-external-ip>地址提供的 Web 界面。对于 Kubernetes 资源的故障解决，你可以利用 Octant 或者我们在第 7 章最后一节所介绍的某种技术。

15.4.2 组合到一起

如果你按照我们的教程完成了 Polar Labs 列出的所有任务，那么现在你在公有云的 Kubernetes 生产环境集群中已经将整个 Polar Bookshop 系统运行了起来。这是一项了不起的成就！在这一节中，我们将尝试一下它的功能，并完善最后几个要点。图 15.9 展示了在 Argo CD GUI 上的应用状态，请通过前文所得到的<argocd-external-ip>地址对其进行访问。

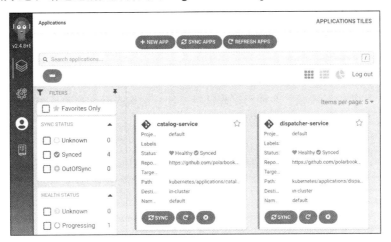

图 15.9 Argo CD GUI 展示了 GitOps 流管理的所有应用的概览

到目前为止，我们讨论的一直是 Catalog Service，它是一个内部应用，不应该暴露到集群外部。所以，我们依赖端口转发功能对其进行测试。现在，整个系统都已经部署完毕，我们可以按照预期的方式访问应用了，那就是通过 Edge Service。当部署 Ingress 资源的时候，平台会自动配置一个带有外部 IP 地址的负载均衡器。我们通过如下命令可以找到位于 Edge Service 前面的 Ingress 的外部 IP 地址：

```
$ kubectl get ingress

NAME            CLASS    HOSTS    ADDRESS         PORTS    AGE
polar-ingress   nginx    *        <ip-address>    80       31m
```

借助 Ingress 的外部 IP 地址，我们可以在公共互联网访问 Polar Bookshop。打开浏览器并导航至<ip-address>。

请以 Isabelle 进行登录，随意添加一些图书并浏览图书目录。然后，退出并使用 Bjorn 再次登录。校验此时你无法创建和编辑图书，但是可以创建订单。

当使用这两个账号测试完应用之后，请退出，并通过尝试访问<ip-address>/actuator/health 来确保在外部无法访问 Actuator 端点。当试图访问时，支撑 Ingress 控制器的 NGINX 技术将会返回 403 响应。

注意　如果你想要配置 Grafana 可观察性技术栈，请参阅本书附带源码的指南。

干得漂亮！当使用完生产化集群后，请按照附录 B 中最后一节的内容删除 DigitalOcean 中所有的云资源，这样能够避免产生意料之外的开支。

15.5　小结

- 持续交付背后的理念是应用始终处于可发布状态。
- 当交付流水线执行完成时，我们会得到一个制品（容器镜像），我们可以使用它将应用部署至生产环境。
- 当涉及持续交付时，每个发布候选都应该是可唯一标识的。
- 借助 Git 提交哈希值，我们可以确保唯一性、可追溯性和自动化。语义化版本可以作为展示版本名，用来与用户和消费者进行交流。
- 在提交阶段结束时，发布候选会交付至制品仓库。接下来，验收阶段会将应用部署到类生产环境中，并运行功能和非功能测试。如果全部成功的话，发布候选就可以准备投入生产了。
- Kustomize 的配置自定义基于 Base 和 Overlay 的概念。Overlay 构建在 Base 之上，并通过补丁进行自定义。
- 我们看到了如何通过定义补丁实现环境变量、挂载为存储卷的 Secret、CPU 和内存资源、ConfigMap 和 Ingress 的自定义。
- 部署流水线的最后一部分是生产化阶段，在这个阶段，要使用新的发布版本更新部署清单，并实现最终的部署。
- 部署可以基于推送实现，也可以基于拉取实现。
- GitOps 是一套运维和管理软件系统的实践。
- GitOps 基于四项原则，根据这些原则，系统部署应该是声明式、版本化和不可变、自动拉取和持续协调的。
- Argo CD 是一个在集群中运行的软件代理，它能够从源码仓库自动拉取期望状态，并且会在期望状态与集群中的实际状态不一致时应用期望状态。这就是我们实现持续部署的方式。

第 16 章　Serverless、GraalVM 与 Knative

本章内容：

- 使用 Spring Native 和 GraalVM 生成原生镜像
- 使用 Spring Cloud Function 构建 Serverless 应用
- 使用 Knative 和 Kubernetes 部署 Serverless 应用

在上一章中，我们已经完成了从开发到生产化的漫长旅程。我们使用 Spring 构建了云原生应用并将其部署到了公有云的 Kubernetes 集群上。最后一章的目的是为你提供一些额外的工具，以便让你在云原生应用中进一步受益。

云基础设施的一个重要好处就是我们能够按需增加或减少资源，只为真正使用的资源付费。在传统上，Java 应用是严重资源密集型的，这导致它的 CPU 和内存消耗都要比其他技术栈（如 Go）更高。但是，这种情况现在已经有所改善了。借助 GraalVM 和 Spring Native，我们可以将 Spring Boot 应用编译为原生可执行文件，这比 JVM 方案性能更好，而且更加高效。16.1 节将会指导你使用该技术。

16.2 节将扩展介绍 Serverless 架构。相对于 CaaS 和 PaaS 基础设施，Serverless 架构将大多数运维任务转移到了平台上，让开发人员专注于应用本身。有些应用天生就是事件驱动的，不会始终忙于处理请求。或者，它们可能会突然出现峰值，需要更多的计算资源。Serverless 平台提供了完全托管的自动伸缩特性，可以将应用实例伸缩至零，所以如果没有要处理的请求，你不需要支付任何费用。我们会进一步了解 Serverless 模式，并使用 Spring Native 和 Spring Cloud Function 构建一个 Serverless 应用。最后，你将看到如何使用 Knative（一个基于 Kubernetes 的

Serverless 平台）来部署应用。

> **注意**　本章的样例可以通过 Chapter16/16-begin 和 Chapter16/16-end 目录获取，它们分别包含了项
> 目的初始和最终状态（https://github.com/ThomasVitale/cloud-native-spring-in-action）。

16.1　使用 Spring Native 和 GraalVM 生成原生镜像

Java 应用得以广泛流行的原因之一就是有一个通用的平台（即 Java 运行时环境，简称 JRE），它允许开发人员"一次编写，到处运行"，无须关心底层的操作系统。这源于应用的编译方式。Java 编译器不是把应用直接编译成机器码（操作系统能够理解的代码），而是生成由专门的组件（Java 虚拟机，简称 JVM）运行的字节码。在执行的过程中，JRE 将字节码动态解释为机器码，相同的应用能够在任意安装了 JVM 的机器和操作系统上运行。这叫作即时（just-in-time，JIT）编译。

在 JVM 上运行的应用会有更长的启动时间以及更高的资源占用成本。对于传统应用来说，启动时间会非常长，有的甚至需要几分钟。标准云原生应用的启动要快得多，它们一般需要几秒钟，而不是几分钟。对于大多数场景来说，这已经非常好了，但是对于需要几乎立即启动的 Serverless 工作负载来说，却是一个严重的问题。

与 Go 这样的技术栈相比，标准 Java 应用的资源占用成本也更高。云服务通常采用按使用付费的模式，所以减少 CPU 和内存的占用就意味着成本的降低。本节将展示如何使用 GraalVM 和 Spring Native 来解决这个问题。

16.1.1　理解 GraalVM 和 Spring Native

到目前为止，我们已经使用了 OpenJDK 提供的 JVM 和工具，它有许多发行版本，比如 Eclipse Adoptium（以前叫作 AdoptOpenJDK）、BellSoft Liberica JDK 和 Microsoft OpenJDK。GraalVM 是 Oracle 基于 OpenJDK 的一个较新的发行版，"旨在加速执行使用 Java 和其他 JVM 语言编写的应用"（www.graalvm.org）。

如果使用 GraalVM 取代标准 OpenJDK 发行版作为 Java 应用的运行时环境，我们能够提升应用的性能和效率，这要归功于它采用了新的优化技术来执行 JIT 编译（GraalVM 编译器）。GraalVM 还提供了运行时来执行其他语言编写的代码，如 JavaScript、Python 和 R。我们甚至还能编写多语言的应用，例如在 Java 代码中包含 Python 脚本。

GraalVM 提供了两种主要的运维模式。JVM 运行时（JVM Runtime）模式能够让我们像其他 OpenJDK 发行版那样运行 Java 应用，只不过借助 GraalVM 编译器，它能够进一步提升性能和效率。GraalVM 在 Serverless 领域之所以具有强大的创新性和流行性，则是因为它的原生镜像（Native Image）模式。该模式不会将 Java 代码编译为字节码，然后依赖 JVM 解释字节码并将其转换为机器码，相反，GraalVM 提供了一项新的技术（原生镜像构建器），它可以将 Java

应用直接编译成机器码，从而获得一个原生可执行文件或原生镜像，其中包含了执行所需的所有机器码。

与 JVM 方案相比，编译为原生镜像的 Java 应用启动更快，优化了内存消耗，并且能够即时达到性能峰值。为了构建它们，GraalVM 改变了应用的编译方式。原生镜像模式不是由 JIT 编译器在运行时优化并生成机器码，而是基于 AOT（Ahead-Of-Time，提前）方式编译的。从 main()方法开始，所有在应用执行过程中可触及的类和方法都会在构建时进行静态分析，并编译成一个独立的二进制可执行文件，其中包括所有的依赖和库。这样的可执行文件不需要 JVM，而是可以直接在机器上运行，就像 C 或 C++应用一样。

当使用原生镜像时，许多过去由 JVM 在运行时执行的工作现在都在构建时完成了。因此，与 JVM 方案相比，将应用构建为原生可执行文件会需要更长的时间和更多的计算资源。GraalVM AOT 并没有为某些 Java 特性提供开箱即用的支持。例如，反射、动态代理、序列化和动态类加载都需要额外的配置，以帮助 AOT 编译器理解如何对其进行静态分析。

我们该如何调整现有的 Java 应用，使其能够以原生镜像的方式运行呢？要添加多少配置才能支持框架和库呢？我们如何为 AOT 编译器提供必要的配置呢？这就是 Spring Native 的用武之地了。

16.1.2 使用 Spring Native 引入 GraalVM 对 Spring Boot 的支持

Spring Native 是一个新项目，支持使用 GraalVM 来编译 Spring Boot 应用。Spring Native 的目标是在不修改任何代码的情况下，使用 GraalVM 将任意 Spring 应用编译为原生可执行文件。为了实现该目标，Spring Native 项目提供了一个 AOT 基础设施（从专门的 Gradle/Maven 插件中调用），为 GraalVM 提供所有的必要配置，以便于 AOT 编译 Spring 类。该项目是 Spring 家族中的最新成员之一，目前处于 beta 阶段。在撰写本书时，大多数的 Spring 库和一些常见的库都得到了支持，如 Hibernate、Lombok 和 gRPC。

对于尚未得到支持的 Spring 库或者你自己的代码，Spring Native 提供了配置 GraalVM 的工具，例如，如果你在代码中使用了反射或动态代理，那么 GraalVM 将需要一个专门的配置来告知如何进行 AOT 编译。Spring Native 提供了便利的注解，如@NativeHints 和@TypedHint，可以直接从 Java 代码中告知 GraalVM 编译器，这样可以利用 IDE 的自动补全功能和类型检查特性。

> **注意** 从 Framework 6 和 Spring Boot 3 开始，Spring Native 将结束 beta 阶段，成为 Spring 库的一部分，它们已经于 2022 年的 11 月份发布。

在本小节中，我们将通过构建 Quote Service 来探索 Spring Native 的功能，这是一个暴露 API 以获取图书概述（quote）信息的 Web 应用。

1. 使用 Spring Native 和 Spring Reactive Web 引导新项目

我们可以通过 Spring Initializr（https://start.spring.io）初始化 Quote Service 项目，将结果存

储在 quote-service Git 仓库中，并将其推送至 GitHub。初始化项目的参数如图 16.1 所示。

图 16.1　初始化 Quote Service 项目的参数

该项目主要包含如下依赖：

- Spring Reactive Web 为使用 Spring WebFlux 构建反应式 Web 应用提供了必要的库，它将 Netty 作为默认的嵌入式服务器。
- Spring Native 支持使用 GraalVM 原生镜像编译器将 Spring 应用编译为原生可执行文件。

在 build.gradle 中，所形成的 dependencies 区域如下所示。

```
dependencies {
  implementation 'org.springframework.boot:spring-boot-starter-webflux'
  testImplementation 'org.springframework.boot:spring-boot-starter-test'
  testImplementation 'io.projectreactor:reactor-test'
}
```

此时，你可能会问：Spring Native 依赖在哪里呢？这里并没有相关的条目。Spring Native 在哪里？答案可以在 build.gradle 文件的 plugins 区域找到。

```
plugins {
  id 'org.springframework.boot' version '2.7.3'
  id 'io.spring.dependency-management' version '1.0.13.RELEASE'
  id 'java'
  id 'org.springframework.experimental.aot' version '0.12.1'   ◁──  Spring Native 提
}                                                                    供的 Spring AOT
                                                                     插件
```

当我们将 Spring Native 添加到项目中时，就会得到 Spring AOT 插件，它为 GraalVM 提供了编译 Spring 类所需的配置，以及基于 Gradle（或 Maven）构建原生可执行文件的便捷功能。

如果从 Spring Initializr 引导一个新项目，你还会在 HELP.md 文件中找到关于如何使用 Spring Native 的额外信息。如果选择了不支持的依赖，你会发现有一条相关的警告信息。例如，在编写本书时，Spring Cloud Stream 还没有得到完全支持。如果你在初始化项目时选择了 Spring

Native 和 Spring Cloud Stream，那么 HELP.md 将会展示如下所示信息：

```
The following dependency is not known to work with Spring Native: 'Cloud Stream'. As
a result, your application may not work as expected.
```

> **注意**　在 Spring Native 的官方文档（https://docs.spring.io/spring-native/docs/current/reference/
> htmlsingle）中，你可以查看哪些库已经得到了支持。

接下来，我们实现 Quote Service 的业务逻辑。

2．实现业务逻辑

Quote Service 会通过 REST API 返回随机的图书概述。首先，创建一个新的 com.polarbookshop.
quoteservice.domain 包并定义 Quote record 来建模领域实体。

程序清单 16.1　定义用来表述图书概述的领域实体

```
public record Quote (
  String content,
  String author,
  Genre genre
){}
```

Quote 是根据图书的体裁来分类的，可以通过图书来提取这个值。我们添加一个 Genre 枚
举，对这个分类进行建模。

程序清单 16.2　定义表述图书体裁的枚举

```
public enum Genre {
  ADVENTURE,
  FANTASY,
  SCIENCE_FICTION
}
```

最后，在 QuoteService 类中实现获取图书概述的业务逻辑。概述信息会定义和存储在内存
列表中。

程序清单 16.3　查询图书概述的业务逻辑

```
@Service
public class QuoteService {
  private static final Random random = new Random();
  private static final List<Quote> quotes = List.of(       ← 将概述列表存储
    new Quote("Content A", "Abigail", Genre.ADVENTURE),        在内存中
    new Quote("Content B", "Beatrix", Genre.ADVENTURE),
    new Quote("Content C", "Casper", Genre.FANTASY),
    new Quote("Content D", "Dobby", Genre.FANTASY),
    new Quote("Content E", "Eileen", Genre.SCIENCE_FICTION),
    new Quote("Content F", "Flora", Genre.SCIENCE_FICTION)
```

```
);

public Flux<Quote> getAllQuotes() {
  return Flux.fromIterable(quotes);      ◄──┤ 以反应式数据流的形式
}                                             │ 返回所有的概述信息

public Mono<Quote> getRandomQuote() {
  return Mono.just(quotes.get(random.nextInt(quotes.size() - 1)));
}

public Mono<Quote> getRandomQuoteByGenre(Genre genre) {
  var quotesForGenre = quotes.stream()
    .filter(q -> q.genre().equals(genre))
    .toList();
  return Mono.just(quotesForGenre.get(
    random.nextInt(quotesForGenre.size() - 1)));
}
}
```

注意　因为该样例的关注点是使用 GraalVM 和 Spring Native 进行原生镜像编译，所以我们使其
　　　尽可能简单，并省略了持久层。请自行对其进行扩展。例如，你可以添加 Spring Data
　　　R2DBC 和 Spring Security，Spring Native 对这两个库都提供了支持。

业务逻辑已经实现完毕，接下来，我们通过 HTTP API 将功能暴露出去。

3. 实现 Web 控制器

创建一个新的 com.polarbookshop.quoteservice.web 包并添加 QuoteController 类，以暴露如
下三个端点：

■　返回所有的概述。

■　返回随机一个概述。

■　返回给定体裁的一个概述。

程序清单 16.4　定义 HTTP 端点的处理器

```
@RestController
public class QuoteController {
  private final QuoteService quoteService;

  public QuoteController(QuoteService quoteService) {
    this.quoteService = quoteService;
  }

  @GetMapping("/quotes")
  public Flux<Quote> getAllQuotes() {
    return quoteService.getAllQuotes();
  }

  @GetMapping("/quotes/random")
```

```
public Mono<Quote> getRandomQuote() {
  return quoteService.getRandomQuote();
}

@GetMapping("/quotes/random/{genre}")
public Mono<Quote> getRandomQuote(@PathVariable Genre genre) {
  return quoteService.getRandomQuoteByGenre(genre);
}
}
```

然后，我们配置嵌入式 Netty 服务器监听 9101 端口，并定义应用名称。打开 application.yml 文件，添加如下配置。

程序清单 16.5　配置 Netty 服务器端口和应用名称

```
server:
  port: 9101

spring:
  application:
    name: quote-service
```

最后，我们使用在第 8 章学到的技术编写一些集成测试。

4．编写集成测试

当使用 Spring Initializr 初始化项目的时候，我们会得到一个自动生成的 QuoteServiceApplication Tests 类。我们使用一些集成测试对其进行更新，以检查 Quote Service 暴露的 REST API。

程序清单 16.6　Quote Service 的集成测试

```
@SpringBootTest(webEnvironment = SpringBootTest.WebEnvironment.RANDOM_PORT)
class QuoteServiceApplicationTests {

  @Autowired
  WebTestClient webTestClient;

  @Test
  void whenAllQuotesThenReturn() {
    webTestClient.get().uri("/quotes")
      .exchange()
      .expectStatus().is2xxSuccessful()
      .expectBodyList(Quote.class);
  }

  @Test
  void whenRandomQuoteThenReturn() {
    webTestClient.get().uri("/quotes/random")
      .exchange()
      .expectStatus().is2xxSuccessful()
      .expectBody(Quote.class);
```

```
  }

  @Test
  void whenRandomQuoteByGenreThenReturn() {
    webTestClient.get().uri("/quotes/random/FANTASY")
      .exchange()
      .expectStatus().is2xxSuccessful()
      .expectBody(Quote.class)
      .value(quote -> assertThat(quote.genre()).isEqualTo(Genre.FANTASY));
  }
}
```

功能实现就到此为止。接下来，我们会在 JVM 上执行自动化测试并运行应用。

5．在 JVM 上运行和测试

到目前为止，Quote Service 是一个标准的 Spring Boot 应用，与我们在前面章节中所构建的其他应用并无二致。例如，我们可以通过 Gradle 运行自动化测试并确保其行为的正确性。打开终端窗口，导航至项目的根目录并执行如下命令：

```
$ ./gradlew test
```

我们也可以在 JVM 上运行它，或者将其打包为 JAR 制品。在相同的终端窗口中，执行如下命令来运行应用：

```
$ ./gradlew bootRun
```

随意调用 Quote Service 暴露的端点来验证应用是否能够正确运行：

```
$ http :9101/quotes
$ http :9101/quotes/random
$ http :9101/quotes/random/FANTASY
```

测试完成后，通过 Ctrl+C 停掉进程。

我们该如何将其编译为原生镜像，以实现即时启动、即时峰值性能以及内存消耗的减少呢？这将是下一小节的主题。

16.1.3　将 Spring Boot 应用编译为原生镜像

我们有两种方案将 Spring Boot 应用编译为原生可执行文件。第一种方案是显式使用 GraalVM，生成可以在机器上直接运行的特定操作系统的可执行文件。第二种方案是依赖 Cloud Native Buildpacks 对原生可执行文件进行容器化，并在像 Docker 这样的容器运行时中运行它。我们会同时介绍这两种方案。

1．使用 GraalVM 编译原生可执行文件

第一种方案需要在你的机器上安装 GraalVM 运行时。你可以直接按照官网（www.graalvm.org）

的要求进行安装，也可以使用像 sdkman 这样的工具。

在本章的样例中，我将使用在编写本书时最新的、基于 OpenJDK 17 的 GraalVM 22.1 发行版。借助 sdkman，我们使用如下命令安装 GraalVM：

```
$ sdk install java 22.2.r17-grl
```

在安装过程的最后，sdkman 会询问你是否将该发行版设置为默认发行版。我建议你不要这样做，因为当我们需要使用 GraalVM 而不是标准的 OpenJDK 的时候，会明确告诉你。

然后打开一个终端窗口，导航至 Quote Service 项目（quote-service），配置 shell 以使用 GraalVM，并使用如下命令安装 native-image GraalVM 组件：

```
$ sdk use java 22.2.r17-grl          ←── 配置当前 shell 使用
$ gu install native-image            ←── 特定的 Java 运行时
                                         使用 GraalVM 提供的 gu 工具
                                         安装 native-image 组件
```

在初始化 Quote Service 项目的时候，GraalVM Gradle/Maven 官方插件已经自动包含了进来。该插件提供了使用 GraalVM 原生镜像模式来编译应用的功能。

> **注意** 如下的 Gradle task 需要当前的 Java 运行时是 GraalVM。如果你使用 sdkman 的话，可以在想要使用 GraalVM 的终端窗口运行 `sdk use java 22.2.r17-grl`。

GraalVM 应用的编译步骤会更耗时一些，可能需要几分钟，这取决于机器上可用的计算资源。这是使用原生镜像的缺点之一。此外，由于 Spring Native 仍处于实验阶段，你可能会看到一些调试日志和告警，但是如果进程能够成功完成的话，这应该没有什么问题。

在将 GraalVM 切换为当前 Java 运行时的同一终端窗口中，运行如下命令，将应用编译为原生镜像：

```
$ ./gradlew nativeCompile
```

该命令会生成一个独立的二进制文件。因为它是原生可执行文件，所以在 macOS、Linux 和 Windows 上会有所差异。在你的机器上，无需 JVM 就可以直接运行它。如果使用 Gradle 的话，原生可执行文件会在 build/native/nativeCompile 目录中生成。请使用如下命令运行它。

```
$ build/native/nativeCompile/quote-service
```

需要注意的第一件事情就是启动时间，Spring Native 的启动时间通常会短于 100 毫秒。JVM 方案通常会需要几秒钟的时间，与之相比，这是一个极其明显的性能提升。最重要的是，我们不需要编写任何代码就能实现这一点。我们发一个请求，确保应用的功能正确运行：

```
$ http :9101/quotes/random
```

应用测试完成后，请使用 Ctrl+C 停掉该进程。

我们还能够以原生可执行文件的形式运行自动化测试，使其更可靠，因为这样能够确保测试使用的是与生产环境一样的运行时环境。但是，与在 JVM 上运行相比，编译步骤消耗的时间会更长一些：

```
$ ./gradlew nativeTest
```

最后，我们可以在 Gradle/Maven 中将 Spring Boot 应用直接作为原生镜像运行：

```
$ ./gradlew nativeRun
```

在进入下一小节之前，记得使用 Ctrl+C 停掉应用进程，下一小节会展示将 Spring Boot 应用编译为原生可执行文件的另一个方案。它不需要在你的计算机上安装 GraalVM，而是会使用 Cloud Native Buildpacks 来生成一个容器化的原生可执行文件。

2. 使用 Buildpacks 容器化原生镜像

将 Spring Boot 应用编译为原生可执行文件的第二种方案是依赖 Cloud Native Buildpacks。与在第 6 章将 Spring Boot 应用打包为容器镜像类似，我们可以使用 Buildpacks 基于 GraalVM 编译的应用原生可执行文件来构建容器镜像。这种方式的好处是不需要在你的机器上安装 GraalVM。

在初始化 Quote Service 项目的时候，Spring Initializr 不仅包含了 Spring AOT 插件，还为 Spring Boot 与 Buildpacks 的集成提供额外的配置。如果你再次查看 build.gradle，会发现 bootBuildImage task 被配置为使用 BP_NATIVE_IMAGE 环境变量来生成一个容器化的原生镜像。在这里，就像其他 Polar Bookshop 应用那样，我们要配置镜像名称和容器注册中心的认证信息。

程序清单 16.7   配置 Quote Service 的容器化

```
tasks.named('bootBuildImage') {
  builder = 'paketobuildpacks/builder:tiny'       ◁── 使用 "tiny" 版本的 Paketo Buildpacks
  environment = ['BP_NATIVE_IMAGE': 'true']       ◁── 以实现容器镜像的最小化
  imageName = "${project.name}"                        启用对 GraalVM 的支持并
                                                        生成容器化的原生镜像
  docker {
    publishRegistry {
      username = project.findProperty("registryUsername")
      password = project.findProperty("registryToken")
      url = project.findProperty("registryUrl")
    }
  }
}
```

> **注意** 在你的机器上运行原生镜像的编译过程时，你可能会注意到，这不仅会比较耗时，而且会消耗比平时更多的计算资源。当使用 Buildpacks 时，请确保你的计算机上至少有 16GB 的 RAM。如果你使用 Docker Desktop 的话，配置 Docker 虚拟机至少要有 8GB 的 RAM。在 Windows 上，建议在 WSL2 上使用 Docker Desktop 而不是 Hyper-V。关于环境搭建的更多建议，请参阅 Spring Native 的文档（https://docs.spring.io/spring-native/docs/current/reference/htmlsingle）。

使用 Buildpacks 生成容器化原生镜像的命令与生成 JVM 镜像时所使用的命令完全一样。打开一个终端窗口，导航至 Quote Service 项目（quote-service），并运行如下命令：

```
$ ./gradlew bootBuildImage
```

完成之后，尝试运行生成的容器镜像：

```
$ docker run --rm -p 9101:9101 quote-service
```

启动时间应该依然不到 100 毫秒。继续发送一些请求，测试应用是否正确运行：

```
$ http :9101/quotes/random
```

完成应用的测试后，请使用 Ctrl+C 停掉容器进程。

16.2 基于 Spring Cloud Function 的 Serverless 应用

正如我在第 1 章所介绍的，Serverless 是在虚拟机和容器之上更进一步的抽象层，它将更多的责任从产品团队转移到了平台中。根据 Serverless 计算模型，开发人员将专注于实现应用的业务逻辑。借助 Kubernetes 这样的编排器，我们依然需要处理基础设施供应、容量规划和扩展等问题。与之不同，Serverless 平台会负责搭建应用运行所需的底层基础设施，包括虚拟机、容器和动态扩展。

通常情况下，Serverless 应用只会在有事件要处理时才会运行，比如 HTTP 请求（请求驱动）或消息（事件驱动）。事件可以是外部的，也可以是其他函数生成的。例如，每当有一条消息添加到队列中，某个函数可能会被触发，函数会处理该消息，然后退出执行。当没有要处理的事件时，平台会关闭与该函数相关的所有资源，所以我们可以真正实现为实际使用付费。

在其他云原生拓扑结构（如 CaaS 或 PaaS）中，始终会有一个服务器参与其中，它会保持 24×7 小时运行。与传统系统相比，我们获得了动态扩展的优势，减少了任意时间内的资源供应数量。尽管如此，始终会有服务器在运行，这也会造成成本。但是，在 Serverless 模型中，资源只会在需要的时候才会提供。如果没有任何事情要处理，所有资源都会关闭。这就是所谓的"伸缩至零"（scaling to zero），它是 Serverless 平台提供的主要特性之一。

将应用伸缩至零的结果就是，当出现要处理的请求时，会启动一个新的应用实例，它必须要快速准备好处理请求。标准 JVM 应用并不适合 Serverless 应用，因为它难以在几秒钟内启动。这也是 GraalVM 原生镜像逐渐流行的原因。借助即时启动和内存消耗的减少，它们成为 Serverless 模式的完美方案。即时启用是扩展所需要的。内存消耗的减少有助于降低成本，这是 Serverless 和云原生的总体目标之一。

除了成本优化，Serverless 技术还将一些额外的责任从应用转移到了平台中。这可能是一项优势，因为这能够让开发人员心无旁骛地专注于业务逻辑。但是，你也必须要考虑要实现多大程度的控制权，以及如何处理供应商锁定的问题。每个 Serverless 平台都有自己的特性和 API。

在针对某个特定的平台编写功能之后，我们将无法像使用容器那样，轻易地将其转移到另一个平台上。相对于其他方式，我们可能需要做出妥协，以获取责任和工作范围方面的收益，但是会损失一定的控制权和可移植性。这也是 Knative 快速流行起来的原因，它构建在 Kubernetes 之上，这意味着我们可以在平台和供应商之间很容易地转移 Serverless 工作负载。

本节将讲述如何开发和部署一个 Serverless 应用。我们会使用 Spring Native 将其编译为 GraalVM 原生镜像，并使用 Spring Cloud Function 将业务逻辑实现为函数，这是一个非常棒的选择，因为 Serverless 应用是事件驱动的。

16.2.1　使用 Spring Cloud Function 构建 Serverless 应用

我们已经在第 10 章使用过 Spring Cloud Function。正如当时学到的，它是一个旨在通过基于 Java 8 标准接口（Supplier、Function 和 Consumer）的函数来改进业务逻辑实现的项目。

Spring Cloud Function 是非常灵活的。我们见过它是如何与外部消息系统（如 RabbitMQ 和 Kafka）进行集成的，这对于构建由消息触发的 Serverless 应用是一项非常便利的特性。在本小节中，我将展示 Spring Cloud Function 提供的另一项特性，它可以将函数暴露为由 HTTP 请求和 CloudEvents 触发的端点，CloudEvents 是一项用于标准化云架构中事件格式与分发机制的规范。

我们将实现与前文构建的 Quote Service 应用相同的需求，但是这一次我们会将业务逻辑实现为函数，并让框架将其暴露为 HTTP 端点。

1. 使用 Spring Native 和 Spring Cloud Function 引导新项目

我们可以通过 Spring Initializr（https://start.spring.io）初始化 Quote Function 项目，将结果存储在 quote- functionGit 仓库中，并将其推送至 GitHub。初始化项目的参数如图 16.2 所示。

图 16.2　初始化 Quote Function 项目的参数

该项目包含了如下依赖：

■ Spring Reactive Web 为使用 Spring WebFlux 构建反应式 Web 应用提供了必要的库，它包含了 Netty 作为默认的嵌入式服务器。

■ Spring Cloud Function 提供了必要的库，以支持通过函数实现业务逻辑，将函数通过多个通信通道导出，并与 Serverless 平台进行集成。

■ Spring Native 支持使用 GraalVM 原生镜像编译器将 Spring 应用编译为原生可执行文件。

在 build.gradle 文件中，所形成的 dependencies 区域如下所示：

```
dependencies {
  implementation 'org.springframework.boot:spring-boot-starter-webflux'
  implementation
➥ 'org.springframework.cloud:spring-cloud-starter-function-web'
  testImplementation 'org.springframework.boot:spring-boot-starter-test'
  testImplementation 'io.projectreactor:reactor-test'
}
```

然后，与 Quote Service 类似，我们可以更新 build.gradle 中 Cloud Native Buildpacks 的配置。

程序清单 16.8 配置 Quote Function 的容器化

```
tasks.named('bootBuildImage') {
  builder = 'paketobuildpacks/builder:tiny'     ◁──── 使用"tiny"版本的 Paketo
  environment = ['BP_NATIVE_IMAGE': 'true']     ◁──── Buildpacks 以实现容器镜
  imageName = "${project.name}"                        像的最小化

  docker {                                             启用对 GraalVM 的支持并
    publishRegistry {                                  生成容器化的原生镜像
      username = project.findProperty("registryUsername")
      password = project.findProperty("registryToken")
      url = project.findProperty("registryUrl")
    }
  }
}
```

接下来，将 Quote Service 中位于 com.polarbookshop.quoteservice.domain 包内所有的类复制到 Quote Function 中名为 com.polarbookshop.quotefunction.domain 的新包里面。在下一小节中，我们会将业务逻辑实现为函数。

2. 将业务逻辑实现为函数

正如我们在第 10 章所学到的，当标准的 Java 函数注册为 bean 时，Spring Cloud Function 对其进行了增强。在 Quote Function 项目新的 com.polarbookshop.quotefunction.functions 包中，我们首先添加一个 QuoteFunctions 类。

该应用应该暴露类似于 Quote Service 的功能：

■ 返回所有概述的功能可以表示为 Supplier，因为它没有输入。

- 返回任意概述的功能也可以表示为 Supplier，因为它没有输入。
- 返回给定体裁的某个概述可以表示为 Function，因为它既有输入，又有输出。
- 将某个概述记录到标准输出的功能可以表述为 Consumer，因为它只有输入，没有输出。

程序清单 16.9 将业务逻辑实现为函数

```
@Configuration
public class QuoteFunctions {
  private static final Logger log =
    LoggerFactory.getLogger(QuoteFunctions.class);

  @Bean
  Supplier<Flux<Quote>> allQuotes(QuoteService quoteService) {
    return () -> {
      log.info("Getting all quotes");
      return Flux.fromIterable(quoteService.getAllQuotes())
        .delaySequence(Duration.ofSeconds(1));
    };
  }

  @Bean
  Supplier<Quote> randomQuote(QuoteService quoteService) {
    return () -> {
      log.info("Getting random quote");
      return quoteService.getRandomQuote();
    };
  }

  @Bean
  Consumer<Quote> logQuote() {
    return quote -> log.info("Quote: '{}' by {}",
      quote.content(), quote.author());
  }
}
```

在 Spring 配置类中将函数声明为 bean

函数所使用的 logger

生成所有概述的 Supplier

将概述发布为流，每次一个元素，每个元素之间间隔 1 秒。

生成一个随机概述的 Supplier

日志记录输入概述的函数

如果 Spring Web 的依赖位于 classpath 中，Spring Cloud Function 会自动将所有注册的函数暴露为 HTTP 端点。每个端点使用与函数相同的名称。一般来讲，Supplier 可以通过 GET 请求进行调用，Consumer 可以通过 POST 请求调用。

Quote Function 包含了 Spring Reactive Web 依赖，所以 Netty 将会担当处理 HTTP 请求的服务器。我们使其监听 9102 端口，并配置应用名称。打开 application.yml 文件，并添加如下配置。

程序清单 16.10 配置 Netty 服务器端口和应用名称

```
server:
  port: 9102

spring:
  application:
```

```
            name: quote-function
```

然后，运行 Quote Function 应用（./gradlewbootRun）并打开终端窗口，作为起步，我们可以通过发送 GET 请求测试两个 Supplier：

```
$ http :9102/allQuotes
$ http :9102/randomQuote
```

为了根据体裁获取任意的图书概述，我们需要在 POST 请求的请求体中提供一个体裁名称的字符串：

```
$ echo 'FANTASY' | http :9102/genreQuote
```

如果只有一个函数注册为 bean 的话，Spring Cloud Function 会自动在根端点暴露它。如果有多个函数，那么你可以通过 spring.cloud.function.definition 配置属性选择函数。

例如，我们可以通过根端点暴露 allQuotes。在 Quote Function 项目中，打开 application.yml 文件，并按照如下方式对其进行更新。

程序清单 16.11　定义由 Spring Cloud Function 管理的主函数

```
server:
  port: 9102

spring:
  application:
    name: quote-function
  cloud:
    function:
      definition: allQuotes
```

重新运行应用并向根端点发送 GET 请求。因为它是一个 Supplier，会返回 Quote 组成的 Flux，所以我们可以利用 Reactor 项目提供的流式功能，请求应用在 Quote 可用时立即返回。当使用 Accept:text/event-stream 头信息时（例如，curl -H 'Accept:text/event-stream' localhost:9102），这一点会自动实现。当使用 httpie 工具时，我们还需要使用--stream 参数来启用数据流：

```
$ http :9102 Accept:text/event-stream --stream
```

与第 10 章类似，我们可以通过组合函数构建流水线。当函数通过 HTTP 端点暴露时，可以使用逗号（,）来组合函数。例如，我们可以组合 genreQuote 和 logQuote 函数，如下所示：

```
$ echo 'FANTASY' | http :9102/genreQuote,logQuote
```

因为 logQuote 是一个 Consumer，所以 HTTP 响应应该是 202 状态并且没有响应体。如果查看应用日志的话，你会发现根据体裁获取的任意一个概述已经打印在日志中了。

Spring Cloud Function 集成了多种通信通道。我们已经见过如何利用 Spring Cloud Stream 将函数暴露为交换机和队列，以及如何暴露为 HTTP 端点。该框架还支持 RSocket（一种二进制反应式协议）和 CloudEvents（一项用于标准化云架构中事件格式与分发机制的规范，https://cloudevents.io）。

CloudEvents 可以通过 HTTP、AMPQ（RabbitMQ）这样的消息通道以及 RSocket 进行消费。它们能够确保以一种标准的方式描述事件，从而使其可以在各种技术中移植，包括应用、消息系统、构建工具和平台。

按照配置，Quote Function 已经以 HTTP 端点的形式暴露了函数，所以无需任何改动，它就可以被 CloudEvents 消费。请确保应用处于运行状态，然后使用 CloudEvents 规范定义的额外头信息发送 HTTP 请求：

```
$ echo 'FANTASY' | http :9102/genreQuote \        ◁——— CloudEvents 规范的
    ce-specversion:1.0 \                                版本
    ce-type:quote \        ◁——— 事件的类型（与领域相关）
    ce-id:394        ◁——— 事件的 ID
```

当测试完成后，请使用 Ctrl+C 停掉进程。

> **注意**　关于如何支持 HTTP、CloudEvents 和 RSocket 的更多信息，请参考 Spring Cloud Function 官方文档（https://spring.io/projects/spring-cloud-function）。

16.2.2　部署流水线：构建和发布

按照整本书所阐述的持续交付原则和技术，我们可以为 Quote Service 和 Quote Function 实现一个部署流水线。因为这些项目的发布候选是容器镜像，所以大多数操作均与标准 Java 应用相同。

在本地运行时，在 JVM 上运行和测试 Serverless 应用会比使用 GraalVM 更便捷，因为构建时间更短，对资源的要求也更少。但是，为了实现更好的质量并尽早发现错误，我们应该在交付过程中尽早在原生模式下运行和验证应用。提交阶段是我们编译和测试应用的地方，所以在这里添加这些额外的步骤是非常合适的。

在 Quote Function 项目中（quote-function），添加一个新的 ".github/workflows" 目录，并在其中创建一个 commit-stage.yml 文件。作为起点，我们可以把前几章构建的其他应用（比如 Catalog Service）的提交阶段实现复制过来。到目前为止，我们所使用的提交阶段的工作流由两个 job 组成，分别是 "Build & Test" 和 "Package and Publish"。我们将重用其他应用的实现，但是需要添加一个中间 job，用来测试原生模式。

程序清单 16.12　以原生模式构建和测试应用

```
name: Commit Stage
on: push

env:                                   ◁——— 使用 GitHub        镜像名称。不要忘记添
  REGISTRY: ghcr.io                         Container Registry   加你自己的 GitHub 用
  IMAGE_NAME: <your_github_username>/quote-function    ◁———     户名（小写形式）
  VERSION: ${{ github.sha }}        ◁——— 将任何新的镜像标记为
                                           Git 的提交哈希值
jobs:
```

授予该
job 的
权限

该 job 的唯一
标识符

为 job 选择一个
人性化的名称

该 job 运行所需的
机器类型

检出当前
Git 仓库的
权限

检出当前 Git 仓库
(quote-function)

安装和配置基于 Java 17
的 GraalVM 以及原生镜
像组件

将应用编译为原生可
执行文件，并运行单
元和集成测试

"Package and Publish" job 只
有在前面的两个 job 均成功
完成时才会运行

```
build:
  name: Build and Test
  ...
native:
  name: Build and Test (Native)
  runs-on: ubuntu-22.04
  permissions:
    contents: read
  steps:
    - name: Checkout source code
      uses: actions/checkout@v3
    - name: Set up GraalVM
      uses: graalvm/setup-graalvm@v1
      with:
        version: '22.1.0'
        java-version: '17'
        components: 'native-image'
        github-token: ${{ secrets.GITHUB_TOKEN }}
    - name: Build, unit tests and integration tests (native)
      run: |
        chmod +x gradlew
        ./gradlew nativeBuild
package:
  name: Package and Publish
  if: ${{ github.ref == 'refs/heads/main' }}
  needs: [ build, native ]
  ...
```

注意 你可以在本书附带的源码仓库中的 Chapter16/16-end/quote-function 目录查看最终结果。

完成后，提交所有的变更，并推送至 GitHub 的 quote-function 仓库，以触发提交阶段的工作流。在本章后面的内容中，我们将使用该工作流发布的容器镜像，所以请确保它能够成功运行。

你会发现，Quote Function 的提交阶段要比本书中的其他应用执行时间更长。在第 3 章中我曾经提过，提交阶段的执行应该是很快速的，最好在 5 分钟之内完成，以便为开发人员提供关于其变更的快速反馈，并允许他们继续进行下一项任务，这符合持续集成的精神。我们刚刚添加的使用 GraalVM 的额外步骤可能会使工作流变得过于缓慢。在这种情况下，你可以考虑把这个检查移到验收阶段，在这个阶段，我们允许整个过程花费更长的时间。

在下一小节，我们将介绍部署基于 Spring Cloud Function 实现的 Serverless 应用的几种方案。

16.2.3 将 Serverless 应用部署在云中

使用 Spring Cloud Function 的应用可以通过多种方式进行部署。首先，因为它们依然是 Spring Boot 应用，所以我们可以将其打包成 JAR 制品或容器镜像，并将其部署到服务器或容器运行时（如 Docker 或 Kubernetes）中，同我们前几章的做法一样。

其次，当包含 Spring Native 时，我们还可以将其编译为原生镜像，并让其在服务器或容器运行时中运行。由于即时启动以及内存消耗的减少，我们还可以在 Serverless 平台上无缝部署这种应用。在下一节中，我们将介绍如何使用 Knative 在 Kubernetes 上运行 Serverless 工作负载。

Spring Cloud Function 还支持在 AWS Lambda、Azure Functions 和 Google Cloud Functions 等特定厂商的 FaaS 平台上部署应用。在确定了你选择的平台后，就可以添加框架所提供的相关适配器（adapter）来完成集成。每个适配器的工作方式略有差异，这取决于特定的平台以及将函数与底层基础设施集成所需的配置。Spring Cloud Function 提供的适配器不需要对业务逻辑做任何改动，但它们可能需要一些额外的代码来配置集成。

当你使用某种适配器时，必须选择要将哪个函数与平台集成。如果只有一个函数注册为 bean 的话，无疑这就是要使用的函数。如果有多个函数（像 Quote Function 这样），那么你需要使用 spring.cloud.function.define 属性来声明 FaaS 平台要管理哪个函数。

> **注意**　关于 AWS Lambda、Azure Functions 和 Google Cloud Functions 的 Spring Cloud Function 适配器，你可以参阅 Spring Cloud Function 的官方文档（https://spring.io/projects/spring-cloud-function）。

在下一节中，我们将介绍如何使用 Knative 将像 Quote Function 这样的 Serverless 应用部署到基于 Kubernetes 的平台中。

16.3　使用 Knative 部署 Serverless 应用

在前面的几节中，我们了解了 Spring Native，以及如何组合使用它和 Spring Cloud Function 来构建 Serverless 应用。本节将介绍如何使用 Knative 项目，将 Quote Function 部署到基于 Kubernetes 的 Serverless 平台中。

Knative 是一个"用于部署和管理现代化 Serverless 工作负载的基于 Kubernetes 的平台"（https://knative.dev）。它是一个 CNCF 项目，我们使用它来部署标准的容器化工作负载和事件驱动应用。该项目为开发人员提供了良好的用户体验以及更高层次的抽象，使得在 Kubernetes 上部署应用更加简单。

我们可以选择在 Kubernetes 集群上运行 Knative 平台，也可以使用云供应商提供的托管服务，如 VMware Tanzu Application Platform、Google Cloud Run 或 Red Hat OpenShift Serverless。由于它们都基于开源软件和标准，我们可以从 Google Cloud Run 迁移到 VMware Tanzu Application Platform，而无须修改应用的代码，只需对部署流水线进行微小的改动即可。

Knative 由两个主要的组件构成，分别是 Serving 和 Eventing。

- Knative Serving 用于在 Kubernetes 上运行 Serverless 工作负载。它负责处理自动伸缩、网络、修订（revision）和部署策略，让工程师专注于应用的业务逻辑。
- Knative Eventing 借助基于 CloudEvents 规范的源与 sink，实现了集成应用的管理，并抽象了像 RabbitMQ 或 Kafka 这样的后端。

我们的重点是使用 Knative Serving 来运行 Serverless 工作负载，同时避免供应商锁定。

> **注意**　Knative 最初还包含名为 Build 的第三个组件，后来该组件成为一个独立的产品，更名为 Tekton（https://tekton.dev）并捐赠给了持续交付基金会（Continuous Delivery Foundation, https://cd.foundation）。Tekton 是一个 Kubernetes 原生框架，用于构建支持持续交付的部署流水线。例如，你可以使用 Tekton 替换 GitHub Actions。

本节将向你介绍如何搭建由 Kubernetes 和 Knative 组成的本地开发环境。然后，我将介绍 Knative 清单，它可以用来声明 Serverless 应用的期望状态，并且展示如何将它们应用于 Kubernetes 集群。

16.3.1　搭建 Knative 平台

由于 Knative 运行在 Kubernetes 之上，所以首先需要一个集群。我们按照本书所使用的方式，利用 minikube 创建一个集群。打开终端窗口，运行如下命令：

```
$ minikube start --profile knative
```

接下来，我们可以安装 Knative 了。为了简单起见，我们在一个脚本中包含了所需的指令，你可以在本书附带的源码仓库中找到该脚本。在 Chapter16/16-end/polar-deployment/kubernetes/ development 目录中，复制 install-knative.sh 文件到 Polar Deployment 仓库（polar-deployment）的相同路径中。

打开终端窗口，导航至刚刚复制脚本的目录，然后运行如下命令，以便在本地 Kubernetes 集群上安装 Knative。

```
$ ./install-knative.sh
```

在运行之前，请自行打开该文件并查看相关指令。你可以在项目网站（https://knative .dev/ docs/install）上找到安装 Knative 的更多信息。

> **注意**　在 macOS 和 Linux 上，你可能需要通过 chmod +x install-knative.sh 命令使脚本变成可执行文件。

Knative 项目提供了一个便利的 CLI 工具，我们可以使用它来与 Kubernetes 集群中的 Knative 资源进行交互。你可以在附录 A 的 A.4 节中找到如何安装它的说明。在下一小节中，我将向你展示如何使用 Knative CLI 部署 Quote Function。

16.3.2　使用 Knative CLI 部署应用

Knative 为部署应用提供了多种方案。在生产环境中，我们希望坚持使用声明式的配置，就像在标准的 Kubernetes 部署中所做的那样，并依靠 GitOps 流程来协调期望状态（位于 Git

仓库中）和实际状态（位于 Kubernetes 集群中）。

在进行实验或本地运行时，我们可以使用 Knative CLI，以命令式方式部署应用。在终端窗口中，运行如下命令来部署 Quote Function。这里使用的容器镜像是我们在前文定义的提交阶段所发布的。请不要忘记将<your_github_username>替换为你自己的 GitHub 用户名（小写形式）。

```
$ kn service create quote-function \
    --image ghcr.io/<your_github_username>/quote-function \
    --port 9102
```

你可以参考图 16.3 以了解该命令的描述。

图 16.3   根据容器镜像创建 Service 的 Knative 命令。Knative 将负责创建在
Kubernetes 上部署应用所需的全部资源

该命令会在 Kubernetes 的 default 命名空间下初始化一个新的 quote-function Service。它会返回一个对外公开的 URL，应用会通过该 URL 对外暴露出去，其运行信息如下所示：

```
Creating service 'quote-function' in namespace 'default':

 0.045s The Route is still working to reflect the latest desired
➥ specification.
 0.096s Configuration "quote-function" is waiting for a Revision
➥ to become ready.
 3.337s ...
 3.377s Ingress has not yet been reconciled.
 3.480s Waiting for load balancer to be ready
 3.660s Ready to serve.

Service 'quote-function' created to latest revision 'quote-function-00001'
➥ is available at URL:
http:/ /quote-function.default.127.0.0.1.sslip.io
```

我们测试一下。首先，我们需要使用 minikube 打开一个通向集群的通道。第一次运行该命令的时候，你可能会被要求输入机器密码，以授权建立通向集群的通道：

```
$ minikube tunnel --profile knative
```

然后，打开一个新的终端窗口，并调用根端点的应用以获取概述的完整列表。要调用的 URL 与之前命令所返回的值是相同的（http://quote-function.default.127.0.0.1.sslip.io），其格式是<service-name>.<namespace>.<domain>。

```
$ http http:/ /quote-function.default.127.0.0.1.sslip.io
```

因为我们是在本地运行，所以我配置了 Knative 使用 sslip.io，这是一个 DNS 服务，"当使用带有 IP 地址的主机名进行查询时，它将返回该 IP 地址"。例如，127.0.0.1.sslip.io 主机名会被解析为 IP 地址 127.0.0.1。由于我们打开了一条通往集群的通道，对 127.0.0.1 的请求将会由集群处理，Knative 会把它们路由到正确的服务。

Knative 会负责处理应用的扩展，无需进一步的配置。对于每个请求，它都会确定是否需要更多的实例。如果某个实例在特定的时间内（默认为 30 秒）均处于空闲状态，Knative 就会关闭它。如果超过 30 秒没有收到请求，Knative 会将应用伸缩至零，也就是说，不会有任何 Quote Function 实例处于运行状态。

当收到新的请求时，Knative 会启动一个新的实例，用它来处理请求。借助 Spring Native，Quote Function 的启动几乎是瞬时完成的，因此用户和客户端不必像启动标准 JVM 应用那样等待很长时间。这个强大的特性让我们可以优化成本，只为使用和需要的资源付费。

使用像 Knative 这样的开源平台的好处是，我们可以将应用迁移至其他云供应商，而无须修改任何代码。但好处不仅局限于此！我们甚至可以原样使用相同的部署流水线，或者做微小的修改即可。下一小节将介绍如何通过 YAML 清单以声明式的方式定义 Knative Service，这是生产场景下的推荐方式。

在继续后面的内容之前，请删除前文创建的所有 Quote Function 实例：

```
$ kn service delete quote-function
```

16.3.3　使用 Knative 清单部署应用

Kubernetes 是一个可扩展的系统。除了使用内置对象，如 Deployment 和 Pod，我们还可以通过自定义资源定义（Custom Resource Definition，CRD）来定义自己的对象。这是构建在 Kubernetes 之上的许多工具所采用的策略，包括 Knative。

使用 Knative 的好处之一就是更好的开发体验，它能够以更直接、更简洁的方式为应用声明期望状态。此时，我们不需要处理 Deployment、Service 和 Ingress，只需与一种类型的资源打交道即可，也就是 Knative Service。

> **注意**　在整本书中，我一直在讨论作为"服务"的应用。Knative 提供了一种在单一资源声明中建模应用的方式，那就是 Knative Service。起初，这个名字可能不是很清晰，因为我们已经有了一个 Kubernetes 内置的 Service 类型。实际上，Knative 的选择是非常直观的，因为它将架构概念与部署概念一一对应了起来。

我们看一下 Knative Service 是什么样子的。打开 Quote Function 项目，并创建一个新的 knative 目录，然后在目录中创建一个新的 kservice.yml 文件，以声明用于 Quote Function 的 Knative Service 的期望状态。请不要忘记将<your_github_username>替换为你自己的 GitHub 用户名（小写形式）。

程序清单 16.13 Quote Function 的 Knative Service 清单

```
apiVersion: serving.knative.dev/v1          ◁   Knative Serving 对象
kind: Service                                    的 API 版本
metadata:                          ◁   要创建的对象
    name: quote-function                类型
spec:
    template:
        spec:                              容器的名称
            containers:
              - name: quote-function       ◁   用来运行容器的镜像。
                image:                          请不要忘记插入自己的
➥ ghcr.io/<your_github_username>/quote-function    GitHub 用户名
                ports:
                  - containerPort: 9102    ◁   容器所暴露
                resources:                      的端口
                    requests:
                        cpu: '0.1'
                        memory: '128Mi'     容器的 CPU 和
                    limits:                 内存配置
                        cpu: '2'
                        memory: '512Mi'
```

与其他 Kubernetes 资源类似，我们可以使用 `kubectl apply -f <manifest-file>` 将 Knative Service 清单应用到集群中，也可以使用自动化的流程，如我们在上一章所使用的 Argo CD。在本例中，我们会使用 Kubernetes CLI。

打开终端窗口，导航至 Quote Function 项目（quote-function），并运行如下命令，基于 Knative Service 清单来部署 Quote Function：

```
$ kubectl apply -f knative/kservice.yml
```

借助 Kubernetes CLI，我们可以使用如下命令获取已创建的所有 Knative Service 及其 URL（为了适应页面，下面的结果进行了精简）：

```
$ kubectl get ksvc

NAME                URL                                                 READY
quote-function      http:/ /quote-function.default.127.0.0.1.sslip.io   True
```

通过发送 HTTP 请求至根端点，我们验证一下应用是否已经正确部署。如果你在前文创建的通道已经不可用，在调用应用之前，请再次运行 `minikube tunnel --profile knative` 命令：

```
$ http http:/ /quote-function.default.127.0.0.1.sslip.io
```

Knative 在 Kubernetes 之上提供了一个抽象。但是在幕后，它依然会运行 Deployment、ReplicaSet、Pod、Service 和 Ingress，这意味着你依然可以使用前面几章所学到的技术。比如，可以通过 ConfigMap 和 Secret 来配置 Quote Function：

```
$ kubectl get pod

NAME                                                        READY    STATUS
pod/quote-function-00001-deployment-c6978b588-llf9w         2/2      Running
```

如果你等待 30 秒，然后检查本地 Kubernetes 集群中运行的 Pod，你会发现一个也没有——Knative 会因为应用不活跃，将其伸缩至零。

```
$ kubectl get pod
No resources found in default namespace.
```

现在，尝试发送新的请求至 http://quote-function.default.127.0.0.1.sslip.io。Knative 会立即为 Quote Function 启动新的 Pod 来响应请求。

```
$ kubectl get pod

NAME                                                    READY    STATUS
quote-function-00001-deployment-c6978b588-f49x8         2/2      Running
```

当完成应用的测试后，可以使用 kubectl delete -f knative/kservice.yml 将其移除。最后，使用如下命令停掉和删除本地集群：

```
$ minikube stop --profile knative
$ minikube delete --profile knative
```

Knative Service 资源代表了一个完整的应用服务。由于这种抽象，我们不再需要直接处理 Deployment、Service 和 Ingress。Knative 会负责这一切。它在幕后创建和管理它们，从而把我们从处理这些由 Kubernetes 提供的低级别资源中解放出来。默认情况下，Knative 甚至可以将一个应用暴露到集群之外，而不需要配置 Ingress 资源，它直接提供了一个调用应用的 URL。

由于 Knative 专注于提升开发人员的体验和生产力，所以它可以用来在 Kubernetes 上运行和管理任何类型的工作负载，只需将伸缩至零的功能仅用于支持它的应用即可（例如，使用 Spring Native）。我们可以很容易地将整个 Polar Bookshop 系统运行在 Knative 之上。借助 autoscaling.knative.dev/minScale 注解，我们可以将应用标注为不希望开启伸缩至零功能。

```
apiVersion: serving.knative.dev/v1
kind: Service
metadata:
  name: catalog-service                        确保该 Service 永远
  annotations:                                 不会伸缩至零
    autoscaling.knative.dev/minScale: "1"   ◁┘
...
```

Knative 提供了出色的开发人员体验，因此在 Kubernetes 上部署工作负载时，它正在成为事实上标准的抽象形式，不仅适用于 Serverless，也适用于更标准的容器化应用。每当配置一个新的 Kubernetes 集群时，我首先就会安装 Knative。它也是 Tanzu 社区版、Tanzu Application Platform、Red Hat OpenShift 和 Google Cloud Run 等平台的基础部分。

注意　Tanzu 社区版（https://tanzucommunityedition.io）是一个 Kubernetes 平台，在 Knative 的基
　　　础上提供了很好的开发者体验。它是开源的，可免费使用。

Knative 提供的另外一项优秀特性就是，以直观、开发人员友好的方式应用像蓝/绿部署、
金丝雀部署或 A/B 测试等部署策略，所有的一切都是通过相同的 Knative Service 资源实现的。
在一般的 Kubernetes 中实现这些策略将会需要大量的手工工作。而 Knative 为其提供了开箱即
用的支持。

注意　要获取关于 Serverless 应用和 Knative 的更多信息，请参阅官方文档（https://knative.dev）。
　　　另外，我还建议你在 Manning 目录中查找该主题的图书，如 Jacques Chester 的 *Knative in
　　　Action*（Manning，2021 年；https://www.manning.com/books/knative-in-action）以及 Mauricio
　　　Salatino 的 *Continuous Delivery for Kubernetes*（www.manning.com/books/continuous-delivery-
　　　for-kubernetes）。

Polar Labs

请将这几节学到的内容用到 Quote Service 中。

1）定义提交阶段的工作流，包括以原生可执行文件的形式编译和测试应用。

2）将变更提交至 GitHub，确保工作流成功完成并发布应用的容器镜像。

3）通过 Knative CLI 将 Quote Service 部署到 Kubernetes 中。

4）基于 Knative Service 清单文件，通过 Kubernetes CLI 将 Quote Service 部署到 Kubernetes 中。

你可以参考本书附带源码仓库的 Chapter16/16-end 目录，以查看最终结果（https://github.com/
ThomasVitale/cloud-native-spring-in-action）。

16.4　小结

- 通过将标准 OpenJDK 发行版替换为 GraalVM，作为 Java 应用的运行时环境，可提升
  应用的性能和效率，这要归功于执行 JIT 编译的新优化技术（GraalVM 编译器）。

- GraalVM 在 Serverless 领域之所以具有强大的创新性和流行性，是因为它的原生镜像
  模式。

- 原生镜像模式不会将 Java 代码编译为字节码，然后依赖 JVM 解释字节码并将其转换
  为机器码，相反，GraalVM 提供了一项新的技术（原生镜像构建器），它可以将 Java
  应用直接编译成机器码，从而获得一个原生可执行文件或原生镜像，其中包含了执行
  所需的所有机器码。

- 与 JVM 方案不同，编译为原生镜像的 Java 应用有更快的启动时间、优化的内存消耗
  以及即时性能峰值。

- Spring Native 的目标是在不修改任何代码的情况下，使用 GraalVM 将任意 Spring 应用

编译为原生可执行文件。

- Spring Native 项目提供了一个 AOT 基础设施（从专门的 Gradle/Maven 插件中调用），为 GraalVM 提供了所有必要的配置，以便于 AOT 编译 Spring 类。

- 有两种方案将 Spring Boot 应用编译为原生可执行文件。第一种方案是显式使用 GraalVM，生成可以在机器上直接运行的特定操作系统的可执行文件。第二种方案是依赖 Cloud Native Buildpacks 对原生可执行文件进行容器化，并在像 Docker 这样的容器运行时中运行它。

- Serverless 是在虚拟机和容器之上更进一步的抽象层，它将更多的责任从产品团队转移到了平台。

- 根据 Serverless 计算模型，开发人员将专注于实现应用的业务逻辑。

- Serverless 应用会由传入的请求或特定的事件来触发，我们将这种应用叫作请求驱动或事件驱动。

- 使用 Spring Cloud Function 的应用有多种不同的部署方式。当包含 Spring Native 时，我们可以将其编译为原生镜像，并让其在服务器或容器运行时中运行。由于即时启动以及内存消耗的减少，我们还可以在 Serverless 平台上无缝部署这种应用。

- Knative 是一个"用于部署和管理现代化 Serverless 工作负载的基于 Kubernetes 的平台"（https://knative.dev）。我们可以使用它来部署标准的容器化工作负载和事件驱动应用。

- Knative 项目提供了优秀的用户体验和更高层次的抽象，使得在 Kubernetes 上部署应用更加简单。

- Knative 提供了出色的开发人员体验，在 Kubernetes 上部署工作负载时，它已经成为事实上标准的抽象形式，不仅适用于 Serverless，也适用于更标准的容器化应用。

附录 A　搭建开发环境

本章内容：
- 搭建 Java
- 搭建 Docker
- 搭建 Kubernetes
- 搭建其他工具

在本附录中，你将会找到搭建开发环境和安装工具的指南，我们在本书中会使用这些工具构建、管理和部署云原生应用。

A.1　Java

本书中所有的样例都是基于 Java 17 的，这是在编写本书时最新的 Java 长期维护版本。你可以安装任意一个 OpenJDK 17 的发行版。我会使用来自 Adoptium 项目（https://adoptium.net）的 Eclipse Temurin，它之前被称为 AdoptOpenJDK，但你可以自由选择其他版本。

在你的机器上管理不同的 Java 版本和分发版本可能是一件很痛苦的事情。我推荐使用像 sdkman（https://sdkman.io）这样的工具来安装、更新和切换不同的 JDK。在 macOS 和 Linux 上，可以按照如下方式安装 sdkman：

```
$ curl -s "https:/ /get.sdkman.io" | bash
```

请参阅官方文档以了解 Windows 下的安装说明。

安装成功之后，通过运行如下命令查看所有可用的 OpenJDK 发行版和版本号：

```
$ sdk list java
```

然后，选择一个发行版并安装。例如，我可以安装在编写本书时最新的 Eclipse Temurin 17 版本：

```
$ sdk install java 17.0.3-tem
```

当你阅读本节时，可能已经有了更新的版本，所以请检查 list 命令返回的列表，以确定最新的版本。

在安装过程的最后，sdkman 会询问你是否将该发行版作为默认版本，我建议你选择"yes"，以确保在本书构建的所有项目中都可以使用 Java 17。你随时可以通过如下命令变更默认版本：

```
$ sdk default java 17.0.3-tem
```

我们现在验证一下 OpenJDK 的安装情况：

```
$ java --version
openjdk 17.0.3 2022-04-19
OpenJDK Runtime Environment Temurin-17.0.3+7 (build 17.0.3+7)
OpenJDK 64-Bit Server VM Temurin-17.0.3+7 (build 17.0.3+7, mixed mode)
```

你还可以只在当前的 shell 上下文中更改 Java 版本：

```
$ sdk use java 17.0.3-tem
```

最后，如果你想要检查当前 shell 中配置了哪个 Java 版本，可以执行如下命令：

```
$ sdk current java
Using java version 17.0.3-tem
```

A.2 Docker

开放容器计划（OCI）是 Linux 基金会的一个项目，它定义了与容器协作的标准（https://opencontainers.org）。具体来讲，OCI 镜像规范定义了如何构建容器镜像，OCI 运行时规范定义了如何运行这些容器镜像，OCI 分发规范定义了如何分发容器镜像。在本书中，我们用来处理容器的工具是 Docker，它兼容 OCI 规范。

在 Docker 网站（www.docker.com）上，你可以找到在本地环境中搭建 Docker 的指南。我会使用在编写本书时的最新版本，即 Docker 20.10 和 Docker Desktop 4.11。

- 在 Linux 上，你可以直接安装 Docker 开源平台。它也叫作 Docker 社区版（Docker Community Edition，Docker CE）。
- 在 macOS 和 Windows 上，你可以选择使用 Docker Desktop，这是一个构建在 Docker 之上的商业产品，使得我们能够在这些操作系统上运行 Linux 容器。在编写本书时，Docker Desktop 对个人使用、教育、非商业性开源项目和小型企业是免费的。在安装该软件之前，请仔细阅读 Docker 订阅服务协议，并确保符合该协议的规定（www.docker.com/legal）。

Docker Desktop 提供了对 ARM64 和 AMD64 架构的支持，这意味着你可以在带有 Apple

Silicon 处理器的新版苹果计算机上运行本书的所有样例。

如果你在 Windows 上工作，Docker Desktop 提供两种类型的配置，即 Hyper-V 或 WSL2。我建议你选择后者，因为它的性能更好，而且更稳定。

Docker 预先配置了从 Docker Hub 下载 OCI 镜像的功能，Docker Hub 是一个容器注册中心，托管了许多流行的开源项目（如 Ubuntu、PostgreSQL 和 Redis）。它可免费使用，但如果匿名使用它的话，会受到严格的速率政策的限制。因此，建议你在 Docker 网站上创建一个免费账户（www.docker.com）。

创建账户后，打开终端窗口，用 Docker Hub 进行认证（确保你的 Docker Engine 处于运行状态）。由于它是默认的容器注册中心，所以不需要指定 URL：

```
$ docker login
```

当弹出提示时，请输入你的用户名和密码。

借助 Docker CLI，你现在可以与 Docker Hub 交互，下载镜像（拉取）或上传自己的镜像（推送）。例如，你可以尝试从 Docker Hub 拉取官方 Ubuntu 镜像：

```
$ docker pull ubuntu:22.04
```

在本书中，你将会学到更多关于 Docker 的知识。在此之前，如果你想要尝试使用容器的话，我这里给出了一个常用命令的列表，以便于你控制容器的生命周期（见表 A.1）。

表 A.1　用于管理镜像和容器的 Docker CLI 命令

Docker CLI 命令	作　　用
docker images	显示所有的镜像
docker ps	显示所有正在运行的容器
docker ps -a	显示所有的容器，包括已创建、已启动和已停止的
docker run <image>	根据给定的镜像运行容器
docker start <name>	启动已存在的容器
docker stop <name>	停掉正在运行中的容器
docker logs <name>	展示给定容器的日志
docker rm <name>	移除已停掉的容器
docker rmi <image>	移除镜像

我们在本书构建的所有容器都是符合 OCI 标准的，能够与任何其他 OCI 容器运行时协作，如 Podman（https://podman.io）。如果你决定使用非 Docker 平台的话，请注意，我们用于本地开发和集成测试的一些工具可能需要额外的配置才能正常工作。

A.3　Kubernetes

在本地机器上安装 Kubernetes 的方式有多种，最常见的一些方案如下所示：

- minikube（https://minikube.sigs.k8s.io）能够让我们在任意操作系统上运行一个本地 Kubernetes 集群。它是由 Kubernetes 社区维护的。
- kind（https://kind.sigs.k8s.io）能够让我们以 Docker 容器的形式运行本地集群。它主要是为了测试 Kubernetes 本身，但是也可以用来进行 Kubernetes 的本地开发。它是由 Kubernetes 社区维护的。
- k3d（https://k3d.io）可以让我们运行基于 k3s 的本地 Kubernetes，k3s 是由 Rancher Labs 实现的一个最小化的 Kubernetes 发行版。它是由 Rancher 社区维护的。

请自由选择最适合你的需求的工具。在本书中，我会使用 minikube，这主要是因为它的稳定性以及与所有操作系统和架构的兼容性，包括新的 Apple Silicon 计算机。你应该至少要有两个 CPU 和 4GB 的可用内存，以便使用 minikube 来运行本书的所有样例。

你可以在项目的网站（https://minikube.sigs.k8s.io）上找到安装指南。我会使用在编写本书时的最新版本，即 Kubernetes 1.24 和 minikube 1.26。在 macOS 上，可以使用 Homebrew 安装 minikube，命令如下所示：

```
$ brew install minikube
```

要使用 minikube 运行本地 Kubernetes 集群需要一个容器运行时或虚拟机管理器。由于我们已经使用了 Docker，所以可以直接使用它。在内部，所有的 minikube 集群都以 Docker 容器的形式运行。

安装完 minikube 之后，我们可以使用 Docker 驱动来启动一个新的本地 Kubernetes 集群。第一次运行该命令时，会花几分钟时间来下载运行集群所需的所有组件：

```
$ minikube start --driver=docker
```

我建议你通过运行如下命令将 Docker 作为 minikube 的默认驱动：

```
$ minikube config set driver docker
```

为了与新创建的 Kubernetes 进行交互，我们需要安装 kubectl，也就是 Kubernetes CLI。官方网站上有安装说明（https:// kubernetes.io/docs/tasks/tools）。在 macOS 和 Linux 上，你可以用 Homebrew 安装它，命令如下所示：

```
$ brew install kubectl
```

然后，我们可以校验 minikube 是否正确启动，并检查本地集群中是否有一个节点正在运行：

```
$ kubectl get nodes
NAME       STATUS   ROLES                   AGE     VERSION
minikube   Ready    control-plane,master    2m20s   v1.24.3
```

我建议你在不需要 minikube 的时候就将其停掉，以释放本地环境中的资源：

```
$ minikube stop
```

在本书中，你会学到更多关于 Kubernetes 和 minikube 的知识。在此之前，如果你想尝试使用 Kubernetes 资源的话，我这里给出了一个常用命令的列表（见表 A.2）。

表 A.2　用于管理 Pod、Deployment 和 Service 的 Kubernetes CLI 命令

Kubernetes CLI 命令	作　　用
kubectl get deployment	显示所有 Deployment
kubectl get pod	显示所有 Pod
kubectl get svc	显示所有 Service
kubectl logs <pod_id>	显示给定 Pod 的日志
kubectl delete deployment <name>	删除给定的 Deployment
kubectl delete pod <name>	删除给定的 Pod
kubectl delete svc <service>	删除给定的 Service
kubectl port-forward svc <service><host-port>:<cluster-port>	将本地机器的流量转发到集群中

A.4　其他工具

本节将介绍一系列有用的工具，在本书中，我们会使用它们完成特定的任务，比如安全漏洞扫描和 HTTP 交互。

A.4.1　HTTPie

HTTPie 是一个便利的"命令行 HTTP 和 API 测试客户端"（https://httpie.org）。它是为人类用户设计的，提供了卓越的用户体验。有关该工具的安装说明和更多信息，请参阅官方文档。

在 macOS 和 Linux 上，我们可以使用 Homebrew 安装它，命令如下：

```
$ brew install httpie
```

作为安装的一部分，你会得到两个可以在终端窗口使用的工具，分别是 http 和 https。例如，我们可以采用如下方式发送 GET 请求：

```
$ http pie.dev/get
```

A.4.2　Grype

在供应链安全领域，我们会使用 Grype 来扫描 Java 代码库和容器镜像的漏洞（https://github.com/anchore/grype）。这个扫描会在运行它的本地机器上执行，这意味着我们的文件和制品都不会发送到外部服务上，这使得它非常适用于更严格的监管环境或封闭场景。请参阅官方文档以了解更多信息。

在 macOS 和 Linux 上，我们可以使用 Homebrew 安装它，命令如下：

```
$ brew tap anchore/grype
$ brew install grype
```

该工具尚不能用于 Windows。如果你是 Windows 用户的话，建议使用 Windows Subsystem for Linux 2（WSL2）并基于此安装 Grype。关于 WSL2 的更多信息，请参阅官方文档（https://docs.microsoft.com/en-us/windows/wsl/）。

A.4.3 Tilt

Tilt（https://tilt.dev）致力于在使用 Kubernetes 的时候，提供一个良好的开发人员体验。它是一个开源工具，提供了在本地环境中构建、部署和管理容器化工作负载的特性。请参考官方文档，了解安装指令（https://docs.tilt.dev/install.html）。

在 macOS 和 Linux 上，我们可以使用 Homebrew 安装它，命令如下：

```
$ brew install tilt-dev/tap/tilt
```

A.4.4 Octant

Octant（https://octant.dev）是一个"开源的以开发人员为中心的 Kubernetes Web 界面，让我们能够探查 Kubernetes 集群及其应用"。请参考官方文档，了解其安装指令（https://reference.octant.dev）。

在 macOS 和 Linux 上，我们可以使用 Homebrew 安装它，命令如下：

```
$ brew install octant
```

A.4.5 Kubeval

当我们需要"校验一个或多个 Kubernetes 文件时"，Kubeval（www.kubeval.com）是一个便利的工具。我们将会在部署流水线中用到它，以确保所有的 Kubernetes 清单格式正确并符合 Kubernetes API。请参考官方文档，了解其安装指令（www.kubeval.com/installation/）。

在 macOS 和 Linux 上，我们可以使用 Homebrew 安装它，命令如下：

```
$ brew tap instrumenta/instrumenta
$ brew install kubeval
```

A.4.6 Knative CLI

Knative 是一个"基于 Kubernetes 的平台，用于部署和管理现代 Serverless 工作负载"（https://knative.dev）。该项目提供了一个便利的 CLI 工具，我们可以用它与 Kubernetes 集群中的 Knative 资源进行交互。请参考官方文档，了解其安装指令（https://knative.dev/docs/install/quickstart-install）。

在 macOS 和 Linux 上，我们可以使用 Homebrew 安装它，命令如下：

```
$ brew install kn
```

附录 B　使用 DigitalOcean 搭建生产环境中的 Kubernetes

本章内容:

- 在 DigitalOcean 上运行 Kubernetes 集群
- 在 DigitalOcean 上运行 PostgreSQL 数据库
- 在 DigitalOcean 上运行 Redis
- 使用 Kubernetes Operator 运行 RabbitMQ
- 使用 Helm chart 运行 Keycloak

Kubernetes 是部署和管理容器化工作负载的事实标准。在本书中,我们一直依赖本地 Kubernetes 集群来部署 Polar Bookshop 系统中的应用和服务。对于生产环境,我们需要使用其他方式。

所有的主流云供应商都提供了托管的 Kubernetes 服务。在本附录中,你将会看到如何使用 DigitalOcean 来搭建一个 Kubernetes 集群。我们还将依赖平台提供的其他托管服务,包括 PostgreSQL 和 Redis。最后,附录会指导你在 Kubernetes 中直接部署 RabbitMQ 和 Keycloak。

在继续后面的内容之前,请确保你有一个 DigitalOcean 账户。在注册时,DigitalOcean 提供了 60 天的免费试用,其中包含 100 美元的使用额度,足够你练习第 15 章的样例。请按照官方网站上的指南创建一个账户并开始免费试用 (https://try.digitalocean.com/freetrialoffer)。

> **注意**　本书附带的源码中包含了在多个不同云平台上建立 Kubernetes 集群的补充说明,以便你想要使用 DigitalOcean 以外的其他平台。

要实现与 DigitalOcean 的交互有两种主要方案。第一种是通过 Web 门户 (https://cloud.

digitalocean.com），这对于探索可用的服务及其特性是非常方便的。第二种是使用 DigitalOcean 的 CLI，即 doctl。在后面的小节中，我们会采用后者。

在官方网站上，你可以看到安装 doctl 的说明（https://docs.digitalocean.com/reference/doctl/how-to/install）。如果你使用的是 macOS 或 Linux 的话，那么可以使用 Homebrew 很便利地安装它：

```
$ brew install doctl
```

你可以按照在 doctl 页面上的后续说明，声明一个 API 令牌，并授予 doctl 访问 DigitalOcean 账户的权限。

> **注意** 在真正的生产场景中，你应该使用像 Terraform 或 Crossplane 这样的工具来自动执行平台管理的任务。这通常是平台团队的职责，而不是应用开发人员的职责，所以我不会引入其他工具，以避免增加额外的复杂性。相反，我会直接使用 DigitalOcean CLI。如果你对 Terraform 感兴趣的话，Manning 有一本关于该主题的图书，即 Scott Winkler 编写的 *Terraform in Action*（Manning，2021 年；https://www.manning.com/books/terraform-in-action）。至于 Crossplane，我推荐你阅读 Mauricio Salatino 编写的 *Continuous Delivery for Kubernetes* 一书的第 4 章（https://livebook.manning.com/book/continuous-delivery-for-kubernetes/chapter-4）。

B.1　在 DigitalOcean 上运行 Kubernetes 集群

我们需要在 DigitalOcean 上创建的第一个资源是 Kubernetes 集群。你可以依赖平台提供的 IaaS 功能，在虚拟机上手动安装 Kubernetes 集群。但是，我们沿着抽象更进一步，选择由平台提供的解决方案。当我们使用 DigitalOcean Kubernetes（https://docs.digitalocean.com/products/kubernetes）时，平台将会负责处理很多基础设施方面的问题，所以开发人员能够更加专注于应用开发。

我们可以直接使用 doctl 创建新的 Kubernetes 集群。我承诺，我们将在真实的生产环境中部署 Polar Bookshop，这就是我们要做的事情，但是我不会要求你像在真实场景中那样确定集群的大小和配置。

首先，搭建 Kubernetes 集群并不是开发人员的职责，这是平台团队的任务。其次，这需要你对 Kubernetes 有深入的理解，要完全理解这些配置超出了本书的内容范围。第三，我不希望你因为使用大量的计算资源和服务而在 DigitalOcean 上产生额外的费用。成本优化是云的属性之一，它适用于真正的应用。然而，如果你尝试它们的功能或者运行示例应用，那么它就会变得很昂贵。请密切关注你的 DigitalOcean 账户，监控是否超过了免费试用期限和 100 美元的额度。

所有的云资源都可以在数据中心创建，数据中心则托管在位于特定地理位置的区域中。为了更好的性能，我建议你选择一个距离你比较近的地方。我会使用"Amsterdam 3"（ams3），你可以使用如下命令获取完整的区域列表：

```
$ doctl k8s options regions
```

我们继续使用 DigitalOcean Kubernetes（DOKS）来初始化一个 Kubernetes 集群。它将包含三个工作者节点，你可以决定它们的技术规格。在 CPU、内存和架构方面，你可以选择不同的方案。我将使用具有 2 个 vCPU 和 4 GB 内存的节点：

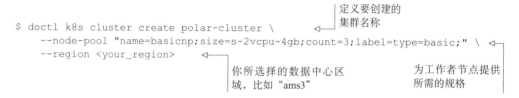

注意 如果你想要了解不同的计算资源方案及其价格，可以使用 `compute size list` 命令。

生成集群会需要几分钟的时间。最后，它将会打印出分配给该集群的唯一 ID。请注意，我们稍后会用到它。通过运行如下命令，我们可以随时获取集群的 ID（为了简洁起见，我对结果进行了过滤）：

```
$ doctl k8s cluster list

ID              Name            Region    Status     Node Pools
<cluster-id>    polar-cluster   ams3      running    basicnp
```

在集群生成的最后，doctl 会为我们配置 Kubernetes CLI，这样我们就可以在本地计算机上与位于 DigitalOcean 中的集群进行交互，与我们前文所使用的本地集群类似。通过运行如下命令，你可以校验 kubectl 当前的上下文：

```
$ kubectl config current-context
```

注意 如果你想要变更上下文的话，可以运行 `kubectl config use-context <context-name>` 命令。

配置完集群之后，我们就可以通过如下命令获取工作者节点的信息：

```
$ kubectl get nodes

NAME        STATUS    ROLES     AGE       VERSION
<node-1>    Ready     <none>    2m34s     v1.24.3
<node-2>    Ready     <none>    2m36s     v1.24.3
<node-3>    Ready     <none>    2m26s     v1.24.3
```

你还记得我们用来可视化本地 Kubernetes 集群上的工作负载的 Octant 仪表盘吗？现在我们也可以用它来获取 DigitalOcean 中集群的信息。打开一个终端窗口，使用如下命令启动 Octant：

```
$ octant
```

Octant 会在浏览器中打开并展示当前 Kubernetes 上下文中的数据，也就是位于 DigitalOcean 中的集群。通过右上角的菜单，我们可以在下拉列表中切换上下文，如图 B.1 所示。

正如我在第 9 章所提到的，Kubernetes 并没有内置打包 Ingress 控制器，这需要我们自己安装。因为我们要依赖 Ingress 资源，以便来自公共互联网的流量能够访问集群，所以需要安装一个 Ingress 控制器。我们安装与本地环境时相同的 Ingress 控制器，即 ingress-nginx。

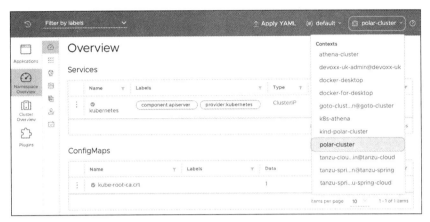

图 B.1 通过切换上下文，Octant 能够让我们可视化不同 Kubernetes 集群中的工作负载

在你的 polar-deployment 仓库中，创建一个新的 kubernetes/platform/production 目录并将本书附带源码仓库中 Chapter15/15-end/polar-deployment/kubernetes/platform/production 目录中的内容复制过来。

然后，打开一个终端窗口，导航至 polar-deployment 项目的 kubernetes/platform/production/ingress-nginx 目录，并运行如下命令以部署 ingress-nginx 到生产环境中的 Kubernetes 集群：

```
$ ./deploy.sh
```

在运行之前，你可以打开该文件并查看一下它包含的指令。

注意 你可能需要通过 chmod +x deploy.sh 命令使该脚本变成可执行文件。

在下一节中，我们将看到如何在 DigitalOcean 中初始化 PostgreSQL 数据库。

B.2 在 DigitalOcean 上运行 PostgreSQL 数据库

在本书大多数内容中，我们一直在 Docker 和本地 Kubernetes 集群中以容器的形式运行 PostgreSQL 数据库实例。但是在生产环境中，我们想要利用平台的优势，使用由 DigitalOcean（https://docs.digitalocean.com/products/databases/postgresql）提供的托管 PostgreSQL 服务。

我们在本书中开发的应用是云原生的，并遵循了 15-Factor 方法论。因此，它们会将支撑服务视为附属资源，这些资源可以在不改变应用代码的前提下进行替换。除此之外，我们遵循了环境对等原则，在开发和测试中均使用了真实的 PostgreSQL，这也是我们想在生产环境中使用的数据库。

将本地环境运行的 PostgreSQL 容器转移到具有高可用性、可扩展性和韧性的托管服务时，我们只需要修改 Spring Boot 的一些配置属性，这是多么棒的一件事情！

首先，创建一个名为 polar-postgres 的新 PostgreSQL 服务器，如下面的代码片段所示。我们将使用 PostgreSQL 14，这与我们开发和测试使用的版本相同。请不要忘记将<your_region>替换为你想要使用的地理区域。它应该与 Kubernetes 集群使用的区域相同。在我的场景中，它是 ams3：

```
$ doctl databases create polar-db \
    --engine pg \
    --region <your_region> \
    --version 14
```

生成数据库服务器将需要几分钟的时间。通过如下命令，你可以校验它的安装状态（为了简洁起见，我对结果进行了过滤）：

```
$ doctl databases list

ID                Name        Engine    Version    Region    Status
<polar-db-id>     polar-db    pg        14         ams3      online
```

当数据库处于 online 状态时，数据库服务器就已经就绪了。请注意数据库服务器的 ID，我们稍后会用到它。

为了减少不必要的攻击，我们可以配置一个防火墙，使 PostgreSQL 服务器只允许从前文创建的 Kubernetes 集群中进行访问。还记得我让你注意 PostgreSQL 和 Kubernetes 的资源 ID 吧？在如下命令中，我们会使用它们配置防火墙，以保护对数据库服务器的访问：

```
$ doctl databases firewalls append <postgres_id> --rule k8s:<cluster_id>
```

接下来，我们创建 Catalog Service（polardb_catalog）和 Order Service（polardb_order）使用的两个数据库。请将<postgres_id>替换为你的 PostgreSQL 资源 ID：

```
$ doctl databases db create <postgres_id> polardb_catalog
$ doctl databases db create <postgres_id> polardb_order
```

最后，我们获取连接 PostgreSQL 的详情。请将<postgres_id>替换为你的 PostgreSQL 资源 ID：

```
$ doctl databases connection <postgres_id> --format Host,Port,User,Password

Host          Port          User          Password
<db-host>     <db-port>     <db-user>     <db-password>
```

在完成本节之前，我们在 Kubernetes 集群中创建一些 Secret，其中包含这两个应用所需的 PostgreSQL 凭证。在真实的场景中，我们应该为这两个应用创建专门的用户，并授予有限的权限。为了简单起见，我们将为这两个应用使用 admin 账户。

首先，使用前文 doctl 命令返回的信息为 Catalog Service 创建一个 Secret：

```
$ kubectl create secret generic polar-postgres-catalog-credentials \
    --from-literal=spring.datasource.url=
➥ jdbc:postgresql:/ /<postgres_host>:<postgres_port>/polardb_catalog \
```

```
--from-literal=spring.datasource.username=<postgres_username> \
--from-literal=spring.datasource.password=<postgres_password>
```

类似的，为 Order Service 创建一个 Secret。注意，Spring Data R2DBC 对 URL 的语法要求略有差异：

```
$ kubectl create secret generic polar-postgres-order-credentials \
    --from-literal="spring.flyway.url=
➥ jdbc:postgresql:/ /<postgres_host>:<postgres_port>/polardb_order" \
    --from-literal="spring.r2dbc.url=
➥ r2dbc:postgresql:/ /<postgres_host>:<postgres_port>/polardb_order?
➥ ssl=true&sslMode=require" \
    --from-literal=spring.r2dbc.username=<postgres_username> \
    --from-literal=spring.r2dbc.password=<postgres_password>
```

这就是 PostgreSQL 的所有内容。在下一节中，我们将会看到如何使用 DigitalOcean 来初始化 Redis。

B.3 在 DigitalOcean 上运行 Redis

在本书大多数内容中，我们一直在 Docker 和本地 Kubernetes 集群中以容器的形式运行 Redis。但是在生产环境中，我们想要利用平台的优势，使用由 DigitalOcean（https://docs.digitalocean.com/products/databases/redis/）提供的托管 Redis 服务。

再次强调，因为我们遵循了 15-Factor 方法论，所以可以在不改变应用代码的前提下替换 Edge Service 所使用的 Redis 支撑服务。我们只需要修改 Spring Boot 的几项配置属性即可。

首先，创建一个名为 polar-redis 的新 Redis 服务器，如下面的代码片段所示。我们将会使用 Redis 7，这与我们开发和测试使用的版本相同。请不要忘记将<your_region>替换为你想要使用的地理区域。它应该与 Kubernetes 集群使用的区域相同。在我的场景中，它是 ams3：

```
$ doctl databases create polar-redis \
    --engine redis \
    --region <your_region> \
    --version 7
```

生成 Redis 服务器将需要几分钟的时间。通过如下命令，你可以校验它的安装状态（为了简洁起见，我对结果进行了过滤）：

```
$ doctl databases list

ID                Name          Engine    Version    Region    Status
<redis-db-id>     polar-redis   redis     7          ams3      creating
```

当服务器处于 online 状态时，Redis 服务器就已经就绪了。请注意 Redis 资源的 ID，我们稍后会用到它。

为了减少不必要的攻击，我们可以配置一个防火墙，使 Redis 服务器只允许从前文创建的

Kubernetes 集群中进行访问。还记得我让你注意 Redis 和 Kubernetes 的资源 ID 吧？在如下命令中，我们会使用它们配置防火墙，以保护对 Redis 服务器的访问：

```
$ doctl databases firewalls append <redis_id> --rule k8s:<cluster_id>
```

最后，我们获取连接 Redis 的详情。请将<redis_id>替换为你的 Redis 资源 ID：

```
$ doctl databases connection <redis_id> --format Host,Port,User,Password

Host             Port             User             Password
<redis-host>     <redis-port>     <redis-user>     <redis-password>
```

在完成本节之前，我们需要在 Kubernetes 集群中创建一个 Secret，其中包含 Edge Service 所需的 Redis 凭证。在真实的场景中，我们应该为该应用创建专门的用户，并授予有限的权限。为了简单起见，我们使用默认的账户。使用前文 doctl 命令返回的信息填充 Secret：

```
$ kubectl create secret generic polar-redis-credentials \
    --from-literal=spring.redis.host=<redis_host> \
    --from-literal=spring.redis.port=<redis_port> \
    --from-literal=spring.redis.username=<redis_username> \
    --from-literal=spring.redis.password=<redis_password> \
    --from-literal=spring.redis.ssl=true
```

这就是 Redis 的所有内容。在下一节中，我们将会看到如何使用 Kubernetes Operator 来部署 RabbitMQ。

B.4　使用 Kubernetes Operator 运行 RabbitMQ

在前面的小节中，我们初始化和配置了由平台提供和管理的 PostgreSQL 和 Redis。我们无法以相同的方式配置 RabbitMQ，因为像其他云供应商（如 Azure 或 GCP）一样，DigitalOcean 没有提供该服务。

在 Kubernetes 集群中部署和管理像 RabbitMQ 这样的服务时，一种流行和便利的方式是使用 Operator 模式。Operator 是 "Kubernetes 的软件扩展，它们会利用自定义资源来管理应用及其组件"（https://kubernetes.io/docs/concepts/extend-kubernetes/operator）。

以 RabbitMQ 为例，要在生产环境中使用它，我们需要配置它的高可用性和韧性。根据工作负载的不同，我们可能还想要对其进行动态扩展。当有新的软件版本时，我们需要一种可靠的方式升级服务，并迁移现有的结构和数据。我们可以手工完成所有的任务，也可以使用 Operator 来捕获所有的运维需求，并告知 Kubernetes 自动处理它们。在实践中，Operator 是一个在 Kubernetes 上运行的应用，并与它的 API 进行交互以完成其功能。

RabbitMQ 项目提供了一个官方的 Operator，以便于在 Kubernetes 集群上运行事件代理（www.rabbitmq.com）。我已经配置了使用 RabbitMQ Kubernetes Operator 的所有必要资源，并准备了一个脚本来部署它。

打开终端窗口，进入 Polar Deployment 项目（polar-deployment），并导航至 kubernetes/platform/production/rabbitmq 目录。在配置 Kubernetes 集群的时候，你应该已经将该目录复制到了自己的仓库中。如果情况并非如此，请在本书附带的源码仓库（Chapter15/15-end/polar-deployment/platform/production/rabbitmq）中进行复制。

然后，运行如下命令将 RabbitMQ 部署到生产环境中的 Kubernetes 集群：

```
$ ./deploy.sh
```

在运行之前，你可以打开该文件并查看一下它包含的指令。

注意　你可能需要通过 `chmod +x deploy.sh` 命令使该脚本变成可执行文件。

该脚本将会输出部署 RabbitMQ 所执行的所有操作的详情。最后，它会创建一个名为 polar-rabbitmq-credentials 的 Secret，其中包含 Order Service 和 Dispatcher Service 访问 RabbitMQ 所需的凭证。你可以通过如下命令校验 Secret 是否已经成功创建：

```
$ kubectl get secrets polar-rabbitmq-credentials
```

RabbitMQ 代理会部署在一个专门的 rabbitmq-system 命名空间中。应用可以通过 polar-rabbitmq.rabbitmq-system.svc.cluster.local 的 5672 端口与之交互。

这就是 RabbitMQ 的所有内容。在下一节中，我们将会看到如何部署 Keycloak 服务器到生产环境中的 Kubernetes 集群。

B.5　使用 Helm chart 运行 Keycloak

与 RabbitMQ 类似，DigitalOcean 并没有提供托管的 Keycloak 服务。Keycloak 项目正在实现一个 Operator，但是在编写本书的时候，它依然处于 beta 阶段，所以我们采用一种不同的方式来部署 Keycloak，也就是 Helm chart。

我们可以将 Helm 想象成一个包管理器。要在计算机上安装软件，你可以使用操作系统提供的某种包管理器，比如 apt（Ubuntu）、Homebrew（macOS）或 Chocolatey（Windows）。在 Kubernetes 中，我们可以使用类似的 Helm，但是它们叫作 chart，而不是包。

请在你的计算机上安装 Helm。在官方网站（https://helm.sh）上，你可以看到相关的指南。如果你使用的是 macOS 或 Linux 的话，可以使用 Homebrew 安装 Helm：

```
$ brew install helm
```

我已经配置了所有必要的资源，以便使用由 Bitnami（https://bitnami.com）提供的 Keycloak Helm chart，我还准备了一个脚本来部署它。

打开终端窗口，进入 Polar Deployment 项目（polar-deployment），并导航至 kubernetes/platform/production/keycloak 目录。在配置 Kubernetes 集群的时候，你应该已经将该目录复制到了自己的仓库中。如果情况并非如此，请在本书附带的源码仓库（Chapter15/15-end/polar-deployment/

platform/production/keycloak）中进行复制。

然后，运行如下命令将 Keycloak 部署到生产环境中的 Kubernetes 集群：

```
$ ./deploy.sh
```

在运行之前，你可以打开该文件并查看一下它包含的指令。

注意　你可能需要通过 chmod +x deploy.sh 命令使该脚本变成可执行文件。

该脚本将会输出部署 Keycloak 所执行的所有操作的详情，并且会打印出管理员的用户名和密码，我们可以使用它来访问 Keycloak Admin Console。在第一次登录后，请随意更改其密码。请将凭证信息记录下来，因为我们稍后会用到它们。部署过程可能需要几分钟才能完成，所以你可以利用这段时间，休息一下并喝一杯你喜欢的饮品，以奖励你到目前为止已经完成的任务。

最后，脚本会创建一个名为 polar-keycloak-client-credentials 的 Secret，其中包含 Edge Service 与 Keycloak 进行认证所需的 Client Secret。你可以通过如下命令校验 Secret 是否已经成功创建。它的值是由脚本随机生成的：

```
$ kubectl get secrets polar-keycloak-client-credentials
```

注意　Keycloak Helm chart 会在集群内启动一个 PostgreSQL 数据库，并使用它来持久化 Keycloak 使用的数据。我们可以将其与 DigitalOcean 管理的 PostgreSQL 服务集成在一起，但是 Keycloak 方面的配置会相当复杂。如果你想使用外部的 PostgreSQL 数据库，可以参考 Keycloak Helm chart 的文档（https://bitnami.com/stack/keycloak/helm）。

Keycloak 服务器会部署在一个专门的 keycloak-system 命名空间中。应用可以在集群内通过 polar-keycloak.keycloak-system.svc.cluster.local 的 8080 端口与之交互。它也通过一个公开 IP 地址暴露到了集群外部。通过如下命令，我们可以找到该外部 IP 地址：

```
$ kubectl get service polar-keycloak -n keycloak-system

NAME              TYPE            CLUSTER-IP       EXTERNAL-IP
polar-keycloak    LoadBalancer    10.245.191.181   <external-ip>
```

平台可能需要几分钟的时间来生成负载均衡器。在此期间，EXTERNAL-IP 列会显示 <pending> 状态。请稍等片刻，然后再次尝试，直至 IP 地址显示出来。请将其记录下来，因为我们会在多个场景中用到它。

因为 Keycloak 通过公开的负载均衡器对外暴露了出去，所以我们可以使用外部 IP 地址来访问 Admin Console。打开一个浏览器窗口，导航至 http://<external-ip>/admin，并使用前文部署脚本所返回的凭证信息进行登录。现在，我们有了 Keycloak 的公共 DNS 名称，接下来可以定义一些 Secret，以配置 Edge Service（OAuth2 客户端）、Catalog Service 和 Order Service（OAuth2 资源服务器）与 Keycloak 的集成。打开一个终端窗口，导航至 polar-deployment 项目的

kubernetes/platform/production/keycloak 目录，并运行如下命令，以创建应用与 Keycloak 集成所使用的 Secret。在运行之前，你可以打开该文件并查看一下它包含的指令。不要忘记，将 <external-ip>替换为分配给你的 Keycloak 服务器的外部 IP 地址：

```
$ ./create-secrets.sh http: / /<external-ip>/realms/PolarBookshop
```

这就是 Keycloak 的所有内容。在下一节中，我们将会看到如何将 Polar UI 部署到生产环境的集群中。

B.6 运行 Polar UI

Polar UI 是用 Angular 构建的单页应用，由 NGINX 为其提供服务。正如我们在第 11 章看到的，我已经准备了一个容器镜像，你可以使用它来部署这个应用，因为前端开发不在本书的范围内。

打开一个终端窗口，进入 Polar Deployment 项目（polar-deployment），并导航到 kubernetes/platform/production/polar-ui 文件夹。在配置 Kubernetes 集群的时候，你应该已经将该目录复制到了自己的仓库中。如果情况并非如此，请在本书附带的源码仓库（Chapter15/15-end/polar-deployment/platform/production/ polar-ui）中进行复制。

然后，运行如下命令将 Polar UI 部署到生产环境中的 Kubernetes 集群。在运行之前，你可以打开该文件并查看一下它包含的指令：

```
$ ./deploy.sh
```

注意 你可能需要通过 chmod +x deploy.sh 命令使该脚本变成可执行文件。

现在我们已经将 Polar UI 和所有主要的平台服务运行了起来，你可以继续阅读第 15 章，完成 Polar Bookshop 中所有 Spring Boot 应用程序的配置，以便进行生产环境部署。

B.7 删除所有的云资源

当你完成 Polar Bookshop 项目的实验后，请按照本节的说明删除 DigitalOcean 上创建的所有云资源。这样可以避免产生额外的开支。

首先，删除 Kubernetes 集群：

```
$ doctl k8s cluster delete polar-cluster
```

然后，删除 PostgreSQL 和 Redis 数据库。我们首先需要知道它们的 ID，所以，运行如下命令来提取该信息：

```
$ doctl databases list

ID              Name        Engine   Version   Region   Status
```

```
<polar-db-id>      polar-db       pg       14      ams3      online
<redis-db-id>      polar-redis    redis    7       ams3      creating
```

然后，使用上述命令返回的资源标识符删除它们：

```
$ doctl databases delete <polar-db-id>
$ doctl databases delete <redis-db-id>
```

最后，打开浏览器窗口，导航到 DigitalOcean 的 Web 界面（https://cloud.digitalocean.com），并在你的账户中查看不同类型的云资源，验证是否有正在运行中的服务，如果有的话，请将其删除。在创建集群或数据库时，由于其副作用可能会创建负载均衡器或持久化存储卷，它们也许不会被前文所述的命令删除。